ロシア
製鉄業史論

山縣 弘志 YAMAGATA Hiroshi

学 文 社

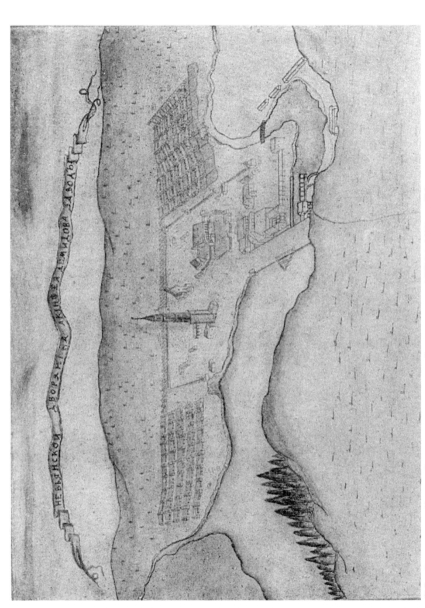

出典：Вильгельм де-Геннин, Описание уральских и сибирских заводов 1735. М., 1937, стр.613.
ネヴィヤンスキー工場全景　1730年代

出典：Вильгельм де-Геннин. Описание уральских и сибирских заводов 1735. М., 1937. стр.77.
エカテリンブルグ全景　1730年代

は じ め に

　産業の骨肉となる鉄の役割は，19世紀に飛躍的に高まった。とりわけその後半，鉄の時代から鋼の時代への転換により，機械制大工業の原材料基盤は確固たるものになった。戦争によって促迫された製鋼技術革新がそれを可能にしたのである。ロシアもまた，周知のように，鉄道建設を牽引車にしながら，工業化を図った。しかし，従来の製鉄業拠点たるウラルは，新たな大量の需要に応えられなかったため，政府は外国資本を導入して南ロシアに近代的鉄鋼業を据えることを選択した。こうして生まれた製鉄業の二重構造は，急速に発展する国際経済の競争の中で，取り残された在来製鉄業には自生的発展を期待できなかったこと，弱体な財政と資本蓄積不足の中で，新たな大規模投資に外国資本への全面的な依存を余儀なくされたことを示すものであった。

　1917年以前には，19世紀後半の急速な発展だけでなく，それに劣らずウラルの停滞への関心も高かった。V. I. レーニンがロシアの資本主義発展を跡付けながら，その後進性を強く意識していたことは知られている。彼の主たる関心は，19世紀のロシア中央部に向けられていたが，ウラルについて，その「労働組織」の「基礎には，古くから農奴制度がよこたわっており，この農奴制度は，こんにちにいたるまで，すなわち19世紀の最後にいたるまで，鉱山の日常生活のきわめて重要な側面でみとめられるのである。」とし，結局，「こうして，農民改革前の制度のもっとも直接的な遺物，雇役の強力な発展，労働者の緊縛，低い労働生産性，技術の後進性，低賃金，手工的生産の支配，この地方の自然の富の幼稚で略奪的-原始的な開発，独占，競争の排除，時代の一般的な商工業運動からの封鎖と隔絶—これがウラルの一般的な状況である。」と概括した。[1]

　19世紀末，M. I. トゥガン＝バラノフスキーは，18世紀のウラル冶金業を「封建的マニュファクチュア」と性格づけた。[2]

i

Ip. グリヴィッツは鉱山監督官の経験から，ロシア製鉄業の客観的分析を試み
て，その停滞への関心を示した。[3]

製鉄・冶金業は基幹産業であるから，ソヴェト政権としても，当初からその
現状把握に努めた。第9回ソヴェト大会への報告は革命前からの製鉄業分析と
なっている。[4]

とりわけウラル製鉄・冶金業への関心は高かった。雑誌『ソ連邦プロレタリ
アート史』1930年第3/4号の資料紹介には，1917年以前のウラル労働者・農民
に関する著作，論文，資料396点が挙げられている。[5]

1930年代以降，個別製鉄・冶金業の研究が進んだ。[6]

ソ連国内では，1930-60年代に断続的に交わされたロシア資本主義論争の中
で，特にウラルは一つの典型と看做されて取り上げられることが多かった。こ
の論争については，D. M. グリフィスの要領を得た紹介がある。[7]

その中で，いわゆる「資本主義の萌芽」を早い時期に求める潮流が現れてき
た。その代表的な論者は多くの国家的統計作業を指導し，ゴスプラン副議長も
つとめたS. G. ストゥルミリン，一次資料によってこの問題を集中的に論じた
V. Ya. クリヴォノゴフらであった。[8] 彼らをはじめとする一群の人々は，「自由
雇用」の出現をもって，18世紀初期，もしくは既に17世紀に，ロシアの「資本
主義の萌芽」を見出した。当然に反論も続出したが，論争は明確な決着に至
らなかった。そのことは，その後の個別研究の精密化にもかかわらず，「資本
主義の萌芽」の位置付けにあいまいさを残す結果となり，それは現代にも引き
継がれているといわざるを得ない。その最大の要因は，18世紀当時「自発雇い
вольный наем」と呼ばれた「人身的雇用」関係を，法的基礎と実態とに即して
捉えず，直ちに資本主義的要素として本源的蓄積過程の中に位置づけたことに
あった。

我が国では既に昭和23（1948）年，小林良正『ロシヤ社会経済史』（八雲書店），
昭和28(1953)年，飯田貫一『ロシア経済史ーロシアにおける資本主義の成立ー』
（御茶ノ水書房）が著され，資料的制約の下で農奴制から資本主義の展開，体制

転換に至る過程の分析が試みられた。その後，いわゆるスターリン批判（1956年）以降，問題意識は多様化したが，相対的に独自に，19世紀を中心として，ロシア資本主義の発展を世界経済の展開の中に位置付けようとする研究が蓄積されてきた。また，ロシアにおけるそれとは異なり，ソ連型社会主義を意識して，ロシア資本主義を客観化する視点が強められたといえる。[9]

　ソ連の体制転換後，資料の紹介や新たな出版も進んだ。インターネット上の情報も増えている。ただ，その反面，問題意識も分散化しており，特に近代化を軸とした方法論とは噛み合うところが少ないため，本書の段階では取り上げられなかった。多数の出版，公表の中から今後選り分けが進む道程であろう。

　ウラルは18世紀当時辺境であり，中央部と隔絶されていたが，確実にその一部となる過程が続いた。植民により領土を拡大し，他民族を取り込むことによってロシアは形成されてきた。ウラルは辺境ではあったがウラル抜きのロシアは存立しえず，明らかに広義のロシアの一部であり，ロシアの経済全体と結びついていた。辺境を含んで成立したのがロシア経済であり，従って「多ウクラード」，即ち地域的，社会発展段階的複合はロシア経済の本質である。とりわけウラルの鉄は18世紀には輸出も含めてロシア経済を支えたのであって，それなしにロシアの軍備は進まなかった。ウラルに成立した制度は，中央政府の法制と政策に常に対応したものであり，ただ，遠隔地で冶金業に特化したために，より純粋な形をとり，また最後まで当初の姿を残したものである。したがって，ウラルは，ロシアにとっての例外ではなく全体の重要な一部であり，一つの典型として扱われるべきものである。V. I. レーニンの弱点はロシア中央部とウラルとを切り離したことにあったと我々は考える。そうすることによって彼はロシアの資本主義発展を明瞭に描くことに成功したが，一方でウラルを除外することによってロシア資本主義の特質を希薄化させてしまった。「ロシアにおける資本主義の特殊な発展」の全体像を得るためには，その中にウラルを正当に位置づけることが必須である。　ウラルからロシア全体を見る視点はその点においても有効であると考える。

ウラルの停滞は既に19世紀の同時代人からも関心を集めてきた。しかし，1930-60年代の論争の中で，ウラルを含めて18世紀あるいはそれ以前の時期に「資本主義の萌芽」が多数「発見」された。論争の決着はなかったとされるが，それ故にこれらの「発見」は遺された。「早期の資本主義発展」の認識は特に1950年代以降ロシア国内での停滞認識を後退させた。しかし，19世紀後半の産業発展にウラル製鉄業が対応できなかった事実は抹消されない。それはウラルの停滞の直接的結果である。我々はウラル製鉄業の停滞を絶対化しない。それは相対的，流動的ではあるが，長期間かけて複雑に絡み合い，変化を拒む堅固な構造を形成したものと看做し，「ロシアの特殊な資本主義」形成の基盤となったと考える。

　19世紀から20世紀にかけてのロシア資本主義の後進性意識は，ナロードニキとの論争の中で，資本主義発展を確認しながらも，イギリスをはじめとする先進国との格差を強く認識していたことの反映であったと思われる。当初存在した，こうした現実感覚は，ソ連において次第に希薄になり一その政治的原因についてはここでは問題にしないが一「資本主義の萌芽」を早い時期に求めようとしたと考えられる。今日の歴史的時点において重要な論点は，発展過程におけるロシア資本主義の後進性とその特質をどう見るか，またそれは何に由来したか，という点にある。この設問は，一時的なものに終わったロシアにおけるポスト資本主義社会の試みの行き詰まりを，歴史的視点から捉え直すうえで不可欠である。またその解明は，ロシアがヨーロッパとアジアにまたがる地域であることから，ロシアのみならず特殊な資本主義の共通の問題を抱える一我々を含めて一多くの国民にとっても有益であろう。

　我々にとっての外国史研究は「翻訳史学」にならざるを得ない側面をもつが，その弱点を逆手に取れば，外国語の意味を厳密に日本語に移すことを要求されるために，相互の言葉の概念規定を精確に行う努力を払わなければならない点に積極的な意味が見出せるといえるであろう。ロシア語についても，特に異なる時代の異なる地域に於ける文化の違いを背景に，対応する日本語を挙げるの

が困難な事例が多数ある。他方で，同一言語体系であっても異なる時代背景の中で使われる或る特定の語の有する概念が異なる場合がある点については，注意を要する。我々の関心の範囲で，特に挙げるべき例として，先にも挙げた雇用（雇傭）наем がある。"наем" は 1.雇い入れ，雇傭　2.賃借り　の二様の意味で使われる。これは古くから幅広い契約関係について用いられてきた語であって，例えば，1649 年制定の「会議法典（ウロジェーニエ）」には次のような記述がある。

"（第 11 章）32.誰それの農民，無土地農が誰かのもとで仕事に雇われる наймоватися とすると，それら農民，無土地農はあらゆる身分のものに証文 запись 有る無しに係わらず自発的に повольно 仕事に雇われる。"＜無土地農 бобыль は農民の最下層に当たり，法典の中では常に「農民，無土地農」として扱われる。(11)－Y.＞

ここでは，地主に所有される農民，無土地農が他者に雇われることが認められている。彼ら，人格的に独立を認められない存在が雇われるのは，近代的社会関係に於ける契約ではない。また，その契約が「自発的に повольно」行われるというのも，近代的関係とは認められないものである。前掲の部分に続く条文は，"そのもとで彼らが仕事に雇われるそれらの者は，居住や貸し付けの証文や奉公奴隷 служилые кабалы を彼らに負わさず，誰も彼らを自らに緊縛しない，そして彼らからそれら雇われ人が働き終えたときは；彼らを自らのもとから遅滞なく放免する。"となっている。逃亡農奴の返戻期限が廃止され（同上「会議法典」第 11 章 1.その他），本来の所有者の所有権が絶対化された条件の下では，雇い主は他者の所有物である逃亡農奴に契約を強制することはできず，自らに緊縛することもできないのである。この場合の「自発的に повольно」も注意を要する語である。これを「自由に」と解して「自由雇用」等の用語を用いることは，「会議法典」以降「農民改革」（1861 年）までの農民の人格的解

放が法的に認められていない時期の，農奴主の権利に基づく強制によるものとは区別された，他者の所有物たる農奴との特殊な契約を，近代的な内容をもつものと誤解させることになる。したがって，我々はこれらを「自由雇用」ではなく「自発雇い」と表記する。

　本書の関心は主として製鉄業にあるが，実際の分析において製銅その他と区分できない場合も多いので，製鉄・冶金業として括った。ウラルの工場名は通例河川の名からとられており，時期によって表記に若干の不統一があるが，基本的に原文に従う。また，ロシア語の慣用に従って形容詞形で表記する。ロシア語の音を厳密に日本語に移すことは不可能であるので，カタカナ表記は綴に忠実になるよう心がけた。但し，日本語での慣用が定着しているものには従った。

　ロシア南部はウクライナに属するが帝政時代にはロシアに政治的・経済的に一体化されていた。

　本書で利用した資料の中で特に重視したのはロシアで同時代に公布された法令集である。ロシアの法令には，その根拠とした，大臣あるいは委託された専門家の報告が付されることが多く，国家による情報収集，検討過程の資料的価値は高い。帝政国家の視点であるから，一定の立場性を避けることはできないが，制度的検討のためには極めて重要であると考えて敢えて幅広い引用を試みた。訳文は原文の雰囲気を伝えるために直訳に近いものにした。筆者の語学力を別とすれば原文に誤りや稚拙さもあると思われ，読み難いことを寛恕いただきたい。

　本書は歴史的事象の叙述を目的としたものではない。ソ連経済体制，更に現代ロシアの社会経済的特質の歴史的前提を如何に捉えるべきか，という問題に対して，ウラル製鉄業からの視点を提起したものである。本書の扱う全時期は，多くの論点に満ちているが，それらに対してロシア，特にウラルの製鉄・冶金業の停滞構造に関連してのみ触れることができるに過ぎない。また，本書の段階では，いまだ多くの重要な文献・資料の中に未見のものがあり，企業史，地域研究，総括的歴史叙述の成果が日々追加される。しかし，21世紀初頭の新た

な条件のもとで歴史的再検討を加えることは意義あると考え，問題を提起した。限定した対象の中でも，企業の財政分析，労働・農民運動その他，検討できなかった論点も残されている。今後の課題は多いといわざるをえない。

　あまりに大部となったため，参考文献を割愛せざるをえなかった。書誌，参考文献については，V. V. ザパリー，V. V. アレクセーエフならびにD. V. ガヴリロフ等の通史を参照された⁽¹²⁾い。

　N. B. バクラノフ，D. カシンツェフ等の著書は豊富な図版を掲げ，視覚的な理解を助けるであろ⁽¹³⁾う。

　R. M. ロタレヴァは都市建築史の立場から工業都市に焦点を当て，美しい図版を提供してい⁽¹⁴⁾る。

　本書に至る過程で筆者は「ロシア製鉄・冶金業史試論―ウラルの停滞構造―」（『駒沢大学経済学部研究紀要』第60号，2005年3月）を発表し，本書の一部にも取り入れているが，旧稿には誤りもあり陳腐化していることをお断りする。

　本書が何がしかの貢献を為しているとすれば，日本やヨーロッパの多くの大学，研究所・図書館所蔵の資料，それらのライブラリアンの援助に負うている。

　V. ゲンニンの『叙述』所収の図版は北海道大学スラブ・ユーラシア研究センター図書室の使用許可をいただいた。

　本書は駒澤大学特別研究助成制度による出版助成を受けて上梓可能となった。併せて多くの方々に謝意を表したい。本書のような多数の読者を期待できない出版に対する学文社の助力には，感謝の言葉を見出し難い。

　2016年10月

著　者

注 ───────────────────────────────

(1) В. И. Ленин. П. С. С. Т.3. стр. 485, 488.; 訳文は，国民文庫，レーニン『ロシアにおける資本主義の発展』第3冊，53, 57-58ページ.

(2) М. И. Туган-Барановский. Русская фабрика в прошлом и настоящем. Историко-экономическое исследование. Т. 1. СПб., 1898. – М. И. Туган-Барановский. Избранное. Русская фабрика в прошлом и настоящем. М., 1997.

(3) Ип. Гливиц. Железная промышленность России. СПб., 1911.

(4) Главное Управление металлической промышленности. Металлопромышленность республики и ее нужды. М., 1921.

(5) История горнозаводского труда на Урале до 1917 г. – «История пролетариата СССР», Сб. 3/4. 1930.

(6) С. П. Сигов. Очерки по истории горнозаводской промышленности Урала. Свердловск, 1936.; М. П. Вяткин. Горнозаводский Урал в 1900-1917 гг. М.,Л., 1965.; Г. Д. Бакулев. Черная металлургия Юга России. М., 1953 и др.

(7) David M. Griffiths. Introduction: The Russian Manufactory in Soviet Historiography. – H. D. Hudson Jr. The Rise of the Demidov family and the Russian iron industry in the eighteenth century. Oriental Research Partners. 1986. pp. 1-26.

(8) С. Г. Струмилин. История черной металлургии в СССР. М., 1954. – С. Г. Струмилин. Избранные произведения. История черной металлугии в СССР. М., 1967.; В. Я. Кривоногов. Наемный труд в горнозаводской промышленности Урала в XVIII веке. Свердловск, 1959.

(9) 和田春樹「近代ロシア社会の発展構造—1890年代のロシア（1, 2）」『社会科学研究』東京大学社会科学研究所．1965. 12. 1966, 1.；日南田静真『ロシア農政史研究—雇役制的農業構造の論理と実証—』御茶ノ水書房，1966年．；荒又重雄『ロシア労働政策史』恒星社厚生閣，昭和46（1971）年．；有馬達郎『ロシア工業史研究』東京大学出版会，1973.，その他多数の論文；中山弘正『帝政ロシアと外国資本』岩波書店，1988.；冨岡庄一『ロシア経済史研究』有斐閣，1998年．その他多数の論考があるが，本書のテーマと直接関連するものに限定した.

(10) 研究社露和辞典，1988年.

(11) Полное собрание законов Российской империи. Том 1. С 1649 по1675. СПб., 1830. стр. 68.

(12) В. В. Запарий, Черная металлургия Урала XVIII-XX вв. Екатеринбург, 2001.；

はじめに

В. В. Алексеев, Д. В. Гаврилов. Металлургия Урала с древнейших времен до наших дней. Москва, 2008.

(13) Н. Б. Бакланов. Техника металлургического производства XVIII века на Урале. М., Л. 1935. ; Д. Кашинцев. История металлургии Урала. Том 1. М., Л. 1939.

(14) Р. М. Лотарева. Города-заводы России XVIII-первая половина XIX века. Екатеринбург, 2011.

目　　次

はじめに　　i

第1章　19世紀のロシア製鉄業とウラル ………………………… 1

第1節　帝政の危機と産業政策　　1

「農民改革」後の産業政策　1／鉄道建設と鉄鋼業　5／国家財政と外国
資本　7／コークス製鉄への転換とロシア　8／鉄鋼業の技術革新とロシ
ア　15

第2節　南部鉄鋼業の擡頭　　24

南部への投資の開始　24／関税政策の再転換　25／鉄道網の整備　27／
南部鉄鋼業の擡頭と外国資本　28／国内鉄鋼生産の優遇　29／コークス製
鉄の扶植　30／外国資本と技術　33／第1次大戦前のロシア鉄鋼業　42

第3節　ウラルの時代の終焉　　52

ウラルとイギリス　52／新技術の導入　55／「農民改革」とウラル製鉄
業　57／ウラルの停滞認識　60／木炭高炉システムの維持　65／ウラル
の工場制度　71／封建遺制の残存　73／外国資本とウラル　77／1900-
1903年恐慌とウラル　78／ウラルの停滞原因論　86

第2章　停滞構造の歴史的起源
―封建的マニュファクチュア・システムの創設― ………… 101

第1節　ウラルの労働力基盤形成と先行的製鉄業　　101

植民と逃亡農民　101／白海沿岸地方からの逃亡農民　108／浮浪人
гулящие　112／17世紀の先行的製鉄業　117／ロシアの伝統的製鉄業と
トゥーラの官有武器村　118

第2節　国家主導の大規模マニュファクチュアとデミドフ　121

軍事力強化の事業　121／ネヴィヤンスキー工場とデミドフ　123／農民小工業の役割　132／始動期の生産力水準　136／国家的事業の創出　140／18世紀の産物　147／バシキリアへの植民と大土地所有　152／ウラル冶金業の始動と編入農民　156

第3節　人頭税と封建体制の強化　164

ベルグ＝コレギヤ（鉱業参事会）と「鉱業特典」　164／未分化の法治体制——タティシチェフとデミドフ　168／人頭税と封建体制の強化　181／ホロープの農奴への統合　190

第4節　封建的大規模マニュファクチュアの制度整備　198

「資本主義の本源的蓄積」論　198／「資本主義の萌芽」論と「自発雇い」　202／人身的雇用契約の歴史的性格　216／到来者と逃亡農民　225／請負の「雇い」　234／私有工場の労働力　241／労働力緊縛の転機　244／V. ゲンニンによる制度整備　250

第3章　帝政の動揺と停滞構造の顕在化 ……………………… 275

第1節　封建体制の強化と労働力緊縛の制度的完成　275

V. N. タティシチェフの再任と管理の制度化　275／旧教徒の掌握とデミドフ　284／永久譲渡者とウラル冶金業の確立　289／工場労働力の定着　310／ウラル冶金業の制度的完成　315／18世紀中期の官有工場労働力　327

第2節　地主＝貴族工業の特権強化とウラル製鉄・冶金業の成熟　332

南ウラルへの展開と私有工場への重点移動　332／トゥヴェルドゥイシェフ＝ミャスニコフの貴族化　351／職工・労務者層の多様化と隷属　357／18世紀後半の職工・労務者層形成　370／ウラル冶金業の成熟　375

第3節　停滞の構造化とプガチョーフの農民戦争　381

プガチョーフの農民戦争　381／編入農民の負担軽減と制度の限界　388／森林資源の管理　395／新技術のロシアへの導入とウラル　404／世界製鉄技術体系の転換とウラル　409／18世紀末の私有工場　413

第4節　封建的大規模マニュファクチュアの工場外労働　419

炭焼き労働の実態　419

第5節　封建的大規模マニュファクチュアの個別事例
　　　　──ゴリツィン公所有工場──　430

ストロガノフからゴリツィンへ　430／「自発雇い」の利用　433／給与の
実態　435／労働実態　440

第4章　「農民改革」と停滞構造の再編成 …………………… 457

第1節　労働力問題の反動的解決　457

農民購入許可の再版　457／鉱業管理の包括的法制化　460／編入制度の限
界と常置労務者への転換　488／常置労務者制の法制化　498／19世紀前
半の工場生活と制度的限界　514／封建遺制としてのポセッシア制　525／
定員規定方式の完成　536

第2節　「農民改革」による停滞構造の再編成　552

「農民改革」とウラル製鉄・冶金業　552／未完結の「農民改革」　561／ロ
シア帝国法令全書 Свод законов への収斂　567

結　び　ウラル製鉄・冶金業の停滞構造 ……………………… 581

第1節　封建的大規模マニュファクチュアの形成　581

工場内労働力の緊縛　581／工場外労働力の「自発雇い」　584／ウラルと
ロシア　585

第2節　ウラル製鉄・冶金業の精神的基盤と企業家精神　590

旧教徒の役割　590／封建的大規模マニュファクチュアの地主＝貴族工
業化　593／技術発展の抑止要因　595／企業家精神未発達の歴史的根
源　597

第 3 節　停滞構造の起源　599

停滞構造の起源　599 ／停滞の構造化と帝政国家　601

索　　引　608

凡　例

　　外国語からの直接的引用を " " で示す。その中での間接的引用は
≪　≫で示す。

　　引用の筆者なりの要約は＜　＞，省略を　…　で示す。

　　ロシアは天地創造紀元を用いてきたが，ピョートルＩ世（大帝）が
キリスト紀元に転換し，7208 年 12 月 31 日の翌日を 1700 年 1 月 1 日
と定めた。但し，暦法はユリウス暦を続けたので，グレゴリウス暦に
換算するためには 16 世紀末から 1700 年 2 月 18 日までは 10 日，以後
1800 年 2 月 17 日までは 11 日，その後 1900 年 2 月 28 日までは 12 日，
その後 1918 年 1 月 31 日までは 13 日加算する必要がある。本書では
原則として当時の年月日表記を採用した。

　　度量衡：

　　1 サージェン＝ 3 アルシン＝ 2.134 メートル

　　1 ヴェルスタ＝ 500 サージェン＝ 1.067 キロメートル

　　1 デシャチナ＝ 2400 平方サージェン＝ 1.09 ヘクタール

　　1 プード＝ 40 フント＝ 16.38 キログラム

　　但し，度量衡単位は歴史的に頻繁に変更され，複雑であるので以上
は目安と考えていただきたい。特殊な単位については本文中で注記す
る。紀年法，暦法も含めて『ロシア・ソビエト　ハンドブック』三省
堂，1978 年．その他を参照されたい。

第 1 章

19世紀のロシア製鉄業とウラル

第1節　帝政の危機と産業政策

「農民改革」後の産業政策

　クリミア戦争（1853-56）での敗北によってロシアは体制的危機に直面する。

　1861年「農奴解放」に代表される，いわゆる「農民改革」は，体制の決定的危機を回避させたが，経済の混乱をもたらした。

　M. E. フォーカスにならって19世紀後半のロシア経済を概観する。60年代の停滞要因として，第1に，農奴解放による社会的混乱が経済生活を巻き込んだこと，産業が新しい条件に適応するのに時間を必要としたことがある。農奴労働力が工場から大量に流出した結果，鉱業，精錬，毛織物，砂糖，紙の生産が打撃を受けた。第2に，アメリカ南北戦争が引き起こした「綿花飢饉」によって綿織物業が不振に陥り，他部門にも波及した。1860年代末から80年までは経済成長期となった。その間，1873年に始まる厳しい不況，露土戦争（1877-78）の戦時需要，1878，79年の記録的穀物輸出に刺激された好況を経験した。1890年には景気後退が始まり，91年の凶作がこれをさらに悪化させた。19世紀後半，ロシア経済と外国経済との相互依存が高まったことは確かだが，農業の作柄は依然として国内需要の規定要因であった。[1]

　経済政策の柱は鉄道建設と機械工業の育成に据えられる。1857年1月26日

1

鉄道建設に関する勅令が発せられた。帝政は鉄鋼資材確保と国内鉄鋼業，機械工業の育成とを同時に追及することになるが，実際上，当面前者に力点を置かざるを得なかった。

国内産業を早急に育成しようとする帝政の意志は，しばしば発せられた勅令—例えば，1866年勅令は，政府の注文を国外に発することをやめ，当初起こりうるいかなる困難があってもこれを国内で完遂することを求めた—に疑いなく表現された。同様の趣旨は，1885年12月20日，1893年12月12日，1896年11月29日，1900年6月17日，1901年2月27日にも発せられたが，この繰り返し自体が，目標達成の困難を物語った。[2]

増大する需要にたいして国内の鉄鋼生産力は完全に立ち遅れていた。政策に表現された限りで，帝政国家の認識もそのようであったと見られる。必要な金属を確保しつつ国内生産力をも増強しようとする二面的な意図は，特に関税政策の推移に表現された。

Ip. グリヴィッツによるおおまかな区分に則すると，19世紀のロシアの関税政策は，3つの時期に分けられる：1) 保護的というより単に禁止的な，1822-1849年の時期；2) 若干自由主義的傾向の，中程度に保護的な性格の，1850-1876年の時期；3) 保護的な性格を計画的に強め，1891年関税をもって完成した，1877年以降の時期。[3]

1850年代の銑鉄関税は保護的で，海路輸入は禁止された。1857年関税は銑鉄および鉄の海路輸入を許可，銑鉄1プード15コペイカ，鉄プード50-90コペイカ（品種による）と設定，陸路輸入は1プード30コペイカに低減した。1859年，銑鉄関税を1プード5コペイカに（鉄，鋼の関税も対応して引き下げ），1861年機械製造業への銑鉄，鉄，鋼の無関税輸入が承認された。当初この特典は，蒸気または水力動力を用いる機械製造業で，当該工場で製造される機械器具の製造に必要な量だけ認められるというものだったが，後に機械製造業の範囲は次第に広げられた。[4]

1868年7月5日裁可（1869年1月1日実施）の新関税は，海路・陸路の区別を廃止，

外国産金属の税率を引き下げた。この関税は，機関車にたいして1プード75コペイカ，農業用，繊維工業用を除く機械類に1プード30コペイカを設定し，棒鉄1プード35コペイカ，レール鉄20コペイカ，板鉄50コペイカを課した。[5]

1841，57，68年の鉄および鉄製品の輸入関税はおおよそ表1-1のように推移した（1プード当り）。

1870年代に無関税輸入された金属は，銑鉄の90％，鉄の60％とおおまかに見積もられている。[6]

V. I. ティミリャゼフによれば，1868-1878年の10年間に，毎年平均2.5百万プードの銑鉄（うち無関税で90％），5.7百万プードの鉄（うち無関税で60％以上）が輸入された。引き続く好況によって，1878-1880年には，年平均，銑鉄10.9百万プード（うち無関税で50％以上），鉄8百万プード（うち無関税で40％以上）が輸入された。[7]輸入依存度は明らかに上昇したのである。

かくして金属供給の必要性と国内冶金業の育成との間の矛盾は，最終的な解

表1-1　1841，57，68年の鉄および鉄製品の輸入関税

		1841年	1857年	1868年
銑鉄		海路禁止	15コペイカ	5コペイカ
		陸路1ルーブリ3コペイカ		
棒鉄・形鉄		海路禁止	海路30及び70コペイカ	35コペイカ
		陸路1ルーブリ38コペイカ	陸路30コペイカ	
板鉄		3ルーブリ60コペイカ	海路90コペイカ	50コペイカ
			陸路60コペイカ	
銑鉄製品		海路禁止	海路80コペイカ	50コペイカ
		陸路1ルーブリ38コペイカ	陸路50コペイカ	
鉄製品		3ルーブリ60コペイカ	1ルーブリ	1ルーブリ
工場用具		1ルーブリ50コペイカ	海路80コペイカ	海路80コペイカ
			陸路50コペイカ	陸路50コペイカ
機械類		無関税	無関税	一部30コペイカ

出典：В. И. Тимирязев. Ук. ст. стр. 547-548.

決を求めるものとなった。鉄・鉄製品の国内生産と輸入との推移を表1-2に見る。(単位百万プード)。

鉄鋼，鉄鋼製品，特に機械類の輸入代替が困難であったことがここに示されているが，銑鉄輸入は1880年代末に半減し，国内生産が多くを賄える状況となった。この趨勢を完成させたのが1891年関税であった。

1891年6月11日裁可され，7月1日より実施された新関税は，前年に行われた全般的な20％の一時的引き上げを維持することとし，銑鉄について1プード当り海路30金コペイカ，陸路35金コペイカを定めた。特殊な銑鉄（マンガン，ケイ素，クロム銑）については50金コペイカとされた。鉄・鋼の関税はそれぞれの品種に応じて引き上げられ，特に一部の形鉄，薄板鉄に高水準が設定された[8]。

こうして，「化け物的」[9]な高率関税システムが構築されたのである。

同時に，機械類の中で特に農業機械については1887年の水準（1プード70金

表1-2　1880年代の鉄・鉄製品の国内生産と輸入

(単位：百万プート)

年	銑鉄生産	銑鉄輸入	鉄鋼生産	鉄鋼輸入	鉄鋼製品輸入	機械・道具輸入
1881	28.7	14.3	35.7	8.0	1.8	2.7
1882	28.2	13.4	33.3	7.3	1.5	3.3
1883	29.4	14.5	33.3	6.8	1.3	3.3
1884	31.1	17.3	34.7	5.4	1.1	3.0
1885	32.2	13.5	33.9	4.3	0.8	2.2
1886	32.5	14.5	36.9	4.5	1.0	2.2
1887	37.4	8.8	36.3	3.4	0.7	2.0
1888	40.7	4.5	35.8	8.9	0.9	2.5
1889	45.2	6.4	41.9	5.4	0.9	3.2
1890	56.6	7.1	49.5	6.0	0.8	2.9
1891	—	4.3	—	4.0	0.6	2.9
1892	—	5.1	—	3.4	0.6	2.4

出典：В. И. Тимирязев. Ук. ст. стр. 557.

ループリ）を維持し，大鎌，鎌，馬鍬，鋤等の農具，それに工場用具にも軽減された水準が適用された。[10] こうした重要な製品の供給能力は依然不十分と認識されていたのである。

鉄道建設と鉄鋼業

鉄道建設は，大蔵大臣 M. Kh. レイテルン（1862-1878），S. Yu. ヴィッテ（1892-1903）のもとで集中的に進んだ。前者の時期においては私的資本，後者の時期においては国庫が主役を演じた。1903年には再び私的資本による建設へと転換がなされた。[11]

19世紀後半のロシア経済の発展にとって，鉄道建設が支配的要因となったことは疑う余地がない。1860年にロシアには1626kmの軌道があったに過ぎないが，1890年までには30596kmになった。鉄道は交通機関として信頼性が高く，人と物の輸送だけでなく，原材料に対する需要を喚起し，建設工事と列車の運行にあたって多数の雇用を創出した。[12]

しかし，鉄鋼業にとっての消費者として，またそのインフラストラクチュアとして，鉄道建設がロシアの鉄鋼業の発展に大きな役割を果たしたことは疑いないが，1870-80年代の鉄道建設のうちでロシアの鉄鋼業が得た分け前は比較的小さかった。「農民改革」以前の，ツァールスコセリスカヤ線（1838）からペテルブルクスコ・ワルシャフスカヤ線（1859）までの路線はほとんど外国産金属によって建設された。[13]

1867-71年の年平均国内鉄生産高は330千トン，わずかに輸入量を上回る水準であった。輸入量の半分がレールであったのに対し，国内生産の10％がレールに向けられたに過ぎない。1870年にウラルの2工場がレール生産能力を持っていたが，技術上，供給上の問題を抱えていたとの評価である。[14]

その後もしばらくはロシア国内の鉄鋼業に期待しえないという帝政の判断は，「農民改革」期の関税政策の転換に見たごとくである。

1884年1月1日現在の総延長32060ヴェルスタのうちロシア国内産の金属で

敷設されたのは23.9%に過ぎなかったとされる[15] (1ヴェルスタ = 1.067km)。

1868-78年の最初のブームの時期，国内では，政府の助成を受けたプチーロフを始めとする生産者が，輸入鉄材，銑鉄でもってレールを供給した。ブームの初期にレール需要の3/4以上を占めた輸入の比率は，1870年代末に半減したが，それはロシア製鉄業の発展によって積極的に達成されたのではない。政府は，70年代末，機関車，貨車の輸入を抑制して国内に発注し，レールはヒューズを始めとする南部の新たな生産者に注文した。P. ガトレルは，こうして輸入代替を進めたのはスペイン，イタリアと対照的であり，ロシアの初期の鉄道熱maniaはイギリス，ドイツの場合と変るところがないと見る[16]。

1890年代の第2のブームは，軌道長を30600kmから56500kmへと延ばした。1896-1900年の鉄道への投資は純投資総額の約1/4，これに諸装置も含めると30%に近づき，ドイツの場合 (25%) を凌ぐ水準であったと見られる[17]。

1890年代後半5年間 (1895-99) の年平均鉄道敷設距離は，2812ヴェルスタに達した。ドイツの場合，1870-80年に年平均1496km，フランスでは同時期に873km，イギリスでは1840-50年に931kmであった。90年代後半の熱病は，ロシア自身の1870-75年の年平均1759ヴェルスタをはるかに凌ぐものであった (1872，75年に1000ヴェルスタを切っていた)[18]。

国内生産がほぼ需要を賄える状況となった19世紀末，鉄鋼業の鉄道建設への依存を表1-3が示す。

この期間を平均すると，国内鉄鋼生産の約59%が鉄道に投入されたことになる。この数値だけでも十分に大きいが，これには軍需その他を含んでいないから，実際の国庫への依存は圧倒的である。言い換えれば，需要の大半は政策的に創出されたものであった。

国庫への依存は個別企業をとればさらに際立つ。レール需要の大半を満たしたのは，一握りの南部の工場であった－ヒューズの新ロシア工場，南ロシアドゥネプル工場，ブリャンスク工場，ドネツ製鋼会社ドゥルシコフカ工場，ルッソ＝ベルギー製鉄工場。特に最後の2者は生産高の約80%が鉄道向けで

第1章　19世紀のロシア製鉄業とウラル

表1-3　1895-99年に鉄道に供給された鉄鋼

（単位：千トン）

年	新　　線	追加路線	車　両	線路修理	総消費量	国内生産高	鉄道需要比（％）
1895	267	125	94	259	745	1299	57
1896	347	137	118	277	879	1495	59
1897	424	157	111	285	977	1694	58
1898	569	89	124	308	1090	2051	53
1899	882	162	132	354	1530	2383	64

注：ガトレルによって輸入量を近似的に除外された数値である.
出典：P. Gatrel, Op. cit. p. 153.

あった。[19]

国家財政と外国資本

　鉄道建設は巨額の投資を必要とし，特にブームと呼ばれる集中的建設期に
は，必然的に国家財政への依存を強める。1884年現在，鉄道会社の総資本
26.3億ルーブリのうち，ロシア政府が債券として保有する分が12.2億（46.2％）
であり，更に，配当を政府が保証した，いわゆる保証付き債券によるものが
24.4％，同様に保証付き株式によるものが21.6％，併せて12.1億ルーブリ（46％）
を占め，ほとんど事実上国庫に依存していたといえる。[20]

　1890年代の，シベリア鉄道を含むロシアの鉄道建設21000ヴェルスタのう
ち12000ヴェルスタ（57％）は国家財政に負担された。約10年間にわたるシ
ベリア鉄道の建設費用は6億ルーブリといわれる。1892-1903年の新設距離の
57.4％を私営鉄道が占めたが，政府の買い上げ政策の結果，1880年代末に全ロ
シア鉄道網の3/4が私鉄であったものが，20世紀初頭には2/3が国鉄となった。
1890年代の買い上げに際して，政府は，1億5000万ルーブリの費用と赤字7億
8000万ルーブリを負担した。[21]

　鉄道建設に対する財政支出は，1860年代から全歳出の15％前後を維持し，
1890年代に入ると20-30％台に達して，軍事費と肩ををを並べるに至った。特に

7

1894年には臨時支出が突出し，全歳出の62％が鉄道支出に当てられた。[22]

　巨額の鉄道建設は，慢性的な財政赤字の下で行われたものである。経常勘定の赤字は1887年までに3億ルーブリ累積していた。1888-1901年の間に経常及び臨時勘定を合わせて黒字となったのは1889年，1894年のみで，この間に10億2400万ルーブリの赤字が累積した。[23]

　国家財政を支えたのは，間接税であった。間接税の経常歳入中の比率は1890年代前半を通じて50％前後を維持し，その中でも飲酒税が25-28％であった。更に，租税によって賄いきれない分を補ったのが国債である。国債発行は1870年代中期から急増し，全歳入の1/3を占めた。[24]

　脆弱な財政基盤の下で巨額の投資を続けるために，帝政は外国資本市場への依存を強めざるをえなかった。ロシアの「国債及び政府保証債」は，外国金融市場に，1893年，30億1800万ルーブリ，1900年，39億6600万ルーブリ累積していた。[25]

　外国資本の誘引のためにも為替相場の安定化が必要であり，当時の国際的な流れの中で，大蔵大臣ヴィッテのもと，ロシアも金本位制に移行した。[26]

コークス製鉄への転換とロシア

　18世紀には世界製鉄業においてシステム転換が徐々に進行していた。その結果，既に18世紀後半から生産を増加させていたイギリスが，1800年から1860年の間に銑鉄生産を約25倍に増大させたのに対して，同時期にロシアでは9-9.5百万プードから17-20百万プードへと，倍増にとどまった。[27]

　19世紀前半に明らかになったロシア製鉄業の立ち遅れは，この間の技術革新への不適応という問題に他ならない。この技術革新は体系的なものであったから，その中のどの一環が欠けても本来の潜在力を発揮できない性格のものであった。

　森林資源の枯渇によって製鉄業の後退を余儀なくされたイギリスでは，鉱物燃料の利用が再三試行され，1735年，A. ダービーによるコークス製鉄法の確立

第1章　19世紀のロシア製鉄業とウラル

がこの問題を解決した。しかし，イギリスにおいてもコークス製鉄が順調に普及したわけではない。1740年に，イギリス全体で稼働中の高炉は59基にすぎず，それに対しても十分木炭を供給できない状態にあったにもかかわらず，ダービーに追随するものは現れなかった。1747年にコールブルックデールはなおイギリスで唯一のコークス製鉄所であったと考えられている。大陸へのコークス製鉄の導入は1767-68年であったようである。[28]

　製鉄の全過程が木材燃料と訣別することを可能にしたのは，パドル法である。銑鉄から棒鉄（鍛鉄）への精錬には木炭による精錬法が行われ続けたが，1785年，ヘンリー・コートが反射炉による精錬法，いわゆるパドル法を開発した。これは「石炭による製鉄の連鎖の最後の一環」をなすものであった。またこれによりイギリスの製鉄業の優越が確保された。[29]

　こうして森林資源の制約から解放された製鉄業を，機械制大工業の段階に引き上げたのは，圧延機とシリンダー送風機であった。しかし，これらの潜在力を引きだし，システムを完成させるためには水力への依存から脱却する必要があり，それを可能にしたのはジェームス・ワットの蒸気機関であるー1769年に最初の特許，1776年に実用化ー。蒸気機関は圧延機，送風機に必要な動力を供給しただけでなく，これにより「製鉄業はもはや水車の必要のために河にしばりつけられることがなくなった」。[30]

　1788年にイギリスで稼働した77基の熔鉱炉のうち，24基が木炭によるものであったのが，1796年には木炭熔鉱炉はほとんど姿を消したとされるから，19世紀前半における急速な発展は，専らコークス製鉄の成果といってよい。熔鉱炉数の増大と，特に1840年代から顕著な生産性向上がイギリス銑鉄生産の飛躍的増加をもたらしたのである。[31]

　18世紀後半から19世紀にかけてのウラル製鉄業が高水準の生産性を示していたことは確認する必要がある。熔鉱炉1基当りの年間銑鉄生産高をとると，1767年のウラルが69千プードであったのに対して1788年のイギリスでは50千プードであった。19世紀初頭においてもこの関係は変わらず，1800-1801年の

9

ウラルで87-93千プードであったのに対し，1800年のイギリスでは65.5千プードであった。1820-30年代において両者はほぼ同等であったと考えられるが（115-140千プード），1860年にはウラルで137千プードに留まったのに対しイギリスでは426千プードとなっていた。[32]

　ウラル（つまりロシア）とイギリスとの格差は，まさに他ならぬイギリス製鉄業の飛躍的発展の時期に決定的となったのである。

　「農民改革」後のロシアの銑鉄生産は表1-4のように推移した。

　表1-4は「農民改革」時代以降のロシアの銑鉄生産の地域別推移を概括的に示している。

　1）1860年以降の銑鉄生産の伸びは緩慢であり，全国の生産量が倍加するのはようやく1888年，ウラルにおいては1891年であった。

　2）南部の銑鉄生産が飛躍するのは1890年以後であり1895年には早くもウラルの生産高を凌駕した。

　3）ウラルの銑鉄生産は緩慢ではあったが19世紀中は着実に増大した。

　南部の銑鉄生産が1890年代半ばにウラルを凌駕したのはコークス製鉄の成果である。

　ロシアにおけるコークス製鉄は，長期にわたる実験とその失敗の後に，実際上は南部において実用化された。1799年と1830年のルガンスキー工場での実験の失敗の後，ポーランドでいくつかの実験が行われた。1859年ペトロフスキー工場（バフムート）で91千プードの銑鉄が精錬されたが，炉が破損して実験は途絶し，1862年の実験も失敗に終わった。1870年リシチャンスキー工場（ルガンスキー鉱区）で36289プードの鉱石から10829プードの銑鉄を得た実験はほぼ成功といえるものであった。この年ロシアで得られたコークス製鉄による銑鉄0.188百万プードは，同工場（12千プード）とポーランドのウタ・バンコヴァ工場（176千プード）とで生産されたものである。1871年にはユゾフスキー工場も加わるが翌年にはウタ・バンコヴァとリシチャンスキー工場はコークス製鉄を中断してしまう。こうして，ロシアのコークス製鉄は1880年代まで緩慢な

10

第1章　19世紀のロシア製鉄業とウラル

表1-4　ロシアの銑鉄生産
(1860-1910年, 単位：千プード)

年	南　部	ウラル	中　部	北,北西部	ポーランド	シベリア	総　計
1860	—	14513	3150	346	1383	189	19581
1861	—	14226	2743	306	1428	178	18881
1862	8	10467	2171	199	1542	148	14535
1863	79	11921	2744	147	1275	89	16255
1864	194	12533	2852	228	1569	72	17448
1865	168	12329	3167	264	1351	118	17397
1866	117	12580	3208	209	1315	64	17493
1867	117	12399	3263	247	664	192	16882
1868	260	13857	3649	150	789	274	18979
1869	324	13402	3156	149	1881	250	19162
1870	352	14797	3460	133	1730	278	20750
1871	396	15048	3165	108	1618	367	20702
1872	529	17159	3504	117	1687	252	23248
1873	631	15543	3474	146	1945	319	22058
1874	957	14907	3515	186	1900	324	21789
1875	943	17690	3633	169	1951	493	24879
1876	1162	18427	3338	204	1792	351	25304
1877	1600	16057	2819	243	1915	400	23034
1878	1621	17600	2792	174	2157	314	24658
1879	1045	18883	3260	228	1994	240	25650
1880	1270	18403	3275	194	2678	259	26079
1881	1583	19084	3387	121	2939	264	27378
1882	2005	18463	3321	185	2617	380	26971
1883	1988	19723	3418	167	2723	372	28391
1884	2031	20903	3662	164	2548	483	29791
1885	2422	21591	3648	148	2752	424	30985
1886	3077	20950	3992	155	2984	419	31577
1887	4158	23426	4374	117	3933	401	36409
1888	5432	24039	4606	112	5069	295	39553

11

1889	8848	24725	5107	109	5638	312	44739
1890	13418	27704	5754	129	7768	438	55211
1891	15117	29924	6177	170	7717	513	59618
1892	17028	30622	6431	189	9151	391	63812
1893	19867	30919	7173	159	10063	431	68612
1894	27158	33129	7712	214	11029	539	79781
1895	33636	33100	7750	161	11586	587	86820
1896	38761	35650	8394	260	13517	453	97035
1897	46141	40697	10867	314	13944	648	112611
1898	61068	44191	11324	1580	15948	726	134837
1899	82194	45184	14854	1911	18796	300	163239
1900	91550	50157	14321	2270	18220	310	176828
1901	91712	48850	10989	1370	19773	182	172876
1902	84154	44588	8721	1904	17235	317	156919
1903	83454	39602	5748	1496	18682	390	149372
1904	110875	39941	5679	990	22816	326	180627
1905	103095	41077	5248	784	15350	320	165874
1906	102006	37883	5229	255	18453	200	164026
1907	111034	38511	4807	214	17387	200	172153
1908	117415	35824	4908	120	12793	—	171060
1909	122879	34914	4226	110	13166	—	175294
1910	126385	39071	4705	126	15300	—	185587

出典：Ип. Гривиц. Железная промышленность России. СПб., 1911. Статистическое приложение. стр. 7-8.

発展に留まるのである。[(33)]

　表1-5に見るように，コークス製鉄による銑鉄が全体の約1/3を占めるのは1890年であるが，S. G. ストゥルミリンによると，1887年にコークス高炉は4基に増え，1887-88年に急激な生産増加が起こっている。コークス銑鉄が銑鉄総生産高の50％を超えるのは1896年以降である。したがって，コークス製鉄技術がロシアに伝えられてから銑鉄生産の中で優位を占めるまでに約100年要し

第1章　19世紀のロシア製鉄業とウラル

表1-5　ロシアのコークス製鉄の発展

年	コークス 高炉数	コークスによる 銑鉄生産高（百万プード）	銑鉄総生産高に 対する比（％）
1870	2	0.188	0.9
1875	2	0.622	2.4
1880	3	1.74	6.3
1885	3	3.00	9.3
1890	13	18.28	32.3
1895	25	42.4	48.0
1900	51	102.4	57.2
1905	57	117.9	70.6
1910	57	140.8	75.8
1913	—	222.2	78.5

出典：С. Г. Струмилин. Ук. соч. стр. 364.

たことになる。[34]

　表1-6に見るごとく，保護関税が顕著に輸入抑制の効果を上げるのは1887年以降のことである。この年，国内生産―これは銑鉄生産高である―が総需要の約70％に相当することになるが，これは輸入量が減少した結果としての相対的な比率上昇と見るべきであろう。旺盛な需要増大によって再び金属輸入が増加した1890年代後半に南部鉄鋼業がテイクオフし，それをもって実際上総需要の70％以上を賄いうる鉄鋼生産力を確立したのである。国内生産の対消費比率は1900年には86％に高まる。同時に，かかる保護関税にもかかわらず少なからぬ輸入が続けられた点にも注意を払っておく必要がある。他方でロシアからの鉄鋼輸出は低い水準で推移した。1880年の突然の輸出増加は，鉄道建設の激減によって説明されるものであろう。

　鉄鋼製品の国内生産の消費に対する比率（銑鉄換算）は，このように，1870年35％，1880年43％，1890年71％，1900年86％と着実に増大したが，同時に，完全には需要を満たしえなかった事実にも着目しておかなければならない。輸入

13

表1-6　ロシアの鉄鋼生産の発展と輸出入
(銑鉄換算，単位：千プード)

年	生産高	対消費比（%）	輸入高	輸出高	消　費
1870	21949	35.1	41480	942	62487
1871	21933	42.3	30642	685	51890
1872	24375	50.2	25694	1525	48544
1873	23484	42.3	33651	1601	55534
1874	23212	39.6	36105	732	58585
1875	26079	40.5	39004	628	64455
1876	26947	42.6	37685	1394	63238
1877	24335	44.0	31493	560	55268
1878	25472	39.2	40212	661	65023
1879	26412	39.5	41837	1451	66798
1880	27375	43.0	47916	11629	63662
1881	28662	48.5	31002	605	59059
1882	28237	48.6	30537	654	58120
1883	29407	50.1	29885	651	58641
1884	31105	49.1	32816	548	63373
1885	32205	58.3	23681	678	55208
1886	32484	54.3	28145	803	59826
1887	37389	69.6	17131	769	53751
1888	40715	72.1	16225	470	56470
1889	45561	68.3	21924	713	66772
1890	56560	71.0	23684	556	79688
1891	59618	77.8	17622	652	76588
1892	63812	79.6	17,407	1034	80185
1893	68612	72.4	27815	1635	94792
1894	79770	68.8	36400	241	115929
1895	86780	70.1	37508	577	123711
1896	97045	69.1	44176	747	140474
1897	112611	70.6	47670	665	159616
1898	134837	72.6	51504	687	185654
1899	163239	74.9	55383	657	217965
1900	176828	86.0	29568	765	205631

出典：Ип. Гливиц. Железная промышленность России. Статистическое приложение. стр. 41-42.

の内訳からこの点を見ると，輸入中の銑鉄の比率は1890年13％，1898-99年5-6％と低下したが，鉄・鋼の比率は90年代始めに10-12％であったものが90年代末には20％に達した。このことに，国内銑鉄生産が急速に進展した一方で，消費構造の変化に鋼生産が十分対応しえなかったことが反映しているのは明らかである。

　Ip. グリヴィツの評価するところでは，1890年代に「…我が国の高炉生産は，概ね，通常の条件下では，銑鉄輸入の必要をなんら感じないほどに発展した」とされる。銑鉄のみの国内生産と輸入の関係においては，これは正しいと思われる。高炉生産の発展はさほどに明らかではあるが，これを支えたのは，先に見たように，専ら南部製鉄業であった。したがって，ロシア国内での地域格差は決定的に広がったのである。

鉄鋼業の技術革新とロシア

　19世紀後半，とりわけ1860年代は，近代鉄鋼業にとって決定的な，コークス製鉄に対応した技術革新が生まれ，実用化へと進んだ時期であった。1856年に登場したベッセマー法が，60年代に近代熔鋼法の時代を開いた。1864年に工業化された平炉法がこれに加わった。他方でパドル法も維持され，長く熔鋼法と併行した。銑鉄生産において，60年代には，イギリスとベルギーでは既に石炭製鉄が完全に支配し，木炭高炉はほぼ完全に消滅した。鉄道の建設を原動力として鉄と鋼の加工が大きく進歩した。戦場における装甲板と大砲の競争が鋼の錬鉄に対する優位性を確立させた。

　クリミア戦争はロシアのみならず国際的な，また多岐にわたる衝撃をもたらしたが，その中には鉄鋼技術の発展への促迫も数えられる。

　戦争中に兵器の材質の脆弱性が明らかになり，良質の鋼に対する要望が高まった。H. ベッセマーの研究はこれに直接応えるものであった。

　1856年ベッセマーによる転炉法が開発されると，これにより初めて熔融鋼が大量生産可能となった。燐と硫黄の少ない良質鉱石を産するスウェーデンで

は，いち早く1858年に実用化が開始される。[39]

　しかし，新しい熔鋼法は，工業的成功を得るまでに若干の時間を要した。1860年，61年の特許でベッセマー自身による転炉の改良が図られた。この間，オーストリアのP. トゥンナーら冶金家の支持が広がり，熔鋼過程の科学的解明も進んだ。ベッセマー法の制約としては，硫黄と燐を含む銑鉄は利用できないこと，過程と製品の質のコントロールが比較的難しいことがあった。[40]

　ベッセマー鋼の初期の低品質の評判と，熔融工程の管理の難しさの故に，錬鉄から熔鋼への転換は，品質の改善を伴って徐々に進まざるを得なかった。錬鉄の熔融は成分管理が容易であり，1500年以上の経験を蓄積していた。イギリス商務省が橋梁への鋼の使用を認可したのは1879年である。ただ，パリのエッフェル塔は，鋼製を意図されたが，1899年，錬鉄によって建てられた。特定の目的のためには，ルツボ鋼の選好も根強かった。1860年，シェフィールドの鋼生産者の主生産物は，ルツボ炉による炭素鋼だった。一部でシーメンスの平炉も採用されたが，大半は，スウェーデン産の棒鉄を用いて滲炭法を行った。[41]

　1859年から60年にかけて建造されたイギリス船ジェイソン号がベッセマー鋼板から作られた最初の商船であった。1861年にシェフィールドでベッセマー鋼から鉄道レールが製造され，年々パドル鉄のレール，頭部に鋼を鍛接したレール，頭部を浸炭したレールを駆逐した。1862年にはベッセマー鋼の蒸気ボイラーへの使用が始まった。[42]

　熔鋼の本来の使途たる武器への利用も目覚ましく進んだ。この点でドイツのクルップの役割は大きかった。真っ先にベッセマー法をドイツに導入したのもクルップだった。1862年にエッセンのクルップ工場に転炉4基のベッセマー設備が存在した。1861年に10496tだったプロイセンの鋳鋼・熔鋼生産高は，1870年には120521t（11.5倍）になった。ロシアは1863年からの数年間，多数の鋳鋼砲をクルップから購入した。1870年の独仏戦争でクルップの鋳鋼砲はその優秀さを証明した。[43]

　1862年ロンドン万国博覧会に出展されたベッセマー鋼製品は新しい転炉法

第1章　19世紀のロシア製鉄業とウラル

の普及を促進し，1866年にはヨーロッパ諸国併せて20万トン以上の生産高を
得ていた。ウラルでも1863年からニジネ＝およびヴェルフネ＝タギリスキー
工場で実験が行われ，翌年には官有ヴォトゥキンスキー工場でベッセマー鋼の
生産が始まった。[44] 同工場でのベッセマー鋼の品質は良かったという評価であ
る。[45]

　ロシアでベッセマー法による大規模な生産が始まったのは，1887年南部エカ
テリノスラフのアレクサンドロフスキー工場からで，中部ロシア，ウラルのい
くつかの工場で行われた。生産高は1890年11万5千トンから1890年68万トン
へ5.9倍の伸びであった。[46]

　S. G. ストゥルミリンのあげる数字では1890年から1900年の10年間に7.2
百万プードから41.2百万プードへ5.7倍とされる[47]（1p＝16.38kgとすると，各11万
8千t，67万5千t）。

　W. シーメンスによって発明された蓄熱・切り替え燃焼法は反射炉で熔鋼を
得ることを可能にしたが，その工業化は，1863年，P. マルタンの平炉法として
果たされた。[48]

　ベッセマー鋼はルツボ鋳鋼に代わるものではなかった。反射炉で鋳鋼をつく
る長い試みは，ウィルヘルムおよびフリードリヒ・シーメンス兄弟の蓄熱法を
応用した，エミールおよびピエール・マルタン父子の平炉法として結実した。
1863年，シーメンスの図面を得たマルタン父子は，翌年，平炉によって熔鋼を
得ることに成功したのである。[49]

　シーメンス＝マルタン法による平炉には，それ以前に蓄積されていた屑鉄を
原料として利用できること，製品の成分コントロールが容易なこと，建設費が
相対的に安価であること，規模の大小に柔軟性があることなどのメリットが
あった。他方で，この方法でも硫黄と燐を除去することはできなかった。ベッ
セマー法との関係では，それを排除するというよりは補うものと考えられた。[50]

　マルタン法によるロシアの最初の製鋼については諸説があるが，概ね1866-
67年のこととされるので，この技術革新はロシアにも比較的遅滞なく取り入れ

17

られたといってよい。1868年イヴァノ＝セルギエフスキー工場に，1869年ソルモヴォ工場に設置されたマルタン炉はいずれもシーメンスの図面にしたがってロシア人技術者が建設した。[51]

ヨーロッパでもロシアでも，当初マルタン法の技術の確立過程では失敗や試行錯誤を免れなかった。マルタン炉による熔鋼の生産高が直ちに急増することがなかったのはそのためであり，1870年にソルモヴォ工場で修理中のマルタン炉が観察されているのもそうした状況を示している。[52]

1860年代後半の主要国の溶融金属生産を表1-7に示す。

イギリスの生産高水準は群を抜いて高かったが，この間の伸び率は最も低かった（1.27倍）。ドイツ，フランス，アメリカがそれを追った。オーストリア（ハンガリー含む）（7.47倍），ベルギー（6.65倍），次いでアメリカ（4.91倍）の伸び率が高かった。ロシアは低い水準でありながら伸び率も低かった（2.23倍）。

ベッセマー法によっては除去できず鋼の質を低下させる，燐を含む鉱石の利用は，1879年塩基性耐火材の内張を備えたトーマス転炉の実用化によって道が

表1-7　1865-1870年の各国の熔融金属生産

（単位：t）

年	1865	1866	1867	1868	1869	1870
イギリス	225000	235000	245000	260000	275000	286797
ドイツ	99543	114434	122591	122837	161316	169951
フランス	40574	37761	46467	80564	110227	94386
オーストリア	3879	8607	8275	11053	18727	28991
ベルギー	650	1050	1575	1928	2940	4321
スウェーデン	5000	7000	9000	13500	13150	12193
ロシア	3871	3932	6271	9327	7200	8647
アメリカ	13848	17216	19963	27223	31760	68057
合　計	392365	42,000	459142	526432	620320	673343

注：ルードウィヒ・ベック，前掲書，第5巻第1分冊，208ページ．各国の統計精度に明らかに差があるので，合計には大きな意義は認めがたいが，それぞれの推移は見て取れる．熔融金属の大半はベッセマー鋼である．

18

第1章　19世紀のロシア製鉄業とウラル

開かれた。これをもってドイツ，ベルギー，フランスの製鉄業の発展が促進される⁽⁵³⁾ことになる。

塩基性法を現代化したBOS（Basic Oxygen Steel）法は，現代世界の軟鋼生産のほとんど全てを支えている。⁽⁵⁴⁾

「こうして熔鋼法は酸性法と塩基性法の2つの操業法に分化することによって，パドル法にたいして決定的勝利をおさめて，世界を熔鋼法一色に塗りつぶすことができた。鉄といえば鋼をさすことになった。そしてそれ以後は『鋼の時代』とよばれるようになった。」⁽⁵⁵⁾

ベッセマー法の欠点を克服したトーマス法のロシアへの導入は大規模には行われなかった。1878年のS. D. トーマスによる特許取得から程なく1881年にその転炉を設置したワルシャワのノーヴァヤ・プラーガ工場を除くと，ロシアで最初のトーマス転炉の建設は，1896年東部クリミアのケルチ（ケルチェンスキー工場）で行われた。しかし年産能力12百万プードのこの炉は1913年になって初めて50千トンの熔鋼を産した。その間にトーマス炉はタガンロクスコエ工場とルースキー・プロヴィダンス社のマリウポリ工場にも設置され，1899年にこれら2工場の5基の転炉で592千プードの熔鋼を産した。しかし，マルタン鋼に比べて機械的性質の若干劣るとみなされたトーマス鋼はロシアでは普及しなかった。⁽⁵⁶⁾

塩基性耐火内被の採用はマルタン法にも有効であり，1880年代には平炉による熔鋼生産が軌道に乗る。1886年にはロシア国内のマルタン鋼の生産高は124千トンとなり，ベッセマー転炉による生産高を凌駕した。1890-1900年の鋼生産の約67％をマルタン法が占めた。⁽⁵⁷⁾

表1-8の示すように，1884年を起点とすると，1900年までにベッセマー鋼が5.6倍に増加したのに対し，マルタン鋼は19倍であった。

1880年代半ばに実験段階を脱したマルタン法はその後順調に生産高を伸ばし，ロシアの熔鋼生産の主流となった。

ただ，製鋼法の推移にも地域差が認められる（表1-9）。

表1-8　ロシアにおける熔鋼生産の推移

年	工場数	マルタン炉数	ベッセマー炉数	浸炭炉、ルツボ炉等	マルタン鋼（百万プード）	ベッセマー鋼（百万プード）	他の熔鋼・鉄（百万プード）	熔鋼・熔鉄計（百万プード）	鉄鋼製品（百万プード）
1876	25	(15)	8	613	—	—	—	1.09	—
1882	39	76	14	588	—	14.9*	0.2	15.1	10.5
1883	37	73	17	585	—	—	—	13.6	9.3
1884	36	73	17	584	4.9	7.3	0.5	12.7	7.5
1885	34	70	17	559	5.0	6.3	0.5	11.8	7.5
1886	35	67	17	313	7.6	6.5	0.6	14.8	8.7
1887	33	77	17	325	8.4	4.8	0.6	13.8	8.7
1888	32	63	13	363	9.9	3.1	0.6	13.6	6.4
1889	32	70	15	383	10.3	4.9	0.6	15.8	10.0
1890	32	80	10	391	15.4	7.2	0.5	23.1	15.9
1891	39	86	12	303	17.9	8.1	0.5	26.5	18.6
1892	44	96	18	315	22.3	8.1	1.0	31.4	22.5
1893	48	105	15	294	26.9	10.9	0.7	38.5	23.5
1894	47	106	11	(300)	30.0	12.5	0.4	42.9	26.0
1895	58	122	15	311	36.4	16.4	0.9	53.7	39.4
1896	55	122	20	303	39.7	20.5	2.2	62.4	46.9
1897	63	154	23	326	53.5	20.5	0.8	74.8	56.7
1898	71	137	28	287	67.8	29.2	1.1	98.1	70.7
1899	74	159	28	155	69.0	36.5	0.7	107.2	80.1
1900	83	215	36	163	92.7	41.2	1.4	135.3	105.5
1901	85	202	33	85	102.2	33.5	0.3	136.0	114.6
1902	82	198	28	69	101.8	31.2	0.3	133.3	104.3
1903	83	195	40	76	113.3	34.8	0.5	148.6	119.7
1904	86	180	32	34	127.5	40.6	0.8	168.9	134.7
1905	86	162	32	35	(118.5)	36.3	0.7	155.5	(134.0)

1906	86	207	37	42	(124.1)	(28.2)	0.7	153.0	(123.7)
1907	89	221	41	62	129.9	32.8	0.7	163.4	128.2
1908	85	213	41	47	133.6	30.1	1.0	164.7	139.0
1909	88	204	24	125	142.6	35.5	1.4	179.5	154.8
1910	88	195	25	50	167.5	33.5	1.3	202.3	173.8
1911	86	197	26	62	171.5	40.7	1.6	213.8	187.8

注：鉱業統計は不正確で，大工場のデータが欠けていることがある．ストゥルミリンはこれを鉱業主
　　団体の資料によって補正しているが（括弧内の数字），それでも完全ではないとされる．
＊マルタン鋼，ベッセマー鋼の合計
出典：С. Г. Струмилин. Ук. соч. стр. 387.

　ウラルは1890年代のうちにマルタン鋼の生産に傾斜していたが，南部では1900年においてもわずかながらベッセマー鋼の方が優勢であった。Ip. グリヴィツは，ベッセマー鋼の方がレール生産に適しているという，当時支配的だった信念をその理由として指摘している[58]。

　確かに，20世紀に入って南部でも急速にマルタン鋼が優勢になるのは，レール生産の縮小を反映しているように見えるのだが，実情は不明である。

　南部ロシアのアレクサンドロフスキー工場で，1894年，ゴルジャイノフによ

表1-9　製法別地域別鋼生産高推移

（単位：千プード）

	南　部				ウラル				全ロシア			
	マルタン鋼	％	ベッセマー鋼	％	マルタン鋼	％	ベッセマー鋼	％	マルタン鋼	％	ベッセマー鋼	％
1890	4632	66	2412	34	559	22	1927	78	15286	68	7,222	32
1900	33942	48	35941	52	15481	84	2938	16	92152	74	41165	26
1909	68686	67	33853	33	34993	95	1533	5	148086	81	35386	19

出典：Ип. Гливиц. Железная промышленность России. стр. 47.

る新熔解法が導入されたのは，マルタン法への寄与と見なせる。これはまず鉱石を平炉で熔解したものに熔銑を流し込むもので，精錬時間を半減すると評価された[59]。

　19世紀後半の鉄の使用の増加はほとんど専ら熔鉄・鋼によって行われ，錬鉄に対する勝利を意味した。各熔鉄・鋼法の間での競争がそれぞれの方法の特質を明瞭にした。ベッセマー鋼は，鉄道レールあるいは摩擦が問題となる機械部品，軸その他硬い材質が要求されるものについて優位であった。トーマス鉄は軟らかい材質，線材，板及び形鉄として良好であった。マルタン法は，鋼鋳物，装甲板のような大型材，また多様な目的の製造物に適応でき，最も融通性に富んでいた[60]。

　特殊な高級鋼の製造分野では，ルツボ法の役割も失われなかった。この点でクルップの大規模熔解設備と労働管理体制は卓越しており，1870年代にロシアでもこれをアレクサンドロフスクのオブホフスキー工場に導入し，1875年，海軍の巨大な砲身に用いる鋳鋼塊を製造したのである。この原料は極上のウラルの木炭銑とシベリアの棒鉄であった[61]。

　近代製鋼法の確立のもとで，多様な製造物の組み合わせの要求する，多様な製法のバランスと生産力水準の実現が経済活動と国民生活の向上にとって不可欠の条件となったといえる。

　ロシアでマルタン法が優位を得た理由に関連して，中沢護人は，ロシアで「平炉法一辺倒に」なったことの「真因を探ることは1つの学問的テーマ」であろうと問題提起している[62]。

　有馬達郎は，ウラルや中央部で圧倒的にマルタン法が優勢になった理由として，「小規模・分散を特徴とする在来の錬鉄生産の伝統的な構造が，この平炉製鋼法の導入を比較的有利にしたのである。また，政府発注との結びつきが弱く製品種類が多様であること，その導入にみるべき新規投資を必要としないこと，などの事情もこうした技術選択の条件となっている」と指摘した[63]。

　鉄鋼生産の流れの中で，精製工程に着目すると，20世紀初頭においてロシア

第1章　19世紀のロシア製鉄業とウラル

で精練される銑鉄の約80％はその後溶接鉄・鋼，鋳鉄・鋼として半製品に精
製された。⁽⁶⁴⁾

鉄鋼半製品の増大は素材産業としての鉄鋼業の近代化と自立を表現し，表
1-10に見るごとく，停滞と加速を繰り返しながら，1890年代に飛躍したことを
示す。

ここにもロシア的特質が内包されている。半製品のうち，溶接鉄・鋼は20
世紀初頭にはほとんど取るに足らない量となったが，地域別に見たその駆逐過
程は表1-11のごとくである。

南部のパドル鉄（溶接鉄）は400万プード（1897年）を超えることなく，1902年
には生産を見なくなったが，なおしばらく，ウラルで500万プード，ポーラン

表1-10　ロシアの鉄鋼半製品の増大

年	1840	1850	1860	1870	1880	1890	1900	1909
生産高（千プード）	6950	10100	12465	14853	35618	48750	160796	191056
増加量（千プード）	—	3150	2365	2388	20765	13132	112046	30260
増加率（％）	—	45	23	19	139	37	229	19

出典：Ип. Гливиц. Ук. соч. стр. 44.

表1-11　半製品の地域別内訳推移

（単位：千プード）

年	南　部				ウラル				全ロシア			
	鋳　鉄	％	溶接鉄	％	鋳　鉄	％	溶接鉄	％	鋳　鉄	％	溶接鉄	％
1882	1468	43	1918	57	1425	9	13854	91	14909	41	21412	59
1890	7043	75	2392	25	2620	12	18471	88	22838	44	29117	56
1900	70677	98	688	2	18571	48	19821	52	134417	84	31066	16
1909	102539	100	—	—	36526	88	5123	12	183472	96	7585	4

注：鋳鉄，溶接鉄はそれぞれ鋼を含む.
出典：Ип. Гливиц. Ук. соч. стр. 46.

23

ドと北部で100万プード，中部で50万プード程度の年産を維持した。[65]

第2節　南部鉄鋼業の擡頭

南部への投資の開始

　すでに早くからロシア南部—南ロシアとウクライナにまたがる地域であるが，帝政時代の呼称に従う—の石炭資源は知られていた。1720年代初めモスクワ近郊と並んでこの地域に炭坑が開かれ，小規模な利用が始まった。その後大きな発展は見られなかったが，18世紀末の探査で産炭地は拡大した。しかし人口希薄で交通手段に欠ける南部の工業発展は新たな動機を必要とした。その動機とは軍事的要請である。黒海艦隊の武器補給と要塞建設のため1797年ルガンスクに鋳物工場が建てられる。[66]

　他方，鉄鉱石資源の存在も18世紀には知られていた。更に，1865-67年に行われた調査でクリヴォイ＝ローグに豊富な鉄鉱床が確認される。[67]

　Ip. グリヴィッツによれば，20世紀初頭において把握されていた南部の鉄鉱石資源の状況は，つぎのようであった：クリヴォイ＝ローグはエカテリノスラフ，ヘルソン両県の境界に位置し，鉄含有量50-70％の赤鉄鉱，一部は磁鉄鉱を産する。56-58％以下の鉱石は低品位と見なされて利用されていない。コルサク＝モギーラはタヴリーダ県に属し，鉄含有量66-67％の主に輝鉄鉱を産する。採掘は1890年代半ばからである。エカテリノスラフ県とドン軍管区にまたがるドネツは，鉄含有量35-40％の褐鉄鉱を埋蔵する。比較的新しく注目されるようになったケルチェンスキー半島の褐鉄鉱は，鉄含有量34-42％で，通常5-7％もしくはそれ以上のマンガンと1.5-2.5％の燐を含む。[68]

　18世紀末から「農民改革」にかけて官有冶金工場改革の試みは何度かなされたが，大きな発展を見ることはなかった。[69]

　ロシアの私的資本によって南部に建てられた最初の冶金工場は1870年創設のパストゥーホフのスリンスキー工場である。その高炉は年産100万トンを予

定したものであったが，1872年秋の最初の試運転で燃えきってしまい，"1887年に至るまで試験の域を出ない"ものであった。1894年においても617千トン，すなわち予定の60％の銑鉄生産にとどまった[70]。これは無煙炭による製鉄の失敗と考えられる[71]。

パストゥーホフに前後して開発の利権を得たコチュベイ公はロシア国内に必要な資金を見出せず，それをイギリス人ジョン・ヒューズに譲った[72]。

その名をとってユゾフスキー工場とも呼ばれるヒューズのノヴォロシースキー工場は，"ヨーロッパの最新の技術によって装備され，工場の始動に必要な人員も海外から招聘された"工場は1869年創立され，1870年半ばに着工して，71年4月に操業開始した最初の高炉は高さ22.8メートルで年産2百万プードを予定した。しかし3日後には故障して修理に9カ月を要する事態であった。その生産量は，1872年371千プード，73年504千，74年424千，75年537千と，設計能力の25％を超えない。1876年に第2の高炉が操業開始し，7基の高炉が稼働していた1900年に設計能力15百万プードのところ260昼夜操業で16.6百万プードを産するに至る。かくして最新設備の工場が軌道に乗るのに30年近く要したことになる[73]。

とはいえ，いまだインフラストラクチュアの未整備な段階で巨額な投資を行い，南部鉄鋼業の可能性を示したヒューズの企業家精神の役割は大きかった。

関税政策の再転換

輸入資材によって鉄道建設を続けるかぎり国内産業を育成することは難しい。そのため，国内鉄鋼業の一定の発展段階で保護的関税政策への再転換が必要になる。

1868-1878年の10年間に毎年平均して約2.5百万プードの銑鉄（その内2.25百万プードあるいは90％は無関税），約5.7百万プードの鉄（その内3.6百万プードあるいは60％以上は無関税）が輸入された。その後の好況で金属輸入はさらに増加し，1878-1880年の平均輸入高は銑鉄10.9百万プード（その内5.6百万プードす

なわち50％以上が無関税），鉄8百万プード（その内3.3百万プードすなわち40％以上が無関税）に上った。無関税輸入された大部分の銑鉄，鉄は鉄道装備，車両，軍需品となったとされる。[74]

1880年7月3日裁可された大臣会議の具申は，機械製造工場のための銑鉄，鉄の無関税輸入の優遇を廃止し，同時にあらゆる銑鉄，鉄，鋼製機械設備の関税を1プード80コペイカに引き上げるもので，その額は1881年に88コペイカ，1882年には90コペイカにされる。同年には銑鉄関税を1プード6コペイカ，鉄40コペイカ，鋼も同水準とされる（鋼については引き下げ）。[75]

1884年6月16日裁可された大臣会議具申では，海路，陸路ともに銑鉄の輸入関税を1884年7月1日から1885年3月（ティミリャーゼフの原文では4月とあるのを文脈により訂正する）1日まで1プード9コペイカ，1885年3月1日以降1886年3月1日まで1プード12コペイカ，1886年3月1日以降1プード15コペイカと定めた。同時に，同具申は，鉄鉱石の関税を1プード2コペイカから4コペイカへ引き上げ，他方で特殊な種類につき若干の引き上げ（1プード55コペイカから60コペイカへ）のほかは鉄および鋼の基本的な関税を据え置いた。[76]

すでに1884年の時点で，国内冶金業の保護育成のためには1プード25コペイカの銑鉄関税が必要であるとの認識が政府に生まれていたが，国内産業の発展が急速には望めないこと，国内産資材の精錬への転換によって起こりうる混乱を避けることから，完全な保護的水準への移行は1887年からとされた。[77]しかしこの水準でも政府にとっては不十分なものであって，1891年の大規模な改定を迎えることになる。1891年関税は，銑鉄に関して前年に一時的に導入した20％付加を続けることとし，海路輸入につき1プード30コペイカ，西部国境の陸路輸入につき35コペイカとした。特殊なマンガン銑，ケイ素銑，クロム銑については50コペイカである。[78]

鉄および鋼の関税は細分化され引き上げられた。棒鉄，形鉄に対して1プード60コペイカ（ドイツからの輸入につき50コペイカ），バーミンガム規格＃25までの板鉄1プード85コペイカ（ドイツにつき65コペイカ），＃25以上の板鉄1プー

第1章　19世紀のロシア製鉄業とウラル

ド1ルーブリ⁽⁷⁹⁾（ドイツにつき80コペイカ）。

鉄道網の整備

　それと同時に，帝政の政策が外国資本の流入を促進する方向で整備された。
まず第一に，鉄道建設である。以下のごとく，南部の鉄道網は1860年代末か
ら80年代初めにかけて整備される⁽⁸⁰⁾。

鉄道線名	完工時期 (年)
クルスコ・ハリコフスコ・アゾフスカヤ	1868
コズロヴォ・ヴォロネシスコ・ロストフスカヤ	1868-1871
ハリコヴォ・ニコラエフスカヤ	1870-1873
コンスタンチノフスカヤ	1872
ロゾヴォ・セヴァストポリスカヤ	1873
ロストヴォ・ヴラディカフカススカヤ	1875
ファストフスカヤ	1876
ドネツカヤ	1878
マリウポリスカヤ	1882
エカテリニンスカヤ	1884

　これらの中で，南部の工業発展に特に重要な役割を果たしたのは，ドネツ
カヤ線とエカテリニンスカヤ線である。前者は交通の要衝を結び他地域との
連結をつくり，後者はドンバスの産炭地とクリヴォイ＝ローグの鉄鉱山とを
結んだ。20世紀初めには南部はロシアでもっとも鉄道網の密な地域となる。
1913年において1000平方kmあたりの鉄道線長（km）は，北西部6.6km，中央
工業地帯17.9km，ウラル2.2kmに対して南部では23.7kmであった。ただし，
ロシアの1000平方kmあたりの鉄道線長が9.9km（1904）の時，イギリスでは
114.8km（1903），ドイツでは102.1km（1904），フランスでも84.7kmであった。⁽⁸¹⁾
　1861年に1492ヴェルスタ（1ヴェルスタ＝1.067km）だったロシアの鉄道総延
長は1914年1月1日現在63693ヴェルスタの本線と13811ヴェルスタの支線に

27

延伸する。その間の鉄道建設は1870年と1900年の2つのピークを持つブーム
を形成しつつなされた。年代ごとの敷設距離は以下のごとくである。[82]

時　期	敷設距離（ヴェルスタ）
1861-1870	8598
1871-1880	11146
1881-1890	7372
1891-1900	19022
1901-1910	12865
1911-1913	3310

　鉄道運賃の管理は，政府にとって産業育成の重要な手段である。この点で，
1891年の全般的な運賃料率改定は，鉄鋼生産物に対して初めて行われたもの
であった。銑鉄生産地から加工地への特別料率が定められた。すなわち，初乗
りが1/36から1/50プード＝ヴェルスタに引き下げられ，以降最低料金の区分
が適用されることになった（200ヴェルスタ以上初乗りの10％割引, 500ヴェルスタ
以上15％, 625-1000ヴェルスタ；1/125プード＝ヴェルスタ, 1000ヴェルスタ以上；
1/150プード＝ヴェルスタ）。同様の優遇料率はレール鉄に対しても設けられた。
1897年の改定でさらに若干の引き下げがなされ，1900年代に段階的に引き上げ
られるまで優遇措置が続けられた。[83]

南部鉄鋼業の擡頭と外国資本

　1880年代に，集中的な製鉄工場建設が開始された。第一のグループは鉄鉱
石と石炭との間の地域に建てられた。1885年ドゥネプル河畔にアレクサンド
ロフスキー工場が着工され1887年に操業を開始する。1889年カメンスコエ村
にドゥネプロフスキー工場が完成する。1892年クリヴォイ＝ローグにグダン
ツェフスキー工場が建てられるが，90年代の工場立地の中心は産炭地に移行す
る。1894年ドゥルシコフスキー工場が建設され，1897年にはかつてペトロフス
キー工場の存在した場所に同名の大規模な工場が建てられた。[84]

28

工場立地の諸条件の中で第一のものは，交通であろう。20世紀初頭の技術的制約のもとで，銑鉄1トンの精錬のために平均的に高品位鉄鉱石1.8トン，同一個所でコークス化するとして石炭2.8トン，それに融剤0.5-0.6トンを要した。また，製鋼・圧延過程で金属1トンの産出のために概ね1トンの石炭が必要であり，さらに蒸気動力，送風，工場内輸送等にも大量の石炭が消費されることになれば，産炭地の方により大きな吸引力があるのは明らかである。かくしてドンバス地区には豊かな石炭を産するだけでなく近傍に良質な石灰石を有し，急速な鉄道網整備がなされ，最も多くの冶金工場を引き付けたのである。[85]

エカテリノスラフ近郊のドゥネプル河畔に立地したドゥネプロフスキーおよびアレクサンドロフスキー工場の場合は，鉱石への近さと同時に水資源ならびに交通手段としてのドゥネプルに着目したことになる。ユゾフスキー（ノヴォロシースキー）工場の場合は，クリヴォイ＝ローグの開発以前であったのでコークス用石炭のもっとも豊かな場所が選ばれた。[86]

1897年アゾフ海沿岸に建設されたマリウポリスキー工場は，急速に発展しつつあるザカフカスの石油生産に鉄管を供給するために鉄鉱石と石炭の長距離輸送を甘受したといえる。[87]

かくして1890年代末の南部にはドネツコ＝ユリエフスキー，タガンロクスキー，オリホフスキー，ルースキー＝プロヴィダンスその他も含めて，29の稼働中の高炉と建設中の12高炉とを持つ17の冶金工場が存在した。[88]

国内鉄鋼生産の優遇

関税障壁を高めるだけでは国内鉄鋼生産の急速な発展のためには不足である。帝政は国庫発注とプレミアの付加によってそれを促そうと努めた。鉄道建設は産業発展のインフラストラクチュア整備とともに，鉄鋼業と機械工業にとっては巨大な需要を創出することになる。

1876年に政府は国内工場で国内産原料から製造されるレール1プードあたり35コペイカのプレミアを設定した。このプレミアは8年間にわたって漸減し，

最終年には1プード20コペイカになるものとされた。しかしこの刺激策は目立った成果を挙げなかった。機械工場の原料金属輸入は事実上無制限であったし，何より国内鉄鋼業にこの刺激に応える生産力が不足した。[89]

南部鉄鋼業の立ち上がる90年代にようやくこうした優遇策が結実する条件が生まれる。1897-98年の国庫発注のレール価格は1プード当たり1ルーブリ10コペイカから1ルーブリ25コペイカの範囲に設定された。当時の原価は77-89コペイカであり，民間向けでは85-89コペイカで出荷され，海外では60-65コペイカの原価とされるから，優遇と国庫負担の大きさが推察される。実際シベリア鉄道の建設に1プード75コペイカのレール価格を提示したイギリス企業の参入は拒否され，政府の注文は国内に発せられた。[90]

かかる保護政策と鉄道建設の時期に相次いで設立され，急速に発展した南部の鉄鋼企業が，国庫依存の体質を持つことになるのは避けがたい。南部ロシア鉱業主大会の認めるところでは，20世紀初頭において主要工場の総生産高の中で国庫注文の占めた比率は以下のごとくであった：ドゥネプロフスキー工場26%，タガンロクスキー工場29%，ルースコ＝ベリギースキー工場56%，ブリャンスキー工場58%，ドゥルシコフスキー工場72%，ユゾフスキー工場81%。[91]

これらの大工場は労せずして需要と利益を保証されていたということである。

初期においては工場創設にあたって直接的金銭的援助が与えられ，それ以後のものも数年間の国庫注文の保証，レールのプレミア価格が設定された。こうして「人工的」に南部鉄鋼業が育成されたことに疑問の余地はない。[92]

過保護とも言える状況の下で，19世紀末に向けてロシア鉄鋼業は目覚ましい発展を示した。

コークス製鉄の扶植
南部の高炉（熔鉱炉）生産は加熱送風とコークス製鉄によってスタートした。

第1章　19世紀のロシア製鉄業とウラル

1876年にはロシア全体で約20台の加熱送風装置が統計に現れた。[93]

　ロシアへのコークス製鉄の導入は，中断を伴う長期の試行を経て，結局南部での新設の形で行われた。実際，コークス製鉄は，既存の工場の更新・改築ではなく，全く新規の建設によって行われた。1910年に存在した19工場のうちポーランド地域の6工場11高炉を除くと，残りの13工場46高炉は1871年以降南部に建設されたものであった。[94]

　このようなわけで，高炉生産における南部とウラルとの比較は，コークス製鉄と木炭製鉄との間の比較に他ならない。

　表1-12の示すように，ウラルの高炉生産は，1880年からの30年間に，1工場当り2.5倍，1高炉当り2.9倍に生産力を増加させた。これは着実な前進であったといえる。しかし，コークス製鉄に基づく南部では，その間に1高炉当り生産規模においてウラルの6.3倍の実績を上げるに到った。

　銑鉄生産における南部とウラルの効率比較を表1-13に見る。

　ここに見るかぎり，南部がウラルを凌駕した効率上の主たる要因は，銑鉄1トンの生産に要する鉱石が10-13%少なく，そのための労働日数が43%（1910）と半分以下で済んだこと，年間稼働日数が約14%多かったことにあった。ただ，

表1-12　ウラルと南部の高炉生産性比較

年	地　域	工場数	1工場当り銑鉄生産高 （千プード）	稼働1高炉当り銑鉄生産高 （千プード）
1880	ウラル	60	306	175
	南　部	1	1089	544
1890	ウラル	63	440	256
	南　部	9	1500	960
1900	ウラル	76	663	359
	南　部	20	4600	2040
1910	ウラル	50	770	500
	南　部	13	9650	3140

　出典：С. Г. Струмилин. Ук. соч. стр. 365.

31

表1-13　銑鉄1トン当り各種支出の比較

年	地　域	1稼働炉当り要員数	稼働日数（昼夜）	銑鉄1トン当り鉱石	銑鉄1トン当り石炭[*]	銑鉄1トン当り労働日数
1890	ウラル	66	276	1.90	1.25	4.32
	南　部	88	328	1.68	1.11	1.83
1900	ウラル	59	267	1.90	1.21	2.68
	南　部	169	281	1.80	1.19	1.45
1910	ウラル	74	270	1.90	1.13	2.44
	南　部	180	307	1.65	1.10	1.06

[*]南部においてはコークス，ウラルにおいては木炭
出典：С. Г. Струмилин. Ук. соч. стр. 366.

ウラルは銑鉄1トン当りの労働日数を1890年から1910年にかけて約56％に短縮し，1稼働炉当りの労働者数においては南部の35-41％（1900, 1910）の人数で済ませることができたのである。これらの点に，木炭製鉄のウラルが，南部との競争の中でも生き永らえただけでなく，生産を増加させさえした理由があったと考えられる。

　ウラルの生き延びた一因としては，生産品目の棲み分けも指摘される。

　生産された銑鉄の，精練・製鋼用，鋳造用，その他の種別の配分が産地ごとの特性を反映するとして，Ip. グリヴィツは次のように指摘する。1905-1909年の平均で，ロシアの銑鉄生産は，精練・製鋼用79.7％，鋳造用17.8％，特殊銑鉄2.5％の比率である。特殊銑鉄のほとんどを占めるフェロマンガンについていうなら，ロシアのマンガン資源は豊富であるにもかかわらず，フェロマンガンの生産は極めて少なく，そのうち97.1％は南部に集中している。地域別に，ウラルについて見ると，精練・製鋼用91.9％，鋳造用7.9％，特殊銑鉄0.2％であって，鋳造用銑鉄の市場が小さいことが表されている。これに対して南部は，精練・製鋼用78.1％，鋳造用18.1％，特殊3.8％となっており，ドイツの場合（1907-1909年平均）―精練・製鋼用75.1％，鋳造用17.3％，特殊7.6％―に近い型である。
(95)

第1章　19世紀のロシア製鉄業とウラル

外国資本と技術

　1890年代の南部には20以上の大規模金属・機械製造工場が設立された。

1　ロシア圧延管製造会社工場，資本金2百万ルーブリ（マルタン炉2基）

2　エカテリノスラフスキー鋳鋼工場，資本金5百万フラン

3　ドネツキー冶金・プレス会社（ベルギー資本）エスタンパーシ工場，資本金125万フラン

4　ランゲ圧延管工場，マルタン炉保有*

5　V. ガントゥケ冶金工場*

6　コンスタンティノフスキー製鉄工場，資本金250万フラン

7　オデッサ製鉄工場，資本金130万フラン

8　オデッスキー鋳鋼会社（ベルギー資本）工場，資本金170万フラン

9　オデッサ金属会社（ベルギー資本），資本金125万フラン

10　フランコ＝ルースカヤ製作所車輌工場，資本金250万フラン

11　ゲッレルシテイン農機具工場*

12　デバリツェフスキー機械工場，資本金100万ルーブリ

13　ゴルロフカ機械・車輌工場，資本金200万フラン

14　ドゥルシコフスキー車輌工場，資本金160万フラン

15　ニコラエフスキー造船工場，資本金1200万ルーブリ

16　ニコラエフスキー機械工場，資本金400万フラン

17　ネフ＝ヴィリド会社ボイラー工場（タガンローグ）

18　ハリコフ機関車製造工場，資本金525万ルーブリ

19　スマハ機械工場（ベルギー資本），資本金200万フラン

20　ガルトマン会社ルガンスキー機械工場，資本金600万ルーブリ

21　手工・器具製造会社ルガンスキー工場（ベルギー資本），資本金100万フラン

22　エナメル食器・ランプ製造会社ルガンスキー工場（ベルギー資本），資本金150万フラン

これら資本金100万フラン以上の工場は，ハリコフ機関車製造工場の他はすべて外国資本によるものだった（*資本金の記述はない）。[96]

　1900年に南部に存在した18製鋼企業のうち16に外国企業家が関与しており，この地域の製鋼業への総投資の78%が外国資本であったとされる。[97]

　最も古く，最も規模の小さい，ロシア資本によるパストゥーホフのスリン工場でさえ，大部分の時期においてフランス人技術管理者と数人の職工長を置いていたから，[98]南部鉄鋼業が全面的に外国技術に依存していたことに議論の余地はない。

　1890年代末に南部に実現していた，当時として大きな技術革新は以下の通りであった：

(1) 1昼夜生産能力銑鉄150トン（9000プード）の大規模高炉の設備

(2) 蒸気機関を備えた合理的構造の投入口リフト

(3) 完成された構造の空気加熱装置

(4) 垂直型もしくは水平型の，30-40%燃料節約する送風機

(5) 蒸気ボイラー，空気加熱装置のための炉頂ガスの利用

(6) 容量100-120トンの溶融銑鉄ミキサー。これにより銑鉄の均質性が高まり脱硫が促進され以後の過程が容易となり燃料が節約される

(7) スラッグの粒状化（アレクサンドロフスキーおよびユジノ＝ドゥネプロフスキー工場）。アレクサンドロフスキー工場ではそれからスラッグレンガを製造

(8) コークス炉を併設し，排出ガスを利用（アレクサンドロフスキー，ドゥルシコフスキー，グダンツェフスキー工場）

(9) 電気照明，電気動力の利用，当時としては大きな発電所設備（アレクサンドロフスキー，ユジノ＝ドゥネプロフスキー工場）

(10) 圧延工程に改善された加熱炉を設備，工程の機械化[99]

　いかなる水準の技術が移転され，どのように根づいたのか。J. P. マッケイはいう。"南部鉄鋼業における外国人の行動の均一性は印象的である"。当初の関

第1章　19世紀のロシア製鉄業とウラル

心，参入の時期にかかわらず，外国企業家は投資過程の決定的な時期を支配し，どの事業でも最も重要な細部の技術的検討に立ち会い，少なくとも設備が通常の稼働に至るまで管理にとどまった。[100]

　投資の決定に至るまでに，生産コスト，市場，収益の綿密な計算が行われるが，完全に"モダンな鉄鋼所"がその前提とされているのが特徴的である。外国技術者達の固定的な合理的製鋼の観念はごく狭い範囲でのみ修正されえた。こうして外国企業家達は標準，すなわち完全に実証された技術を備えた工場を建設した。彼らはロシアの後進性に対する譲歩を最小限にとどめる一方，技術革新や実験は本国で行うのがふさわしいと考えたというのである。[101]

　鉄鋼生産の3主要部—高炉，製鋼，圧延—についてみても，同様の状況であったという。熔鉱炉は近代的ではあったが，容量は1890年代の西ヨーロッパのものと比較して平均的であった。1901年までに南部に完成した56基の高炉は概ね1昼夜120-180トンを産した。1888年以前に建設されたクリヴォイローグ製鉄会社とヒューズのものを除くと，小規模な高炉はなかった。ドゥネプル会社の1888年と1890年の最初の2基の高炉は1昼夜各130トン，90年代初めのドネツ製鋼会社のものは各150トン産した。ブリャンスク，クラマトルスカヤ，ニコポリ＝マリウポリの各社は300トン以上の高炉を建設し，ルッソ＝ベルギー会社は250トンの高炉を4基建設した。他方で，90年代末のマケエフカ，ドネツ＝ユリエフカ，オリホヴァヤの新高炉は180-190トンの生産量であった。[102]

　高炉の生産性は鉱石の品位にも依存する。クリヴォイ＝ローグの鉄含有量は60-65％であり，西ヨーロッパに広く供給されたロレーヌ鉱石の含有量30-40％をはるかに凌いだ。したがって，西ヨーロッパのほとんどで銑鉄1トン当り2.5トンの鉱石を要したのに対して，南部では平均1.7トンを要したに過ぎない。[103] すなわち，J. P. マッケイに従うと，南部では西ヨーロッパと同量の銑鉄を生産するのに68％の鉱石で済み，同量の鉱石で1.47倍の銑鉄を生産できたのである。これらは表1-14の示すところである。

　南部ロシアの高炉が西ヨーロッパの本国を凌駕する生産を示した理由は，炉

表1-14　高炉1基当りの地域別年間平均生産量(単位：トン)

	1880	1890	1900	1910
全ロシア	2300	4300	9600	19500
南部ロシア	6900	15500	47000	59000
イギリス			22500	30000
ドイツ			31000	49000
フランス			21000	34500
ベルギー			27000	46000
合衆国			56000	100000

出典：J. P. McKay. Op. cit. p. 123.

の規模が大きかったからとか技術が進んでいたからとかいうより，鉱石の品位
が高かったことにあるという。フランスおよびドイツのロレーヌで，1903年ご
ろの新設の高炉は，500-550立方メートルの容量で1昼夜180-200トンの銑鉄を
産した。同じころ，ブリャンスク社の1900年に建てられた容量550立方メート
ルの最新の第5高炉は，鉄含有量58％の鉱石から1901-1903年に平均260トン，
最大300トンを熔融した。この，約1.4倍の生産量は，鉱石の品位の差に見合っ
たものだと言えよう。

　高炉の周辺装備は適切だったとされる。一般に，それぞれの高炉を4基のカ
ウパーが取り囲んで空気を加熱し，先進メーカー（コッカリル，ル・クルソー，
クライン）の蒸気駆動送風機がそれを吹き込む。炉頂ガスはヨーロッパの標準
にしたがって，蒸気機関，後には発電用に蒸気タービン，さらにはガスタービ
ンに利用された。クレディ＝リヨネーズの技術者が1905年に行った検討でも，
高炉の平均的規模が中庸であったことと，ガスタービンの普及が緩慢だったこ
とを除けば，概ね満足の評価であった。

　製鋼過程は，ベッセマー，トーマス，もしくはマルタン法によって行われた。
ベッセマーおよびトーマスの作業場は，通例，容量8-10トンのコンヴァーター
2-3基が一列に設置され，1898年のドゥネーブル社の例のように，"なんら例外

的なものはない”とされた。[(106)]

マルタン作業場は若干様相が違っていて，ヨーロッパでスタンダードになっていた，鉱石とスクラップ鉄の充填の機械化は，1904年にウラル＝ヴォルガおよびドゥネプル社のみでなされていた。ヨーロッパで普及し始めた，鉱石のみによる製鋼は，ドネツ＝ユリエフカだけで行われていた。とはいえ，南部ロシアが製鋼の世界的発展の主流にとどまっていたことは疑いないとされる。[(107)]

圧延工程は，各種のローリングミルからなる。通常それらは，レール，桁・梁，その他構造材，各種鉄・鋼板のためのミルである。1900年以降，ウラルの特産であった波板鋼のためのミルがいくつかの工場に付け加えられた。これらのミルは，ヨーロッパに比べて特に後れをとっていたわけではない。1904年にドネツ＝ユリエフカだけが電動のミルを持っていた。ヨーロッパにおいてもいまだ蒸気機関が優勢であり，動力源としての電気の利用は増加しつつある状況だった。[(108)]

J. P. マッケイの指摘するところでは，外国人技術者達は，彼らの本国のプラントのコピーとしてロシアの工場を建てた。そのため，蒸気機関を例にとると，一般にベルギー人はコッカリルのエンジンを使い，フランス人はル・クルソーもしくはシエ・アルザシエンヌ Cie Alsacienne，ドイツ人はクラインまたはフィツナー＝ガムパーを採用した。[(109)]

“親と養子両方での並行的技術変化”が広く起こった。ロシア＝ドゥネプル会社は1904年までにロシアで最初に炉頂ガスをタービンで発電するために利用したが，これはジョン・コッカリル社がヨーロッパにこの技術を導入した6年程後であった。[(110)]

ドネツ＝ユリエフカではドイツ人技術者がベッセマー法とマルタン法を結合したウィトゥコウィツ・プロセスを試みた。ニコポリ＝マリウポリ会社では，アメリカ人技師が1898年，最初の自動巻揚げ機を高炉に設備した。この革新は3人の労働者を1人の技師にとって替え，24時間350トンの銑鉄生産―おそらく1900年以前のロシアの新記録―を達成した。フランスの技術に依拠した

マケエフカ製鋼会社は1910年までにエロールHeraultの電気炉をロシアで最初に設備した。[(111)]

　工場の構造も母国のそれのコピーであった。概ね，大規模で統合された工場が建てられたが，そのような構造の工場が欧米で成功を収めていたのである。どの工場も，少なくとも2基の高炉，マルタン炉，ベッセマー炉各1基，各種構造材用の圧延ミル3-4基，最低限3種類のローリングミルを持っていた。そのような統合された構造が，製品の品質と低コストを保証するとともに，1890年代末からの，レールから民需向け製品へのシフトを容易にしたとされる。[(112)]

　技術水準は生産コストにも反映した。

　J. P. マッケイは，原料にほとんど同額を払っていたベルギー鉄鋼業との比較を試みている。ベルギーでは1903年にトーマス鋼1トン当り平均原料コストは53.3フランであった。1905年初め，ロシアでの原料コストも53.3フラン（1プード32.8コペイカ）であったが，銑鉄熔融コストは，1プード当り4から6.5コペイカ（1トン6.5-10.5フラン）であった。平均すると，1トン当り6フランのベルギーにたいして，1プード5.5コペイカもしくは1トン8.9フランであった。両者の相対関係は，ベルギーでの銑鉄1トン当り生産コストを約60フラン，ロシアでのそれを62フランと見積もった，クレディ＝リヨネーズの技師達の見解に近いといえる。[(113)]

　精鋼コスト：ロシアでの精鋼コストは平均1プード17コペイカ（1トン当り27.5フラン）とされる。その結果，ベッセマー鋼塊は1プード51-58コペイカ（1トン当り82.6-94フラン），マルタン鋼塊は1プード55-63コペイカ（1トン当り89.1-102.1フラン），主要なトーマス鋼生産者のコストは1プード57コペイカ（1トン当り92.3フラン）であった。ロレーヌ鉱石を用いるヨーロッパの生産者は酸化過程を省くため直接に比較できないが，スペイン産鉱石を用いてその過程を行う唯一のベルギー企業たるコッカリルのベッセマー鋼塊は1トン当り88フランであった。他の生産者のトーマス鋼塊は平均86フランである。結論として，ロシアの優良企業の精鋼コストは，ベルギーにおけるよりも10％以上超えるこ

とはなかったとされる。[114]

レールの生産コスト：優良なベルギー企業のレールの工場出荷価格が1トン当り105-110フランであったところ，ロシアでは113-154フラン（1プード70-90コペイカ）であった。1905年に，優良なロシア企業のレールの生産コスト（減価償却を含む）はベルギー企業のそれに近いものであった―ロシア＝ベルギー会社では1トン当り113フラン（1プード70コペイカ）；ドゥネプル会社では1トン当り121フラン（1プード75コペイカ）；ドネツ精鋼およびヒューズでは1トン当り125フラン（1プード77コペイカ）。[115]

ロシアの弱点は，特にローリングミルの高度な熟練作業に感じられる，主として労働力の質の劣位にあった。[116]

外国資本のロシア経済にとっての利得は何か？　外国企業家は鉄鋼業に強力なインパクトを与え，それにより発展に貢献したか？　こうした問いに対して，J. P. マッケイは「あいまいさのないイエス」であると答えて4点を挙げる。[117]

"1　以前は十分利用されなかった，もしくはほとんど利用されなかった資源が生産的な目的に振り向けられ，ロシアの産出と収益は増えた。

2　外国人達は現代的な鉄鋼業を創出する試みに成功した。南部の労働者の生産性はウラルのそれよりもはるかに高かった。より重要なことは，南部の工場は西ヨーロッパのそれに比肩しえたということである。

3　外国人達の先進技術は，生産コストを引き下げ，これにより鋼価格のほぼ一貫した低下を可能にした。一次的な産業物資として鋼の低価格は投資を容易にした。この重要な貢献は見過ごされがちである。

4　製鋼業の発展はロシアを基礎的冶金生産物において自給自足たらしめた。政府の積年の目標は達せられた。"

いくつかの個別事例を取り上げて，外国資本の役割をより具体的に見る。

最も重要な役割を果たした外国企業の一つは，ベルギー・セレイングのジョン・コッカリル会社であった。[118]

国内市場の狭かったベルギーの鉄鋼企業は，早くから国外を志向していた。ジョン・コッカリル会社はその先頭に立つ一人であった。1864年，サンクト・ペテルスブルク郊外に，ベルギー製資材でもってロシア海軍向けの小型艇を組み立てる小さな造船所を建てたのがロシア進出の第一歩だった。造船所は，5年後に，すべての艇を売り渡したのち，後年ブリャンスク鉄鋼会社で重要な役割を演じることになるテニシェフ公に売り渡された。1877年ロシアが保護関税に転じたことが一つの転機になった。このためにコッカリルのロシアへの年商は激減したのである。1883年，コッカリル会社は技術者を派遣してクリヴォイ＝ローグの資源を調査し，それに基づいて採掘権を買うことを決定した。交渉は1885年決着した。コッカリルの構想は，本国のセレイングの製鋼所，ホーボーケンの造船所を大規模に複製し独自に経営することであったが，折から80年代の不況の中で外国資本に対する警戒心が高まったため，その修正を余儀なくされた。コッカリルは当時のロシア有数の鋼生産者ワルシャワ製鋼会社をパートナーとすることによって排外的な障壁を乗り越えた。この統合は多くの成功の要因を持ち寄るものだった。ワルシャワはレール生産の持ち分を提供し，コッカリルは鉱石採掘権を提供した（ワルシャワも優良な鉱石を提供したが）。コッカリルは資本参加を16％にとどめたが，彼らの第一義的な貢献は，新工場の建設に関する技術的ノウハウを供給することにあり，実際，ユジノ＝ルースコエ・ドゥネプロフスコエ会社の設備の大部分はベルギーのコッカリル工場からもたらされた。1889年最初のレールが圧延機から送出され，経営陣は円滑に稼働するプラントと南部で最良品質の銑鉄を誇ることになった。彼らの目算では，2基の高炉で年産80000トン，銑鉄1プードの原価35-36コペイカ，販売価格70コペイカの見込みであった。実際，1901-1902年まで，毎年20-35％弱の総利益と最高40％（1895-96年から1899-1900年までの間）の配当を確保したのである。

　J. P. マッケイの挙げる，この"驚異的phenomenal成功"の3つの要因は以下のようである。

第1章　19世紀のロシア製鉄業とウラル

(1) 技術的問題が一貫してうまく解決された。たとえば，ドネツの石炭は優
秀なコークスの原料であったが，選別と洗浄を要した。そのための設備
は直ちにコーク・オーヴンに付け加えられた。ドゥネプロヴィエンヌ（ベ
ルギー，フランスではユジノ＝ルースコエ・ドゥネプロヴィエンヌはこう呼
ばれた）は19世紀末の南部で最良の設備を誇り，最も低コストの生産者
の一つだった。1904年，新設のベッセマー作業場がロシアの製鋼業の
設備中では同社をトップに引き戻した。1911年，新しい市場向け鉄製
品用ミルはロシア中で最も現代的，強力であった。

(2) 優秀な経営が成功の第2の要因である。経営と技術者はワルシャワから
派遣された。職工長の大部分もポーランド人であった。ただし，他の外
国資本企業も多くのポーランド人技術者を招いたが，必ずしも成功しな
かったという。

(3) 市場戦略が優れていた。ドネツの鉄鋼企業は主にレール生産者であり，
ドゥネプロヴィエンヌも例外でなかったが，この会社は市場向け生産物
を拡充する“攻撃的なagressiveリーダー”であった。

ドゥネプロヴィエンヌとは対照的な運命をたどった，同じコッカリルのアル
マズナヤ石炭会社の例も挙げなければならないだろう。[119]

1894年9月，コッカリルは主にドゥネプロヴィエンヌにコークスを供給する
ために，ドネツの東端にアルマズナヤ石炭会社を設立した。コッカリルが強力
な原動機を，ドゥネプロヴィエンヌが鋼材を供給した。優秀な洗浄，選鉱設備
とコーク・オーヴンが据えられた。アルマズナヤはオーヴンの排出ガスをガ
ス・モーターの運転に利用した最初のドネツのコークス生産者だった。問題
は，当該地域の石炭が揮発成分に富み，最優秀とはいえない脆いコークスを産
することにあった。そのため，新たに優れたコークスを供給し始めた生産者達
との競争にさらされることになった。1898年には，その存在理由であるドゥネ
プロヴィエンヌがコークス購入契約を打ち切った。コッカリルはアルマズナヤ
をフェロマンガン銑鉄を産する製鉄所に転換することにした。今回も優れた設

41

備投資が行われた。違っていたのは，2基のコッカリルの送風機以外はドゥネプロヴィエンヌから供給されたことである。しかし，遅れてきた参入者に採掘の条件は悪かった。採掘料は高く，露天掘り可能な範囲は狭かった。このような高コストのもとでアルマズナヤは1900年恐慌にさらされた。1903年，コッカリルはアルマズナヤの株式を90％の損失で処分した。

第1次大戦前のロシア鉄鋼業

1890年からの15年間に，ロシアで起こった鉄鋼業の目覚ましい発展，特に90年代の飛躍が，この間の技術革新を取り入れた結果であることは明らかである。20世紀初頭の停滞は1900-03年恐慌の影響であるが，その淘汰によって，生産効率の向上は継続した（表1-15）。

この発展過程の中で，恐慌の打撃によって銑鉄生産は1900年代に伸び悩んだが，高炉生産の集中・集積は進み，労働の技術装備，特にエネルギー装備は0.28馬力から1.17馬力，4倍以上に増大した。高炉の総数は，恐慌の過程での減少も含めて，1900年をピークに一貫して減少したが，銑鉄生産は1909年にはほぼ恐慌以前の水準を回復した。これは，高炉1基当りの生産能力の増大，技術装備による労働生産性向上その他の効率改善の結果と考えられる。[120]

ロシア全体で鉄鋼労働者総数の，1900年に向けての増加とそれ以降の減少，1工場当り労働者数の一貫した増加を観察するが，この問題については地域差が大きいので，若干の検討を要する（表1-16および表1-17）。

労働者総数および労働者の集中・集積において，ウラルと南部が，それぞれの特質に対応した異質な変動を示していることは明らかである。労働者総数は1900年に向かって概ね増加し，恐慌の打撃によって以後減少，停滞した。恐慌からの回復は南部の方が早かった。その背後で，南部では集中・集積がいっそう進んだが，ウラルでは労働者数に見る工場規模の拡大は目立って進むことはなかった。

新規に，外国資本によって，始めから大規模工場として建てられた南部の鉄

第1章　19世紀のロシア製鉄業とウラル

表1-15　生産力水準の諸指標

年	1890	1900	1909
工場数	218	247	171
銑鉄総生産高（千プード）	55211	176828	175294
1工場当り銑鉄生産高（千プード）	253	716	1025
労働者総数	196043	326683	264281
1工場当り労働者数	899	1,325	1545
1労働者当り銑鉄生産高（プード）	282	541	663
総馬力数	55640	317579	314011[1]
1工場当り馬力数	255	1286	1805[1]
1労働者当り馬力数	0.28	0.97	1.17[1]
高炉総数	193	281	154
1高炉当り銑鉄生産高（千プード）	286	629	1138
マルタン鋼総生産高（千プード）	15286	92152	148086
マルタン炉総数	77	210	228
1炉当りマルタン鋼生産高（千プード）	199	439	649
ベッセマー鋼総生産高（千プード）	7222	41165	35386
ベッセマー転炉総数	10	37	48
1炉当りベッセマー鋼生産高（千プード）	722	1,143	737

[1]1908年のデータ

出典：Ип. Гливиц. Ук. соч. стр. 111.

鋼業が，ウラルにたいして生産性と技術水準を表す各指標において圧倒的な優位を示したのは当然である。これを表1-18に示す。

　1900-03年恐慌以後の問題はここで論じられないが，1890年代における，労働者数に見る南部とウラルの工場規模の差は特に大きかったようには見えない。1300-1500人のウラルの平均的な労働者数に対して，南部の規模はその1.17-1.23倍であり，10年間に拡大した格差も顕著であったとはいえないが，その内容は，木炭製鉄とコークス製鉄との歴然たる差を示していた。南部の労働者1

表1-16　冶金工場労働者数の地域別推移

(単位：人)

年	南　部	ウラル	中　部	北・北西部	ポーランド	全　国
1890	13,552	142241	22157	10652	7441	196043
1891	15913	123269	26198	12327	7976	185683
1892	15113	131144	21119	13958	8717	190051
1893	14755	143345	23681	14935	11247	207963
1894	17240	134558	29446	13123	11436	205803
1895	16097	147463	33546	18560	12335	228001
1896	15906	154834	35578	18298	12444	237060
1897	32292	154769	40965	25518	14783	268327
1898	44944	160663	47204	25120	13660	291621
1899	48533	165475	40014	10793	17754	282569
1900	53413	172095	55155	28526	17494	326683
1901	51985	158123	49134	27601	16289	303132
1902	43564	163520	33160	13511	14099	267854
1903	49355	148751	37841	29954	14395	280296
1904	52259	150625	38315	35604	18014	294817
1905	50590	145771	30364	34164	18474	279363
1906	52718	150847	31178	29577	16242	280562
1907	52325	147594	35187	21265	16403	272774
1908	52002	146083	35432	19717	14660	267894
1909	53357	146000*	30255	19135	15354	264281*

*推計値.

出典：Ип. Гливиц. Ук. соч. Статистсческое приложение. стр. 31.

人当り動力装備は1890年において既にウラルの9倍以上であったが，1900年には約21倍になった。このことが，この間にウラルの労働者1人当り銑鉄生産高が1.5倍になり，そのことは少なからぬ成果ではあるが，これに対して南部では1.7倍となった結果，1890年に1工場当りウラルの約6倍の銑鉄生産高であったものが1900年には7倍以上の生産高を示した技術的基礎であったと考えられ

第1章　19世紀のロシア製鉄業とウラル

表1-17　1冶金工場当り平均労働者数の地域別推移

(単位：人)

年	南　部	ウラル	中　部	北・北西部	ポーランド	全ロシア
1890	1505	1281	615	887	149	899
1891	1446	1220	748	880	156	840
1892	1679	1214	571	930	185	879
1893	1639	1279	657	995	229	941
1894	1724	1293	718	957	272	931
1895	1341	1340	798	1427	262	1022
1896	1325	1382	867	1307	264	1058
1897	2018	1419	910	1701	343	1182
1898	2498	1473	1048	1570	379	1301
1899	2206	1518	931	—	412	—
1900	1841	1496	1225	1584	437	1325
1901	1792	1437	1068	1533	407	1247
1902	1815	1500	850	—	427	—
1903	2554	1403	1182	1361	799	1394
1904	2177	1448	1197	2093	907	1496
1905	2530	1429	1047	1898	972	1485
1906	2248	1464	1113	1971	854	1492
1907	2378	1419	1353	1250	958	1466
1908	2476	1461	1312	1231	916	1533
1909	2541	—	1163	1379	1025	—

出典：Ип. Гливиц. Ук. соч. стр. 32.

る。木炭製鉄の伝統的技術体系の枠内で動力装備を飛躍的に増大することは困
難であったのに対して，新たに移植されたコークス製鉄の南部では過去の遺産
に囚われることなく，それを容易に行うことができたのである。

　更に付言すると，南部における労働者1人当り馬力数が1900-03年恐慌以後
低下したように見えるが，Ip. グリヴィツによると，これは電力エネルギーを
考慮していないためであって，1909年の発電能力27438キロワットを馬力に換

45

表1-18 南部とウラルの工場および労働者当り生産性比較

	地 域	1890年	1900年	1909年
工場数	南 部	9	29	21
	ウラル	111	115	95
労働者数（人）	南 部	13552	53413	53357
	ウラル	142241	172095	146000*
1工場当り 労働者数（人）	南 部	1505	1841	2541
	ウラル	1281	1496	1540
動力数 （馬力）	南 部	13768	178605	168072**
	ウラル	14966	28013	47793**
1工場当り動力数 （馬力）	南 部	1530	6159	8003**
	ウラル	135	244	478**
労働者1人当り 動力数（馬力）	南 部	1.02	3.34	3.23**
	ウラル	0.11	0.16	0.33**
銑鉄生産 （千プード）	南 部	13418	91550	122879
	ウラル	27704	50157	34914
1工場当り銑鉄生産 （千プード）	南 部	1491	3192	5,375
	ウラル	250	436	367
労働者1人当り 銑鉄生産（プード）	南 部	990	1714	2321
	ウラル	194	297	240

注：G. D. バクーレフは，電力を含む1909年の南部における労働者1人当り動力を3.93馬力
としているが，表中に彼の挙げる電力を含む総動力数の数値に誤りがあるし計算の根拠
も示していない（Г. Д. Бакулев. Ук. соч. стр. 120.）．実際には，後述のように，バクーレ
フの典拠はグリヴィツであるが，その表中では1909年の南部の労働者1人当り動力に電
力を付け加えて示してはいない.
*推計値，**1908年の値
出典：Ип. Гливиц. Ук. соч. стр. 114.

算すると37304馬力，1人当り0.7馬力となるので，南部における労働者1人当
り馬力数を3.93馬力と見なすことができる。[121] これによって，1900年以後の，南
部とウラルとの1工場当り，労働者1人当り銑鉄生産高の較差のいっそうの拡
大を理解できる。

第1章　19世紀のロシア製鉄業とウラル

　高炉および製鋼炉の生産性の側面から比較すると，問題を別の視角から見ることになる。（表1-19）

　高炉の生産性から見た南部とウラルの比較は，労働生産性の場合と同様の状況をより鮮鋭に示している。1890年代の10年間に南部の高炉の生産性はウラルに対して3.7倍から6倍へと較差を広げた。これによって南部がロシア製鉄業の中心地となったのである。他方で，鋼生産の面を見ると，若干異なる印象を得る。南部はマルタン鋼生産を早期に発展させ，この面においても生産量，生産性の点で優位に立ったことにかわりはないが，ウラルとの較差はさほど大きくなく，むしろ，1890年に1炉当り5.2倍だった生産性較差は1900年には1.5

表1-19　南部とウラルの高炉および製鋼炉生産性比較

	地　域	1890年	1900年	1909年
高炉数	南　部	14	45	46
	ウラル	107	138	77
1高炉当り銑鉄生産高（千プード）	南　部	958	2035	2670
	ウラル	259	342	453
マルタン鋼生産高（千プード）	南　部	4632	33942	68686
	ウラル	559	15481	34993
マルタン炉数	南　部	19	60	75
	ウラル	12	42	63
1マルタン炉当り鋼生産高（千プード）	南　部	244	566	916
	ウラル	47	369	556
ベッセマー鋼生産高（千プード）	南　部	2412	35941	33859
	ウラル	1927	2938	1533
ベッセマー転炉数	南　部	2	23	30
	ウラル	4	4	7
1ベッセマー炉当り鋼生産高（千プード）	南　部	1206	1563	1128
	ウラル	482	735	219

出典：Ип. Гливиц. Ук. соч. стр. 114.

倍にまで縮小したのである。これは南部とウラルとの関係において極めて異例
といえる。ベッセマー鋼生産の場合も，両地域の差は高炉生産ほど大きくな
かった。鋼生産は南部にとってもウラルにとっても新技術の移植であり，既に
ウラルに長い伝統のあった高炉生産と違って，決定的な較差は出にくかったと
考えられる。ただ，その場合も南部の優位に変わりはないのであって，そうし
た相互関係を生み出す諸要因がウラルにあったことは否定できない。

　南部，ウラルを合わせた生産量において，ベッセマー鋼は1900年に1890年
の9倍弱の規模に増大したが，その後停滞し，1909年には9％減産していた。
一方，マルタン鋼は，1900年までベッセマー鋼の1.2-1.3倍の生産量であったが，
1909年には2.9倍に急増した。ベッセマー鋼は1900年に南部でマルタン鋼をし
のいでいたが，その後急速に席を譲った。ウラルでは一貫して生産量が伸びな
かった。

　高炉の生産性向上には加熱送風も与っている。かつてはロシア製鉄業におい
て加熱送風の採用の遅れが目立った特徴であったが，ロシア全体でも，20世紀
初頭にようやく冷送風は基本的に駆逐された（表1-20）。

　冶金工程で得られる廃熱の利用が進んだ。その結果，1909年までの15年間に，
南部の冶金工場で銑鉄1プード当り消費される石炭の量は半減した（表1-21）。

　この節約は，Ip. グリヴィツが，"技術進歩と輝かしい工場経営の成果に，他
の証拠は蓋し無用である"と評したものである。[122]

　既に見たように，鉄道建設は1900年以降減少に向かう。1891-1900年に

表1-20　ロシアにおける加熱送風の普及

年	冷送風炉	加熱送風炉	高炉総数
1882	110	90	200
1890	69	145	214
1900	32	270	302
1908	16	169	185

出典：Ип. Гливиц. Ук. соч. стр. 113.

第1章　19世紀のロシア製鉄業とウラル

表1-21　南部冶金工場の石炭消費量推移
（単位：プード）

	1894	1900	1909
石炭消費量（コークス除く）	40250864	89622770	96154713
銑鉄生産高	27370337	92572863	122873896
銑鉄1プード当り石炭消費量	1.47	0.97	0.78

出典：Ип. Гливиц. Ук. соч. стр. 116.

19000ヴェルスタの線路が敷設されたのに対して，1901-1913年の敷設距離は約16200ヴェルスタ足らずであった。他方，1900-03年恐慌と国民生活の変化への対応の必要が，鉄鋼業生産品目の構成を変化させた。

　恐慌からの回復過程における，品目別，地域別の，生産能力に対する生産量の比がおおまかに市場の変化に対する対応を示す（表1-22）。

　ただし，グリヴィツは以上から市場の変化への対応を結論づけているが，議論をより実態に即したものにするために，特徴的な品目の生産動向をも追跡す

表1-22　品目別生産能力に対する生産量比（1904-1909年平均）
（単位：千プード）

	南　部			ウラル			全ロシア		
	生産能力	生産量	%	生産能力	生産量	%	生産能力	生産量	%
銑　鉄	180840	111185	61.48	64448	38113	59.13	307965	171345	55.63
半製品	154409	87216	56.48	60026	39035	65.02	295613	176141	59.58
棒　鉄	32996	22037	66.78	14252	9105	63.88	83737	54740	65.37
梁鉄等	15826	6436	40.67	1375	578	42.05	24957	7854	31.47
レール	38128	18171	47.65	5645	3665	64.93	46120	21847	47.37
板鉄等	23487	8933	38.03	3223	1832	56.84	40743	17538	43.04
屋根鉄	4038	2502	61.94	14633	11850	80.98	20760	15465	74.49
タイヤ	2500	960	38.40	—	—	—	6400	3016	47.13
車　軸	1459	492	29.42	—	—	—	3298	969	29.38
鋳鉄管	2622	1255	47.87	416	165	39.78	3393	1480	43.61

出典：Ип. Гливиц. Ук. соч. стр. 118.

る必要があろう⁽¹²³⁾（表1-23～表1-26）。

銑鉄生産は一定の水準にあり，緩やかな回復・発展傾向を示していたが，な
お生産能力の55％強を実現していたにすぎない。こうした中で，生産能力に
対して比較的高い生産量比を示していた品目は棒鉄（特に南部），屋根板鉄（特
にウラル）であり，これらはいわゆる"民衆的народный需要"，"市場的需要"
の生産物とみなされるものであった。一方，鉄道（レール，車軸，タイヤ），大

表1-23 銑鉄生産の動向

（単位：千プード）

年	南 部	ウラル	全ロシア
1903	83427	39602	148956
1904	110641	39941	179865
1905	103094	41094	165534
1906	102006	38214	164187
1907	111075	38511	171995
1908	117415	35837	171073
1909	122879	34914	175295
1910	126385	39071	185587*

*予報値

表1-24 レール生産の動向

（単位：千プード）

年	南 部	ウラル	全ロシア
1903	16051	4441	20628
1904	21232	4352	25647
1905	18176	4863	23382
1906	14598	3119	18286
1907	17334	2666	20203
1908	18353	3434	22053
1909	26473	3948	30526
1910	23107	7606	30843

50

第1章　19世紀のロシア製鉄業とウラル

表1-25　棒鉄生産の動向
(単位：千プード)

年	南　部	ウラル	全ロシア
1903	17749	8985	49689
1904	19946	9453	55970
1905	19653	9655	51984
1906	20899	9846	55834
1907	23044	8946	55369
1908	24832	8437	55034
1909	23490	7755	52411
1910	29566	7651	63412*

＊予報値

表1-26　屋根板鉄生産の動向
(単位：千プード)

年	南　部	ウラル	全ロシア
1903	1655	11499	14408
1904	1802	11032	14136
1905	1361	10918	13440
1906	1454	10369	12840
1907	2438	10332	14586
1908	3665	13136	17947
1909	4717	14456	20704
1910	5401	14658[1]	22922*

＊予報値

規模建設に関連した品目は比較的低い生産量比に停滞した。後者への依存は需要の低迷にもかかわらず依然として高く，全体としてみれば「市場的需要」へのシフトは端緒的であったといえよう。屋根板鉄はウラルの独占的品目で，南部は新規参入者であったが，市場規模そのものがいまだ小さかった。

　Ip. グリヴィツの評価によると "…近年，技術進歩がロシアのどこでも，特

に南部で，速足で起こっている。蒸気タービンが取り入れられている；圧延作業場に蒸気機関に代わって電気モーターが据えられつつある；炉頂ガスをたいそう首尾よく利用したガスモーターが広まっている；蒸気式送風機がガスモーターに取って代わられつつある；可能なところでは手労働を最新のメカニズムで次第に置き換える強い傾向が現れた；高炉へのチャージは多くの工場で自動化されている；ほとんどどの鋳鋼作業場でも溶融銑を用いている。以上は既に広まった革新である。個々の新機軸で注目されるのは，そこここにエロールHeraultの電気炉が据えられたこと，マケエフ工場のハーメトHarmet式による鋳鉄の圧延，ソスノヴィッキー工場への継ぎ目なし引き伸ばし管製造法の導入等である”[124]。

　南部鉄鋼業を中心に，20世紀初頭の技術革新の導入を否定することはできないが，技術体系のバランスがどれほど是正されたか，ここでは即断できない。市場への対応はようやく始まったとはいえ，いまだ端緒的であった。南部の成功はウラルの停滞によって際立ったものであるから，それ自身の問題点を自覚しなかったとしたら，「成功による幻惑」に陥る虞なしとは言えなかった。南部鉄鋼業は，外国資本と政府の鉄道建設政策に全面的に依存して，急速に育成されたものである。そうした特徴はウラル製鉄業の扶植を想起させる。そこでは，18世紀の社会体制のもとで，上から大規模マニュファクチュアが創設され，商人資本を組み込みつつ体制に同化し，一貫して国庫に依存しながら国策に従ってきた。南部鉄鋼業も，そのような大規模工業育成のロシア的特質を共有したように見える。

第3節　ウラルの時代の終焉

ウラルとイギリス

　1870年代初めまでウラルはロシア製鉄業の最重要地域であり，それとのつながりによって各地に金属加工業が成立していた。カマおよびヴォルガの両河

第1章　19世紀のロシア製鉄業とウラル

がウラルの鉄をロシア中央部に搬送する天然の通路の役割を果たし，マカリエ
フ，次いでそれに取って代わったニジニー＝ノヴゴロド（現ゴリキー）の定期市
がその集積点，交易点であった。[125]

　1860年における，ポーランド，フィンランドを除くロシアの銑鉄生産18198
千万プードのうち14513千万プード（79.8％），鉄生産11789千万プードのうち
10111千万プード（85.8％）がウラルによって占められた。ウラルの製鉄業の特
質は，事実上ロシアのそれであったと考えてよい。[126]

　銑鉄生産の効率にとって規定的な要因である鉄鉱石資源の状況は，20世紀初
頭においてどのように把握されていたか？ウラルに属する鉄鉱石産地は，ペル
ミ，ウファー，ヴャトカ，オレンブルグ，ヴォログダ県にわたり，磁鉄鉱と褐
鉄鉱が優勢である。これを主要な産地について見る。ブラゴダーチ山はペルミ
県ゴロブラゴダーツキー鉱区に属し，磁鉄鉱を産する。鉄含有量は42-63％で，
55-59％のものの頻度が最も高い。同じ鉱区にはカチカナル山があり，鉄含有
量21-50％の磁鉄鉱を産するが，選鉱を要する。ペルミ県のニジネ＝タギリス
キー工場に近いヴィソーカヤ山は65％の鉄含有量の磁鉄鉱を産する。シャイ
タンスカヤ領地内のマグニトナヤ山（ペルミ県，ユジノ＝エカテリンブルクスキー
鉱区）は磁鉄鉱その他の有望な産地であるが，開発が遅れている。バカリスコ
エ産地（ウファー県，ズラトウストフスキー鉱区）は主として鉄含有量60％の褐鉄
鉱を産し，カタフスキー，ユリュザンスキー，シムスキー各工場に供給する。
ペルミ県ボゴスロフスキー鉱区にはアウエルバホフスコエ及びヴォロンツォフ
スコエ産地があり，鉄含有量54-63％の磁鉄鉱，赤鉄鉱を産する。ペルミ県チェ
ルドゥィンスキー鉱区のクチマ川にそったクチムスコエ産地の輝鉄鉱は鉄含有
量60％である。[127]鉄鉱石の豊富な賦存に比較して，石炭資源はまだ十分に掌握
されていなかった。

　確認しておくべきことは，ウラルの木炭製鉄は，そのシステムとしては極め
て高い水準を保持してきたということである。L. ベックによれば，18世紀末
「…シベリアの工場の富裕な所有者たちは，ほとんど無制限に資源を入手でき

53

た。国家の禁令によっても，伝統や習慣の束縛によってもしばられなかった
ので，一部イギリス人技師の助けを借りて，高炉を経験にもとずく最新の原理
によって改造した。非常に大がかりに，合理的に行われ，その結果，シベリア
の高炉はそれまで建てられたうちでも最大最良の木炭高炉となり，1基当りの
生産能力で，すべての，イギリスの高炉さえはるかに追いこした。それらは水
車運転のシリンダー送風機で動かされ，シベリアの製鉄設備は世界の模範とさ
れ，特にロシアの枢密顧問官となったHermann＜ゲルマンーY.＞は，これを
文章や図面でドイツの製鉄人たちに知らせた。シベリアの高炉は，高さが35
-45フィート（10.50m-12.96m），炉腹径12-13フィート（3.6-3.9m），6台のシリン
ダー送風機をもち，週に2000-3000Ctr.を生産した。当時のイギリスの最大の
コークス高炉でさえ達せられなかった能力である。[128]」もちろん，ここで言うシ
ベリアとはウラルのことである。（1Ctr.セントネル＝50kg）

　したがって，ウラルの鉄が国際的に高い競争力を発揮したのは正当であっ
た。イギリスにとって，当初，スウェーデン鉄の輸入が1720-50年の間には全
体の75％，1750年代には66％であったが，「1720年代の末期からロシア鉄は重
要になり，その後，輸入量は次第に増大し，1750年代の初めにはスウェーデン
からの輸入量の半分にもなり，1760年代の初めには全輸入量の38％であった。
ロシア鉄は1765年には先頭に立ち，その世紀の終わりまでは事実上それを維
持した。ロシア鉄輸入量が3万トンを上回った頂点の年は，18世紀のスウェー
デンからの年間輸入量の最大値よりも大きかった。[129]」

　しかし，ウラルの優位性は，19世紀前半中に消滅した。イギリスの側から見
ると，1793-1815年の対仏戦争がイギリス製鉄業を後押しした。「パドル・圧延
法の開発が成功したことは，錬鉄に変えるコストを下げたため，イギリスの棒
鉄はロシアあるいはスウェーデンから輸入された棒鉄よりも安くなり，その結
果，イギリスにおける彼らの市場は大きく衰退した。スウェーデン鉄はわれわ
れの鋼生産者の原材料として，依然として重要であったため影響は少なかっ
た。長い間スウェーデンとロシアの鉄の輸入業者のなすがままにされ，18世紀

のほとんどの間，フランスよりもはるかに小さな生産者であったイギリス製鉄業は，この戦争が経過する間に，ヨーロッパの最も有力な生産者としてはっきりと浮上した。」[130]

1800年に，ウラル冶金業に87高炉工場が存在した。そのうち75高炉で7.4百万プードの銑鉄が生産された。1860年のウラルにおける銑鉄生産は14.5百万プード，即ちこの10年で約2倍への生産増，年率1%以下の成長であった。これに対して，大ブリテンでは，1800年の銑鉄生産は10百万プード，1860年には240百万プード，24倍の生産増を示したのである。[131]

世界の製鉄は既に機械化されたコークス製鉄へと転換して，その先頭にイギリスが立っていた。「ダービーやコートのひらいた石炭製鉄は18世紀末から大発展をとげた。とくにイギリスがその先頭に立った。1806年には，高炉161基中，木炭高炉は2基というありさまであった。…この時期はまったくイギリスの独壇場であった。 19世紀のはじめに年産ほぼ20万トンであった銑鉄の生産高は50年後この世紀のなかばには200万トンであった。このときの全世界の生産高はほぼ400万トンであったから，全世界の半分をイギリスが生産していたのである。」[132]

新技術の導入

ロシアで最初のワット・システムの蒸気機関が設置されたのは1790年代であった（ロシア中央部，オロネツキー工場）。ウラルでは，独学でイギリスで学んだ技術者チェレパノフによって，1820年代にニジニー＝タギリに2台の蒸気機関が据えられた。しかし，1861年においても，ウラルの工場の動力36.9千馬力のうち蒸気機関によるものは2.6千馬力，約7%に過ぎなかった。[133]

この時期の熔鉱炉技術の革新の中で最も重要なものの一つは加熱送風である。1833年にフランスでは80基の熔鉱炉のうち20基（25%）で加熱送風が行われていた。1830年代のイギリスではどこでも加熱送風が観察されている。ロシアで最初の加熱送風の導入の試みは，1836年ヴイクスンスキー工場（ニジェ

ゴロド県）でなされた。銑鉄生産の増大と木炭の節約を結果した。程なくウラルでも導入が試みられたが，普及には至らなかった。[134]

1828年に特許をとったスコットランドのJ. ニールソンの熱風炉は，硫黄の除去を助けて製品の質を改良し，燃料消費を減らした。1860年までに，イギリスのほとんどの高炉がこれを使用するに至っていた。[135]

ロシアでパドル炉を設置したのは1836年官有カムスコ・ヴォトキンスキー工場が最初であるが，その後のパドル法の導入は急速には進まなかった。1860年においてウラルの官有工場のうちでパドル法を行っていたのは3工場，10工場では精銑鉄を産していた。私有工場のうちではパドル法を行っていたのは35，精銑鉄を産していたのは80であった。精銑鉄を産する工場の規模は比較的小さく，同年の精銑鉄の生産高が5434千プードであったのに対し，パドル鉄は5436千プードであった。[136]

P. ガトレルの簡潔なまとめに従えば，18世紀後半，ウラルの鉄生産の約半分は輸出に回されていたが，1850年代までに鉄輸出は総生産高の8％を超えない状況になっていた。ウラルで，コークス製鉄，パドル法，ローリング・ミルのいずれもが採用されなかったのはなぜか？これに対してガトレルは，企業の側からの理由を次のように与える。コークス製鉄についていえば，ウラルの木炭資源は十分大きく，製造コストは低かったから，それを放棄することはほとんど非合理的だった。コークス鉄は弱かったから尚更であった。パドル法は過程が浪費的で，導入を正当化できないと考えられていた（この問題点は，イングランドでも1830年代後半まで解決できなかった）。ローリング・ミルは大規模生産において労働節約の装置として意味があったが，ウラルでは労働力はなお安価で，製鉄所は大部分小規模だった。こうした遅滞は，コストによってではなく，鉄道建設以前の，国内市場の狭さによって規定されたのだという議論がありうる。しかし，鉄道が巨大な需要を生み出したとき，ウラル製鉄業は対応できなかった。即ち，安価な労働力は1861年以後失われ，高炉燃料の費用は上昇した。そして，製鉄所の孤立と分散が，今や不可避となった革新の前に立ちはだかっ

た，というのである。⁽¹³⁷⁾

個々の論点について，ガトレルの議論は厳密なものではないが，全体として，ウラル製鉄業が技術革新に即応できなかったことは否定できない。19世紀前半には，イギリスをはじめとする国際的製鉄技術革新による競争がウラルの地位を低下させていたのである。

これは，市場の狭さとも対応していたのであって，安定的な需要構造に対して安定的な技術体系が保持されたのである。しかし，新たな需要が喚起されれば技術革新が直ちに進行するとはいえなかった。この間の技術革新は，システム全体の転換を迫るものだったのである。鉄道建設の生み出した新たな需要に対しては，機械制大工業への完全な移行によって対応することが必要だったのであるが，それはできなかった。ウラル製鉄業のシステム転換ができなかったのは何故かという問題は，19世紀末に再び顕在化する。

「農民改革」とウラル製鉄業

加工業において「農民改革」が急激な転換点にならなかったように見えるのは，それ以前から農奴労働への依存が相対的に減少しつつあったからであるとされる。兵士用の供給を引き受けたラシャ製造業は主として貴族工場主のもとにあったが，ここでも技術革新が商人層の参入と非農奴労働の採用を速め，貴族工場は既に1830年代から減少し始めていたとされる。⁽¹³⁸⁾非農奴労働については検討を要するが，典型的な農奴労働を最も保持していたウラル製鉄業が，最も深刻な打撃を被ったのは確かである。

「農民改革」が，農奴制の下でそれなりに安定していたウラルの製鉄業に与えた打撃は，その生産量の低下に明瞭に現れた（表1-27）。

ウラルの銑鉄生産は1862年に前年の約72％にまで落ち込み，その後60年代を通じて低迷し，1870年にようやく1860年の水準を回復した。この間ウラルの比重は1860年の70.7％から1880年の67％にわずかに低下したのみである。これは，他地域での生産力増強もほとんどなされなかったことを意味してい

表1-27　1860-70年代のウラルとロシアの
銃鉄生産

(単位：百万プード)

年	ウラルの銃鉄生産	ロシアの銃鉄生産
1860	14.5	20.5
1861	14.2	19.5
1862	10.5	15.3
1863	11.9	17.0
1864	12.5	18.3
1865	12.3	18.3
1866	12.6	18.6
1867	12.4	17.6
1868	13.9	19.8
1869	13.4	20.1
1870	14.8	21.9
1871	15.0	21.9
1872	17.2	24.4
1873	15.5	23.5
1874	14.9	23.2
1875	17.7	26.1
1876	18.4	26.9
1877	16.1	24.3
1878	17.6	25.5
1879	18.8	26.4
1880	18.4	27.4

出典：С. П. Сигов. Ук. соч. стр. 64.

(139)
る。

　1861年2月19日以降の「農民改革」が製鉄業に与えた最も大きな打撃の一つは，労働力の流失であった。農奴解法令に基づく証書の発行を待たずに労働者達はより良い職場を求めて移動しはじめた。特にその傾向は熟練工に強かっ

たとされる。その結果，カメンスキー工場は1862年に145昼夜しか稼働しなかった。アラパエフスキー鉱区の私有工場では1861年に4453人数えられた労働者が翌年には2768人になり，この鉱区の仕事は7カ月止まった。ニジネ＝セルギンスキー工場，ニジネ＝ウファレイスキー工場などでも1862年に2カ月の稼働停止を記録した。これらウラルの製鉄業を含めて鉱山・冶金業労働者数は，1861年179792人，1862年147216人，1863年133912人と減少した。[140]

「農民改革」による急激な労働力流出の規模を表1-28に示す。

ウラルの冶金業，鉱山業の労働者数は，「農民改革」後の4年間で3/4に縮小した。官有工場と私有工場では，前者の被った痛手の方が大きかった。1861年には，既に前年より減少していたので，実際に冶金業が失った労働力はこの表の示す数字より大きかった。

この間の生産条件の悪化は，鉱石と薪の枯渇によっても条件付けられていた。ゴロブラゴダツキー鉱区でのこれら資源の平均採取距離は表1-29のように増加した。

同鉱区での労働賃金は，1860年から1866年へ，1日当り30.6コペイカから49.8コペイカへ63％増加した。その過程で，1860年に賃金総額の36.8％に過ぎなかった貨幣給与が1866年には99.8％を占めるに至った。1860年に8663人の労働力で979千プードを生産したのに対して，1866年に3304人で1008千プー

表1-28　1861-65年のウラル鉱山業の労働者数変化
（単位：千人）

年	1861年	1862年	1863年	1864年	1865年
全労働者	134.3	114.1	104.2	103.0	102.2
1861年＝100	100	85.0	77.6	76.7	75.3
うち官有工場	30.1	27.4	19.4	17.8	18.8
1861年＝100	100	91.0	64.5	59.1	63.1
うち私有工場	104.2	86.7	84.8	85.2	83.4
1861年＝100	100	83.2	81.4	81.8	80.0

出典：С. П. Сигов. Ук. соч. стр. 208.

表1-29 資源の平均採取距離
（ゴロブラゴダツキー鉱区）

(単位：ヴェルスタ)

年	薪	石 炭
1850	8.0	16.4
1855	9.8	19.6
1860	10.8	21.0
1865	12.2	24.2

出典：С. Г. Струмилин. Избранные произведения. История черной
металлургии в СССР. М., 1967. стр. 348.

ドを生産したのは，自由な雇用労働による生産性向上の賜物であるとするの
が，S. G. ストゥルミリンの見解である。[141]

　ただ，封建遺制の潜在力を楽観視することはできない。これは後の歴史に見
ることである。

　工場内の農奴労働力とその家族の養育のために，給与の大きな部分が現物に
よって支払われるウラルの鉱業経営は，農奴制下の食糧低価格によって支えら
れていたが，その基礎は1850年代に入ると揺るぎ始めた。1820-30年代は穀物
の低価格水準が維持されたが，穀物輸出が50年代に急増し価格上昇圧力が強
まった。ウラルは他地域よりも比較的価格上昇の波及が遅れたが，1858年，お
よび59年の凶作が穀物価格の上昇を決定的にした。例えばこの時期にライ麦
価格は，ウラルにおいても地域差はあるが2.3-3.2倍に値上がりし，以後その水
準を保った。[142]

　こうして「農民改革」の政治的変革の以前から，安価な農奴労働力に依存す
る鉱業経営には困難が生じ始めていたのであるが，内からの改革はなされず外
からの競争にもさらされずに，ウラルは1861年を迎えたのである。

ウラルの停滞認識

　「農民改革」の打撃からウラルがようやく立ち直った1870年前後の状況は各

第1章　19世紀のロシア製鉄業とウラル

種の状況から見て目覚ましいものではなかった。当時の観察は基本的に一致しているといってよいだろう。

　1870年，ロシア政府に招かれてウラル，南部を調査した，オーストリアの冶金技術専門家G. F.トゥンナーは，大蔵大臣M. Kh.レイテルン宛て報告の中で，特にウラルの現状について忌憚ない指摘をした。報告の論点は多岐にわたるが，とりわけ製鉄過程について，1) 木炭貯蔵倉庫の必要；2) 特に高炉の加熱送風の必要；3) 高炉の構造的，技術的改善；4) 鋳造，精錬それぞれに応じた銑鉄生産の必要を提言した。報告は，ウラル全体で木炭倉庫はストロガノフ伯爵のクイノフスキー工場と官有ペルミスキー工場にしか見られず，しかも後者では建設中であるという。木炭の野積みが製鉄過程に悪影響を与えるのは明らかで，早急に改善しなければならない問題の第一にあげられた。⁽¹⁴³⁾

　G. F.トゥンナーに最も印象深かった問題の一つは，加熱送風の導入の遅れであった。報告は，"ウラルは加熱送風が幅広く熔鉱炉に用いられていないだけでなく，全くどこにも見当たらない，現在のところ唯一の大規模な製鉄地帯であろう"⁽¹⁴⁴⁾と表現した。これは確かに若干の誇張を含んでおり，トゥンナーも2つの官有工場で装置の取り付けが進められ，ニジニー＝タギルでは2台の稼働していない加熱送風装置を見ている。しかしこれらは当然ながら，ウラルでの加熱送風の普及の遅れを覆すものではない。同時期にイギリス人技師の同様の観察がある。⁽¹⁴⁵⁾

　木炭製鉄においても送風は高炉にとって生命線であり，これを加熱する技術は1860年代にはシーメンス蓄熱室を応用したE. A.カウパーの装置及びその改良でもって広くイギリス，ヨーロッパ大陸に普及していた。⁽¹⁴⁶⁾

　既に見たように，加熱送風の技術は早くからロシアに知られていたことであって，1836年にはニジェゴロド県のヴイクスンスキー工場で最初の試運転が行われ，最大で銑鉄産出高の1/3増加，木炭消費の1/3減少を見たとされる。ウラルでも程なく実験がされたという。⁽¹⁴⁷⁾

　しかし，60年代までのウラルでの加熱送風の実験は失敗に終わり，1867年頃

61

のビリムバエフスキー工場での加熱送風の導入も，いかなる結果を生んだかについては詳らかでない。トゥンナーの受けた説明は，加熱送風が銑鉄の品質に悪影響を及ぼすというものであったが，この問題は当時既に決着済みであって，それによって15-45％の木炭消費の節約が期待できるとされていたものである。[149]

　加熱送風の導入がウラルで遅れた理由を，ストゥルミリンは，技術要員がそれを習得できなかったためとしているが，[150]そのことが考えられる理由の一つであるとしても，急速な鉄鋼増産を死活の問題として求めない需要構造が技術革新を迫らなかったこと，ウラルにとって国内の競争者が存在せず，既成構造を変革する促迫も利益も見出せなかったことが規定要因であったことは間違いないように思われる。

　炉頂ガスの利用について付け加えると，これを鉱石焙焼に利用することも，ウラルで見られないことであった。[151]

　高炉の構造的問題では，まず，ドイツ，スウェーデンの木炭高炉が通常40-42フィートを超えないのにたいして，ウラルではしばしば50フィートに達することが確認された。その上で，問題は，装入口が必要以上に広いこと，ラシェトの楕円断面炉が普及していること，その他機械化が進んでいないため人員数が多いことが指摘された。[152]

　ウラルの熔鉱炉の特徴の一つに，アメリカで開発された楕円断面高炉を取り入れたことがある。楕円断面高炉は，1850年代末にアメリカで工夫され，生産量を1.5倍にするということでイギリス，シレジアでも建設された。ウラルでは楕円断面高炉は19世紀後半から一定程度普及し，20世紀始めに至っても稼働していた。ウラルの場合，この種の高炉はV. K. ラシェトの提唱にしたがって導入されている。1862年2月22日，10年間の特権を与えられたラシェトの熔鉱炉は，楕円断面高炉と，銅，鉛，銀および鉄鉱石溶解のための直角断面炉の2種であった。[153]

　直角断面炉は燃料消費が多いため，70年代には楕円断面炉に変更されてい

く。楕円断面炉も，同一の高さの円断面炉と比較して有効容積の点で劣ることが明らかであるが，ウラルで円断面炉へ切り替えられるのは1890年代に入ってからであった。クシヴィンスキー工場で円断面炉に切り替えた結果，1昼夜50-70トンの生産性を得た。タギリスキー鉱区の楕円断面炉は第1次大戦前の改築に際して切り替えられた。ウラルで最後まで残った楕円断面炉は，サトキンスキーとテプロゴルスキー工場のものであった。[154]

　トゥンナーも一時，1862年ロンドン博覧会の際に，ラシェト炉に積極的な評価を与えていた。ドイツでも一部で信奉者があったが，60年代半ばには挫折した。イギリスとフランスでは全く注目されなかった。[155]

　トゥンナーが述べる，オーストリアとロシア（ウラル）の労働生産性比較によると，ロシアでは1昼夜900-1000プード精錬するために，直接高炉周りでの仕事に5人必要とされ，彼らは1昼夜勤務して48時間休養するので計15人の人員となる。更に，鉱石および木炭運搬に6-7名と馬4頭，鉱石粉砕に未成年者7人，スラッグ搬出に1労務者を使用した。これに対して，12時間労働の下でオーストリアでは高炉周りに4人，鉱石運搬に1人の計5人で賄われ，高炉の恒常的稼働に必要な人員は10人ということであった。この過剰人員の解消は，高炉構造の改善と機械化によって可能になるというのが報告の提言の主旨であった。[156]

　同時代の専門家I. ティーメの具体的な描写によれば，“わずかな例外を除けば，熔鉱炉は低く，壁厚で旧式の構造であり，冷送風によっている…＜加熱送風についてはトゥンナーと重複するので省略する―Y.＞…熔鉱炉生産工程の機械部分もまた全く放置されている。送風機は大部分木製で古くさい構造であり，弱く不均等な風を送る。機械による鉱石粉砕を見るのはまれな例外である。機械式リフトは全部で2基の熔鉱炉しか知らない。”[157]

　加工目的に応じた銑鉄生産の問題というのは，トゥンナーによれば，ウラルでは極めて高純度の鉱石でもって主として鉄に再精錬されるにもかかわらず，どこでも灰銑が精錬されているということである。それも，溶鉱炉過程のしば

しばの変動で，熟し過ぎの灰銑を得ることも稀ではない。例として，P. P. デミドフのニジネ＝タギリスキー，ヴェルフネ＝サルディンスキー，ヴィシモ＝シャイタンスキー工場では年産2287千プードのほとんどが灰銑で，そのほとんどが再精練される。ヴィソカヤ山の豊かな磁鉄鉱からは白銑を精練して鉄に再精練するのが適切で，それにより15-25％の燃料節約が見込まれるというのが，トゥンナーの指摘であり提言であった。[158]

　関税政策が保護的な方向に再転換され，南部鉄鋼業の本格的な建設が開始される1880年代には，ウラルも新しい事態への対応を迫られざるをえない。

　1880年代，高炉生産の加熱送風への転換がようやく進んだ（表1-30）。1882年には熔鉱炉の1/3が加熱送風を取り入れていた。しかし，ウラルで冷送風が完全に駆逐されるには20世紀始めまでの長期間を要した。

　1882年から1900年に向けて，熔鉱炉1基当りの日産は1.66倍，年産は2.0倍に伸びており，稼働日数が増加したことを示している。20世紀始めに使われていた大半の加熱送風装置は鋳鉄製のパイプを持ち，カウパー装置よりもあらゆる点で劣るものであったが，安価であったという。[159]

表1-30　ウラルにおける加熱送風の普及と高炉生産性の向上

年	冷送風高炉	加熱送風高炉	高炉総数	1基当り平均年生産高（千プード）	1基当り平均1日生産高（トン）
1882	69	34	103	180.0	12.5
1885	61	43	104	207.6	14.0
1890	45	62	107	258.9	15.2
1895	30	87	117	282.9	16.7
1900	15	123	138	363.5	20.7
1905	13	96	109	377.0	22.1
1910	4	73	77	507.4	31.6

出典：С. П. Сигов. Ук. соч. стр. 90.

木炭高炉システムの維持

"2世紀以上のその歴史を通じて、最初の工場の設置から1917年の革命まで、ウラルの冶金業は専ら木炭冶金であった。20世紀初めにいたっても、18世紀と同様、膨大な森林領地と補助的工場外労働者の全部隊（薪伐り、炭焼き、御者等）に基づいて、全冶金過程において主として（高炉過程では専ら）木質燃料を消費した。[160]"

1865年以降ほぼ10年ごとの、ウラルの銑鉄生産と労働力構成の推移を表1-31に見る。

この約50年間、労働者数に比較して銑鉄生産の伸びが大きく、労働生産性は向上した。労働者数は19世紀中増大し、20世紀に入って減少傾向が見られる。ただ、1861年の134.3千人と比べると、絶対数においても減少が確認される。[161]

工場外労働者の比率は1870年代以降19世紀中は安定的であった。つまり、この間技術体系に変化はなかったのである。

ウラルを中心とするロシア製鉄業において「農民改革」の時代はパドル炉による精銑炉の駆逐過程と重なっている。それだけではない。この過程は、19世紀を通じて緩慢に進んだ（表1-32）。

19世紀末に至るまでパドル鉄の一貫した増加、精銑鉄の漸減が観察される。パドル鉄は20世紀に入って急速に減少した。

生産条件の幅が大きいため、生産性には格差がある。1870年前後において、3人一組の精銑アルテリ*による1交替の生産高の基準量は、棒鉄13プード（モレプスキー工場）から16プード（ビセルツキー工場）、18プード（ウトッキンスキー工場）まで、さらに割り増し賃金によって22プードを達成したヴェルフ＝イセツキー工場の例もある。同時期にパドル鉄は1炉あたり1交替で84-98プードが得られた。*アルテリは、この場合職工を中心とする固定的な作業班である。[162]

既に1784年、H. コートによって特許を得られたパドル法は、ローラーによる圧延法とともに石炭燃料を基礎とする近代資本主義の機械工業の体系に属するが、ロシア、特にウラルでは1860年代まで主として木炭によって行われた。[163]

表1-31　ウラルの銑鉄生産と労働力構成の長期的推移

年	銑鉄生産（百万プード）	労働者数総計（千人）	工場内労働者（千人）	工場外労働者（千人）	工場外労働者比率（対総計%）
1865	12.3	102.2	53.8	48.4	47.4
1865=100	100	100	100	100	
1876	18.4	133.6	57.5	75.3	56.7
1865=100	150	131	107	157	
1885	21.6	137.4	53.8	83.6	60.8
1865=100	176	134	100	173	
1890	27.7	142.2	54.3	87.9	61.8
1865=100	225	139	101	182	
1895	33.1	147.5	51.4	96.1	65.2
1865=100	269	144	95	199	
1900	50.2	172.1	63.3	108.7	63.2
1865=100	408	168	118	225	
1905	41.1	145.8	64.5	81.3	55.8
1865=100	334	143	120	168	
1910	39.1	106.6	53.8	52.8	49.5
1865=100	318	104	100	109	
1914	52.4	124.5	80.0	44.5	35.7
1865=100	426	122	150	92	

注：比率は再計算してある.
出典：С. П. Сигов. Ук. соч. стр. 215. ; А. Г. Рашин. Ук. соч. стр. 157.

　資本主義的機械工業の技術体系であるパドル法が，水力動力に基づく木炭製鉄の強固なウラルに移植された結果，特殊な混合物がウラルに生き長らえたのである。

　ウラルの錬鉄生産が19世紀を生き続けたのは，近代鉄鋼業の技術革新の導入が緩慢であったからだけではない。パドル炉は南部の新しい工場にも建設されていく。その理由は，溶接鉄としてのその品質には一定のメリットがあった

第1章　19世紀のロシア製鉄業とウラル

表1-32　錬鉄の生産推移

年	精銑炉			パドル炉		
	総炉数	年生産高（百万プード）	1基当り年生産高（プード）	総炉数	年生産高（百万プード）	1基当り年生産高（プード）
1863	786	5.52	7.150	270	5.09	18800
1867	―	5.18	―	―	8.62	―
1882	511	4.54	8.900	510	17.6	34400
1900	263	3.23	12.285	562	28.3	50400
1910	117	0.16	1.365	99	4.2	42400

注：ストゥルミーリンは溶接鉄としているが，錬鉄の呼称に統一する．
出典：С. Г. Струмилин. Ук. соч. стр. 375.

からであると説明されている。イギリス産パドル鉄に含まれる燐が0.18％，硫黄が0.14％に上ったのに対し，ウラル産では燐0.01％，硫黄0.004％に過ぎなかった。[164]

　近代熔鋼法が導入される以前，鋼は高価で生産量も極めてわずかだった。1860年において，鉄鋼生産高12百万プードのうち鋼は97千プード（0.8％）に過ぎなかった。1870年に至っても鋼の比率は3％を超えなかった。鋼は，浸炭法，パドル法，ルツボ法によって得られたが，1870年のレヴディンスキー鉱区マリインスキー工場の例によれば浸炭鋼の原価は精銑鉄のおよそ2倍，パドル鋼もほぼ同じであった。[165]

　西ヨーロッパ先進国においては19世紀前半はパドル法が優勢な時期であり，後半に至るとマルタン法，ベッセマー法，トーマス法の近代熔鋼法が急速に普及することになるが，ウラルでの製鉄製鋼法の推移は独特である。すべての必要な時期について統計を得ることはできないが，表1-33に見るごとく，精銑法は元々生産量は少ないが安定的に維持され，事実上その役割を終えるのは20世紀始めである。パドル法は1890年代半ば過ぎまで主要な製鉄法であることをやめないだけでなく，1900年まで生産量が増加する。熔鋼法が錬鉄生産と

67

表1-33　ウラルにおける鉄鋼製法別設備数，生産高推移

年	製　法	工場数	設備数（基）	生産高（百万プード）
1885	精銑炉	64	435	3.9
	パドル法	52	332	10.5
	マルタン法	5	11	0.2
	ベッセマー法	3	7	1.8
	総　計	—	—	16.6
1890	精銑炉	56	377	3.6
	パドル法	55	364	14.8
	マルタン法	6	12	0.6
	ベッセマー法	2	4	1.9
	総　計	—	—	21.1
1895	精銑炉	45	294	3.3
	パドル法	54	364	15.8
	マルタン法	16	28	5.7
	ベッセマー法	2	4	3.1
	総　計	—	—	28.5
1900	精銑炉	37	217	3.2
	パドル法	47	12*	16.5
	マルタン法	22	42	15.5
	ベッセマー法	1	4	2.9
	総　計	—	—	38.4
1905	精銑炉	23	139	1.2
	パドル法	27	149	5.2
	マルタン法	22	50	25.7
	ベッセマー法	3	6	3.2
	総　計	—	—	35.7
1911	精銑炉	6	12	0.2
	パドル法	15	60	3.0
	マルタン法	31	64	42.5
	ベッセマー法	2	2	1.9
	総　計	—	—	47.9

注：生産高の総計には各製法に分類されないものも含まれる．
＊誤植と思われる．
出典：С. П. Сигов. Ук. соч. стр. 92.

第1章　19世紀のロシア製鉄業とウラル

肩を並べるのは1900年前後である。その中でベッセマー法（トーマス法）の役割は小さく，マルタン法が熔鋼法の主流となったのが特徴的である。

　ベッセマー法，マルタン法のロシアへの導入は比較的早かったと言えるが，それらの定着には一定の困難が伴った。

　フセヴォロド＝ヴィリヴェンスキー工場での実験がウラルでのベッセマー法の最初のものであるという説に従えば，それは1857年，パテント取得のわずか2年後のことになる。しかし，その後のいくつかの試みにもかかわらず20世紀始めにベッセマー法を行っていたのは，ニジニー＝サルディンスキーおよびクイシトゥイムスキー工場，カタフ＝イヴァノフスキー鉱区のみであった。[166]

　マルタン法のウラルへの導入と定着について，S. P. シーゴフに拠って見てみる。1868年，官有ヴォトゥキンスキー工場からマルタン法の実験の許可申請が出された。しかし，同時期のズラトウストフスキー工場からの申請とともに，鉱山局によって却下された。後者の技師イズノスコフはウラルから転出してソルモヴォ工場＜ニジニー＝ノヴゴロドーY.＞で実験を成功させることになる。この後，ヴォトゥキンスキー工場で1870-71年に実験が開始されたが，1879年に至るまで試験的な操業の域を出ず，小規模で，中断を伴った。その理由は，マルタン鋼への需要がなかったこと，耐火レンガの質が不十分だったこと，必要な銑鉄の成分についてのノウハウが得られなかったことなどであった。マルタン鋼への需要は1879年から現れ始めた。

　これらに次ぐ導入はニジニ＝タギリスキー鉱区で行われた。そのために1872年，技師 N. K. フレリヒが国外に派遣された。1875-76年，フレリヒは，その後長期にわたりニジニ＝タギリ産のものがロシアで唯一のものとなるフェロマンガンを得ることに成功し，同時に安価な耐火レンガの生産が可能となり，高価なイギリス産への依存を不要にした。1876年には容量400-450プード（7-7.5トン）のマルタン炉が操業開始し，1878年には第2，第3の炉が稼働した。しかし，1881年，フレリヒが転出すると操業の水準を維持することができず，産出金属の質も低下した。この状況は1883年5月に新たに技師 V. N. リーピンが到着し

69

表1-34　ウラルにおける鉄鋼業の動力構成推移（馬力）

年	水車	タービン	水力計	蒸気機関
1860*	31662	2414	34076	2643
1876	–	–	32334	8083
1885	20605	8860	29465	11628
1890	15373	16105	31478	14966
1895	13858	17845	31703	19452
1900	9078	21367	30445	28013
1905	5271	18807	24078	45993
1910	2800	19344	22144	40443

*1860年の数字は鉄鋼業のほかに銅鉱業その他を含むが，これらの工場の規模は小さい．
出典：С. П. Сигов, Ук. соч. стр. 95.

てのち1年を費やしてようやく復旧した。

　その後，ウラルではモトヴィリハ（1876），ズラトウスト（1881），ヴィシネ＝セルギンスキー（1884）およびニジネ＝セルギンスキー工場（1888）にもマルタン法が導入された。

　シーゴフによれば，かかる経過は，あらゆる新技術をウラルに植え付ける際に起こる事態を極めて明確に特徴づけるものである。すなわち，"技術的新体制や改善を取り入れる際の偶然性の要素と個人的痕跡，最初の成功した試みに比較して個々の工場に定着させる際の，新技術を大規模に適用するときの大きな立ち遅れ，多数の追加的な困難，これらはより文化的な，技術的経済的な面でより下地のできた人々のもとでは全く起こりえないことだが，すべて独りマルタン法の定着に限らずウラルに特徴的な現象なのである。"[167]

　豊富な水力資源に基づいて木炭製鉄を展開するウラルにとって，蒸気機関は長い間副次的な動力に留まった。元来パドル法は蒸気動力と結びつき，ローラー圧延と結びついた技術であったが，ウラルにおいては伝統的需要構造の下で緩慢に導入され，蒸気機関への転換も急速には行われなかったのである。

70

第1章　19世紀のロシア製鉄業とウラル

　出力の比較によると，1880年代末まで動力の中心は水車であった。蒸気機関の総出力が水車，タービンを合わせた動力を凌駕するのは20世紀始めである。1910年においても38工場で114基の水車が稼働していた。(表1-34)

ウラルの工場制度

　「農民改革」後，1890年代までにウラルに創設された株式会社は3社ーベロレツキー(1874年)，セルギンスコ＝ウファレイスキー(1881年)，カムスキー(1883年)ーであった。90年代には，ボゴスロフスコエ(1896年)，ユジノ＝ウラリスコエ(1899年)，インゼルスコエ(1899年)，コマロフスキー・ユジノ＝ウラリスキー(1900年)，クイシトゥイムスコエ(1900年)，ヴォルシスコ＝ヴィシェルスコエ(1900年)が創設された。[(168)]

　カマ製鋼(カムスコエ)のような成功例はあるが，株式会社化は一部に留まったといわざるを得ない。したがって，株式会社化に重要な役割を果たした外国資本の存在も，ウラルでは小さかった。

　20世紀初頭において，ウラル冶金企業は3つのカテゴリーに分かれた。即ち，官有，私有，ポセッシアである。私有工場は本来の地主＝貴族の所有する工場，ポセッシア工場は所有権の制約された商人層に対して帝政国家が補助を与えて成立した工場形態である。これらのうち主要なものを以下に挙げる。

　1) 官有工場

　クシビンスキー；ヴェルフネ＝トゥリンスキー；ニジネ＝トゥリンスキー；セレブリャンスキー；バランチンスキー；カメンスキー；サトゥキンスキー；クシンスキー；ヴォトゥキンスキー；ペルムスキー(モトヴィリヒンスキー)；ニジネ＝イセツキー；アルティンスキー；ズラトウストフスキー；イジェフスキー

　2) 私有工場

・レヴディンスキー鉱区ーレヴディンスキー；ビセルツキー；マリインスキー；バラノフスキー

71

- ボゴスロフスキー株式会社―ナデジディンスキー；ソシビンスキー；ボゴスロフスキー
- ベロレツキー株式会社―ベロレツキー；ウジャンスキー；カギンスキー；ティルリャンスキー
- シムスキー会社―シムスキー；バラシェフスキー；ニコラエフスキー；ミニヤルスキー
- ベロセリスキー＝ベロゼルスキー公爵―カタフ＝イヴァノフスキー；ユリュザニ＝イヴァノフスキー；ウスチ＝カタフスキー
- セルギンスコ＝ウファレイスキー株式会社―ニジネ＝セルギンスキー；ヴェルフネ＝セルギンスキー；ニジネ＝ウファレイスキー；ヴェルフネ＝ウファレイスキー；アティクスキー；ミハイロフスキー
- クイシトゥイムスキー株式会社―ヴェルフネ＝クイシトゥイムスキー；ニジネ＝クイシトゥイムスキー；カスリンスキー；ニャゼペトロフスキー；シェマヒンスキー
- カメンスキー兄弟―モレプスキー；スクスンスキー
- カムスコエ株式会社―チュソフスキー；パシースキー；ヌイトゥヴェンスキー
- ストロガノフ伯爵―クシヴィンスキー；クイノフスキー；ウトゥキンスキー；ビリムバエフスキー；ドブリャンスキー；パヴロフスキー；オチェルスキー
- P. P. シュヴァロフ伯爵―クシエ＝アレクサンドロフスキー；ビセルスキー；テプロゴルスキー；ルイシヴェンスキー
- A. P. シュヴァロフ伯爵―ユーゴカムスキー
- アバメレク＝ラザレフ公爵―キゼロフスキー；ポラジンスキー；チェルモススキー
- デミドフ家―ルイノフスキー鉱区：アレクサンドロフスキー；ニキーティンスキー

第1章　19世紀のロシア製鉄業とウラル

- コマロフスコエ株式会社ーアヴジャノ＝ペトロフスキー；レメジンスキー
- S. E. リヴォフ公爵ーポジェフスキー

3) ポセッシア工場

- ニジネ＝タギリスキー鉱区ーニジネ＝タギリスキー；ニジネ＝サルディン
  スキー；ヴェルフネ＝サルディンスキー；ヴィシモ＝シャイタンスキー；
  ヴィシモ＝ウトゥキンスキー；ヴィイスキー；ライスキー；アントノフス
  キー；チェルノイストチェンスキー
- ヴェルフネ＝イセツキー鉱区ーヴェルフネ＝イセツキー；レジェフスキー；
  ネイヴォ＝ルヂャンスキー；ヴェルフネ＝タギリスキー；ウトゥキンス
  キー；ヴェルフネ＝ネイヴィンスキー；シャイタンスキー；スイルヴィン
  スキー；ニジネ＝スイルヴィンスキー；プイシミンスキー
- アラパエフスキー鉱区ーネイヴォ＝アラパエフスキー；ネイヴォ＝シャイ
  タンスキー；ヴェルフネ＝シニャチヒンスキー；イルビツキー；アレクサ
  ンドロフスキー
- ネヴィヤンスキー鉱区ーネヴィヤンスキー；ペトロカメンスキー
- スイセルツキー鉱区ースイセルツキー；セヴェルスキー；ポレフスキー；
  ヴェルフネ＝スイセルツキー；イリインスキー
- シャイタンスキー鉱区ーシャイタンスキー

　18世紀以来所有者と経営形態の変更はしばしばであった。レヴディンスキー
鉱区は1898年までポセッシア鉱区であった。ボゴスロフスキー鉱区は1875年
まで官有であったがバシマコフに売却された。デミドフ家所有のルイノフス
キー鉱区は1882年までフセヴォルシスキーの所有だった。デミドフ家はニジ
ネ＝タギリスキー・ポセッシア鉱区の経営者でもある。⁽¹⁶⁹⁾

封建遺制の残存

　封建遺制の第一として意識されたのはいわゆるポセッシア制である。

73

「農民改革」が行われて間もない1863年12月9日，ポセッシア工場を「国庫から土地および森林を賃借することを得た」私有工場とする，法制審議会の見解は皇帝により承認された。この規定は法的にも確認され，官有の土地および森林を賃借する権利としてポセッシア権が改定される。これにより，18世紀以来，非貴族経営主に対して土地，森林だけでなく封建農奴の利用までも認めたポセッシア権は，1860-70年代に「農民改革」に則して整合されたのである。ポセッシア工場は，従来「農奴占有工場」と和訳されてきたが，制度の全体を表す適切な用語を見出せないので，「ポセッシア工場」と表記する。⁽¹⁷⁰⁾

　法的，行政的に確定されたポセッシア権 posessionnoe pravo とは，次のように説明される。1) ポセッシア権者は，当該鉱区を売り，抵当とし，相続することができるが，その際，鉱区は不可分でありポセッシア権としてのみ扱われ，また，鉱山局の許可を得なければならない。2) 国家は特定の目的，即ち鉱業活動のために土地を提供するのであるから，ポセッシア権は中断なく常時の工場稼働する場合にのみ保証される。3) ポセッシア工場は鉄，銅を製造し，金，プラチナを採取することができるが，当該土地にその他の鉱物を見出した場合，その利用権は国家に属する。4) ポセッシア鉱区の木材，鉱石は当該鉱区の利用にのみ供される。更に，1892年2月17日元老院の確認したところでは，ポセッシア工場が3年間稼働しなかった場合，国庫管理の元に入るか，または公売に付されるということであった。⁽¹⁷¹⁾

　ポセッシア権は，封建国家の土地所有権者としての権限を確認したものである。それ故それは一方的に国家の規制的権限を表明するものとなっており，相対的に借地者たる私有企業の行動は強い束縛の下に置かれることが再確認された。18世紀においては，企業に土地，燃料，労働力を安価に，場合によっては破格の優遇でもって保証した制度が，「農民改革」に際しての部分的手直しのみで20世紀まで生き延びたため，経営の近代化にとっては全くの桎梏と化したのである。

　20世紀初頭においては，ポセッシア工場の比重は確かに低下していた。しか

し，そのことは封建遺制の解消を意味しない。私有工場は地主＝貴族工業の性格を保持したし，官有工場は封建国家の所有する工場であった。

「義務契約 обязательственные 関係」と職工の土地問題も封建遺制として意識された。

木炭製鉄のウラルにおいては広大な土地占有が必要とされ，「工場ラティフンディア」と呼ばれる状況が生まれた。1906年において，ポセッシア鉱区に総計2752.5千デシャチナが確保されていた。個々についてみると，アラパエフスキー（845千デシャチナ），ヴェルフネ＝イセツキー（705千デシャチナ），ニジネ＝タギリスキー（629千デシャチナ），スイセルツキー（258千デシャチナ），ネヴィヤンスキー（180千デシャチナ）である。官有工場には1900年において2129千デシャチナが確保され，ズラトウストフスキー（626.5千デシャチナ），ヴォトゥキンスキー（348.7デシャチナ），セレブリャンスキー（194千デシャチナ），ペルムスキー（173千デシャチナ）が主なものである。もっとも広大な土地を確保した，私有工場には総計4219千デシャチナが集積され，ストロガノフ伯爵（766千デシャチナ），アバメレク＝ラザレフ公爵（723千デシャチナ），ボゴスロフスキー会社（505.1千デシャチナ），カムスコエ株式会社（439.6千デシャチナ），シュヴァロフ伯爵（428千デシャチナ），ベロセリスキー＝ベロゼルスキー公爵（384.6千デシャチナ）…が最大規模であった[172]（1デシャチナ＝1.092ha）。

「農民改革」後の半封建的社会関係の下で，工場主は工場仕事もしくは野良仕事によって住民の生活を保証する義務を負った。これが「義務契約関係」と呼ばれるものである。この規制はポセッシア工場だけでなく私有工場にも及んでいた。

「義務契約関係」の残存の一つの現れが，「遊休の гулевые」交替制と呼ばれるものである。即ち，工場住民のうちの労働可能人口が過剰なため，一定部分を順次待機させざるを得なくなっていたのである。技術進歩と人口増の結果，19世紀末にはこの「遊休」日数が工場経営の大きな負担になっていた。

1890年代末のペルミ県ゼムストヴォの調査によると，81冶金工場のうち「遊

休」日数がなかったのが22工場（27％）であった。残りの59工場のうち，2工場で「遊休」日数が労働日の10％，20工場で25％，24工場で50％，13工場で75％だったという。ヴェルフネ＝イセッキー工場で，1893年に「遊休」日数が67％に達したとされる。「遊休」時に労働者には賃金は支払われない。[173]

　過剰労働力が「遊休」によって処理されるほかに，細分化された交替も行われた。同上の調査では，通常の10-12時間労働のほかに，8時間あるいは6時間労働も指摘された。これは直接に労働給与の減少につながった。[174]

　工場仕事が保証できない場合，「義務契約関係」の下では，住民には耕地が必要である。1861年2月19日承認された「追加規定」によって，職工は耕地の分与を受ける権利を得た。ただし，1861年以前に耕作していた場所に限り，当該地域の農民に分与される最高限度を超えない範囲との限定が付された。冶金工場が多くの補助労働者を職工として登録するよう努めた事実は，そのことによって工場により多くの耕地を確保するねらいを示している。ただ，この改変は，以前から耕作を行っていた職工に分与に際して支払いをを強制するもので，分与の拒否をしばしば呼び起こしたとされる。[175]

　地主＝貴族権力にとって，租税収入の源泉たる住民の貧窮は避けるべき事態である。しかし，私有鉱区での土地分与は，私有権と抵触することになり結局進まなかった。

　官有およびポセッシア工場での土地分与については法制化が進められた。1877年には，同年3月19日現在事実上利用されている土地を職工に無償分与することが決せられた。これについては更に追加的な立法措置と時間を要し，1909年において81.9千人分の土地整備が必要なところ，実際には60千人にとどまったという指摘がある。1893年5月19日，ポセッシア鉱区の職工，農民に対して，同年1月1日現在利用している土地を，共用地その他一定部分を除いて無償分与する旨法制化された。しかし，法律は工場主から賃借された土地には及ばなかったこと，工場主に分与地での鉱物調査，開発の権利を認めたこと（15年間）を含めて限定的であり，実際の分与は進まなかった。[176]

外国資本とウラル

　1879年創設されたフランコ＝ルースキー会社は，サンテチエンヌ鉄鋼会社 Societe des Forges et Acieries de St. Etienne の技術をウラルの資源と結びつけようとするものだった。ゴリツィン所有の広大な鉱区は，それまでその潜在的可能性にもかかわらず年間5000トンのパドル鉄を産するのみであった。新工場は，ウラルで最初の鋼製レールを製造する試みの一つとなり，1900年までには，当時まだ普及していなかった加熱送風機を備えた各15トンの高炉4基で銑鉄42000トンを熔融していた。29000トンの高品質鋼製品が圧延された。1879年から1900年までのウラル全体の銑鉄生産の伸びが3倍であったところが，この工場では8倍以上であり，ウラルで最も生産コストの低い工場であった。[177]

　フランコ＝ルースキー会社は，1883年，ウタ＝バンコヴァとその経営者ボンナルデルのグループによってカマ（カムスコエ）製鋼会社に再編された。したがって，フランコ＝ルースキーの成長の歴史の大半は，カマ製鋼のものだったといってよい。そこには彼らのポーランドでの経験が生かされていた。カマ製鋼の成功の要因は，J. P. マッケイによれば，3点ある。第1は技術的優位であり，それによりウラルでは異例の急成長を遂げたのである。1883年に3000トンであった最終生産物は，1893年10000トン，1903年34000トン，1913年68000トンへと飛躍的に増大した。第2に，カマの経営は間違いなく優秀であった。1900年に，新しくはないがよく手入れされた高炉は，当時まだウラルに稀なカウパーを備えていた。他方で，鉄鉱石は極めて安価な手仕事で掘られ，次いでウラルのどこでもそうであるように馬力の巻き揚げ機で搬出された。河川と森林資源の利用も良好であった。これらが，クレディ・リヨネーズの技術者をして，現地の条件に適合した設備と認めさせ，また，ウラルで最も低コストと評価させた要因である。最後に，ボンナルデル・グループの所有した株式は比較的小さかったが。利潤の過半は常に再投資された。[178]

　問題は，ウラルで外国資本の果たした役割がきわめて小さかったことである。

1900-1903 年恐慌とウラル

　20世紀初頭，1900-03年恐慌は，ロシア冶金業，特にウラルの構造的立ち後れを最終的に暴き出すものであった。既に1899年夏に金融危機の徴候は現れていたが，いまだ工業はフル稼働していた。そのため恐慌に陥った際の衝撃は大きく，1901-1904年に総資本金55百万ルーブリの18冶金業株式会社が閉鎖した。[(179)]

　20世紀初頭のロシアおよびウラルの銑鉄生産高は表1-35のように推移した。

　ロシア全体の銑鉄生産は1904年には回復軌道に乗ったと見られるが，その時ウラルではいまだに1900年の生産高の80％に満たない水準であった（ここではその後の日露戦争その他の影響は考えない）。

　銑鉄生産の減少を補ったのは，より民需に近い生産の増加であった。ウラルの屋根鉄生産は1903年には1899年に対して約1.5倍に増加した（表1-36）。

　しかし，屋根鉄の市場価格は大きく下落している。1899年に1プード2ルーブリ40コペイカだったウラルの屋根鉄は1902年に2ルーブリ，1905年には165-168コペイカ，即ち約2/3に低落した。[(180)]したがって，増産に見合った増収は得られなかったのである。

　同時に，民需分野でのウラルの優位も南部との競争にさらされつつあった。南部がレール生産即ち官需への依存から脱却するため，経営基盤の拡大を図り

表1-35　ロシアおよびウラルの銑鉄生産高

（単位：百万プード）

年	ロシア		ウラル	
	銑鉄生産高	％	銑鉄生産高	％
1900	177.6	100	49.87	100
1901	173.0	97.4	48.75	97.8
1902	157.0	88.4	44.19	88.6
1903	151.0	85.0	39.69	79.6
1904	180.4	101.6	39.60	79.4

出典：М. П. Вяткин. Ук. соч. стр. 32, 33. より作成

第1章　19世紀のロシア製鉄業とウラル

表1-36　ウラルの屋根鉄生産推移
（単位：千プード）

年	屋根鉄生産高	%
1899	7890	100
1900	9027	114
1901	9379	119
1902	10975	139
1903	11882	150
1904	10850	137

出典：М. П. Вяткин. Ук. соч. стр. 33.

始めたからである。鉄鋼生産中の民需品，つまり薄板鉄，板鉄，屋根鉄の比率
は，ウラルでは低下しつつあったが，ロシア全体では増加し，1904年には80％
に近づいていた（表1-37）。

　1900年には南部の鋼製品生産に占めるレールの比重は39.6％に低下するが，
これは鉄板その他民需品の生産が拡充されたことを意味し，国内市場における
ウラルのシェアを侵食した証であった。[181]

　恐慌期の官有工場の中で，最も不振であったのは，セレブリャンスキーおよ
びニジネ＝イセツキー工場であった。ズラトウストフスキー，クシヴィンス
キー，アルティンスキー，ヴェルフネ＝トゥリンスキー，ニジネ＝トゥリンス
キー，ヴォトゥキンスキーその他も個々の年度に損失を出したが，ウラルの官
有工場全体としては―1903年には3千ルーブリに過ぎなかったが―収益を確保

表1-37　鉄鋼民需品の生産推移
（単位：％）

年	ウラル	ロシア
1882	93.0	67.4
1894	87.0	71.3
1899	85.5	70.7
1904	84.0	79.7

出典：М. П. Вяткин. Ук. соч. стр. 28.

した。いうまでもなくこれは国庫注文，特に武器弾薬需要に支えられたためである [182]。

　ゴロブラゴダツキー鉱区のいくつかの工場の経営が不振に陥ったのは，民需に依存する度合いが高かったためである。1902年には12の高炉のうち6基が止まった。中でもセレブリャンスキーは恐慌期を通じて損失を出し続けた唯一の官有工場である。その製品は年に一度ニジニー＝ノヴゴロドに河川輸送されていた。板鉄の生産高も小さく，銑鉄の欠損を補うものではなかった。このような状況の下で，マルタン炉導入に対する許可も下されなかったのである [183]。

　同鉱区内でも，バランチンスキー工場は海軍省，国防省からの銑鉄製砲弾の注文に支えられて一貫して収益を上げた。高炉工程は恐慌期にもヴェストマンによる焙焼，カウパーの加熱送風装置を導入して効率化が図られた。ただ，その他の部分は放置され，鋼製兵器への対応は遅れたのであるが [184]。

　ヴェルフネ＝トゥリンスキー工場が1903年に損失を出しただけで，概ね安定していたのも，砲弾の注文に支えられたためである。しかし，ゴロブラゴダツキー鉱区がその豊富な鉱石と森林資源を活かしきっていたとはいえない。停滞からの出口は，マルタン炉の導入，燃料資源経営の効率化，加工工程の近代化にあり，その構想は鉱区の側には存在したが，帝政が即応しなかった [185]。

　帝国軍隊の旧式な装備が恐慌の中でのゴロブラゴダツキー鉱区の零落を阻むと同時に，その近代化を遅らせたといえる。

　比較的良い状況にあったのはズラトウストフスキー鉱区である。ズラトウストフスキー工場は銑鉄，マルタン鋼を産し，幅広い製品構成を持っていた。刀剣，砲弾を軍隊に供給した。1902年に火災の被害を被ったが，これによって設備更新が進んだ面もある。弱点としてはエネルギー設備，特に蒸気機関と機械類が旧式であったことが指摘される [186]。

　サトゥキンスキー工場は恐慌期にも国庫に収益をもたらした。同工場はボカリスキー鉱山の良質鉱石から高品質・低価格の銑鉄を産し，ウラル外の官有兵器工場にも供給した。量は多くなかったが，パドル鉄の評価も高く，イギリス

にも輸出された。ズラトウストフスキー鉱区の強みは良質原料にあったが，木炭燃料供給が課題であった。[(187)]

　ポセッシア鉱区の状況は困難であった。中でも最大のニジネ＝タギリスキーとネヴィヤンスキーは“完全な破綻の前夜”にあった。多くの工場は損失を出しつつ操業し，国庫への負債を増加させた。国立銀行は通例ニジェゴロド定期市までの短期信用のみを与えた。[(188)]

　ニジネ＝タギリスキー鉱区は銅と各種鉄製品を産したが，主要なものはレールおよび鉄道用留め具であった。しかし，好況だった1899年においても，1プード当り1ルーブリ27コペイカのウラルのレールは1ルーブリ10コペイカの南部に競争しえなかった。恐慌が訪れると，政府はレール価格を1ルーブリ25コペイカに引き上げたが，これがウラルにも適用されたため，ウラルにとっては値下げとなった。南部の回復にともないレール価格は1903年に1ルーブリ23コペイカ，1905年には1ルーブリ12コペイカまで引き下げられた。1900年に185万2千ルーブリ確保されたニジネ＝タギリスキー鉱区の収益は年々減少し，1903年には13万7千ルーブリ以上の損失となった。結果として国立銀行への依存が強まった。1902年に6百万ルーブリだった負債は更に増加せざるを得なかった。[(189)]

　伝統あるネヴィヤンスキー鉱区は1899年の銑鉄生産112万5千プード，鉄生産5万7百プードを，1904年には銑鉄49万プード，鉄7千3百プードまで減少させた。収益の悪化は鉄道用鋳鉄水道管の増産，金採取の拡大によっても補えず，1903年の損失は14万9700ルーブリ計上された。鉱区の負債は1904年に私人および銀行への手形として90万ルーブリ，その他にシュヴァロフ伯爵への担保として60万ルーブリに上った。[(190)]

　私有工場（領主＝貴族所有工場）に対する恐慌の影響は一様ではなかった。M. P. ヴャトキンの整理に従うと，年産銑鉄500千プード未満の工場（3例）はほとんど生産を停止した。500千から百万プードまでの工場（5例）のうち4件は銑鉄と鉄生産を減少させた。銑鉄生産百万プード以上の10工場のうち銑鉄と鉄

生産を減少させたのは7件であった。生産規模と設備の近代化が分水嶺となった。1900年から1904年にかけて鉄生産は2/3に縮小したが，マルタン鋼は7566千プードから15285千プードへ増加した。淘汰の結果技術的にも近代化されたのは，ボゴスロフスキー鉱区の諸工場，クイシトゥイムスキー工場，シュヴァロフスキー工場であるが，他方でベロセリスキー＝ベロゼルスキー，ストロガノフ，レヴディンスキーの各工場は凋落した。外国資本の流入が進んだとはいえ，それによって健全化されたのはカムスコエ商会やベロレツキーの諸工場に限られる。そして，財政的には国立銀行，商業銀行への依存が強まった。最も豊かとされるボゴスロフスキー鉱区さえも，「事実上国立銀行の所有に移った」といわれるのである。[191]

1895年株式会社化されたボゴスロフスキー鉱区は，ウラル最大の冶金企業であった。その中枢は，20世紀初めにおいて高炉4基，マルタン炉5基，圧延機2台を備えるナデジディンスキー工場である。鉱区は1870年代に国家からバシマコフが購入し，1884年，N. M. ポロフツェヴァの所有に移ったものである。株式会社化によって同族企業の性格が変化したわけではない。[192]

1900年1月1日現在，ボゴスロフスキー鉱区の資産内訳は以下のようであった。

　　ボゴスロフスコエ領地，ソシヴィンスカヤ別荘，森林，金・銅・鉄鉱山―
　　6.26百万ルーブリ
　　工場建物，鉱山建造物―5.35百万ルーブリ
　　鉄道建設探査投資―894千ルーブリ
　　工場・鉱山装備―2.3百万ルーブリ
　　鉄道・工場・鉱山の動産―2.3百万ルーブリ

事業への投資は十分なされていたと見てよい。それを可能にしたのは1890年代の好況であったが，1899年においても鉱区の負債は2.4百万ルーブリ（そのうちN. M. ポロフツェヴァに1.17百万ルーブリ）に上っていた。[193]

1899年に生産低下の兆候は見られなかったが，1900年には，鉱区のレール生

産能力3.5-4百万プードのところ，2.3百万プードの操業に低下した。負債は4.184百万ルーブリに増加した。ボゴスロフスキー鉱区へは恐慌期を通じて国家から惜しみない優遇が施された。その中心はレール発注である。1901年3月，勅令により"祖国冶金業支援のため"5百万プードのレール発注が決せられたが，そのうちボゴスロフスキーには540千プードが1901年分として割り当てられた。こうして，1899年受注の1902年納入予定の500千プードと合わせて1040千プード，それにモスクワ＝ヴィンダヴァ＝ルイビンスキー鉄道のための354千プードが確保されたことになる。1902年には，鉱区のための鉄道敷設への貸付に対する返済を，債券もしくは優先株によって支払うことが認められた。実際には，貸付規模は1903年に9百万ルーブリ支出されることが定められたのであるが。しかし，それを待たず，1902年1月14日500千プード，4月1日更に1500千プードの新たなレール注文の形で支援は与えられた。こうした手厚い優遇にもかかわらず，鉱区の自立は困難であった。実現されない生産物在庫は1901年中に2608千プードから1249千プードへ減少したものの，1903年1月1日現在2428千プードに，1904年1月1日現在ではこれに625千プード加わった。鉱区の財政は急速に国庫に依存することになった。1901年1月1日現在，ボゴスロフスキー鉱区の負債総額は4184千ルーブリ，そのうち国立銀行への債務残高は942千ルーブリであった。1902年1月1日にはこれが2594千ルーブリに増加し，1903年1月1日には4038千ルーブリになっていた。この値は鉱区の負債総額6883千ルーブリの58.7％に当たる。この年初に，既に国立銀行は返済猶予を与えざるを得ない状況であった。[194]

　結局，1890年以降のボゴスロフスキー鉱区の発展は国庫融資と鉄道建設に依存するものであって，"…巨大な自然資源の略奪的利用を伴う鉱区制の残存，時代遅れの労働者搾取の形態，鉱山地代の地主的独占—それらの維持のために鉱区のすべての主人たちが労働者土地分与の義務の履行を妨害したのであるが—は不変のままであった。"[195]

　ペルミ県クングルスキー郡のシュヴァロフ所有（通称シュヴァロフスキー）工

場群は，ストロガノフ家に由来し，1899年，ゴリツインとの共同所有からP. P. シュヴァロフ伯爵の個人所有に変更された。鉱区は高品位の鉄鉱石，ダイヤモンド，プラチナに恵まれ，豊かな森林を有した。しかし，1890年代半ばまで高炉は冷送風のまま，鉱石焙焼炉も持たず，銑鉄原価も高かった。恐慌によりビセルスキー工場の閉鎖が検討されたが，義務的関係に鑑みて高炉1基の停止とクシエ＝アレクサンドロフスキー工場の高炉1基の停止で対応することになった。他方，ルイシヴェンスキー工場の屋根鉄生産増強とマルタン法の導入が図られた。この設備近代化は1902-1903年に行われ，蒸気および電気動力が導入された。これらの結果，1899年に108千ルーブリだった収益が1901年には1.6千ルーブリまで低下したが，1903年には61.4千ルーブリ確保された。[196]

　クイシトゥイムスキー鉱区は1900年株式会社化したが，創立者には旧所有者の公爵夫人M. V. マサリスカヤ，男爵メッレル＝ザコメリスキー兄弟らが名を連ねていた。1900年から設備更新に取り掛かり，高炉2基を新設，その排出ガスを発電に利用して高炉メカニズムと圧延の動力に利用するなど，ニジネ＝およびヴェルフネ＝クイシトゥイムスキー工場はウラルで最も近代的なものとなった。更新は予定より1年遅れて1904年に完了し，原価引き下げを可能にした。しかし，財政状態は悪化し，1904年1月1日現在，ヤロスラフスコ＝コストロムスキー土地銀行に4718千ルーブリ，国立銀行に1003千ルーブリの負債が残った。同年12月には大蔵省に1000千ルーブリの貸付を要請する事態であった。[197]

　1881年創立のセルギンスコ＝ウファレイスキー会社の財政状態も逼迫した。その設備は旧式で，ミハイロフスキー工場には精銑法が維持されていた。主に市場向けであったことがこの鉱区を恐慌の中で苦境に陥れた。銑鉄生産から板鉄への転換が図られたが，その再装備費用も重荷となった。1902年12月現在の負債総額は4427千ルーブリであったが，1903-04年には6249千ルーブリ，1904-05年には7919千ルーブリに増加した。セルギンスコ＝ウファレイスキー会社が「破滅的な」状態を持ちこたえたのは，ひとえに国庫からの財政支援と

注文とによる。[198]

　アヴジャノ＝ペトロフスキーおよびレメジンスキー工場は恐慌を乗り切ることができなかった。両工場は1900年6月までウラリスコ＝ヴォルシスコエ冶金会社に属し，次いでコマロフスコエ会社に移行したものであるが，転換は形式的であった。ともに銑鉄の生産原価が高く，恐慌の中で損失を出した。1902年7月に，負債総額が2375.5千ルーブリ，その内訳は国立銀行に1262.7千ルーブリ，パリの国際銀行に1094千ルーブリ，個人に18.7千ルーブリであった。1903年5月，レメジンスキー工場が停止，1908年にはアヴジャノ＝ペトロフスキー工場も閉鎖された。[199]

　劣悪な経営は豊かな資源を活かすことができなかった。K. ベロセリスキー＝ベロゼルスキー公爵工場は，カタフ＝イヴァノフスコエ領地，ユリュザニ＝イヴァノフスコエ村を基盤とし，高品位な鉱石に恵まれていた。しかし，工場装備は旧式で動力は一部蒸気，一部は水力を維持し，アレクサンドルⅢ世以来の支援に依存してきた。1898年，公爵はウスチ＝カタフスコエ工場をベリギースコエ＝ユジノウラリスコエ冶金会社に売却した。ベリギースコエ社にとっても工場の再装備費用が巨額であったため，1年後には，カタフ＝およびユリュザニ＝イヴァノフスキー工場を60年間賃貸する契約を公爵に認めさせた。しかし，賃貸料を支払う利益が上がらなかったため，この契約は1903年には解消された。公爵の手に残された2工場の存続は，国立銀行からの貸付によってのみ可能であった。巨額の貸付が設備投資に向けられず，所有者の私的浪費に費やされたことが指摘される。[200]

　ストロガノフ伯爵工場は「極めて後れた技術が優勢」であった。オチェルスキー工場にはパドル炉が9基，精銑法が維持された。ドブリャンスキー工場も2基のパドル炉を持ち，需要のない脆い鉄を産した。金属を担保にして国庫から貸付を得ることと，不採算部門を閉鎖して銑鉄を減産することが恐慌への対処であった。工場住民は十分な土地を持たず，飢餓に瀕した。[201]

　外国資本の導入と株式会社化によって直ちに合理的経営がなされるわけでは

ない例は既に見た。ほとんど唯一の例外といえるのが，カムスコエ株式会社（カマ製鋼）であった。カムスコエ社は発足当初から装備強化に取り組み，設備投資に1889年603千ルーブリ，1901年786千ルーブリを割いた。投資の中心はマルタン法の強化に置かれ，板鉄・鋼の生産は1899年から1901年に1582千プードから2075千プードに増加した。同時期に負債も856千ルーブリから1209千ルーブリ，1903/04年度に1405千ルーブリまで増加したが，純益を確保し，配当も行った。[202]

ウラルの停滞原因論

鉄の時代から鋼の時代への移行，大量生産の要請に応える形での，動力の水力から蒸気力への移行，さらには電力の利用，かくして技術の良好なバランスを体系的に確保することが潜在力を顕在的に発揮せしめるうえで重要なことになる。

ベッセマー法は精錬過程を短縮し，大量生産を促す。そのためコークス製鉄と調和的であり，これによりウラルから南部へのシフトがより促進されたと考えられる。

S. G. ストゥルミリンが主要な鉄冶金技術の発展とロシアへの導入のタイムラグを検証している（表1-38）。個々の年次については異論がありうるがここでは問題にしない。

S. G. ストゥルミリンの主張は，この期間のロシアにおける実用化の遅延は平均54年であるが，前半期はそれが84年，後半期は23年となり，キャッチアップは早まったということである。しかし，平均遅延年数を機械的に計算することに特に大きな意味があるとは思えない。西ヨーロッパの製鉄業においても，新技術が発明されてもその実用化には克服されるべき障害が多く，とりわけ機械製造業の発展，蒸気機関による動力革命を待つ必要があった。その間の冶金学の発展も，特に19世紀中期以降重要な役割を果たした。19世紀に入って各国間の交通が容易になり，情報と技術の伝播が早まったこと，それを受け容れ

第1章　19世紀のロシア製鉄業とウラル

表1-38　鉄冶金の主要な技術発展とロシア

	西ヨーロッパ		ロシア		
	発　明 (年)	実用化 (年)	実験開始 (年)	実用化 (年)	実用化遅れ (年数)
木炭高炉法	－	1443以前	－	1632以後	190
鉱物燃料高炉法	1612	1735	1797	1872	137
シリンダー送風機	－	1760	－	1788	28
圧延機	1728	1783	－	1826	43
パドル法	1784	1820	1836	1842	22
加熱高炉送風	－	1824	1836	1870	46
ベッセマー転炉	1847	1855	1857	1876	21
マルタン炉	1839	1865	1869	1882	17
トーマス転炉	－	1878	－	1899	21
電気炉	1853	1900	－	1909	9

出典：С. Г. Струмилин. Ук. соч. стр. 407.

る基盤も次第に整ったことは当然である。問題は，第1に，それぞれの技術は，
ますます，単独で存在してはその潜在力を発揮することはできず，総体として
一つのパッケージとして据えられなければならなくなったこと，その点で，ロ
シアにおいてはしばしば主要な環に欠落があることによってボトルネックが形
成され，技術体系のバランスが崩れがちだったことである。第2に，鉱物燃料
（コークス）高炉法の導入遅延は，ウラルにおいて近代製鉄業へのシステム転換
ができなかったことを意味する。そうしたシステム転換は，河川と森林の束縛
から離れ，新たな技術体系を構築するものであったから，その遅延の原因は，
土地，資源，労働力の利用にかかわる社会的関係全般に求めなければならない。

　技術的キャッチアップを，個々についてだけ問題にするのでは不十分である
ことは明らかである。

　新たな競争者，南部の出現がウラルの時代を終わらせ，その過程が恐慌に
よって完成されたのは確かであるが，相対的な劣位はウラルに固有の要因の顕

在化であった。

　停滞の原因については多くのことが語られてきたように思われる。

　1900-03年恐慌にとりわけウラルが大きな打撃を蒙った原因について，既に当時からいくつかの見解が表明されてきた。第10回ウラル鉱業主大会（1902年5月）への製鉄工場常設協議会事務局の報告案では，1) 鉄・銑鉄への低い関税，機械類へのあまりに低い関税；2) 流動資本の不足とクレジットの不足；3) 運輸，特に鉄道の不備；4) 官有工場の競争が指摘された。ただ，M. P. ヴァトキンは，1891年関税で鉄1プード当たり90-150コペイカ，銑鉄45-52.2コペイカ，工場用機械1プード当たり250コペイカ，農機具70-140コペイカと，十分高かったと指摘する。[(203)]

　1907年のウラル鉱業主会協議会の報告では，ウラル鉱業の発展を抑えた"特別なブレーキ"として，以下の要因が指摘された—1) 職工への土地の最終的分与がなされなかった；2) 鉄道網の不備；3) 巨額の流動資本の必要，なぜならウラルの工場主は燃料を1年もしくはそれ以上前から手当てしなければならない；4) ウラルでは専門化が遅れた。[(204)]

　当事者の分析が弁明に傾くことは避けられない。同時に，以上においては直接的原因と構造的要因，内在的原因と外部要因とが不分明である。議論の前提として，与えられたシステムの上で，ウラル製鉄業が十分に高い成果を挙げていたことの確認が必要である。L. ベックはいう。銑鉄生産において「ウラルは1890年から1899年までに393,325トンから785,947トンに増加した。この数を南ロシアの成果とくらべて，しばしばウラルの製鉄家に非難が投げかけられ，彼らは後退したのだといい，国家の特権に安住していたのだといわれた。しかし，両地方の製鉄業の基礎条件が異なっていたことを考慮しなければならない。南ロシアには新しい近代的改良をすべて取入れた製鉄所だけがあり，それが石炭地方の真中にあったのであり，これに対しウラルでは，たいていが旧式の木炭製鉄所で，作業をフルにやるためには木炭の買い入れの困難と戦わなければならず，それで，現状維持がせい一杯で，大部分は拡張などはとても考

えられなかったのである。このことを考えるならば，ウラルの諸製鉄所が得た生産高の増加は，相当著しいものであったと考えなければなるまい。」[(205)]

市場の急速な収縮に即応できなかったことが，ウラル製鉄業に南部よりも深い痛手を負わせた直接的な，また内在的な原因であった。M. P. ヴァトキンは，「ウラル評論」編集者 V. マモントフの指摘を引いてその事情を説明する。即ち，ほとんど木炭燃料によって操業していたウラルでは，1年半もしくは2年前から燃料を準備しなければならず，その調達を急速に増減できない。そのため燃料在庫の規模に見合った生産を続けることになるというのである。実際，1897年から1899年初めまで，ロシアは"銑鉄飢餓"の状態にあり，ウラルでは木炭と鉱石の準備が強化されていた。こうして，1898年に準備された原燃料は1900年に投入され，既に恐慌の徴候が現れていた中で，1899年の銑鉄生産45百万プードにたいして1900年には49.8百万プードが生産されたのである。ヴァトキンはこれを「危機を深め，脱出を困難にした」要因として捉えている。[(206)]

鉄道網の希薄も外在的な直接的原因を構成するが，最終的には政府の政策，即ち南部開発の優先，外国資本の南部に対する選好に帰着する。同時に，それは，ウラル製鉄業が社会的需要の安定と定期市への河川輸送に適合し，その体制を打ち破るインパクトを持ちえなかったことの結果でもあったし，近代的資本として十分な蓄積を怠ったことの結果でもあった。それ故，急速に増大する需要を満たすために，南部開発が選択されたのである。したがって，帝政がウラルの再開発に期待を寄せなかった理由，外国資本がウラルに引きつけられなかった理由を構造的要因の中に求めなければならない。

Ip. グリヴィツは，20世紀始め第1次大戦前の段階で，鉱山監督官の経験から，ポセッシア（官有地賃借）制による制約，ウラル住民の土地不足，交通網の不在を理由に挙げた。

1) 外見上所有権と区別されるところの少ない，ポセッシア借地権はウラルの工場のかなりの部分に及ぶ。それによる制限とは以下のようである―ポセッシア借地の利用（森林，土地，地下，水）は，専ら当初の目的のみに許される；

ポセッシア借地の売却，抵当は，分割されることなく全体としてのみ認められる；鉱山局の許可なくしてポセッシア借地者は，工場活動の拡大，縮小，停止も，新工場の建設もなしえない；最大の重荷として，3年間の活動休止により，公売に付されるか国庫に接収される。—こうした中世的制度が資本流入を妨げた。

2)「工場の農奴解放問題」ともいうべき，職工への土地分与問題がある。1861年以前，私有工場の農民住民は，2つのカテゴリーに分けられてきた。農業労務者と本来の職工である。前者にのみ土地が分与され，「農民改革」後も様々な制限を設けて後者は土地を与えられなかった。職工は増加し，工場主はすべてに仕事を与えなければならなかった。かくして職工の給与は低下し，他方，基幹労働者を養成するのは困難であった。

3) 交通路の欠如が近年の交易の激変のなかでウラルに大きな不利となった。定期市の時代から，市場が随時需要を表明する時代になると，年間数ヵ月の間外界から切り離される多くのウラルの工場は，南部との競争に耐えることができない。

以上に対して更に，南部には鉱石に近接して鉱物燃料が産出したことが，コークス製鉄の時代に有利な自然条件であったと付け加えるのが，グリヴィッツの整理である。⁽²⁰⁷⁾

I. Kh. オゼロフは工場主達に対して批判的である。恐慌による破綻の中，現地調査をもとにしたオゼロフの報告は，およそ以下のように危機の原因を分析する。

ウラルの工場主達は長い間独占者であったため，高い収益を上げてきたが，工業のためには何もしてこなかった。即ち，鉄道を敷かず，生産を専門化せず，市場を研究しなかった。そのため，技術装備が立ち後れ，工場・作業場の配置も非合理的である。流動資本の不足が停滞の一因であるが，いくつかの大ポセッシア工場主は数千万ルーブリを保有しながらウラルの工場には投資しない。独占の維持のために小企業の発展も妨げられた。特に燃料が囲い込まれた

第1章　19世紀のロシア製鉄業とウラル

ためである。工場は，労働者が耕作すると収入を確保し，容易にストライキするようになるとの懸念から，“耕作者は悪しき工場労働者”として土地分与に消極的だった。劣悪な経営管理もウラルの衰退の一因である。爵位を持つ大富豪はめったにウラルの工場に立ち寄らない。工場に敏腕な人物もいない。これは，一つは所有者が自分の事業に無関心なため，いま一つはウラルに血縁的な社会が形成されたためである。結局，住民の購買力の小ささに突き当たる。その意味で，ウラルの病はロシアの心臓部の病の結果である。ウラルの運命は経済政策に密に結びついている。[208]

　オゼロフの報告は，学術的な厳密さで客観的事実を詳細に叙述したものではなく，歴史的な根源に遡るものでもないが，同時代の観察者として，ウラルの危機感を鋭く吸収し反映し，ロシア全体の病弊をも共有したと指摘したのである。

　19世紀後半にウラルの抱えた困難は，直接には，急速に展開する鉄鋼技術変革による技術体系転換に，ウラルの経営管理が容易に追随できなかったことから発していた。S. G. ストゥルミリンが，1950年代に，ウラルの森林資源の豊かさを最も本質的な原因であるとしたのは，この視点にそっていたといえる。森林が枯渇しないかぎりウラルの銑鉄は質においても価格においても南部と競争しうる。1913年に，南部の銑鉄はハリコフ市場で1プード72コペイカで取引され，ウラルのそれはエカテリンブルグで70コペイカであった。“多額の費用をかけてウラルの工場を更新するための動機がどこから出てくるのか？”というのである。[209]

　しかし，ウラルがイギリスの後を追わない保証はないし，その兆候は既に指摘されていた。各種費用の上昇を抑えることも困難になりつつあった。旧技術体系のもとでウラル製鉄業に出口がないことは客観的に明らかであった。更新がなぜなされなかったのかを問うことはやはり必要である。

　ストゥルミリンの議論の主眼は，封建体制下での「自由な雇用労働」の役割を強調することにあるので，社会体制的な制約は軽視されることになるし，ポ

91

セッシア制も重視されない。ポセッシア制に最も重きを置いて分析したのは，1960年代のM. P. ヴァトキンであろう。彼はウラル企業の国庫への依存をも問題にしている。[210]

　既に，1930年代にS. P. シーゴフは，ウラル製鉄業の特質，したがって，それに発する停滞の問題を，より社会体制的制約に関連させて論じた。その議論は，1) ウラル製鉄業は，18世紀の生成発展のなかで，特権的地主＝貴族工業へと内的に発展した。2) 植民，特に南ウラルでのバシキール人との衝突が緊張関係をもたらした。3) 労働者確保の困難が「編入」に依存させた。4) ポセッシア制は制約条件としては重要性を減じた，ということであった。[211]しかし，彼の視点は受け止められたとはいえない。1930-60年代のソ連におけるロシア資本主義論争は「資本主義の萌芽」論の中にウラルの停滞問題を埋没させた。[212]ロシア資本主義の発生をより早い時期に求めることによって停滞認識を希薄化させたのである。

　我が国では，19世紀を中心としてロシア製鉄業の精緻な研究を進めた有馬達郎が，停滞要因の体系的把握の必要性を指摘する。有馬によれば，「ウラルにおける旧技術体系への固執については，森林の豊富とコークス炭の欠如という資源条件がしばしば強調されるが，基本的には，改革後も根強く存続した製鉄企業主の領主的特権的性格と結びつけて理解されるべきである。…多くの製鉄企業主には，生産的投資によって生産方法を改善し，企業を発展させようとする志向はきわめて弱く，収益はほとんどそのまま私的奢侈的消費のために霧散する」。それとともに，労働力の強制的隷属的性格，鉱区制や農奴占有制（ポセッシア制－Y.）の長い伝統と効率的な交通手段の欠如，「上述のさまざまな要因は，複雑にからみ合いながら全体としてウラル製鉄業の長期的停滞を結果するが，きわめて不徹底な農奴解放のゆえに，旧来の農奴制的諸関係が引き続き温存されたことが，その生産力停滞の基底的要因をなしている」。[213]

　我々は，様々な要因の複雑なからみ合いは強固な停滞構造を形成し，ウラルの木炭製鉄を20世紀に至るまで存続させたと考える。

第1章　19世紀のロシア製鉄業とウラル

　ウラルの「停滞」は，第1段階として，19世紀半ば「農民改革」以前に，イギリスその他のコークス製鉄に国際市場において凌駕される形で顕在化し，1890年代，最終的に国内市場において南部との競争に敗れてその長い過程を完結した。1900-03年恐慌はそれを最終的に確認したに過ぎない。その停滞諸要因は18世紀初頭のウラル製鉄業創設以来の長期の過程の中で生成し，成熟し，複雑で強固な構造を形成したと想定されなければならない。したがって，ピョートルⅠ世（大帝）によるウラル製鉄業の創設から18世紀を通じた発展，成熟，停滞の全過程の分析が必要である。

注

(1)　M. E. Falkus. The Industrialisation of Russia, 1700-1914. 1970.：M. E. フォーカス，岸智子訳『ロシアの工業化　1700-1914』日本経済評論社，1985年．83-86ページ．

(2)　Ип. Гливиц. Железная промышленность России. СПб., 1911. стр. 54.

(3)　Ип. Гливиц. Там же. стр. 56.

(4)　В. И, Тимирязев. Обзор системы русскаго таможеннаго тарифа. － Фабрично-заводская промышленность и торговля России. Изд. 2-е. СПб., 1896. стр. 553-554.　1プード＝16.38kg.

(5)　Ип. Гливиц. Ук. соч. стр. 57-58.

(6)　Ип. Гливиц. Там же. стр. 58.

(7)　В. И. Тимирязев. Ук. ст. стр. 555.

(8)　В. И. Тимирязев. Там же. стр. 572.

(9)　M. E. フォーカス，前掲書，92ページ．

(10)　В. И. Тимирязев. Ук. ст. стр. 572.

(11)　Ип. Гливиц. Ук. соч. стр. 57.

(12)　M. E. フォーカス，前掲書，87-88ページ．

(13)　Г. Д. Бакулев. Черная металлургия Юга России. М., 1953. стр. 73.

(14)　Peter Gatrell, The Tsarist Economy 1850-1917. Batsford,London, 1986. p. 150.

(15)　Р. С. Лисшиц. Размещение промышленности в дореволюционной России. М., 1955. стр. 168.

(16) P. Gatrell, Op. cit. p. 151.

(17) P. Gatrell, Op. cit. p. 151, 153.

(18) М. И. Туган-Барановский. Избранное. Русская фабрика в прошлом и настоящем. М., 1997. стр. 344.

(19) P. Gatrell, Op. cit. p. 153-154.

(20) 中山弘正『帝政ロシアと外国資本』岩波書店，1988年．14ページ．

(21) 中山弘正，前掲書，75-78ページ．

(22) 中山弘正，前掲書，78-79，80ページ．

(23) 中山弘正，前掲書，15，79ページ．

(24) 中山弘正，前掲書，80-82ページ．

(25) 中山弘正，前掲書，82ページ．

(26) 中山弘正，前掲書，88ページ．

(27) С. П. Сигов. Очерки по истории горнозаводской промышленности Урала. Свердловск, 1936. стр. 53.

(28) ルードウィヒ・ベック，中沢護人訳『鉄の歴史』たたら書房．第3巻第2分冊，96-99ページ．本書はL. ベックの大著の訳である．中沢の訳には教えられるところが多かった．：Ludwig Beck. Die Geschichte des Eisens in Technischer und Kulturgeschichtlicher Beziehung. Braunschweig, 1897.

(29) ルードウィヒ・ベック，前掲書，第3巻第1分冊，127ページ．

(30) ルードウィヒ・ベック，前掲書，第3巻第1分冊，127-129ページ．

(31) С. П. Сигов. Ук. соч. стр. 79.

(32) С. П. Сигов. Ук. соч.. стр. 80.

(33) С. Г. Струмилин. Избранные произведения. История черной металлургии в СССР. М., 1967. стр. 364.

(34) С. Г. Струмилин. Ук. соч. стр. 365.

(35) С. П. Сигов. Ук. соч. стр. 109.

(36) Ип. Гливиц. Ук. соч. стр. 66.

(37) 中沢護人，「訳について」－ルードウィヒ・ベック，中沢護人訳『鉄の歴史』第5巻第1分冊，たたら書房．

(38) Day, McNeil. Biographical Dictionary of the History of Technology. p. 63.

(39) 『科学史技術史事典』弘文堂．p. 950.

(40) ルードウィヒ・ベック，前掲書，第5巻第1分冊．たたら書房．136-148ページ．

(41) R. F. Tylecote. A History of Metallurgy. Second edition. Maney for The Institute of Materials. 2002. p. 167.

(42) ルードウィヒ・ベック，前掲書，第5巻第1分冊．225，236ページ．

第1章　19世紀のロシア製鉄業とウラル

(43)　ルードウィヒ・ベック，前掲書，第5巻第1分冊，241, 244, 279, 283, 288ページ．

(44)　Очерки истории техники в России（1861-1917）. М., 1973. стр. 159.

(45)　ルードウィヒ・ベック，前掲書，第5巻第1分冊，152ページ．

(46)　Очерки истории техники … стр. 160.

(47)　С. Г. Струмилин.Ук. соч. стр. 386.

(48)　Day, McNeil. Op. cit. p. 469, 642.；科学史技術史事典. p. 440.

(49)　ルードウィヒ・ベック，前掲書，第5巻第1分冊183-186ページ．

(50)　ルードウィヒ・ベック，前掲書，第5巻第1分冊190-191ページ．

(51)　Очерки истории техники … стр. 161.；С. Г. Струмилин. Ук. соч. стр. 386.

(52)　С. Г. Струмилин. Ук. соч. стр. 386.

(53)　『科学史技術史事典』p. 737.；ルードウィヒ・ベック，前掲書，第5巻第3分冊79-88ページ．

(54)　R. F. Tylecote. Op. cit. p. 166.

(55)　中沢護人『鋼の時代』岩波新書，1964年．98-99ページ．

(56)　Очерки истории техники … стр. 161.；С. Г. Струмилин. Ук. соч. стр. 388.

(57)　Очерки истории техники … стр. 165.

(58)　Ип. Гливиц. Ук. соч. стр. 47.

(59)　ルードウィヒ・ベック，前掲書，第5巻第3分冊，179ページ．

(60)　ルードウィヒ・ベック，前掲書，第5巻第3分冊，209-210ページ．

(61)　ルードウィヒ・ベック，前掲書，第5巻第3分冊，193-194ページ．

(62)　ルードウィヒ・ベック，前掲書，第5巻第1分冊，306ページ．

(63)　有馬達郎「帝政ロシア製鉄業の発展構造（2）」『新潟大学経済論集』新潟大学経済学会，第46号，1989年3月．25-26ページ．

(64)　Ип. Гливиц. Ук. соч. стр. 41, 44.

(65)　Ип. Гливиц. Ук. соч. стр. 46.

(66)　Р. С. Лившиц. Размещение промышленности в дореволюцшонной России. М., 1955. стр. 163-165.

(67)　Г. Д. Бакулев. Черная металлургия Юга России. М., 1953. стр. 84.；Р. С. Лившиц. Ук. соч. стр. 168-169.

(68)　Ип. Гливиц. Ук. соч. стр. 6-8.

(69)　Г. Д. Бакулев. Ук. соч. стр. 60.；Р. С. Лившиц. Ук. соч. стр. 165.

(70)　С. Г. Струмилин. Ук. соч. стр. 369.

(71)　Р. С. Лившиц. Ук. соч. стр. 168.

(72)　Г. Д. Бакулев. Ук. соч. стр. 60-61.

(73) С. Г. Струмилин. Ук. соч. стр. 369.

(74) В. И. Тимирязев. Обзор системы русскаго таможеннаго тарифа. – Фабрично-заводская промышленность и торговля России. Изд. 2-е. СПб., 1896. стр. 555.

(75) Там же. В. И. Тимирязев. Обзор системы … . стр. 555.

(76) В. И. Тимирязев. Ук. ст. стр. 556. 原文では不明確であるが，期限の最後の日付は含まれないと理解すべきであろう．

(77) В. И. Тимирязев. Ук. ст. стр. 557.

(78) В. И. Тимирязев. Ук. ст. стр. 572.

(79) А. В. Варенцев. Горнозаводская промышленность. – Фабрично-заводская промышленность и торговдя России. Изд. 2-е. СПб., 1896. стр. 367.

(80) Г. Д. Бакулев. Ук. соч. стр. 85.

(81) Г. Д. Бакулев. Ук. соч.стр. 86–87.

(82) Г. Д. Бакулев. Ук. соч. стр. 73–74.

(83) Ип. Гливиц. Ук. соч. стр. 63.

(84) Р. С. Лившиц. Ук. соч. стр. 169–170.

(85) Г. Д. Бакулев. Ук. соч. стр. 94–95.

(86) Г. Д. Бакулев. Ук. соч. стр. 96–97.

(87) Р. С. Лившиц. Ук. соч. стр. 170.

(88) Р. С. Лившиц. Ук. соч. стр. 170–171.

(89) Г. Д. Бакулев. Ук. соч. стр. 81.

(90) Г. Д. Бакулев. Ук. соч. стр. 81.

(91) Г. Д. Бакулев. Ук. соч. стр. 82.

(92) М. И. Туган-Барановский. Избранное. Русская фабрика в прошлом и настоящем. М., 1997. стр. 341.

(93) С. Г. Струмилин. Ук. соч. стр. 364.

(94) С. Г. Струмилин. Ук. соч. стр. 365.

(95) Ип. Гливиц. Ук. соч. стр. 41.

(96) B. F. ブラントによる整理である．Цит. по Г. Д. Бакулев. Ук. соч. стр. 133–134.

(97) J. P. McKay. Pioneers for profit; foreign enterpreneurship and Russian industrialization 1885–1913. Chicago. 1970. p. 297.

(98) J. P. McKay. Op. cit. p. 118.

(99) Г. Д. Бакулев. Ук. соч. стр. 122–123.

(100) J. P. McKay. Op. cit. p. 119.

(101) J. P. McKay. Op. cit. p. 120.

第1章 19世紀のロシア製鉄業とウラル

(102) J. P. McKay. Op. cit. p. 121. 工場名の表記は J. P. マッケイに従った.

(103) J. P. McKay. Op. cit. p. 121.

(104) J. P. McKay. Op. cit. p. 122.

(105) J. P. McKay. Op. cit. p. 124.

(106) J. P. McKay. Op. cit. pp. 124-125.

(107) J. P. McKay. Op. cit. p. 125.

(108) J. P. McKay. Op. cit. p. 125.

(109) J. P. McKay. Op. cit. p. 126.

(110) J. P. McKay. Op. cit. pp. 126-127.

(111) J. P. McKay. Op. cit. pp. 127-128.

(112) J. P. McKay. Op. cit. pp. 128-129. ; Ип. Гливиц. Ук. соч. стр. 48 и др.

(113) J. P. McKay. Op. cit. p. 132.

(114) J. P. McKay. Op. cit. p. 133.

(115) J. P. McKay. Op. cit. p. 133.

(116) J. P. McKay. Op. cit. p. 134.

(117) J. P. McKay. Op. cit. pp. 135-137. 銑鉄の自給率 see p. 137, 鋼の価格低下 see p. 136.

(118) See J. P. McKay. Op. cit. pp. 297-308.

(119) J. P. McKay. Op. cit. pp. 308-315.

(120) Ип. Гливиц. Железная промышленность России. СПб., 1911. Статистическое Приложение. стр. 34.

(121) Ип. Гливиц. Ук. соч. стр. 116.

(122) Ип. Гливиц. Ук. соч. стр. 116.

(123) Ип. Гливиц. Ук. соч. Статистическое Приложение. стр. 22-28.

(124) Ип. Гливиц. Ук. соч. стр. 126.

(125) Н. Ф. Лабзин. Производство металлических изделий. – Фабрично-заводская промышленность и торговля России. Изд. 2-е. СПб., 1896. стр. 68.

(126) С. П. Сигов. Очерки по истории горнозаводской промышленности Урала. Свердловск, 1936. стр. 55.

(127) Ип. Гливиц. Ук. Соч. стр. 2-3.

(128) ルードウィヒ・ベック, 中沢護人訳『鉄の歴史』第3巻第2分冊, たたら書房. 490ページ.

(129) J. R. Harris, The British Iron Industry 1700-1850. Macmillan, 1988. : J. R. ハリス, 武内達子訳『イギリスの製鉄業 1700-1850年』早稲田大学出版部, 1998年. 75ページ.

97

(130) J. R. ハリス，前掲書．83-84ページ．

(131) П. И. Лященко. История народного хозяйства СССР. т. 1. М., 1956. стр. 514-515.

(132) 中沢護人『鋼の時代』岩波新書，1964年．99-100ページ．

(133) С. П. Сигов. Ук. соч. стр. 87.

(134) С. П. Сигов. Ук. соч. стр. 87.

(135) J. R. ハリス，前掲書，89-92ページ．

(136) С. П. Сигов. Ук. соч. стр. 87-88.

(137) Peter Gatrell. The Tsarist Economy 1850-1917. Batsford, London. 1986. p. 145-146.

(138) М. И. Туган-Барановский. Избранное. Русская фабрика в прошлом и настоящем. М., 1997. стр. 317-318.

(139) 生産が需要を満たせなかった状況については，S. P. シーゴフを参照．С. П. Сигов. Ук. соч. стр. 62-63.

(140) С. Г. Струмилин. Избранные произведения. История черной металлургии в СССР. М., 1967. стр. 347-348.

(141) С. Г. Струмилин. Ук. соч. стр. 349.

(142) С. П. Сигов. Ук. соч. стр. 65-67.

(143) Г. Ф. Туннер. Горное и заводское дело. – «Горный журнар», кн. 1, 1871. стр. 4-6.

(144) Г. Ф. Туннер. Ук. ст. стр. 6.

(145) J. P. Mckay. Pioneers for profit; foreign enterpreneurship and Russian industrialization 1885-1913. Chicago, 1970. p. 118.

(146) ルードウィヒ・ベック，前掲書，第5巻第1分冊，たたら書房．49-53ページ．

(147) С. П. Сигов. Ук. соч. стр. 87.

(148) С. Г. Струмилин. Ук. соч. стр. 363-364.

(149) «Горный журнал», кн. 1, 1871. стр. 7-8.

(150) С. Г. Струмилин. Ук. соч. стр. 362.

(151) «Горный журнал», кн. 1, 1871. стр. 8.

(152) «Горный журнал», кн. 1, 1871. стр. 10-13.

(153) Очерки истории техники в России（1861-1919）. М., 1973. стр. 129.

(154) Очерки истории техники … . стр. 130.

(155) ルードウィヒ・ベック，前掲書，第5巻第1分冊64-67ページ．

(156) «Горный журнал», кн. 1, 1871. стр. 14-15.

(157) С. П. Сигов. Ук. соч. стр. 84.

(158) «Горный журнал», кн. 1, 1871. стр. 17-18.

(159) С. П. Сигов. Ук. соч. стр. 89.

(160) С. П. Сигов. Ук. соч. стр. 191.

(161) А. Г. Рашин. Формирование промышленного пролетариата в России. М., 1940. стр. 158.

(162) С. Г. Струмилин. Ук. соч. стр. 377-378.

(163) Очерки истории технтки … стр. 137.

(164) Очерки истории технтки … стр. 138.

(165) С. Г. Струмилин. Ук. соч стр. 382.

(166) С. П. Сигов. Ук. соч. стр. 93.

(167) С. П. Сигов. Ук. соч. стр. 93-94.

(168) М. П. Вяткин. Горнозаводский Урал в 1900-1917 гг. М., Л., 1965. стр. 12-13.

(169) М. П. Вяткин. Ук. соч. стр. 93-94.

(170) М. П. Вяткин. Ук. соч. стр. 19.

(171) М. П. Вяткин. Ук. соч. стр. 19-20.

(172) М. П. Вяткин. Ук. соч. стр. 13-14.

(173) М. П. Вяткин. Ук. соч. стр. 15. ; С. П. Сигов. Ук. соч. стр. 216.

(174) С. П. Сигов. Ук. соч. стр. 216-217.

(175) М. П. Вяткин. Ук. соч. стр. 14-15.

(176) М. П. Вяткин. Ук. соч. стр. 16.

(177) J. P. McKay. Op. cit. pp. 116-117.

(178) J. P. McKay. Op. cit. pp. 349-353.

(179) М. П. Вяткин. ук. соч. стр. 24-25.

(180) М. П. Вяткин. ук. соч. стр. 30.

(181) 有馬達郎「帝政ロシア製鉄業の発展構造 (2)」『新潟大学経済論集』新潟大学経済学会，第46号，1989年3月．43ページ．

(182) М. П. Вяткин. ук. соч. стр. 45-46.

(183) М. П. Вяткин. ук. соч. стр. 38-39.

(184) М. П. Вяткин. ук. соч. стр. 39-40.

(185) М. П. Вяткин. ук. соч. стр. 40-41.

(186) М. П. Вяткин. ук. соч. стр. 41-42.

(187) М. П. Вяткин. ук. соч. стр. 42-43.

(188) М. П. Вяткин. ук. соч. стр. 58.

(189) М. П. Вяткин. ук. соч. стр. 50-52.

(190) М. П. Вяткин. ук. соч. стр. 54-56.

(191) М. П. Вяткин. ук. соч. стр. 91-92.

（192）М. П. Вяткин. ук. соч. стр. 59.

（193）М. П. Вяткин. ук. соч. стр. 61.

（194）М. П. Вяткин. ук. соч. стр. 61-66.

（195）И. Ф. Гиндин. Особенности развития Богословского горного округа в конце XIX – начале XX в. «Вопросы истории» 1983, No. 2. стр. 55.

（196）М. П. Вяткин. ук. соч. стр. 66-69.

（197）М. П. Вяткин. ук. соч. стр. 69-72.

（198）М. П. Вяткин. ук. соч. стр. 72-76.

（199）М. П. Вяткин. ук. соч. стр. 77-79.

（200）М. П. Вяткин. ук. соч. стр. 80-84.

（201）М. П. Вяткин. ук. соч. стр. 84-85.

（202）М. П. Вяткин. ук. соч. стр. 89-91.

（203）М. П. Вяткин. ук. соч. стр. 25-26.

（204）М. П. Вяткин. ук. соч. стр. 26-27.

（205）ルードウィヒ・ベック，前掲書，第5巻第4分冊，344ページ.

（206）М. П. Вяткин. Ук. соч. стр. 27-28.

（207）Ип. Гливиц. Ук. соч. стр. 38.

（208）И. Х. Озеров. Горные заводы Урала. М., 1910. стр. 4, 6, 9, 14-17, 19-22.

（209）С. Г. Струмилин. Ук. соч. стр. 366.

（210）М. П. Вяткин. Ук. соч. Глава 1.

（211）С. П. Сигов. Ук. Соч. Глава первая.

（212）С. Г. Струмилин. История черной металлургии в СССР. М., 1954. ; В. Я. Кривоногов. Наемный труд в горнозаводской промышленности Урала в XVIII веке. Свердловск, 1959.

（213）有馬達郎 「帝政ロシア製鉄業の発展構造」(1)『新潟大学経済論集』新潟大学経済学会，第45号，1988，12月．46-47ページ.

第2章

停滞構造の歴史的起源
―封建的マニュファクチュア・システムの創設―

第1節　ウラルの労働力基盤形成と先行的製鉄業

植民と逃亡農民

　17世紀，西ウラルに唯一形成されたクングルスキー郡は，ウラル山脈西麓スイルヴァ＝イレニ河沿岸地方に展開された植民によって生まれた。植民はロシア国家の政策といわゆる民間入植народная колонизацияとの複合であった。

　カザン汗国の没落後，スイルヴァ＝イレニ河沿岸地方の非ロシア人住民はヤサーク（現物税）を納入し，17世紀前半にはロシア地域との交易も発展した。それと歩調を合わせて周辺地域の大土地所有者の進出が進んだ。

　1558年，G. A. ストロガノフはカマ河，ルイシヴァ河流域にイヴァンⅣ世より特権を得た。1568年にはその兄弟Ya. A. ストロガノフもチュソヴァヤ河流域に広大な土地を獲得した。[1]

　1574年には金属採掘の権利も与えられたが，ストロガノフ家は長い間その権利を製塩のみに用いた。[2]

　イヴァンⅣ世の特権許可証を活用する形でストロガノフ家はチュソヴァヤ河流域から進出を続けた。彼らは新たな所有地に農民を住まわせたが，これはヤサーク住民の土地の侵蝕であったので，1610年代-20年代にかけて後者からロシア国家に向け多数の嘆願書が提出された。[3]

ソリカムスクの富裕な商工者フョードル・エリセエフも旺盛な進出を図った。1620-30年代にエリセエフ家は次々にヤサーク住民の土地を買い取ったが，その際，高利貸し付けで債務奴隷化する手法が多用された。単純な略奪の例も見られる。[4]

ソリカムスキー＝ヴォズネセンスキーとプイスコルスキー＝スパソプレオブラジェンスキーの2つの修道院も，1630-40年代に広大な領地を獲得した。[5]

新たに獲得した領地の経営を従前からの本来の農奴労働のみによって行うことは不可能であり，労働力基盤の拡充が必要であったが，15世紀末から17世紀前半にかけては農民を土地に緊縛する過程であったので，入植地での労働力の調達は大きな矛盾を抱えて進行した。

1497年，「ユーリーの日」，旧暦11月26日前後各1週間に限り領主間の移籍を認める法的根拠が与えられたとされるが，農民のこの権利も16世紀後半には奪われた。1592年に終了した人口調査により農民それぞれの領主への帰属が確定した。農民が自発的に移動＝移籍する方法は逃亡しか残されなかった。1597年，逃亡農奴を捜索する期限が5年と定められたが，これも次第に延長された。[6]

1649年「会議法典 Соборное уложение」第XI章第1条は，逃亡した"陛下の宮廷村及び無所有者領地"の農民は，"課税台帳 писцовые книги"により，"捜索期限なしに妻と子とすべての家畜とともに"捜索する，と定めた。第2条は，"世襲領主及び地主"の所有する"農民及び無土地農"の逃亡に対して捜索期限を廃止した。第3条－第12条は逃亡農民返戻の規程である。第13条－第29条は逃亡農民をめぐる裁判，制裁，処罰を規定した。「会議法典」は「法典 Уложение」と略記されることもある。[7]

こうして，1649年「法典」（ウロジェーニエ）は，「すべての農民に対する最終的農奴化の原則」[8]を確認したのである。

1649年

第2章　停滞構造の歴史的起源

1.―ウロジェーニエ

"第11章. ―農民に関する裁判.

1.　陛下の宮廷村及び官有地の農民，無土地農 крестьяне и бобыли が宮廷村
　　及び官有地から逃亡し，総主教あるいは府主教…の許に住む，…それら
　　の逃亡農民，無土地農を探し出し，台帳に従って妻，子供とすべての家畜
　　とともに，期限なしに…連れ戻す。

2.　＜領主，地主が逃亡した農奴，無土地農の返戻を嘆願し，裁判と捜索に
　　より，台帳に基づき＞期限なしに…返戻する。

3.　＜逃亡した―Y.＞農民はその妻，子供，すべての家畜，脱穀前あるいは
　　脱穀された穀物とともに返戻される。…実娘，あるいは姉妹，あるいは姪
　　が嫁いだ農民…は罪に問わない…

4.　＜逃亡者が返戻される村…の―Y.＞役所吏員，領主，地主は裁判のた
　　めに除籍書 отпись を保持すること。…

9.　…154, 155年＜1646, 1647年―Y.＞の人口調査に記載され，その後逃亡
　　した者…は人口調査帳に従って，期限なしに返戻される…

10.　陛下の本ウロジェーニエ以後，逃亡農民，無土地農…を保持した者は，
　　裁判，捜索，人口調査帳に従い，妻…とともに期限なしに返戻する。そ
　　れらを保持した者は，陛下の租税，地主の収入としてすべての農民につ
　　き年10ルーブリずつ原告に返金する。

12.-19.　＜農民家族女性の扱い＞

20.　＜到来者が自由民を名乗る場合，逃亡者でないか，放免証を所持するか，
　　厳重に審査する。＞

23.　あらゆる身分の者が，逃亡した他人の農民，無土地農を自らに緊縛し，
　　彼らに奴隷証文 кабала や多額の貸し付け証文を負わせ，それら逃亡農民，
　　無土地農が裁判と審問にかけられ，そして彼らはそれらの者に貸し付け証
　　文とその貸し付けによる隷属を嘆願する：そしてそのような貸し付け証
　　文や奴隷証文をもつ者を拒絶する，そしてそれら貸し付け奴隷やあらゆる

103

不動産証による裁判を彼らに与えない，そしてそれら奴隷証や貸し付け証文を信用しない；それら証文や奴隷証を領地庁 Приказ にもって行き，帳簿に記録し，それら逃亡農民，無土地農を以前の領主，地主にすべての貸し付けとともに返戻する。

32. 誰それの農民，無土地農が誰かのもとで仕事に雇われるとすると，それら農民，無土地農はあらゆる身分のものに証文 запись の有る無しにかかわらず任意に повольно 仕事に雇われる。そのもとで彼らが仕事に雇われるそれらの者は，居住や貸し付けの証文や奉公奴隷 служилые кабалы を彼らに負わさず，誰も彼らを自らに緊縛しない，そして彼らからそれら雇われ人が働き終えたときは；彼らを自らのもとから遅滞なく放免する"[9]。

第23条，32条は農民の出稼ぎを認めた上で本来の農奴所有者の権利を確認するものである。他者の所有する農奴を雇った者は彼または彼女を自らに緊縛することはできず，貸し付け証文も無効とされた。このように，二重所有は否定され，法的には農奴制のもとでの他者所有農奴の雇いは任意で自発的である他なく，農奴所有権と両立させられたのである。

農民の合法的移動には唯一"移籍 вывод"があるが，これは領主の裁量によって行われた。"移籍"は古くからの慣行を起源とするもので，「法典」に於いても，農奴の娘が他の領主の農奴等に嫁ぐ場合に相手方が金銭を支払って行われる（1649年「法典」第 XI 章第19条）と明記された。この制度は男性にも拡大された（同第34条）ので，農奴売買の隠された形態である[10]。

領主，地主が土地とは別に農奴を売買する権利は1688年3月30日付け法令によって法制化された[11]。

「法典」は農民を領主，地主に帰属させる封建的原理に厳格に忠実であり，そこで認められた出稼ぎは，完全に農民の封建的緊縛の枠内に収まったものである。出稼ぎを受け入れるものたちはその農民が本来の所有者のものであることを侵してはならず，本来の所有者の権利を侵すことになるような強制を彼に

課してはならない。これが「自由に仕事に雇われる」の含意である。

　B. N. カザンツェフが，法典第32条は，農民及び無土地農に「自由な雇いповольный найм」に就くことを認めたと述べるのは，農民の本来の所有者の権利を確認する後段の記述を隠して「自由」が近代的なものであるように誤解させ，法典の本来の趣旨を曲げるものである。

　農民が雇われ仕事に就くことは長い歴史を持つ。下層農民が農村に滞留するよりも，出稼ぎにより収入を得ることは，領主，地主の年貢，国家の租税収入を増やすことから，歓迎すべきであるものの，それによる係争を防ぐことは領主，地主の利益を守るためにも国家の果たすべき役割だった。イヴァンⅢ世の「1497年法典 Судебник」第54条は，「雇われ人が自らの期限まで勤め上げず，他所に去った場合，その者は雇いを失う」と定めた。この規程は，期限前に自らの意思で去った者に残余の期間の支払いを受ける権利を認めた「プスコフ裁判令 Псковская Судная Грамота」第40条に対して，雇い主の権利を強化した形となっている。[13]

　出稼ぎの自然発生的な拡大に対して，封建国家は後追いの規制をかけることになったが，領主，地主層の利益を擁護しつつ，体制への組み込みを図ってきたのである。そのさしあたりの到達点が「会議法典」であった。こうして，実態として行われていた出稼ぎが認められ，体制の中に位置づけられることになったが，具体的要件の付与は立ち後れた。1683年の指令が，保証状 поручная запись だけでなく年貢納付記録 кормежная память によっても雇われ仕事に就くことを認めた。17世紀中期にはこうした法的根拠は存在しなかったと考えられている。[14]

　官有地，領地，地主地からの，所有者の承認しない農民自らの意思による移動は逃亡であった。「法典」に逃亡の定義は見出せないが，自明なものとして捜索，送還，処罰の対象であった。

　第Ⅺ章第9条は最も包括的な規程と見なされる。"過ぎたる154年と155年の人口調査台帳*に記された農民及び無土地農，もしくはそれ以後の人口調査台

帳に記される農民及び無土地農で，逃亡した者あるいは今後逃亡する者は，彼
らとその子，兄弟，甥，孫に妻と子供，すべての家畜，刈取り前と脱穀された
穀物とともに，彼らがその許から逃亡した者たちへ人口調査台帳により，捜索
期限なしに，送還され，今後決して誰も他人の農民を受け入れず，自らの許に
留めぬこと”。*1646-48年の人口調査を指す。[15]

　世襲領主が購入した領地に逃亡農民が発見された場合，彼は本来の所有者に
返還されなければならず，代わりに領地の買い主は売り主から相当する農民を
提供される。(第XI章第7条)[16]

　「法典」以後逃亡した農民を保持し，発見された者は，その農民等を返還す
るのみならず，「法典」以後の年数分の租税と年貢(年額10ルーブリ)を本来の
所有者に支払わなければならない。(第XI章第10条)[17]

　逃亡は農民の農奴化と社会的流動化が生み出した現象であるといえる。低い
生産力水準の下で徴税が次第に過重になり，特に生活困難な下層農民にとっ
て，よりよい土地でのより自由な生活への希求が増したのは当然である。領主，
地主層の間でも，中小領主，地主にとっては労働力の確保と増大が生命線であ
ると言え，農民緊縛の下で逃亡者の受け入れが彼らの利益に合致した。ロシア
国家にとっても，商工業発展の必要性が高まる中で，出稼ぎの増加は農村貧困
層の滞留を解消し，経済発展を促すとともに税収を上げるべく歓迎すべき現象
であった。他方で国策として推進された南部，ウラル，シベリアへの植民は住
民の移動を活発化せずに進めることはできなかった。住民の移動の中から逃亡
者を排除することは至難であった。こうして，16世紀以降，ウラル，シベリア
の植民地化とともに，住民の移動は入植と逃亡とが重なり合う形で進行した。

　「会議法典」は17世紀中期に於けるロシア国家の封建体制を法的に整備する
ものであったが，封建体制の基礎を揺るがす逃亡を抑え込むためには，より具
体的な対応が求められた。その対応は，事実の後追いと，領主，地主層の利害
調整を経て積み重ねられた。

　しばしば発せられた指令の多さが，逃亡抑止の困難を示す。1683年3月2日

付け「逃亡農民及び無土地農の捜索官への指令」を17世紀後半に於けるそうした指令の典型と見なすことができる。「指令」は、「会議法典」の原則に立ち、1658-83年の法令を取り込む形で、貴族会議で承認された。[18]

　逃亡した農奴の同定は当時の技術では大変難しかったと思われるが、そのための審問は過酷であったと推察される。1683年3月2日付け指令は、蓄積された経験から、農奴の判定のための根拠を、古来の農奴の証しと課税台帳等の記録に置いた。「指令」第28条は、"古来の農奴の証しもしくは譲渡証により住まっていたものが逃亡し、その農奴の証しもしくは譲渡証が永らくモスクワの官庁に記録されておらなかった場合、…その農民を陛下の指令と貴族会議決議により返還し、…農奴たる旨官庁に記録する。"とした。更に、第29条は、"古来の農奴たる旨定まらないとき、…それら農民が記録された課税もしくは人口調査台帳に拠る。そして逃亡者、農民を厳しく捜索し法典に則り命令を執り行う。"とした。[19]

　逃亡の定義が与えられず、移住者に様々なカテゴリーが混在したこと、中央からの指令はしばしば発せられたが実際の捜索、審問は現地の捜索官に委ねられたことから、認定された逃亡者の非均質性は避けられなかった。

　A. A. プレオブラジェンスキーは、1956年の著作の反省の上で、1972年の著作の中で次のように指摘する：

　"他所からのすべての到来者を逃亡者の範疇に入れるのは重大な誤りである。実際に自分の意志でオープシチナ（共同体）から去った農民の他に、ミール（村会）の権力によって合法的に送り出されたグループが（それも数的に稀ではなく）存在した。役所の文書事務に特別な書類—故郷を出る農民に手渡された出立証отпускное письмо、道中証подорожная память もしくは通行証проезжая память—の存在がそれである"。[20]

　A. A. プレオブラジェンスキーによると、1677-1678年に白海沿岸地方の諸郡で発行された50通以上の転出のための書類は、いくつかの共通点を持っていた—1) 転出の理由の多くは、食糧の不足の故に自らを養うためとされている。

2）目的地は特定されない。3）期限は不定である。4）国税は残された家族等が支払う。5）道中証，通行証は村長または郡長官が発行した。[21]

　ここで合法的転出として挙げられた諸事例は，出稼ぎのカテゴリーに属するものである。「会議法典」は，出稼ぎのための農民自らの意思による一時的転出を認めつつ，そのことによって本来の農奴所有者の権利がいささかも侵害されてはならないことを厳格に確認していた。したがって，彼はいずれかの証明書を手に合法的に村を出ることはできるが，定着先で他の所有者，領主，地主の事実上の農奴となる，あるいは一時的ならぬ常雇を続けることは違法である。したがって，出稼ぎのために出発した者は，最終的に出稼ぎ者になるのでなければ，彼が合法的な転出者であったことを証明できない。そのため，捜索の結果発見され，審問されて逃亡者と認定される事例が頻出したのである。このような状況の下で，我々は，公的文書の中に記録された「逃亡者」を，「ロシア国家によって逃亡者と認定された者」として理解する。

　「会議法典」は，第XI章第1条，第2条により，官有地農民と領主地，地主地農民とを土地への緊縛の点において原則的に区別せず，捜索期限を廃止した。ただ，ウラル，シベリアへの植民政策の下で，ロシア国家は農民の自主的移動―逃亡以外の何ものでもない―を活用し，領主地，地主地で発見された官有地出身の逃亡農民を，故郷に送還することなく，ウラル，シベリアの官有地に強制的に移住させたのである。その点に，矛盾を内包した植民政策の二面性があった。

白海沿岸地方からの逃亡農民

　白海沿岸地方 Поморье は，15-17世紀にかけて特にロシア北部を括る地域区分として観念された。厳密な行政区分ではないが，現在のロシア北部とかなりの部分が重なる。12世紀頃からロシア人の入植が進み，最終的にモスクワ中央権力の下に組み込まれたのは16世紀初めである。北西部は白海からオネガ

108

湖，北東から東へ北ドゥヴィナ河，メゼン河，ペチョラ河，東南へカマ河から
ヴャトカを経てウラル山脈西麓に連なる。17世紀を通じて基本的な住民は官
有地農民だった。[22]

　白海沿岸地方からシベリアへの農民の逃亡は古くから知られていた。その流
れは17世紀を通じて強まり，途上のウラル山脈西麓の沿ウラル地方，特にソ
リカムスキー郡を中心とする地域にとどまるものも多かった。そのため，1620
年代初めから1640年代末にかけて，ソリカムスキー郡の農家戸数は1451から
3733に増加した。

　1647年の調査で，ヴォズネセンスキー修道院の世襲領地に220戸，農民754人，
プイスコルスキー修道院の世襲領地に365戸，農民1136人が数えられた。[23]

　1648年にスイルヴァ河流域の私有領地で捜索，発見され，ソリカムスキー郡
に送還された逃亡農民（108家族，男性309人）の内訳は，プイスコルスキー修道
院：33家族，100人；ヴォズネセンスキー修道院：40家族，123人；フョードル・
ストロガノフ家：14家族，28人；トミル・エリセエフ家：10家族，31人；イヴァ
ン・スロフツェフ家：11家族，27人であった。これら108家族の中で，10年か
ら20年の居住歴を持つものが12家族あった。1620年代からの住民である。ソ
リカムスキー郡に送還されずにクングールに留め置かれたものを含めると，逃
亡者の数はこの5倍に上ると見られる。[24]

　1648年の記録によると，385家族，1222人の逃亡農民，無土地農，町人が私
有世襲領地から「運び出され」てクングールに入植させられた。彼らは，一定
の基準で耕作，住居，菜園，牧草地のための土地を与えられ，その面積は平均
7.5デシャチナであった。それとともに，新入植者は国税тяглоの納付を3年間
免除された。[25]

　この，郡長官P. K. エリザロフによる1648年の調査は，ロシア国家の逃亡農
民への実際的対応を表現している。すなわち，官有地農民と私有領地農奴とを
明確に区別し，官有地から逃亡して私有領地に移住したものは，出身地へ送還
せずに植民に利用したのである。

109

ただ，入植者への優遇，補助は，シベリアへの移住の場合と比べて，それよりも遅れて行われたウラルの場合は，優遇期間の短縮，補助金額の減額が行われた。植民が長期化したため，政府は財政に配慮し，農民の自己責任に委ねたと見られる。[26]

ロシア国家は，シベリアでの耕作に自由民，非納税民を徴募したが[27]，事実上，逃亡農民に依存することになったのは疑いない。

官有地への入植の優遇は更に逃亡農民を引き寄せた。1648年から1651年の間，郡長官は交代したが逃亡農民捜索の方針は一貫した。確認された限りでこの間に645家族（男性1878人）がクングルスキー郡に入植した（表2-1）。

直近の出身地の中で，明らかに白海沿岸地方とみなし得る，ヴァトカ市及び近郊，カイゴロツキー，ソリヴイチェゴツキー，オシンスキー，ウスチュシスキー，ヴァシスキー，ケヴロリスキー，サラプリスキー，ヤレンスキー，ホルモゴルスキーの諸郡が出身者（男性）総数の約66%を占めるのが際立った特徴である。ただし，事例が少ないため「その他」にまとめられた地域の中にも白海沿岸地方に含まれるものがある。ウラル山脈西麓のチェルドゥインスキー郡，ソリカムスキー郡が逃亡農民の中継地になっていたことを考慮して，控えめに彼らの50%が白海沿岸地方出身と仮定すると，クングルスキー郡への逃亡農民（男性）の80%以上が白海沿岸地方出身者と推定される。

クングルスキー郡への逃亡農民の出身地の特徴は，白海沿岸地方の官有村の人口減少とも符合する。この減少は，ロシア国家の観点からは，辺境地方への入植と警備強化，何よりも「食い詰めた」人々が新開地で納税民に転化することによって補って余りあるものだったといえる。[28]

1662-1664年のバシキール人の暴動によりクングルスキー郡は大きな被害を被ったが，1671-1672年の調査によると，クングルスキー郡に5村，42小村落を数えた。農家戸数は1015戸，農民（以下，人数は基本的に男性である）2652人，無土地農68戸，155人であった。農民の許に寄食者143家族，264人，無土地農の許に寄食者23家族，39人が同居した。1678-1679年の同様の調査は地域の状

第2章　停滞構造の歴史的起源

表2-1　クングルスキー郡への逃亡農民の出身地 (1648-1651年捜索)

出身地	農家戸数	男性人数	％（人数）＊
カイゴロツキー郡	193	552	29.4
ソリヴイチェゴツキー郡	118	370	19.7
チェルドゥインスキー郡	112	353	18.8
ソリカムスキー郡	65	212	11.3
オシンスキー郡	27	86	4.6
ヴァトカ市及び近郊	25	57	3.0
ウスチュシスキー郡	22	57	3.0
ヴァシスキー郡	17	45	2.4
ケヴロリスキー郡	11	32	1.7
サラプリスキー郡	11	23	1.2
シベリア地方	7	14	0.8
ヤレンスキー郡	5	11	0.6
ホルモゴルスキー郡	4	9	0.5
ヴォロゴツキー郡	3	6	0.3
ライシェフ市	3	5	0.3
その他	11	25	1.3
出身地不詳	11	21	1.1
総　計	645	1878	100.0

注：＊原文では戸数の比率と表記しているが，明らかに人数の比率である。

出典：А. А. Преображенский. Очерки колонизации Западного Урала в XVII-начале XVIII в. М.,
1956. стр. 60.

況の悪化を示している。それによると，郡内の居住地は7村，45小村落，5開墾
地に増加したが，農家戸数は754戸，農民2587人，無土地農320戸，765人であっ
た。無土地農に極貧者140人，未亡人36人，寄食者13人を加えると，住民（主
として男性人数）3541人の約27％を占めた。[29]この比率は，1671-1672年調査時の
14.7％の倍増に近いものである。この7年間にクングルスキー郡の人口は増加
したが，自立的農民は減少し，貧困化が著しく進んだのである。

111

クングルスキー郡の人口増の下での農民減少と貧困化は，農民の零落，流出，逃亡者の流入によってもたらされたと考えられる。

　1703-1704年の調査によると，審問された923人のうち，400人（43.3%）がクングルスキー郡内で生まれ，512人（56.4%）が他所の出身だった（11名は不明）[30]。

　調査された514家族のうち，72%が直接白海沿岸地方（ウスチュシスキー郡78；オシンスキー郡59；ヴァシスキー郡57；カイゴロッキー郡55；ウスチヤンスキー郷24；ソリヴイチェゴツキー郡23；トテムスキー郡16；ヤレンスキー郡16；サラプリスキー郡15；ヴャツキー郡12；メゼンスキー郡10；カルゴポリスキー郡5）からの出身だった。これに，チェルドゥインスキー郡（56家族），ソリカムスキー郡（33家族）出身家族数の50%を白海沿岸地方から移住したものと仮定して加えると，約81%となる[31]。この結果は1648-1651年の調査（男性人数の比率）と全く同様の傾向を示すものである。なお，この調査結果でも，事例が少ないため「その他」に含まれた出身地の中に白海沿岸地方に属する地域がある。

　クングルスキー郡について観察された傾向は，N. V. ウスチューゴフが1647年から1678年にかけてのソリカムスキー郡への流入に関して，89.8%（850人）を白海沿岸地方が供給したと算出した結果と完全に一致している[32]。

浮浪人 гулящие

　逃亡農民とは相対的に区別され，実態としては一部重なる場合のあった一群の人々が浮浪人であった。

　V. O. クリュチェフスキーによると，"自由民，あるいは浮浪人は，陛下への奉公も国家租税 тягло も担わない者達である。彼らは，あるいは他人の租税分を働いたり，あるいは日払いの雑役で稼いだり，あるいは，最後には乞食で生活した。他人の国税のために働く者は，被課税民に雇われた者あるいはその許に住む親類である；彼らは寄食者 захребетники，食客 соседи，居候 подсуседники と呼ばれた。…他の自由民，あるいは浮浪人は，様々な雇い主の短期の日払い仕事に雇われるか，彼らを土地に縛り付けない，例えば旅芸人，

打毛工のような生業に従事するか，あるいは最後には施しを乞うた。彼らは国税を負わず，いかなる都市や村の社会集団にも登録されず，それ故自由民あるいは浮浪人と呼ばれた。…彼らは極めて移動的な，可変的な階層で≪ルーシの職業的盗賊の温床≫…であった。そのため我々は，16世紀以降この階層を破砕せんとする国家の強固な注力を指摘する⁽³³⁾…"。

このように，浮浪人は自由民と看做されたが，その条件は国税を賦課されないこと，いかなる社会集団にも属さないことであった。こうした限定的な自由の範囲は次第に狭められた。

浮浪人гулящие людиは，1649年「会議法典」第25章第14条，16条に，他の銃兵，外国人，地主家人，農民，屋敷付き使用人等とともに，タバコ所持やタバコに関する不正の被疑者として登場する。西ヨーロッパから伝えられたタバコは，正教会から悪魔の香として認定され，その所持，保管は厳罰に処せられた⁽³⁴⁾。

「会議法典」は，浮浪人を法の外にある存在としてではなく，明らかに社会の中の自明の階層として扱った。17世紀のロシア国家とその地方行政機関に於いても，浮浪人はそれとして認定され，相応の税—通例8アルトゥイン2デニガ＝1/4ルーブリーを課された⁽³⁵⁾。

しかし，地方権力によって認定された浮浪人には，実際には，多様な要素の混在が認められる。

浮浪人の多くの出身階層は，農民，都市商工住民であるが，それらの子弟，甥，隣人として，法的には「自由民вольные люди」を形成する。実際には，しばしば浮浪人の中に国税тягло納入者を見出すが，家族とともに新天地に現れた農民は「家族持ちсемейщики」と明確に記録されるのに対して，浮浪人は単独で，独身者として到来する⁽³⁶⁾。

浮浪人は，多年にわたり居住する地域に「登録」されうるが，村落共同体общинаの一員とはならない。更に彼は，一定の土地を所有することもできるが，それによって農民になることはない。浮浪人の農民化に対して，共同体も

113

地方権力も反対した。[37]

　浮浪人自身が浮浪人を自認する事例が遺されている。1676年4月に「商工住民」ヤコフ・オスコルコフ某がヴェルホトゥールスキー郡長官に提出した請願書には，"1670-1671年にロシアの町まちから浮浪人生活でコシヴィンスキー郷に到来し…そこで浮浪人生活をした"と記された。同一箇所に10年以上居住する浮浪人も稀ではなかった。[38]

　浮浪人は，多くは商工民，農民から分離し，国家からもそれとして認定され，自他ともに独自性を認められる不定形の集団を形成した。彼らは流動性を特徴とし，相当期間定住生活を送っても独自性を失わない場合が多かった。土地への緊縛を原則とする封建体制には整合しがたい存在であったが，完全に非合法の存在としては扱われなかった。寧ろ，植民を進めるロシア国家は彼らを利用したと見ることができる。

　17世紀前半以降，ウラル山脈東麓のヴェルホトゥーリエを通じる人と物の往来が活発化すると，浮浪人の流入も増加したと見られる。到来した「浮浪人ならびにすべての人々」からの通行税の徴収記録によると，リャリンスキー関所で1626/27年に74ルーブリ27アルトゥイン5デニガの納入があった。これを1人当り1アルトゥインとして換算すると，約2500人の通過と認められる。1631/32年には，97ルーブリ16アルトゥイン3デニガ（約3250人）であった。到来者の少なからぬ部分が浮浪人であったと見られる。到来者の一部はウラルに滞留した。1628年5月の記録によると，ウラル山脈東麓ネヴィヤンスカヤ村で，128人の商工者と585人の浮浪人から年貢の当座の徴収が行われた。[39]

　ウラルへ流入した浮浪人の多くは，逃亡農民と同様，白海沿岸地方の出身者であった。

　1635/36年にヴェルホトゥーリエに到来した浮浪人1174人の約95％が白海沿岸地方出身だった。出身者数の上位5地域（ウスチュシスキー郡269人，23.0％；ヴァシスキー郡150人，12.8％；ヴイチェゴツキー郡135人，11.5％；ソリヴイチェゴ

114

ツキー郡129人，11.0％；ピネシスキー郡106人，9.0％）に67.2％が集中した。⁽⁴⁰⁾

1682-1683年の２年間の関税台帳によれば，ヴェルホトゥーリエに到来した浮浪人395人の出身地は全く同様の傾向を示した。中央部諸郡の出身者は約1.5％に過ぎず，ほとんどが白海沿岸地方から到来していた。出身者数上位５地域（ヤレンスキー郡163人，41.3％；ウスチュシスキー郡84人，21.3％；ソリヴイチェゴッキー郡34人，8.7％；ウスチヤンスキー郷26人，6.6％；ヴァシスキー郡18人，4.6％）に81％が集中した。⁽⁴¹⁾

ウラルに到来した逃亡農民，浮浪人の大多数が白海沿岸地方出身者によって占められた理由は何であったか？

Ａ．Ａ．プレオブラジェンスキーは，過酷な封建的抑圧，重税，権力の横暴が農民をして長途の旅へと駆り立てたのは確かだが，他の重要な理由があったと指摘する。それは，この地方に於ける社会層分化がミール（農村共同体）組織の破壊を導いたことである。富裕な上層部にとって，租税負担能力の低い階層の蓄積は自らの負担を大きくするので，下層部の去った後を継いでより能力の高い構成員（兄弟，親類等）が耕作することは歓迎すべきであり，他方，下層部は負担から逃れるとともに新天地に自由を求めたというのである。⁽⁴²⁾

ウラル，シベリアの植民が開始され，新天地たる可能性が高まったとき，白海沿岸地方の住民にとって，決して近距離と言えずとも，手の届く範囲と考えられたと思われる。特に広大な地域の中でも，ヴェリーキー・ウスチュ―グを中心とする地域をその中央部と見ると，近傍にソリヴイチェゴツク，ヴイチェグダ，ヤレンスクが位置し，東進するとソリカムスクに至るほぼ中間点にカイゴロドク（コイゴロドク）がある。これらは多くの逃亡農民，浮浪人を送り出した。白海沿岸地方の，特に中部，東部はウラル，シベリアへの人の流れを生み出す地理的条件に適合していたといえる。

特に17世紀後半以降，人々を白海沿岸地方からウラル，シベリアに押し出す要因に，新たに教会の分裂が加わった。総主教ニコンの教会改革の結果生まれた旧教徒達が移住者に加わったのである。

1652年，総主教に就任したニコンは，精力的に正教会改革を進めた。彼の改革は，教典の改訂を基本としつつ，儀礼様式の変更（2本指から3本指への十字の変更等）に及び，皇帝の世俗権力との対立にまで至った。その結果，ニコン自身は1658年，降格されてモスクワを追われるに至った。しかし，開始された改革は1666年の教会会議で基本的に承認された。これにより，ロシア正教会は教典と儀礼，位階体制を整備したのであるが，この改革を受け容れない人々を取り残し，旧儀式派старообрядцы，旧教徒староверы，また政治的色彩を込めて分離派раскольникиと呼ばれる集団を生み出したのである。⁽⁴³⁾

　旧教徒は更に分裂するが，容僧派に対して無僧派と呼ばれる分派が有力な一派をなした。白海沿岸地方西部，オネガ湖北東のヴイグ河流域に，1694年，ヴイゴフスカヤ修道院＝共同宿舎が設立され，旧教徒無僧派の拠点となった。しかし，既にそれ以前，17世紀後半から，白海沿岸地方はニコンの改革に対する反対派の中心地の一つであり，1670年代にはヴイグ河流域に旧教徒修道士の集落が形成されていた。こうした基礎の上にヴイゴフスカヤ修道院が築かれたのである。⁽⁴⁴⁾

　既に形成されていた，白海沿岸からウラル，シベリアに向かう人々の流れに，旧教徒達も加わった。ウラルの拠点の一つに，カマ河上流のオブヴァ河畔がある。ソリカムスキー郡のオブヴァ河畔に「チェルヴァ川の焼け跡」が作られたのは1684年8月7日より遅くない時期とみられている。この「焼け跡」は，ヴイグに集積された「過去帳」だった。これにより，白海沿岸地方の聖人達を祀る神殿の構想があったと考えられている。無僧派旧教徒は，さらに北部のカマ河上流域に居住を広げた。⁽⁴⁵⁾

　17世紀に進められたロシア国家の植民政策は，ウラル，シベリアの産業的発展を準備するものであった。いわゆる民間入植の実態は，白海沿岸地方からの逃亡農民，浮浪人によって形成された。17世紀後半以降，彼らの中に旧教徒の一群が含まれるようになった。旧教徒達は集団で居住する傾向が強かったから，ウラルが旧教信仰の拠点の一つになった中でも，特に高い比率で旧教徒の

居住する村が生まれることになった。このような独特の複合的要素によって，18世紀以降展開されるウラル冶金業の労働力基盤が準備されたのである。

17世紀の先行的製鉄業

　動乱期以降，外国産金属への依存から脱却すべく，政府はウラル，シベリアでの探鉱に注力したが，情報が報償目当ての地元住民からもたらされることもあった。そのような経緯で，1630年，官有ニツィンスキー製鉄工場も建設された。この工場について遺された情報は乏しいが，1934年D. カシンツェフらが行った調査によると，工場はニツァ川の水路よりも高い位置に建てられ，水力を利用する構造ではなかった。したがって，高炉を持たず，直接法によって鉄を得たとみられる。[46]これはウラルに根付いていた在来の技法を踏襲したということである。

　ニツィンスキー工場の労働力調達のため，新規に徴募された16家族がルドナヤ村に移住させられた。年間の労働期間は9月1日から5月9日まで，公租や各種義務を免除され，耕地を与えられ，年間5ルーブリの俸給も支給された。こうした優遇にも拘わらず，冬期の自由を奪われた農民の逃亡は日常的だった。遺されたスラグの量から，工場は50年以上操業したと推測される。[47]

　ウラルには小規模ないわゆるクスターリ的な「百姓 мужицкие 工場」が存在したが，新たに私人による開発も奨励された。ウラルの最初期の鉱業家D. トゥマシェフもその一人である。勅許を得てネイヴァ河源流域に鉄鉱山を開いた彼は，1669年，その地に製鉄工場を建てた。生産物の1/10を国庫に納める義務に相応して，すべての「到来者，非年貢民」を小作農として組み入れ，彼らを工場で使役する権利，周辺用地，水利を受け取る権利，バシキール人から守る保護柵を建てる権利が与えられた。遺構は確認されないが，訓令によってウラルで最初の高炉を持った工場である可能性がある。ただ，工場は90年代以降存続しなかったとみられる。[48]

　N. B. バクラノフによると，"工場は生吹き炉，手動のふいごとハンマーで操

業した。工場の周囲に村落が形成され，工場とともにフェリコフスキーと名づけられた。工場は途切れつつ存続し，…1698年に停止したとの説があるが1727年のリストへの記載もある"。[(49)]

1631年完成し数年で停止した＜操業年数についてはD. カシンツェフとは異なる―Y.＞ニツィンスキー工場が，ウラルで最初の官有製鉄工場とされる。その後いずれも短命に終わった政府の試みも，農民小工業も，直接製鉄法によるものであった。[(50)]

18世紀に至るまで，ウラルは熔鉱炉を知らなかったのである。[(51)]

貴金属および鉄の外国への依存から脱却せんとする国家の渇望は大きかった。植民によって特に銅，鉄資源の情報が集まったことがウラルの開発を促した。しかし，17世紀の試みは，充分に組織的とはいえず，水力の利用と高炉による銑鉄生産の適切な組み合わせを成立させなかった。

ロシアの伝統的製鉄業とトゥーラの官有武器村

ロシア北西部カレリア地方，北部のヴォログダ，ウスチューグ，中央部モスクワ，トゥーラの製鉄手工業，鍛冶工場はよく知られている。それらは直接法による金属を加工する小規模なマニュファクチュアであるが，多くの職人を生み出してきた。1638年にモスクワで行われた人口調査によると，2367人の各種の手工業者が把握され，そのうち497人，21％が金属加工業者だった。その中には，大砲製造工248人，鍛冶工113人が含まれるが，この調査では宮廷所有小工業，調査に非協力の手工業者は除外されている。1641年にモスクワで行われた鍛冶工場の調査では，128件の鍛冶工場に172人の鍛冶工が把握された。128件中83件では主人が働き，6件では主人と雇いとで，主人が働いていない39件のうち15件は雇いによって稼働し，24件は貸し出されていた。[(52)]雇用関係の性格を判断する材料は与えられていない。

外オネガ地方 Заонежье，白海沿岸地方を含むロシア北部は，在来冶金業の伝統を持ち，ウラルへ多くの移住者，逃亡者を送り出した。彼らの中に，冶金

業への親和性を持つ要素が比較的多かった可能性を指摘することができる。

1620年代の課税台帳に，ウスチューグ・ヴェリーキーに鍛冶屋47と鍛冶工57人，ソリ・ヴィチェゴツクに鍛冶屋21と鍛冶工20人，トチマに鍛冶屋8と鍛冶工10人を数えた。冶金業は更に拡大し，ウスチューグ・ヴェリーキーの鍛冶屋件数は1640年に52, 1676-1683年に68が確認される[53]。

在来の小規模手工業とは別に，特権的マニュファクチュアの一群が形成された。トゥーラにおけるそうした工場の最初のものは1632年にオランダ人A. D. ヴィニウスよって創設された。のちにB. I. モロゾフ公が経営に加わり，彼が離脱した後，オランダ人F. アケマ，デンマーク人P. マルセリスが参加した。各地に展開された工場のうち，トゥーラとカシーラの工場は，17世紀末にL. K. ナルイシキン公の手に移った[54]。

1632年，ミハイル・フョードロヴィチの政府が，最初の水力動力を持つ製鉄工場の建設に際して，オランダ人アンドレイ・ヴィニウスに与えた特権許可証は，10年の優遇期間に毎年3千ルーブリの補助金を与え，1638年には農民，無土地農250家族のソロメンスカヤ郷を編入した[55]。

マルセリスとアケマに与えられた1644年4月5日付け特権許可証は，自己資金で製鉄工場を設立するにあたり，次のような優遇条件を与えた。1) 20年間国庫への納税を免除する；2) 20年間無税で製品を輸出することを認める；3) 当該工場と同一郡内に他のものが同種の工場をたてることを禁ずる；4) 鉄及び製品を定められた価格で国庫に納入する，その超過分は販売，輸出を認め，外国通貨は国庫に引き渡す；5) 20年経過後は，溶鉱炉1基当り年額100ルーブリを国庫に納め，販売につき通常の税を納める；6) 国家の許可なしに工場を売却もしくは閉鎖，あるいは新設もしくは新たな共同出資者を得た場合は権利を失う。また土地を購入，あるいは抵当に入れることはできないが，賃借することはできる；7) ロシア人を「強制ではなく善意により по доброте」雇うことができ，彼らに技能を習得させる義務を負う[56]。

特権許可証の優遇と義務の条件は基本的に踏襲されたが，より大きな優遇を

119

得た事例もある。

　A. ブテナントは，1696年3月22日付け許可証を得てオロネツで製銅工場を設立した。税金の猶予期間は7年であったが後に銅鉱石の枯渇のため製鉄に転じた。製鉄工場の条件は概ね先例に準じたが，更に，ブテナントは，キシスキー教会村を与えられ，農民たちは国税と同列に工場で働く義務を負うた。1692年1月29日付けでL. K. ナルイシキンに与えられた許可証は，彼のトゥーラとカシーラの工場からのみ，モスクワの官有建造物のための鉄を購入することを始めとして，様々な専売権を付与した。(57)

　特権的冶金マニュファクチュアは区分された作業場を持ち，一般に，職工，補助職工の階層的熟練構造を持っていた。ただ，一人の職工が複数の専門を持つ場合も多く，労働の分割は完全ではなかった。銑鉄生産を行ったのは一部の工場で，マルセリスの7工場のうちでは2工場が高炉を持っていた。多くの非熟練労務者が，鉱石採取，薪切り，炭焼き，各種の運搬作業に従事した。彼らは編入された官有地もしくは宮廷地の農民だった。完成した大砲，鉄の運搬には工場付き農民だけでなく，経路沿いの農民も動員された。(58)

　17世紀以来，小規模手工業と特権的マニュファクチュアとの二重構造が形成されたのである。

　17世紀の金属工業集積地は，1）トゥーラ，カシーラ地域；2）マロヤロスラヴェツキー，ヴォロフスキー郡；3）モスクワ，モスクワ近郊；4）オロネツキー郡；5）ウラル（当時の呼称はシベリア）；6）ヴォローネジ地区であった。これらの中で最も古い鉄工業集積地はトゥーラ，カシーラ地区であり，17世紀末に，1696年に創設されたニキタ・デミドフの工場を含めて9工場を数えた。(59)

　トゥーラの製鉄業も，地域に設定された特権によって育成されたものである。トゥーラ，カシーラ地区の製鉄業は14世紀から知られていたが，トゥーラをして武器製造業の中心地たらしめたのは，1595年のフョードル・イヴァノヴィチ帝の勅許状である。それにより，トゥーラに郭柵を設けてもっぱら鍛冶工を住まわせ，彼らにいかなる租税подать も労役земские службы も課さない

120

ことが保証された。この時点で武器村には30人の鍛冶工が確認された。その人数は，1648年に78人，1663年に117人，1685年に105人を数えた。彼らの育成と補充は国家による事業だった。武器庁は，1678年，1679年の指令により，トゥーラ管区長官に，鍛冶工を各所で徴募して武器村に送り，「トゥーラの官有鍛冶工の許で」武器製造作業を行わせるよう指示した。[60]

　特権の裏面として，官有鍛冶工は自由を奪われた。彼らは村の構成員から離脱する権利を持たず，離脱した場合は，逃亡者として村に送還された。18世紀初頭の政府への報告に，195名の武器職工が確認され，彼らの許から40人の新規徴募者の逃亡，そのうち4人がニキタ・デミドフに属することが記録された。[61]

　官有鍛冶工は国家にとって農奴に準じた存在であって，皇帝を頂点とする重層的な封建的主従関係に組み込まれていたのである。こうした既存の製鉄業の経験の蓄積は，技術の伝承と蓄積をもたらし，ウラルに無から新たな冶金業基地を生み出す困難を回避させた。同時に，17世紀の先例の多くの要素も18世紀に引き継がれた。

第2節　国家主導の大規模マニュファクチュアとデミドフ

軍事力強化の事業

　ピョートルⅠ世（大帝）は，軍事力強化のために，官有マニュファクチュアを各地に展開した。18世紀初頭，従来から製鉄業の存在したヴォローネジ，オネガ湖周辺地域に新たに製鉄，製銅工場が建設された。1712年にはペテルブルクスキー造兵廠，セストロレツキー兵器工場が設立された。兵器生産の強化のために，1700年から1715年の間に，硝石工場，硫黄工場，火薬工場が建設された。船舶建造のために製材所，ロープ工場，帆布工場が建設された。リンネル工場，ラシャ工場，毛皮加工場は装備品のために建設された。総計86の官有工場は，ピョートルの在位の期間に創設されたマニュファクチュアの43％

にあたるとされる。[62]

　軍需生産の基盤となる製鉄業は，鉱石資源と森林に恵まれたウラルに急速に植え付けられることになった。ウラルはピョートルの指導力，言い換えれば専断の最も発揮された地域の一つとなった。

　E. I. ザオゼルスカヤの把握に従うと，17世紀末にロシアの私有製鉄工場は10件存在した。18世紀の最初の25年間に40の新たな工場設立が計画されたが，実現したのは28，そのうち10件は小規模だった。残りの18件のうち11はデミドフ家に属するものである。[63]

　ロシア製鉄業の中心がウラルに移り，そこにおいてデミドフ家が特別な位置を占める筋書きは18世紀の初期にすでに決まるのである。その筋書きはピョートルによって書かれたと言える。その専断の下で重要な役割を果たしたのが，1632年にトゥーラに製鉄工場を創設したA. D. ヴィニウスの子，A. A. ヴィニウスであった。彼は貴族会書記官長として多方面に才能を発揮し，ヴォルガ，カマ，ウラルへの探索に参加した。金銀鉱石の研修のために海外にも派遣された。[64]

　中央部での鉄資源の枯渇，常備軍の装備のための金属需要特に北方戦争によるその昂進，次いで戦後の貨幣改革のための銅・銀需要の高まり，こうした状況がピョートルI世にウラル開発を促迫した。

　古くからの産地であるモスクワ近郊の鉄資源は，枯渇していた訳ではないが，不均質で燐の含有度が高く，地層が深くなっていることと地下水の多さが障害となっていた。当時の技術でこれらを克服することは困難で，マルセリスの製造した砲弾は割れやすく，鉄はもろく，釘は折れやすかった。オロネツ（カレリア地方）その他の産地には期待できなかった。高い技術を持っていたトゥーラの武器製造業では外国産の金属が用いられていた。しかし，当時最も良質の鉄を供給したスウェーデンと決定的に敵対したため，国内の製鉄業を強化することは急務であった。[65]

　北方戦争開始に至る3年間のスウェーデンからの鉄輸入量は平均32千プード

を超え，1700年には34672プードに上っていた。[66]

　国内鉱山の開発は急務であった。当初の関心は鉱石探査に向けられ，そのための国家機構整備と広く情報収集の呼びかけがなされた。

　"1812.1700年8月24日．勅令．―採鉱事業庁の設立について．

　モスクワにて宮廷侍官アレクセイ・ティモフェエヴィチ・リハチェフ並びに書記コズマ・ボリンに金，銀，その他鉱石事業を管理せしめること；彼らを特別に大国庫庁に据え，採鉱事業庁 приказ Рудокопных дел と記すること。"[67]

　"1815.1700年11月2日．勅令Именный．―ロシア全域にわたる金，銀，銅その他の鉱石の探査について；探査された鉱石の現地における市長官 Воевода による検査について；そのような探査を行った私人の表彰について"。[68]

　しかし，採鉱事業はピョートルの期待通りには進まず，1711年6月8日付け元老院令．―鉱石事業庁 приказ Рудных дел の管理と事業の各県への配置について．[69] によって鉱石事業庁に再編され，外国人職工にロシア人徒弟を付けてシベリア諸県に派遣することが定められた。

ネヴィヤンスキー工場とデミドフ

　17世紀中に消滅した先例の後で，のちのウラル製鉄・冶金業の基礎となる官有工場が計画されるのは，17世紀末である。1697年ネヴィヤンスキー工場が計画され，1700年建設が開始される。これに次いでカメンカ河沿いにもう1件の建設が開始され，こちらの方がカメンスキー工場として1701年10月，前者より2ヵ月早く操業開始したとされる。[70]

　ネヴィヤンスキー工場の完工時期には諸説あるが，カメンスキーの方が先に操業開始したという点に異説はない。

　1696年頃からの情報収集に基づいて，1697年5月10日及び6月15日，ヴェル

123

ホトゥルスキー郡長官に訓令が送付された。特に2通目はシベリア庁新長官A. A. ヴィニウスによるものでその内容は具体的であった："鉱石の産地，工場の適地，生産物搬送に適した河川，森林…について陛下に報告した。良好な工業家，職工を集めること，工場に適した土地を検討し近隣の村落と戸数を…地図に記すこと…；そしてそれら工場を，海外の経験に倣って鉄鉱石が豊富で最良であるべく，またそれら工場で，シベリアの領土をすべての異民族から防衛するため，大砲，砲弾，あらゆる銃を鋳造すべく，建設すること，またそれら武器をモスクワへ…搬送すべく；それら工場で，さまざまな都市…で販売するため，棒鉄，板鉄…を製造すべく"[71]。

　1699年4月23日新たに製鉄工場を建設する勅令が下され，1700年春，モスクワから8名の職工，32名の職工見習いその他が到着して，着工したと見られる[72]。

　S. G. ストゥルミリンの指摘するように，1699年4月23日は建設指令の勅令の日付であるから，この日をもって着工とするD. カシンツェフ，M. F. ズロトゥニコフは誤っている[73]。

　カメンスキー工場よりも遅れて，1702年初め，トボリスキー（ネヴィヤンスキー）工場は，ダム，高炉，プレス作業場，鍛冶場その他の設備をもって完成したが，3月4日，ニキタ・デミドフに譲渡する旨勅令が下され，5月20日譲渡された[74]。

　ウラルの工場からの鉄と武器の供給は，北方戦争の緊急の要請に対しては十分迅速に対応したとはいえない。カメンスキー工場の最初の製品は1702年秋に完成し，翌年1月1日，大砲2基と棒鉄，鋼がモスクワに到着した。ネヴィヤンスキー工場からは，鉄と大砲2基が1702年末と翌年初めに出荷されたが，それらは3月9日にモスクワに到着した。これらは試験的なもので，本格的な「キャラバン」が組まれるのは1703年春からである[75]。

　ネヴィヤンスキー工場の建設にまつわる困難と遅延の理由については，監督責任者たちの怠慢と相互の不和，動員された農民たちの「不従順と反抗」等が

第2章　停滞構造の歴史的起源

指摘され，それらがデミドフへの譲渡の理由とされる。[76]

　当時の大規模冶金工場の建設に対する技術的な準備不足，しかも，同時期に2件の建設を行うために人材も資源も不十分であったこと，農民に過重な負担を負わせたことが不従順を呼び，困難の要因となったのは明らかである。

　同時に2件の大規模建設を行ったため，職工が不足した。1人のダム職工E.ヤコヴレフが双方の仕事－水力利用に必須のダム建設－を受け持つ事態になり，特にネヴィヤンスキーのダム建設に遅れが生じた。結果的に，カメンスキーの方に人材と資材が優遇された。[77]当時のロシアの人材供給能力に対して，遠隔のウラルにおいて過重な大規模建設が強行されたと見ることができる。

　しかし，それらはデミドフへの唐突な譲渡の直接的な説明としては不十分である。その理由は，専制体制の特有の行動様式に求められよう。それは最高権力者個人の決断の結果である。建設の混乱が大砲，砲弾の供給を遅らせたと考えられ，その責任追及が直接の責任者に向けられた。1703年，あれほど重用されたA. A. ヴィニウスはシベリア監督庁長官を解任された。

　ピョートルが官有工場を私人に譲渡した例は，1696年，外国人R. メイエルに火薬工場を与えたことに始まり，およそ30工場に上ると言われるが，ほとんどが軽工業である。冶金業では，デミドフの他には，カザンスキー製銅工場をカルーギンに（1714），エラブシスキー製銅工場をネボガトフに譲渡した例（1724）が知られる。[78]ネヴィヤンスキー工場を最も早期に軌道に乗せる方策として，デミドフへの譲渡が選択されたと考えられる。

　E. V. スピリドノヴァは，官有工場の私人への譲渡の目的を，3点指摘する－1）（これが主たるものであるが）商人階層を工業活動に引き入れること。2）以後の投資から国庫を解放すること。3）企業経営を改善すること。[79]

　スウェーデンとの戦争のための武器供給という焦眉の必要に迫られただけではない。急速な官有工場の展開が国庫の負担となり，管理のための人材が払底したことは想像に難くない。軍事支出が年間予算の60-80%を占めたといわれる状況のもとで，無謀ともいえる投資を可能にしたのは，ピョートルの専断で

125

ある。したがって，同時期に設立された多数の官有工場の経営問題は直ちに生じたのであり，それらを国庫から切り離す必要は焦眉の課題にならざるを得なかった。

こうした先行事例の蓄積の後で，マニュファクチュア参事会規程第15条は，"国庫により設立された，また今後設立されるマニュファクチュアや工場は，それらを良好な状態に保ち，私人に譲渡すること，またそのことに参事会は熱心に努めること"と明記した。[81]

官有工場の私人への譲渡は，無償であっただけでなく，時には更に資金貸し付け，更には供与もされた。返済がある場合も，生産物の納入によることが大半であった。[82]こうした優遇は何よりも生産の拡大のためなされたものであって，デミドフへの工場譲渡は最大限の優遇であっただけでなく，成果に於いても最大の事例になったといえる。

トゥーラの武器製造業者として評判を得ていたニキタ・デミドヴィチ・アントゥフィエフ（デミドフ）が，最初にピョートルに会ったのは1696年と伝えられる。いくつか残されている伝説の真偽は不明であるが，[83]ニキタが武器製造技術によってピョートルの極めて厚い個人的な信頼を獲得したのは確かのようである。

トゥーラの官有村鍛冶工はもっぱら国家から受注することによって官有武器工として専門化し，「陛下への服務служба」に対する優遇を受けていた。[84]

モスクワに武器を納めるトゥーラの官有鍛冶工の中で，"イサイ・モソロフ，ニキタ・オレホフ，マクシム・モソロフ，そして誰よりもニキタ・デミドフ・アントゥフィエフ（またはアントゥフェエフ）"が最上層に位置していた。[85]

B. B. カフェンガウスによれば，1697年3月5日，ヴェルホトゥーリエからの鉱石を受け取ったニキタ・アントゥフィエフは，精錬して鉄を得，火打石銃を試作した。彼の評価は"鉄は大変良く，武器作りにはスウェーデンのものに勝るとも劣らない"というものだった。[86]

ピョートルがウラルの鉱石の試験を依頼したことは，彼の知る範囲でデミド

フが最も高い技術を持ち，適任であると評価したと推測することが可能である。その信頼と，更にデミドフが有能な武器製造者，即ち，ピョートルが最も強化したい部門の専門家であったこと，官有鍛冶工の上層部として既に国家への武器納入に実績を持っていたことが，彼をして異例の優遇を与えせしめた要因であったと考えられる。

1701年1月2日付け指令は，デミドフにトゥーラの工場の永代相続権を認めた。更に指令は，工場のために土地と農民を「自由に購入する」ことを認めた。一定の範囲の土地の森林の伐採権，従来よりも拡大された範囲の排他的な鉱石採掘権が認められた。[87]

国家の武器製造能力の拡大のために，貴族，高官に与えられたと同様の特権許可証が官有武器村出身の一手工業者に与えられたのである。

デミドフが土地取得を必要としたのは，トゥーラ周辺の森林の枯渇のためである。彼には，ウラルの将来性に期待する動機があった。

B. B. カフェンガウスによると，シベリア監督庁に遺された記録の中で，デミドフはネヴィヤンスキー工場の譲渡を渇望した。1702年2月10日，監督庁において，彼は A. A. ヴィニウスに，トゥーラ周辺の森林の伐採を禁じられたため燃料が不足し工場が停止すること，そのためヴェルホトゥールスキー（ネヴィヤンスキー）工場の譲渡を望むことを訴えた。彼は，ナルイシキン，メッレルの工場の半額で軍備を国庫に納入することを約束し，譲渡の付帯条件として，1) トゥーラと同じ給与でヴェルホトゥルスキー郡の農民に薪切りをさせること；2) 工場仕事のために農民を購入することを許すこと；3) シベリア監督庁の管轄下に入ること；4)“小さな問題”では農民を処罰できること；5) 職工・労務者を解雇する権利；6) 国庫に納入した残余の製品を自由に販売する権利；7) 一定の給与で官有地農民に木炭，薪を運搬させる権利―これらを要望した。デミドフの要望と提案，それに対する政権の側からの質問，更なる回答，そのやり取りの結果，3月4日付け指令による譲渡が成立した。[88]

ピョートルの勅令は，シベリア監督庁を通じてデミドフが上奏した要請をほ

ぼ満たしたものであった。勅令は，外国産鉄に頼らずともあらゆる鉄・鉄製品を生産し，外国技術をロシアに根づかせることをめざして，国庫に鉄，大砲，砲弾等を納め，付帯設備代も現物で支払うことを条件づけた。これに対して，デミドフは，ネイヴァ河周辺の鉱石を独占的に採掘する権利を得ただけでなく，余剰生産物を自由に販売する権利を得た。更に，彼は，直上の管区長воеводаではなくシベリア監督庁の管轄下に入ることを認められ，農民を森林伐採，輸送に用いる権利をも得た。⁽⁸⁹⁾

他方で，1703年，ダムが決壊し，デミドフ側が修理，改築の負担を負うたとされる。⁽⁹⁰⁾

修正，加筆されて3月8日にデミドフに下付された指令では，官有地農民に対する権利が強化されている。デミドフには，"それら工場が止まらず，荒廃することなきよう" 農民に薪伐りと運搬を強制する権利が認められた。⁽⁹¹⁾

デミドフが要望して認められなかったのは，農民を購入する権利である。村の編入もこの段階では指令に明記されなかった。

1703年1月9日の勅令により，デミドフはヴェルホトゥルスキー郡の3つの村の編入を受け，翌年更に編入村は追加された。⁽⁹²⁾ デミドフは，工場に付けて官有村を編入し農民を使役する権利を公的に得たのである。

1720年にデミドフはヴォルガ河沿い，ニジェゴロツキー郡フォーキノ村（住民2668人）をゴローヴィン伯爵から購入した。異例の特権である。⁽⁹³⁾

工場を譲渡されるに当たって，デミドフが一銭も支払わなかったことはよく知られている。「一度にではなく毎年」建設費用を国庫に返納することが条件付けられたが，M. F. ズロトゥニコフによると，これを返済したかどうかは不明である。⁽⁹⁴⁾

デミドフの得た特権は，17世紀以来の特権許可証の最上の水準を超えるものだったと言える。

デミドフは受け取った工場を直ちに稼働させることができなかった。その原

因は，直接的には，木炭と薪が手当てされなかったこと，人員が不足したことにあったが，状況は複雑であった。デミドフの管理人はモスクワから派遣された職工を点検し，一部を受け入れ拒否した。それにより不従順が引き起こされた。ヴェルホトゥルスキー郡長官K. コズロフはデミドフ側に対して非協力的で，木炭や薪の供給は改善しなかった[95]。

1702年9月末，A. A. ヴィニウスが，既に生産開始していたカメンスキー工場の点検に訪れた。ヴィニウスは滞在の最後にネヴィヤンスキー工場に赴き，デミドフに不稼働の原因を質した。12月1日に提出した回答の中で，デミドフは，工場の停止は木炭と人手の不足の故であり，従前の建設の不良のため設備の改善が必要であることを具体的に説明した。ウラルの農民は，デミドフの説明によると，中央部の農民のような安い給与では働かず，"監視人がいなければ何も働かない"。更に，デミドフは，国家の期待に添うための事業の拡大について説明し，そのために，近隣の村と農民を工場のために与えるよう要望し，鉄で以て納税することを約束した[96]。

デミドフの要望は受け入れられた。K. コズロフは郡長官を解任され，後任にはヴィニウスの娘婿A. カリーティンが任命された。新長官はネヴィヤンスキー工場への協力を指令された[97]。

このようにして1703年1月9日付け指令が発せられた。それにより，ヴェルホトゥールスキー郡アヤツカヤ村，クラスノポリスカヤ村と周辺小村落付きでポクロフスコエ修道院村を編入された。デミドフは，"それら農民の中で不服従の者がいるとき，…不服従者と怠け者を，罪に応じて，棒，鞭，鉄で矯正する…"権利を与えられた[98]。

デミドフの農民に対する権利は明らかに拡大され，所有に準じたものになった。起業家精神の視点から見ると，彼の行動様式は完全に封建的主従関係の枠内に収まっていた。ピョートルの与えた特権はすべてデミドフの要望に対応したもの一時にはそれを超えていたが一であった。彼はネポティズムと封建的経済外的強制を最大限に活用して事業拡大に励んだ。国家もまたそれを利用した

のである。

1709年, 1月11日付け指令で, デミドフは製銅工場の建設—直ちに実現する
ことはなかったが—にあたってコミサールの官位を与えられた。コミサール
は, 官有工場の主計官, 管理者の役割に相当するものである。これに次ぐ2月
11日付け指令では, コミサールの官位の下賜は鉄の国庫納入に対する報償と
して説明され, デミドフ自身と家族, 工場要員はシベリア監督庁の管轄下に入る
ことが確認された。(99)

こうして着実に体制内の上昇の階梯を上ったデミドフは, 1720年9月21日付
け指令により, ニジェゴロドの世襲貴族の地位を得た。但し, B. B. カフェンガ
ウスによると, ニキタの死後, その遺産相続について, 1726年, 元老院での照
会によりその間の事情が明らかにされた。1720年の指令は準備されたがニキ
タの不在のためピョートルの署名がされずじまいだった。その後, 1726年3月
24日, エカテリーナⅠ世によって証書が発行され, それによって1720年の叙任
が追認された。(100)

こうした経緯に鑑みると, 1720年の土地取得は貴族の権利を行使したもので
はなかった可能性が高い。当該土地に逃亡者が発見されたため, 鉱業参事会(ベ
ルグ=コレギヤ)で説明を求められ, デミドフの管理人=番頭は, 1702年3月4
日付け指令(トゥーラの工場のために購入した農民をウラルに移すことが認められ
た)と1721年1月18日付け法令(非貴族の工場主に土地購入を認めた)とを根拠に
説明した。いずれも根拠が薄弱であったと思われ, 後者は施行されていなかっ
たが, 貴族の権利については言及がなかったようである。(101)そうであるとすると,
これも異例な優遇の事例に追加されることになる。

ニキタ・デミドフはトゥーラ官有村の上層部に位置したとはいえ, 官有鍛
冶工の範疇にあった。彼をネヴィヤンスキー工場の経営管理者としたのは,
ピョートルの専制権力に基づく臣民に対する指令であった。ニキタはこれを手
がかりとして体制内の階梯を上昇し, 貴族の地位の取得によってそれを完結し
た。

第2章　停滞構造の歴史的起源

　全体として，1702年の譲渡指令を足がかりとして，ニキタ・デミドフが大き
く事業を拡大したことは明らかである。ピョートルⅠ世時代に，デミドフは更
に5件の工場を建設した。1718年ごろには，モスクワ近郊の鉄は官庁納入には
「不適当」とされ，国庫注文はすべてウラルのデミドフに向けられたという。⁽¹⁰²⁾

　ニキタ・デミドフは1725年11月17日，69歳で亡くなった。デミドフの事業
を基本的に引き継いだのは長子アキンフィー・デミドフである。弟のニキタ・
ニキティッチにドゥグネンスキー工場，グリゴリーにスタロゴロディシチェン
スキー工場（いずれも中央部）が相続されたが，グリゴリーの死後，後者はアキ
ンフィーの所有となった。⁽¹⁰³⁾

　父の死の2ヵ月後，アキンフィーは，ウラルに3工場，アルタイに製銅工場
を建設する許可願を鉱業参事会に提出した。ウラルの工場は2月9日，アルタ
イの工場は2月16日に建設許可が下された。⁽¹⁰⁴⁾

　アキンフィーはネヴィヤンスキー工場の譲渡の当初から，父を補佐して工場
の操業に尽力した。1702年9月8日，工場に到着して間もなく，ハンマー，高
炉の稼働に取り組んだ。⁽¹⁰⁵⁾

　彼は父の行動様式を受け継ぎ，熱心に事業を拡大するだけでなく，更なる特
権の獲得に努めた。1726年3月26日，アキンフィーは兄弟及び子孫共々，エカ
テリーナⅠ世からニジェゴロドの世襲貴族の証書を授与された。その際，彼ら
は工場経営に免じて貴族の義務を免除された。⁽¹⁰⁶⁾

　18世紀の最初の20年間に，ウラルに9件の製鉄・製銅工場が建てられた。そ
れらのうち高炉生産を行ったのは，3つの官有工場とデミドフの2工場だった。⁽¹⁰⁷⁾

　ニキタ・デミドフは，1710年代から20年代にかけて精力的に事業を拡大し，
1725年，ニジネ＝タギリスキー工場の完成を見ずに亡くなった。ニキタの長子
アキンフィーは，父をしのぐ企業家とされ，彼の時代にデミドフの鉄はヨー
ロッパ市場で評価を高めた。アキンフィーの弟ニキタ・ニキティッチも1730-
50年代に事業を展開した。アキンフィー（1745年没）の子ニキタとグリゴリー
も父をついだ。ニキタ・ニキティッチの子エヴドキムとニキタもいくつかの工

131

場を付け加えた。こうして，「デミドフ王朝」は1750年代にウラル中部，以後南部へと展開された。[108]

デミドフのもとで，ネヴィヤンスキー工場は技術水準を次第に引き上げたと見られる。デミドフの製品は，縁故だけでなく品質によっても高い評価を得た。その要因の一つは，きちんとした設備投資がなされたことである。給水システムが着々と改善され，高炉規模の拡大が図られた。アキンフィーの下で，1743年までに送風システムが完備され，高炉生産高を倍化した。1725年から45年までの年平均生産増加率は，官有工場群の倍，4.01％であった。[109] 海外での評価も高く，1736年にデミドフは131千プード（鉄輸出高総計の45％）の鉄を輸出した。輸出高は3年後には224千プード（同じく総計の64％）に上った。[110]

S. G. ストゥルミリンによると，1700-1725年に建設されたウラルの冶金工場数とその設備状況は，以下の通りで，官有主導で始動したウラル冶金業においてその創設時から，私有企業が重要な役割を果たしたことを示している（表2-2）。[111]

しかし，私有工場といっても，デミドフの事業が国家による異例の優遇，特権の付与なしに存立しえなかったことは明白であり，ウラル冶金業全体が国策として専制権力の後ろ盾を得て育成されたのである。後にポセッシア制と呼ばれる国庫補助，資本形成の不足を埋める国家による特権付与なしに，デミドフの私有工場が発展することは不可能であった。

農民小工業の役割

ウラルの在来冶金業は一定の役割を果たしたが，限定的であった。

A. S. チェルカソヴァは，ウラル冶金業の始動にあたって，農民製鉄小工業の果たした役割を正当に評価する。中部ウラルには伝統的な製鉄小工業が存在し，在来小工業主，職人の協力のもと，カメンスキー，ネヴィヤンスキー，アラパエフスキー，ニジネ＝タギリスキー工場の立地が定められたという。[112]

B. B. カフェンガウスによると，ネヴィヤンスキー，カメンスキー周辺から

第2章　停滞構造の歴史的起源

表2-2　1700-1725年の冶金工場および設備数

	官　有	私　有	計
製鉄・製銅工場	8	6	14
高　炉	8	12	20
ハンマー	26	28	54
製銅炉	51	12	63

集められた鍛冶屋，鍛冶工は122人に上る。[113]

　カメンスキー工場設立時，周辺6村から鍛冶工が集められた。1703年，ヴェルホトゥーラ軍管区長は，既にデミドフに譲渡されていたネヴィヤンスキー工場に地元鍛冶工40人を訓練のため派遣した。[114]　しかし，どれほどのものが定着したかは不明である。

　V. Ya. クリヴォノゴフの指摘するように，“…カメンスキー工場の労働力として現地の鍛冶工から41人が引き入れられた。…このように，疑いなく，ウラルの鉱業マニュファクチュアで働く雇用労働者の中には，少なからぬウラルの農民鉱業者，熔鉱炉主，農民冶金小工場の労働者であった者がいた”。[115]

　＜ウラルのマニュファクチュアへの雇用労働力＊の出現は，その前提として行政的，また競争的方法による農民冶金業の消滅があった＞。“ゲンニンは既に1722年にアラミリスカヤ村の農民＝工業家に塊鉄生産に携わることを禁じた。この方策の動機は，≪無秩序な炭焼きと鉱石の徒な浪費を避ける≫必要にあった。ゲンニンは農民達に≪官有工場の鉄で満足すること≫を提案した”。＊「雇用労働力」概念はV. Ya. クリヴォノゴフのものである。これについては議論を要する。[116]

　“国庫と独占的工場主による工場建設の展開に従って，農民的冶金業は衰えた。デミドフやストロガノフによって彼らに与えられた打撃の結果，農民工場の中で最大のフョードル・モロドイの事業も消滅した。まもなく，工場主モロドイ自身は官有工場の需要に供給する1人となっていた”。[117]

133

M. F. ズロトゥニコフによると，1720年代初めクングルスキー郡の農民小工業は年間3000プード以上の銑鉄を供給したとされるが，政府はこれに対して抑圧的で，指令によって小炉による銑鉄生産を禁じられ，"鉄鉱石を掘り出し法定の価格で我が工場に売ること"が命じられた。[118]

農民小工業（「百姓工場」）は，経験ある労働力の供給源としてのみ位置づけられたのである。従ってその役割は正当に評価されなければならないと同時に，過大視も避けなければならない。ウラルの製鉄業は，「百姓工場」の延長線上にではなく，大規模マニュファクチュアの技術体系と規模でもって新たに建設された。

B. B. カフェンガウスが，ウラル冶金業にとって先行するロシア中央部の大規模マニュファクチュアが存在した意義を強調したのは，正当であった。ただ，これには注釈が必要である。カフェンガウスは，"大工業の萌芽の…東部への移送，移動"が国家権力による強制であったことに留意しない。[119]

ウラル冶金業は，善かれ悪しかれ，17世紀の特権的マニュファクチュアの遺産を継承した。しかし，一方で，その自然成長的な結果として形成されたものと見ることはできない。

元来，ウラル冶金業がピョートルの「人工的な」創造物であるという表現は，N. I. パヴレンコの整理に従うと，A. コルサクに始まる，いわゆるブルジョワ歴史家によって流布された。彼らは17世紀の手工業がマニュファクチュアの発展を準備した事実を軽視して，ピョートル時代の工業は空き地に建設され，その創始者の没後衰退したと説いたとする。[120]

我々は，17世紀における冶金業の発展を無視することはできないと考えるが，一方で，それが18世紀の大規模マニュファクチュアに直結すると看做すこともしない。両者の間には，特に集積の規模とそれを支える社会的関係の広さ―原料採取，加工，製品輸送―において懸隔が存在した。それを超えさせたのは帝政国家の推進力であった。ロシア中央部に存在した大工業の萌芽を東部に移動させたのは，国家的強制力であった。既に見たように，カメンスキー，

ネヴィヤンスキー工場を始動させるにあたって中心的役割を果たした官有職工たちは，指令によって中央から移籍したのである。封建的原理に基づく国家の強制力が大規模な冶金業基地の創出を可能にしたのである。

N. I. パヴレンコによれば，ウラルとシベリアの50年の冶金業の歴史において，37件の鉄冶金工場が創設された。ここには極めて少数の企業家への集中が顕著である。国家（15工場）と Ak. デミドフ（15工場）の手に圧倒的多数が集中された。残りの7件は5人の所有者に属した：オソーキン，N. デミドフ，ストロガノフ，ヴャゼムスキー並びにクロチキン，及びラーニン。[121]

ウラル冶金業の創出は強力な帝政国家意志の発現である。カメンスキー，ネヴィヤンスキー両工場は官有工場として企画された。後者は建設中の大きな障害を乗り越えるため，ピョートルにより，官有武器工にして臣民たる N. デミドフに対する指令をもって，その完工と経営が託されたのである。

新規の冶金業基地の創出は急速な軍事力強化政策の一環であった。スウェーデンとの戦争への対応は焦眉の問題であった。そのための物的・人的資源の供給を短期間に確立するためには，特権的マニュファクチュアの自然発生的な成長を待つことはできなかった。水力を利用し高炉を持った木炭製鉄を大規模マニュファクチュア群として急速に創設する必要があった。そこにおいて国家とその頂点に立つピョートルの役割は決定的であって，それなくして農民の労働力を強制的に動員して大規模工場を建設することはできなかったし，職工の確保も不可能だった。農民の工場への編入は既に17世紀から行われており，ピョートルのとった個々の手法は全く新しいものとは言えないが，規模における格差は歴然としていた。

ウラル冶金業の創設は常備軍設立，都市建設，運河掘削，こうした一連のピョートルの事業の一環であった。早急に当時の国際的水準に到達するために，ロシアに蓄積された技術だけでなく，外国人技術者の指導が不可欠であった。それらを統合して官有工場群が展開された。それらと，ウラルにおける成功しなかった17世紀の官有工場の試みや，ロシア内部の在来製鉄業との間の

懸隔は，連続的な発展ではなく，国家に介在された飛躍によってしか超えられないものであったと言わざるを得ない。そのような意味で，ウラル冶金業が，ピョートルの「人工的な」創造物であったというのは，当を得ている。[(122)]

　ただ，国際的競争のための新たな冶金業基地は，現存体制を全く変更することなく，外形的なキャッチアップのために導入された。こうして大規模マニュファクチュア群が，強化しつつある封建体制の下に，専制国家の手によって急速に育成された。その結果，上から，封建的な手法によって，封建体制に適合したシステムがウラルに成立するほかなかったが，それは，むしろ，マニュファクチュアの経済的発展のダイナミズムと衝突するものであった。そうであったからこそ，政治経済体制とマニュファクチュアとの軋轢が大きなものとなり，ウラル冶金業が独特のものになったのである。

始動期の生産力水準

　ロシアに蓄積された技術の移転において，重要な役割を果たしたのは，V. ヴォローニンのパヴロフスキー工場（モスクワ西郊ズヴェニゴロツキー郡）であった。同工場は，1651年，B. I. モロゾフによって創設され，1681年からヴォローニンに賃貸されていた。17世紀末－18世紀始めに，高炉1基から年間50千プードの銑鉄を産出する能力を持っていたと見られる。ここから，ピョートルの指令により多くの職工がカメンスキー工場，ネヴィヤンスキー工場の建設に派遣された。[(123)]

　V. メッレル，L. K. ナルイシキンを始めとする多くのモスクワ，トゥーラ，カシーラの工場から職工が募られた。一部外国人技術者も派遣された。中央部の工場は建設，設備のための資材も供給した。[(124)]

　自前の技術の蓄積は外国技術に全面的に依存することなしにウラル冶金業の始動を可能にしたが，そのことが，他面で，経験主義の要因を付け加えたと思われる。

　始動時のネヴィヤンスキー工場をモスクワ近郊の旧来の工場と比較したD.

カシンツェフは，芳しい評価を与えなかった。

1) 技術装備において，中央部の大規模工場に優るどころか劣ってさえいた。技術的に新しいものは何もなく，古いものの「悪いコピー」だった。

2) 規模において，高炉2基の段階でも，中央部の中規模工場に並ぶ程度だった。

3) 装備の質は，長い建設期間，多くの人員にもかかわらず，1703年，ダムが崩壊し再工事しなければならない状態だった。トゥーラの工場に倣った改善によっても最新工場にはならなかった。[125]

デミドフが1702年に受け取った段階で，ネヴィヤンスキー工場は，装備と人員において「モスクワからの派遣」が際立っていた。[126]

ウラルに新たに扶植された冶金業は当時のロシア国内の最先端の技術水準を動員したものであったが，それによる限界をも移植せざるを得なかった。ネヴィヤンスキー工場の当初の技術装備は，大きな改善を必要とするものだったのである。事実，デミドフはその改善に努めたと見られる。

ピョートル時代のロシア製鉄業の成果として一時広く流布した数字に，1718年の銑鉄生産高約6.6百万プードがある。この数字はI. I. ゴリコフが1789年に出版した≪ピョートル大帝の事績≫の中で≪1718年…総計6641123プードの銑鉄を生産した。…10年経過後それが増加していないことは疑いない。≫と書いた（28ページの注釈）ことが根拠となり，V. I. レーニン，V. O. クリュチェフスキー，Ip. グリヴィツらを含む10人以上の歴史家に採用され（典拠を示した場合と示さない場合とがある），一度ならず否定された後も1940年のアカデミー版『ソ連邦史』に繰り返された。これは，あたかもピョートル時代の輝かしい成果とその後の衰退を示す事実であるかのごとく受け止められ，ウラルの製鉄業を一時的なピョートルの「人工的創造物」と表現する根拠とされてきた。この論旨は完全に破綻している。約6.6百万プード（109千トン）の銑鉄生産は1720年のイギリスの生産高17千トンに比較してもあまりに過大であり，今日では1718年ではなく1778年の誤植と考えられている。[127]

しかしこの過誤とは別に，在来製鉄業とは隔絶したウラル製鉄業の国家による新たな急速な発展を評価する必要がある。

　D. カシンツェフの再計算では，1718年に最大で1617千プード，26950トンの銑鉄生産高があったと推定する。この計算の根拠は，当時の製鉄工場をオロネツ7，中部7，ウラル4，その他30と設定し，大高炉の1昼夜生産高3トン，小高炉1.5トンとし，高炉2基の内1基が稼働する仮定に基づくものである。[128]

　我々はこのカシンツェフの推計は最大であるにしても過大であると考える。というのは，大小高炉1基あたりの生産高予測が楽観的で，仮にそれが実態に近かったとしてもあくまで生産能力に過ぎず，潜在的能力を実現すること自体が当時大変難しいことだったからである。

　N. I. パヴレンコは，1725年の銑鉄生産高について極めて控えめな推計を行っている。それによると，ウラルの官有工場206882プード，Ak. デミドフの諸工場369220プード，中央部の工場群120061プードの総計696163プードが得られる。これに，リペック，オロネツの工場群の生産高を最大80千プードと見積もり，更に，私有工場主達の情報「隠匿」を加味すると，ロシアの水力利用工場における銑鉄総生産高800千プードが得られるとする。[129]

　パヴレンコの推計は基本的部分を統計に依拠し，残余を推定により補うもので，更に「隠匿」を加味して概数としている点で，より現実に近いと考えられる。但し，単年の数値によって当時の製鉄業生産力水準を確定するのは，最大の特質の一つである生産の不安定性を隠してしまう点において問題を含むと言わざるを得ない。表2-3に見るように，1725年はウラルにおいて1720年代最良の生産実績を示した年であって，その後生産高は低迷し，1727年には総生産高において1725年の約42％に低下，特にデミドフの工場は20％にまで落ち込んだのである。

　始動時のウラル製鉄業は，在来技術体系とは異なる大規模マニュファクチュアの技術の習熟，ウラルの自然条件に適合した建設，技術体系の全要素の均衡，これら初期投資の困難に加えて，天候変動による水資源の不安定，強制的労働

表2-3　1720年代のウラルの銑鉄生産高推移

(単位：プード)

年	官有工場	Ak. デミドフ所有工場	計
1720	5110	291053	296163
1721	39450	情報なし	—
1722	64393	情報なし	—
1723	67476	133859	201335
1724	212440	247717	460157
1725	206882	369220	576102
1726	160817	194167	354984
1727	166197	74058	240255
1728	252860	172064	424924
1729	328071	167973	496044

出典：Н. И. Павленко, Развитие металлургичекой промышленности России в первой
половине XVIII века. М., 1953. стр. 82.

に対する反発と不従順，先住民の敵対に悩まされた。こうして，生産の不安定
性，年次変動の大きさが最大の特徴であった。個々の工場について見ると，官
有工場においてもこの点は顕著であって，カメンスキー工場の生産高推移はそ
れを端的に示すものである（表2-4）。

　1701年は10月15日に最初の高炉が稼働開始した。1703年に2基目が稼働開
始して，1704年には2基が通年稼働したが，それ以外の年は高炉1基の操業で
あった。1709, 1710, 1712, 1713年には銑鉄生産のための送風が行われなかっ
たと記録されており，その他にも水不足や修理のため工場が通年では操業され
ない年があった。1714年，1719年には春の出水のためダムが破損し，修復に多
大の労力と費用を要した。[130]

　高炉2基が稼働した1704年には66千プードを超える銑鉄が生産されたが，
それ以外の1基稼働の下で33千プードの生産に達する年はなかった。1701年
を除く18年間に軍需生産の記録のない年が8年あり，そのための工場建設で
あったから国家の期待は充分には満たされなかったと思われる。ただ，原表に

表2-4　カメンスキー工場の銑鉄生産高

(1701-1719年, 単位：プード)

年	鉄及び工場装備に加工	軍需装備に加工	計
1701	557	—	557
1702	8661	9891	18552
1703	14087	18776	32863
1704	59238	7481	66719
1705	22450	6411	28861
1706	26493	5310	31803
1707	17816	9379	27195
1708	17825	5365	23190
1709	NB	—	
1710	1464	—	1464
1711	16190	—	16190
1712	NB	—	
1713	NB	—	—
1714	15541	—	15541
1715	2766	1585	27351
1716	15285	1679	16964
1717	25760	—	25760
1718	17448	—	17448
1719	24600	2585	27185

出典：С. Г. Струмилин. Избранные произведения. История черной металлургии в СССР.
　　М., 1967. стр. 126.

よると1716年を除けばモスクワ向けの搬出はされているので，前年の繰り越しを加工することが行われたと見られる。

国家的事業の創出

　マニュファクチュアの全面的な，急速な拡大にとって，労働力の供給，とりわけ技能者，職工の確保は喫緊の課題であった。ピョートルはこれを，外国人

技術者の移入と技術移転によって解決する方策をとった。彼は自ら国外で職工，手工業者を募集するだけでなく，そのために全権代表を派遣した。1698年にはアムステルダムからだけで1000人近い様々な職種の専門家が雇い入れられたと言われる。[131]

1702年には，外国人を招聘するためのマニフェストが発せられた。その中でピョートルは外国人専門家に人格的自由，帰国の自由を保障し，契約による高待遇を約束して，ロシアに於ける当該産業部門の組織化，専門家の育成を要請した。同時に，契約違反，すなわち，期待された技術を持たない，充分にロシア人を教育しない等の外国人が契約を解除され，送還されることも多々あった。[132]

外国の技術を学ぶために若者を海外に派遣することも行われた。彼らには大きな期待が寄せられるとともに，充分な成果を上げなかった者には処罰も待っていた。[133]

ピョートルの政府が技能者の養成に注力したことは疑いない。すでに，オロネツ，トゥーラの諸工場によって武器製造職工を養成する「学校」が設けられ，各県から手工業者，農民等の子弟50-60人を教育することが行われていた。同様に，エカテリンブルクスキー，ネヴィヤンスキー，カメンスキー，ヴェルフ＝イセツキー，ウクトゥッスキー，スイセルツキー，ポレフスキー，アラパエフスキー，リャリンスキーの諸工場に「学校」が設けられた。[134]

ネヴィヤンスキー工場の最初のダムが決壊した例に見られるように，外国から移入したダム建設技術が直ちにはロシアの自然条件に適合せず，ロシア人技術者が優位性を示した分野もあった。[135]

17世紀以来蓄積された多くのロシア人職工もウラルへと派遣された。

新たに植え付けられた大規模製鉄業とウラルの在来冶金業との間には，技術と規模において明白な懸隔があった。したがって，工場内労働の指導的な中核的部分は中央部からの移籍に依存し，外国人技術者の指導を必要としたと考えられる。

ウラルにおける労働力の確保はより困難であったと思われる。最初のカメンスキー工場には，その建設時，オロネツ，モスクワ近郊，トゥーラその他から装備，専門家，職工，労務者が送り込まれた。北方戦争による鉄需要は新工場の建設と立ち上げを急がせた。そのため，出来合いの技術者，労務者が集められたのである。深刻な問題は補助労働力の不足であった。⁽¹³⁶⁾

一時的なものではあるが，北方戦争の戦果も活用された。"スウェーデン人将兵の捕虜が，ウラルの工場の外国人雇用労働者の充分にまとまった多数のグループを構成した。アラパエフスキー工場だけで，1711年に主としてスウェーデン人捕虜の外国人267人が働いていた。スウェーデン人は薪を伐り，炭を焼き，鉱石を採取した。彼らには1日に3コペイカ支払われた"。⁽¹³⁷⁾

1698-99年に，政府は各種の専門家をウラルに送った。1700-01年に，43人の外国人職工がネヴィヤンスキー，カメンスキー工場に派遣された。中央から派遣された職工は，1702年3月4日付けピョートルの指令により，ネヴィヤンスキー工場がデミドフに委譲された後も留まった。⁽¹³⁸⁾

ネヴィヤンスキー工場に派遣された職工・技術者は，ピョートルの指令により，デミドフへの譲渡後も留められた。⁽¹³⁹⁾

メッレル，ナルイシキン等の私有工場から多くの職工が指令によってウラルに移籍された。これは，国家的事業に私的利益を従属させたものであり，領主的所有権を超越する絶対的権力の行使であった。⁽¹⁴⁰⁾

1702年5月，デミドフ側への引き渡しが行われた時点で，ネヴィヤンスキー工場には27人の生産要員がいたが，そのうち22人は"モスクワからの派遣"とされ，残りの5人は浮浪人出身だった。⁽¹⁴¹⁾

指令によりウラルに移籍されたものを中核として，冶金業の成長とともに，官有職工 государственные мастеровые の一群が形成されるが，彼らをそれとして規定するカテゴリーは当初存在しなかったようである。その場合，ピョートル期以前からの，用具係公務員たる，官業に従事する職人に対する扱いが準用されたと見られる。1719年の鉱業特典 Берг-привилегия も，官有職工を奉公

государева служба と見なし，貨幣納税と兵役を免除した。1722年3月15日指令により職工への人頭税課税が決められた後も，指令による移籍者は免除が維持された。[(142)]

　17世紀の官有武器工は，トゥーラの武器村に居住を限定され，納税と労役を免除されながら"陛下への奉仕"に従事したが，ピョートルの下で官有職工は国家所有の特殊技能者としてほぼ同様の存在であったと考えられる。

　指令による職工，外国人専門家への依存から脱却するのは1730年代であったと見られる。1721年，アラパエフスキー工場の熟練工73人中，39人が指令によるものであった。1722年，ネヴィヤンスキー工場の職工の1/5が指令によるものである。1724年，エゴシヒンスキー工場のほとんどの熟練工は"指令による"とされた。1744年には，銅工場を含むペルミ地区の官営5工場の"指令による"職工は平均17%であった。[(143)]

　始動期のウラルの工場労働力構成について，1717年のM. ヴォロンツォフ＝ヴェリヤミノフによる郡長調査が遺されている。 この調査は，デミドフのネヴィヤンスキー，シュラリンスキー両工場の住民男性910人，女性971人，計1881人を捉えたものである。それによると，工場は司祭，聖職者，商人を備えた工場村である。男性910人のうち，職工，補助職工401人，各種労務者347人，ふいご職工，大工68人，高炉職工，補助職工21人，銃職工11人，以上848人だった。実際の労働力と看做せるのは516人，そのうち30-59歳の年齢層に333人（64.5%）が属した。工場創設から3年以内，即ち15年前以前に到来，在籍したものは82人だった。

　516人の男性労働力の出身地別内訳は，極めて特徴的である。トゥーラ及びその近傍（61人），モスクワ（8人）及びその近郊諸工場（49人）から118人（22.9%）。北部及び白海沿岸地方（ウスチュシスキー郡21人，ヴァシスキー郡17人，トチマ16人その他）から95人以上（18.4%）―これらの地方は厳密な行政区分ではないので範囲が曖昧であることと，次に挙げるウラルへの通過地点でもあることから，情報は一定の幅を持って受け止めるべきである―。ウラル及びその近

郊（ヴェルホトゥルスキー及びトボリスキー郡108人，ストロガノフ領地37人，クングルスキー郡24人，ソリカムスキー郡20人，その他）から203人（39.3％）。更にウラルの編入村から34人（6.6％）が数えられた。彼らの大半は農民であって，それ以外にはトゥーラとモスクワ近郊の手工業者85人（16.5％）と商工業者61人（11.8％）が数えられたにすぎない。

59人（11.4％）は"指令により召集"されたもの，即ちトゥーラの武器工及び中央部の製鉄工場から移籍された職工である。しかし，大部分の労務者（308人，59.7％）は"放免証отпускなし"に，自由意志で，言い換えれば逃亡によりウラルに到来したものである。トゥーラの本来のデミドフの所有の職工は9人だった。ウラルのデミドフの労働力の中核は，官有職工と逃亡者とによって形成されたのである。[(144)]

1717年の調査によると，ネヴィヤンスキー工場住民のうち，労働力は516人，その1/3以上がトゥーラ，モスクワ近郊の工場出身者であり，ほぼ同数のヴェルホトゥルスキー，トボリスキー郡出身者がおり，残りが北部及びプリウラリエ出身者であった。この時期においても熟練工中の1/3を指令によるものが占めた。その比率は1722年には1/5に下がった。官有工場において指令による職工の移転，外国人専門家の役割は大きく，1721年，アラパエフスキー工場の熟練工73人中39人（53％）は指令によるものだった。1724年，エゴシヒンスキー工場のほとんどすべての熟練工は指令により移籍したものであった。しかし，1744年には，同工場を含むペルミ地区の5工場で，指令によるものは平均すると17％になっていた。[(145)]

20年代から30年代にかけて，始動期の，指令による職工移転，外国人専門家への依存から脱する過程が進んだと思われる。[(146)]

職工の労働条件は，V. ゲンニンが直接的監督責任を負った1722-1734年の時期に官有工場についてようやく完成型となった。それが，いわゆる「定員規定штат」である。それによって，細分化された職種に応じて，職工，職工助手，徒弟の給与が定められた。

第2章 停滞構造の歴史的起源

　エカテリンブルクスキー，スイセルツキー（アンナ帝名称），カメンスキー，アラパエフスキー工場で，高炉職工36ルーブリ，高炉職工助手24ルーブリ，徒弟12ルーブリの年俸が定められていた。エカテリンブルクスキー工場の高炉作業労働組織は，職工1名，職工助手4名，徒弟2名，更に，高炉付き労務者18名（各18ルーブリ），装入夫4名（各18ルーブリ），馬付き搬送夫4名（各30ルーブリ）であった。特別に，同工場には職工長がおり，高炉の設計，建設，他工場での管理を職務として年俸60ルーブリを得た。[147]

　各工場の工程は一様でないので，職種構成は異なるが，高炉職工が最も高給を得ていた。エカテリンブルクスキー工場の鋳造工程では，職工30ルーブリ，職工助手20ルーブリ，徒弟12ルーブリであった（いずれも年俸）。[148]

　職工・労務者の実際に手にする給与は，罰金その他の差し引きによって常に下方への圧力を受けた―この問題は労働条件の枠内に収まらず，工場内秩序の強制的，封建的性格との関連で後に再度触れることになる―。彼らは，始業時間への遅刻，不適切な鉱石の受け取り，銑鉄の質低下その他様々な局面で罰金，処罰を蒙った。[149]

　定員規定штатはV. ゲンニンによって定められて以降，長期にわたって―この方式自体はウラル冶金業の全期間を通じて―維持され，したがってウラル冶金業の全作業工程を固定化し転換を抑制する停滞構造の形成，定着，完成をもたらす不可欠の支柱となるものである。

　モスクワ近郊やトゥーラから移籍された5名の職工の訴えに，カメンスキー工場の生産性は中央部の1.5-2倍であったが，彼らの給与は1/2-1/3であるとあった。[150]これは給与労働者の劣悪な条件の一端を示している。

　給与の実態は，“陛下の定めたもうた”ものであって，彼らが農奴ではなかったにしても，享受した自由が極めて限定されたものであったことは明らかである。鉱業特典の観念では職工・労務者の職務は“陛下への奉公государевая служба”であった。職工・労務者は，封建国家の公務に服するのであって，工場が国庫に納入する義務があるように，工場で勤労する義務があるのである。[151]

145

労働時間の定めとして，1725年2月23日付け規定регламентが制定された。それによると，日時計による計時に従って，朝4時に50回鐘を打ち鳴らす。これが始業の合図である。11時に25回打ち鳴らし，1時間の休憩と食事をとる。12時に50回打ち鳴らし，午後の始業となる。夕方4時に50回打ち鳴らし，人員の交代となる。このように，実質11時間労働であった。[152]

　V. ゲンニンは，職工・労務者が始業時間に遅れず直ちに仕事に取りかかるために，早朝には30分早く鐘を打つことを指示した。[153]

　A. S. チェルカソヴァによると，1722年の第1回審査（人口調査）の帳簿の語るところでは，官有職工達は，“雇いによりпо найму”“陛下の勅定俸給のために”働くと記した。彼らは自らを自由民свободные людиと見なしていた。[154]

　但し，これには注意が必要である。当時の観念において，「自由な雇い」は，国家的職務への服従と両立したのである。官有地農民は領主の所有物たる農奴ではない。その限りで彼らは自由民と認識されたが，しかし，彼らは国家の所有する土地に緊縛され，人間的自由を享受することはなかった。例えば国家の指令により工場に編入された。同様に，官有職工は工場の付属物として緊縛され，皇帝の意思に服従せしめられた。

　1723年10月16日の指令によれば，官有職工が職務から解かれる条件は，老齢，障害，病気であった。[155]

　中央部からの職工，外国人専門家による技術移転と生産の安定的拡大への移行は順調に進まなかったように見える。その原因は様々であって，全体として，ウラルに大規模マニュファクチュアを扶植する困難に，帝政国家が十分対処できなかったことが示されたといえる。

　いち早く操業開始したカメンスキー工場では，生産能力拡大のために，1703年，第2の高炉をイギリスで雇用された2名の技師によって初めて“海外式に”建造した。しかし，1708年，工場はバシキール人に破壊され，編入農民の居住する隣接の村も荒廃した。[156]

　マニュファクチュア段階の木炭製鉄にとって，ウラルには，モスクワから遠

146

隔の地ではあるが，良質で豊富な鉄鉱石資源が賦存し，森林と水利に恵まれていた。ただ，なぜとりわけ輸送上の不利の大きな東麓＝シベリア側から開発が開始されたのか？　この問いに対しては，17世紀の経験があったためであると答えざるを得ない。この地域には「百姓工場」の歴史が蓄積され，その経験に沿って17世紀の官有工場も建設された。当時の科学的知見に基づく探鉱の限界の下で現地住民から寄せられる情報は相対的に信頼性が高く，経験主義的な行動様式に基づく判断が下されたと思われる。

　鉱石産地を重視して立地した始動期の官有工場群は，水不足に悩まされ輸送の困難を抱えていた。農民小工業の経験を活用したことの負の側面であった。こうして，1722年3月，ウラルへの赴任を命じられたV. ゲンニンにとって，国防に奉仕すべき官有工場の状態は，大いに梃入れを必要としていた。

　ゲンニンはまず外国，オロネツ，ペテルブルグから49名の職工，補助職工をウラルに向かわせた。そのうち3名は過酷な旅の途上で死亡した。技術者の補充はその後も必要であった。[157]

　指令による職工，外国人専門家への依存から脱却するのは1730年代であったと見られる。1721年，アラパエフスキー工場の熟練工73人中，39人が指令によるものであった。1722年，ネヴィヤンスキー工場の職工の1/5が指令によるものである。1724年，エゴシヒンスキー工場のほとんどの熟練工は指令によるとされた。1744年には，銅工場を含むペルミ地区の官有5工場の指令による職工は平均17％であった。[158]

18世紀の産物

　ロシア国家の開発方針が明確になって以来，急速にウラルに私的資本の参入が進んだ。とはいえ，実態としては，1730年前後，約30の冶金工場の半数が私有工場，そのうち11がアキンフィー・デミドフに属した。18世紀半ば，44に増加した私有工場のうち20がデミドフ家のものであった。[159]

　1720年，ウラル，シベリアの鉱山業監督責任者となったV. N. タティシチェ

147

フ，次いでV. I. ゲンニンの下で（1722年ゲンニンが長となりタティシチェフが従うが，34年には再び後者が責任者に復帰する）官有冶金工場も着実に建設され，1750年には27工場が稼働していた。[160]

S. P. シーゴフの整理に従うと，長期的なウラル冶金業の工場創設は，以下のように行われた（表2-5）。[161]

ここで，冶金工場の基準として，高炉と水力設備の保有がとられている。また，製銅工場として創設されてのちに製鉄に転じた例，稀にその逆もある。ウラル冶金業の基礎が18世紀中に完成したことに疑問の余地はない。18世紀前半に67工場創設されたうちの26が官有，41が私有であった。私有の優越はその後いっそう進み，18世紀後半の109工場のうち官有は6件のみであった。ウラルに大規模冶金マニュファクチュアが誕生して以後の200年間に創設された製鉄工場の約70％，製銅工場の約90％が18世紀中に設立されたものである。1900年にウラルに存在した116の製鉄工場のうち，84（72％）が18世紀に創設されていた。[162]したがって，ウラル製鉄業の特質が当初18世紀の社会的条件の下で形成されたものであると考えるのは全く正当である。

国庫とデミドフの手で始動したウラル冶金業は，新たな参入者を得て拡大するが，200年間に創設された約250工場のうち，180以上が20足らずの大工場主によるものである。18世紀中の176工場のうち，これら大工場主によって建てられたものが156（80％以上）である。[163]

表2-5　ウラル冶金工場の創設趨勢

時期	創設工場数	
	製　鉄	製　銅
18世紀前半	39	28
18世紀後半	84	25
19世紀前半	23	2
19世紀後半	21	2
1901–1910	2	1

18世紀前半からの参入者は主として商人資本であった。デミドフ家以外の主な私有工場主の階級的出自は，S. P. シーゴフの整理によると，次のように伝えられている。

　バターシェフ　トゥーラの鍛冶屋で，中部で手広く工場を経営していた

　オソーキン　製塩業者

　トゥルチャニノフ　商人

　トゥヴェルドゥイシェフ　シムビルスクの商人

　ポホヂヤシン　大工から出発し，運送業者，専売人，酒造業，鉱山業

　クラシリニコフ　商人

　リヴェンツォフ　商人

　ルギーニン　商人

　サッヴァ・ヤコヴレフ　町人，行商人，専売人，鉱山業

　ストロガノフ　古くは商人であったがピョートル時代には既に大土地所有者[164]

　それとともに，彼らは，商人資本といってもその内実が国庫に深く食い込んだものであり，後のウラル製鉄業と国庫との深い関係を示唆するものであったことも，指摘されて然るべきである。N. I. パヴレンコの整理に従うと，18世紀のロシア冶金業に参入した資本の出自は，1）トゥーラの武器製造業，2）貴族出身企業家，3）商人・商工業者に分類され，圧倒的多数が商人資本に属する[165]。

　ここに見る商人資本の大部分は，酒造業を営む傍ら徴税代理権を得，酒類国家販売の請負に従事したものである。ヨーロッパ・ロシア地域のK. N. リューミン，L. ロギノフ，I. V. ミリャコフ，ウラルのI. B. トゥヴェルドゥイシェフ，M. ポホヂャシンら，その代表者達は18世紀ロシア冶金業の中枢を占めた。彼らは封建国家の独占事業の巨大な利権に食い込み，特権的政商として蓄財したのである。冶金業は当時としても巨額の初期投資を必要とし，特別な財源なしに参入することは不可能であった。S. Ya. ヤコヴレフは18世紀後半から参入した商人の一人であるが，その巨富の源泉もまた国庫に連なっていた。彼は各種関税徴収の代理人として国内最大の一人であり，最大の対外交易人でもあっ

149

た。そこから得られた富が高官らの手放した旧官有工場その他の買収に投ぜられ，ヤコヴレフをしてウラル第2の冶金業主にしたのである。[166]

　第1のデミドフは少数派に属し，トゥーラの武器製造人であったが，彼こそがもっとも国庫に優遇されたのである。出来合いの官有ネヴィヤンスキー工場を譲渡され，当時非貴族の私人に権利のなかった編入農民をあてがわれた。国庫への鉄納入が譲渡の主たる条件とされたが，これは販売のリスクを負わないことを意味した。武器製造業が元来国防と連なり，ウラル冶金業創設の最大の目的が国防強化であってみれば，封建国家によるこのような優遇は国策の表現であった。このように，貴族，商人を問わず，ウラル冶金業の国庫依存と特権的体質は生来のものであった。

　ピョートルは1720年9月20日，ニキタ・デミドフを貴族に列した。平民から取り立てられた初めての例である。[167]

　1720年12月20日のピョートルの勅令は，いかなる地方長官，管区長воевода，機関も，デミドフの工場を調査してはならぬこと，工場停止をもたらす措置は認められぬこと，デミドフに対する侮辱は許されぬことを宣言した。[168]

　ニキタは1725年没したが，跡を継いだアキンフィーは当初からニキタを補佐しており，「デミドフ王朝」には何らの変化もなかった。エカテリナⅠ世の下で，デミドフ兄弟は通常の貴族の義務を免除された。アンナ帝の下でも，デミドフの職工，執事は徴兵その他の義務を免れた。アンナはアキンフィーを国家参事консулに取り立てた。[169]

　アキンフィー自身，支配的貴族アプラクシン，メンシコフ，チェルカソフ，ビロンらとのつながりを深め，男爵位を得るべく運動したのである。[170]

　このように，デミドフは帝政国家最上層部の庇護を最大限に引き出し，超法規的な治外法権を確立したのである。その行動原理は特権に基礎をおくネポティズムであって，彼らの「企業家精神」が前近代的な基盤の上に発揮されたことは疑いない。

　ウラルの冶金業に参入したのは商人たちであったが，18世紀末には，結局，

称号もしくは官位を持たない工場主はほとんどいない状態となっていた。このように，ウラル冶金業は内的進化によって特権的地主＝貴族工業となったというのは，否定できないと思われる。

蒸気機関とパドル炉以前の，マニュファクチュア段階のウラル冶金業であれ，当時としては大規模な，また限定的ではあっても市場向けの生産をおこなう企業の経営主が地主＝貴族的な性格を強化したことは，経済の発展方向にとっては反動的であったといえる。

18世紀後半には，本来の貴族層も事業活動を活発化させ，地主＝貴族工業としてのウラル冶金業の性格を決定的に仕上げた。ストロガノフ家は結局18世紀中に14工場を創設した。M. M. ゴリツイン公はストロガノフ家所有工場を一部引き継ぐことから事業を開始した。B. G. シャホフスキー公，侍従 V. A. フセヴォロシスキー，宝石商＝貴族 I. L. ラザレフの冶金業経営もストロガノフ家所有工場を手に入れることから始まった。非名門貴族の参入もいくつか見られる[171]。

18世紀初期の先駆的企業家の一人と目される F. I. モロドイの事業が成功しなかったのは，それを受け容れる社会的条件が整っていなかったためであると考えるほかない。ウファーの住民モロドイが1704年クングルスキー郡に建設したマズエフスキー工場は，この時期にウラルに存在した2件の私有製鉄工場のうちの一つであった。もちろん他の一つはデミドフのものであり，それと比べてモロドイの工場ははるかに規模も小さく，編入農民を持たなかったため，労働力の基盤も小さかった。しかし，モロドイの困難は，むしろ，競合する周囲の採鉱農民の敵意と，それを背景にした地方権力の妨害であった[172]。

18世紀におけるウラルの冶金工場建設は表2-6のごとくであった。主として商人によって創設された私有工場は土地，労働力その他を国家によって補助されたため，いわゆるポセッシア工場として分類されている。ポセッシア工場は農奴占有工場と表記されることが多いが，非貴族であって土地，森林，労働力にわたる幅広い国庫補助を得て存立した独特な私有工場としてポセッシア工場

表2-6　18世紀ウラルの冶金工場建設

	ポセッシア	領主	官有	計
1700年以前	—	—	2	2
1701-1710	—	—	3	3
1711-1720	4	—	—	4
1721-1730	10	1	5	16
1731-1740	9	1	8	18
1741-1750	9	1	1	11
1751-1760	32	6	5	43
1761-1770	14	4	2	20
1771-1780	11	—	1	12
1781-1790	7	5	—	12
1791-1797	—	—		0
総　計	96	18	27	141

出典：В. Я. Кривоногов. Наемный труд в горнозаводской промышленности Урала в XVIII веке. Свердловск. 1959. стр. 44.；«Горнозаводская промышленность Урала на рубеже XVIII-XIX вв.», сб., С. 1956 г. 及びアルヒフ資料による.
＜ネヴィヤンスキーは当初国庫により建設開始され，デミドフによって完成されたが官有として扱われている. ―Y.＞

と表記する。

バシキリアへの植民と大土地所有

　木炭製鉄は広大な森林資源を必要とする。ウラルの開発は，植民により，北西部から，15から18世紀にかけて行われ，工業活動が開始される時期にはまだ完了していなかった。最初の大土地所有は，1558年ツァーリ勅書に根拠をもつとされ，これによりストロガノフ家は3.5百万デシャチナ，1568年には新たに4.1百万デシャチナの土地を得た。[173]

　18世紀，ウラルに219件の製銅，製鉄工場が建てられた。バシキリアは集中的な冶金業進出の対象となった。102工場が建設された。[174]

152

第2章　停滞構造の歴史的起源

　ウラル冶金業の18世紀の拡大過程の後半，特に南ウラルへの進出は，バシキール人居住地域への植民として行われた。ロシア中央政府のバシキリアへの進出は，1586年，ウファーの建設に始まるとされる。バシキール人の生活は基本的に遊牧の上に成り立っていたが，1660年代には播種を伴う農業の発展も見られた。[175]

　領土としてのバシキリアの確定は，バシキール人の生活様式，歴史的資料の乏しさによって困難であるが，おおむね中部ウラルから南ウラルにかけての一帯と見なされる。逃亡農民，ヴォルガ沿岸からの非ロシア人の流入，さらに貴族，帝政の植民の結果，18世紀初めにはこの地域にウフィムスキー郡，ヴェルホトゥールスキー郡，トボリスキー郡が形成されていた。1774年編成されたオレンブルグ県に主要部分が含まれ，北西バシキリアはカザン県，北東バシキリアはシベリア県のそれぞれ一部をなすことになった。ウファーを中心に，北にクングール，南にオレンブルグ，北東にエカテリンブルグ，南西にサマラがその外周に位置する，河川と山岳の広大な地域である。[176]

　ロシアのバシキリア支配は，ヤサーク（当初は現物税）を中心とする直接的，間接的貢租，労役，軍事力の提供等，多岐にわたる負担を伴った。[177]

　このような服従は，しかし，独特の文化を背景にしたものであった。すなわち，バシキール人領主層はモスクワ政府への帰属を宗主に対する臣従関係と見なし，自由意志に基づいて奉仕するものと考えていたという。自由意志に基づく奉仕は，何らかの理由で臣従を受け容れがたいと見なされれば，拒絶されるものである。1735-39年にわたるバシキリア暴動の際に表明された，何人もの暴動指導者の書面の中にもこの観念は表現されていた。[178]

　鉱山資源の開発と工業化は，バシキール人の土地に対する権利の侵害と見なされ，粘り強い抵抗を受けた。すでに1670年代から，当初は銀鉱石を目的に，後にはより幅広く鉱石探査が行われた。探査にバシキール人を引き入れることも行われ，官有工場のために土地を提供するものを表彰したりヤサークを引き下げたりしたが，容易に疑心を払うことはできなかった。[179]

153

遊牧民からの土地の獲得は，それが契約の形をとった場合でも，十分な対価なしになされたことは明らかである。1752年，トゥヴェルドゥイシェフは，オレンブルグ県のベロレツキー工場付近の土地300千デシャチナを300銀ルーブリでバシキール人から購入：プレオブラジェンスキー工場付近の100千デシャチナの森林を100銀ルーブリで，伐採用の10デシャチナを50ルーブリと数フントの茶で購入：アヴジャノ＝ペトロフスキーおよびカギンスキー工場付近の180デシャチナを"永代にわたり年20ルーブリで借り上げたокортомленый"…ということである。デミドフ家も他の工場主達と同様多くの土地を買い集めたが，特にAk.デミドフは，1745年までにバシキール人から333平方ヴェルスタあるいは38千ヘクタールの土地・森林を1389ルーブリ，つまり1ヘクタール当り3-4コペイカで買い占めた。[180]

　これらは，境界線もあいまいな取り決めであって，S. P. シーゴフの表現を借りれば，買い取りの形をとった場合でさえ，何がしか相応の額の支出を伴ったわけではなく，本質的には「合法的土地略奪」であった。[181]

　結局，17世紀末から18世紀初頭にかけて，バシキリア北部は「事後承認的に」占有された。ピョートル期後半以降，政府によるルール化は進められたが，企業家達の文書改ざん，欺瞞その他の「粗野な手法」は止むことがなかった。こうしてバシキリアの土地の16.5%，約6百万デシャチナが冶金工場に占有された。[182]

　S. G. ストゥルミリンのこの現象のとらえかたは，あくまでも原始的蓄積の源泉の指摘としてである。S. P. シーゴフは，より全体的に，ウラル冶金業の成立の前提としてバシキリアへの植民をとらえるが，N. M. クレバフチンも具体的な事実確認以上にウラル冶金業の枠組みとしては明示的に指摘しない。問題は，植民が非人道的に行われただけでなく，社会的緊張を高めまたそれを継続したことが，工場内外の生活に規定的な影響を与えた点にある。植民はウラル冶金業の内外への抑圧的な性格を形成する決定的な前提条件となったのである。

154

城壁を持たない冶金工場は建設されなかった。唯一の例外といえるのは，1750年操業開始したトゥヴェルドゥイシェフのプレオブラジェンスキー製銅工場であろう。同工場が城壁に囲まれず，大砲も守備隊も備えなかったのは，近寄りがたい山上の自然の要害だったためである。[183]

冶金工場は，植民的進出の最前線として，要塞の機能も果たした。

18世紀半ばまで，バシキリアは間断ない暴動の舞台となる。18世紀初めには，現在のスヴェルドロフスクから南の地域は，いまだバシキール人の襲撃から安全な状態ではなかった。ゴールヌイ＝シチト，グロボフスコエ，…クラスノウフィムスクの居住地は，南部境界線を守る要塞線上に築かれた。1734-44年に，更に新たな要塞線がウラル川沿いに築かれた。1730年代後半，当時としても残忍な鎮圧が，バシキール人を全般的な脅威にした。南ウラルへ更に本格的に植民が進むのは40年代以降である。[184]

冶金業が創設されて間もない1705-11年，ウラル全般がバシキール人の襲撃に緊張状態にあった。1709年春から，工場，編入村への破壊的な攻撃がかけられた。ウクトゥッスキー工場は完全に操業停止し，職工，農民の逃亡が相次いだ。[185]

極めて強い不満を表現した例として，サルジェウツカヤ郷ポレフスキー製銅工場の建設があげられる。1719年，ポレフスキーおよびグメシェフスキー鉱山の建物が焼き打ちされた。1720年ようやく工場建設に合意が得られたが，1724年，サルジェウツカヤ郷にウファーから境界画定に派遣されたカザーク隊長は拒絶された。その後ポレフスキー工場の土地所有はバシキール社会に帰属することとされたが，これによってことは収まらず，30年代に入ってもなお不満の表明は続いた。[186]

ヴェルフニー＝ウクトゥッス村近くに建てられたゴールヌイ＝シチト要塞がポレフスキー鉱山を防備し，さらに軍事力を伴ってバシキリア深く進出する拠点となった。過酷な弾圧は抵抗者への見せしめとなった。「一歩ずつあらゆる手段をもって」進められたポレフスキー工場の建設は軍事力なしにあり得な

155

かったものである。[187]

　Ⅴ. ゲンニンの最大の事業が要塞＝工場＝都市エカテリンブルグの建設であった。建設地はイセチ河，チュソヴァ河の合流する立地で，ペテルブルグ，モスクワ，アルハンゲリスクへと結ぶ水運が期待できた。建設作業は，カザーク，バシキール人，タタールの襲撃にさらされ，緊張したものになった。1723年3月に要塞の建設から着工して，多数の死者と逃亡者をだしながら，翌年4月にはすべての工場の稼働が報告された。最高鉱山監督庁をウクトゥッスキー工場から移管してオーベル＝ベルグ＝アムトと改称し，エカテリンブルグはシベリア（ウラル）経営の中心地となった。[188]

　1726年の官有6工場の収支見積の中には，"バシキール人から守るための"要塞の守備隊の給養も含まれている。[189]

　タブインスカヤ要塞近傍のヴォスクレセンスキー工場は1736年創建されてまもなくバシキール人に破壊され，再建されたのは1744年であった。[190]

　カメンスキー工場の建設に始まる本格的な官有工場の進出の後，1720年代までに，地域の企業家による小規模な製銅工場の建設があったが，いずれも生産力は小さく，長続きしなかった。[191]

　オソーキン，デミドフ，トゥヴェルドゥイシェフらの有力な企業がバシキリアに進出するのは1750–70年代である。

　ウラルの冶金工場創設は，1750–60年代にピークを迎えるが，その過程は植民と同時進行したのであって，とりわけバシキール人との間の高い緊張関係は，ウラルを準戦時状態に置いたのであり，軍事力なしに進出はあり得なかった。このことが工場内の抑圧体制強化に反映したのは当然であると考えられる。ウラル製鉄業の成立期とバシキリアの植民とは完全に重なっている。バシキリアをロシアの内部化するには事実上18世紀の全期間を要した。[192]

ウラル冶金業の始動と編入農民

　植民しつつ冶金業を立ち上げたウラルにとって，最大の困難の一つは，労働

力の確保だったはずである。ウラルの地域経済存立にとってまず第一に必要な
のは農業労働力であり，その上に，中部地域に対して数分の一に過ぎない人口
密度の下で冶金業に労働力を供給しなければならなかったのである。⁽¹⁹³⁾ 当時の
統計は限定的であり，行政区域もしばしば変更されたので，人口密度の推計値
を絶対視することはできないが，ここでは議論できない。

ネヴィヤンスキー工場の建設には，タギリスカヤ，ネヴィヤンスカヤ，ニ
ツィンスカヤ，イルビツカヤ，アラマシェフスカヤ，ベロスルツカヤ，アヤツ
カヤ，クラスノポリスカヤ，チュソフスカヤ，ベロヤルスカヤ，ノヴォプイシ
ミンスカヤ，カムイシロフスカヤ，プイシミンスカヤ，クラスノヤルスカヤ，
タマクリスカヤ村の農民，ヴェルホトゥーリエの御者が労働力を提供した。⁽¹⁹⁴⁾

カメンスキー，ネヴィヤンスキー工場に始まる大規模工場の建設が専ら官有
地農民の労働力に依存したことは既に見た。木炭製鉄の要求する膨大な燃料の
製造・輸送，鉱石採取・輸送，補助的労働全般に労働力を提供したのも農民で
あった。

1704年完工した官有ウクトゥッスキー高炉圧延工場は，官有地農民によっ
て建設され，主要な労働力を供給したのも彼らだった。⁽¹⁹⁵⁾

国家租税の引き上げとならんで，各種大規模建設への労働力の動員は農民へ
の大きな負担の追加であり，工場への編入はその一環にほかならない。18世
紀の人頭査察（人頭税のための人口調査）で，ウラルの冶金工場で確認された官
有地男性農民の数は表2-7のようであった。

さらに，ネヴィヤンスキー工場には1719年の査察に記録されなかった約
2000人の編入農民がいたと見られる。⁽¹⁹⁶⁾

以前の工場においては，逃亡農民，浮浪人，犯罪人，その他が重要な労働力
供給源だった。教育され養成された労働者は，他の工場主の引き抜きの的と
なった。⁽¹⁹⁷⁾

木炭製鉄のウラル冶金工場においては，特に大量の補助労働力を必要とし
た。18世紀の，強化されつつある封建体制の下で，基本的な労働力供給方法

157

表2-7　ウラル冶金工場中の官有地農民（男性）

(単位：人)

査　察	官有工場	私有工場	総　計
第1回　1719年			31383
第2回　1741-43年	63054	24199	87253
第3回　1762年	99330	43187	142517*
第4回　1781-82年	209554	54345	263899
第5回　1794-96年	241253	70965	312218

*いくつかの工場が欠けているため，実際には約190千人.

出典：А. С. Олров. Волнения на Урале в середине XVIII века. М., 1979. стр. 57.

は，工場労働者への算入перечисление，補助労働のための官有地農民の「編入переписка」，農奴の買い取りであった。これらを，逃亡者，到来者，犯罪人，浮浪人，新兵等の緊縛が補った。[198]

　編入農民を利用したのはほとんど官有工場であった。1720年代に31383人の編入農民が数えられていたとすると，そのうち約3万人はウラルとオロネツの官有工場に属した。しかし，私有工場への農民の編入も，既に17世紀に事例がある。17世紀中頃，後にナルイシキンのものとなるマルセリスの工場にカシルスキー郡ソロメンスカヤ郷が編入され，次いでアケマのウゴツキー工場にマロヤロスラフスキー郡ヴイシェゴロツカヤ郷が編入された。これは後にメッレルのものになる。所有者が代わっても編入は維持された。ソロメンスカヤ郷には，1663年の人口調査によると，34村が存在し，734戸，2466人（男性）が居住した。ヴイシェゴロツカヤ郷は171戸，646人（男性）だった。ピョートル期には広く官有工場に編入が行われ，唯一の例外はデミドフのネヴィヤンスキー工場であった。[199]

　1663年と1683年に，それぞれソロメンスカヤ郷とヴイシェゴロツカヤ郷の編入農民の義務を定めた政令が知られている。それによると，年間1000サージェンの木炭のための薪を切ることから始まり，鉱石，木炭の運搬，それらを冬季は馬で，夏季，秋季は馬と徒歩半々で行うこと等，具体的な決まりがあっ

た。1720年代の状況も基本的に変わらなかったといわれる。編入農民は租税の支払いを労役で果たすのであって，何も手に入れない。メッレルのもとで編入農民の労働は年額49ルーブリ7アルトゥイン4デニガ*に相当し，この額を工場主は鉄として国庫に納めたのである。編入農民は租税相当の定められた期間もしくは出来高以上に労働する義務を負わないが，義務以上の労働を強いられることに対する不満も記録されている。[200] *1アルトゥイン＝3コペイカ，1デニガ＝0.5コペイカ

Yu. ゲッセンによると，ウラル冶金業が始動した当初において正確に定められた報酬額は存在せず，只働きを強いられることもあったという。1720年，鉱業参事会（ベルグ＝コレギヤ）によるタティシチェフへの指示が，"労働者に与えられる給与の額，鉱石何プードあたりか，荷車あたりかどのようにか…調べること"を求めた。[201]

1724年1月13日付け指令によって定められた日給は，夏季（4月から），男子1人当り馬仕事10コペイカ，徒歩仕事5コペイカ，冬季（10月から4月まで），馬仕事6コペイカ，徒歩仕事4コペイカであった。これが「布令価格 плакатная плата」と呼ばれたものである（1724年6月26日付け布令によって確認されている）。作業によって，薪伐り1サージェン＝25コペイカ（移動費用含む）のように，出来高給も定められた。農民の家から工場までの移動費用は，1741年から1761年まで，50ヴェルスタ当り6コペイカと定められていたが，工場の急増と作業賃の若干の引き上げ（薪伐りの場合，18-21コペイカから25コペイカに）にともない廃止された。これも農民の不満を呼んだ。[202]

人頭税の徴収を指示した1724年6月26日付け布令は，その第7条 "荷馬車と労務者についてまたそれらへの金銭の支払いについて" において同様の日当設定を指示した。[203]

布令価格は指令によって動員された農民に対する日当の一般的な基準として機能したのである。しかしそれは作業内容への対応も不十分であり，経済的根拠は薄弱のまま長期間固定された。工場に編入された農民の労働報酬が徴収を

前提とする人頭税分であったとすると，農民の生活は耕作または何らかの扶養を前提としなければ成り立たず，かくして布令価格は家計補助的給与として製品原価を十分に引き下げ，工場主及び国家の収入と鉄製品の国際的競争力を保証したのである。布令価格は農民の費用負担を相殺するものでは到底あり得なかったが，国家にとって官有地農民の租税負担能力を確保する上で重要な制度的保証であり，一般的な雑役労働の低価格を維持する基準としても役立った。

　A. G. ラーシンも指摘する：1760年以前の税額が人頭税70コペイカ，年貢40コペイカであったから，農民は3.5-4週の労役を義務付けられたのである。但し，税額は帳簿上の納税人当りであったから，実際の働き手は，非労働力人口（老齢者，年少者，さらには死亡者）の分も，稼ぎださなければならなかった。1724年の日給が45年間引き上げられなかった一方，1760年には税額は1ルーブリ70コペイカに引き上げられた。このための労役は，多くの場合，工場までの長い「旅行」をしたうえで果たされたのである。[204]

　工場仕事に駆り出される編入農民にとって，労役の租税への算入は重大な関心事であるが，この点で，工場側の恣意は負担の更なる追加となった。官有アラパエフスキー工場に編入されたアラマシェフスカヤ，ネヴィヤンスカヤ村住民の訴えを受けた，V. ゲンニンの照会に対する工場側の回答によると，算入される作業とその額は以下のものである：

　　　木炭用薪伐り ―― 1サージェン当り ………… 12コペイカ

　　　木炭堆積みと崩し － 1堆当り ………………………… 1ルーブリ20コペイカ

　　　木炭運搬 ――― 1行李当り ……………………… 1.5-2コペイカ

　その他の作業は，農民の訴えにあるように，定期市への鉄の運送のように，工場仕事の明白な一環であっても，算入されなかった。[205]

　1741年10月23日，工場総監督庁の定めた規程によると，編入農民は，3月25日から5月1日まで工場に詰めなければならない。5月25日（あるいは6月1日）までは播種のため工場仕事から解放される。5月25日（6月1日）から7月25日まで，つまり草刈と収穫開始まで工場に詰める。草刈と収穫完了，つまり9月

第2章 停滞構造の歴史的起源

15日以降，11月の凍結まで，再び工場に詰める。[206]

編入農民は，通常，工場外の補助的労働に用いられたが，1756年11月20日付け元老院令は，彼らを使用する工場仕事の制限を撤廃した。[207]

とりわけ比較的最近に植民が行われたウラルで，新たな冶金業を農民が受け容れるには，容易ならざる抵抗があったと見られる。

デミドフのネヴィヤンスキー工場に編入された，アヤツカヤおよびクラスノポリスカヤ村，ポクロフスコエ村の農民の主要な抵抗手段は逃亡であった。しばしば武力で強制しなければ彼らを工場仕事に就かせるのは難しかった。[208]

18世紀初めの最大の農民暴動が1703年クングルスキー郡で起こった。暴動の原因は，鉱石採取，金属輸送の労役の賦課，到来者への課税に結びつく調査の準備が農民の不満を高めたことにあり，それが郡長官A. I. カリーティンの専横への反発をはけ口に噴出したと考えられる。暴動はカリーティンによる武力弾圧，指導的人物の拘束によっても収まらず，7月のほぼ1ヵ月間続いた。農民達は小銃，弓，槍，大鎌で武装したが，集会を持ち，自暴自棄ではなかった。ツァーリ＝皇帝の慈悲，勅令への期待に，農民の運動としての性格が現れていた。少数ではあるが非ロシア人住民も暴動に参加したといわれる。政府は20年後のヤゴシヒンスキー工場の建設までクングルスキー郡農民の編入を待たざるを得なかった。[209]

1705年6月，官有アラパエフスキー工場群が停止した。ネヴィヤンスカヤ，ベロスルツカヤ，アラマシェフスカヤその他の村の農民が工場仕事を拒否したためである。農民達は孤立しないようにそれぞれ集会を持った。工場側はソリカムスクから人を雇って仕事につけようとしたが，農民達に阻止された。職工・労務者層からも逃亡するものが現れた。この反抗の結末は詳らかでないが，デミドフのネヴィヤンスキー工場にも飛び火したことが知られている。[210]

1708年秋から冬にかけて，アラパエフスキー工場で新たな騒擾があった。今回のイニシアチヴは職工および兵士にあった。その原因は給料の遅配と，新任事務官T. ベリャエフが合理化のために首切りを企図したことにあった。[211]

161

ウラル最初の官有工場カメンスキーでも，1709-10年，バシキール人の襲撃の影響下，編入農民達が工場仕事を拒否し，操業が長期にわたり止まった。中央政府は実情を理解せず再三工場の再開を求め，工場側も竜騎兵を各村に遣わせるなどしたが成果は上がらなかった。騒擾の結末には不明な点が多いが，工場が長期にわたり労働力を確保できなかったことは確かである。[212]

　工場仕事は編入農民の容易に受け容れるところではなかった。彼らの抵抗は，積極的な場合は暴動として，消極的な場合は逃亡として現れた。しかし逃亡といえども断固としてなされたのであって，その規模は大きかった。1711年12月にツァーリ宛てに出されたヴェルホトゥールスキー郡の農民の嘆願書に，"3187戸から1260人"逃亡し"残っているのは1927人のみ"とある。その他，360戸のアラマシェフスカヤ村から148人，ムルジンスカヤ村（320戸）から256人，プイシミンスカヤ村（154戸）から87人等の逃亡が挙げられている。更に嘆願書は，各種徴税と労役の上に工場仕事が課されて重荷になっていること，逃亡者や死者の分も徴税に耐えなければならず，"裸足で素寒貧の零落"に陥る窮状を訴え，税の軽減と未納金の帳消しを請願した。[213]

　1720年代に至っても逃亡の形をとった抵抗は収まらず，時には，官有工場全体としても操業困難に陥る規模であったと見られる。M. F. ズロトゥニコフによると，官有9工場の農民仕事の算入額が，1724年に22391ルーブリ，1729年には22373ルーブリであったのが，1726年には9762ルーブリ，1727年には777ルーブリしか記録されなかった。1727年の算入記録は，カメンスキー工場348ルーブリ，シニャチヒンスキー工場427ルーブリ，アラパエフスキー工場2ルーブリに過ぎなかった。この年，ウラルの官有工場の操業が，大規模な農民の不在＝逃亡によってほとんど停滞したことは疑いない。[214]

　農民の逃亡による工場停止は突発的な現象であるが，大規模な編入にもかかわらず労働力は恒常的に不足していたと見られる。1725-27年までにウラルの官有工場に編入された農民は約25000人であったが，そのうち仕事に適したものは6000人（すなわち1/4）ほどだったとされる。[215]

第2章　停滞構造の歴史的起源

　農民の工場仕事は，"能力ある15から60歳のものに負わされ…老齢の，病気の，不具の，年少のもの…また女子には割り当てないし，それは罰金によって処される"，このように厳格に規定された。[(216)]

　農奴制のもとで農民を工場に編入したため，彼らの労働義務は租税負担分に限られたこと，編入されたうちの多くが労働に不適であったこと—1720年代に3/4程度—，農民がしばしば集団的逃亡に訴えたこと，こうしたことは，工場にとって，労働力の恒常的不足のもとで扶養人口の過剰を構造化した。

　1705年2月20日，西ヨーロッパに先駆ける徴兵制の導入，1719-24年，人頭税の創設，これらすべては事実上農民の肩に掛かった。

　工場仕事は，農民にとって，それでなくても困難な生活に課された追加的負担であった。これに対する抵抗は，まさしく農民運動であった。彼らはミール（農村共同体）の基礎の上に集会を持ち，ツァーリに期待し，直接的には官僚層の横暴に抵抗した。例外的に，職工としてのキャリアを積み，アラパエフスキー工場の運動を指導した，イヴァン・フョードロフのような人物も現れた[(217)]が，多くの職工もまた農民の子として行動したのである。

　ウラル製鉄業は，バシキール人社会と編入農民とを，外部と内部の騒擾要因として抱え込んで植え付けられたのである。その結果形成された各冶金工場およびそれを包含する鉱区は，一体化され，完結した有機的小宇宙であった。工場の構造は概ね共通していた。カメンスキー工場を例にとると，カメンカ河に設けられたダムに隣接して熔鉱炉が建設された。その周辺は水力によって稼働する銑鉄生産関連施設である。鍛冶工場，大砲製造工場もあった。各種倉庫に消防施設，厩，番人詰め所も工場の一部であり，もう一つのダムとともに製粉所も設備された。工場集落には事務所，教会，穀物倉庫2棟，官舎2棟，上級官吏宿舎4棟，下級官吏宿舎6棟，退役者宿舎4棟，兵舎1棟，それに裁判棟，迎賓舎も設けられた。集落内には病院，学校の機能もあった。職工，労務者用の宿舎は25棟建てられた。工場および集落は城壁，土塁，堀に囲まれ，角地

163

の塔には大砲が配置された。もちろん，私有工場の場合には官吏の代わりに所有者に係わる施設があり，生産品目によって熔鉱炉ではなく圧延工場であったりするが，基本的に同様の工場およびその集落が形成されたのである。こうした冶金工場と鉱区の一体性は，ウラルに独特なものではあるが，中央部の工場のあり方とも基本的には共通しており，ただ，ウラルでは遠隔な新開地であったため極端な形になったと理解できる。

ウラル冶金業の抱え込んだ内部矛盾は，後に，1773-75年農民戦争の形をとって顕現するのを見る。

第3節　人頭税と封建体制の強化

ベルグ＝コレギヤ（鉱業参事会）と「鉱業特典」

ロシアで鉱業立法はピョートルI世の時代からのみ存在する。17世紀に属する鉱業の一部に関するいくつかの分散した指令のなかでは，どこでも裁判に訴えることが許され，「誰それの土地にいてはならない」が，地主地，領地，修道院地での工場建設については所有者との交渉が求められた。ピョートルI世の鉱業問題での最初の法的処理は，1700年11月2日の勅令だった…。[219]

帝政国家の基本的立場は，1719年のいわゆる「鉱業特典 Берг-привилегия」によって据えられた。これにより，鉱山，鉱業開発は，国家的重要事として優遇され，鉱石探査，事業化をいかなる個人にも開放し，工場主，職工を国税と徴兵から解放した。[220]

1717年12月14日付け法令によって9つの参事会 коллегия が創設された。18世紀第1四半期には参事会は13になった。これにより，17世紀に80存在した国家統治機構が整理，再編成され，絶対君主を輔弼することになった。参事会は全国的組織として省に相当する機関である。[221]

当初の9参事会の一つであった鉱業参事会（ベルグ＝コレギヤ）は，ピョートルによる鉱業の重視を示すものである。その後，機構改変がしばしば行われた

が，当初の鉱業参事会の指針とされたのが，「鉱業特典」である。

　1719年1月の「市庁への訓令」と同年12月10日法令を以下に示す。

3294．1月．1719．管区長воеводаへの訓令あるいは指令．

38．"管区長は，鉱石採掘その他の全ての工場が，そのようなものがあるところでは，良い状態に維持され，職人，手仕事人たちが糧食を扶養され，必要なときは時が経てば足り，パンその他の食料の値上がりが圧迫せぬよう，注意深い監視をしなければならず，また彼管区長は，その郡に鉱石や鉱物を採掘できるような場所がないか探し出すこと，工場を広めること，臣民をその言明に賞を与える約束で引き込むこと，官有採鉱夫にあらゆる援助を行うこと，…鉱業並びに産業参事会と勤勉なる連絡を常にとること。[(222)]"

3464．—12月10日．1719．勅令．—鉱石及び鉱物に関する事業の管理のための鉱業参事会Берг-Коллегиумの設立について．

"…この鉱業参事会は今後法令，制度によりいかにして採鉱事業が最善にして完全に行われうるか表明していく。…採鉱事業のすべての志願者に以下のような特典を与える為に，この法令を…公布する…。

1.　官位や称号がなかろうと，すべての者に，自らのであろうと他人のであろうとすべての場所で，あらゆる金属，すなわち，金，銀，銅，錫，鉛，鉄，それと鉱物，例えば硝石，硫黄，硫酸塩，明礬，そしてすべての染料に必要な土壌や石を，探し，溶融し，煮沸し，精製する自由を＜陛下が＞与えなさる。

2.　＜金属，鉱物を発見した者のとる手続き。サンクトペテルブルグでは鉱業参事会へ等。＞

3.　＜該当部署が遠隔の場合は，直接参事会へ。＞

4.　鉱業参事会は，報告に対して迅速に決定を下すだけでなく，その鉱石，鉱物の扱い方，良好で損失なき状態の保ち方のあらゆる方法を示すものとす

る。

5. 特典もしくは許可証を得た者は，鉱石の産する場所に長さ250サージェン，幅250サージェンの割り当てを得て，共同者とともにあらゆる鉱石，鉱物を掘り出し，そのために必要な建物を建てる自由を得る。

6. 鉱石の発見された土地の地主もしくは所有者は，まず第一に…それら工場を建てる許可（の権利）を得る。

7. ＜土地の＞所有者が自ら建てる意志を持たず，他のものも共同者となる意志がないとき…，（別の）他の者がその土地で鉱石，鉱物を探し，掘り出し，精錬することに耐えなければならない。…しかしてその工業家は，その土地の所有者に，…鉱石，鉱物ごとに利益から1/32を支払わなければならず，…また工場のための薪，木材に対しても土地所有者に支払わなければならない。

8. 自らの土地に，金，銀，銅のごとき有用金属を見つけ，鉱業参事会に届け出，工場を建てることを望む者には，参事会から，鉱石の品位を調査し，建設に貸し付けを行う。

9. 鉱石を発見し，その場所に工場を建てることができ，今後利益があるべき者には，その労に対して参事会より支払いがある。＜以下その基準＞試験的な鉱石1プード当り全額もしくは銅の1フントに対して4ルーブリ，鉱石1プード当り銀1ゾロトニクに対してこれも4ルーブリ与える…。

10. 実際に事業を行っている工場の職工は，金銭の税，兵役やあらゆる賦課から免除され，定められた期間正常な給与を与えられる。

11. …我らは君主として…，鉱業参事会の従事者の給与その他必要な経費のため，他の国に通常あるごとく，慈悲深く，利益から1/10を超えず求めるのみとする。その際，我々は慈悲深く，鉱石の探査に際して収益より損失が多い場合，その1/10を数年間猶予する意向である…。

12. …他の商人に先んずる，金，銀，銅と硝石の購入は我々に属する…。

13. 我が鉱業参事会は，…我が忠実なる臣民が直接の充分な収入を得，我々の

資金局とその他支出に損失無きように，上記金属の価格を定める。

14. 上述の局長のもとに支払いに充分な金銭がないとき…，その事業者はそれら（金属）を望ましい相手に自由に売ることができる。

15. 他の金属，鉄，錫，鉛やどの鉱物も，事業者は望む相手に販売する自由を有する；硝石は，我々に必要でないものは，決して参事会の指示なしに他の地方に出されない限り，販売を許される。

16. それら鉱業工場は十分な働き手を有するまで，また参事会が今後公表する規程に沿って，扶養され，それら事業家は採鉱事業を保有し，その特典の条件もしくは許可証にそって，かくして彼らとその相続人からそれら工場が取り上げられることなかるべく期待される，…。

17. ＜臣民がロシアを豊かにするよう工場経営することを期待する＞反対に，発見された鉱石を隠し，報告せず，あるいは他のものが工場を建設し許可を得ることを禁じ，妨げる場合は，我々の激しい怒り，即刻の肉体的処罰と死刑，あらゆる所有物の剥奪が表明される…。"[223]

「鉱業特典」が絶対主義の強化の一つの表現であったことは疑いない。国家の最優先課題としての貨幣鋳造と軍事力強化，そのための鉱業開発を地主の土地所有権の一部停止を以てして図ることができたのは，強大な君主権力の確立を示している。鉱業の分野において，デミドフに対する便宜供与のように，法を超越したピョートルの権力行使の事例を多数見ることができる。

ピョートルは地主の不満に対して厳しい態度で臨んだ。1722年，鉱物探査に対する妨害を排除する指令と元老院の声明が発せられた。他方で，ピョートルの指令で創刊されたロシアで最初の新聞『ヴェードモスチ』には鉱物発見の記事が掲載された。[224]

鉱物探査の様々な"狩人"が活動しただけでなく，鉱業参事会に鉱物探査を専門に行う部局が設けられた。鉱業特権は外国人にも開放された。[225]

3621. ―1720年7月30日. 宣言Манифест. ―採鉱工場の建設, 増設への外国人の許可について.

"12月10日に公表された鉱業特典を我らが忠実なる臣民だけでなく, … 全ての外国の志願者に, いかなる民族であろうと, 採鉱事業への我らが公開された証書により上述の特典を利用することを許し, …
利益から1/10を引き渡し, 我らへの第一番目の自由な販売を譲り, …"[226]

D. カシンツェフは,「鉱業特典」の効果が直ちには上がらなかったと指摘するが,[227] それは大きな投資と特別な技術を要するこの分野の性格によるものであろう。

直接的な効果はともかく, 鉱業に対する社会的関心が高まり, 多くの人々が鉱物探査に参加した。

カシンツェフ自身, 1699-1720年に, ウラルに14工場が創設されたのに対して, 1721-1735年には41工場が新たに加わったことを認めている。[228]

1727年9月26日法令は, 工業家に官有地で事前の許可なしに鉱業事業を行うことを許したが, そこの住人の屋敷地で工場を建設するためには彼らは"その所有者と自由意志による交渉を"持たなければならなかった。この鉱業特典の根本原則からの逸脱は, シベリアにおける自由な官有地は当時極めて小さく見積もられた私有地に比べて非常に大きかった事情により説明される。[229]

未分化の法治体制―タティシチェフとデミドフ

1730年までに, ウラルに約30の冶金工場が設立された。そのうち14が官有, 11がデミドフ, その他ストロガノフ, オソーキン, ネボガトフに各1が属した。[230]

ウラル冶金業は, 絶対主義権力がその軍事力強化のために国家的事業として推進した。その生産力基盤の拡大は, 官有工場とともに, 17世紀の経験に倣った特権的マニュファクチュアの育成を通じて図られた。封建体制の権利の格差構造の中で, 企業主たちは特権に基づく利益獲得を基本的行動原理とした。彼

らの利益と，整備途上の封建的法秩序とは，しばしば衝突した。その際，彼らは，体制の中のより上位の権力を利用し，あるいは端的に法を無視し，既成事実を積み重ねて法に後追いさせるよう努めた。

　法治体制自体が整備過程にあった。地方権力は16世紀以来のヴォエヴォーダ воевода（管区長）に集中されていたが，その管轄は都市に限らず地域全体の財務，裁判，警察，軍事に及び，明確な範囲は画されていなかった。⁽²³¹⁾そのため，しばしばウラルの鉱業開発の障害ともなった。

　こうした事情もピョートルの強権の発動を求めたといえよう。冶金工場の急速な展開に対して管理体制の整備は立ち遅れたといわざるを得ない。

　1719年，ベルグ＝コレギヤ（鉱業参事会）が設立された。

　1720年3月，V. N. タティシチェフがウラル冶金工場監督長に任命された。

　1721年，ウクトゥッスキー工場に鉱山庁 Горная канцелярия が設けられ，秋にはシベリア最高鉱山監督庁 Сибирское высшее горное начальство と改称された。1722年タティシチェフはペテルブルグへ召喚され，V. ゲンニンが後任に着任した。それとともに最高鉱山監督庁は1724年に完成したエカテリンブルグに移され，名称はドイツ風にオーベル＝ベルグ＝アムトとなった。1734-37年の間再びタティシチェフが長官を務め，名称も工場総監督庁 Главное правление заводов となった。⁽²³²⁾

　ベルグ＝コレギヤは政治的な弄びの対象となり，1731年10月8日付け勅令によってマヌファクトゥル＝コレギヤとともにコメルツ＝コレギヤに統合，1736年9月4日勅令によりゲネラル＝ベルグ＝ディレクトリウムに改変された。これは1742年4月7日付け元老院報告の了承を以て原状に復帰した。その後も，1775年に廃止されたが1796年には復活した。

　管理体制は立ち遅れただけでなく，一元的でも一貫してもいなかった。皇帝の専制的権力の意思と政治機構との齟齬はしばしば見られた。前者が優先した

ことは当然としても，同趣旨の勅令が重ねて出された事実は，ある程度の限度内とはいえ，権力の重層構造を示すものである。これには，勅令が個々の事例について出されて，最終的に一般化することが多かったこと，いくつかのレベルで指令が発せられたことも与った。

こうした未分化の状態の中で，デミドフは自らの治外法権的な「王朝」を築いたのである。これに挑戦したのが，V. N. タティシチェフであった。彼は，1720年，官有工場の建て直しのためにウラルに赴任したのであったが，悉くデミドフ，特にアキンフィーと衝突した。アキンフィーは，ピョートルの与えた特権，権力上層の支持者F. M. アプラクシン伯爵，A. D. メンシコフ公を動員して対抗した。1722年，タティシチェフがペテルブルグに召喚されたのは，その成果に他ならない。[233]

デミドフは例外ではない。監察官 фискал の報告では，デミドフも他の工場主も，"ずっと口をつぐみ，何も払っていない"。[234]

A. I. ユフトに従ってタティシチェフの奮闘を概観する。

"十分いえることは，コレギヤはタティシチェフとブリュエルから銅と銀の増産を求め，新たな製鉄工場の建設については一言も触れなかった。しかしこの場合は，これらの誤算についてではない。1719年に創設されたベルグ＝コレギヤは，1729年始めにはウラルの鉱石産地について，官有工場の実情（状態，生産性，カードル等）について具体的情報をもたなかった。その指揮下には経験ある専門家もいなかった。彼らは海軍工廠管轄下の…オロネツの工場群にいた。"

"タティシチェフのウラルにおける彼の自立的な官有工場管理の時期（1720年春-1722年春）…の研究は，ベルグ＝コレギヤはタティシチェフの突き当たった多くの複雑で困難な問題を予見できなかったことを示す。それどころか，コレギヤはいくつかの事例で…タティシチェフの案を支持しなかった。"

"ベルグ＝コレギヤはタティシチェフとブリュエルの前に次のような任務を

提示した。シベリア県で銅，銀鉱石の産地を探すこと，工場を建て，銅と銀の精錬を開始すること。彼らに与えられた訓令にはそれぞれの任務が詳述された。ブリュエルには鉱業作業全体（鉱石の探索，採取，精錬）の技術的指導が課された。タティシチェフは管理＝財務面と物資補給の責任を負うた。"

"訓令は全般的性格を帯びた以上，タティシチェフにはその理解についてベルグ＝コレギヤに対して一連の問題が生じた。その主要なものは，鉱山における労働力の問題であった。その他はより部分的な問題（スウェーデン人捕虜を任務，すなわち鉱山作業に受け入れるか，糧食をどこに運ぶか，ベルグ＝コレギヤとの間に管区長 воевода もしくは伝令を通じてどのように関係を維持するか。）に関係した。鉱山仕事のためにベルグ＝コレギヤは≪以前の鉱山従事者≫の利用と，それ以上は官有もしくは修道院農民から自発雇いの者を利用することを推奨した。"

"ベルグ＝コレギヤはタティシチェフの＜製鉄工場の新設－Y.＞提案に同意しなかった。製鉄工場は≪至る所に十分にあり≫，ウラルでのその建設は≪製銅工場の薪を乏しくしないか≫危ぶまれる－タティシチェフが1721年5月末に受け取った指令はこのように述べた。コレギヤは，タティシチェフに，≪銀と銅，硫黄と明礬工場を≫全力で増やすことを要求した。なぜならそれらが≪ロシアにはない≫からである。"

"コレギヤは貨幣鋳造のための銅と銀を必要とする国庫の当面する≪目下の≫需要に引きずられていた。コレギヤは1727年まで貨幣事業を管轄し，製鉄工場の建設がそれを圧迫することを危惧したが，それはウラルの状況を知らないことに起因した。ベルグ＝コレギヤのどのメンバーも，ウラルに行ったこともなく，各種の鉱石資源や森林資源の明確な認識を持たなかった。"

＜タティシチェフ，ブリュエルはほとんどの報告の度に職工の派遣をベルグ＝コレギヤに要請したが，応えられなかった。＞"ウラルでは経験あるカードルはデミドフの工場が持っていて，そこは，タティシチェフとゲンニンによると，模範的な状態で高い生産性で際立っていた。しかしデミドフ－当時唯一の

ウラルの工場主ーは官有冶金業の発展に関心がなかった。デミドフは官有工場から自分のところへ≪優れたふいごその他の職工を≫説得して移らせ，返そうとしなかった。そのことからタティシチェフとデミドフとの間の敵意ある，反目しあう関係が形成され…た"

"タティシチェフは鉱山本部 горное начальство の創設を提案した。その管轄下にウラルとシベリアの官有，私有工場は入らなければならないのである。1721年2月28日付けベルグ＝コレギヤの報告の中で，この機構の相対的な機能を定めた。デミドフとの不断の衝突，ウラルの官有工場の発展をことごとく妨害する最大の工場主の欲求，タティシチェフとブリュエルを中央鉱業官庁の代表と認めず彼らの指揮の遂行を望まぬことが，明らかにタティシチェフが鉱山本部の側からの私有企業家の活動に対する監督について基本的問題と看做した原因の一つとなった。"

"タティシチェフの考えでは，鉱山本部には企業家に工場用地を割り当て，ベルグ＝コレギヤの事後の承認を要する契約を彼らと結ぶ権限を与えるべきであり，何故なら，それなしにはあのような遠隔地に良好な秩序は不可能であろう。契約の条件，特に企業家に与えられる特権は，≪現地の状態と利益の期待≫を勘案してそれぞれの具体的な場合に即して定められなければならない。"
＜これは後のポセッシヤ制の規定化につながる発想であった。ーY.＞

＜タティシチェフ：＞"鉱山本部は自然資源の合理的利用を監督しなければならず，とりわけ森林の皆伐を許してはならない。すべての私有工場を点検し≪良好な秩序にあるか，正当に増強しているか≫究明しなければならず，必要なら，工場主に生産規模を縮小することを≪強制≫しなければならない。何故なら，≪ハンマーの過剰と森林の不保護は国家に利益ではなく害をもたらすからである≫。"

"タティシチェフは私有工場に作業監督 шихтмейстер を任命することを提案した。これら鉱山本部の代表の任務に挙げられたのは：工場で生産される生産物の正確な計算を組織すること；私有及び官有工場で均等な労働給与が定めら

れるよう監視すること；放免書面をもたない者を仕事につけないこと等。"

"作業監督には，私有工場では職工・労務者が≪法定のуказное 人数≫であるよう監視し，工場主に≪他の工場から放免状なしの職工 ≫を受入れるのを許さないことが指令された。"

"鉱山本部の義務には，鉄，その他の生産物の共通価格の設定も含まれ，その際，それはすべての工場主が利益を得られるものでなければならなかった。設定された価格以下での鉄の販売は禁止された。…≪マカリエヴォや町（アルハンゲリスクーA. Yu.）の市では，鉄は共通価格で，唯一の者ではなくすべての工場主によって販売されること≫。"

"タティシチェフの提案の受入が工場主たちの抗議を引き起こしたであろうことは疑いない。後に，1735年，ウラルの工場主たちは私有工場に作業監督（シフトメイステル14等官ーY.）制度を根付かせよう（導入しよう）とするタティシチェフの試みに抵抗した。それは1721年に企図された以上に工場活動のより広い規定化のプログラムを実施しようとした。"

"ベルグ＝コレギヤの決定により，シベリア鉱山本部が1721年秋設立され，ウクトゥッスキー工場に設けられた。そこにはタティシチェフ，ブリュエル，ミハエリスが配置された。タティシチェフのモスクワへの召還に伴い，鉱山本部員にベルグフォフト＜第9官位に当たるーY.＞たるパトルシェフが加わった。"

＜1721年訓令はタティシチェフによって補足された。＞"エカテリンブルクスキー工場コミッサール，F. ネクリュドフ宛1723年10月15日付け訓令は15章，ぎっしり書かれた60ページからなる。訓令はゲンニンの署名をもつが，実際の筆者はタティシチェフとされる。"

"官有工場のすべてのコミッサールはその活動を1723年訓令によって1735年まで指導された。同年工場規則が制定された。1721年，1723年訓令は鉱業及び工場規則の一部，そしてタティシチェフの指導の下1735年に制定された≪シフトメイステルへの訓令≫の源泉の一部となった。"

173

"官有冶金業が彼＜デミドフーY.＞の利益ではなかったのは理解できる。タティシチェフの到着までそれは衰退状態にあった。官有工場の鉄生産を増加させようとするタティシチェフの試み，イセチに大製鉄工場を建設する彼の計画はデミドフの独占状態を崩す危険があり，彼の側からの抵抗を呼んだ。"

＜ゲンニンのピョートルへの報告＞"デミドフは≪さほど親切 мило ではなく≫，陛下の工場は≪ここでは彼がそれ以上の鉄を売り，望むような価格を定めるために栄え始める。そして自発的な労務者は皆彼の工場に行ってしまい≫，官有工場には来ない。"

"ブリュエルも指摘する―デミドフはあらゆる手段で官有工場を害することに努め，すべての鉄生産を≪一手に≫集中するべく≪それらを自らの権力下に置こうとした≫。"

＜デミドフの独裁を終わらせるため＞"彼に与えられた訓令―それによると彼は官有工場のみならず工場主の活動まで監督しなければならなかった―を指針として，デミドフからベルグ＝コレギヤの指令と鉱山本部の監督の受容を求めた。タティシチェフはデミドフから要求した：定期的に10分の1税を支払うこと，官有工場から引き抜いた職工・労務者を返還し今後これを行わないこと，逃亡兵士と新兵を受け入れないこと，官有工場に編入された森林で伐採しないこと，鉱山本部にカードルや各種資材で援助すること等。"

"デミドフは，ベルグ＝コレギヤの指令にも反応を示さず，ピョートルの自筆署名のある勅令だけを認め，タティシチェフの要求に応える意志はなかった。…例えば，タティシチェフとブリュエルが10分の1税の支払いを要求したのに対して，≪罵りの回答を受け取った≫。"

＜公的機関の指示に従わないだけでなく＞"デミドフとその手下は，官有工場の正常な操業と生産物のペテルブルグへの輸送を妨害する試みとしか受け取れない一連の行動をとった。…デミドフは多くの道路に関所を設け，ウクトゥッスに探鉱人が鉱石見本を持ち込めないようにした。＜鉱石を奪う事例もあった＞結果として，タティシチェフによると，鉱石不足のためウクトゥッス

第2章　停滞構造の歴史的起源

キー，アラパエフスキー工場では≪少なからぬ期間高炉が止まった≫.″

"1721年4月，デミドフの兵士がクリインスカヤ埠頭でウトゥキンスカヤ村の2名の農民を捕えた.＜彼らはひどい暴力を受け，鉄の浮送を妨害された.＞″

"おそらく，デミドフはタティシチェフとの先鋭化する係争にけりをつけようとした.その際彼はその時代にありふれた手段―買収に頼ることを決めた.彼はタティシチェフに賄賂を贈ろうとしたと思われる.これについてゲンニンは完全な明白さで書いている.タティシチェフは一般的な形で，デミドフを名指さずに，彼が介入せず，法の侵害に眼をつぶり，要するに沈黙したなら金銭を約束したと述べた.″

＜タティシチェフを買収することに失敗して＞"彼＜デミドフ―Y.＞はタティシチェフをウラルから召還させるためにツァーリ自身に請願することを決めた.デミドフはA. D. メンシコフ，F. M. アプラクシン等，有力者の指示と保護に期待しつつその一歩を進めた.″

"1722年4月，ピョートルとの面会のとき，デミドフはタティシチェフに対するいくつもの重大な告発を行った.タティシチェフはウラルの鉱業の指導から解任された.ウラルには，それまでオロネツの工場を管理していたゲンニンが派遣された.＜ツァーリはウラル鉱業発展のための指示とともに，デミドフとタティシチェフとの係争に関する調査も指示した.＞″

"このように，1722年春，タティシチェフによるウラル鉱業の自立的管理の時期は終了した.デミドフは彼に対する告発の根拠を立証することに成功しなかった.それどころか，調査の中で，デミドフのタティシチェフに対する非難は中傷以外の何ものでもないことが明らかになった.タティシチェフは完全に無罪とされ，1723年11月末までウラルに残り，ゲンニンの事実上の右腕となった.″

"タティシチェフには，1722年にゲンニンにピョートルから与えられた幅広い全権を与えられなかった.…タティシチェフの指揮下には熟練した専門家は

175

おらず，彼には…ゲンニンのような技術的経験がなかった。

　しかしタティシチェフは実践的な結果を得た。彼の下で官有工場の鉄生産とペテルブルグへの搬出が増加した。彼は管理＝技術要員の養成のための学校を創設し，ウラルの大規模鉱業の組織化と管理の基礎となる文書化を創始し，鉱業管理機構の権利と義務，私有企業との関係を定めた。換言すれば，鉱業法制の発展のために多くを為した。"(235)

　以上のように，V. N. タティシチェフの第1次の闘争は外見的にはデミドフの勝利に終わったが，彼を継いだV. ゲンニン，そしてタティシチェフの再度の赴任への布石は充分に打たれたのである。

　1722年3月，ウラルに赴任したV. ゲンニンには指示も資金も人材もない状態だった。彼は政府に対する要望書で，再三，全権の付与と指示を要求し，デミドフの横暴を指摘し，その取り締まりのための指令の発行を促した。公権力としての行動の基盤を求めたのである。ようやく4月29日発行された訓令の第III項は，タティシチェフの全事業と，デミドフとタティシチェフとの間の問題を審査し，元老院と鉱業参事会に報告するべく求めた。ゲンニンの報告は，タティシチェフが官有工場を建設し森林と鉱山を秩序立てたこと，それに対してデミドフは製品の価格と給与を引き上げて官有労務者を引きつけ，≪思うがままに振るまい≫，取り締まろうとする≪隣人とともに住むことを好まず…自分の境界から追い出そうとした≫と指摘した。(236)

　ゲンニンに対する訓令は以下のようであった。

3986. ─1722年4月29日．陸軍少将ゲンニンへの訓令．─製銅，製鉄工場の改善について．

　"1.　我らの製銅，製鉄工場のあるクングルスキー郡，ヴェルホトゥルスキー郡，トボリスキー郡に行き，製鉄工場をすべて改善すること，すなわち，大砲の熔融，また刀剣鉄，鋼，ブリキ，板屋根鉄を製造すること，鉄切断，針金製造の機械の製作を命ずる。また私有工場から学びたいことがあればすべて学ぶ

こと。

…

　3.　デミドフとタティシチェフの間，またタティシチェフのすべての事業について調査し，…元老院，ベルグ＝コレギヤそして我々に報告すること。"[237]

　ウラルの官有工場は技術的に進んだオロネツの支援を必要とした。1720年にも1721年にもタティシチェフの許でウラルにはオロネツから熟練工の移転はなかった。A. I. ユフトによると，ゲンニンの要望は次のように認められた。

　"知られているように，ゲンニンはウラルに任命されたあと，ピョートルに，オロネツの工場から職工たちを連れて行くのを許すこと：デミドフに職工を返戻して用具と専門家の提供により工場建設を支援するよう指令を送ることを請願した。そのような指令はゲンニンに与えられた。20人のオロネツの優れた専門家の第1団が，49台の荷馬車で1722年10月にウラルに到着した。そのうちの職工，補助職工は：銅熔融，板鉄，高炉，ハンマー，刃物鉄，成功，針金その他。ゲンニンはその他に，ペテルブルグから測量と製銅の専門家，ふいごと機械職工の2名，錫メッキ職工，モスクワから高炉職工と砲弾補助職工を伴った。1723年1月には，オロネツの工場からウラルに専門家の第2団が出発した。エカテリンブルグにはオロネツの工場から様々な装備も到着した。"[238]

　1720年代のマニュファクチュア規制の法制がレグラメントとして結実した。

　4378.　－1723年12月3日．マニュファクチュア参事会規程（レグラメント Регламент）．
＜マニュファクチュアと工場の創出と増加のために，マニュファクチュア参事会を設立…＞
"1.　全ロシア帝国におけるマニュファクチュアと工場に対する管理について：マニュファクチュア参事会は，全てのマニュファクチュアと工場，その管理に関する他の事項に対して最上級の指揮権を持つ…

＜2-5．マニュファクチュア参事会の運営＞

6．　マニュファクチュアと工場について　＜皇帝陛下が臣民の幸福のため様々なマニュファクチュア，工場を設立され…＞…いかようにして新たな技能などをロシア帝国にもたらすか，特に，そのための資源をロシア帝国に見つけられるか，欠損なく設立し拡張できるか，マニュファクチュア，工場の経営を欲するものたちが然るべき特権を得られるか，参事会が熱心に努めるよう命じられた。(1744年＃9004に引用)

7．　各人への開始の許可について　…皇帝陛下は，すべての者にいかなる身分，地位にあろうと，恵みを見出す全ての土地においてマニュファクチュアと工場を創出するよう，…参事会がそれらマニュファクチュアがいかにして最良の状態となり良好で損失なき状態を保つかあらゆる方便を示すよう宣明された。(一部省略して1744年＃9004に引用)

8．　＜他の工場の非除外について＞

9．　会社により扶養されるマニュファクチュアと工場について　…それらが弱まるのが見つけられた時には，何が原因か可及的速やかに参事会により検討し，…充分な額のないためにそれらが生産できないときは，元老院の承諾のもとそれらの活動の検討に基づき資本の援助を行うものとする。

10．　熟達した職工及び徒弟の訓練について　工場，マニュファクチュアの所有者に対して，それら工場が良好にして熟達した職工を有し，そのもとでロシア人が全き訓練を受け今後職工目指して働き，ロシアのマニュファクチュア及び工場で作られた製品が名声を得るよう，厳しく監視すること。

11．　製品の自由なвольный販売についてまた必要品の非課税の購入について…必要な物資を数年間無税にて購入できるよう…

12．　労務者の受け入れについて　工場及びマニュファクチュアに徒弟その他労務者を受け入れ，陛下の法令通り取り決めにより相応の支払いが命ぜられるが，…それらのうちで期限урочный летを待たず他の工場その他へ逃れたものがいたとき，…それらを住まわせたものから一人当り年100ルーブリずつ罰金

を取ること。

13. 工場を管理し，また共同経営者товарищに入ったものを服務служба＜軍務－Y.＞から解放することについて　工場を管理するもの，同一家屋に住む子供，兄弟とともに，また手代，職工及び徒弟を服務，国家的また刑事的事件以外の裁判から解放し，彼らをマニュファクチュア参事会にて管轄すること…

14. 援助に関する法令の送付について　＜特権を与えられた工場の経営に今後も援助を与える方針の表明＞

15. 陛下の費用により存立するマニュファクチュア，工場の扶養について　陛下の国庫により設立された，また今後設立されるマニュファクチュア，工場を良い状態に保ち，また私人に対して参事会が勤勉なる尽力を与えること。

16. 与えられた特権の実現について　＜マニュファクチュア，工場の設立者は特権，許可状に関して安心してよい＞　設立者，後継者はそれらマニュファクチュア，工場を与えられた年月の間取り上げられることはなく，その資本капиталからいかなる租税податьも，10分の1税も（現物の税поборыの他）他の課金もなされなく，…

17. 村購入の許可について　何となれば陛下の以前の法令では商人の者が村を購入することは禁じられていたが，そのときは禁止の理由は商人以外に誰も国家のためになる工場を持っていなかったためだが，今では誰も見るように，多くの者が会社として国家の利益を増すために新たに様々なマニュファクチュアや工場を始めており，その中から多くが既に操業しているので，そのため，それら工場を増やすために貴族であれ商人であれ彼らの工場にマニュファクチュア参事会の許可のもと障害なく村を購入することが許される，ただその条件は，その村が既に常に工場と不可分であり，貴族であれ商人であれその村を特に工場と別に決して誰にも売らず，抵当に入れず，いかなる捏造もせず，誰の農奴にもせず，それらの村を誰の買戻しにも返さず，本当に自らの必要のためその村を工場とともに売ることを望む者は，マニュファクチュア参事会の許可により売ること，そして商人はそれらを維持する義務を負う。そしてこれらに

179

反するふるまいをした者は全て最終的に失うものとする。(細部につき完全ではないが1744年＃9004に引用)

18. マニュファクチュアや工場の形での扶養содержаниеについて　＜虚偽の購入を許さず，厳重に監視し，そのような場合，村を取り上げ罰金を課す。＞

19. 全てのマニュファクチュア，工場に毎年初に製品の見本を現物で納入させる…

20. ロシアで染料その他の素材を探査する件

21. 成員による監督へのマニュファクチュア，工場の分配　マニュファクチュア，工場の監督のため，参事会の分担と管掌

22. 始めから大きな資本の投入を強制しない件　…陛下の臣民は，始めから今後利益が挙がるか知らずに一気に資本を投入することに不慣れである…時に連れて利益を見つつ，資本を追加し，工場を拡げること…大きな損失が残らぬよう，そのため参事会は出費額につき工場主を監視しなければならない…

23. あらゆる技能の職人たちが他国からロシア帝国に自らやってきて，自分自身の扶養により希望通りに工場やマニュファクチュアを興すよう：それ故にマニュファクチュア参事会は外国帝室近くに住む陛下の大臣たちにマニフェストを送り，それらを適切に職人たちに公布し，ロシアに住むよう招き望むものには到来を援助し…特権を与えること：

1. ロシアへの自由な到着と退出

2. 彼等の設立したマニュファクチュア，工場の製品を数年間無関税で販売させる，工場の状態を考慮して。

3. 必要な材料，用具をロシア内外で無関税で購入すること。

4. 最初に住居を用意されること。

5. すべての課税，任務…から自由で，マニュファクチュア参事会以外のどこにも属さず保護される。

6. 彼等のマニュファクチュア，工場の始動においては陛下の国庫より状況に従い現金にて補助される…

第2章　停滞構造の歴史的起源

7.　これ以外にそれら志願者は出立前にマニュファクチュア参事会に書き送り，いかなる工場を始動しいかような補助と特権を望むか表明することが許され，参事会はそれを遅滞なく検討し返答すること。

24.　マニュファクチュアにおける各職務の監督とそれらの規則регламентの作成について

25.　外国人職工にロシア人徒弟を与える件　…外国人職工のもとにロシア人徒弟をおき，技能を習得させるよう取り決めること…

26.　従業員間の紛争の速やかな解決について。

27.　結語"[(239)]

　法的整備は後追いであった。しかし，それを裏返せば，それ以前に進行していた既成事実の力は大きく，とりわけデミドフ，オソーキン，ストロガノフら有力工場主は，努めて既成事実を積み重ね，権力による認知を図った。これが1730-40年代に実現することになる。

人頭税と封建体制の強化

　鉱業管理体制の立ち遅れは，この時期にまさしくピョートルの封建体制整備，強化の具体的取り組みが集中し，国家体制そのものの初期始動に忙殺されたことと関連している。1694年，ピョートルの親政が開始されたが，不安定な対外関係の下で，閉鎖的な国内社会が対応し得ないことは若年の指導者にとっても明らかだった。1695-96年にアゾフ遠征の失敗と成功があった。1697年3月から18ヵ月に及ぶ西欧諸国へのピョートル自身を含む大使節団の視察が行われた。スウェーデンとの対立が次第に決定的となった。

　スウェーデンとの北方戦争（1700-1721）は，ロシアの国際的地位を大いに高めたが，国家財政は危機的状況に陥った。財政基盤としての戸別税は長らく国家の期待に応えてこなかった。「家族隠し」の横行によって戸別税は機能しなくなっていた。財政基盤の掘り起こしを企図して1710年に実施された課税人

口調査の結果は，期待に反して，前回（1678/79）よりも20％の減少を示した。これは，農民の零落，逃亡による実際の減少とともに，家族隠しの規模の大きさを示すものである。[240]

　税制改革と併行して国家機構そのもの，即ち官僚体制の整備が進められた。

3890.　—1722年1月24日．軍隊，国家，宮廷の…全ての官吏の官位等級表．
　＜軍隊（陸軍，砲兵隊，海軍），国家，宮廷の官位1等級-14等級を設定したもの。＞[241]

　精神世界の国家管理も法制化された。

3925.　—1722年4月3日．—分離派の正教信仰への改宗について．
　＜1722年2月28日，最高宗務院での協議＞　大ロシア国家での分離派の増加について，家々で秘密に扶養される分離派の偽説法師について，….[242]

　北方戦争からの解放は，軍事支出の縮小を意味しなかった。強大な軍事力を維持することが目指されたのである。平時の定数として算出された1720年の陸軍維持費は，4百万ルーブリを見込んだが，同年の常設税と臨時税とをあわせた税収総額3202千ルーブリを超過していた。[243]

　常設税の主柱たる戸別税に代わる直接税として構想されたのが人頭税である。人頭税は，ロシア国家の財政を立て直しただけでなく，当初から主要な目的とされた軍事体制の強化と維持を通じて封建体制の基盤を強固にした。人頭税の制度設計と継続的な機能を図るために定期的に行われた査察ревизия（人頭調査）は，封建国家による臣民掌握の梃となるものだった。

　1722年1月11日付け法令はごく簡潔に人頭税の徴収を布告した："農民及び屋敷付き使用人，その他等しく国税を課される者500万人の男子に1人当り8グリヴナの割り当てを行う"。1グリヴナ＝10コペイカとして，税額80コペイ[244]

182

カの予定であった。

　人頭税の徴収を直ちに実施することはできなかった。軍事支出をまかなうための税収を確保し，納税者1人当りの税額を確定するための人口掌握が難航したからである。人頭調査の法令は1719年1月22日に発せられた。法令は，農村住民の基本的カテゴリーを網羅し，すべての年齢の男子を捕捉することを目的とした。名簿сказкаの提出の責任は，地主地農民の場合はその所有者，その不在のときは領地管理人，村長もしくは選出された農民に課され，宮廷地，教会＝修道院地の場合は村長に課された。隠匿その他の不正を罰する刑罰が列挙された。法令には，名簿の書式が定められなかったこと，取りまとめ，発送の手順が明確にされなかったこと等の不備があり，それらを補足するための法令が発せられ，更に調査は遅延した。人頭調査を主管したのは，V. N. ゾートフを長として1719年秋，元老院の下に設けられた官房Канцелярияであった。[245]

　人頭税創設過程は多大な労力と時間を要し，完全なものともならなかったが，結果的には帝政による臣民掌握が進み，封建体制整備と強化に貢献した。

3245.　−1718年11月26日．勅令．―査察の施行について，査察人数に従った軍隊の扶養の配分について，軍事コミッサールの選定と軍隊扶養のための農民からのすべての徴収を行うゼムスキー・コミッサールの選出について，また，徴収された金額と資材におけるゼムスキー・コミッサールの計算について．

　“1）すべてのものから名簿сказкиを取り（1年の期限を与える），彼の許にその村に何人の男子がいるか真実を求め，何らかの隠匿をした者はそれを明らかにする者のところへ送る。

　4）農民の間に部隊を配置する目録官росписчикは，差し出される目録が真実であるか厳格に監視し，残余があるときにはそれに関して報告書を書き，彼らを兵士に書き付け，それら農民を土地とともにすべてそこの書写官переписчикに引き渡す。

　5）上記を将官も監視し，もしも書写官が誘惑されて書き込まないならば：

そのことを軍事及び審査コレギヤに報告し；…書写官も将官も，自らの義務と法令を軽んずるなら，死刑に処されるであろう"[246]

3287. ―1719年1月22日．勅令．―納税階級民の総調査の実施について，査察名簿 ревизские сказки の送付について，隠匿に対する徴収について．

"…すべての県で以下の区分，即ち宮廷並びにその他皇帝の，総主教の，主教の，修道院の，教会の，地主並びに領主の村々，また郷士 однодворец，タタールやヤサーク民（征服された都市並びにアストラハンやウファーのタタールやバシキール人，シベリアのヤサーク異民族を除く，彼らについては今後特別な定めがある）について名簿を策定すること，すべて隠匿なしに，老若問わず世帯数と頭数について，どれ程どこのどの郷にどの村の農民，無土地農，裏庭人，雑役民であるか（自分の耕作を有する），名前ごとに男性を，すべて，老人から最も若い幼児まで除けることなく，年齢とともに，正しく記し，…"[247]

特に隠匿の根絶のために，鞭打ち，徴兵，死罪に至る厳罰が強調された。[248]（5-8項）

1719年中に集計された名簿は380万人分に過ぎなかった。1720年春から隠匿の実態が判明し始めた。[249]

あらゆる機会を捉えてパスポート管理の強化が指示された。人頭税の実施は臣民掌握の梃となるのである。

3445. ―1719年10月30日．軍事コレギヤからの法令．―逃亡竜騎兵，兵士，水兵，新兵の捕捉について．

＜逃亡竜騎兵，兵士，水兵，新兵の捕捉と処分（恩赦も含む）；盗人，強盗の根絶を主目的とした法令であるが，それと関連して，国家による出稼ぎの規制，とりわけパスポートの活用が言及された。―Y.＞"＜通行中に捕われた際に＞パスポートまたは通行証 проезжева или прохожева письма をもっていなけ

184

第2章　停滞構造の歴史的起源

れば，そのような者たちは悪意あるあるいは盗人としてみられ，捜索されなければならない。それ故，誰もどこでも通行証なしに町から町へ村から村へ出歩かないようにするため；それぞれが自分の首長からパスポートまたは通行証 пропускное письмо を与えられるよう，それに就きツァーリ陛下の特別な指令を命じられ，その指令を印刷し，国中に，すべての町と郡の教会に公示し，同様に日曜ごとの修道院，商売日の市で，人々の集まりで公に読み上げる…" [250]

　拷問を伴う隠匿暴露が開始された。他方で，1721年3月16日付け署名勅令では，"…領地管理人，村長…その他すべての身分の者が件の名簿に於いて隠匿を犯し，今までその隠匿を明らかにしなかったとしたら，すべて明らかにして恐れずに自ら報告書を作り隠匿された者の名簿を提出するならば，…その隠匿の罪から拷問も罰金もなしにすべて解放されるものとし，そのために1721年9月1日までの期間を与える"とした。飴と鞭の使い分けが行われたのである。「寛容な」3月16日付け勅令は効果的で，10月1日の集計では4281625人分の名簿が得られた。[251]

　1722年2月，人頭調査の最終結果として4889719人（男子）が得られた。[252]

　納税者数確定のための第2段階として，検証 свидетельство が行われた。1722年2月5日に査察官への訓令が裁可され，2月末には彼らは各県に送り出された。しかし，訓令は基本的にこの間に出された法令の集成であって，具体的な指針としては不十分であり，検証作業を遅延させ，地域格差を生じさせた。[253]

　検証のための官房組織は，県 губерния，州 провинция，郡 уезд 単位で組織され，もっぱら将校から兵士までの軍組織が動員された。その全体的な規模は不明であるが，外敵への備えが危惧される程であった。[254]

　隠匿の暴露だけでなく，追加的な人頭調査も検証の中で行われた。商工者の再調査（1722年2月5日付け法令）；屋敷付き使用人，ロシアに居住する小ロシア人，連隊村地域に居住するロシア人の例外なき調査（5月10日付け法令）；労務者，解放奴隷，御者の調査（3月15日，6月1日，7月2日付け法令）；異教徒の調査（7

185

月31日付法令）；事務官，退役軍人子弟の調査（9月4日，10日付法令）[255]。

これらにより，課税人口は確実に増加した。

1724年末現在の納税男子人口として集計されたのは，農民5433735人，商工人169426人，計5603161人であった。1727年末には，5637449人（農民及び雑階級人5454012人，商工人183437人）[256]となった。

その後も再計算の努力は続けられ，最も遅い1751年に公表された1722年人頭調査の結果は，5794928人であった[257]。

隠匿と逃亡との闘いが査察機構の最大の課題だった。そうした経験の蓄積とこの間の多数の法令に則って，簡潔な1722年1月11日付け法令を具体的に遂行する指針とされたのが，1724年6月26日付け「人頭税の徴収等に関する布令плакат」である。

布令の前文は，端的にその目的を表現した。"すべての軍隊と守備連隊，騎兵から歩兵までを，男子人口の数に配分し，彼らをその人数から徴収した銭で養うこと"がそれであり，その実施のために地主貴族の中から地方主計官を選出し，彼らの任務を定めたのである[258]。

V. N. タティシチェフの遺した解説によると，地方主計官 земский комисар（当時の表記では земской камисар）は，軍隊の綱紀粛正のため1723年に設けられ，各連隊に1名ずつ当該都市の貴族から選出され，年度ごとの収支を計算する任務を負った[259]。

人頭税施行の最終的内容が以下のように決定された。法令によってその主要部分を示す。

4533. ―1724年6月26日．布令．―人頭税の徴収について，駐屯する部隊の利益のための国土住民の義務について，部隊に宿営された村落の礼節と秩序の連隊長による監視について．

"＜人頭税額と徴収方法／最初期の労務者日当額／工場での出稼ぎ労働の規則＞

第2章　停滞構造の歴史的起源

…騎兵隊から歩兵まで全ての軍隊と守備隊を男性人数に従い配置し，それら人口から徴収した資金により扶養すること…

I.　郡長について

1.　人頭税はどのように課されるか。現今の人口調査と佐官の証拠により，各男性人口から郡長Земский Коммисар*は年額74コペイカを徴収することを命ぜられる，つまり年3回のうち第1回と第2回に25，第3回に24コペイカずつ，そしてそれ以上いかなる金銭及び穀物の租税や納入はなく，支払いの義務はない…＜*現行の綴りはкомиссар＞

2.　人頭税金はいつ徴収するか。その金銭は3期に分けて徴収しなければならない，つまり：第1期は1月，2月，第2期は3月，4月，第3期は10月，11月，滞納なく，夏季に農民の仕事を妨げず，部隊の給金支給に不足無きよう。

5.　食料現物の納入について及び人頭税徴収への算入について。部隊が駐屯するとき，食料と資料を現物で納入するよう命ぜられるであろう。その際関税記録に照らして当地の現在の価格でもって読み上げる…つまり，小麦粉（1/4プードにつき）1.5ルーブリ，穀粒1/4プードにつき2ルーブリ，飼料カラスムギ1/4プードにつき50コペイカ，干し草1プードにつき3コペイカ。＜人頭税への算入について記述はない。＞

7.　荷馬車と労務者についてまたそれらへの金銭の支払いについて。＜人と馬の必要がどれほどであろうとも，遅滞なく集めなければならない＞それらの労務者には金銭が与えられるであろう，即ち：1日当り夏季に馬持ち農夫мужикに10，馬なしに5コペイカ，冬季には馬持ちに6，馬なしに4コペイカとし，それらの仕事に1日ごとまたは1週間ごとに支払うこと；…夏季を4月1日から，冬季を10月から4月までとする…

II.（原文ではI）. 連隊長並びに将校について。

9.（原文では8）農民の逃亡の抑止について。　連隊長並びに将校はその部隊に登録された農民から一人も逃亡せぬよう監視しなければならない。…また地主その他所有者も，…農民の逃亡を阻むため，誰か自分のであろ

うと他人のであろうと農民を逃亡のもくろみに引き入れるのを監視し，直ちに所有者に知らせる。

10. 逃亡者の受け入れ禁止について。また連隊長並びに全ての将校は，逃亡兵士と農民を受け入れることを下記の罰金でもって固く禁じられるだけでなく，部隊の配置されたその地域に一人の逃亡者も無いように監視しなければならない。…地主のもとにいて命じられた村に不在の場合，全ての逃亡者につき1ヵ月ごとに5ルーブリ，家賃の他に罰金を課す。

12. 近場での仕事で扶養прокормлениеするために農民に許可を与える件について。郡内の仕事で扶養することを各農民に許可し，地主自身の手による，あるいは地主不在のときは手代または教区の司祭による書面の放免証を携える；そのような放免証のみでは他の郡や自宅から30ヴェルスタ以遠には出かけられず，誰も彼らを仕事に受け入れることはできない；30ヴェルスタ以遠で受け入れ保持した者は：逃亡者に対すると同様に罰せられる。

13. 他の郡への許可と事前に郡警察長Коммисарに出頭する件について。 仕事で扶養するために他郡に行く必要のある農民には，そのための放免証に記名し，書面をもって事前に郡内の警察長を訪れ，後者は今後の許可のため帳簿に書き留めて保存しなければならず，出稼ぎ者に自身の署名と郡内に常住する連隊の長の署名と印判付きで，また連隊長不在のときは連隊付き将校の署名付きで放免証を与える；…

14. 放免証の期限の定めについて，また妻や子供とともにそのような書面を与えないために。それら書面に地主や手代は署名し，どれほどの期間放免農民が居住しなければならないか記入し，期限を超えて誰もその農民を留めておけないように；もしも留めた者は，逃亡者に対すると同様に責任を負わねばならない。また，妻や子供とともにそのような扶養証покормежноеписьмоを誰にも今後与えず，…

15. 工場での労務者の扶養について。すべての工場，特にシベリアにおいて，

そのような＜通行証пропускное письмоを所持した出稼ぎの―Y.＞労務者は嫁取ることを許さない；もしも嫁取ったときは，その者を嫁とともに従前の住所に送り返す；もしもそれらの中で，工場において，何らかの技能を身につけ，工場主または陛下の工場に極めて必要であるときは，許可証の期限を認めることなく50ルーブリ支払うものとする；期限までにその額を支払わないときは，逃亡者と同様とし，私有工場では工場主，官有では支配人が責任を問われる。

18. 官有農民からの4グリヴナ*の徴収について。…地主つきでない，官有農民にこの人頭税に加えて，地主収入の代わりに更に一人当り4グリヴナを課す。”＜*1グリヴナ＝10コペイカ＞⁽²⁶⁰⁾

　人頭税徴収の具体化だけでなく逃亡の抑止と出稼ぎ規制の厳格化（第12-16条），全体として財政基盤の拡大，強化とその上に立った臣民掌握，即ち専制体制の確立を図るものであった。逃亡の抑止の裏面としてのパスポート制に基づく出稼ぎは，農民の獲得した自由の側面としてのみ見られるべきではない。出稼ぎの合法化は農民の貨幣収入を保証しつつ逃亡を抑制し，国家監視を強化するものであり，工場主が彼らを緊縛できなかったのは他人の，即ち本来の所有者の所有権を侵すことができなかったため，封建的所有権の原則に縛られたためである。

　細部にわたる補足的な法令も出された。

4518. ―1724年5月29日．シベリア国境に沿うシベリアの工場防衛のための要塞建設について，それら工場への村の編入について，それらによる人頭税金の支払いについて並びに工場への逃亡者の受入れ不可について．

　”皇帝陛下は，1724年2月16日元老院にて，陸軍少将ゲンニンの報告に基づき指令された：1. 国境に沿って工場と村の防御のため要塞を建設する件につき，…　2. 仕事のために村を工場に編入すること，…その村から人頭税金を

…徴収しないこと；その人頭税金はそれら工場で彼らが稼ぐこと…；それら工場で部隊の扶養のため人頭税金を徴収しなければならない…　3. 工場にも編入村にも逃亡者を決して受け入れてはならない…"[261]

ホロープの農奴への統合

V. O. クリュチェフスキーに依拠してホロープの生成と農奴への統合を概観する。

"15世紀末までのルーシには，後に免除の обельное，または真性の полное と呼ばれるホロープのみが存在した。彼らは様々な方法で形成された：1) 捕虜，2) 任意または親の意志によって売られる，3) 何らかの犯罪を犯したことにより権力によってホロープとされる，4) ホロープの下に生まれる，5) 自己責任の負債の返済不能による，6) 自由民が，奉公の自由を保証する契約なしに他者への人身的 личное 屋敷内奉公に自発的に入る，7) 奴隷との結婚。

真性ホロープは自身の主人—そのように古代ルーシのホロープ所有者は呼ばれた—とその相続者に従属しただけでなく，自身の従属を自身の子にも引き継いだ。真性ホロープに対する権利は相続され，真性ホロープの隷属は世襲であった。ホロープ制の法的本質は，他の，私的従属の非農奴的形態と違って，ホロープの意志では終息できないことにあり：　ホロープは主人の意志によってのみ隷属から解放されうる。"[262]

"モスクワ・ルーシでは真性ホロープから様々な種類の緩和された，条件付きの農奴制的束縛 крепостная неволя が派生した。まず，個人的奉公から，即ち領主経営の手代，管理人としての奉公から，15世紀末から16世紀始めに，地方長官 наместник への上申証による承認に由来する上申ホロープ холопство докладное が生まれた。　このホロープは真性と違い，上申ホロープに対する権利は条件によって異なり，時には主人の死に伴って終了し，時にはその子にまで移譲される。

次に，身売りがある。それは様々な場所で様々な条件で行われた。最も初期

の，最も単純な形態は，人身的抵当もしくは債務であり，債務者が債権者のために
その家に住んで働く義務を伴う。ルースカヤ・プラヴダ時代の前貸り，封建領主への託身закладеньや17世紀の高利貸りはホロープではない。何故なら彼らの隷属は債務者の意志によって終了し得たからである。負債はあるいはその返済，あるいは契約による一定期間の賦役によって償却された。⁽²⁶³⁾"

"しかし，身売り人が奉公によって債務そのものを返済しなければならないのではなく，利子だけを支払う，≪利子のために≫奉公する，そして定められた期限で≪元本≫―借り入れた資金―を返済する，そのような身売りが存在した。債務証本は古代ルーシではヘブライ語から借りたカバラкабалаと呼ばれた。利子のために奉公する義務から発生した個人的隷属は，法令で補強され，賦役を条件とする人身的抵当を伴う債務カバラと異なり，16世紀には奉公カバラ，あるいは利子奉公のカバラと呼ばれた。…特別に奉公のслужилыйと呼ばれる利子払い証文に従い，債務者は債権者の住居内で奉公によって利子分のみを働き，一定の期間もしくは期限урокの間元本返済から解放されない。16世紀半ばまでの債務民кабальные людиはこのような特質を有し，1550年法典はこうした奉公カバラのみを認識し，人身的抵当の最高借入額を15ルーブリ（現代*の価値では700-800ルーブリ）に定めた。<*クリュチェフスキー（1841-1911）の時代―Y.>"⁽²⁶⁴⁾

<16世紀にはホロープが訴訟を起こして，奴隷ではなく抵当であって買い戻すことが可能であると主張した事例>"これが示すのは，負債を支払う能力のない他の債務ホロープは真性ホロープあるいは上申ホロープになることを債権者に請願するということである。法令はこれを禁止して，従前通り自立不能の債務ホロープを債権者に≪一身を完済までголовой до искупа≫引き渡すよう指示した。　この禁止は債務ホロープが真性ホロープにまでなる用意ができているとともに，イギリス大使フレッチェルの1588年モスクワで明かした情報では，法は債権者に妻や子供まで永久または一時的に売ることを許すとしたが，これは債務奴隷を多方面に拡大，それらの本来の屋敷内の主人の慣習を慣

習的真性ホロープへ，法を一時的非農奴的隷属に変えた。この闘いにおいて利子のための奉公を条件とする立法は，実際，真性ではないが債務のホロープに改変された。"
⁽²⁶⁵⁾

＜16世紀－Y.＞"完済までの託身 выдача головой は，債務者の通常の支払い不能の下で，彼等を債務の無期限の賦役に陥らせた。このように，負債自体の返済が利子のための債務奉公となり，負債の下での人身的抵当は前払い賃金を伴う人身的雇用に転換した。この，利子のための奉公と債務返済との結合と，債務奴隷義務の人身的性格とは，農奴制としての奉公カバラの法的基礎となった；これにより債務奉公の境界が定められた。"
⁽²⁶⁶⁾

"17世紀には≪主人のもとで死ぬまで屋敷内で奉公する≫隷属義務のカバラが…存在した。しかし，ホロープより先に主人が死んだ場合，この条件はカバラの人身的性格を破り，カバラをして故人の妻や子供に相続のごとくに奉公せしめた。いずれにせよ，2種類の家内奉公が存在し，奉公の他の境界－主人の死が設定されていた"。
⁽²⁶⁷⁾

"終身性の確立とともに奉公カバラはホロープ的隷属の性格を帯びた：カバラ自身が身請けの権利を拒否すると，彼の隷属は死または主人の意思のみによって終了する。既に1555年の法令で，奉公カバラは真性及び上申ホロープとともに売買契約書 крепостный акт の隷属を意味し，1571年のある遺言状には，それまでの通常の表現－カバラ民あるいは単にカバラ－に代わって≪カバラ・ホロープ及び奴隷≫の用語が見られる。"
⁽²⁶⁸⁾

社会構成

"ウロジェーニエは臣民社会の3基本階級の権利と義務を定めた：それらは服務民，商工民と，郡民 уездные люди，即ち農民であり，更に農民を細分化すると農奴，小作農 черносошные，官有農，それと一体化した宮廷地農であった。しかし，これら3階級の間に聖職者とともに第4の階層として中間的な，不分明な階層が基本的階級に隣接しながらそれらに属そうとせず，直接的国家義務の外に存在した。それらは：1）真性，永久，債務，一時，屋敷，期限ホ

ロープ；2）放免されたホロープから，国税や職を放棄した商工民または農民出身者から，無封地もしくは封地を放棄して出奔した服務民から，一般に無宿で無職の民から成る自由浮浪民たる未だ自由民と呼ばれる者，一農奴と自由国税民との中間の過渡的階級；これには，真性の恤救民，障害者，老齢者…以外の手仕事に携わる下層民，寄食者，聖職者の一部，不当に慈善の対象となったもの…が含まれる；3）主教及び修道院の使用人，それらの第一は教会地の管理に携わり国家服務員に類似し，領地権によって土地を与えられ，時には直接に国家服務員となる，また，第二は農奴ではないが教会ホロープである；4）僧侶の多数の子供，教会民церковникиと呼ばれ，教会聖職者になるかならないか…分かれる。…以上の階層の中で国家との関係において相違が生まれる：ホロープと教会奉仕民служкиは人身的隷属民であるが国税を支払わない；浮浪民と教会聖職者は自由民であるが，国税тягло を支払わない；非官有地農民черносошные は自由民であるが国税を支払う；農奴農民と，屋敷内ホロープは非自由民であるが国税を支払う。

　＜兵士徴募と人頭税審査によりピョートルは社会の全般的清浄化を行い，その構成を単純化した。＞"[(269)]

　"特に重要であったのは中間的階層への調査の拡大であった。ここでは人格への恣意的管理においてピョートルの立法は彼の前任者たちをはるかに越えた。…1700年3月31日付け法令により主人から逃亡し軍務に就くことを望むホロープを兵士に受け入れることになった。そして同年2月1日付け法令により，自由放免者と主人の死によって法令に従い自由の身となった債務奴隷を，検査の結果適当であれば兵士に登録しなければならなくなった。＜1721年3月7日付け法令―см. ПСЗ．審査により適格とされた者を軍隊に送る。―Y.＞あるいは兵士，あるいはホロープ，あるいはガレー船の囚人―これらが自由民の全階級に提供された経歴の選択肢だった。"[(270)]

　"ホロープには決定的な処理がなされた。それらのうちの2種別，裏庭民と雑役民は，耕作し分与地をもち，既に人頭税審査のずっと以前から農民とともに

に国税тягло に同一化されていた。今では残りの種別のホロープも，法的なま
た経済的な，世俗の主人や聖職の権力者の使用人，耕作非耕作の屋敷民，都市
や農村の貧民も，単一の法的に区分されない一団となり，1723年1月19日付け
法令によってその主人の永久の農奴として農民と同様に人頭税を課された。国
家義務から自由な特別な法的地位としてのホロープは消滅し，単一の農奴民
крепостные люди の中に農奴農民と一体化した…"[271]

　このように，隠匿の撲滅と人頭税設計の完成を目指す過程で，重大な社会政
策の転換が行われた。ホロープ―裏庭人，屋敷付き使用人，従者，下男―の農
民への統合である。ホロープは必ずしも均質の社会層ではなく，地主，貴族の
下で類似の環境にありながら，大別すれば，自ら耕作する者と，耕作せず独自
の生活基盤を持たない者とに区別されてきた。1719年1月22日付け法令に於
いても，≪自らの耕地を持たず地主のために耕作する者≫には課税を予定しな
かった。[272]

　人頭調査と査察の中で，大量の農民が非課税のホロープと偽って隠匿された
疑いが生じた。元老院の，ホロープを経済的自立可能性によって課税対象と非
課税対象とに二分し，行政的な処理の流れに載せる試みは試行錯誤を繰り返し
た。1723年1月23日の決議で，ピョートルは≪すべての奉公人 служащие を，
農民と同じように記録し，税を課す≫と裁可した。[273]

　数百年の歴史を持つホロープ身分は，政治的判断によって農民に統合された
のである。

　"人頭税査察はピョートルによって命じられた社会構成の冷酷な単純化を完
成させた：すべての中間的階層は現行法への考慮なしに2つの基本的農村構成
体―官有農民と農奴民―に押し込められた。その際，第一の部分には屋敷民
однодворцы，小作 черносошные 農民，タタール，ヤサーク納税民，シベリアの
耕作服務民 служилые，槍兵 копейщики，傭騎兵 рейтары，竜騎兵その他がいた。"[274]

　"…非国税階層としてのホロープ身分の廃止はホロープの隷属の廃止ではな
く，彼らの国税への移行であるにすぎず，その際隷属の制限は消滅し，債務及

194

び住み込みホロープの条件へと収束した；地主の人頭税目録への記入は奉公証文служилая кабалаや住み込み証書жилая записьに代わる農奴証крепостьとなった。"⁽²⁷⁵⁾

　北方戦争に始まり，人頭税の導入により新たな徴税体制を確立した17世紀第1四半期は，ロシア国家の封建体制に重大な転換をもたらした。

　既に見たように，1649年「会議法典」は，すべての農民の最終的農奴化を確定したと言えるが，農民の唯一の自発的転出の方途として出稼ぎを容認した。その際，地主の所有権の不可侵は明確に確認された。したがって，所有者の承認しない転出は逃亡であった。逃亡抑止策は厳格化され（1683年3月2日付け指令），道中証，通行証の有無が基準となり，厳しい審問が行われた。ただ，証文の期限は概ね不定だった。ロシア国家の植民政策の下で，官有地出身の逃亡農民は官有地への入植に利用された。法典の運用には行政的配慮が働いたのである。浮浪人は「会議法典」においては社会の中の一階層として扱われた。彼らは法の外に置かれたのではなく，相応の課税がなされた。農民の最終的農奴化は，ホロープ―裏庭人，従者，下男―への接近の側面を持つが，当のホロープは独特の社会階層であり続けた。ピョートルの税制改革の全過程は，こうした17世紀のロシア封建制を確定した「会議法典」の事実上の修正を含み，封建的絶対主義の強化の上で大きな転機となるものだった。

　戸別税から人頭税への転換は，徴税基盤を拡大し，安定的税収の可能性を高めたが，その目的は軍事力の維持，強化にあった。その導入過程に於いて，人頭税と軍事力は直接的に結びつけられた。人頭調査と査察は，軍事機構を動員して行われ，税額は軍事費を判明した納税人口で割ることによって定められた。各管区に配置された連隊は直接徴税し，自らを給養するシステムが作られた。常備軍は経済的基盤を与えられ，貴族から充当された将校と農民から成る兵士によって構成される封建的軍事体制が確立した。軍隊は警察の機能も兼ね，直接的に臣民掌握の役割りを果たすことになった。

かつて，被課税民тяглецы，軍人служилые，農奴крепостныеのいずれでも
ない者が「自由民вольные люди」と見なされ，「会議法典」以降，唯一の合法
的なホロープ供給源だった。1699年に始まる一連の法令により，軍隊の定員
充足が図られた。新兵募集は徴兵と自由民の志願とによって行われた。志願は
主としてホロープと浮浪人から募られた。徴兵の実態も事実上ホロープからで
あった。被課税農民の徴兵は固く禁じられたからである。[276]

1747.―1700年2月1日．勅令．―解放された屋敷民と農民をホロープ庁に連
行する件について，また彼らを兵士への登録のためにプレオブラジェンスキー
役所に送付する件について．
　　＜放免されたホロープ，農奴を審査し，＞"それらのうち軍務に適するもの
は兵士に登録し，兵士に適さないものは＜従前の法令に従い＞ホロープ裁判所
から債務民には債務証文кабалаを与え，農民にはその許へ行くことを望む相
手への貸し付け証ссудныя записиを与える。"[277]

　軍務に不適と判定された解放ホロープにとっても，老齢や病気の場合以外
に，自由民として自らの運命を選択する可能性は閉ざされた。査察官は，"彼
らの中から誰も浮浪人にならず，他の勤務または誰かの屋敷付きの勤めに定ま
り，勤めなしに誰もぶらつくことのないように，法令の文書を示して通告"す
るよう指示された。したがって，主人の死によって解放されたホロープには，
国家勤務即ち軍務につくか，新しい主人を捜すか，元の主人（その後継者）に戻
るかの選択肢しかなかった。[278]したがって，自由民の「志願」は事実上の強制で
あった。
　人頭税の実施に不可欠な人頭調査（査察）と検証は，臣民掌握の武器となっ
た。隠匿と逃亡は徹底的に追及され，その過程で最終的にホロープは農奴に統
合され，課税対象となった。浮浪人の存在余地は奪われた。住民の流動性は局
限された。

第2章　停滞構造の歴史的起源

　こうした農奴制強化によって地主，貴族の権利はより強固なものになった
が，他方で両刃の剣として，国家勤務の負担は加重され，すべての服務違反は
処罰対象とされた。それまで黙認されてきた貴族たちの懐に手を突っ込むよう
にしてホロープを農奴化し，封建体制の上に立つ絶対主義が確立した。辺境住
民の掌握と地主貴族の屋敷内の掌握とによって，それまで存在した限定された
「自由」の享受も否定された。人頭税の制度化と実施過程は絶対主義確立の梃
となったのである。

　当然ながら，ピョートルの絶対主義が円滑に機能した訳ではなかった。軍事
力維持の費用を確保するために，社会構成の把握も不十分なまま，場当たり的
に法整備を加速し，一見して強固な外見の中にいくつもの矛盾を抱え込んだか
らである。

　農民の土地への緊縛は労働力の創出を困難にした。

　査察官達の直面した，労務者層の把握の困難に対して，1722年3月15日付け
法令が指針を与えた。それによると，査察官は，工場内のすべての労務者の出
身地，領主への所属を名簿に集計し，しかる後にそれぞれの出身地の名簿と照
合しなければならなかった。"その工場が空にならないために"他所からの出
身者を元の住所に送り返すことはしないが，彼らは従前の住所で人頭税を納付
し，領主に年貢を納める義務を明示された。⁽²⁷⁹⁾

　ロシア国家は，急務のマニュファクチュア育成，とりわけ冶金業の成長を図
るため，逃亡者も含めて労働力の確保を優先したが，それによって領主の権利
が侵されることは些かも認められなかった。その結果，労務者層が新たな社会
的カテゴリーとして法的に認知されることはなく，彼らは農奴として領主の所
有物であり続けた。

　人頭税の制度設計に欠陥があった。税額は，軍事力の維持費用を納税人口に
よって賄う形で算出された。当初，1721年1月16日付けのピョートルの指令で
は，これが1ルーブリと予定された。人口調査の進展と課税範囲の拡大によっ
て，税額は1722年に80ルーブリ，1724年に制度施行の際には74ルーブリに定

められたが，翌年には70ルーブリに引き下げられた。[280]

　しかし，期待された税収は得られなかった。大幅な滞納が発生したのである。1729年に得られた集計によると，1724-1727年の未収金は，予定された総額16百万ルーブリに対して1百万ルーブリ，6.2％に相当した。[281]

　滞納の根本的要因は農民の貧困に他ならないが，ピョートルの税制改革は，被課税者の範囲を最大限に拡大しながら，死亡，徴兵，逃亡を考慮せず，労働不能者を除外することもしなかった。したがって，実際の税負担は加重されたのである。そのため，ピョートルの没後直ちに，エカテリーナ帝の下で制度の見直しが行われ，4ルーブリの税額軽減を含む一連の負担緩和策が打ち出されたのである。[282]しかし，人頭税制度の根幹は変更されることなく，その後の1世紀半を縛り続けることになった。

　編入農民の支払うべき人頭税は1ルーブリ10コペイカ，これが1760年には1ルーブリ70コペイカに引き上げられた。実際には，納税人口は査察で確定した帳簿上の人数であり，その分を実在の労働力によって支払うのである。経験に基づいて，編入農民の概ね半数が労働可能であったと見ると，彼らには，実際には，倍の税額が課せられたことになる。[283]

　例えば，N. N. デミドフのカスリンスキーおよびクイシトゥイムスキー工場の編入農民は，1756-57年に，5582人（男性）数えられたが，そのうち労働可能だったのは2499人（45％）だった。[284]

第4節　封建的大規模マニュファクチュアの制度整備

「資本主義の本源的蓄積」論

　主として1930年代からロシアにおける資本主義の萌芽問題がソ連において大きなテーマとなった。ウラルもその中で特別な位置を占めた。論争は明確な決着に至らなかったとされるが，それ故に，その中で提起された，「自由雇用」を根拠とする資本主義の萌芽の広範な出現の図式は，今日に至るまで無視でき

ない影響力を維持しているように思われる。結果として，ロシアにおける資本主義の早期の発生が暗黙の合意となり，レーニン等の時代に共有された停滞意識もソ連において後景に退くことになった。論争に参加したほとんどの論者がマルクスに依拠していた以上，マルクスの本源的蓄積論を確認しておく必要がある。

　周知のように，K. マルクスは資本主義システムの成立を準備する「本源的」蓄積をその歴史的前提として想定した。資本主義の経済システムが機能するためには，そのための前史が必要であるとされ，封建制の内部で資本と労働力とが準備される本源的蓄積過程がそれである。

　"ところで，資本の蓄積は剰余価値を前提し，剰余価値は資本主義的生産を前提するが，資本主義的生産はまた商品生産者たちの手のなかにかなり大量の資本と労働力とがあることを前提する。だから，この全運動は一つの悪循環をなして回転するように見えるのであり，我々がこの悪循環から逃げ出すためには，ただ，資本主義的蓄積に先行する「本源的」蓄積（アダム・スミスの言う「先行的蓄積」＜"previous accumulation"＞，すなわち資本主義的生産様式の結果ではなくその出発点である蓄積を想定するよりほかないのである。"[285]

　"貨幣も商品も最初から資本ではないのであって，ちょうど生産手段や生活手段がそうでないのと同じことである。これらのものは資本への転化を必要とする。しかし，この転化そのものは一定の事情のもとでなければ行なわれえないのであって，この事情は要するに次のことに帰着する。すなわち，二つの非常に違った種類の商品所持者が対面し接触しなければならないという事情である。その一方に立つのは，貨幣や生産手段や生活手段の所有者であって，彼らにとっては自分が持っている価値額を他人の労働力の買い入れによって増殖することこそが必要なのである。他方に立つのは，自由な労働者，つまり自分の労働力の売り手であり，したがってまた労働の売り手である。"[286]

　"自由な労働者というのは，奴隷や農奴のように彼ら自身が直接に生産手段の一部分であるのでもなければ，自営農民などの場合のように生産手段が彼ら

のものであるのでもなく，彼らはむしろ生産手段から自由であり離れており免れているという二重の意味で，そうなのである。[287]"

本源的蓄積は資本とそれに対応する生産様式の前史である。

"資本関係は，労働者と労働実現条件の所有との分離を前提する。資本主義的生産がひとたび自分の足で立つようになれば，それはこの分離をただ維持するだけではなく，ますます大きくなる規模でそれを再生産する。だから，資本関係を創造する過程は，労働者を自分の労働条件の所有から分離する過程，すなわち，一方では社会の生活手段と生産手段を資本に転化させ他方では直接生産者を賃金労働者に転化させる過程以外のなにものでもありえないのである。つまり，いわゆる本源的蓄積は，生産者と生産手段との歴史的分離過程にほかならないのである。それが「本源的」として現れるのは，それが資本の前史をなしており，また資本に対応する生産様式の前史をなしているからである。[288]"

"直接生産者，労働者は，彼が土地に縛りつけられていて他人の農奴または隷農になっていることをやめてから，はじめて自分の一身を自由に処分することができるようになった。自分の商品の市場が見つかればどこへでもそれを持っていくという労働力の自由な売り手になるためには，彼はさらに同職組合の支配，即ちその徒弟・職人規則やじゃまになる労働規定からも解放されていなければならなかった。こうして，生産者たちを賃金労働者に転化させる歴史的運動は，一面では農奴的隷属や同職組合強制からの生産者の解放として現れる。[289]"

"…資本主義的生産の最初の萌芽は，すでに14世紀および15世紀に地中海沿岸のいくつかの都市で散在的に見られるとはいえ，資本主義時代が始まるのは，やっと16世紀からのことである。資本主義時代が出現するところでは，農奴制の廃止はとっくにすんでおり，中世の頂点をなす独立都市の存立もずっと以前から色あせてきているのである。[290]"

"本源的蓄積の歴史のなかで歴史的に画期的なものといえば，形成されつつある資本家階級のために槓桿として役立つような変革はすべてそうなのである

が，なかでも画期的なのは，人間の大群が突然暴力的にその生活維持手段から引き離されて無保護なプロレタリアとして労働市場に投げ出される瞬間である。農村の生産者すなわち農民からの土地収奪は，この全過程の基礎をなしている。この収奪の歴史は国によって違った色合いを持っており，この歴史がいろいろな段階を通る順序も歴史上の時代も国によって違っている。それが典型的な形をとって現れるのはただイギリスだけであって，それだからこそわれわれもイギリスを例にとるのである。⁽²⁹¹⁾"

"イギリスでは農奴制は14世紀の終りごろには事実上なくなっていた。当時は，そして15世紀にはさらにいっそう，人口の非常な多数が自由な自営農民から成っていた。たとえ彼らの所有権がどんなに封建的な看板によって隠されていたにしても。いくらか大きな領主所有地では，以前はそれ自身農奴だった土地管理人＜bailiff＞は自由な借地農業者によって駆逐されていた。農業の賃金労働者は，一部は，余暇を利用して大土地所有者のもとで労働していた農民たちから成っており，一部は，独立の，相対的にも絶対的にもあまり多数でない，本来の賃金労働者の階級から成っていた。後者もまた事実上は同時に自営農民でもあった。⁽²⁹²⁾"

"教会領の横領，国有地の詐欺的な譲渡，共同地の盗奪，横領と容赦ない暴行とによって行われた封建的所有や氏族的所有の近代的私有への転化，これらはみなそれぞれ本源的蓄積の牧歌的な方法だった。それらは，資本主義的農業のための領域を占領し，土地を資本に合体させ，都市工業のためにそれが必要とする無保護なプロレタリアートの供給をつくりだしたのである。⁽²⁹³⁾"

"14世紀の後半に発生した賃金労働者の階級は，その当時も次の世紀にも人民のうちのほんのわずかな成分をなしていただけで，それは農村の独立農民経営と都市の同職組合組織とによってその地位を強く保護されていた。農村でも都市でも，雇い主と労働者とは社会的に接近した地位にあった。資本への労働の従属は，ただ形式的でしかなかった。すなわち，生産様式そのものは，まだ独自な資本主義的性格はもっていなかった。⁽²⁹⁴⁾"

"アメリカの金銀産地の発見，原住民の掃滅と奴隷化と鉱山への埋没，東インドの征服と略奪との開始，アフリカの商業的黒人狩猟場への転化，これらの出来事は資本主義的生産の時代の曙光を特徴づけている。このような牧歌的な過程が本源的蓄積の主要契機なのである。これに続いて，全地球を舞台とするヨーロッパ諸国の商業戦が始まる。それはスペインからのネーデルランデの離脱によって開始され，イギリスの反ジャコバン戦争で巨大な範囲に広がり，シナに対する阿片戦争などで今なお続いている。[(295)]"

マルクスの認識の要点は以下のようにまとめられる。

1. 資本主義の本源的蓄積過程は，資本主義の前史，即ち，未だ資本主義体制とはならない，資本主義の準備過程である。

2. 社会体制の資本主義への転化のためには，貨幣，生産手段，生活手段の所有者と自由な労働者＝労働力の売り手とが対面することが必要である。

3. 自由な労働者とは，奴隷や農奴ではなく人格的に解放され，また生産手段からも解放された，二重の意味で自由な労働者のことである。彼は奴隷や農奴でないだけでなく，同職組合の支配からも自由でなければならない。

4. 歴史的に，資本主義的生産の最初の萌芽は14-15世紀に見られるが，資本主義時代が始まるのは16世紀からのことであって，そこでは農奴制の廃止はとっくに済んでいた。

5. 本源的蓄積が典型的に現れるのはイギリスだけである。イギリスでは農奴制は14世紀終りごろには事実上なくなっていた。ただ，イギリスでも，14世紀の後半に発生した賃金労働者の階級は人民のうちのほんのわずかな成分であり，資本への労働の従属はただ形式的だった。生産様式そのものはまだ独自な資本主義的性格をもっていなかった。即ち，雇用労働者の存在は資本主義的生産様式を前提としない。

「資本主義の萌芽」論と「自発雇い」

V. Ya. クリヴォノゴフの雇用労働論を最も包括的で詳細な議論としてとり

第2章　停滞構造の歴史的起源

あげる。

第1の論点はロシアの本源的蓄積の特質についてである。彼はレーニンの命題はウラルにおける資本主義の発展を除外していないと認定し，農奴農民は「自由雇用」を通じて資本主義的生産関係に入ったと論じる。

"ウラルの鉱業における強制的労働と生産力の発展水準との矛盾は，手工業技術から機械制的生産への移行のなかに明瞭に現れた。これはレーニンのつぎのような命題に確認される：≪ウラルをしてヨーロッパ資本主義の萌芽的発展の時期にかくも高揚するのを助けた農奴制そのものが，資本主義の開花期にウラルの衰退の原因となった≫。*В. И. Ленин. Соч., т. 3, стр. 424.

レーニンはウラルの鉱業の衰退の原因を，強制的労働だけでなく封建＝農奴制的関係の総体に見ていたと考えられる。

それとともに，これらのレーニンの命題は，ウラルの農奴制的経済の土壌の中での資本主義的関係の発展を除外せず，強制的労働と並んで鉱業事業への雇用労働の採用を否定するものではない。"[(296)]

"…ウラルの農民の様々なグループの封建的従属の段階は一様ではなかった。たとえば人頭税導入後の官有農民は一時的に自由雇用で働くことが可能だった。

もしもストロガノフの農奴農民が出稼ぎの許可を得て隣の工場で仕事に雇われたなら，彼らは雇い主に対して資本主義的生産関係のシステムに入ったのである。"[(297)]

ホロープの例にあるように，伝統的に手付金が人身隷属の道具として利用されてきたのを我々は知っているが，手付金による契約がもたらす強制は資本主義原理に反しないというのがV. Ya. クリヴォノゴフの認識である。

"手付金付きの契約システムは雇用労働者を農奴にも奴隷にも変えたのではなく，マニュファクチュア段階の資本主義的生産に固有な強制手段を伴ったのである。工場は労働力に対してより少なく支払うように努め，農民はより多く受け取るように闘った。結局のところ必要が農民をしてより低い賃金で雇われ

203

るように仕向けた。幾人かはそこからより多く支払う他の工場へ逃れ，幾人か
は仕事に出ることを回避し，村役場は彼等に働いて手付金を返すよう強いた。"[298]

"全てのこれらの強制の形態は封建国家の法とその行政的実践に完全に合致
し，封建＝農奴制国家の強力機構の協力の下に実施された。しかしことの本質
は全てこれらの法的，行政的手段は自由雇用労働者による契約協定の遂行の保
証，労働力の売買契約を結んだ一方の利益の保証に向けられたということにあ
る。国家権力機関の側からの強制を伴うこうした雇用形態の原始的蓄積現象へ
の結び付きは，その資本主義的内容を消し去るものではない。"[299]

"K. マルクスは17世紀イギリスの原始的蓄積の手法を分析して述べた：
≪これらの手法は，かなりの程度，たとえば植民地システムのような，粗野な
強力に基礎を置いている。しかしそれらすべては，封建的な生産方法を資本主
義的なそれに転換する過程を促進しその過渡的段階を短縮するために，国家権
力，即ち集中され組織された社会的強力を利用している。強力は，すべての古
い社会が新たに懐胎したとき，その助産婦となる≫。[300]*К. Маркс «Капитал», т. 1. М.,
1953 г., стр. 754.

"ロシアと同じく彼らは＜イギリスでーY.＞自らの募集係を送って労働者と
契約を結んだ。…

ロシアで工場主の代理人が農民に人頭税の支払いのために金を貸し付け，地
方権力がその金を稼ぐことを農民に強いたと同様に，イギリスでは工場主と
≪地方税官とのあいだに両者に好都合な形式的取引が行われた…≫…

ウラルで強制的労働者，また雇用労働者が髪を刈られ，柳や鞭で打たれ，槍
で突かれたとすれば，イギリスでは，歯を鋸で切られ，手首で吊るされ肩に重
りを乗せて働かされた。逃亡を試みた者はウラルで行われたのとまったく同じ
に足枷を付けられた。"[301]

かくしてロシアでもイギリスと同様の資本主義発展の過程が進んだとされる
のである。

"つまり，イギリスでは，18世紀後半に産業革命の段階に入り，まだはるか

に産業革命に至らない，産業発展の初期段階のロシアで行われたのと同様の形態の雇用と強制が認められた。"[302]

"もちろん，農奴制的ロシアにおいてマニュファクチュア労働者と農耕との関係は西ヨーロッパ諸国におけるよりもより深くしっかりした根を持っていた。それにもかかわらず，ヨーロッパでもロシアでも同一の歴史的法則が認められた：形成されつつある基幹的雇用労働者と農耕とのつながり—マニュファクチュア期の資本主義発展の自然的，普遍的特性。"[303]

"ロシアの農民＝出稼ぎ者の封建的従属的状態について語ることはできるし必要でもあるが，しかし出稼ぎの増加自体を，始まった農奴制の解体と資本主義的関係の発展の結果ではないと評価することはできない。F. Ya. ポリャンスキーが正当に述べたように，ロシアには大量の法的に非農奴化された農民がおり，彼らの出稼ぎは警察的手段でしか抑えられなかった。"[304]

ここでは出稼ぎ証を得て出立した農奴農民を「法的に非農奴化された」と規定している。彼らは逃亡者でないかぎりで合法的であるが，未だ農奴解放されてはいないのであるが。

V. Ya. クリヴォノゴフは以上のように農奴制の胎内での資本主義的関係の発展を主張した上で，主要な論者の見解を以下のように整理する。

"B. B. カフェンガウス，K. A. パジトノフ，E. I. ザオゼルスカヤその他はロシアのマニュファクチュアをその中に農奴制的，資本主義的要素とが結合した過渡的タイプの企業と考える。これらの歴史家の大多数は資本主義的マニュファクチュアは存在するが，決定的役割は果たさず社会構造を変えなかったと認める。"[305]

"N. M. ドゥルジーニン*，A. M. パンクラートヴァ**，M. V. ネチキナ***は，生産力の発展の観点からロシアのマニュファクチュアを資本主義的タイプの企業であるが，生産関係の視点からそれは≪支配的な封建的システムの一部となった≫。と考える。これらの歴史家は，強制的労働を伴うマニュファクチュアは封建的生産関係と生産力の性格との対立に帰着する内的矛盾の表現である

と考える。⁽³⁰⁶⁾

"圧倒的多数のマニュファクチュアは，主として，支払われたとしても強制的労働の上に稼働していたことは疑いない。しかし，強制的労働の多数のマニュファクチュアの中に既に18世紀前半に雇用労働に基づくマニュファクチュアが存在したことを忘れてはならない。実際，これらのマニュファクチュアはまだ完全には≪支配的生産手段を変えておらず≫しばしば≪自らの対立物に≫転化した。＊しかし，消えた資本主義的マニュファクチュアの代わりに雇用労働を有する新しいより多くのマニュファクチュアが現れ，18世紀60年代にはウラルだけでも約30を数えた。⁽³⁰⁷⁾

"このこと＜自由雇用に基づく新たなマニュファクチュア―Y.＞についてN. L. ルビンシテインの18世紀後半に南ウラルに出現したマニュファクチュアに関するデータが証言する。南ウラルの工場は，通例，現地のバシキール住民から購入または借入した土地に建てられた。それらの大部分は自由雇用労働に依拠した。ほとんどの南ウラルの工場はその資本主義的性格を保たなかった。それらの大部分は後に自由雇用労働を購入農奴や一部は官有編入農民の労働に置き換えたが，その大多数は純粋な資本主義的企業として誕生したのである。⁽³⁰⁸⁾

"このように，全ての歴史家，経済学者は，18世紀のウラルの労働力の圧倒的多数は隷属的な人々であったと認める。誰もが，雇用労働は，決定的役割を果たさなかったとしても，ウラルの至る所に普及していたと認める。しかし，何人かは18世紀のウラルの自由雇用労働の資本主義的性格を認めず，雇用労働に基づく工場に重要な意義を与えない。つまり，雇用労働と資本主義的関係の発展の問題は現在まで研究と議論の対象であり続けた。"⁽³⁰⁹⁾

雇用労働の社会的性格に関する論争と，それと関連するロシア資本主義の萌芽論争は明確な決着に到達しなかった。それに対してV. Ya. クリヴォノゴフは雇用労働の資本主義的性格と早期の資本主義の萌芽を認める立場を中心的に主導し，また，論争が決着しなかったために黙示的な賛同者も続いたのである。

"雇用労働は資本主義的生産の基本的特徴の一つである。それは，≪資本と

それに対応する生産方法の前史を形成する≫*本源的蓄積過程の結果として出現する。本源的蓄積過程は，労働力の売り手を排出する≪農民層の土地収奪≫と，工場建設と雇用労働の引き入れに投入されうる貨幣的富の出現という2つの基本的契機から形成される。[310]"*K. Маркс «Капитал», т. 1, M., 1953 г., стр. 719.

V. Ya. クリヴォノゴフはマルクスの本源的蓄積論の一部分を引用しながら，ロシアでもその過程はヨーロッパと同様に，しかしゆっくりと進んだと認定し，その理由をN. M. ドゥルジニンに依拠して次のように述べる。

"ロシア国家における本源的蓄積は，西ヨーロッパ諸国におけると同じ道を通り，同じ方法で行われた。しかし，ロシアの本源的蓄積過程は西ヨーロッパに比べてゆっくりと進んだ。この理由は，N. M. ドゥルジニンの示すように以下のとおりである。

第1に，ロシアは海上交通路から遠かったため，イギリス，フランス，オランダその他のヨーロッパ諸国のようには，海上交易，植民地人民の獲得と搾取に積極的には参加しなかった。16-17世紀のロシア国家は≪独自の活発な海上交易は行えなかった；シベリアの毛皮の富は，アメリカや南アジアの植民地の無尽蔵の価値とは競えなかった。≫

第2に，イギリスその他の西ヨーロッパ諸国はすでに本国の開拓された土地を持ち，そこでは急速な農民の土地収奪とプロレタリアートの形成が経過していた。ロシアでは中央部での住民の希薄化と植民地化された辺境での封建的関係の拡大の可能性があった。≪農民的，地主的，国家的植民の結果，南部，東部への移動は数百年に延び，小生産者のプロレタリアート化の過程を複雑にし，遅らせた。≫

この事情はその後の我が国の経済的発展に影響した。工業の成長は労働力の販売者の排出過程を追い越した。

しかしこれら全ての特殊性にもかかわらず，本源的蓄積は既に17世紀にモスクワ国家の新しい工業の基礎の出現のために，資本主義の最初の萌芽の基礎を準備した。[311]"

V. Ya. クリヴォノゴフは，ロシアはイギリスその他のヨーロッパ諸国と同様の本源的蓄積過程を既に17世紀から開始したが，特殊な条件のためにその進行が緩慢であったと主張する。しかし，彼の依拠したN. M. ドゥルジニンは，本源的蓄積過程の遅延の原因について，1955年のローマでの国際会議における報告の中で，先の引用の前段で，資本主義発生の条件として，小所有者の自由であるとともに生産手段を失ったプロレタリアへの転化と貨幣資金の所有者の出現とを確認した上で，次のように記していた：

　"16-17世紀のロシア国家は自らの経済的発展のために＜イギリス，フランスやオランダで農奴制がすでに消滅していたような＞そうした条件を持たなかった：その商工業は農民の人格的従属を逐次的に消滅させることを保証しうる水準に達しなかった…(312)"

　即ち，ヨーロッパ諸国で農奴制がすでに消滅していたのに対して，ロシアでは農民の人格的解放がなされる条件を欠いていたことが本源的蓄積過程を遅延させた大前提として挙げられているが，そのことをV. Ya. クリヴォノゴフは捨象したのである。既に見たように，マルクスはイギリスでは農奴制は14世紀終わり頃には事実上なくなっていたと述べた。この点について大方の論者の一致は得られていると考えてよいであろう。

　「イングランドにおける法律上の農奴制の意義および，それが，実際には16世紀末という遅い時期ではなく，むしろそれより一世紀も前に消滅しているということの意義(313)」についての議論はあっても，事実に関する異議はないと認識してよいであろう。

　イギリスにおける農奴制の消滅とロシアにおける農奴制の強化過程―この基底的条件の差異を捨象した上で，イギリスとロシアの共通の本源的蓄積過程を語ることはできない。ただし，V. Ya. クリヴォノゴフは別の箇所で次のように述べてもいる。

　"事実が示すのは，18世紀にウラル経済の農奴制の土壌に，イギリスで16-17世紀に起こったのと同様の鉱山業における資本主義の法則的発展の第1段階の

プロセスが観察されたということである。イギリスでもウラルでも，異なる時期であっても，同様の原因に喚起された私有鉱山手工業の発展と鉱山業者の会社компания＜「団」と理解すべきであろう。会社組織と看做せるか検討を要するーY.＞創設の同一のプロセスが生じた。

しかし，その後，イギリスでは資本主義的基盤の上に鉱山業と冶金生産との結合が進み，ウラルでは，主要な鉱石産地は農奴主の独占的な支配に陥った。ウラルの鉱山業者の会社は，その資本主義的性格を保持しつつも，その活動を封建的独占の側から圧迫された。

つまり，相違は，一連の事情の力によって，これらの社会＝経済的発展の共通の法則性は，ウラルとイギリスの鉱山業を18世紀に同一の結果に導くことができなかったという点に帰結する。イギリス資本主義は，農奴制の枷から解放され，その発展の初期段階から18世紀後半に始まった工業変革を準備した。ウラルでは，それは農奴制の支配に圧迫され，そのような役割を演ずることができず，徐々に経済の封建体制の基盤を崩して，ようやく実現への道を切り開いた。"[314]

V. Ya. クリヴォノゴフの混乱は，農奴制法体系による農民の堅固な人格的束縛をロシア封建体制の基盤として捉えないこと，その上で「自発雇い」を直ちに資本主義的要素と看做すことに起因している。

V. Ya. クリヴォノゴフの依拠したF. Ya. ポリャンスキーの立論も，農奴制の下での「自発雇い」を「自由雇用」と看做し，生産関係の資本主義的性格の根拠とする点で共通する。

ポリャンスキーは述べる：

"これ＜雇用労働ーY.＞に関するすべての情報は，極めて重要である。何故なら，雇用労働は資本主義的生産の不可分の指標であり雇用労働の普及の広さはかなりの程度資本主義的生産の成熟について証明するからである。"[315]

本源的蓄積過程における強力の位置づけに関しても，V. Ya. クリヴォノゴフ

はこれをイギリスとロシアとの共通性の根拠とする。

"K. マルクスは17世紀イギリスの原始的蓄積の手法を分析して述べた：≪これらの手法は，かなりの程度，たとえば植民地システムのような，粗野な強力に基礎を置いている。しかしそれらすべては，封建的な生産方法を資本主義的なそれに転換する過程を促進しその過渡的段階を短縮するために，国家権力，即ち集中され組織された社会的強力を利用している。強力は，すべての古い社会が新たなものを懐胎したとき，その助産婦となる≫。[316]*К. Маркс «Капитал», т. 1. М., 1953 г., стр. 754.

"ウラルで強制的労働者，また雇用労働者が髪を刈られ，柳や鞭で打たれ，槍で突かれたとすれば，イギリスでは，歯を鋸で切られ，手首で吊るされ肩に重りを乗せて働かされた。逃亡を試みた者はウラルで行なわれたのとまったく同じに足枷を付けられた。

つまり，イギリスでは，18世紀後半に産業革命の段階に入り，まだはるかに産業革命に至らない，産業発展の初期段階のロシアで行われたのと同様の形態の雇用と強制が認められた。[317]"

ロシアにおける，完全に封建的＝農奴制的法制に保証された農奴主のすべての強力と，既に農奴労働が基本的に消滅した体制移行の過程でイギリスで振るわれた強力とを同一視することはできない。マルクスの「助産婦」の含意は，国家権力の行使する強力が生産様式の転換を促進する手助けとなったということである。したがって，個別の暴力行為を取り上げてイギリスとロシアとの共通性を議論するのは的外れといわざるを得ない。ロシアの，ウラルで振るわれた暴力は，未だ近代社会への過渡期とはいえない農奴制社会において，隷属民に対して振るわれた，貴族＝農奴主国家の承認した体制維持のための合法的暴力であった。

第2の論点は農民冶金業の社会的性格に係わる。

"その＜ウラルの―Y.＞トゥーラの冶金地帯との遺伝的関係は存在するが，しかしそれはトゥーラのウラルに対する直接の影響だけでなく，大鉱業工場の

第2章　停滞構造の歴史的起源

創設と原初的発展に地域の農民冶金業の果たした役割にもあった。ウラルの農民冶金業者は大量に存在した。17世紀末にアラミリスカヤ村地域だけで数百の農民企業が数えられた。"[318]

"クングルスキー郡に17世紀末に45の農民冶金企業を数えた。この郡に1754年に約500の私有鉱山を数えたことも指摘される。"[319]

"同様＜クングルスキー郡の農民冶金業のような―Y.＞の小事業所はどこにも見られた。17世紀や18世紀始めにはそれらは単純な資本主義的協同企業 кооперация であり＊，家族成員や雇用労働力の搾取に基づき，一部は自分や注文のため，主に地方市場のために働いた。"[320]

"例えば，プイスコルスキー製銅工場は，17世紀30年代に，雇用労働で建てられた。ゲンニンはこの工場について次のように述べている：≪建築は自由な人々によって行われ，1人当り1日馬付きには12，徒歩には6コペイカ支払われた≫＊[321]

"雇用労働者や家内労働者として農民―熔鉱夫や鍛冶工として―が現れた。彼らは≪未加工の塊鉄を鍛造のための水力ハンマーを川辺に持つ買い取り人に販売した＊≫。例えば≪熔鉱夫≫トゥマシェフは17世紀30年代に建てられたプイスコルスキー製銅工場を賃貸によって国庫から引き取った。1669年ドミトリー・トゥマシェフはネイヴァ河上流に高炉工場を建て，≪様々な場所で鍛冶工や労務者を雇った≫＊＊。"[322]

"マズエフスキー製鉄工場の建設において，彼ら＜F. モロドイとN. オグネフ―Y.＞は親戚のプロコフィエフ，ヤルイシキンから資本を募った。その上，彼らは≪クングールのミールの人員とミールの資金によって≫工場を建てた。"[323]

"マズエフスキー工場は，専ら雇用労働によって稼働し，集中化された作業所と分散した作業所から成っていた。そこでは，自前の原料からとクングルスキー郡の農民＝工業者から買い付けられた塊鉄からとで，帯鉄と刃物鉄の鍛造が行われた。"[324]

"マニュファクチュア所有者として農民＝工業者から鉄を買い付け，彼らに

211

代わって関税を納入したとすると，当然に，後者は彼の網に入り，彼の家内労働者と成る。これらの事実は，ウラルにおける資本主義的マニュファクチュア形成の合法則的過程を証明する。"[325]

"このように，我々はウラルに農民的クスターリ冶金業の基礎の上に出現した12工場を数え上げた。それらは，資本主義的マニュファクチュアとして設立された。"[326]

"事実から見えるのは，ウラルに，地方的条件のせいで極めて緩慢ではあったが，ロシア中央部と同様に，鉱業に資本主義の最初の萌芽の形成過程が生じたのである。一部の農民＝工業家は，ヨーロッパの一部の職工，手工業者や雇用労働者のように，≪萌芽的資本家≫*に転化した。"[327]

"＜ウラルとヨーロッパの＞違いはただ，ヨーロッパの≪萌芽的資本家≫は最も急速な合法則的消滅を蒙ったことにある。彼らは自らの階級の中から大工業ブルジョワジーと労働者階級とを析出した。ウラルの方は農奴制的独占によって二義的地位に後退させられた。彼らのいくらかは大工場主に成ることができた。圧倒的多数は資本主義的あるいは農奴制的搾取を蒙って，独立の副業や農業によって自らの存続を保証しつづけた。"[328]

"…結論：

第1に，ロシアの本源的蓄積の独特の過程がウラルにも展開された。ウラルの富裕な農民の中から，貨幣資金の保有者，買付け人，鉱業マニュファクチュアの組織者，そして労働力の販売者も析出された。

第2に，ウラルで，中央部ロシアと同様に，鉱業発展の初期に，農民的クスターリ冶金業の基礎の上にマニュファクチュアの出現過程が観察され，単純な資本主義的協業を出現させた。農民的冶金業は鉱業マニュファクチュアにとっての重要な雇用労働の源泉だった。本源的蓄積の緩慢なテンポのせいで，資本主義の萌芽のこの合法則的発展過程は支配的状態を獲得せず，封建的独占がこれを停滞させ，閉塞させたことを断る必要があるだけである。"[329]

V. Ya. クリヴォノゴフは17世紀のウラルの農民冶金業の中に資本主義の萌

第2章　停滞構造の歴史的起源

芽を見いだすが，資本と労働力の社会的評価を下すためにはより現実に近づいた分析が必要である。

　17世紀末-18世紀初期のクングルスキー郡の鉱業家に関して，A. A. プレオブラジェンスキーの分析によると，原料採取と加工との間の厳密な分離は見られない。鉄鉱石で年貢оброкの支払いを行った記録が残されており，そのような年貢納入者が法的に排他的な鉱石採掘権を行使できた。採鉱に参入しようとする者は採掘権者から参入証поступная записьを要求された。⁽³³⁰⁾即ち，彼らの中の企業化した上層の特権的地位は明らかである。

　"通例年貢納入権保有者は，ニキフォル・ポソーヒン，グリゴリー・グレホフのようなクングール商工区，郡の≪上流の≫者たちであった。次第に彼らは郡内の一般の熔鉱家，鍛冶屋を支配下に置いた。⁽³³¹⁾"

　"これらの企業家たち，また他の≪上流の≫者たちは，小規模な生産者＝冶金家をカバラ的な債務で束縛し，低価格で彼らの生産物を受け取り，有利に売りさばいた。シチャピン村の鍛冶屋イヴァン・クジヌイフは1707年8月，ニキフォル・ポソーヒンから1708年10月1日の期限で4ルーブリ50コペイカ借り，≪信用のために≫自分の家を担保にした。

　同時に，イヴァン・クジヌイフ，イヴァン・シビリャコフは富裕な商工民エフィム・スイチェフに8ルーブリ50コペイカ借金し（前者に4ルーブリ50コペイカ，後者に4ルーブリ），それぞれ鉄15プードずつ返済する義務を負った。⁽³³²⁾"

　封建的秩序に即した階層化が進み，上層が下層を古くからの慣例たる債務奴隷化によって従属させる手法も用いられたのである。

　年貢納入権保有者が≪期限付き≫労務者を雇った記録も存在する。"例えば1707年12月グリゴリー・グレホフはクングールの2名の商工民…をそれぞれ4ルーブリ10アルトゥインの給与で1年間仕事に就かせた。…ドロフェイ・トゥチノロゴフは自分の鍛冶屋を閉めて1707年9月1日から1708年9月1日までニキフォル・グレホフに雇われ，2ルーブリの手付金に縛られて年間9ルーブリで≪鍛冶仕事を働いた≫。1707年12月債務保証書が商工民ヴァシリー・プレ

213

ミヌイフとソヴェトナヤ村民ピョートル・カシヤノフに発行された。彼らは
G. D. ストロガノフの手代サッヴァ・クズネツォフから15ループリ借り入れし
た。" "資料にはクングルスキー郡の鍛冶屋の数について直接的な表示はない
が，それらは数十あったと推測できる⁽³³³⁾"。

　雇いの実態を以下に見る。

　"…トロイツコエ村の鍛冶屋ニキフォル・ステパノヴィチ・グレホフは最も
富裕な鍛冶屋の一人であり（彼は耕地9デシャチナ，菜園450平方サージェン，干
し草460堆を所有しうち260堆は購入したもの），1707年鍛冶仕事にドロフェイ・
トゥチノロボフを年間9ループリで雇った。⁽³³⁴⁾"

　"クングールの鍛冶屋は注文に応えるだけでなく，市場に向けても仕事した。
市場には通常半製品が出され，しばしば≪圧鍛 обжатое ≫鉄と呼ばれた。"＜購
入者にフョードル・シャフクノフ，ヤキム・プシカレフ，イヴァン・ヤクート
フらの名前—Y.＞⁽³³⁵⁾

　＜1722年ゲンニンへの農民＝冶金家の報告＞ "農民＝冶金家の供述による
と，1昼夜に小型炉（鉱炉 домница）で2-2.5塊鉄（1塊の重量1.5-2プード）熔融で
きる。しかし仕事は恒常的ではなく農作業から自由なときに行う。農民達は鉱
石を村から5-40ヴェルスタ離れた場所から得る。⁽³³⁶⁾"

　このように，雇用主も被雇用者も農業から分離していない実態を確認するこ
とができる。

　"V. ゲンニンは1723年農民の小冶金業を禁止した。この厳しい方策の動機の
一つとしてゲンニンは，≪百姓達≫は自分たちの生業に≪少なからぬ鉱石と木
材を≫消費すると考えた。⁽³³⁷⁾"

　"したがって，18世紀の間にクングルスキー郡に創設された大工業はここに
自らの先行者たる十分に多量の小規模生産を持っていた。農民＝鉱石業者はウ
ラルの冶金工場の基本的カードルを形成した。それなしに短期間にウラルの大
工業は出現しなかったであろう。⁽³³⁸⁾"

　ゲンニンによる，すなわち国家の政策による圧迫だけでなく，大規模冶金業

の急速な発展とそれへの労働力提供が在来小規模冶金業の衰退の要因となったと推察される。

V. Ya. クリヴォノゴフ："もちろん，工場に編入されたウラルの村の農民の中には専門家ー冶金家，探鉱家，採鉱夫，熔鉱炉主，鍛冶等がいた。しかし，編入の条件は彼らの生産的経験を工場で利用することを許さなかった。というのは，彼らは建設と生産において補助的作業だけを行うことを義務づけられたからである。この理由で初期段階においてウラルの工場の労働力人員の中には，編入者と並んで，労働力の雇用によって，特に熟練者が，補充されたのである。"(339)

"…たとえば，その中には＜ゲンニンの著作ーY.＞ネヴィヤンスキー工場は多くの官有村の農民と，≪ヴェルホトゥリエの宿場の志願者が≫建てたという直接の指摘がある。ヤゴシヒンスキー工場は≪指令によるクングルスキー郡の村々の農民と雇われた者たち≫によって建てられた。シニャチヒンスキー工場は≪アラパエフスキー地区のムルジンスカヤ，アラマシェフスカや，ネヴィヤンスカヤ村の農民と自由雇用の労務者とで建てられた≫"。(340)

"…カメンスキー工場の労働力として現地の鍛冶工から41人が引き入れられた。…このように，疑いなく，ウラルの鉱業マニュファクチュアで働く雇用労働者の中には，少なからぬウラルの農民鉱業者，熔鉱炉主，農民冶金小工場の労働者であった者がいたのである。"(341)

以下，V. Ya. クリヴォノゴフは，多くの論者によって農民冶金業の衰退の原因と認定されたゲンニンの指令を引用する。

"ウラルのマニュファクチュアへの雇用労働力の出現は，その前提として行政的，また競争的方法による農民冶金業の消滅があった。ゲンニンは既に1722年にアラミリスカヤ村の農民＝工業家に塊鉄生産に携わることを禁じた。この方策の動機は，≪無秩序な炭焼きと鉱石の徒な浪費を避ける≫必要にあった。ゲンニンは農民たちに≪官有工場の鉄で満足すること≫を提案した。"(342)

"国庫と独占的工場主による工場建設の展開に従って，農民的冶金業は衰え

た。デミドフやストロガノフによって彼らに与えられた打撃の結果，農民工場の中で最大のフョードル・モロドイの事業も消滅した。まもなく，工場主モロドイ自身は官有工場の需要に供給する一人となっていた。"[343]

"まだ所々に維持されていた小農民企業は，現物税を課された。彼らは，官有工場に鉄製品2プード，塊鉄3プードずつ納入することを義務づけられた。このように，こうした事実の中に，いわゆる《家内手工業者》の形態としてであっても，農民冶金業人材 кадры の官有工場人材への転化の趨勢が現れている。"[344]

V. Ya. クリヴォノゴフの論理は飛躍しているといわざるを得ない。ウラルの小農民経営は官有工場に従属させられ，自ら労働力として吸収され，それ自体としては衰退することによってウラル冶金業の体系に組み込まれたのである。

人身的雇用契約の歴史的性格

V. Ya. クリヴォノゴフは農奴農民の出稼ぎにも資本主義的生産関係を見出す。

"もしもストロガノフの農奴農民が出稼ぎの許可を得て隣の工場で仕事に雇われたなら，彼らは雇い主に対して資本主義的生産関係のシステムに入ったのである。"[345]

"全てのこれらの強制の形態は封建国家の法とその行政的実践に完全に合致し，封建＝農奴制国家の強力機構の協力の下に実施された。しかしことの本質は全てこれらの法的，行政的手段は自由雇用労働者による契約協定の遂行の保証，労働力の売買契約を結んだ一方の利益の保証に向けられたということにある。国家権力機関の側からの強制を伴うこうした雇用形態の原始的蓄積現象への結び付きは，その資本主義的内容を消し去るものではない。"[346]

S. G. ストゥルミリンはロシア革命後の時期に労働，国民経済統計において主導的な役割を果たし，1930年代にはソ連邦ゴスプラン副議長として大きな権威を有したが，[347]彼もまた「自由雇用」を以て資本主義の標識とし，17世紀に遡っ

第2章　停滞構造の歴史的起源

て「資本主義の萌芽」を発見した。

　S. G. ストゥルミリンによると，ゲンニンの「リスト」にある工場内労働者は，例外なくそれぞれの熟練に応じた賃金を得ていた。特徴的なことは，多くのものに“自発的にохотою”採用された旨注釈されていることである―浮浪者から自発的に，ストロガノフの領地から自発的に，デミドフの工場から自発的に，兵士から自発的に，一例では「逃亡兵士から自発的に」…。⁽³⁴⁸⁾

　これらの「自発雇い」の性格とはいかなるものであったのか？　これを資本主義的雇用と考えるところに，S. G. ストゥルミリンの議論の主眼がある。

　ストゥルミリンによると，18世紀の法意識の下で，雇用によって生ずる社会関係は認知されていたという。1649年法典第XI章32条には，≪どこそこの農民及び百姓が仕事に雇われるとすると，どの身分のものの下であれ書きつけがあろうとなかろうと自由にповольно雇われる。彼らを雇うものは，居住及び貸付の証文，債務証文をとらず，いかようにも縛りつけず，その雇い人が勤め終えたときにはいかなる拘束もなしに放免すること。≫とある。このように，雇用は既に封建・農奴的，奴隷的関係からきっぱりと区別され，新しい，資本主義的搾取関係の<u>可能性</u>（以下原文の斜体を下線によって示す）を意味していたという。⁽³⁴⁹⁾

　自己所有農民の零落は領主にとっての損失であるから，大封建領主B. I. モロゾフ，N. I. オドエフスキー，公爵V. V. ゴリツィン，名門ストロガノフ家等は，既に17世紀に，自らの領地の“資本主義的規模で”組織された事業に広く雇用労働を利用し，特に最貧層から雇っていた。このような慣行は18世紀にも引き継がれた。賃金が任意の比率で領主＝雇用主の専横と組み合わされた，この雇用形態の二面的，<u>半封建的性格</u>は，18世紀には領地マニュファクチュアのみならず官有工場にとっても<u>編入住民</u>に関して特徴的だった。しかし，よそ者や非課税の労働者はすべて，官有とそうでないとを問わず，“言葉の真の意味で自由雇用вольнонаемныйであった”。⁽³⁵⁰⁾

　かくして，“官有工場において<u>雇用関係</u>と<u>利潤</u>の取得のための商品生産が<u>支</u>

217

配していたことを考慮すると，官有工場は既にピョートル期には<u>資本主義的企業になりつつあり</u>，その末期には基本的に<u>資本主義的企業になった</u>と認めざるを得ない"。このようにS. G. ストゥルミリンは特徴づける。[(351)]

V. Ya. クリヴォノゴフ，S. G. ストゥルミリンに代表される議論は，既に見たような，農民の農奴化を完成させた1649年「法典」の意味を曲解している。第XI章は，農民の逃亡を，「捜索期限」の廃止によって完全に非合法化した規程である。そこにおいて，第32条は，誰かの農民及び無土地農，即ち他者の所有物たる農奴を，「雇い」することを認めつつ，「雇い主」が自らのもとに固定することを禁じたのである。このように，農奴制の原則を基に，農奴身分を前提として封建体制の中に位置づけられ，封建的強制と区別するため「自発的」とされた「雇い」を，それ自体既に資本主義的であると看做す議論は，完全に破綻している。

V. Ya. クリヴォノゴフらは，雇用労働が資本主義の基本的特徴の一つであることから飛躍してそれを資本主義の指標と看做す。

しかし，雇用制度は資本主義に固有なものではない。したがって雇用労働の利用が資本主義の存在証明とはならない。

先に確認した本源的蓄積論の中でマルクスは，イギリスでも"14世紀の後半に発生した賃金労働者の階級"を認めるが，彼らは"その当時も次の世紀にも人民のうちのほんのわずかな成分をなしていただけで，…雇い主と労働者とは社会的に接近した地位にあった。資本への労働の従属は，ただ形式的でしかなかった。すなわち，生産様式そのものは，まだ独自な資本主義的性格はもっていなかった。"と記した。雇用労働と資本主義的生産関係とは直接的に結びつけて捉えられてはいなかったのである。

他人の労働を契約によって雇用し，利用する制度は古い歴史を持つ。ロシアにおける「自発雇いвольный наем」もその構成要素の一部であった。資本主義体制とは切り離された「人身的雇用」の歴史についてはM. T. ガマゾヴァの以下のような論考がある。

第2章 停滞構造の歴史的起源

"人身的雇用制度の起源はローマ私法の歴史に遡る。それによると，物の貸借と並んで契約によって行われる奉仕者の雇いнайм услугが規定されていた。それは契約であり，それに従って一方（雇われ人）は他方（雇い主）のために定められた奉仕を果たすべき義務を負う。また雇い主はそれらの奉仕に設定された報酬を支払う義務を負った。

当該契約には雇い主の指示に従って個々の奉仕人の遂行目標がある。奴隷所有者社会の条件のもとでは，あらゆる奉仕の遂行のために奴隷所有者が握ったのは，第一に奴隷，そして或る程度は解放奴隷であったから，人身的奉仕者の雇用契約は広い普及と何らかの大きな意義を一般に持つことができなかったと指摘する必要がある。"

"人身的雇用関係として特徴付けられうる相互関係の規制に関するロシア法の源泉には，まず第一にルースカヤ・プラウダが指摘される。例えばO. I. チスティアコフは，≪…封建制に雇用労働は固有なものではない。にもかかわらず，ルースカヤ・プラウダは人身的雇用契約の或る場合について言及している：家政管理人тиуны（使用人）あるいは鍵番ключникиの雇用である≫。"

"もしも人が特別な契約なしにそのような仕事に就くなら，彼は自動的にホロープ＜奴僕－Y.＞になる。雇用наемと債務奴隷закупを同一視する研究者もいる。ルースカヤ・プラウダでは，債務奴隷はこう呼ばれる：≪貸し付けを受けそれを自分の労働で支払う義務を負う自由なсвободный者。債務奴隷は彼の過失もしくは怠慢に起因して主人に負わせた損失を賠償する義務を負う≫。"

"より後期の法源には人身的雇用のような義務的関係の変形に関して既に直接的に語られている（12-15世紀）。この時期当該契約は通例口頭で結ばれたが，しかし書面も存在した。≪法は双方を対等な状態に立たせ，彼らに自分の利益を擁護させた。実際に様々なカテゴリーの雇われ人は様々な地位をもっていたが≫。"

"ロシアの封建法の発展期（15-16世紀）に立法者は，長い間雇用主への人身的債務隷属の根源となってきた，人身的雇用契約を新たに検討する試みに着手

した。これに関連して，1496年法典 Судебник は，期限まで勤めないあるいは定められた課題を完遂しない雇われ人は報酬を失うが，雇い主への人身的従属には服さないと規定した。"

"ロシアにおける絶対君主制の形成と発展の時期には，人身的雇用は広く普及し，契約締結の方法の簡素化が求められた。エカテリーナⅡ世以前には，この契約は農奴制的秩序で，最も複雑に結ばれなければならなかった。この秩序の下で契約は特定の国家機関により作成され証明され，煩瑣な手続きと多額の手数料が徴収された。後にそのような契約はより簡素な一届け出と私的な一方法で行われるようになった。⁽³⁵²⁾"

"人身的雇用契約は家内，土地，手工業場，工場作業場，商業企業での仕事の遂行のために結ばれた。契約締結の際の意志の自由は一連の場合には条件的であった：未成年者や女性は夫や父親の同意のもとでのみ結ばれ，農奴農民はどれほどの期間そうした義務の締結を許すか書面で定めた地主の同意による。人身的雇用に入る者の範囲は充分に広かったが，主として農奴農民，手工業者（徒弟，補助職工），そして相対的に小さな自由雇用労務者のグループであった。農民の大多数は異なる法的基礎の上で工業で働いた。"

"最も完全な人身的雇用に関する立法規制は，19-20世紀初頭に得られた。G. F. シェルシェネヴィチは書く：≪人身的雇用の名称の下に契約が理解される。その効力によりあるものは報酬に代えて他のものの奉仕を一時的に利用する権利を得る≫。⁽³⁵³⁾"

我々はM. T. ガマゾヴァの整理は適切であると考える。

人と人との関係における雇用―物の貸借と区別される人身的雇用―は人類社会の早い時期からの慣行となっていた。ロシアにおいても今日の雇用 наем と同一の語が契約を伴う奉仕，他人労働の利用に対して用いられてきた。社会発展の諸段階において，当然，人的関係の性格は異なるので，雇用する側とされる側との関係は，同一の語が用いられたとしても異なる概念とならざるをえない。雇用は直ちに資本主義的労使関係の指標とはならないのである。

第2章　停滞構造の歴史的起源

　同種の問題は「自由вольный」についても存在する。1649年ウロジェーニエ以降，特にピョートルによる体制整備，農奴制の強化過程においてホロープの農奴への統合が断行された。辺境住民の掌握も進み，かつて存在した彼らの一時的なわずかな自由も局限された。我々は，農奴の人格的解放を承認した1861年の「農民改革」以前の雇用契約は，本来の農奴所有主の権利と両立させるために農奴制的強制と区別されて「自発的なвольный」と形容されたものであって，そのような「自発雇い」は相互に自由な人格間の資本主義的な「自由雇用」から厳然と区別されなければならないと考える。

　冶金工場建設は帝政の国策であり，当面封建的収奪以外の方法でその建設と経営が行われることはあり得なかった。工場建設の労働力を供給したのは官有地農民である。彼らの差し出したのはそれだけではない。ネヴィヤンスキー工場の建設に国庫から1541ルーブリ支出されたのに対して，周辺農民から10347ルーブリ（6.7倍）が徴収され，雇いのための資金とされた。1721年のアラパエフスキー工場の記録にも，プイシミンスカヤ村をはじめとする編入村の農民が工場の働き手を雇うため192ルーブリ60コペイカを収めたとある。[354]

　1713年の指令で，あらゆる租税を編入村から金銭でもって徴収し，"その金銭で志願者をあらゆる工場仕事に雇い，もしも志願者無きときは，馬仕事に1日2アルトゥイン，徒歩仕事に8デニガでもって算入すること"とされた。2アルトゥインを6コペイカ，8デニガを4コペイカとすると1704年の賃率の倍に当たる。しかし，志願者は少なかったという。[355]この1713年指令の含意は，カメンスキー工場における編入農民の粘り強い抵抗に対する譲歩を反映している点に注意を要する。[356]帝政は，従順な労働力の確保を最優先に，このような指令を発したと考えられる。

　指令は，第1に，「雇い」のための源泉が，封建的収奪によって得られるものであることを粉飾なしに示した。第2に，結果的に，工場仕事への志願者を大量に供給する条件は，まだ社会的に未成熟だったことが示された。さらに第3に，「自発雇い」は帝政国家が認め，封建体制の中に位置づけて推進するも

221

のだったということである。[357]

　付け加えるに，A. S. チェルカソヴァは，注目されない論点として，雇いに
必要な現金が政府には常に不足していたと指摘する。[358]

　そうだとすれば，封建国家の側にも，貨幣経済を全面的に展開する条件は
整っていなかったということである。言い換えれば，市場に任せた「自由な雇
い」には限界があった。したがって，この点でも，税収の拡大の必要性は大で
あり，税制の整備，封建体制の強化と冶金業の育成は併行的な課題であった。
製銅業は貨幣鋳造を目的の一つとしており，ウラルは金・銀の産出も期待され
ていた。

　1717年の調査では，ネヴィヤンスキー及び新たなシュラリンスキー工場に
399戸，男性910人が数えられた。そのうちネヴィヤンスキーの「雇い」労働
力は，高炉作業場に21人，ハンマー作業場に161人，その他の作業場に33人，
大工35人，雑役工78人，事務員6人，番人7人，総計工場内に341人，工場外
には鉱坑に10人，炭焼きに56人，駅者11人，船員12人であった。これらに乞
食26人，商人58人その他を含めた工場住民の社会的出自は以下のようである
（単位：人）。

農民および無土地農より	
編入されたもの	34
購入されたもの	9
地主地農	40
その他	280
小計	363
手工業者より	85
町　人	61
聖職者その他	7
総　計	516

　これらに他工場から引き抜かれた職工少なくとも118人を加える必要があ

222

$^{(359)}$
る。但し，以上は工場内および工場外労働者を対象にしたもので，後に見る
1726年の官有工場に関する「リスト」と直接に比較可能なものではない。

M. V. ズロトゥニコフは，同じ調査を材料に，圧倒的部分がさまざまな地域
から到来した「自由雇用」労働者であった，デミドフが購入したものと当初官
有工場から引き継いだもの70人のほかは到来者であったと指摘した。$^{(360)}$

S. G. ストゥルミリンはこれをもって，デミドフの労働者の基本的補給源は
すでに農村住民になっていたと見なし，調査の記録によると，編入農民や購入
された農民さえも，工場内で「雇用によって」働いていたと指摘する。農奴を
通年で労働させることはできないから，工場内では，特に最も貧窮した農民か
ら，雇用原理が行われたという。ただ，こうした労働者形成が特に普及するの
は18世紀後半からであるとも付け加える。$^{(361)}$

ウラルにおける基本的な労働力不足のもとで，強制的労働への依存が強まっ
たことも否定できない。農奴の購入のための投資，その低い生産性から見れば，
強制的労働は「自由雇用」よりも高くつくことすらあるが，一ストゥルミリン
は言う一鉄市況がそのような追加投資を可能にしたということである。労働力
需要は逃亡農奴を吸収しただけでなく，1721年にはデミドフの諸工場に約150
人の逃亡新兵さえも確認された。勿論それらは「雇用による」と説明されてい
る。$^{(362)}$

S. G. ストゥルミリンによれば「雇用労働」は順調に増加した。先述のよう
に1702年のネヴィヤンスキー工場の職工・労務者（工場内労働）は27人であっ
たが，1717年には430人，1733-34年の調査では1291人（児童を含む），そのうち
外国人16人，他地域からのロシア人農民1243人であった。$^{(363)}$ 彼らの実態を分析
する必要があるのである。

E. V. スピリドノヴァは，グジャチ川の改修工事に労務者を募る指令を次の
ように評価した。

「自由な働き手」の雇いは国家の方針であった。ピョートルは，「農民以外の
すべての身分の」「自由な働き手」の雇いを奨励した。そうした多数の指令の

223

中で，志願者の不安を打ち消す約束が掲げられた。グジャチ川（ヴォルガ河支流）の湾曲部の掘り直しのために労務者を募集する，1721年9月11日付け指令は，"希望の値段で何らの心配なく（契約できる），なぜなら，いかなる束縛も侮辱も決して誰にもなしにその仕事に就き；取り決めで以てあれこれの希望の仕事に就かせ，誰にもいかなる遅滞もなしに銭が払われ，決して意に反して引き止めて働かすことなく，誰でも自分の意志で妨げなしに仕事を辞める"ことを約束した。
(364)

　法令は，この仕事が強制による動員ではなく，報酬が支払われることを強調して，農奴農民に訴えたのである。

3827．－1721年9月11日．元老院令．－グジャチ河の急な湾曲部を掘り返すために自発的вольные労務者を徴集する件について．
　"モスクワ県モジャイスキー郡グジャッツカヤ埠頭近くのグジャチ河の急な湾曲を船の航行可能にするため自発的労務者によって掘削し直す件。…報告によると，その仕事に労務者が少数しか来ないため，事業が停滞している。それ故皇帝陛下の命を元老院より発し，その掘り直し仕事にすべての町から希望するものが雇われ，それらは多数必要であり，＜責任者＞ノヴォクシェノフ中尉といかなる危惧もなしに自発的な値段でもって合意し，何となればその仕事においていかなる束縛も侮辱も決してないであろう；また1サージェンごとの仕事の取り決めに従い，欲する者には他の仕事にも，いかなる遅滞もなく銭が支払われるであろう，そして決して束縛も引き留めもなく誰も仕事を強いられず，自らの意思に従って仕事から抜けることをさまたげられない。"
(365)

　「自由な働き手」は「雇い」の形式で動員された農奴たちであった。
　工場主たちに対するマニュファクチュア参事会規程の提案は，"工場やマニュファクチュアに徒弟やその他の労務者を…相応の支払いの取り決めで受

第2章　停滞構造の歴史的起源

け入れる”ことであった。その際，徒弟や労務者が働かなければならない一定の期間が契約され，当該期限前の退去または他のマニュファクチュアへの移転は厳しく禁止された。リンネル工場主 I. タメスに対する許可は，“ロシア人の，農民ではなく自由な者を職工，徒弟，労務者に雇うこと…そして彼らをその工場に徒弟として 7 年，更に職工助手として 3 年保持すること”が条件であった。この“契約期限 урочные лета”経過後は，働き手はその工場を退去することが認められた。
(366)

「自由な働き手」は，封建的規制に服し，自由意志による移転を厳しく制限されたのである。

到来者と逃亡農民

工場に到来した者というのは，封建国家から見れば浮浪人，逃亡者であった。

1649 年ウロジェーニエ（会議法典）において，移動の自由はごく少数の「自由民」に認められたに過ぎない。「浮浪 гулянье」は，17-18 世紀の法体系からの逸脱であって，権力から見て逃亡 бегство と同一視された。新天地で新たに生活を立ち行かせた場合も，彼はあくまで「逃亡者」であった。
(367)

「法典」は農奴制の法的な仕上げである。逃亡農民の捜索期限が廃止された。他方で逃亡農民の隠匿も罰金を科せられた（年間 1 人 10 ルーブリ）。
(368)

17 世紀のウラルの住民は，民間入植，すなわち，主として白海沿岸地方からの逃亡農民，浮浪人から形成された。大規模なマニュファクチュア群の創出と操業には更なる流入が必要だったが，これには常に矛盾が伴ったのである。

ピョートル期においてもそれ以後も，浮浪人・逃亡者は一貫して非合法の存在とされた。とりわけ，政府は，人頭税導入に伴う人口調査＝査察によりその厳密な捕捉に努めた。ウラルの冶金工場にとっての到来者は，封建国家の逃亡者，退出者であった。
(369)

F. Ya. ポリャンスキーによると，“地主や官僚に零落させられた農民階層は，それ以上に頻繁な凶作に襲われた。後者は 18 世紀に多数数えられ，その

225

うち2回は全般的であった（1716年，1722年）。ロシアの各地で凶作が確認される―1701，1716，1721，1722，1723，1724，1726，1731，1732，1733，1735，1741，1748，1749，1754，1756，1757，1765，1766，1767，1770，1774，1782，1783，1785，1788，1789，1792年"[370]。

　即ち1世紀の3割は凶作であり，しばしば連続した。もちろん，これらの全てが逃亡農民をウラルに向かわせたのではないが，基本的な生存の危機が根底にある上に社会制度的圧迫が彼らの逃亡を促迫したのであるから，帝政にとっても容易ならざる長期の闘いを要したのである。

　人頭税導入による封建体制強化の下で，自由民，浮浪人の存在余地は奪われた。彼らには，軍隊勤務か工場勤務，もしくは領地への定着しか選択肢はなかった。即ち，国家か領主，工場主かいずれかへの隷属である。そうでない場合，彼らは逃亡者と事実上同一化された。彼らに対する封建国家の扱いは一貫している。即ち，勤務にも領主への隷属にも服さない自由な存在は排除された。ピョートルの1718年5月25日付け指令は，ペテルブルグ総警察長官に対して，次のような厳格な措置を命じた。

3203.　―1718年5月25日。　S.ペテルブルグ総警察長官への指令条項.
"10.　すべての浮浪人とぶらつく者達，特に，見たところあたかも何か仕事や商いをするような者は捕えて尋問すること。尋問で本人と異なる話のあるとき，彼らを仕事に就かせること。同様に，乞食たちも留め置き，彼らの中で働ける者は捕えて仕事に就かせること。
11.　同じく到来者を厳格に監視し，…隠匿や変名を名乗った場合はそれらの主人хозяинを処罰としてガレー船に送りすべての所有物を没収する；同様に出立者についても，労務者の主人がそれらを放浪者の中から雇ったならば，その形でいかなる逃亡兵士や水兵のなきよう，知らせること…"[371]

　こうした指令は西ヨーロッパにおける浮浪人，乞食，貧民矯正法令と相似し

ている。マルクスは述べる。

"封建家臣団の解体によって，また断続的な暴力的な土地収奪によって追い払われた人々，この無保護なプロレタリアートは，それが生み出されたのと同じ速さでは，新たに起きてくるマニュファクチュアによって吸収されることができなかった。他方，自分たちの歩き慣れた生活の軌道から突然投げ出された人々も，にわかに新しい状態の規律に慣れることはできなかった。彼らは群をなして乞食になり，盗賊になり，浮浪人になった。それは，一部は性向からでもあったが，たいていは事情の強制によるものだった。こういうわけで，15世紀の末と16世紀の全体とをつうじて，西ヨーロッパ全体にわたって浮浪に対する血の立法が行われたのである。"⁽³⁷²⁾

以下，ヘンリ8世からジェームス1世までのイギリスにおける規定が紹介され，フランス，ネーデルランデでも同様であったとされている。⁽³⁷³⁾

西ヨーロッパとロシアにおける類似した浮浪人，乞食矯正立法の根本的な相違は，前者は15-16世紀の封建制解体過程において土地収奪により追い立てられた人々，後者は18世紀の封建制強化過程において地主による緊縛と凶作から逃れた人々を対象とした点にあった。浮浪人生成過程には画然とした相違があったのである。したがって，ロシアでは，浮浪人，事実上の逃亡農民に対しては，まず第一に本来の所有者への返戻が原則とされた。

3743. ―1721年2月19日．逃亡農民及び無土地農の従前の場所への返戻について。

"1. 逃亡した農民及び無土地農，屋敷内並びに家事使用人を…農奴所有権により従前の所有者に，…従前の法令，即ち157年（1649年―Y.以下同じ）ウロジェーニエと190年（1682年），191年（1683年），206年（1698年），1715年，1718年の補則に則って返戻し，同一家屋に住むその妻，子供，三親等者，姉妹の連れ合いとともに，またすべての家畜，穀物，同居者を併せて，法令に従って1年，最大限1年半以内に，自分の荷馬車で元の場所に送り返す…＜以下その際の手

続き＞

2. それら逃亡者を留め，領有し，領地に保持した者は，従前の所有者に返戻し，従前の法令に従い1戸当り20ルーブリの補償金зажилые деньги*を；嫁をとらず逃亡した者には1人1年20ルーブリ；＜支払う－Y.＞*本来の所有者の逸失利益の補償と罰金の意味を持つ。－Y.

＜以下，様々なケースについて罰金，体系などの規定＞"⁽³⁷⁴⁾

この時期，封建体制の根幹の維持だけでなく，徴税基盤の掌握の意味でも逃亡の抑止が重要であったと思われる。

3936.－1722年4月4日.－逃亡者及び農民の返戻のための期限の決定について.

"去る1721年と本年1722年，…逃亡者及び農民を従前の地主に妻，子供…とともに返戻するべく布告された…そしてこの4月，陛下は元老院にて指令された：逃亡者及び農民の返戻の期限について来る1723年1月1日を付加する；そして上述の1月1日には逃亡者を返戻しない；そしてそれらから補償金を従前の，1721年2月19日付け指令に従い徴収する。"⁽³⁷⁵⁾

3939.－4月6日.－勅令.－逃亡者と農民の捜索について，彼らの以前の地主に妻，子供，全家財道具とともに返戻することについて，逃亡者の保持に関してスターロスタと手代の処罰について，逃亡者の受け入れ許可とその返戻に関して村の所有者から徴収することについて.

＜1721年2月19日法令の明確化－Y.＞

"1) 逃亡者，農民を従前の及び本法令により返戻する，ともに逃亡して到来した妻，子供，連れ合いとともに。また，それら逃亡者，農民に実娘と孫がおり，ともに逃亡して居住した場合，逃亡してきた娘と未亡人が父親なしにその領地の者に嫁ぎ，その許に逃亡者が住んだ場合，そのような実娘と孫，父親なしに到来した娘と未亡人につき，その許に彼らが居住した領主はそこから彼ら

第2章　停滞構造の歴史的起源

が逃亡した者に50ルーブリずつ支払うこと。またそれら逃亡者の娘から息子
や孫が逃亡中に生まれたときは：それらの分として…25ルーブリ支払うこと，
その逃亡者の娘の娘，孫の娘の分は支払わないこと。”＜以下様々な事例を挙
げて返戻の有無，保証金の額と有無について記述－Y.＞[376]

3945．－4月6日．元老院令．－浮浪する貧者のなきよう監視する件について．
　“従前の法令に従い，浮浪する貧者のなきよう厳重に監視すること。もしも
そのような者があるとき；それらを捕まえて警察署長官房に連れて行き，彼ら
の中から期限内にある若者を国庫仕事に使用する…”[377]

　逃亡者は，1720年代末に，ロシア全体で20万人に上ったと指摘される。個々
の時期，地域でばらつきは大きく，特に，凶作の1733-34年に，モスクワ近郊
の宮廷地から15-19％の農民が逃亡，1735年，モジャイスキー郡モロゾフスカ
ヤ郷の宮廷地から56％が逃亡したとされる。[378]
　政府は逃亡取り締まりのためしばしば人口調査を行った。1710年のものは
その代表的なものである。人頭税導入は，個人を掌握し，土地に緊縛し，税収
を確保するための帰結であった。1710年人口調査の後，1713年以降，逃亡者の
捜索，送還のための指令が立て続けに発せられた。1721年2月23日付け指令は，
逃亡農民の宮廷地，修道院地，教会地以外への送還に際して，1戸当たり20ルー
ブリの補償金пожилые деньгиを課した。1744年人頭調査（査察）に際しては，
逃亡農民を家畜ともども送還し，“1744年1月1日に一人たりともどこにも残ら
ぬよう”命じた（1743年2月5日付け指令）。[379]
　こうした農奴制維持原則に矛盾を持ち込んだのが国策としてのマニュファク
チュア育成策であった。1721（1722年の誤記と思われる－Y．）年7月18日付け勅
令は，“逃亡農民を…工場が止まらないために…送り返さぬこと”を命じた。[380]

4055．－1722年7月18日．元老院宛勅令．－逃亡労務者，徒弟を工場から送

229

り返さぬ件について，

"＜最近の法令で工場から地主に徒弟や労務者を引き渡しているが＞そのため工場が止まっていると報告されている：それら工場から誰であれ徒弟，労務者を，逃亡者であっても，引き渡さず，引き取られた者を取り戻す。その工場に逃亡者がいるときは，書き直しを命ずるのみとする。[381]"

逃亡に対する封建国家の基本的立場は一貫したが，多数の指令は逃亡の根絶の困難さを示すものである。政府が特にジレンマを抱えたのは，ウラル冶金業の場合である。逃亡農奴の放置は本来の所有者＝地主の経済的基盤を掘り崩すから，当然に，彼らの返戻を要求できた。しかし，それは国防産業の要求するところとは矛盾した。そして後者の経済的要請の大きさは，逃亡農奴を留め置く勅令に表現された。到来者＝逃亡農奴を工場に緊縛し，そこにおいて租税・貢租を労役させることが唯一の解決策であった。

既に見たように，第1回査察の過程で1722年3月15日発せられた法令は，逃亡者であっても労務者を工場に残すが，その者の人頭税は前居住地において納めるとした。人頭税を免除されたのは，モスクワ，オロネツ等から指令により移籍されたものに限られた。[382]

ただ，法令にもかかわらず，多数の労務者が送還された例，また自ら逃亡した例が確認されている。これは，労務者が単一のカテゴリーではなく，出稼ぎ農民と逃亡者が混在したため，行政的な混乱があったことと，送還を恐れた逃亡者が更に逃亡したためであると考えられる。[383]

デミドフは個別にも逃亡者の送還免除を得た。1722年8月18日付け署名指令は，"その工場に逃亡者がいたとしても，書き付けるのみとする"として，本来の地主への返還を免除したのである。[384] こうして，デミドフは逃亡者を職工・労務者の供給源とし，彼らの実質的な農奴化を進めた。

1726年2月のゲンニンの報告にも，政府は工場に落ち着いているものを送り返してはならない，そうでないと"工場は空になる"[385] とあった。

1726年7月26日，9月17日の元老院令は，到来した宮廷地農民，修道院地農民が編入村に住むことを許可した。しかし，基本政策が変更されたわけではない。政府はパスポート不所持者を工場に受け容れない旨布告を重ね，捜索することもした。[386]

ピョートルの死後，1730年代には再び逃亡者返戻指令が頻発された。政府の政策は動揺したのである。[387]

到来者の規模を把握することは困難であるが，場合によって住民中の高い比率を占めたことは間違いない。1720年，ネヴィヤンスカヤ，アラマシェフスカヤ，ムルジンスカヤ各村слободаで，786軒中300軒（38％）は，1710年の調査台帳に載らない到来者だったという指摘がある。同様に，アラミリスカヤ，ベロセリスカヤ，カムイシロフスカヤ各村の1373軒中372軒が到来者だったとされる。第1回査察の際，アラパエフスキー工場の住民の23％が到来者とされる。[388]

到来者は農民だけでなく非農業労働経験者も含んでいた。A. S. チェルカソヴァは，ネヴィヤンスキー工場の第1回査察目録の中から，1710年に到来した圧延職工補助A. ボブロフほか2名の例を挙げる。彼らは「雇い」で働き始めた。[389]

こうした階層が職工・労務者層の中核となっていくことは大いにありうるが，そのことは，彼らが逃亡者としてウラルの冶金工場に到来したことを覆い隠すものではない。

帝政は，前居住地かもしくは新居住地＝工場に逃亡者を緊縛することによって封建的秩序を堅持し，いずれかにおいて人頭税を課すことによって財政収入を確保する方針をとった。これが，封建体制のもとで国策的マニュファクチュアを育成するための解決策であった。

しかし，送還される場合も留められる場合も，逃亡者＝到来者は非合法な存在であって，封建体制のもとで彼らが自由の享受を許されなかったことは明白である。したがって，到来者が自由な雇用関係の一方の当事者となることはあり得なかった。当時の記録にある「自発雇い」，「自由な雇い」は，その言葉通

231

りの近代的な内容を持つものではなかった。

　既にみたように，1649年「会議法典」は，封建的原理に則って，農奴所有者の権利を厳格に保護するために，出稼ぎ農民の使用者は農民を縛ってはならない，即ち，主人としての強制ではなく「自発的な雇い」でなければならないことを規定したのである（第XI章第32条）。

　他方で，農民の合法的な出稼ぎは，貧農層の生活を保証し，以て地主への年貢，国家貢租の支払いを可能にすることから，望ましいことであった。1720年代後半，住民の移動をコントロールするためパスポートの所持が合法性の標識となった。1725-27年の時期に，逃亡者とパスポート不所持のものを工場に受け容れることを禁じる指令が繰り返された。[390]

　結果的に，工場内に，合法的な出稼ぎ者と非合法の到来者とが混在することになるのである。

　A. S. チェルカソヴァが，パスポートを所持して「自由雇用」でもって働き，移動の自由を享受することは可能だった－「純然たる」雇用－とするのは，出[391]稼ぎの本質を見誤っている。パスポート所持の労務者は，地主の許可を得て小作料оброк稼ぎに出る。彼は工場に当面緊縛されてはいないが，封建的規制から解放されてはいない。それだけでなく，逃亡者でないが故に帝政権力の監視下に確保されたのである。

　1724年2月16日付けV. ゲンニン宛指令は，労務者，即ち編入農民の給料から人頭税を差し引いて支払うことを確認した。官有農民の場合は，これに地主への年貢相当額40コペイカを追加して支払うのである。[392]

　かくして，1720年代末までに，労働力の流動化は，非合法の到来者及び合法的な出稼ぎ農民の2つのカテゴリーとして整理され，封建的収奪関係の中に構造化されるのである。即ち，ウラル冶金業が，到来者と出稼ぎ農民による手労働と，編入農民による工場外労働を基礎とした，封建的マニュファクチュアとして確立する。

　訓練されたされていないとを問わず，労働力不足と流動性は深刻な問題で

あった。これに対する端的な対応は，移動の禁止である。アマ布製造業者タメ
スへの特権として，1720年3月10日付け記名勅令は，徒弟は最低10年間（7年
間の徒弟，3年間の補助職工）勤続しなければならないと定めた。この7年の徒弟
期間は一般的だったと見られる。マニュファクチュア参事会規程によると，徒
弟期間満了前の徒弟を引き抜くことは重罰金100ルーブリに値し，徒弟は元の
工場に戻され体刑を科された。[393]

　E. I. ザオゼルスカヤによれば，官有工場において，「雇い」は制度的に組み
込まれた。ウクトゥッスキー工場には3つの村 слобода が編入されていたが，
1719年の決定により，"工場の仕事に志願者を雇うこと" が命ぜられ，"その
指令により労務者 работные люди は雇われ様々な値段で仕事に遣わされる" と
された。[394]

　到来者の「雇い」なしに工場が立ち行かないだけではない。編入農民の過度
な使用は農業への悪影響をもたらす。ゲンニンは到来者の受け入れが遠隔地の
工場仕事から農民を解放すると報告していた。[395]「雇い」の利用は封建国家にとっ
ても経済的利益であった。

　18世紀初頭と同様に，「雇い」は運河造営のような国家事業にも用いられた。
1726年元老院令は運河仕事に向かうものに標示付きでパスポートを交付する
よう地主に要請した。[396]

　パスポート制の基本的機能は住民移動の抑制であるから，必要量の労働力の
合法的な創出にとっては障害にならざるを得なかった。1725年7月14日付け
ラドガ運河工事責任者からの報告によると，パスポート不所持者が許可されな
いため自発雇いの労務者が不足しており，役人たちは，地主の発行した旧式の
パスポートを持っていても，"有効なパスポート" を持たない者を各所に押し
とどめ，"鞭打ちし，もとの居住地に送り返して" いた。[397]

　1731年，印刷パスポート制の導入により，[398]臣民掌握の制度が整備，近代化
された。

　ロシア国家は，封建的原理を貫き強化することによって，自ら期待した自由

233

な雇いのための労働力の流動化を抑制したのである。

　しかし，飢饉から逃れるため，貧困から抜け出て食べてゆくため，貨幣収入を得るため，何らかの抑圧から逃れるために，人々を押し出す圧力は絶えず強まった。

　E. I. ザオゼルスカヤによれば，1740年代には，パスポートを持った出稼ぎ者がマニュファクチュアで契約を結ぶことは稀でなくなった。[399]

　封建国家として逃亡を許容することはできないから，パスポート・システムの遵守が重ねて求められた。1743年5月21日付け指令は，印刷パスポート所持の農民のみを仕事に就かせることができると確認した。[400]

請負の「雇い」

　官有工場は，とりわけ，パスポート・システムと国定労働評価額＝布令価格を維持すべき立場にあったから，それらに触れずに労働力を確保する方便として，請負が利用されたと見られる。工場は請負人と契約することによって自らの責任を回避することができたからである。働き手には貨幣で支払われたので，これも「雇い」と呼ばれた。1743年の記録に，A. トゥルチャニノフのトロイツキー製銅工場は，事実上すべての仕事が“自発的契約で請負でもって”行われたとある。[401]

　E. I. ザオゼルスカヤによれば，“雇いによる強制的労働の独特の代替”として，ウラルでもオロネツでも官有工場でほとんど最初の時期から，編入農民は，自分に課された工場仕事をやり遂げるために自分の代わりを雇う権利を持っていて，それは次第に広まった。[402]

　農民層の上下及び社会的な分化は，18世紀初期，ウラル冶金業の始動期から存在した。1719年，カメンスカヤ村の農民160家族の半数は耕地，草刈地を持たなかった。[403]

　工場住民の社会的分化は，ウラル冶金工場が工場村として形成されたことから，必然的に促進された。1724年，元老院令が，官有工場住民たる宮廷地，

修道院地農民，商工住民を前居住地へ送還せず，彼らを工場に編入し "命令あるまで留める" としたのは，彼らが職工・労務者に履物，衣服，食料を供給する役割を果たしていたから―V. ゲンニンの元老院への請願―である。彼らは，人頭税分の工場仕事を果たして，自分の商売をするのであるが，肩代わりを「雇う」こともあった。[404]

職工・労務者が肩代わりを「雇う」場合には，違う事情もあった。官有ウクトゥッスキー工場の高炉労務者3名から1732年に最高鉱山監督庁に寄せられた請願に，老齢のため工場仕事から解かれることを望む，それというのも，「その仕事に自分の代わりに他のものを定められた給料に割り増しして雇っている。そのために極限まで貧困し零落している」とあった。[405]

肩代わり「雇い」は，直接的には，人頭税分の労役を免れるために行われる。したがって，間接的に，人頭税の貨幣支払いである。「雇い主」は直接的には利潤を得ることを目的とはしない。「雇い人」は他人の人頭税分を追加的に労働する。後者は税額以上の「給与」を得るのでなければ経済的な利得はない。したがって，「雇い主」は，困窮するか，もしくはこのコストを払っても他のより大きな利得を得るものに分化するであろう。このような，直接的に利潤を得るものがなく，雇い主にも労働者にも人格的自由のない関係も，当時「自発雇い」とよばれたのである。

V. Ya. クリヴォノゴフはこうした請負に資本主義的性格を読み込んだ。

"…工場に定住させられた農民は，他の鉱業住民集団とともに，社会的分化の過程を経験し彼らの中から≪資本家の胎児≫，例えば小商人，鉱山業者，請負人や労働力販売者を分化させる，という少なからず重要な事情が考慮されていない。研究者の視野から，あの明白な事実，即ち，≪非パスポートの≫あるいは非合法の労働力販売者の雇用の法的禁止により，請負人や鉱山事業者を通じた隠蔽された雇用形態が最大限に発展したことが見落とされたのである。"[406]

ゲンニンの報告も請負の雇いを証拠立てる。＜ゲンニン：官有工場は既に18世紀20年代に請負人に労働力を要する仕事を委託し始めた。＞ "同時にそ

れら≪官有工場≫は広く自発雇いを採用し，工場に編入された官有農民に仕事を強制した。リャリンスキー製銅工場－1723-27年，請負人，自由雇用者，編入農民が鉱石を納入。すべて彼らは同様に受け取った：鉱石1000プードにつき1ルーブリ50コペイカ。石灰の納入は，編入農民には≪賃率表により≫，請負人には契約により。"[407]

"アラミリスカヤ村農民K. ルプツォフとウクトゥッスクの住民M. ザマラエフは，1724年，エカテリンブルクスキー工場事務と鉄鉱石50千プードの採掘と納入について契約を結んだ。彼らは鉄製用具を工場から受け取った。事務は彼らに予定対価の2/3を事前に支払った。"[408]

"エカテリンブルグの住人F. コミノフと協力者 I. キリッロフ，V. ネステロフ，N. セリャニン，S. ヴェルシニンは，1725年3月，エカテリンブルクスキー工場に1000プードにつき2ルーブリの計算で鉄鉱石40千プード納入する契約を結んだ。"[409]

≪ネヴィヤンスキー村の農民A. ヴァトキンと≪協力者≫ 1724年，鉄鉱石50千プードを≪官有工場に≫納入する契約。

ニツィンスキー村の請負人＝農民M. シホフは≪協力者≫とともに1723年，10836プードの鉄鉱石を官有工場に納入する契約。

プイシミンスキー及びシャルタシスキー村の請負人A. ロストルグエフとその≪協力者≫が1725年，レシェツキー鉱山から≪数千プード≫の鉄鉱石を納入する契約。[410]＞

"ウクトゥッスキー工場事務 контора のアラミリスカヤ郡管理部 земская контора への報告に，1724年2月，アラミリスカヤ村の農民28人が挙げられ，153千プード納入する10件の契約が記されていた。…工場事務は何人の労働者が鉱石採掘するか知らず，ただ≪鉱山労務者の口頭の言明で，鉱山では少なからぬ数の請負人がいる≫。[411]

＜V. Ya. クリヴォノゴフによれば，N. I. パヴレンコは自ら工場仕事を請け負う直接請負のみを示した。＞"…ウラルの鉱業には異なる性格の請負労働が

あった。この形態では請負人は工場仕事の直接的遂行者ではなく，工場と労働力販売者とのあいだの連結環の役割を果たす。後者（労働者）は工場管理部と接触せず，請負人と関係を持つ。彼らは工場と労働者と商業的基礎に立った関係を築いた。請負人自身が労働者を雇用し，また労働賃金を支払った。[412]"

"…工場事務と鉱石請負人との間に交わされた契約，そして請負人の鉱石採取の経過に関する≪報告≫と工場事務に対する金銭支払いの請願が語っている。…プイシミンスキーの請負人Ya. ヴァロフとK. オシポフは，ウクトゥッスキー工場事務に書いた：≪本年1724年，我々は下記のこの工場にレシェツキー鉱山から鉄鉱石20千プード納入し，その請負に対し我々に前もって手付金として穀物，食料品の購入と鉱石採掘のための労務者の雇いに1/3の金銭を与えることを契約した。…現在鉱石を運ぶための馬の購入と穀物と食料品の購入のための金銭が必要である。≫[413]"

"アラミリスキーの農民N. エレメエフは，1724年，シロフスキー鉱山から鉄鉱石8000プードをウクトゥッスキー工場に納入し，1000プードにつき3ルーブリ30コペイカずつ受け取る請負契約を結んだ。鉱石価格の1/3を彼は事前に受け取り，それを≪労務者の雇いと穀物，食料品の購入に支出した≫。エレメエフは，≪鉱石運搬のために馬と穀物，食料品を買わなければならないので≫2/3を支払うよう請願した。[414]"

間接雇用の請負人は仲介者として機能した。雇用資金の源泉は彼らの蓄積された資本ではなく工場から支出されたのである。

クリヴォノゴフは特に注目しないが，異質な契約もあった。

"S. カタエフと≪協力者≫の10千プードの鉱石納入の契約で，≪自前の労務者で鉱石を採掘し自前の馬で運搬する≫とされた。

同様の条件で鉱石の採掘とウクトゥッスキー工場への納入の契約がシャルタンスキーの住民によって結ばれた：A. プリトゥギン，V. 及びA. コズロフ―30千プード；F. 及びP. ナギビン―8千プード。[415]"

こうして，V. Ya. クリヴォノゴフはすべての請負契約を雇用と総括する。

"我々の検討した官有ウクトゥッスキー工場の1724年の請負労働の契約は，鉱石採掘と運搬仕事が雇用労働力の請負人によって遂行されたことを証明している。[416]"

"このように，上記の鉱山業における請負労働の事実の分析によると，鉱石請負人の貨幣的手付けのシステムは人頭税に係わる農民の未納の補償や請負する農民の隷属化ではなく，自由雇用者に対する経済外的強制の試験済みの方法の採用なしの，仲介者を通じたウラル鉱業への雇用労働の導入である。[417]"

＜非パスポート逃亡者の工場への採用の禁止以降の請負の増加の意味＞
"工場主，工場事務は，自立的企業家，労働力の購入者として現れた工業家や鉱石請負人を通じてパスポート非所有者や逃亡者を仕事に採用し始めた。したがって，工場主や工場事務はツァーリ権力に対して鉱石請負人（同じく鉱業家）による，パスポート非所有者や逃亡者から集められた雇用労働力の利用に関する責任を負わなかった。[418]"

"鉱石請負人に関しては，さしあたり資料の中には，彼らが労働力構成に関する報告を提示し，逃亡者及びパスポート非所有者，すなわち労働力の非合法的販売者に仕事を与えたことにより訴追を被ったということは見られない。[419]"

＜請負の活用＞"1727年，エカテリンブルクスキー工場に49人の請負人が数えられた…＜鉱石採掘，運搬―13；工場から埠頭への鉄運搬―7；薪，木炭準備―3；各種木製用具（篩，樽等）調達―6；タール製造―4；ろうそく納入―2；タバコ―2；塩納入―9；その他各種―3.＞[420]"

"ゼムスカヤ・コントーラ Земская контора（郡役所）は編入の条件下で義務的な工場仕事から解放された請負人のみを記録した。カムイシロフスカヤ村の農民 I. コンスタンティノフと≪協力者≫は，コントーラにそのような自由を与えるよう要望した。コントーラは処理した：≪これらの請負人たちを薪伐り以外の工場仕事から解放する≫。[421]"

即ち，薪伐りの義務仕事は免れなかったのである。

第2章　停滞構造の歴史的起源

"…I. ヴォレゴフと≪協力者≫は，請負による鉱石採掘の代わりにエカテリンブルクスキー工場のための薪伐りをすることになった。ゼムスカヤ・コントーラは請負の鉱石採取のためにこれらの農民を工場に派遣することに取り組まなければならなかった。同様な事実は増やすことができるであろう。これらは，請負人たちも工場での義務に引き込まれたことを示している。彼らは編入の規準に従って工場での義務を果たし，同時に同じ工場での請負を始め，自由雇用労働を利用した。(422)"

"鉱業管理当局は請負を奨励し，同時に請負人の活動のコントロールを要求した。既に1724年にゲンニンは指令した：≪レシェツキー及びシロフスキー鉱山に請負人を送り，鉱石採掘ですべて仕事しているか彼らを監視すること≫。(423)"

"18世紀20年代には請負人たちは進んで木炭1サージェンにつき12コペイカで薪伐りした。しかし工場建設の進展と労働力需要の増加とともに，彼らは2倍の吹っかけをするようになり，以前の価格で既に署名した契約の遂行を回避しはじめた。1726年，プイスコルスキー工場事務はいくつかの郡の108人の農民と契約を結び，その中に工場への編入農民24人との1サージェン12コペイカで3770サージェンを炭焼き場に調達する契約があった。＜作業はカマ河上流で薪伐りし，浮送して炭焼きし納入するというものだったが—Y.＞

調達は数年掛かった。1727年に農民たちは559サージェンだけ納入し，1728年—905サージェン，1729年—514サージェン，1730年—347サージェンだった。4年間に1978サージェンだけが納入された。つまり，契約による義務の52.5％である。

1733年に編入農民だけで居住用の79サージェン，木炭用の227サージェンの薪が伐られ納入された。しかし既に1サージェン当り12ではなく25コペイカであった。同じ価格で官有農民からなる請負人も薪を伐り納入した。(424)"

"＜1734年にゲンニンの後任となったV. N. タティシチェフ＞：≪中でも薪

239

は，我が在任中（1720-1722年－V. K.）自発雇いで1サージェン12コペイカで伐り，遠距離の農民には15コペイカ払ったが，いまでは25コペイカになっている≫。彼はペルミの諸工場に独自に指示した≪薪は雇いで伐ること，20コペイカ以上払わぬこと≫。ペルミ工場群のミクラシェフスキー少佐は，1サージェン25コペイカの請負を廃止して18コペイカで締結し，タティシチェフに請負価格を15コペイカまで下げられると保証した。しかしタティシチェフは労働力価格の旧価格を復活することはできなかった"。[(425)]

"…請負は，鉱業に，自由雇用労働と企業家-請負人と私的資本とを，官有工場に正常な操業を保証する目的で引き入れる最重要な方法であった。

それとともに，請負は，支配しいっそう発展する農奴制の条件下で資本主義の芽を保持する一つの形態であった。小請負人はより大きなものに統合された。あれこれが工場に編入された農民から雇用労働力を引き入れた。"[(426)]

我々はその経済的内容に鑑みてV. Ya. クリヴォノゴフの結論に同意しない。

請負は工場にとっては雇いの外部化であり，それによって労働力調達の費用と労力を軽減できた。しかしそれが契約関係を弛緩させ－請負人が労働者数を数えない－，工場側は資本の弱体な請負人を手付金で縛り，同時にその持ち逃げを防ぐために半額ずつ支払うなどの対策を講じたのである。請負が冶金業の補助的な労働力調達に原初的な企業家またはその集団を生み出したのは確かであるが，彼らが農奴制の下で自立した資本主義的企業家とその雇用労働力として機能した証拠は見出せない。

逃亡農奴を許容しないのは，封建体制の根幹にかかわる問題である。したがって，逃亡者の「自由な働き手」が容認されないのは当然である。ただ，封建体制といえども，すべての住民が一様に緊縛されていたわけではなく，またその度合いも権力と住民との相対関係の中で変動していた。そうした中で，国策としての冶金業に封建国家が「自発雇い」を受け容れたのは，労働力不足の深刻さを示すものである。同時に，住民を工場において捕捉し，生活を成り立たせ，人頭税を徴収することは国家にとっての経済的利益であり，よって大規

模マニュファクチュア・システムの中に「自発雇い」を組み込み，封建体制に整合させたのである。このような浮浪人，逃亡農奴，逃亡兵士等の「自発雇い」関係が，「雇い主」（官有工場の場合は国家）との間で平等に結ばれたと考えることはできない。彼らは依然として農奴であって，人格的自由は許されなかった。彼ら浮浪人，逃亡者は中でも非合法の特別に弱い立場に置かれたものであって，彼らが結んだ契約の「自発性」を，今日の概念をもってその字義通りに受け取ることは非現実的である。

私有工場の労働力

　すでに17世紀から，ロシア冶金業の工場内の労働には，「雇い」された職工・労務者—外国人，ロシア人—が従事してきた。「雇い」労働者の数自体は大きなものではなく，また工場によってばらつきがあった。ナルイシキン，メッレル，リューミン，ロギノフに属する11工場についての1720年の調査によると，ナルイシキンの4工場に62人が雇われていたが，チェンツォフスキー工場だけで33人であった。ナルイシキンのもとでもメッレルのもとでも，給与は職工，職工助手，労務者によって大きな格差があり，また，外国人，ロシア人による格差，年俸，日給，出来高払いと支払い方法もまちまちであった。この点で何らかの原則を見いだすことは難しい。⁽⁴²⁷⁾労働市場が未成立で，労使間の関係はルール化されていなかったといえる。

　デミドフの工場の場合，1702年に国庫からデミドフに譲渡されたネヴィヤンスキー工場には，当時，27人の工場内労働者がおり，22人はモスクワ近郊からの職人，5人は浮浪人 гулящие から雇われたものだった。彼らはすべて「雇い労働」とされたが，ウラルの物価水準の低さから，中部よりもかなり低い賃金を得ていた。⁽⁴²⁸⁾

　当初，ネヴィヤンスキー工場の操業は国庫納入を条件とするものであって，官有に準じた存在であった。指令による移籍者が残されたことから，職工も官有職工に準ずる。

241

1715年から始まったランドラート（郡長）調査がデミドフの工場の実態を伝える。M. ヴォロンツォフ＝ヴェリヤミノフの1717年の調査は，デミドフの工場が独立した工場村として形成されたことを示している。ネヴィヤンスキー及びシュラリンスキー工場に住居339軒，住民男性910人，女性971人が確認された。男性住民中の熟練工と看做される職工，職工助手は，ダム，高炉，ハンマー，武器製造，製材，ふいご，レンガ製造の職種に401人（44％）を数えた。最も多かったのはハンマー職工，及び助手273人，次いでふいご職工及び大工68人だった。高炉職工及び助手は12人である。不熟練の"あらゆる労務者"は347人（38％）だった。その他，男性住民の中に，聖職者（司祭3人含む）16人，管理事務員22人，商人11人，乞食21人，間借り人77人が確認される。[429]

　B. B. カフェンガウスによると，注目すべき第1は，直接工場仕事に従事しない商人，仕立て屋，パン焼き職人，漁師等を除くと，トゥーラから移籍された武器職人，宮廷地農民，逃亡農民，デミドフ所有の農奴を問わず，給与を得て工場で働くものは，一様に「雇いによるиз найму」と注記されていることである。[430]

　第2に特徴的な属性は，到来の理由として，「指令による」ものと，自発的に「出立証なしに」到来したものが多くを占めることである。前者は国家によってウラルへの移籍を指令されたものであるが，後者の，そして大多数を占める事例は，宮廷地，修道院地，地主地からの逃亡農民であり，彼らがデミドフの工場の労働力供給源となり，「雇い」による仕事を得たのである。[431]

　「自由雇用」の虚構性は，彼らの「雇用関係」の実態に照らせば明らかである。

　1717年におけるネヴィヤンスキー工場の職工・労務者516人のうち，59人（11.4％）は「指令により」移籍されたものであり，圧倒的多数，308人（59.7％）は「出立証なしに」到来した。すなわち，逃亡農民が工場に隠匿され，返戻を免れたものである。彼らの社会的出自は大半が農民である。ストロガノフの領地農民37人，編入農民34人，修道院地農民27人，デミドフ及び他の領地農民12人，ヴェルホトゥーリエ，トボリスク村落農民108人，詳細不明の農民，無

242

土地農143人を併せて，361人，70％が農民出身と推定される。この統計には，工場内に居住せず補助的労働に従事する大量の編入農民は捕捉されていない[432]。

職工・労務者のうち，10年以内に到来したものが350人，68％を占め，事業の拡大を示している。他方で，17年もしくはそれ以上の勤続年数のものは59人だった（「指令による」ものと一致するが，同一人であるかは不明である）[433]。

トゥーラ及びモスクワ出身の職工118人はネヴィヤンスキー工場の職工全体の22.5％を占め，その基幹部分である。トゥーラとその近郊の出身者は官有村の鍛冶，武器職人であり，他はヴォローニン，ナルイシキンの工場出身者であった。118人のうち35人，1/3は「指令による」移籍であり，他のものは「出立証なし」に，即ち逃亡農民として到来し，返戻を免れたものである[434]。

「指令により」移籍されたものは，官有職工に準じたカテゴリーに属するとみなされる。当初彼らは，"陛下への奉公"として，官有村のみならず私有工場からも徴用され，ウラルへと派遣された。ネヴィヤンスキー工場がデミドフに譲渡された後も，彼らは勤務を続けた。

「出立証なしに」到来した逃亡農民は，常に本来の所有者への返戻の圧力にさらされたが，国策たるウラル冶金業への労働力確保の必要と，デミドフら工場主の特権を求める請願とによって留め置かれたのである。ピョートルの進める税制改革に伴う農民緊縛の強化過程において，彼らの工場への緊縛も更に強化された。デミドフらは，既成事実の積み重ねによって法整備を先取りした。既に，1701年，デミドフはトゥーラの工場のために土地と農民の購入を認められている（1月2日付け指令）。そこからウラルへ職工・労務者を送っているのである。

Б. Б. カフェンガウスは，1717年調査の記録の中に，トゥーラの地主地農民2人がニキタ・デミドフによって購入され，ネヴィヤンスキー工場で「雇いにより」労務者として働く事例を指摘している[435]。

ネヴィヤンスキー工場の譲渡にあたって，彼は編入農民を"棒，鞭，鉄で矯正する"権利を認められた（1703年1月9日付け指令）。領主と農民との関係が工

243

場の中に再現されたのである。こうした状況の下で，「自由な雇い」が「契約により給与を得て働く」以上の内容を持たない，形式であったことは明白である。

　自発的編入の例も指摘される。エゴシヒンスキー工場の例では，パスポート不所持の到来者は，1729年11月21日の指令により，工場（ヤグシヒンスキーと表記）で人頭税を課され，指令あるまで留め置かれ，編入者переписанныеとして，工場仕事でもって税額を稼ぐものとされた。1722年から1731年までの間に，そのような男性到来者は302人いた。[(436)]

　A. S. チェルカソヴァが編入の自発性の例としてあげるI. アレクセーエフは，1735年5月16日付け請願書によると，ソリカムスクを経て到来し，Ak. デミドフ，オソーキンの工場で，約10年雇用により薪伐り，炭焼きに従事した。それまでいかなる調査にも記録されなかったが，今回，アラマリスカヤ村で人頭税を課され，「同じ村の農民と同様に工場仕事を働く」ことを希望したものである。[(437)]

　編入農民は，帝政国家によって強制的に工場に編入された。これに対して，到来者が「自発雇い」によって工場に住みそこで人頭税を支払う場合，彼は「自発的」に編入されたとされた。しかし，彼には，そうでない場合，送還されるほかに選択肢はなかった。

労働力緊縛の転機

　1721年1月18日付け法令は，"国家の利益の増大のため"，"（国家を益する）そのような工場を増やすため，貴族ともども商人にも，鉱山およびマニュファクチュア参事会の許可の下，その村が既に常にその工場と不可分であるという条件に限り，彼らの工場に村を買い取ることを許す"とした。[(438)]

3711. −1721年1月18日. 工場に付けて村落を購入することについて.
　"以前の法令において商人たちには村落を購入することを禁じていたが，…

多くの商人たちが会社を作り国家の利益を増やすため新たに様々な工場を始めた…そのためそのような工場を増やすため，貴族と同様商人たちにも，その村落が既にそれら工場と一体であることを条件として，ベルグ及びマヌファクトゥル＝コレギヤの許可のもと，彼らの工場に障害なく村落を購入することを許す。そのために，貴族も商人もそれら村落を工場と別に決して誰にも売らず抵当に入れず，…工場とともに村落を必要とする者に売る場合はベルグ及びマヌファクトゥル＝コレギヤの許可のもと売るものとする。…"[(439)]

1721年1月18日付け法令は，"…今では多くの商人たちが会社を作り…国家の利益を増すため新たに様々な工場を設立しており…それらの多くは既に稼働している。それゆえ，本法令により，そのような工場を増やすため，貴族と同様に，商人たちにも，鉱業及びマニュファクチュア参事会の許可を得て，その村が既に常にその工場と不可分であるという条件に限り，それら工場に村を障害なく購入することが許される，"とした。ただし，このことは，商人たちに貴族と同等の権利が与えられ，彼らに村と農民に対する無制限の権力が保証されたことを意味しない。法令は次のように続ける："…誰かがその者の必要によりその村を工場とともに売ることを望むときは，鉱業及びマニュファクチュア参事会の許可により売るものとするが，それ以外に，それらの村を特別に工場とは別に決して誰にも売ってはならず，抵当に入れてはならず，いかなる捏造によってもその者に固定してはならず，それらの村を決して返却してはならない。もしも誰かがこれらに反したときは，その者はそれらすべてを最終的に失う"[(440)]。

1721年1月18日付け法令は，最高権力者によって個別に与えられた許可の既成事実を追認し法令化した側面を持つ。すでに見たように，1701年1月2日付け指令により，ニキタ・デミドフには，トゥーラの彼の工場に付けて村を「自由に購入する」ことが認められていた。また，1717年のネヴィヤンスキー工場の人員にも，購入された者9人が数えられていた。このときもニキタはまだ貴

族に列せられていなかったのである。[441]

　デミドフ以外にも，1720年の記録に，リューミンの工場に購入された7戸の農民家族が見られる。[442]

　こうした事情が，1721年法令によって直ちに農民の購入が増加したわけではないことの理由でもあると考えられる。したがって，1721年法令は，その前後を画然と区分しないように見える。しかし，法的根拠の意義は決定的であった。これによってウラル冶金工場の封建的性格は事実上のそれから制度へと，即ち封建的マニュファクチュアの制度へと具現化したのである。確かに，1721年1月18日付け法令は「工場内封建化の里程標」（E. I. ザオゼルスカヤ）であった。[443]

　M. I. トゥガン＝バラノフスキーの曰く，"この勅令によって，ピョートル期の工場は急速に自由な労働から強制的な労働に移行した"。あるいは，他の論者の，"ピョートルの最も不幸な方策の一つ"，"ピョートルの誤り"との評価は不正確である。1721年法令は，18世紀初頭以来の流れに整合的であり，貴族の農奴所有権と完全に同等ではなかったにせよ商人の村落購入に法的根拠を与えて正統性を付与し，封建的マニュファクチュア制度の確立に向けて決定的な一歩を進めたことに意義があったのである。[444]

　1732年，デミドフの全工場の調査で，3595人の男性住民のうち，購入された者630人（17.5％）が確認された。パスポートを所有し，他所で人頭税を支払う者が86人いた。[445]

　ピョートルⅠ世の死（1725年）後，エカテリーナⅠ世の下での宣誓присягаで明らかにされたウラルの工場内男性住民は5312人（一時不在111人），その内訳は表2-8のようであった。

　宣誓資料は子供を除く男性自由住民の全カテゴリーを含むもので，一時不在数を考慮すると人頭査察上の人数をかなり上回る。最初の査察（1718-27）の時期に，ウラルの工場内に5389人の男性住民（全年齢層）が数えられた。ただし，査察は納税のための基準人数を明らかにするものであって，実在の人数ではない。また工場労働力を示すものでもない。[446]

246

第2章　停滞構造の歴史的起源

表2-8　ウラルの工場内男性住民の構成（宣誓資料）

（単位：人）

住民グループ	官有工場	デミドフの工場群	計	％
職工・労務者	1264	1715	2979	56.1
雑階級民，退役者，商人	1847	81	1928	36.3
軍人身分	188	9	197	3.7
聖職者身分	200	—	200	3.8
官吏，貴族	5	3	8	0.1
総　計	3504	1808	5312	100.0

出典：С. Г. Струмилин. Ук. соч. стр. 249.

　1725年7月14日の元老院令は，編入村から新兵を工場に調達することを許可した。これは既に行われていたことの確認と考えられる。というのは，1722年3月15日付け指令で，新兵は前居住地で人頭税を納付することとされているからである。新兵による労働力調達は主として官有工場で行われた。ウラルの官有工場の編入農民は，1727年25000人，1730年30000人，1750年56000人に上ったが，工場労働力中の新兵の比率は，1726年27％，1745年70％となっており，場合によっては90％が新兵だったという。[447]

　官有工場の労働力形成が編入新兵への依存を強めていくことは，18世紀前半のウラルにとって必然的であった。元来，ウラルの官有冶金工場は国防力強化のために育成を図られたものである。それが軍事的に編成され，運営されることは自然である。同時に，労働力の急速な育成に，供給の自然増が応えられなかったことも明白である。バシキール人と編入農民による，工場内外の不安定でしばしば敵対的な環境のもとで，政府が新兵の編入に多様な効果を期待したことは理解できる。こうして，官有工場の労働力の強制的性格はいっそう明確になる。

　官有工場について，1726年6月9日付けのゲンニンによる「リスト」がある。それには1322人が把握されている。その他に，官吏28人，警備隊71人，鉱山学校生徒・見習い100人の給養も生産原価の一部である。[448]

247

「リスト」中の，1726年におけるウラル官有製鉄工場の労働者・従業員706人の社会的出自は，表2-9のようである。

　これに見られるように，農民出身が工場内労働者の31.4％，職工出身が40.2％，各種階層出身が27.6％となっており，ウラル鉄鋼業の立ち上げから四半世紀を経て，職工出身が示すような労働力の再生産がある程度行われるようになっていることが窺われる。職工出身階層の約60％が職工，補助職工となった。農民出身のうち労務者が55.9％を占めた。職員の主たる供給源は各種階層であった。農民出身者のなかで職工（12.6％），補助職工（20.3％）になったものが併せて約1/3に上ったことは注目に値する。ただし，必要とされる定員に対する不足は全体で13.4％であって，労働力不足が基調となっていたことは確かである。そうしたなかで，最も貴重な職工層の工場間移動が問題となっていたようである。

　オロネツから「指令により」職工が移動したのは，スウェーデンとの停戦により軍事工場が縮小されたためである。外国人職工もこれに含まれる。しかしこれはむしろ例外であって，一般的には自発的にoxotoю移動することが問題とされる。職工がデミドフの工場から「自発的に」移動してくるだけでなく，その逆に官有工場からデミドフによって引き抜かれることもしばしばであり，それについて批判的な報告が一再ならずなされている。デミドフはモスクワ周辺から少なからぬ職工を徴募したが，他方でモスクワにもデミドフのネヴィヤンスキー工場から来た職工が見られた。[449] 職工の工場間移動は，必要な労働力の不足によって促迫されたと考えられる。この時期はウラルの鉄鋼業が急速に拡大していく過程にある。それ故，拡大する労働力需要に対応すべく農民出身の職工，補助職工も育成されたのであろう。1726年における，職工の定員に対する不足は11.2％（17名）であったが，仮にオロネツからの移転（22名）がなかったとすれば25.7％の不足だったはず（他の方法による補充はあり得たにしても）であり，労働力不足の深刻さは表面上の数字以上のものであった。このような経済的要請こそが，この時期の工場生活を性格づける相互に衝突する諸要因，と

表2-9 1726年におけるウラル官有製鉄工場の労働者・従業員の社会的出自

（単位：人）

出　　自	職員	職工	補助職工	労務者	見習い	労働者計	番人・配達人	総計
編入農民	1	11	17	31	1	60	2	63
編入新兵	—	—	13	61	15	89	—	89
その他農民	1	16	13	25	2	56	1	58
無土地農民	—	1	2	7	—	10	2	12
農民小計	2	28	45	124	18	215	5	222
カメンスキー工場より	2	15	38	36	14	103	2	107
ウクトゥッスキー工場より	1	29	19	30	1	79	—	80
アラパエフスキー工場より	—	5	11	8	—	24	—	24
プロトフスキー工場より	—	1	—	—	—	1	—	1
デミドフの工場より「自発的に」	—	13	1	—	—	14	—	14
オロネツより指令により	—	17	3	3	—	23	—	23
トボリスクより	1	2	3	3	1	9	—	10
モスクワより	—	1	—	—	—	1	—	1
その他	5	11	1	5	2	19	—	24
職工及び子弟小計	9	94	76	85	18	273	2	284
退役兵士等及び子弟	19	—	2	5	3	10	22	51
租税免除コサック	—	—	—	—	—	—	17	17
町村住民	3	4	10	48	—	62	—	65
事務官吏及び子弟	14	—	1	—	—	1	—	15
聖職者	4	2	—	—	3	5	—	9
貴族地主及び子弟	3	—	—	—	—	—	—	3
学生・生徒	14	—	4	1	2	7	—	21
身分不詳「自由民」	—	2	4	4	1	11	—	11
不　詳	—	—	—	1	—	1	2	3
各種階層住民小計	57	8	21	59	9	97	41	195
オロネツからの外国人，指令により	—	5	—	—	—	5	—	5
現在数総計	68	135	142	268	45	590	48	706
定　員	73	152	172	320	48	692	50	815
不足人員	5	17	30	52	3	102	2	109

出典：С. Г. Струьшлин. Ук. соч. стр. 252.

りわけ封建的規制に対して自らを貫く主要因だったと考えるのが，実態に即した見方であるように思われる。

「自発雇い」もまた労働力不足に対する対応の側面を持ったと考えられる。編入農民にとっての労働義務は，貢租相当分のみである。したがって，工場にとってそれ以上の労働を無限定に要求できる，即ち，恒常的な労働力たるべきものは，自己所有農奴または自発的 охочий なものであるほかない。しかし，農民に対しては，「彼らの都合の良いときに工場仕事から暇を与えて，自分の家の仕事の立て直し，つまり，種まき，取り入れ，干し草作りその他をさせて，彼らが零落しないよう，もって工場仕事から退散しないようにする必要がある。」*それ故，編入農民以外のあらゆる社会階層から自発的に恒常的労働力となるものを徴募する必要が大であったのであるが，それでも当時十分な量を確保することは困難だったのである。*ゲンニンによる表現[450]

V. ゲンニンによる制度整備

V. N. タティシチェフの後を継いで参事官 советник としてシベリア（ウラル）に赴任した V. ゲンニンは，帝政の忠実な官吏として砲兵技術者の合理性を発揮した。彼の遺した「叙述 Описание」は，1722-34年の指揮・監督の経験に基づいた報告であるだけでなく，工場管理の指針でもあった。そこには，ピョートルによって創設された大規模官有マニュファクチュアの封建的管理体制が疑う余地なく表現されていた。

職工・労務者，編入農民に対する管理原則は，文字通り，工場仕事に携わる農奴に対する，「鞭の規律」である。「叙述」を貫いているのは，職工・労務者，農民に対する不信，彼らの怠惰と飲酒の引き起こした結果への断固たる処罰の原則である。官有工場の目的は国庫に良き鉄製品を納めることであり，そのために，火災と水害を防ぎ，職工・労務者の怠惰と飲酒を防止しなければならない。その保証は，工場支配人以下，職工・労務者，編入農民に至るまでの，すべての位階に対する罰金・体刑規律である。以下，主要な業務と事業について，

職務と処罰の具体例をあげる。

工場管理：支配人は工場全体の監督，秩序の維持，備品の管理，職工の管理，物資と備品の出入りを管理しなければならない。“職工が酒にふけることなく，定刻になべて自らの職務に就くよう，正しい指図を与えなければならない。”“定められたすべての勤務日に，怠けず，事業に必要な決定を直ちに下し，不在に対する規程に従った処罰を受けぬようにし，又，事務官に対し飲酒することなく自らの職務を勤勉に実行するべく，適切な指示を与える…”[451]

“備品が常に工場に十分あり，その不足から職工がぶらぶら休まぬように監視すること”“もしも備品の不足に不注意で職工がぶらぶら休み，そのため損失が生じた場合，すべて計算の上支配人から徴収する。”[452]

職工の職務は，“素面であって，練達し，仕事を秩序立て熱心にこなし，用具をきちんとし，見本通りに作り，検査を通り，補助職工，徒弟，労務者を監督し，すべて首尾よく仕事させること”であり，これを監督するのが支配人の責務である。[453]

鉄鉱石の受け取りは，鉱石担当官 берггаур と高炉職工とで行う。珪石やただの石を含む不適当な鉱石，十分な量を積まない行李は受け取らない。そのような行李を受け取った場合，高炉職工と担当官に厳重に罰金を科し，損失分を科料する。[454]

ダム事業：ダム管理は製鉄工場のエネルギー供給の根幹である。少しの停止もあってはならない。ダム職工と大工は備品の予備と修理に備える。何らかの破損によって無用の停止が起こった場合，そのために失われた日数に従って彼らの給与から罰金を徴収し，また体刑を科す。

高炉事業：「叙述」は，製鉄業の心臓部となる高炉事業について，高炉の土台の建設から炉の構造，作業の手順，鉱滓の処理に至るまでの詳細な指針を与えた。高炉職工は，高炉のすべての設備と作業を“厳格に監視し，高炉が常に良好な作動と秩序にあるように”しなければならない。規程通りに銑

鉄を産出しなかった場合には，オーベル＝ベルグ＝アムトの専門家が，どこに原因があったか究明する。"そして高炉職工の不注意，不熱心もしくは飲酒の故に，…銑鉄に害や湿気，泥が混じったことが認められたときは，査察官целовальникが…直ちに支配人に報告する"。調査の結果，職工と補助職工とともども"給与からの差し引きと禁錮とにより処罰する"。それでも改まらない場合は，"職工を補助職工に書き改め補助職工の給与を与え，その代わりに他の職工を定める"。[456]

　すべての事業において作業が規定化され，責任に応じて処罰が明確にされた。恣意の範囲は狭められ，封建的処罰体系が厳格化されたのである。[457]

　ウラル製鉄業を工場制大規模マニュファクチュアとして整備したゲンニンによるこの規定化は，いわゆる定員規定штатの基礎となりウラル製鉄業を1世紀半以上縛り続けることになる。2基の高炉を持つエカテリンブルクスキー工場を例にとると，通常の高炉作業に担当作業員数と給与年額が定められた：職工長1名；槌工1名；補助職工4名；徒弟（学校出）2名；高炉周り労務者18名；投入夫4名；馬付き運搬夫4名とされていた。[458]

　定員規定は一定の作業に対する原材料と労働力の投入を標準化し一定の生産量，製品品質，作業効率を保障したが，その厳守は既定の技術体系の変更を抑制するものであり，事実，長期にわたる固定化によってウラル製鉄業の停滞構造の礎石となる役割を果たすのである。

　不信が強制の基礎にあることは「叙述」の中で明白に語られている。鉱滓から銑鉄を取り出す工程において，"破砕夫と洗浄夫にはよく働きぶらぶらしないように給与を与えなければならない。なぜなら，彼らに期限仕事урокを与えないと，熱心に働かず怠け始める。支配人は常に彼らを見張ってはいられない。他の仕事を見回りに行くと…彼らはその怠惰からローラーを早く回転させずハンマーを多く打たなくなる…"。[459]

　定められた祝日以外に，職工・労務者には，干し草刈りのために夏季に10日

間の休暇が与えられる。たまたまその時期に雨が続いて草刈りができないときは，彼らは仕事に戻らなければならない。天気が回復すれば再び彼らを解放するが，雨期に仕事に戻らなかった者は草刈りできなかったとしても解放しない。[460]

　他方で，V. ゲンニンは読み書きおよび算術の2つの学校を開設し，職工の養成を図ったが，M. F. ズロトゥニコフの表現を借りれば，その目標は，"封建領主のための従順な奴隷"の育成であった。教育理念は，"神とすべての聖職者への畏怖"であり，そのために日曜，祝日には徒弟はすべて教会で祈りを捧げなければならず，それに参加しない場合，徒弟とその親方は罰せられ，学校に欠席した場合には親に罰金が科されることとされたのである。[461]

　V. ゲンニンの下で，ウラル冶金業は専制的最高権力者の指導力に依存する初期段階から脱し，官僚的統制のもと，新たな発展段階に入った。N. B. バクラノフの整理に従えば，彼の貢献は次のように整理される：製鉄技術水準は当時のロシアの水準を超えるものではなかったが，労働組織を基本的に発展させた。；鉱石試験，試金が導入された。；ダムの構造，建造法を確立した。；鉱山作業を標準化した。；森林管理と炭焼きを規定化した。；高炉作業と銑鉄の品質管理を標準化した。；鉄製品の検品を規定化した。[462]

　給与体系も V. ゲンニンの重要な貢献であった。等級別年俸は表2-10のように定められた。

　後に見るように，"これらの俸給と日当の額は1769年まで変らず，労働者暴動を鎮めるために若干引き上げられた。しかし，生活費の上昇にくらべてわずかであったので，ウラルの労働者を満足させなかった。…1779年のマニフェストによって，表に示された1724年の額の2倍に引き上げられた。この額はその後19世紀20年代まで同じ水準に維持された。[463]

　こうして，ウラルの製鉄業は1730年代には初動期を過ぎたといえる。

　D. カシンツェフは1733年のロシアの銑鉄生産高を次のように計算する。ウラルの官有4工場－4575トン，私有4工場－8525トン，新規私有3工場－1260

表2-10　V.ゲンニンの示す等級別年俸

職工・労務者等級	年　俸
技術的指導，管理者	144-60ルーブリ
上級職工	60-30ルーブリ
下級職工	36-20ルーブリ
補助職工	24-20ルーブリ
労務者（熟練）	18-12ルーブリ
徒　弟	12ルーブリ
番　人	12-6ルーブリ
馬付き労務者（日当8-10コペイカ）	30ルーブリ

注：労務者は常に日当を支給され（年額に換算），年俸を得たのは馬付きの
　　鉱石運搬人のみであった。

出典：Н. Б. Бакланов, Техника металлургического производства XVIII века
　　на Урале. М., Л. 1935. стр. 167.

トン（計14360トン，1プード＝16.38kgとして876.7千プード）。非ウラル地域の
在来工場－21000トン，新規工場（1718-1732年創設の12工場）－5040トン（計
26040トン＝1590千プード）。総計40400トン，2466.7千プード[464]。

　N. I. パヴレンコによれば，1733年に関する情報は，ウラルの全工場とロシア
の私有工場の銑鉄生産高をほぼ完全に捕捉しており，その総計は929662プー
ド（15228トン）であった。これにリペックの工場群を加えると，約100万プー
ド（約16380トン）となる。そのうち，ウラルに属するのは，官有工場－332234
プード，A. デミドフ所有工場－346746プード，新規3工場－28156プード，計
707136プード（11582.9トン），全体の約70％を占めた[465]。

　カシンツェフの数値はパヴレンコのそれの約2.5倍である。ウラルについて
の差は大きなものではない。非ウラル・ロシア地域についての差が両者の相違
の主要部分である。パヴレンコによると，1725年にロシア中央部の銑鉄生産高
120061プード，これにリペック，オロネツの生産高を最大80千プードと看做
して非ウラル地域の生産高計200千プードを得る。8年後の1733年，この地域

第2章 停滞構造の歴史的起源

でカシンツェフの示す26040t（1590千プード）の生産高に達したと考えること
はできない。カシンツェフの推定に何らかの誤りがあると思われる。[(466)]

　ウラル製鉄・冶金業は，軍備強化のために帝政の国策として急速に育成され
ることになった。その成果は実際に確認できるが，自生的発展の場合とは異
なって，上からの扶殖により導入された大規模マニュファクチュアの技術体系
の要請するところと現存社会関係とは衝突せざるを得なかった。更にその過程
は植民と並行したので，外部社会との間の緊張は常に工場内に持ち込まれた。
内部には編入農民の抵抗が蓄積された。強化されつつある封建体制下のウラル
の工場生活に自由が存在する余地は，実際に極めて小さかったといわざるを得
ない。

注

(1)　А. А. Преображенский. Урал и Западная Сибирь в конце XVI - начале XVIII
века. М., 1972. стр. 16.

(2)　Н. Б. Бакланов. Техника металлургического производства XVIII века на
Урале. М., Л. 1935. стр. 12.

(3)　А. А. Преображенский. Очерки колонизации Западного Урала в XVII начале
XVIII в. М., 1956. стр. 27-28.

(4)　А. А. Преображенский. Очерки колонизации … . стр. 28-31.

(5)　А. А. Преображенский. Очерки колонизации … . стр. 31-37.

(6)　Российское законодательство X-XX веков. В девяти томах. Акты земских
соборов. Том 3. М., 1985. стр. 326.

(7)　Российское законодательство … . Том 3. М., 1985. стр. 151-156.

(8)　Российское законодательство … . Том 3. М., стр. 330.

(9)　Полное собрание законов Российской империи. Том 1. С1649 по1675. СПб.,
1830. стр. 62-68.

(10)　Российское законодательство X-XX веков. В девяти томах. Акты земских
соборов. Том 3. стр. 154, 157, 326-327.

(11) Российское законодательство X-XX веков. В девяти томах. Законодательство периода становления абсолютизма. Том 4. стр. 102-103.

(12) Б. Н. Казанцев. Законодательство Русского царизма по регулированию крестьянского отхода в XVII-XIX вв. – «Вопросы истории», но. 6, 1970. стр. 22.

(13) Российское Законодательство X-XX веков. Законодательство периода образования и укрепления Русского централизованного государства. т. 2. стр. 61, 87.

(14) Б. Н. Казанцев. Ук. ст. стр. 22.

(15) Российское законодательство X-XX веков. В девяти томах. Акты земских соборов. Том 3. стр. 153, 330.

(16) Российское законодательство ⋯ . Том 3. стр. 152, 329.

(17) Российское законодательство ⋯ . Том 3. стр. 153, 330.

(18) Российское законодательство X-XX веков. В девяти томах. Законодательство периода становления абсолютизма . Том 4. стр. 79.

(19) Российское законодательство ⋯ . Том 4. стр. 86-87, 99.

(20) А. А. Преображенский. Урал и Западная Сибирь в конце XVI- начале XVIII века. М., 1972. стр. 57-58.

(21) А. А. Преображенский. Урал и Западная Сибирь ⋯ стр. 58-60, 63.

(22) Joseph L. Wieczynsky. The Modern Encyclopedia of Russian and Soviet History. Vol. 29.

(23) А. А. Преображенский. Очерки колонизации Западного Урала в XVII начале XVIII в. М., 1956.стр. 39-40.

(24) А. А. Преображенский. Очерки колонизации ⋯ стр. 41-42.

(25) А. А. Преображенский. Очерки колонизации ⋯ стр. 46-47.

(26) А. А. Преображенский. Очерки колонизации ⋯ стр. 47.

(27) А. А. Преображенский. Урал и Западная Сибирь ⋯ стр. 101.

(28) А. А. Преображенский. Очерки колонизации ⋯ стр. 61-62.

(29) А. А. Преображенский. Очерки колонизации ⋯ стр. 79-80.

(30) А. А. Преображенский. Очерки колонизации ⋯ стр. 85.

(31) А. А. Преображенский. Очерки колонизации ⋯ стр. 87.

(32) А. А. Преображенский. Урал и Западная Сибирь в конце XVI- начале XVIII века. М., 1972. стр. 69.

(33) В. О. Ключевский. Сочинения в восьми томах. Т. 6. Специальный курсы. М., 1959. стр. 167.

第2章　停滞構造の歴史的起源

(34) Российское законодательство X-XX веков. В девяти томах. Акты земских соборов. Том 3. стр. 256, 441. ; Полное собрание законов Российской империи. Том 1. С1649 по1675. СПб., 1830. стр. 160.

(35) А. А. Преображенский. Урал и Западная Сибирь … стр. 104.

(36) А. А. Преображенский. Урал и Западная Сибирь … стр. 101-102.

(37) А. А. Преображенский. Урал и Западная Сибирь … стр. 102-103.

(38) А. А. Преображенский. Урал и Западная Сибирь … стр. 103.

(39) А. А. Преображенский. Урал и Западная Сибирь … стр. 109.

(40) А. А. Преображенский. Урал и Западная Сибирь … стр. 112.

(41) А. А. Преображенский. Урал и Западная Сибирь … стр. 114-115.

(42) А. А. Преображенский. Урал и Западная Сибирь … стр. 57.

(43) А. Погасий. Церковные расколы в российском православии XIV-начала XX веков. Казань, 2009. стр. 87-88. ; 中村喜和. 『(増補) 聖なるロシアを求めて―旧教徒のユートピア伝説』平凡社, 2003年. 16-18ページ, 21ページ, 25ページ.

(44) И. В. Починская (ред.). Очерки истории старообрядчества Урала и сопредельных территорий. Екатеринбург, 2000. стр. 4-5.

(45) И. В. Починская (ред.). Ук. соч. стр. 5-6.

(46) Д. Кашинцев. История металлургии Урала. М.,-Л., 1939. стр. 28-29.

(47) Д. Кашинцев. Ук. соч. стр. 30-31, 32.

(48) Д. Кашинцев. Ук. соч. стр. 40.

(49) Н. Б. Бакланов. Техника металлургического производства XVIII века на Урале. М., Л. 1935. стр. 13-14.

(50) М. Ф. Злотников. Первое описание уральских и сибирских заводов. – Вильгельм де-Геннин. Описание уральских и сибирских заводов 1735. М., 1937. стр. 18-19, 43.

(51) Д. Кашинцев. Ук. соч. стр. 42.

(52) Б. Б. Кафенгауз. История хозяйства Демидовых в XVIII-XIX вв. Том I. М., Л., 1949. стр. 36.

(53) Н. И. Павленко. Развитие металлургичекой промышленности России в первой половине XVIII века. М., 1953. стр. 30.

(54) Б. Б. Кафенгауз. Ук. соч. стр. 20-21.

(55) Н. И. Павленко. Ук. соч. стр. 41, 49.

(56) Б. Б. Кафенгауз. Ук. соч. стр. 21.

(57) Б. Б. Кафенгауз. Ук. соч. стр. 22.

257

(58) Б. Б. Кафенгауз. Ук. соч. стр. 26-30.

(59) Б. Б. Кафенгауз. Ук. соч. стр. 23.

(60) Н. И. Павленко. Ук. соч. стр. 33-34.

(61) Б. Б. Кафенгауз. Ук. соч. стр. 83.

(62) Е. В. Спиридонова. Экономическая политика и экономические взгляды Петра I. М., 1952. стр. 85-86.

(63) Е. И. Заозерская. Приписные и крепостные крестьяне на частных железных заводах в первой четверти XVIII в. «Исторические записки», т. 12, 1941. стр. 129.

(64) Д. Кашинцев. Ук. соч. стр. 44. ; Б. Б. Кафенгауз. Ук. соч. стр. 52.

(65) Д. Кашинцев. Ук. соч. стр. 43- 44. ; Б. Б. Кафенгауз. Ук. соч. стр. 43.

(66) Н. И. Павленко. Ук. соч. стр. 45.

(67) Полное собрание законов Российской империи, с 1649 года. Том 4. 1700-1712. М., 1830. стр. 3.

(68) Полное собрание законов Российской империи, с 1649 года. Том 4. 1700-1712. М., 1830. стр. 79-80.

(69) Полное собрание законов Российской империи, с 1649 года. Том 4. 1700-1712. М., 1830. стр. 690-691.

(70) С. Г. Струмилин. Избранное произведение. История черной металлургии в СССР. М., 1967. стр. 118.

(71) Д. Кашинцев. История металлургии Урала. М.,-Л., 1939. стр. 45-46.

(72) Вильгельм де-Геннин. Описание уральских и сибирских заводов 1735. М., 1937. стр. 611.

(73) С. Г. Струмилин. Ук. соч. стр. 129. ; Д. Кашинцев. Ук. соч. стр. 48. ; М. Ф. Злотников. Первое описание ⋯ стр. 21.

(74) Вильгельм де-Геннин. Ук. соч. стр. 612.

(75) Б. Б. Кафенгауз. История хозяйства Демидовых в XVIII-XIX вв. Том I. М., Л., 1949. стр. 129-134.

(76) Д. Кашинцев. Ук. соч. стр. 49. ; С. Г. Струмилин. Ук. соч. стр. 129. ; С. П. Сигов. Ук. соч. стр. 12. ; Б. Б. Кафенгауз. Ук. соч. стр. 75.

(77) Б. Б. Кафенгауз. Ук. соч. стр. 65-66, 78.

(78) Е. В. Спиридонова. Экономическая политика и экономические взгляды Петра I. М., 1952. стр. 89.

(79) Е. В. Спиридонова. Ук. соч. стр. 88.

(80) Е. В. Спиридонова. Ук. соч. стр. 86.

（81） Е. В. Спиридонова. Ук. соч. стр. 88.

（82） Е. В. Спиридонова. Ук. соч. стр. 91-92.

（83） H. D. Hudson Jr. *The Rise of the Demidov Family and the Russian Iron Industry in the eighteenth century*. Oriental Research Partners. 1986. pp. 35-38. ; Б. Б. Кафенгауз. История хозяйства Демидовых в XVIII-XIX вв. Том I. М., Л., 1949. стр. 82, 84.

（84） Н. И. Павленко. Развитие металлургичекой промышленности России в первой половине XVIII века. М., 1953. стр. 33, 37.

（85） Б. Б. Кафенгауз. Ук. соч. стр. 84. ; Н. И. Павленко. Ук. соч. стр. 34.

（86） Б. Б. Кафенгауз. Ук. соч. стр. 56.

（87） Б. Б. Кафенгауз. Ук. соч. стр. 89. ; H. D. Hudson Jr. Op. cit. p. 39.

（88） Б. Б. Кафенгауз. Ук. соч. стр. 91.

（89） H. D. Hudson Jr. Op. cit. pp. 41-42.

（90） С. Г. Струмилин. Ук. соч. стр. 129.

（91） Б. Б. Кафенгауз. Ук. соч. стр. 94.

（92） Вильгельм де-Геннин. Описание уральских и сибирских заводов 1735. М., 1937. стр. 612-613.

（93） Б. Б. Кафенгауз. Ук. соч. стр. 95-96.

（94） М. Ф. Злотников. Первое описание ⋯ стр. 24.

（95） Б. Б. Кафенгауз. История хозяйства Демидовых в XVIII-XIX вв. Том I. М., Л., 1949. стр. 110-111.

（96） Б. Б. Кафенгауз. Ук. соч. стр. 112, 115-118.

（97） Б. Б. Кафенгауз. Ук. соч. стр. 121.

（98） Б. Б. Кафенгауз. Ук. соч. стр. 122.

（99） Б. Б. Кафенгауз. Ук. соч. стр. 156-157.

（100） Б. Б. Кафенгауз. Ук. соч. стр. 163-164.

（101） Б. Б. Кафенгауз. Ук. соч.стр. 95.

（102） С. Г. Струмилин. Ук. соч. стр. 132.

（103） Б. Б. Кафенгауз. История хозяйства Демидовых в XVIII-XIX вв. Том I. М., Л., 1949. стр. 166-167.

（104） Б. Б. Кафенгауз. Ук. соч. стр. 168-169.

（105） Б. Б. Кафенгауз. Ук. соч. стр. 111.

（106） Б. Б. Кафенгауз. Ук. соч. стр. 169.

（107） С. Г. Струмилин. Ук. соч. стр. 13.

（108） С. В. Голикова, Н. А. Миненко, И. В. Побележников. Горнозаводские центры и аграрная среда в России. М., 2000. стр. 11-12.

(109) H. D. Hudson Jr. Op. cit. pp. 49-50.

(110) H. D. Hudson Jr. Op. cit. p. 51.

(111) С. Г. Струмилин. Ук. соч. стр. 133.

(112) А. С. Черкасова. Мастеровые и работные люди Урала в XVIII в. М., 1985. стр. 76, 85.

(113) Б. Б. Кафенгауз. Ук. соч. стр. 35.

(114) А. С. Черкасова. Ук. соч. стр. 87. ; Б. Б. Кафенгауз. Ук. соч. стр. 51.

(115) В. Я. Кривоногов. Наемный труд в горнозаводской промышленности Урала в XVIII веке. Свердловск. 1959. стр. 32-33.

(116) Геннин В., Указ. соч., стр. 462. ; В. Я. Кривоногов. Наемный труд в горнозаводской промышленности Урала в XVIII веке. Свердловск. 1959. стр. 33.

(117) Геннин В., Указ. соч. стр., 508. ; В. Я. Кривоногов. Ук. соч. стр. 33.

(118) М. Ф. Злотников. Первое описание ⋯ стр. 42-43.

(119) Б. Б. Кафенгауз. История хозяйства Демидовых в XVIII-XIX вв. Том I. М., Л., 1949. стр. 79-80.

(120) Н. И. Павленко. Развитие металлургичекой промышленности России в первой половине XVIII века. М., 1953. стр. 9.

(121) Н. И. Павленко. Ук. соч. стр. 78.

(122) М. И. Туган-Барановский. Избранное. Русская фабрика в прошлом и настоящем. Историческое развитие русской фабрики в XIX веке. М., 1997. стр. 92.

(123) Б. Б. Кафенгауз. Ук. соч. стр. 25-26.

(124) Б. Б. Кафенгауз. Ук. соч. стр. 59-61.

(125) Д. Кашинцев. Ук. соч. стр. 51.

(126) Б. Б. Кафенгауз. Ук. соч. стр. 107.

(127) В. К. Яцунский. Судьба одной опечатки (к вопросу о количестве выплавки чугуна в России в XVIII в.) - «Исторические записки», 1952, No. 39. стр. 279. ; Д. Кашинцев. Ук. соч. стр. 57-58. ; С. Г. Струмилин. Ук. соч. стр. 154-156.; 有馬達郎「18世紀ロシアの銑鉄生産量—ある誤植について—」『社会経済史学』社会経済史学会. Vol. 41-1. 1975年5月. 48 〜 58ページ.

(128) Д. Кашинцев. Ук. соч. стр. 57-58.

(129) Н. И. Павленко. Ук. соч. стр. 70-71, 82, 84-85.

(130) С. Г. Струмилин. Ук. соч. стр. 126-127.

（131）Е. В. Спиридонова. Экономическая политика и экономические взгляды Петра I. М., 1952. стр. 128.

（132）Е. В. Спиридонова. Ук. соч. стр. 128-130.

（133）Е. В. Спиридонова. Ук. соч. стр. 135-136.

（134）Е. В. Спиридонова. Ук. соч. стр. 137-138.

（135）Е. В. Спиридонова. Ук. соч. 133.

（136）Н. М. Кулбахтин. Ук. соч. стр. 40, 42.

（137）В. Я. Кривоногов. Наемный труд в горнозаводской промышленности Урала в XVIII веке. Свердловск. 1959. стр. 34.

（138）Б. Б. Кафенгауз. Ук. соч. стр. 65, 100.

（139）А. С. Черкасова. Ук. соч. стр. 87.

（140）Б. Б. Кафенгауз. Ук. соч. стр. 25-26, 59-61.

（141）Б. Б. Кафенгауз. Ук. соч. стр. 106.

（142）А. С. Черкасова. Ук. соч. стр. 113-115.

（143）А. С. Черкасова. Ук. соч. стр. 89.

（144）Б. Б. Кафенгауз. Ук. соч. стр. 353-359.

（145）А. С. Черкасова. Ук. соч. стр. 88-89.

（146）Б. Б. Кафенгауз. Ук. соч. стр. 129.

（147）Вильгельм де-Геннин. Описание уральских и сибирских заводов 1735. М., 1937. стр. 165-166, 468, 481-482, 494.

（148）Вильгельм де-Геннин. Описание … . стр. 184.

（149）Вильгельм де-Геннин. Описание … .стр. 109, 114, 153-154.

（150）Н. М. Кулбахтин. Ук. соч. стр. 42.

（151）А. С. Черкасова. Ук. соч. стр. 114-115.

（152）Ю. Гессен. История горнорабочих СССР. Т. 1. М., 1926. стр. 52-53.

（153）Вильгельм де-Геннин. Описание … . стр. 109.

（154）А. С. Черкасова. Ук. соч. стр. 115.

（155）А. С. Черкасова. Ук. соч. стр. 126.　ПСЗには記載がない。

（156）Д. Кашинцев. Ук. соч. стр. 51-52. ; М. Ф. Злотников. Первое описание… стр. 22.

（157）М. Ф. Злотников. Первое описание … стр. 28.

（158）А. С. Черкасова. Мастеровые и работные люди Урала в XVIII в. М., 1985. стр. 89.

（159）С. В. Голикова и др. Ук. соч. стр. 12-13.

（160）С. В. Голикова и др. Ук. соч. стр. 14-15.

(161) С. П. Сигов. Очерки по истории гонозаводской промышленности Урала. Свердловск, 1936. стр. 16.

(162) С. П. Сигов. Ук. соч. стр. 17-18.

(163) С. П. Сигов. Ук. соч. стр. 34.

(164) С. П. Сигов. Ук. соч. стр. 36.

(165) Н. И. Павленко. О происхождении капиталов, вложенных в металлургии России XVIII в. -«Исторические записки», т. 62, 1958. стр. 170-173.

(166) Н. И. Павленко. Ук. ст. стр. 173-174, 175-176, 181-183, 188.

(167) H. D. Hudson Jr. Op. cit. p. 65.

(168) H. D. Hudson Jr. Op. cit. p. 62.

(169) H. D. Hudson Jr. Op. cit. p. 66, 68.

(170) H. D. Hudson Jr. Op. cit. p. 75.

(171) С. В. Голикова и др. Ук. соч. стр. 17-18.

(172) А. А. Преображенский. Из истории первых частных заводов на Урале в начале XVIII в. - «Исторические записки», т. 63, 1958. стр. 157-158, 164-165.

(173) С. П. Сигов. Ук. соч. стр. 4, 44.

(174) Салават Кулбахтин. Заводовладельцы Южного Урала. http://vatandash.ru/index. php?article=1898-1/16

(175) Н. В. Устюгов. Башкирское восстание 1662-1664. – «Исторические записки», т. 24.

(176) Н. М. Кулбахтин. Горнозаводская промышленность в Башкортостане XVIII век. Уфа, 2000. стр. 27-28 и др.

(177) Н. Ф. Демидова. Управление Башкирией и повинности населения Уфимской провинции в первой трети XVIII в. – «Исторические записки», т. 68, 1961. стр. 214-229.

(178) Н. В. Устюгов. Ук. ст. стр. 44.

(179) Н. Ф. Демидова. Ук. ст. стр. 234-235.

(180) С. Г. Струмилин. Ук. соч. стр. 219. ; С. П. Сигов. Ук. соч. стр. 45.

(181) С. П. Сигов. Ук. соч. стр. 45.

(182) Н. М. Кулбахтин. Ук. соч. стр. 224-225. 当然、占有された土地の比率はバシキリヤの範囲のとらえかたによって異なりうる.

(183) Н. М. Кулбахтин. Ук. соч. стр. 87.

(184) С. П. Сигов. Ук. соч. стр. 6-7.

(185) А. А. Преображенский. Классовая борьба уральских крестьян и мастеровых людей в начале XVIII в. – «Исторические записки», т. 58, 1956. стр. 266.

（186） Н. Ф. Демидова. Ук. ст. стр. 235.

（187） Н. М. Кулбахтин. Ук. соч. стр. 48-49.

（188） М. Ф. Злотников. Первое описание … стр. 45-48.; В. деГеннин. Описание … стр. 75.

（189） С. Г. Струмилин. Ук. соч. стр. 209.

（190） С. П. Сигов. Ук. соч. стр. 7.

（191） Н. М. Кулбахтин. Ук. соч. стр. 60-62.

（192） Н. Ф. Демидова. Ук. соч. стр. 212.

（193） С. П. Сигов. Ук. соч. стр. 7-8.

（194） В. деГеннин. Описание … стр. 611.

（195） Н. М. Кулбахтин. Ук. соч. стр. 43-44.

（196） Е. И. Заозерская. Бегство и отход крестьян в первой половине XVIII в. – АНСССР. К вопросу о первоначальном накоплении в России, XVII-XVIII в. М., 1958. стр. 156.

（197） С. П. Сигов. Ук. соч. стр. 38.

（198） С. П. Сигов. Ук. соч. стр. 38.

（199） Е. И. Заозерская. Ук. ст. стр. 133-134.; А. С. Орлов. Волнения на Урале в середине XVIII века. М., 1979. стр. 56.; Е. В. Спиридонова. Экономическая политика и экономические взгляды Петра I. М., 1952. стр. 116.

（200） Е. И. Заозерская. Ук. ст. стр. 134-135.

（201） Ю. Гессен. История горнорабочих СССР. Т. 1. М., 1926. стр. 51.

（202） А. С. Орлов. Ук. соч. стр. 58.; Ю. Гессен. История горнорабочих СССР. Т. 1. М., 1926. стр. 51-52.

（203） Полное собрание законов Российской Империи, с 1649 года. Том 7. 1723-1727. стр. 313.

（204） А. Г. Рашин. Формирование промышленного пролетариата в России. М., 1940. стр. 74.

（205） М. Ф. Злотников. Первое описание … стр. 53.

（206） А. С. Орлов. Ук. соч. стр. 56-57.

（207） А. С. Орлов. Ук. соч. стр. 57.

（208） А. А. Преображенский. Ук. ст. стр. 247.

（209） А. А. Преображенский. Ук. ст. стр. 247-259.

（210） А. А. Преображенский. Ук. ст. стр. 260-262.

（211） А. А. Преображенский. Ук. ст. стр. 263-266.

（212） А. А. Преображенский. Ук. ст. стр. 266-271.

(213) А. А. Преображенский. Ук. ст. стр. 263, 271.

(214) М. Ф. Злотнилов. Первое описание ⋯ стр. 56.

(215) М. Ф. Злотнилов. Первое описание ⋯ стр. 55.

(216) В. деГеннин. Описание ⋯ стр. 368.

(217) А. А. Преображенский. Ук. ст. стр. 264.

(218) Н. М. Кулбахтин. Ук. соч. стр. 41–42.

(219) А. Е. Яновский. Горное законодательство. – Энциклопедический словарь Блокгауза и Ефрона. http://ru.wikisource.org//wiki/ЭСБЕ/Горное_ законодательство (4/11)

(220) А. С. Черкасова. Ук. соч. стр. 79.

(221) Российское законодательство X-XX веков. В девяти томах. Законодательство периода становления абсолютизма. Том 4. М., 1986. стр. 162.

(222) Полное собрание законов Российской империи, с 1649 года. Том 5. 1713–1719. стр. 630.

(223) Полное собрание законов Российской империи, с 1649 года. Том 5. 1713–1719. стр. 760–762.

(224) Е. В. Спиридонова. Экономическая политика и экономические взгляды Петра I. М., 1952. стр. 75, 78.

(225) Е. В. Спиридонова. Экономическая политика и экономические взгляды Петра I. М., 1952. стр. 76–77.

(226) Полное собрание законов Российской Империи, с 1649 года. Том 6. 1720–1722. стр. 223.

(227) Д. Кашинцев. Ук. соч. стр. 67.

(228) Д. Кашинцев. Ук. соч. стр. 70.

(229) А. Е. Яновский. Горное законодательство. – Энциклопедический словарь Блокгауза и Ефрона. http://ru.wikisource.org//wiki/ЭСБЕ/Горное_ законодательство (5/11)

(230) А. С. Черкасова. Ук. соч. стр. 77.

(231) В. О. Ключевский. Курс русской истории. Лекция 48. – http://www.kulichki. com/inkwell/text/special/history/kluch/kluch48.htm , 1-2/8

(232) А. С. Черкасова. Ук. соч. стр. 127.

(233) H. D. Hudson Jr. Op. cit. pp. 63–64. ; Б. Б. Кафенгауз. История хозяйства Демидовых в XVIII-XIX вв. Том I. М., Л., 1949. стр. 164.

(234) Б. Б. Кафенгауз. Ук. соч. стр. 164.

(235) А. И. Юхт. Деятельность В. Н. Татищева на Урале в 1720–1722 гг.

«Исторические записки», Т. 97, 1976. стр. 126-179.

(236) М. Ф. Злотников. Первое описание··· стр. 26-27, 39.

(237) Полное собрание законов Российской империи, с1649 года. Том 6. 1720-1722. стр. 667.

(238) А. И. Юхт. Ук. ст. стр. 144.

(239) Полное собрание законов Российской империи, с1649 года. Том 7. 1723-1727. стр. 167-174.

(240) Е. В. Анисимов. Податная реформа Петра I, Введение подушной подати в России 1719-1728 гг. Л., 1982. стр. 36.

(241) Полное собрание законов Российской империи, с1649 года. Том 6. 1720-1722. стр. 486-489.

(242) Полное собрание законов Российской империи, с1649 года. Том 6. 1720-1722. стр. 519.

(243) Е. В. Анисимов. Податная реформа Петра I, ··· стр. 31, 35.

(244) Российское законодательство X-XX веков. В девяти томах. Законодательство периода становления абсолютизма. Том 4. М., 1986. стр. 180.

(245) Е. В. Анисимов. Податная реформа Петра I, ··· стр. 63-65.

(246) Полное собрание законов Российской империи, с 1649 года. Том 5. 1713-1719. стр. 597.

(247) Полное собрание законов Российской империи, с 1649 года. Том 5. 1713-1719. стр. 618.

(248) Полное собрание законов Российской империи, с 1649 года. Том 5. 1713-1719. стр. 619.

(249) Е. В. Анисимов. Податная реформа Петра I,··· стр. 69-70.

(250) Полное собрание законов Российской империи, с 1649 года. Том 5. 1713-1719. стр. 750.

(251) Е. В. Анисимов. Податная реформа Петра I, ··· стр. 75-76.

(252) Е. В. Анисимов. Податная реформа Петра I, ··· стр. 78.

(253) Е. В. Анисимов. Податная реформа Петра I, ··· стр. 80-82.

(254) Е. В. Анисимов. Податная реформа Петра I, ··· стр. 82-84.

(255) Е. В. Анисимов. Податная реформа Петра I, ··· стр. 86.

(256) Е. В. Анисимов. Податная реформа Петра I, ··· стр. 104, 105-106.

(257) Е. В. Анисимов. Податная реформа Петра I, ··· стр. 110-111.

(258) Российское законодательство X-XX веков. В девяти томах. Законодательство периода становления абсолютизма. Том 4. М., 1986. стр. 202.

(259) В. Н. Татищев. Избранные произведения. Л., 1979. стр. 288.

(260) Полное собрание законов Российской Империи, с 1649 года. Том 7. 1723–1727. стр. 310–316.

(261) Полное собрание законов Российской Империи, с 1649 года. Том 7. 1723–1727. стр. 291–292.

(262) В. О. Ключевский. Курс русской истории. Лекция 49. – http://www.kulichki.com//inkwell/text/special/history/kluch/kluch49.htm 2/12

(263) В. О. Ключевский. Курс русской истории. Лекция 49. – http://www.kulichki.com//inkwell/text/special/history/kluch/kluch49.htm 2/12

(264) В. О. Ключевский. Курс русской истории. Лекция 49. – http://www.kulichki.com//inkwell/text/special/history/kluch/kluch49.htm 2–3/12

(265) В. О. Ключевский. Курс русской истории. Лекция 49. – http://www.kulichki.com//inkwell/text/special/history/kluch/kluch49.htm 3/12.

(266) В. О. Ключевский. Курс русской истории. Лекция 49. – http://www.kulichki.com//inkwell/text/special/history/kluch/kluch49.htm 3/12.

(267) В. О. Ключевский. Курс русской истории. Лекция 49. – http://www.kulichki.com//inkwell/text/special/history/kluch/kluch49.htm 3/12.

(268) В. О. Ключевский. Курс русской истории. Лекция 49. – http://www.kulichki.com//inkwell/text/special/history/kluch/kluch49.htm 3/12.

(269) В. О. Ключевский. Курс русской истории. Лекция 63. – http://www.kulichki.com//inkwell/text/special/history/kluch/kluch63.htm 2/8

(270) В. О. Ключевский. Курс русской истории. Лекция 63. – http://www.kulichki.com//inkwell/text/special/history/kluch/kluch63.htm 4–5/8

(271) В. О. Ключевский. Курс русской истории. Лекция 63. – http://www.kulichki.com//inkwell/text/special/history/kluch/kluch63.htm 5/8

(272) Е. В. Анисимов. Податная реформа Петра I, ⋯ стр. 141.

(273) Е. В. Анисимов. Податная реформа Петра I, ⋯ стр. 143–145.

(274) В. О. Ключевский. Курс русской истории. Лекция 63. – http://www.kulichki.com//inkwell/text/special/history/kluch/kluch63.htm 5/8

(275) В. О. Ключевский. Курс русской истории. Лекция 63. – http://www.kulichki.com//inkwell/text/special/history/kluch/kluch63.htm 5/8

(276) Е. В. Анисимов. Податная реформа Петра I, ⋯ стр. 152–152.

(277) Полное собрание законов Российской империи, с 1649 года. Том 4. 1700–1712. М., 1830. стр. 3.

(278) Е. В. Анисимов. Податная реформа Петра I, ⋯ стр. 159.

第2章 停滞構造の歴史的起源

(279) Е. В. Анисимов. Податная реформа Петра I, ⋯ стр. 213.

(280) Е. В. Анисимов. Податная реформа Петра I, ⋯ стр. 233.

(281) Е. В. Анисимов. Податная реформа Петра I, ⋯ стр. 267.

(282) Е. В. Анисимов. Податная реформа Петра I, ⋯ стр. 260-261.

(283) А. С. Орлов. Ук. соч. стр. 58-59.

(284) А. С. Орлов. Ук. соч. стр. 62.

(285) マルクス 『資本論』第1巻，第2分冊．大月書店，1968. p. 741.以下，ページ
は原本のもの．

(286) マルクス，前掲書．p. 742.

(287) マルクス，前掲書．p. 742.

(288) マルクス，前掲書．p. 742.

(289) マルクス，前掲書．p. 743.

(290) マルクス，前掲書．p. 743.

(291) マルクス，前掲書．p. 744.

(292) マルクス，前掲書．p. 745.

(293) マルクス，前掲書．p. 760-761.

(294) マルクス，前掲書．p. 766.

(295) マルクス，前掲書．p. 779.

(296) В. Я. Кривоногов. Наемный труд в горнозаводской промышленности Урала в
XVIII веке. Свердловск. 1959. стр. 4.

(297) В. Я. Кривоногов. Ук. соч.стр. 8.

(298) В. Я. Кривоногов. Ук. соч. стр. 8.

(299) В. Я. Кривоногов. Ук. соч. стр. 8.

(300) В. Я. Кривоногов. Ук. соч. стр. 8.

(301) В. Я. Кривоногов. Ук. соч. стр. 10.

(302) В. Я. Кривоногов. Ук. соч. стр. 10.

(303) В. Я. Кривоногов. Ук. соч. стр. 12.

(304) Кривоногов. Ук. соч. стр. 13. ; Полянский Ф. Я. «Наемный труд в
мануфактурной промышленности России XVIII» в сборнике статей «Вопросы
истории народного хозяйства СССР», М., 1957 г., стр. 139.

(305) В. Я. Кривоногов. Ук. соч. стр. 15.

(306) В. Я. Кривоногов. Ук. соч. стр. 15-16. ; *Дружинин Н.М. «Генезис капитализма
в России», М., 1955 г., стр. 18. ; **Панкратова А.М. «О роли товарного
производства при переходе от феодализма к капитализму», «Вопросы
истории», 1953 г.6 No. 9, стр. 75. ; ***Нечкина М.В. «О «восходящей» и

267

«нисходящей» стадии фоедальной формации». «Вопросы истории», 1958 г., No. 7, стр. 98.

(307) В. Я. Кривоногов. Ук. соч. стр. 16. ; *Панкратова А.М. Указ. ст., «Вопросы истории», 1953 г., No. 9, стр. 75.

(308) В. Я. Кривоногов. Ук. соч. стр. 16.

(309) В. Я. Кривоногов. Ук. соч. стр. 17.

(310) В. Я. Кривоногов. Ук. соч. стр. 23.

(311) В. Я. Кривоногов. Ук. соч. стр. 23-24.

(312) Н. М. Дружинин. Генезис капитализма России. «Десятый международный конгресс историков в Риме сентябрь 1955 г. Доклады советской делегации. » М., 1956. стр. 189, 192.

(313) R. H. ヒルトン／松村平一郎訳『中世イギリス農奴制の衰退』早稲田大学出版部, 1998年. 88ページ.

(314) В. Я. Кривоногов. Ук. соч. стр. 83-84.

(315) Ф. Я. Полянский. Наемный труд в мануфактурной промышленности России XVIII века. «Вопросы истории народного хозяйства СССР», М., 1957. стр. 138-139.

(316) В. Я. Кривоногов. Ук. соч. стр. 8.

(317) В. Я. Кривоногов. Ук. соч. стр. 10.

(318) В. В. カフェンガウスからの引用である. В. Я. Кривоногов. Ук. соч. стр. 24. ; Кафенгауз Б. Б. Указ. соч. стр. 35.

(319) В. Я. Кривоногов. Ук. соч. стр. 24.

(320) В. Я. Кривоногов. Ук. соч. стр. 24-25. ; *Преображенский А. А. «Очерки колонизации Западного Урала в XVII- начале XVIII в.» М., 1956 г., стр. 157-158.

(321) В. Я. Кривоногов. Наемный труд в горнозаводской промышленности Урала в XVIII веке. Свердловск. 1959. стр. 25. ; *Геннин В. «Описание» М., 1937 г., стр. 479.

(322) В. Я. Кривоногов. Ук. соч. стр. 25. ; *Тиунов В. «Промышленное развитие Западного Урала», Пермь, 1954 г., стр. 24. ; **Кашинцев Д. «История металлургии Урала», ГОНТИ, 1939 г., стр. 40.

(323) В. Я. Кривоногов. Наемный труд в горнозаводской промышленности Урала в XVIII веке. Свердловск. 1959. стр. 25-26.

(324) В. Я. Кривоногов. Ук. соч. стр. 26.

(325) В. Я. Кривоногов. Ук. соч. стр. 26.

（326）В. Я. Кривоногов. Ук. соч. стр. 28.

（327）В. Я. Кривоногов. Ук. соч. стр. 28.; *К. Маркс, «Капитал», т. 1, 1953 г., стр. 753.

（328）В. Я. Кривоногов. Ук. соч. стр. 28-29.

（329）В. Я. Кривоногов. Ук. соч. стр. 29.

（330）А. А.Преображенский. Очерки колонизации западного Урала в XVII - начале XVIII в. М., 1956. стр. 155-156.

（331）А. А.Преображенский. Ук. соч. стр. 156.

（332）А. А.Преображенский. Ук. соч. стр. 156.

（333）А. А. Преображенский. Ук. соч. стр. 157.

（334）А. А.Преображенский. Ук. соч. стр. 158.

（335）А. А.Преображенский. Ук. соч.стр. 158.

（336）А. А.Преображенский. Ук. соч. стр. 160.

（337）А. А.Преображенский. Ук. соч. стр. 160.

（338）А. А.Преображенский. Ук. соч. . стр. 161.

（339）В. Я. Кривоногов. Наемный труд в горнозаводской промышленности Урала в XVIII веке. Свердловск. 1959. стр. 31-32.

（340）В.-Де-Геннин, указ. соч., стр. 566-567; 501-502; 439-440. か ら—В. Я. Кривоногов. Ук. соч. стр. 32.

（341）В. Я. Кривоногов. Ук. соч. стр. 32-33.

（342）Геннин В., УКаз. соч., стр. 462. よ り—В. Я. Кривоногов. Ук. соч. стр. 33.

（343）Тиунов В., указ. соч., стр. 36.; Геннин В., указ. соч. стр., 508.; В. Я. Кривоногов. Ук. соч. стр. 33.

（344）В. Я. Кривоногов. Ук. соч. стр. 33.

（345）В. Я. Кривоногов. Ук. соч. стр. 8.

（346）В. Я. Кривоногов. Ук. соч. стр. 8.

（347）Демокоп Weekly, No 145-146. 9-22 Февраля 2004. - http://demoscope.ru/weekly/2004/0145/nauka01.php

（348）С. Г. Струмилин. Ук. соч. стр. 250.

（349）С. Г. Струмилин. Ук. соч. стр. 247-248.

（350）С. Г. Струмилин. Ук. соч. стр. 248.

（351）С. Г. Струмилин. Ук. соч. стр. 253.

（352）М. Т. Гамазова. История развития и правовая природа договора личного найма. Министерство юстиции приднестровской молдавской республики. - http://minjust.org/Web.nsf/fa6fbe2121964a14c22571325004d9939/7cc199c24e96

1949c22571340043fcf0!OpenDocument

(353) М. Т. Гамазова. История развития и правовая природа договора личного найма. Министерство юстиции приднестровской молдавской республики. – http://minjust.org/Web.nsf/fa6fbe2121964a14c22571325004d9939/7cc199c24e96 1949c22571340043fcf0!OpenDocument

(354) А. С. Черкасова. Ук. соч. стр. 142–143.

(355) С. Г. Струмилин. Ук. соч. стр. 247.

(356) А. А. Преображенский. Ук. соч. стр. 272.

(357) Е. И. Заозерская. Бегство и отход ⋯ стр. 180.

(358) А. С. Черкасова. Ук. соч. стр. 86.

(359) С. Г. Струмилин. Ук. соч. стр. 256–257.

(360) М. В. Злотников. К вопросу о формировании вольнонаемного труда в крепостной России. – «История пролетариата СССР», сб. 1, 1930.

(361) С. Г. Струмилин. Ук. соч. стр. 257.

(362) С. Г. Струмилин. Ук. соч. стр. 258.

(363) С. Г. Струмилин. Ук. соч. стр. 259.

(364) Е. В. Спиридонова. Экономическая политика и экономические взгляды Петра I. М., 1952. стр. 125.

(365) Полное собрание законов Российской империи, с 1649 года. Том 6. 1720–1722. стр. 435–436.

(366) Е. В. Спиридонова. Ук. соч. стр. 125–126.

(367) Е. И. Заозерская. Бегство и отход ⋯ стр. 158–159, 161.

(368) 土肥恒之『ピョートル大帝とその時代』中央公論社, 1992年. 22–23ページ.

(369) Е. И. Заозерская. Бегство и отход ⋯ стр. 159.

(370) Ф. Я. Полянский. Наемный труд в мануфактурной промышленности России XVIII века. «Вопросы истории народного хозяйства СССР», М., 1957. стр. 141.

(371) Полное собрание законов Российской империи, С 1649 года. т. 5. 1713–1719. стр. 571.; Е. В. Спиридонова. Экономическая политика и экономические взгляды Петра I. М., 19

52. стр. 123.

(372) カール・マルクス『資本論』第1巻, 第2分冊. 大月書店, 1968. pp. 761–762.

(373) カール・マルクス, 前掲書, pp. 762–765.

(374) Полное собрание законов Российской империи. Том 6. 1720–1722. стр. 359–361.

(375) Полное собрание законов Российской империи, с1649 года. Том 6. 1720–1722.

стр. 525.

（376）Полное собрание законов Российской империи, с1649 года. Том 6. 1720-1722. стр. 638.

（377）Полное собрание законов Российской империи, с1649 года. Том 6. 1720-1722. стр. 642.

（378）Е. И. Заозерская. Бегство и отход … стр. 160.

（379）Е. И. Заозерская. Бегство и отход … стр. 162-164, 165-166.

（380）М. И. Туган-Барановский. Ук. соч. стр. 94.

（381）Полное собрание законов Российской империи, с1649 года. Том 6. 1720-1722. стр. 746.

（382）А. С. Черкасова. Ук. соч. стр. 116.

（383）Е. В. Анисимов. Податная реформа Петра I, … стр. 214-215.

（384）Б. Б. Кафенгауз. История хозяйства Демидовых в XVIII-XIX вв. Том I. М., Л., 1949. стр. 166.

（385）Е. И. Заозерская. Бегство и отход … стр. 167.

（386）А. С. Черкасова. Ук. соч. стр. 92.

（387）Е. И. Заозерская. Бегство и отход … стр. 165.

（388）А. С. Черкасова. Ук. соч. стр. 92.

（389）А. С. Черкасова. Ук. соч. стр. 138.

（390）Е. И. Заозерская. Бегство и отход … стр. 166-167.

（391）А. С. Черкасова. Ук. соч. стр. 145.

（392）Е. В. Анисимов. Податная реформа Петра I,… стр. 220.

（393）М. И. Туган-Барановский. Ук. соч. стр. 95.

（394）Е. И. Заозерская. Бегство и отход … стр. 180.

（395）А. С. Черкасова. Ук. соч. стр. 100.

（396）Е. И. Заозерская. Бегство и отход … стр. 180.

（397）Е. В. Анисимов. Податная реформа Петра I, … стр. 256.

（398）Е. В. Анисимов. Податная реформа Петра I, … стр. 257.

（399）Е. И. Заозерская. Бегство и отход … стр. 185.

（400）А. С. Черкасова. Ук. соч. стр. 102.

（401）А. С. Черкасова. Ук. соч. стр. 146-147.

（402）Е. И. Заозерская. Бегство и отход … стр. 182.

（403）А. С. Черкасова. Ук. соч. стр. 86.

（404）А. С. Черкасова. Ук. соч. стр. 133,143.

（405）А. С. Черкасова. Ук. соч. стр. 143.

(406) В. Я. Кривоногов. Наемный труд в горнозаводской промышленности Урала в XVIII веке. Свердловск. 1959. стр. 63.

(407) В. Я. Кривоногов. Ук. соч. стр. 63.; В. деГеннин. Указ. соч. стр. 532.

(408) В. Я. Кривоногов. Ук. соч. стр. 64.

(409) В. Я. Кривоногов. Ук. соч. стр. 64.; В. деГеннин, стр. 451.

(410) В. Я. Кривоногов. Ук. соч. стр. 64.

(411) В. Я. Кривоногов. Ук. соч. стр. 64.

(412) В. Я. Кривоногов. Ук. соч. стр. 66.

(413) В. Я. Кривоногов. Ук. соч. стр. 66.

(414) В. Я. Кривоногов. Ук. соч. стр. 66–67.

(415) В. Я. Кривоногов. Ук. соч. стр. 67.

(416) В. Я. Кривоногов. Ук. соч. стр. 67.

(417) В. Я. Кривоногов. Ук. соч. стр. 67.

(418) В. Я. Кривоногов. Ук. соч. стр. 67–68.

(419) В. Я. Кривоногов. Ук. соч. стр. 68.

(420) В. Я. Кривоногов. Ук. соч. .стр. 68.

(421) В. Я. Кривоногов. Ук. соч. стр. 68.

(422) В. Я. Кривоногов. Ук. соч. стр. 68.

(423) В. Я. Кривоногов. Ук. соч. стр. 68.

(424) В. Я. Кривоногов. Ук. соч. стр. 69.

(425) В. Я. Кривоногов. Ук. соч. стр. 69.

(426) В. Я. Кривоногов. Ук. соч. стр. 70–71.

(427) Е. И. Заозерская. Ук. ст. стр. 131–132.

(428) С. Г. Струмилин. Ук. соч. стр. 256.

(429) Б. Б. Кафенгауз. Ук. соч. стр. 353.

(430) Б. Б. Кафенгауз. Ук. соч. стр. 354.

(431) Б. Б. Кафенгауз. Ук. соч. стр. 355.

(432) Б. Б. Кафенгауз. Ук. соч. стр. 357.

(433) Б. Б. Кафенгауз. Ук. соч. стр. 356–357.

(434) Б. Б. Кафенгауз. Ук. соч. стр. 358–359.

(435) Б. Б. Кафенгауз. Ук. соч. стр. 354.

(436) А. С. Черкасова. Ук. соч. стр. 93.

(437) А. С. Черкасова. Ук. соч. стр. 93.

(438) А. Г. Рашин. Ук. соч. стр. 58.

(439) Полное собрание законов Российской Империи, с 1649 года. Том 6. 1720–

1722. стр. 311-312.

(440) Е. В. Спиридонова. Экономическая политика и экономические взгляды Петра I. М., 1952. стр. 121.

(441) Е. В. Спиридонова. Ук. соч. стр. 122.

(442) Е. И. Заозерская. Ук. ст. стр. 135-136.

(443) Е. И. Заозерская. Ук. ст. стр. 135-136.

(444) М. И. Туган-Барановский. Ук. соч. стр. 96.

(445) М. И. Туган-Барановский. Ук. соч. стр. 96.

(446) С. Г. Струмилин. Ук. соч. стр. 248-249.

(447) А. С. Черкасова. Ук. соч. стр. 90-91, 116.

(448) С. Г. Струмилин. Ук. соч. стр. 249-250.

(449) С. Г. Струмилин. Ук. соч. стр. 251.

(450) С. Г. Струмилин. Ук. соч. стр. 251.

(451) В. деГеннин. Описание ⋯ стр. 102-103.

(452) В. деГеннин. Описание ⋯ стр. 105.

(453) В. деГеннин. Описание ⋯ стр. 111.

(454) В. деГеннин. Описание ⋯ стр. 114.

(455) В. деГеннин. Описание ⋯ стр. 133.

(456) В. деГеннин. Описание ⋯ стр. 153-154.

(457) В. деГеннин. Описание ⋯ стр. 159, 161, 184, 186, 192.,197-198.,201, 205-206, 207.

(458) В. деГеннин. Описание ⋯ стр. 165-166.

(459) В. деГеннин. Описание ⋯ стр. 174.

(460) В. деГеннин. Описание ⋯ стр. 110.

(461) М. Ф. Злотников. Первое описание. стр. 49. ; В. деГеннин. Описание ⋯ стр. 99-100, 101.

(462) Н. Б. Бакланов. Техника металлургического производства XVIII века на Урале. М., Л. 1935. стр. 22, 36-39, 49-50, 53-56, 61-65, 73-75.

(463) Н. Б. Бакланов. Ук. соч. стр. 167-168.

(464) Д. Кашинцев. История металлургии Урала. т. 1. М., Л., 1939. стр. 109.

(465) Н. И. Павленко. Развитие металлургической промышленности России в первой половине XVIII века. М., 1953. стр. 82-83.

(466) Н. И. Павленко. Ук. соч. стр. 70-71, 84-85.

第3章

帝政の動揺と停滞構造の顕在化

第1節　封建体制の強化と労働力緊縛の制度的完成

V. N. タティシチェフの再任と管理の制度化

　最初の挑戦に敗北した後，ピョートルの存命中タティシチェフがウラルに戻ることはなかったが，ピョートルが没して最も強力な後ろ盾が失われたときには，デミドフ家もアキンフィーの時代に移り，既にエスタブリシュメントとしての基盤を固め，権力上層部に強固な人脈を築いていた。

　V. N. タティシチェフは法治主義をウラルに適用するべく努めた。彼は，タティシチェフ協議会＜鉱山法典草案審議のための協議会，1734-36年－Y.＞に依拠して，鉱業に関する全般的規制の導入を試みた。一方で，個別の事業，特に法治主義の対極に位置するデミドフのすべての違反を摘発するべく調査した。

　H. D. ハドソンJr. の評価によると，再度の挑戦において＜1734年，再びウラルに赴任した－Y.＞タティシチェフは，デミドフの工場に多く居住する旧教徒が彼らに課される通常の倍の人頭税を免れていること，休業・病欠の際の給料が支払われていないこと，非合法の銀の採掘がなされていることなどを告発した。デミドフの管理人・手代は，10分の1税は1720年から銑鉄1プード当り1コペイカとして支払い始め，他の納税は行っていないことを認めた。タティ

275

シチェフはヴィイスキー工場の銅を押収し，旧教徒労務者の人頭税を課税した。しかし，今回もアキンフィーは，アンナの寵臣E. J. ビロンの擁護，ストロガノフ伯との共同戦線を築いてこれを退けた。[(1)]

しかし，アキンフィーの「勝利」は堅固なものではなかった。帝政は法制度の整備とタティシチェフの行政力によってデミドフの「帝国」を掘り崩すべく努めた。

帝政は1730年代にウラル冶金業の拡大と更なる制度化を図った。そこにおける，再任されたV. N. タティシチェフの役割は大きかった。アンナ・ヨアンノヴナ帝は彼に対して概略以下のような訓令を与えた。

6559．─1734年3月23日．旧来の鉱業工場の監督並びに新規の創設のためにシベリア及びカザン諸県に派遣された4等文官タティシチェフへの訓令．
"3．"これら<指令─Y.>すべてを受け取り，全ての工場と鉱山，精錬，その他の機械と作業所の建設を監督し，我らの利益と収入を増やすべく精励すること，海外に売られる帯状，角形の鉄や銅の産出を増やすだけでなく，それらが最良の技で作られるように，また不適合なものを決して販売に出さず，新たに金，銀鉱石その他金属，鉱物を最大限努めて探し能う限り勤めること。
9．＜ヴァトカ郡には多くの場所に良質の鉄鉱石があるが，官有工場では利益があがらず管理者に大きな報酬が支払われている。私人には労務者が不足している。＞それ故住民に対して，製鉄工場を設立したい者がいるなら：　その者に，休務期間の特権以外に，高炉に対して我々の郷から100-150戸，ハンマーに対して30戸与え，義務としてそれら農民に租税と賦課金をピンハネなしに支払い，仕事について掲示に従って読み上げ，高炉が期限まで働き，銑鉄を年に35千プード以上産出し，10分の1税を支払うこととする。…
14．工場には多くの村が仕事のために編入されているにもかかわらず，デミドフは，1/4の人数ももたず，鉄を我々の工場の倍も産出しており，聞くところでは彼は最も自発労務者でもってはるかに安価に仕事を行なっている：それ

故，そなたには，編入農民に課された仕事の規定と，給与が彼らの必要に負担をかけていないか検討すること。

18. ストロガノフ男爵，貴族デミドフその他のすべての私有鉱業工場に対して監視し，彼らが工場をしかるべく建設し増やしているか，銅や鉄を可能な限り最良に製造しているか，不適合な鉄や銅を販売に供していないか，工場印なしに何も販売していないか，職工への支払いは正しく行われているか，余分な職工を互いにまた逃亡農民を受入れず保持しないか，隠れ家に次々と押し込めていないか，監視すること。また，銅と銑鉄を精錬し，そこから10分の1税を取るため，また工場で何を売るかどこに出荷するか，詳細にそなたはそれぞれ情報を得，それらを検討のためにこちらに送ること。そのため各工場に特別な作業監視官 Шихтмейстер を定め，ザクセンやスウェーデンの制度に取り入れられた訓令を与えること；…そして特に厳格に，私有工場で指令なしに，大砲，迫撃砲，爆弾，砲弾，また火打石銃，剣，槍やいかなる武器も作らず国外に出さぬよう監視すること[2]…"

　タティシチェフの再任に際しての訓令は，帝政国家の冶金業への期待を表現した。冶金業は国家の利益を主目的とし，そのための品質向上を図るべきこと，工場増設の障害となる労働力不足を解消するため，私人に対して官有農民を供給することが確認された。一方で，デミドフの経営から学ぶ必要を理解するなど，柔軟性も示した。同時に，シフトメイステル（作業監視官）＜タティシチェフによる対象表を参照―Y.＞を任命し私有工場の監督強化を図るなど，ピョートル時代の個人専制，縁故主義から脱却し，国家官僚機構の整備に基づいた封建的法治主義への転換を図る意図が明確である。更に追加の訓令も下された。そこでは細部にわたり，労働力確保の方針が示された―工場仕事と警備のために新兵を利用すること；労働力として流刑囚を利用すること；人頭税支払いの到来者を返戻しないこと。

6831. ―1735年10月29日．4等文官タティシチェフへの訓令．―派遣された新兵の工場付きの移住について；その工場仕事への雇い労務者の採用について，また工場で人頭税を課される逃亡者，農民を指令なしに返戻しない件について．

"2. ＜1725年元老院決定に従い当地の貴族，地主から竜騎兵＝守備隊を募る＞また，エカテリンブルグの工場に編入された村から，将官の指揮Генеральное распоряжениеのもと新兵にとらなければならない：彼らを工場仕事に定め，あらゆる職能に教育し，彼らの中から工場と国境の村の守備に補充すること．…

6. 新たなシベリアの工場の中からいくつか選び，建設し，すべての仕事，鉱石，木炭その他の準備を指令なしに労務者の雇いでもって行うこと，あとで正しい計算ができるようにその支出に詳細な帳簿と勘定を行うこと；その工場に熱心に忠実に仕事のできる善良で誠実な人物を就かせること；トギリスコイ及びニツィンスコイ村は，指令あるまで編入しないこと．…

7. 工場仕事のより良い遂行のため，そなたの上申のように，流刑に処された者すべてを至る所からシベリアの工場に送ることを命ずる；…

9. ＜トゥーラ河流域は有望であるが，調査の結果工場立地において遠隔のため村の編入が困難，または近隣の村が既に他の工場に編入されている場合＞それらを工業家に譲渡し彼に編入された村を新たな工場に編入できるかどうか…どのようにして工場を設立できるか詳細な上申を行うこと…

17. 去る1734年11月5日，そなたは報告した：地主が嘆願し農奴と証明した逃亡農奴を法令によると返戻するよう命じられるが，それについてそなたは，人頭税査察後に到来した者は返戻し，工場にて人頭税を課された者は，特別な指令なしに返戻してはならぬ，なぜなら，すべて工場に居住する到来者は，彼らを放出するなら，人頭税を代わって支払うだけでなく，工場で働く者がいなくなるであろう．地主もまた，彼らを連れ戻すのは大変困難と理解し，彼らの逃亡農民と自発的に合意し1戸につき50ルーブリの金を受け取る；また自分で支払えない者は，彼らをそこの住民に少ない額で売る．そのような購入によ

278

り工場は少なからぬ利益を得るが，指令なしに行ってはならず，いくら支払う
か分からない。なぜなら，1722年の指令によると，50ルーブリの支払いは何ら
かの技能を身につけた者に対してのみであって，単純な労務者の農民にはいく
ら支払うか記されていない。そなたに送られた，12月31日付け指令に関して，
工場で人頭税を課される到来者の返戻を引き止めること；とりわけ，全工場に
どれはどの到来者がいるか，誰の者か，手工業者がいるか…政府に詳細な情
報を送ること…"[3]

　タティシチェフはゲンニンの定めた方向性を更に進め，帝政の方針に忠実に
ウラル冶金業の制度的完成を図った。一般に理解し難いドイツ語起源の職名を
タティシチェフがロシア語に当てはめたのが表3-1である。
　V. ゲンニンの後を継いで，工場総監督庁長官として再びウラルに赴任した
V. N. タティシチェフのもとで，法的整備の試みが精力的に進められた。彼は，
1734年12月12日，エカテリンブルグに工場主もしくはその執事を招集して，
鉱山法典草案審議のための協議会，いわゆるタティシチェフ協議会を立ち上げ
た。
　協議会は1736年初めにかけて断続的に活動したが，最終的には具体的成果
を得ることなく終息した。しかし，そのことは，この試みが無為に終わったこ
とを意味しない。第1に，工場総監督庁の手で従来からの法令が整理されそれ
ぞれの有効性が確認された。第2に，草案は共通見解（多数意見）をもとに作成
され，それに対する少数意見を付記する形で構成されたので，論点が明確にさ
れた。鉱山法典草案に署名したのは，企業主本人としてG. ヴァゼムスコイ，A.
プロゾロフ，I. ネボガトフ，代理人としてAk. デミドフ3名，N. デミドフ，P.
オソーキン，S. クラシリニコフ，G. オソーキン各1名の執事であった。地主工
場主の代表たるストロガノフ，トゥルチャニノフの署名はなかった。[4]
　このような協議会の人的構成は，意図の有無にかかわらず，始めから新興工
場主グループが多数派を形成することを必然化した。他方で，地主工場主グ

表3-1　1734年11月6日。鉱業工場に必要な官吏の官位名と軍官位との対照，ゲンニン中将の作成したドイツ式名称との対比

官位表の等級	ロシア語名	ドイツ語名
VI	大佐等級相当： コレギヤ顧問官	ベルグ＝ラート
VIII	少佐相当：	—
IX	判士 大尉相当： 工場判事 工場委員 主計長	オーベル＝ベルグ＝メイステル ベルグ＝メイステル オーベル＝ギッテン＝フェルバリテル オーベル＝ツェゲントネル
X	中尉相当： 地方判事 鉱山測量長 秘書	削除 オーベル＝ベルグ＝シレイベル オーベル＝マルク＝シェイデル オーベル＝ベルグ＝シレイデル
XII	中尉 工場管理官 鉱山測量士 森林管理官 警察長官	ギッテン＝フェルバリテル マルク＝シェイデル フォルシト＝メイステル 同左
XIII	少尉 裁判秘書 鉱山監視官 工場主計官	— ベルグ＝シレイデル ベルグ＝ゲシヴォレン ツェゲントネル
XIV	少尉補 鉱石試験官 会計係 作業監視官 地方管理官	— ベルグ＝プロビレル ブフガルテル シフト＝メイステル —
下士官	試験官 補助機械士 作業監視人	ウンデル＝プロビレル ウンデル＝メハニク ウンデル＝シフメイステル

出典：В. Я. Кривоногов. В. Н. Татищев о табеле горных чинов. – «Уральский археографический ежегодник за 1973 год». Свердловск. 1975. – http://www. vostlit.info/Texts/Dokumenty/Russ/XVIII/1740-1760/Tatisev/tabel_gorn_cinov_06_11_1734.htm

ループの意見は必然的に少数派に甘んじたが，彼らは一貫して法令遵守を主張した。結果的に，従来の法令が整理され，最終的に帝政が鉱山法典の承認を拒否した事実，即ち新興工場主への若干の譲歩を含む共通見解が受け入れられなかった事実は，ウラルの鉱業管理が，18世紀初頭以来積み重ねてきた，封建体制内での制度化を確認したことを意味すると考えられる。

　そのことを主要な論点について見る。

　地主工場主と新興工場主との間の最も深刻な問題は，労働力の確保をめぐるものであった。第4章第2条は，共通見解として以下のような規定を与えた。

　"工場仕事及び舟の働き手に，官有地農民を…印刷もしくは手書きパスポートをもって受け入れ，また，…扶養証を持った地主地農民，そして暇をもらった農民を受け入れる。それは3年間まで続くものとする。…彼らへの給料は工場主の裁量 усмотрение によって支払い，誰がどのような仕事をするかは契約によって行う。"[5]

　即ち，多数意見は，農奴の出稼ぎの条件を地主の扶養証にまで緩和し，期限を3年まで延長しようとするものであった。これに対してストロガノフとトゥルチャニノフの執事は，1) パスポート所持農民の受け入れは法令に従うこと，2) 扶養証所持農民の受け入れは1年間とすること，3) 働き手と工場とは同一郡内にあること，4) 技能を獲得したパスポート所持農民が工場で必要である場合，期限を限らず，工場主は地主に50ルーブリ支払うこと，を主張した。[6] ただ，給料が工場主の裁量に委ねられた点になんらの異論もなかった。したがって，利害は出稼ぎの緩和をめぐって地主と非地主との間で対立したのであって，強制的労働力の利用は両者にとって共通の前提であった。

　第3条の共通見解は，"パスポート不所持者及び見知らぬ者 незнаемные を受け入れた者は，「ウロジェーニエ（法典）」第11章第10条により，1人につき年10ルーブリずつ罰金を徴収する"としたが，これに対しては，工場総監督庁は，1735年5月2日の決定によって，パスポート不所持者にかんする1721年2月19日付け法令による処理を確認した。同法令第6条は次のようである："この法

281

令以降，逃亡した農民，無土地農，奴婢を受け入れる者がいた場合，それらの故に領主のために，賠償金をすべての男子につき年100ルーブリ，女子につき50ルーブリを徴収するものとする"[7]。

　帝政は，封建的秩序の維持に関しては，厳格な法令遵守の意志を貫いたのである。いみじくも，ストロガノフ，トゥルチャニノフの執事は地主の利益を端的に表明した："…農奴農民に関しては，法令に従って扱わなければならない。地主のものпомещиковыеについて扱わなければならないごとくに"[8]。

　こうして，タティシチェフ協議会は，鉱山法典草案の不承認にもかかわらず，あるいは逆に不承認によって，デミドフを先頭とする非地主工場主を封建秩序の中に位置づけ，ウラル冶金業を，最終的に封建体制に整合化したのである。これは，労働力にとっては，農奴が土地に緊縛されたのと同様に工場に緊縛されることを意味した。

　法令遵守はデミドフへの規制強化を確実に進めた。ニキタはピョートルとの個人的な結びつきを利用して地方権力による規制を回避し，特権的な地位を築いたが，第2世代は既に独裁的庇護者を失い，その間新たな私有工場主の参入により競争にさらされ，彼ら自身が封建的階梯を上昇しつつ，権力による制度的保護を求めざるをえなかったのである。彼らは，封建的原理に基づく規制に服さざるをえなかったが，既成事実として労働力を確保し，なんら既得権益を失うことはなかった。

　封建体制の中で上昇したデミドフのもとで，官有地の編入農民（官有），到来者＝逃亡農奴（官有もしくは地主所有，修道院所有），買い取り農奴（デミドフの所有）からなる労働力は，相対的差違を残しつつも，それぞれの特性において把握され，総体としての封建的労働力を形成することになった。

　1734年当時，ネヴィヤンスキーにおける工場内労働は「自発雇い」によること，ニジネ＝タギリスキー，ブインゴフスキーその他の工場でも同様であるが，それらでは"自発的な働き手вольный работникも編入農民もすべて工場仕事には等しく遣わされる。なぜなら，この工場では編入農奴を納税仕事に送りだ

282

さないからである。"そして買い取られた農奴は鉱坑で働き日給6-7コペイカ
受け取ることが報告されている。[9]

　1733-34年に，デミドフのウラルの工場群には3595人の労働者（老人，年少者
を含む）が数えられ，そのうち2600-2700人（72-75％）が到来者であった。到来
者の中で主なものは，官有地農民2370人，修道院領地農民91，地主地農民56
人で，その他のものはわずかだった。[10]

　1730年代のデミドフの工場内労働力を形成した到来者は，主として各種の
封建農奴からなっていたということである。即ち，「到来者」の標識で認識さ
れる人々の実像は逃亡農民であって，流浪するかぎりは一時的，形式的に自由
であるが，一度工場に定着すれば封建的規制を免れなかったのである。

　同時代の観察者は，製鉄，銅，銀工場の到来者について，"彼らは様々な県
の出身者で，工場から工場へ渡りあるき，家はなく，工場宿舎に200人から
300人で住んでいる"と描いた。[11]

　1730年代のネヴィヤンスキー工場について，M. V. ズロトゥニコフは次のよ
うな調査結果を掲げる。当時調査された年少者を含む1353人のうち，職工お
よび労務者は1291人であった。そのうち1244人が農民であり，デミドフによ
り購入されたものは1名のみであった。彼を除く1243人が各地からの到来者で
あった。その内訳は，官有地農民1191人（92.3％），修道院領地農民31人（2.5％），
地主地農民21人（1.6％）である。更に，ズロトゥニコフの注目しない重要な論
点を指摘する必要がある。それは，彼らが様々な遠隔地からやって来ているこ
とである。到来者の出身地は，アルハンゲロゴロツク県433人（34.8％），カザ
ン県308人（24.8％），モスクワ県192人（15.4％），ペテルブルク県135人（10.9％），
ニジェゴロト県95人（7.6％），シベリア県74人（6.0％），アストラハン県5人，ヴォ
ローネシ県1人という具合に，当時の交通条件を考えると十分幅広かった。[12]

　この状況は，デミドフのネヴィヤンスキー工場についてのものであるだけ
に，この時期のウラルの私有製鉄工場の主要部分の特徴を表すものと考えてよ
い。すなわち，ここに見る労働力形成は，後の，19世紀のロシア資本主義発達

283

期のそれとは異なって，封建体制の強化過程でさまざまな理由で圧迫された人々が流入したことを示している。一つには，これにはウラル製鉄業が植民を伴いつつ植え付けられ展開されたことが大きな要因になっていると考えられる。

　ウラル冶金業の始動期において，到来者が広く受け容れられたのは，絶対的労働力不足の故であったと考えられるが，そのような，体制からの離脱者に労働力の安定的供給を期待することは難しい。冶金業が確立するとともに労働力供給源はウラルの農村に移行することになる。1726年にウラル官有工場群の職工，労務者の出自の27％が編入農民であったが，1745年にはその比率は70％（場合によっては90％）になっていた。[13]　その間は，農民を工場に緊縛する制度的完成の過程であった。

旧教徒の掌握とデミドフ

　正教の国教化により臣民の精神世界をも統制する過程で，帝政は旧教徒の掌握に努めてきた。苦慮してきたと言ってもよい。精神世界の捕捉と冶金業からの労働力排除は困難だったからである。元来，ウラルの農民は白海沿岸地方から移住した逃亡農民，浮浪人を主要な母体として形成された。彼らを編入した結果，工場労働力に重要な特徴が付け加えられた。特にデミドフの工場に見られる旧教徒の比率の高さである。

　クラスノポリスカヤ村（ニジニー・タギルの南東約45km）は1654年に創設され，ソリカムスク，チェルドゥイニ，カイゴロドク，ヴャトカ出身の農民が入植した。ストロガノフ家の領地から逃亡してくるものも多かった。彼らは白海沿岸地方との絆，宗教的同一性を保持した。この村が1703年1月9日の指令により，デミドフのネヴィヤンスキー工場に編入され，そこをウラルに於ける旧教徒信仰の最も重要な拠点の一つにしたのである。[14]

　1717年調査におけるネヴィヤンスキー工場の男性住民516人の出身地は，彼らの構成の特徴を示唆するものである。トゥーラ，モスクワ，モスクワ近郊出

身者が118人，約23％を占めたが，残りは沿ウラル地方，北部白海沿岸地方出身者が大多数だった。明確に北部白海沿岸地方出身と見なせるのは100人前後であるが，編入村出身者（34人）は勿論，ウラルの（一部シベリアを含む）ヴェルホトゥルスキー及びトボリスキー郡（108人），クングルスキー郡（24人），ウフィムスキー郡（6人），ストロガノフ領地（37人）から移住した209人は，元来多くの白海沿岸地方出身者が流入した地域からの再移住であった。[15] したがって，300人以上，60％前後が旧教徒の比重の高い地域及び領地出身だったといってよい。

　I. ユルキンの表現を借りれば，“旧教徒は，彼＜アキンフィー・デミドフY.＞がその上に鉱業帝国の館を建てた礎石の一つ”であった。旧教徒の中心地の一つでもあったオロネツは古くからの製鉄業の伝統を有し，器用で規律ある働き手を供給した。[16]

　旧教徒の経済的有用性は帝政の政策を複雑にした。宗教的迫害に加えて，懲罰的な倍額課税が導入された。これは税収増も期待できる対策だったが，結果として改宗が進めば税収を減らす矛盾も内包した。逃亡者の場合と同様に，旧教徒を労働力として利用する利点は否定しがたく，「登録分離派」として認知する方向性が定まった。その結果，帝政による旧教徒の掌握は進んだのである。

　ピョートルは税制整備過程で旧教徒に対する倍額の課税を命じた。旧教徒はいくつかの分派を形成したが，18世紀の法令では通例分離派 раскольники, раскольщики と表記された。1716年2月18日付け勅令では，1714年2月に出された指令において男女分離派教徒に現行の倍額の納税を課したことを確認し，調査を進めて徴税を実行するよう求めた。[17]

　1719年3月24日付け勅令，[18] 1722年7月16日付け元老院・宗務院令[19] においても分離派の改宗に対する倍の税額の免除が謳われ，同時に分離派の探索，処罰のいわゆる飴と鞭の政策が継続した。

　人頭税創設のための税制整備過程で，人頭税を含む旧教徒への倍額課税と，それによる単なる排除ではなく「2等臣民」としての封建体制への組み込みが

進められた。1724年6月4日付け勅令は，"分離派教徒раскольщикиから，査察で定められた場所において，大帝の過ぎし1716年2月8日付け法令に従いすべての税を倍額徴収する…分離派教徒は…いかなる職務においても長начальникとはせず，監督されるのみとする…"と定めた。[20]

1726年3月11日付け元老院令[21]，同年12月12日付け元老院令[22]では"分離派教徒及びあごひげ男"からの詳細な徴税手順が定められ，改宗による軽減が繰り返し提示された。

ウラルの，とりわけデミドフの工場群には旧教徒の存在が欠かせない状況が生まれていた。この状態は，大量の旧教徒が移住により供給されただけでなく，その中に多くの組織的，管理的才能が含まれていたためである。

1720年代始め，ヴィゴフスカヤ修道院出身の有能な活動家，ガヴリラ・セミョーノフがネヴィヤンスキー工場に居住し，管理者，探鉱家としてアルタイに於けるコルイヴァノ＝ヴォスクレセンスキー工場の建設にも関わった。旧教徒達はアキンフィー・デミドフの庇護を受け，工場内の修道院には遠方からの礼拝者も集まった。セミョーノフらは国家による捜索からも匿われた。工場管理の各段階，多少とも責任ある地位には大部分旧教徒が就いていた。[23]

V. N. タティシチェフに対する1735年11月12日付け訓令は，第一に旧教徒への厳しい対策を施したうえで工場仕事に就かせるよう指示した："1. デミドフのチェルノイストチンスキー工場の付属村の分離派修道士，修道女をシベリアの各地の修道院に拘禁し，それぞれ2-3人ずつ僧坊に住まわせ修道服は着せず，敬虔な正教会の教えを説論する…；また修練師をあらゆる身の回り品とともに，…森から引き出し工場仕事のために彼らの異教を正教徒に広めることのないような場所に，工場近くに住まわせること。2. 官有並びにデミドフの私有工場に居住する分離派教徒を工場仕事に使用すること。"[24]

1738年9月28日付け内閣決議は，総合＝鉱業＝監督庁（ゲネラル＝ベルグ＝ディレクトリウム＜ベルグ＝コレギアの後身－Y.＞）の報告を受けて，シベリア＜ウラル－Y.＞の分離派教徒の調査を行うこと，説論に従って正教に改宗しない者を

第3章　帝政の動揺と停滞構造の顕在化

特別に記帳し倍額の徴税を行うことを決議した。報告の中で，デミドフの執事グラディロフの供述として：1735年に3等文官タシチェフの調査に従い男性1250人，女性611人の分離派教徒が数えられたとされ，2540ルーブリ＜内訳は示されていない－Y.＞が課税された。しかしその際聖職者による説論もされておらず，1727年12月17日付けシベリア県庁から分離派監督庁への報告では分離派は見出されておらず，短期間での急増は考えられない。その上で，調査に際しては分離派である証拠を示すこと，老人，年少者からは倍額を徴収しないことを請願した。これに対して，タティシチェフが1736年10月4日付け報告の中で以下のように述べていたことが指摘された：当地で分離派が増加し，とりわけデミドフやオソーキンの私有工場では手代たちのほとんど，工場主の何人かは分離派である。そしてもしも彼らを追い出したなら結局は工場を維持できず，皇帝閣下の工場に害なしとしない…；…デミドフの許に森の中に隠遁所がありそこに迷信の根源があると彼＜タティシチェフ－Y.＞に知らせがあり，大主教に通知したが，ゲネラル＝ベルグ＝ディレクトリウムには情報がない。[25]

　調査に携わったデミドフの執事S. グラディロフは，"工場住民の構成は過去の調査とは変った：≪…人頭税を課された者達は，我が主人の工場から多数様々な工場主のところへ昔の住居へまた別の場所へ立ち去った≫と繰り返し述べた。"[26]

　帝政によるデミドフの旧教徒に対する掌握は確実に進んだが，宗教的迫害と重税を忌避して彼らの流動性も高まったとみられる。

　H. D. ハドソンJr. も旧教徒の掌握の進展を指摘する。V. N. タティシチェフの命じた1735年の調査で，アキンフィー所有の工場群に，旧教徒の男性1250人，女性611人を数えた＜これについては上述のようにデミドフの執事の反論があるが－Y.＞。そのようにして把握されただけで，1744年に2732人，1754年に4029人の旧教徒が認められる。個々の例では，ニジネタギリスカヤ工場では1746年に，男性681人，女性386人，総労働力の70％以上が旧教徒だった。[27]

　＜最終的に－Y.＞この隆盛を終わらせたのは，1745年のアキンフィーの死

と，1750年9月の修道院の破壊であった。[28]

　特権的地位とあらゆる徴税忌避の機会の利用によって冶金業の業績を挙げた功績により，アキンフィーは，1740年，国家顧問статский советник（五等文官）に取り立てられ，1742年には，正国家顧問действительный статский советник（四等文官），少将の官位を得た。[29]

　1745-1748年に鉱業参事会が把握したデミドフ家に属する工場は26件あったが，この把握は不十分で，В. В. カフェンガウスによると，最大34あった——時国庫に接収されたもの，1件と見るか2件と見るか不分明なもの，資料が充分でないものがあった—。そのうち，アキンフィーに属するものが22件（1毛皮工場，1製塩所を含む），ニキタ・ニキティッチに属するものが7件だった。1720年までにデミドフ家の工場は6件（そのうち中央部に3件）存在したが，1735-36年に23件，1750年には34件に増加した。[30]

　人頭税と徴兵が旧教徒管理の有用な道具となった。

　1747年1月27日付け勅令は，軍隊の50000人増員のため，全土から，郷士однодворецその他の古くからの軍人階層служилые людиを除くすべての人頭税納税民，即ち，"商人，宮廷民，ヤサーク民，官有地民черносошные，宗務院民，教会民，修道院民，地主地農民，異教徒から"すべて等しく121人から1名新兵に徴集するとした。[31]これを受けて，実際には，1748年12月14日付け勅令により190人につき1名の新兵徴集が布告されたのであるが，人頭税納税民にも徴兵義務を課すこの転換は旧教徒には更に倍加された負担となった。[32]

　1749年5月25日付け元老院令は，「登録分離派教徒записные раскольники」は他の人頭税課税民と同様に，新兵に徴集され，労働可能者は不具者，老齢者，死者の分も倍額を納税しなければならないことを指令した。[33]

　旧教徒に対する倍額課税は，1782年7月20日付け勅令によってようやく廃止され，他と平等化された。[34]

　抑圧から逃れて集まった宗教的少数派の人々の「弱み」を，人格的支配に利用することは容易だったと思われる。彼らは，逃亡者と旧教徒との二重のマイ

第3章　帝政の動揺と停滞構造の顕在化

ノリティーを背負っていたのである。

永久譲渡者とウラル冶金業の確立

　帝政はデミドフに対して労働力の確保を保証しつつ，農奴制の原則を崩さないよう配慮した折衷案で対応した。

　到来者の扱いについてのアキンフィー・デミドフの請願に対する，1736年11月12日付け工場総監督庁の決定は以下のようであった。

　"フョードル・トルブシンの調査による工場付き到来者は，居住し技能を習得しており，彼の工場に終身在るべく，彼の工場に与えられた官有村に編入されるものとする。そして人頭税及び4グリブナ・デニガを彼らに代わってデミドフが支払うものとする。同じ調査で存在した地主地農民の代わりとして，彼デミドフは，彼らの従前の地主に，自分の農地から同数の農民を賠償金なしに返すものとする。調査後到来した農民は賠償金なしに地主に返すものとする。今後逃亡農民を決して受け入れぬこと。彼の工場に編入され，実際上工場仕事につき，常にシベリアにいる農民からは，官有工場の例にならい，新兵に採らない。"（4グリブナ・デニガ＝40コペイカ，即ち官有地農民の追加徴収分）[35]

　元老院の指示するところでは，工場主はこれら到来者の給料から人頭税と領主収益を控除し，彼らの出身地へ送付するものとされた。さもない場合，工場主は彼らを前居住地に送還しなければならなかった。これら到来者の中から，何らかの技能を身に付けたものを，工場主は領主に各50ルーブリ支払って手元に保持することができた。出自不明なものも人頭税を免れなかった。[36]

　工場から工場へ渡り歩く到来者といえども，封建貢租を免れなかったし，その中から職工となったものは，農民が土地に縛りつけられたのと同様，事実上工場に縛りつけられたのである。彼らに対する管理原則は，タティシチェフ協議会において確認された法令と合意を基礎とするものであった。元老院の指示は，定着した法運用に沿ったものである。鉱山法典草案第4章第10条に付記されて確認された「布令」第15条－元来，人頭税施行のために1724年6月26日

289

発布された一が，元老院令の基礎にある。それによると，"すべての工場にお
いて，特にシベリアでは，労務者は嫁とることを許さず，もしも嫁とった場合
は，従前の住所に送り返さなければならない。もしもそれらの中から，工場の
中で何らかの技能を習得し，工業家にとりもしくは陛下の工場において極めて
必要であれば，放免証に示された期限を認めず，法令による額50ルーブリを
地主に支払うものとする"。この規程は協議会におけるストロガノフ及びトゥ
ルチャニノフの執事の見解においても確認された。[37]

　ただ，法令の厳格な実施は困難だった。V. Ya. クリヴォノゴフは指摘する：
"ウラルの工場のための労働力問題における政府の農奴制的政策は，30年代の
方策に特に明瞭に表れた。その際工場のために初めて大規模に組織されどこで
も大量の雇用労働者が緊縛され，その結果国庫と工場主の常備の労働人員に転
化されたのである。…この方策は，とりわけ，自らの逃亡農奴の帰還を求める
ロシア中央部の地主の側からの圧力に促されたものである。タティシチェフの
鉱業定款 устав に基づくこの要求は，実際には完遂されなかった。逃亡者はそ
れほど大量で，≪工場側は自らの負担で彼らを旧住所に送り返すことはできな
かった…≫"[38]

　工場への「雇用労働者」の最初の編入 приписка の結果は？と問題提起して，V.
Ya. クリヴォノゴフは答える："それは一定程度雇用労働力市場＜V. Ya. クリ
ヴォノゴフの立場からの理解である一Y.＞を狭めたと言える。しかしこれは，
見たところ，合法的労働力販売者のウラルへの流入の減少によるもので，とり
わけ官有農民には工場主の農奴の状態や工場への≪永久の≫緊縛の半自由状態
からの脱出の展望はまったく開かれなかった。地主地農民について言えば，彼
らの流入は，あらゆる形態の出稼ぎを刺激する商品＝貨幣関係の発展，非黒土
地帯の年貢のいっそうの増加を考慮すると，おそらく減少していない。"[39]

　しかし，逃亡の抑制，出稼ぎの管理強化が農民の流動性を低下させた効果に
対して，私有工場主が危機感を募らせたのは確かなようである。

　"＜Ak. デミドフの1735年の文書＞文書作成者は訴える，…以前のような自

由な労務者はもうシベリアにはやってこない，やっとわずかなそのような者が指定されたパスポートを持って現れた場合，指令事務所 штапные дворы から発行された印刷ではなく，書面のものでは受け取りを禁じられる[40]”。

　＜デミドフの1735年文書のように＞“つまり書面パスポート（明らかに地主の発行した）を持ったものが到来しても，彼らは仕事に受入れてもらえず，印刷されたもの，即ち完全に公式の文書（通例郷当局から発行された）を持つものは稀だった[41]。”

　頻発する凶作，年貢の増加等，農民を出稼ぎに押し出す要因が依然として強かったにもかかわらず，帝政の農奴制維持政策が効果を上げたため，却って冶金工場の労働力不足が深刻化した。そのため帝政は対策を打ち出す必要に迫られた。農奴制維持を前提とすると，選択肢は限られた。永久譲渡者 вечноотданные 概念を創出し，特別に出生不明者を指定して工場付きとし，土地と切り離した工場への農民購入を規程化したのが1736年1月7日法令である。これにより，冶金業の労働力基盤の安定化が図られるとともに，工場への農民緊縛は新たな段階へと進んだ。

6858.　−1736年1月7日．各種所轄のマニュファクチュアに存在する者，農民の工場主への緊縛について：それらの者の人頭税からの除外についておよび従う者への一定額の金額を支払うよう命ずる工場主への指令について；工場で雑役に従事する者を旧住所に返戻するについて；逃亡者及びパスポート不所持の者を工場主のもとに留め置かない件について；浮浪人を5年間工場の仕事に送る件について；品行不良により職工を工場から遠隔地に放逐する件，並びに土地なしの者及び農民の購入を工場主に許す件について.

　＜前文：ピョートル大帝以来の工場政策の総括，直近人頭税調査の確認＞

　＜国家の利益を図り工場，職工・労務者の零落を招かぬよう，以下のように定める＜番号付けは数字のあとの“．”と“）”とが混在している−.Y＞

“1.　現在まで工場に住み，その工場にふさわしい職能を修得し，単純な仕事に

291

ついていないすべての者は，永久にвечно工場付きとし，人頭税を課しその俸給から徴収する…＜以下，家族構成等により定められる俸給の例示＞

2）　今後それら工場において上記の子弟の中からあらゆる職能を教授され職工となる者はそれらに永久譲渡される。

3）　現在までそれら工場で雑役仕事についていた者は，すべてかついていたところに返し，彼らは現在まで工場で家賃を徴収しなかった故に，今後それらの仕事にはパスポートと証文を持つ自由な身の者を雇うこと，通例毛皮工業その他類似の工場に見られるように，…

4．　最新の査察においてどの身分の親と祖父から生まれたか分からないことが判明した者は，その工場に付けられるものとする：＜その後＞逃亡兵士や新兵，その他服務員もしくは地主地農奴や人頭税課税非課税を問わず農民と分かったときは，彼らにつき上記のとおりに処し，査察に際して嘘の申告をしたことに対して，…無慈悲な体刑を加え，容赦なく鞭打ちし，…工場経営者への罰金，賠償金は徴収しない。

5．　＜永久譲渡者の逃亡＞　現在工場に永久譲渡されている者の中から従前の住所または他の場所に逃亡した者がいたとき，そこではどこにも受入れず保持せず，確保して管区長воеводаのもとに連れて行き体刑を加え，逃げ出した工場へその工場の費用で送り返す：工場から逃亡者を受け入れて保持した者がいたときは，その者から逃亡者とともに賠償金を取り，もとの工場主に返戻する；…いかなる指導にも不熱心な者には工場主は十分なる自分流の懲罰を加え，＜当局に届け出て＞…他の者が恐怖を覚えるように，遠隔の町またはカムチャッカの役務に追放する…

6．　…期限付きの徒弟，職工見習い，職工につき，…期限後は引き止めせず彼の勤勉，職能について証文を与えて放免する。…それら工場で期限を越えて留めることを希望する場合，契約を行い，県及び市長事務局にて登録する。…

7．　この定め以後，宮廷，宗務院，総主教，修道院のであれ，地主またいかなる者のであれ逃亡者，農民を，真正のパスポートなしに工場で労務者にもいか

第3章　帝政の動揺と停滞構造の顕在化

なる仕事にも受け入れ保持してはならない：…

8.　＜浮浪人を県及び市長事務局に登録し，希望する工場主に引き渡す＞

9.　…工場主は全村でなく無土地農民のみを工場のために購入し，そこで農奴となす。

10.　＜工場主の審査＞

11.　＜工場人員の審査＞

12.　＜職工・労務者の犯罪＞

13.　＜建物の構造審査＞

14.　＜職工の犯罪，パスポート不所持防止＞”[42]

　こうして，新たなカテゴリーとして，到来者であって技能を習得し，官有村に編入され終身工場付きとされた者，即ち永久譲渡者 вечно-отданные が生み出された。1730年代後半は，永久譲渡概念の創出，出生不明者の工場付き，無土地農の商人による購入許可，真正パスポートのみの受容によって工場への農民緊縛強化の画期となった。これによってウラル製鉄・冶金業は最も典型的な形で確立したと言える。

　帝政にとって，乞食，浮浪人，放浪者の存在は逃亡者とも重複し，その根絶は兵士，工場労働力への供給源としても捉えられた。以下の法令は新兵や工場労働への徴用が懲罰として認識されたことを示している。

　逃亡農民の中で軍務に不適とされたものは官有工場に送付する方針が法令化された。官有工場は懲役の場でもあった。逃亡者と乞食は一部重なりあう社会的グループを成し，懲罰の対象とされた。

7017.　―1736年7月26日．勅令．―サンクトペテルブルグ関周辺に配置された逃亡竜騎兵，兵士の刑罰について，また，地主が受け入れを望まない逃亡地主民の分配について，年少者は学校へ，成人は軍務へ，不適合者は官有工場へ．[43]

7041. 一1736年8月28日．乞食の根絶について．

"…サンクトペテルブルグでも他のどの町でも乞食が非常に増加し日毎に増加していて，何らの禁止もないように見え，多くの通行許可地の中には時には到来困難な地もあり，それら乞食の大部分は若く，仕事の求めには大変向いており，怠惰の故にどんな仕事にも就こうとせず，盗みの他にいかなる良い果実も期待できず，いくつかの捜索の事実が示すところである．

…我らは命じた，我が国の全ての町と村に印刷文書でもって告知し，乞食その他あらゆる放浪者，浮浪人を捕えて警察に連行し，警察の無いところでは他の裁判所で，彼らを厳しく尋問し，…

…服務 службаに向いた逃亡者は検査し，…騎兵，兵士，水兵に申請し，服務に認められればその逃亡者の地主その他所有者に新兵応募を伝える；…

＜新兵算入をを避けるような＞そのような逃亡者は服務に向いていたとしても，浪費の故に公衆の前で懲罰される：それらの中から，独身者は懲役やその他の官営の仕事に使役し，妻帯者はオレンブルグもしくはその他の官有工場の仕事に送る，…"[44]

　工場内外の臣民掌握は，徴税とも重なりあう，新たな経済発展段階における帝政にとっての死活的課題であった．この時期，デミドフに対する規制，制度化の網掛けは大局的に見て前進した．

　先に提出されていた1736年11月12日付け工場総監督庁決定がアンナ帝に裁可され，勅令として1738年3月29日公布された．こうして，到来者で技能を習得したものを，工場に「永久に常置として」家族持ちについて50ルーブリ，独身者について30ルーブリ支払うことにより確保することが認められた．これは，直接的には，デミドフ，オソーキンの再三の要請に応えるものであったが，1736年始めから，ロシア中央部の一部大工場主の請願に応じる形で始まった流れに沿ったものである．[45]

　1683年3月2日付け訓令，1698年3月23日付け法令[46]によって確認された「賠

償金」が，農民本人，妻，子供すべてにつき年間各20ルーブリ，独身者につき年間20ルーブリを保持した年数分課すものであったのに比べると，永久譲渡者を確保するために本来の所有者に支払う金額は格安だったと言わざるを得ない。

B. B. カフェンガウスの見解によると，アキンフィー・デミドフは，法治主義の挑戦を，特権に由来する財力によって築いた権力上層の人脈と，アンア帝に受け継がれたネポティズムを最大限に利用して退けただけでなく，工場労働力を限りなく農奴に近づけた。(47)

しかし帝政は永久譲渡者の確保と引き換えにデミドフに対して法治主義の網を被せることができた。完全ではないにせよ，デミドフに対する規制は着実に前進したと評価できる。アンナ帝の勅令の主要点は以下のとおりである。

7548. －1738年3月29日．勅令＊　貴族デミドフのシベリアの工場に高炉6基を残し他を封印する件について；その高炉からの徴税について；彼に与えられた鉄の非課税販売の特権について；彼の工場の3年毎の監査について；彼の工場に到来した農民について；彼の工場に編入された農民からの新兵徴募について並びにパスポートなしの労務者の非受容について。＊陛下に裁可された1736年11月12日付け報告に従い作成。

＜1）－5）高炉6基から産出の鉄に対する賦課等について＞

"7)　デミドフの工場に到来した，フョードル・トルブーヒン Толбухин の人口調査によるシベリアの，また1735年の貴族ピョートル・メリニコフの人頭調査によるコルイヴァノ＝ヴォスクレセンスキー及びトムスキー製銅工場の，宗務院，修道院及び官有地農民は，現在居住し，技能を身につけており，彼の工場に永久に付けるものとし，彼の工場に与えられた官有村に編入し，それ故に人頭税並びに4グリヴナをデミドフに支払うものとする…今後逃亡農民を決して雇わないこと…

8)　彼の工場に編入され，実際に常にシベリアで工場仕事に就いている上記農

民からは，官有工場について定められていると同様に，新兵に取らない…

9) これまでシベリア及びトゥーラの工場に住み，雇いнаемにより様々な仕事をしていた者からは，…家賃を取らない。"⁽⁴⁸⁾

　18世紀初頭から1730年代までの鉱業管理の蓄積を踏まえる形で，アンナ帝の下で鉱業規則（ベルグ＝レグラメント）が策定された。

7766. ―1739年3月3日. 鉱業規則 Берг-Регламент
"＜前文＞ 1719年，地中の資源の探索に関して全般的鉱業特典が与えられた…

…1720年1月23日に成立した法令では，外国人にも広げられた…

…国家的なまた忠実なる臣民の利益のため，我らは特別な総合＝鉱業＝監督庁 Генерал-Берг-Директориум を創設し，すべての上に立つ唯一の裁定者としての権力を与えた…

1. ＜1720年1月23日付け法令＊により，鉱業工場，新会社の建設に，我が臣民だけでなく外国人志願者も，いかなる国民であろうと招かれ許容される＞そして我々はその許可をこの鉱業規則により，我が国の服務を得ていようといまいとすべての者に，鉱業事業の統治者として慈愛深く許す。それゆえ，上述の法令をすべて確認するだけでなく，我が国で鉱業建設を行う意欲のある他国のすべての人々を，我が皇帝の最高の庇護により，この鉱業規則に認められた特典の揺るぎなき付与により励ますものである…＜＊同日付けの法令は確認できない。1720年7月30日付け "布告 Манифест. ―採鉱工場の建設，増設への外国人の許可について" において，同様の内容が確認できる ―Y.＞

＜1719年特典以降，外国人へも拡大された特典供与対象を第2条と併せて最大にする表明＞

2. いかなる称号や国家の官位があろうとなかろうと，我らの服務や鉱業事業にあろうとなかろうと，自己所有または他者の土地のどこにどのようにいよう

と，いつでも新しい鉱石，例えば：金，銀，銅，錫，鉛と鉄，それとあらゆる鉱物，例えば硝石，硫黄，硫酸塩，明礬，そしてすべての染料に必要な土壌や価値ある石を発見したときは，我らが総合＝鉱業＝監督長に届け出で，…以前の我らが皇帝陛下の法令に従い，…鉱石を発見したものには，その場所に工場を建てることができ，今後利益があるべき者にはその労に対して，試験的な鉱石１プード＊につき銅１フント＊＊当り４ルーブリ，銀１プードの鉱石から１ゾロトニク＊＊＊につき４ルーブリ支払う。＜＊１プード＝40フント＝16.38kg；　＊＊１フント＝409.5g；　＊＊＊１ゾロトニク＝1/96フント＝4.26g－Y.＞

＜1719年特典の継承であることを確認し，同特典の1，2，9を併せ，実務最高機関を総合＝鉱業＝監督長に変更したもの。金属，地下資源の種類は1719年と同じ＞

3.　もしもロシア臣民もしくは外国人が，誰であろうと何かの鉱石を発見したとき，そこでその請願と査察により，他よりも先に採鉱場の許可が下され，更に，豊かな鉱石が期待されるときは，国費の貸与がなされるであろう。…またその工場主，その共同者，相続人から，その者が工場に不適切な行動をとったり怠惰であったりする場合を除き，工場を取り上げることはない…

＜1719特典の16を整理し，特典の具体化として，工場経営への国費の貸与，経営継続のための条件緩和＞

4.　誰か採鉱に資本を必要とし，もしくは企業に入り資本を投入せんとし国庫または私人に負債を負い，その負債を自分の持ち分の他に支払えないとき，そのようなとき我らは採鉱会社のために慈愛深く，その負債者の…持ち分を失うことなきよう指示する…

＜特典の具体化として，負債を生じた場合の猶予＞

5.　＜上述の鉱業特典により＞鉱石の得られる場所で工業家に長さ250サージェン＊，幅250サージェンを割り当て，そこで共同者とともに…すべての鉱石，鉱物を，掘り出し，溶解し，加熱し，精製し，必要な建物を建てることを総合＝鉱業＝監督庁に通告する…　＊１サージェン＝約2.134m

＜1719年特典の1，5を併せたもの＞

6.　＜1719年鉱業特典の7では，他者の土地に工場を建てた企業家は…利益から1/32を支払うこととしたが＞…今後あらゆる争い，困難を避けるため，企業家は所有者に，生産された金属，鉱物の2％を現金もしくは現物にて支払う…

＜約3％から2％への減額である＞

7.　局外者が，…他の工場主に貸与された区画で，その工場主がしかるべき力で活動しないのを見出す，また工場主が鉱石採取のために何らの行動もしない場所を探し出した…もしくは新しい鉱石産地をそこに見つけたときは，彼はその場所を引き渡すよう請求することができ，総合＝鉱業＝監督長はそれにつき検討する…

＜1719年特典の7の一部に対応したもの＞

8.　工場主に奨励と維持のために定められた猶予年 увольнительные лета に関して，その鉱石産地の状態，扶養のための費用，期待される利益から見て，総合＝鉱業＝監督長の検討により，3年を超えぬよう，連続4年までとする…

＜1719年特典の11に表明されたような，徴税その他の猶予を，猶予年として具体化＞

9.　いくつかの鉱山において主要な坑道を建設することが求められた時は…補助が与えられ…定められた期間，規程に沿って，工場主が採鉱事業の妨げとならず資金の支払いのできるときに，返済されることになる。

＜1719年特典にはなかった新たな優遇＞

10.　工場とその付属のなおいっそうの利益のため，我々は，工場に搬入されるすべての食料と鉱業物資類からなる用品から，いかなる税も徴収しないことを命ずる，但し，その搬入が工場内の人々の養育のためよりも多くないこと，採鉱場や熔鉱場の建設，保全に必要であること，部外への販売のためでなく，またロシアの町から購入されたもので外部からの搬入ではないこと，それは厳しく監視され許されることはない…

298

＜1719年特典にはなかった新たな優遇＞

11．　工場の秩序ある操業に必要な鉱業人員は，当該企業主からのしかるべき請願に沿って，我が国庫の負担により編入しロシアに移入する…　＜工場に引き渡された以後は，工場主の費用となる＞

＜1719年特典にはなかった新たな優遇＞

12．　国家に有用な収益ある鉱業工場を営む者が，自由な働き手を得られないとき，我らの去る1736年に成立した法令により，それら工場に全郷を編入することはできないが，しかし審査により何戸かを与えることとした。それらを工場主は移住させ工場近くに住まわせ，…購入した人々，農民をできる限り住まわせるよう努める…　それら工場の，真に事業に関わる職工は，税金徴収から，また陸海兵役とあらゆる賦課から解放される。

＜1719年特典の10，職工の徴税その他の賦課の免除を確認し，新たに村の編入による労働力確保を保証＞

13．　採鉱及び熔融工場の管理者，統治者には，鉱業事業の知識と技術，それに付随するものを持つ者を定めるよう命ずる。そのような者を他国から招き呼び寄せることにあらゆる援助と補助を行う…

＜技術水準の向上を要求し，それら人物への最大限の自由の保障と招聘への最大限の援助を表明＞

14．　＜国庫が緊急に銅を必要としているため＞工場主が国庫に（銅の生産量の）2/3を＜有償で＞引き渡し，1/3を国内での使用と販売を指示する…＜その指示の終了後，金，銀，鉛，硝酸塩以外の金属，鉱物，染料用土壌と石と同様，国家の先買い権＞＜国家代表担当者のもとに充分な資金がないときは，工場主は金，銀，鉛，硝酸塩を希望する相手に販売できる＞　しかし，剰余の硝酸塩を，鉱業＝監督長の指示なしに他地域に引き渡すことはできない。それでもなお企業主は，その工場で製造され海外に送られた鉄，銅や，その他上述の金属，鉱物を港湾関税を支払い他の商品と同様没収されない。

＜当面の政策＞

15. ＜鉱業特典に沿い，国庫に＞受け取った利益から1/10を徴収するよう定められ，その上にその金属の通常の税金が支払われるが，…多くの議論があり計算が困難であり…これを今後中断し，我らは慈悲深く国庫へ以下のごとく引き渡すよう定める：10分の1税と全内国税に変えて純金1ゾロトニク*につき2ルーブリ30コペイカ，純銀1ゾロトニクにつき14コペイカ，銅，錫，鉛からは1プードごとに10分の1税…を，企業家が利益あろうとなかろうと徴収し，…状況を検討し現物または現金にて徴収する。鉄につき，10分の1税としても内国税分としても，貴族アキンフィー・デミドフの，熔鉱炉1基につき年間10万プード当り3392ルーブリを基準としその比率に従い課税するが，…＜格差を考慮して＞総合＝鉱業＝監督長より猶予年の許可があろう。*1ゾロトニク＝約4.26g

＜徴税政策の変更＞

16. 我が臣民，…外国人に…我が国の鉱業建設からの利益へできる限り速く許し，それがいかほど有益であるか示すこと；そのため我々は上述のごとく，すべての者，ロシア人であろうと外国人であろうと…サンクトペテルブルグの総合＝鉱業＝監督長のもとへそれらの条件を待ち受け，…判断されるであろう。

＜外国人含む企業家への期待＞

17. 遠隔や他の理由で自ら出頭できない者は，その町で県知事，市長，村長もしくは鉱業管理局に報告書を提出し，それらの工場を撤回したいこと，それらに付随するダム，原材料，あれこれの総額を，あれこれの仕方で返却したい旨伝える。

＜事業停止の場合の手続き＞

18. 県知事，市長，鉱業管理者，村長は，かかる報告を総合＝鉱業＝監督長に，遅滞と怠慢な送付が重い罰金となることを恐れつつ，あらゆる遅滞なく郵便で送付するものとする；その提出書によりどのような仕方で彼らがその工場を受け取るか，そこに見出される建物，ダム，原材料にいくら支払うことを欲する

か，総合＝鉱業＝監督長の審査により，その工場は付属物とともに返済すべき
か，報告提出する…

＜17への事務機関の対応＞

19. とはいえ，今後さらに何らかの困難が見出されるなら；我々は慈悲深く
表明する，総合＝鉱業＝監督長から陛下への根拠ある提出にそって…鉱業事
業の利益となる制定が行われるであろう。

20. …我々は期待する，我らが忠実なる臣民と外国の鉱業志願者が，この我々
のきわめて有益なる慈悲深き鉱業法規により，自分自身と全人民の富裕へ，地
下資源の探索と工場設立へと駆り立てられることを；これに反して，発見され
た鉱石を隠匿しそれにつき報告せず，もしくは他者の探索，工場建設，拡張を
妨害する者は，苛烈な怒りをもって緊急の身体刑罰，死刑，財産没収を課し，
…

＜1719特典の17に対応した処罰規程＞

21. 全人民への告知のためロシア語，ドイツ語で公表する…[49] "

1724年以来の人頭税施行は常備軍維持のために死活の重要性を持ったが，帝
政にとっては不払いの蓄積，臣民にとっては過重な負担となり，さりとて帝政
はその続行以外の選択肢を持たなかった。そこで課題となったのは新たな査察
である。そのための予備的情報収集と分析は大量の「退出」，即ち事実上逃亡
と死亡による帳簿上の納税者の不在を明らかにした。帝政は徴税を優先して工
場での人頭税徴収，可能な場合には返戻してそこで徴税する選択肢を用意した。

8619. ―1742年9月17日．裁可された元老院報告．―新規査察の施行について，
生じた無秩序，人頭税支払いの回避，未納の放置の抑止のために；…
"軍事コレギヤと総司令部Главный Комиссариатは，1724年から本年1742年ま
でに人頭税は5百万ルーブリ以上の未納であると明かしている…
1736年…人頭調査と将官団Генеральтетと佐官団Штаб-Офицеровの証言による

と，部隊のための人頭税支払いを課されたのは，商人を除き5472516人，火砲のための商人188694人，都合5661210人であった。

＜人頭税制度改善のための特別委員会が設立され＞1729年，諸県から委員会に送られた資料によって委員会の示したところによると，1719年から1727年までの間に退出した者は988456人。

そのうち：死亡者 ……………………………… 733158

逃亡者 …………………………… 198876

新兵採用 …………………… 53928

徒刑その他 ………………… 2494

＜特別委員会の情報に示された＞未納人頭税の不払い者の情報の示すところでは，多くの村で退出者，死亡者，逃亡者が人頭調査に対して1/3あり，他の村では半数以上のところもあった。

1727年から1736年までの退出者

退出者 ………………………………………… 1112013人

そのうち死亡者 ………………………… 824802人

新兵採用 ……………………………… 147418人

1719年から1736年までの死亡者 ………… 1557960人

＜法令の記述に混乱があるので整理した―Y.＞

＜以上を考慮して＞　…実在者から退出者の人頭税を極めて強制的に徴収したとしても，次第次第に，退出者の分を支払いつつ，残った者は過度の疲労に陥り，死亡者や逃亡者の未納分だけでなく自分の支払いも負えなくなる…＜以上の現状認識に立って査察の提言がなされた＞”[50]

8620．―1742年9月17日．勅令．―工場に購入された，譲渡された農民の人頭税への記載について：逃亡者の旧住所への返戻について，またインゲルマンランディヤ＜ロシア北西部―Y.＞における人頭調査について．

　“法令により譲渡された及び工場主に購入されて工場にいる者達や農民は，

その工場主の許で人頭税に記載すること，それ以外にその工場に誰かの者，農民の逃亡者がいるときは，それらを従前の住所に返戻し，出立したその場所に彼らを人頭税に記載すること，…"。[(51)]

A. S. チェルカソヴァのまとめたように，1742年9月17日付第2回審査の実施令は，鉱業特権が与えた優遇を廃止し，すべての職工に人頭税を課すことを明らかにした。それとともに，永久譲渡者は官有村に編入されるのではなく，直接工場に編入され，そこで納税すると定められた。[(52)]これは規制強化と引き換えに，明らかに職工・労務者の工場主への直接的隷属を強化するものである。ただし，帝政は逃亡の扱いに関して未だ法的にも行政的にも動揺を繰り返した。これは，冶金業も含む鉱工業を体制内に位置付ける過程の遅れをも意味する。帝政は鉱工業の国家的利益は理解したが，農業に依存する領主＝地主階級の狭い利益の表明を説得する根拠を欠いたのである。

　工場労働力の確保と領主の権利との矛盾を解くことは農奴制を維持する以上困難であったが，工場制度の発展による国家的利益の増進を前提として，土地から切り離さずに農民を工場に付けて購入する方針が確認された。土地から切り離した農民購入の不利益が総括されたのである。

9004. －1744年7月27日．陛下に裁可された元老院報告．－工場に付けて村を購入することを工場主に許可する件について．
"報告。＜…1723年12月3日付けマニュファクチュア庁への訓令第6項（特権の付与），第7項（起業の援助），第17項（村の購入許可）；1736年1月7日付け法令，特に第9項（土地なしに村の一部購入を許可）の確認の上で＞現今，元老院に商工組合員 гостиная сотня アファナシー・グレベンシチコフが，経営する陶器 ценинная 工場の扶養と増加のため50戸までの村と住民を土地とともに永久所有する許可ならびに特権を嘆願した。… 1740年，マニュファクチュア庁の決定により，グレベンシチコフの提出する見本を検査することになった。…（1742

年）12月9日，グレベンシチコフの工場で製造された陶製容器，管をマニュファクチュア庁にて検査したところ，輸出品に似てはいないが，ロシアの様々な場所で作られるものに対して優位であった。…元老院は，…ピョートル大帝陛下の訓令に従い，かのグレベンシチコフに対して…彼の容器の検査の結果が良好でありマニュファクチュア庁の期待に鑑み，50戸の村落を購入することを許すよう提案する…

工場主に土地なしで農民の購入を許した1736年1月7日付け法令は停止すべきである…土地なしの購入は何らの利益ももたらさない…（農民は）工場仕事にやる気をもたず…逃亡し，工場の経営に常に妨げをもたらす…"[53]

9006. ―1744年7月27日．陛下に裁可された元老院報告―1719年調査以前にイセツカヤ郡に居住した農民の配属について；逃亡農民をオレンブルクスカヤ線に建設された要塞のカザークの永久構成員とする件について．

"＜三等文官ネプリュエフの報告：イセツカヤ郡に発見された52名の人頭税課税または非課税の逃亡農民を四等文官アキンフィー・デミドフに返戻した結果報告…＞

＜イセツカヤ郡の特殊事情についての三等文官の判断：1）当郡の農民は地主地農民ではなく官有地農民であって人頭税を納付している。…2）農民は様々な地域出身の自由到来者と浮浪人から形成された。…3）彼らを全て地主に返戻し，法に従って処罰すると，村落は荒廃する。…逃亡者の大多数は雇われている。＞

＜三等文官の意見：1）イセツカヤ郡の逃亡者を送り返すと荒廃し，残された農民は人頭税納付により零落する。それを避けるため逃亡者を返戻しない。2）人頭税調査後に住み始めた逃亡者は，証書に従い調査書から抄本に移す…3）オレンブルグ要塞に住む1736年以後大ロシア地域からの到来者はカザークに編入する…＞

＜元老院の提案：＞"1）イセツカヤ郡の官有村に住み，1719年以前にそこに

逃亡して到来し…人頭税を払わない者につき…三等文官ネプリュエフの述べた理由に従い，当郡を荒廃させないため，それは現在オレンブルグ県にとって極めて必要であるが，それらの村から何者も返戻せずそれらすべての農民を当郡に永久に住まわせ，現在あるがごとく最新の人口調査に記載する…

2）1719年の人口調査後に初めて掌握された逃亡農民は…人頭税を課される：彼等すべては以前成立した法令に従い 従前の住所に戻される…

3）オレンブルクスカヤ線に新たに建設された要塞にカザークとして登録され，既に居住し実際に任務についている逃亡者は，三等文官ネプリュエフの提案のごとく，そこから追放せずカザークとする；雑階級民以外の地主その他の所有者は今後の新兵徴募に彼等を算入する⁽⁵⁴⁾…"

　1746年3月10日付元老院令は，官有工場の到来者は「国家の利益のため永久に」在住し，人頭税を課す，と定めた。第2回審査によると，掌握された官有工場男性職工・労務者は5182人，そのうち到来者は2357人（45.5%）である⁽⁵⁵⁾。

　官有工場の労務者も国家のために工場への緊縛を強化されたのである。帝政は封建的秩序に忠実であったことを確認しなければならない。

　工場への永久譲渡は，工場付きの場合でも編入であって，農奴化ではない。彼らは工場で人頭税を労役するのである。それを超える分は自発雇いもしくは他の活動に従事できた。デミドフの事務では，永久譲渡者は常に農奴ではなく，編入として扱われた⁽⁵⁶⁾。

　永久譲渡者は工場主にではなく工場に緊縛されるが，工場主に対して農奴主に準じる権限が与えられた。即ち，"自制力のない，いかなる教練にも精励しない"永久譲渡職工を，"自家製のやり方で"処罰する権利，商業参議会に送り，"以て遠方の町あるいはカムチャツカに送り，他への見せしめにする"権利である⁽⁵⁷⁾。こうした権利が，永久譲渡者を事実上の農奴に近づけた。

　トゥヴェルドゥイシェフのヴォスクレセンスキー工場の例を挙げる。1746

年，オレンブルグ県で，貧窮した移住者の中からヴォスクレセンスキー工場への移住希望者を徴募したところ，127名が応じた。彼ら身許不明者は，工場側との書面契約により，彼らが耕作から自由なとき給与のために工場でのあらゆる仕事を遂行しなければならなかった。工場主は，彼らに付属地，耕作地，草刈地，森林を十分使用させ，暮らしのための貸付，木材，薪，"農民のあらゆる必要"を与える義務を負った。定着した者たちは，給与の中から1/3を月々の返済に当てた。一種の債務奴隷である。契約によると，工場仕事は夏の畑仕事の期間を除く半年間であったが，農業に重点を移してしまうものも多かった。そのため，1758年11月5日，工場主は，これらのものを子供とともに工場に移して永久譲渡とし，工場で人頭税その他国税を納める旨請願した。これは認められた。そのため，トゥヴェルドゥイシェフは永久譲渡者を農奴として扱い，編入官有地農民としての権利を奪ったが，これは後に正されて，"永久譲渡者であって，農奴ではない"ことが確認された（1763年11月の編入農民の請願に対するA. A. ヴャゼムスキーの回答）[58]。

　永久譲渡者を農奴と同一化しようとする工場主の期待を反映して，公的機関によって誤解釈されたこともある。1763年4月4日のペルミ管区事務所からA. A. ヴャゼムスキー公への報告で，オソーキンの権利を強調するため，1736年勅令に基づいて編入された到来職工・労務者を購入されたものと同等に扱った[59]。

　私有工場の編入強化が，労働力の奪い合いの面を持ったため，その抑制も必要になった。1752年9月，ベルグ＝コレギヤは，"官有工場を増やすのに必要な"編入農民なしに済むよう，農奴の購入に努めるべく，工場主たちに命じた[60]。結果として，農奴購入が推進された。

　同年の元老院令は，機械1台当たり12-42人（機械および装備による）までに買い取りの上限を設けた[61]。

　1744年から1762年の間に，トゥヴェルドゥイシェフ＝ミャスニコフの南ウラルの10工場に，6849人の農奴が購入された。養成のため彼らを中部ウラルの諸工場に送り，官有工場からも職工を得た。こうして農奴購入は進み，1760

年代中期には，南ウラルの私有28工場のうち農奴労働力を用いたのは20，その人数は10000人を超えた[62]。

1753年の元老院決定は工場のために村を購入することを認めたため，編入，購入，もしくは「譲渡」された実在数は，必要な工場内外の労働者数基準をはるかに超えることになった。S. G. ストゥルミリンによると，実際に必要な労働力数は，高炉1基当り2交代として12-18人以下，2炉を持つハンマー1台当り職人12人，即ち，職員を含めて高炉1基，ハンマー2台の工場に40-50人であったところ，工場外労働も含めた官有工場の基準は，640人の男性住民を持つ160戸，即ち成人労働力約320人であった。現実にはこの基準は2-3倍以上超過された[63]。

元老院の命により編まれた，1752年のベルグ＝コレギヤの報告によると，1戸当り男性4名として，高炉1基につき100戸，圧延機1基につき30戸要するとされた。この基準に従うと，A. N. デミドフのヴェルホトゥルスキー郡の12工場に8806人の余剰男性労働力が計算された。同様に，N. デミドフ，G. 及び P. オソーキン，マサロフの工場に60人から571人の余剰が認められた。労働力不足はデミドフとネボガトフの各1工場のみであった[64]。労働力過剰は，数十年にわたる労働力緊縛の努力によって準備され，蓄積されてきたものであるが，この時期に決定的になったと思われる。

ベルグ＝コレギヤ報告は1752年3月12日付け元老院令の基礎となったが，基準は1734年3月23日付けタティシチェフ宛て訓令に依拠したものである[65]。

ただ，村の買い取りによって労働力確保が図られたため，工場内の労働力と工場住民とは独立の変数となった。確かなことは，一般的に工場住民は過剰となり，工場の扶養能力の負荷を増大させたということである。また，工場のために村の購入を認めた1753年の元老院決定の意味も，実際の労働力不足の解消にとって過大評価できないものである。この決定の前においても後においても，工場住民の過剰と実労働力の不足とは併存しえたのである。

国策としての冶金業育成の観点から当初設けられた，職工・労務者層の兵

307

役・人頭税免除も次第に廃止された。

　既に1728年の指令により，未熟錬の工場住民を兵役にとるとされていた。兵役義務は後に人頭税賦課の職工にも拡大された。[66]

　1740年にウラルの官有工場で数えられた3090人のうち，1296人（約42%）が人頭税を納税していたが，1742年の指令は，すべての職工は人頭税を支払わなければならないとした。1750年8月7日の元老院決定は，官有工場の職工・労務者は，第2回査察にしたがって，"すべての例外なしに"人頭税を課されると確認した。[67]

　例外は存在してきた。1717年，デミドフの工場について行われた調査で，大多数のものは工場仕事に就いていると見なされ，非課税として扱われた。30年代初めに課税の問題を提起したV. N. タティシチェフは職務を解かれてペテルブルクに帰った。後任のV. ゲンニンのもとで行われた調査で，1722-32年の間，到来者の納税がなかったことが判明した。過去の分の納税は，元老院決定に反して，デミドフではなく，職工・労務者が負担した。[68] 1730-40年代の緊縛強化の評価について，M. V. ズロトゥニコフは次のように整理する。多くの論者は「自由雇用」労働力の不足を転換の原因として指摘するが，基本的原因はそれとは違うところにあった。「自由雇用」を集めることは困難ではなかった。工場主達の訴えでより本質的だったのは，"安価で従順な奴隷"に対する要求だった。"自発雇い労働者はより強い抵抗を示す。彼らはすぐにストライキし，結局仕事を放棄し工場から去ってしまう"というのである。[69]

　ズロトゥニコフは「自由雇用」即ち自発雇い労働者の近代性を主観的に読み込んでいる。自発雇いの到来者は流動性の高い人々であって，容易にストライキ即ち実際には逃亡した。工場主たちは彼らを工場に緊縛すべく努めてきたが，この過程を完成する，即ち「安価で従順な奴隷」を得るためには，公権力の力を必要とした。

　ウラルの工場に強制的労働が根づく基本的時期は，N. I. パヴレンコが指摘したように，イギリスへの鉄輸出の大きな契約が結ばれた後にあたる。1724年か

ら鉄はロシアの主要な輸出品目の一つになった。ピョートルの命令により，官有工場の鉄は国外で売らなければならなくなった。そして，1725年に，編入農民の中から新兵を徴集し，職工・労務者を補充する指令が出された。1730年代初めから50年代半ばに，ロシアの鉄輸出が急増した。この有利な部門に貴族上層部も参入して支配的な地位を得ようとした。これがA. S. チェルカソヴァの論旨である。⁽⁷⁰⁾

　我々の見るところでは，ウラル冶金業は当初からピョートルの掲げる国策として育成された。ただ，封建体制自体が整備，強化の過程にあり，その確立に伴って冶金業の体制的性格も顕現化したのである。ウラル冶金業創設の直接的な目的は，軍事力の急速な強化であった。1721年に北方戦争が終結すると，当面の具体的な目標が失われた。過剰になった生産力にとって格好の市場がイギリスであり，同時に，政府の財政収入を支える輸出先であった。ここにおいて，ウラルの冶金業に，安価で安定的な労働力を大量に確保することは，封建国家にとって死活問題になったといえる。国家と工場主の利害は一致したのである。

　一方で，1730年代に始まる緊縛強化過程は，ウラル冶金業の歴史的動態の視点で見ると，草創期から確立期への移行としてとらえられる。国策としての冶金業の創設においては，何よりもそれを立ち上げて軌道に乗せることが最優先課題であった。ネヴィヤンスキー工場をデミドフに譲渡する際に，何らかのルールが考慮された形跡はない。労働力確保の優先は，逃亡農民を，非合法であるにもかかわらず，「到来者」の形で官有工場に受け入れた点に反映した。しかし，官有工場の増加，デミドフ以外の私人の参入とともに，ウラル冶金業の安定的拡大の段階では，より安定的な労働力基盤が必要であった。「到来者」は工場への定着とともに封建的規制のもとに組み込まれるが，彼らの流動性は常に工場内の動揺を生んだ。同時に，封建体制のもとでの逃亡農民・流民に安定的な量と質の労働力供給を期待することは難しい。こうして，帝政と工場主との共通の利益に立って，労働者の緊縛と労働力基盤の安定化が図られ

たと考えられる。但し，工場主側の要請に応える形で出された法制化措置は，既に工場内に存在した支配関係の法的裏付け，さらにその徹底と見なければならない。その意味で，この過程は漸次的であった。「自由雇用」即ち自発雇いは，他者所有の農奴が形式的に「自発的な」契約によって工場に定着することをもって，一時的な「自由」を失うことを了承するのである。これは，以前は，到来者＝逃亡者の非合法性と，それを利用した工場主の私的権力によって実態として成立していたが，今や，法的にも，国家権力によって保証されたのである。

　A. S. チェルカソヴァによると，1747年頃，ウラル私有工場に11000人以上の納税者数を数えた。そのうち，購入及び自己所有農奴は平均27％強であった。この点で工場間の差は大きく，そうした農奴はストロガノフのビリムバエフスキー工場で90％以上，デミドフの工場では平均23％弱であったが，個別には，タギリスキーで8％，スクスンスキーで73％であった。トゥルチャニノフの工場には農奴はわずかだった。[71]

工場労働力の定着

　1753年8月12日付け元老院令所収の情報によれば，シベリア県，カザン県の私有製鉄・製銅工場に男性25672人が数えられ，そのうち編入農民が11391人（44.4％），到来者が8377人（32.6％），購入されたものが5856人（22.8％）となっていた。[72]

　B. B. カフェンガウスが挙げる，18世紀中期（1746-1748年）に於けるAk. デミドフのニジネ＝タギリスキー工場の男性労働力は，以下のような出自を持っていた。

　総計1505人の中には，年少者536人（全体の約1/3），炭焼き労務者363人，「各種の日雇い仕事に就くもの」77人，「何も仕事しないもの」162人が含まれる。[73]

　ここには，工場労働力と工場住民との概念の接近が見られる。これは封建的マニュファクチュアの工場村の成熟に他ならない。それにより，本来工場外の

310

	人数（人）
デミドフの領地の農奴	124
到来者：	
官有地，非ロシア人地域より	189
宮廷地より	409
教会，修道院地より	125
地主地より	46
他の工場もしくは商工地より	56
出生地不明	139
非嫡出子	20
小計	1108
査察*後に出生したもの	19
査察後に到来したもの	271
その他（編入農民より等）	107
総　計	1505

＊第2回査察1741-1743年

編入農民が担当していた炭焼きに工場内の労働力が従事し，働かないものの扶
養も行われているのである。デミドフの農奴は124人（8.3％）に過ぎないが，ア
キンフィー等の努力によって獲得した既成事実と法令によって労働力の緊縛は
強化されている。出生地不明，非嫡出子の到来者は，本来の所有者を隠すこと
によって事実上の農奴に組み込むために付与された標識である。

　労働力の緊縛強化とマニュファクチュアの技術水準の引き上げとは両立し
た。1505人中，細分化された職種—高炉，ハンマー，圧延，針金，製銅炉等—
更にふいご，製材，鍛冶も含めると，専門化された労働に281人（18.7％）が従
事し，その内訳は，職工79人（5.2％），職工助手47人（3.1％），労務者104人（6.9％）
だった。1717年に比較して，労働の専門化は明らかに進んだのである。[74]

　他方で，未成年者（通常12-14歳）が536人（35.6％）数えられた。そのうち実
際に仕事に従事した数は与えられていないが，安価な労働力とされたことは明

らかである。同時に，これにより，工場労働力の再生産と世襲がある程度保証
されたと言える。

　N. N. デミドフのドゥグネンスキーおよびブルインスキー工場の1748年の住
民構成が以下のように明かされている (表3-2)。
[75]

　この調査では，一部の被扶養者 (老齢者等) が除外されているから，就業者
の比率は高められている。「自由民」の比率は，工場住民の10％，就業者の
11.4％である。これもやや高められた数字である。

　1717年の調査の際，ネヴィヤンスキー工場の労働者516人中331人が5-17年
の勤続，即ち工場創設以来のものを含んでいた。18世紀中期，ニジネ＝タギリ
スキーでは，「到来者」労働者229人が15-40年の勤続であった。
[76]

　こうした世襲потомственностьは，労働力緊縛の結果に他ならない。即ち，
労働力の定着と再生産は，彼らの移動の自由を喪失することと引き換えに起
こった封建的関係の再生産である。

　E. I. ザオゼルスカヤは，これを，直接生産者の雇用労働力への転換，その世
襲ととらえるが農民の法的無権利と工場への緊縛の現実的機能を評価しないの
[77]
で，この関係の本質を見ることができないのである。

　緊縛の強化とともに，農奴出身の職工・労務者も増加した。デミドフの全工場
の調査で，1746年に，訓練されたобученные労働者の中に農奴は38％を占めた。
[78]

　こうした，18世紀中期の工場労働の「封建化」はS. G. ストゥルミリンも認

表3-2　デミドフの工場の住民数及び就業者数

(1748年)

	住民数	就業者数	就業者比率 (％)
購入された者	544	296	54.4
1721年法令により譲渡された者	36	18	50.0
譲渡された外国人	6	6	100.0
「自由民」	65	41	63.1
総　計	651	361	55.5

めるところであるが，彼の論旨の力点は，それにもかかわらずウラルにおいて
さえ，"平常の雇用関係"は決して排除されなかった，という点に置かれてい
る。

　S. G. ストゥルミリンは，鉱山法典編纂にかかわるタティシチェフ協議会に
おいて，工場主たちのすべての仕事は，ただ"通常の雇用関係"の"標準化"
のみに向けられたと主張する。即ち，"工場主たちは，いわく≪労務者の雇用
には大きな利益がある≫…いわく≪自由な労務者に対してそれぞれの工場主
は契約によって給与を与えることができる≫と極めて道理ある主張をした"[79]。

　タティシチェフ協議会が労働力緊縛の制度化において果たした役割は，既に
確認した。工場主たちが"通常の雇用関係"の"標準化"を主張したという実
際の議論はどうであったか。以下，ストゥルミリンによる引用部分に下線を付
しつつ示す。鉱山法典草案第2章19条では，工場に割り当てる森林の選定には
慎重を要すという論旨に続いて，案文は述べる―"或る工場主が工場を，そこ
において労務者の雇いに大きな利益があり，又，製造された資材が速やかに販
売される，そのような場所に建てるものと仮定すると―そのような森林につい
て大ロシアの諸郡では地主と任意に取り決めを行い…"契約を交わす。工場に
割り当てられた森林に対する諸費用の支払いをいかに設定するかがこの条項の
課題である。これに対して，ストロガノフの執事は，協議会において，ダムの
工事，熔鉱炉の建設その他に係わる費用の見積を示したのである[80]。

　第4章7条は，労務者に高い給与を与え他の工場から引き抜く問題を扱って
いる。草案に次のような件がある―"工場に編入された，もしくは工場主の農
奴たる労務者で，過剰の払いすぎを受け取って保有する者から，第5条に拠り
罰金を取るものとする。自由な労務者にそれぞれの工場主は契約によって給与
を与えることができる"。これに対する確認として，1735年5月2日付総監督庁
の決定が付された―"自由なものにすべて等しい給与を与えること，工場に編
入された農民に対して法令により決定され定められたのよりも高くないこと。
自由なものの中で，工場主もしくは執事との契約で法定よりも低い値段をつけ

られた場合，彼らの随意に委ねる"。[81]

　「自由な契約」によって上限を設けられた給与を更に切り下げることを制度化するのが主たる含意であったことは明白である。

　第5章7条，9条への工場主たちの意見は，費用の多さを訴えるものである。"それら工場に雇われた自由な労務者のために，彼らの中の多くは工場主からカネを受け取りながら働かず，逃亡して新兵に採られるし，他のものは死んでしまう―毎年少なくとも30ルーブリが失われる"。[82]

　S. G. ストゥルミリンの主張は，文脈から切り離して取り出された小部分によって構成された虚構である。タティシチェフ協議会の草案の中にも地主，非地主を問わず工場主達の見解の中にも，近代的な内容において自由な雇用を推奨した事実は見られない。

　S. G. ストゥルミリンによる「自由雇用」労働者数の推計も，成功したとはいえない。彼は，1747年の私営製鉄，製銅工場の労働力実在数として，9990人を挙げる。これは，登録された「到来者および工場内」人数の約50%，「購入された」人数の40%未満が実在の労働力数であるという経験値をもって計算されたものである。[83]

　一方で，ストゥルミリンがロシア冶金業の「自由雇用」労働者数の根拠としてあげるのは，鉱山監督局調査に基づいた，1750年以前に設立された製鉄12工場における，「自由雇用」と見なされる人数5015-6415人，製銅4工場における同様の人数1850-4360人，総計6865-10775人である。さらに他の15工場については「自由雇用者」数が区分されていないので，この数値は最低限のものとされる。ここから，彼は，16工場だけでも10775人が9990人を凌駕していることをもって，「18世紀中期における雇用労働の明白な優位」を結論する。[84]

　しかし，この結論には，重大な保留が必要である。実際には，登録は人頭税課税のためであるので，元来の課税場所を持つものは工場においては課税対象外となるし，他方で登録者数と実在数との間の乖離は人頭調査からの経年と精度のばらつきから極めて大きかったと考えなければならない。登録人数のうち

実際に工場内外で労働した者9990人は，不確かな推測値としての限界を免れない。他方，「自由雇用」労働者10775人は，変動幅の最大値を累計して得たものである。変動は特に製銅工場で大きく，4工場で1850-4360人となっている。その内容は，ストゥルミリンも認めるように，大部分が季節的補助労働者，未熟練労働者と考えられる。季節労働の多さは，労働力の実態が編入農民であること，水力利用に伴う技術的制約の強いことを示すものである。彼らが，本来の生業から分離することなく交わした「自由雇用契約」の一方の当事者であり，他方の多くの企業主は貴族＝地主でもあった。非地主工場主も帝政国家による補助と保護の下にあり，貴族＝地主との間に労働者に対する一切の権限の差はなかった。強化されつつある封建体制のもとで交わされたこうした契約を近代的なものと見なすことはできない。

ウラル冶金業の制度的完成

　1730年代後半から40年代を通じて，労働力緊縛の制度的完成を確認することができる。この制度は，封建国家に奉仕する冶金工場の労働力を工場付きとして確保しつつ，本来の国家的もしくは地主的所有と整合したものである。ウラル冶金業は，もはや単なるピョートルの工場ではなく，帝政に不可欠の軍事的，経済的基盤となっていた。トゥルチャニノフは商人出身であったが，タティシチェフ協議会では常にストロガノフと意見を共にした。商人出身のトゥヴェルドゥイシェフ，製塩業者として出発したオソーキンも，永久譲渡者を自らの農奴と同様に扱った。デミドフに代表される彼ら非地主私有工場主も，体制内での上昇によって本来の地主＝貴族工場主との懸隔を埋め，工場に緊縛された労働力に対応する封建的工場主として均質化した。我々はここに封建的マニュファクチュアの完成形を見る。

　デミドフは，18世紀初頭，最高権力に直結してウラルに治外法権を築き，地方権力に服従しなかった。その意味で彼らは体制にとって異質な存在だったが，地主及び商人出身の新興工場主との競争，封建体制の強化と整備の過程で

体制に同化する道を選んだ。貴族の称号の獲得，タティシチェフ協議会への参加と権利の主張，地方権力による調査の受け入れがその証である。協議会における共通見解＝多数意見は鉱山法典として結実しなかったが，そのことは彼らの利益を実際上損なわなかった。彼らはこれまで通り封建的労働力を自由に利用できただけでなく，より自己所有農奴に近い労働力として永久譲渡者を得た。その結果，デミドフは新興工場主たちとともに，一群のカテゴリー，即ち，官有地において，編入農民及び永久譲渡の工場付き職工・労務者―場合によっては自己所有農民，「自発雇い」も含む―を用いる，後にポセッシア工場＊と呼ばれることになる経営を営むことになった。こうして，ウラル冶金業は，官有，地主経営（私有），非地主経営（私有，後のポセッシア）の各企業形態によって区分された，封建的マニュファクチュアのシステムを整備したのである。封建国家の度重なる布告と摘発の努力によって逃亡農奴は抑制された。ウラルまで到達した「自由な者達」も，人頭税の普遍化によって捕捉された。労働力供給源は，原則として，編入された官有地農民，自己所有農民，他の地主所有の農民＝到来者に整理された。＊ポセッシア工場は農奴占有工場，農民徴用工場などの訳を与えられることが多いが，帝政国家からの土地，森林，労働力の多岐にわたる補助によって成立しえた封建的私有工場として，ポセッシア工場と呼称する。

　ウラル冶金業の制度的完成は直ちに制度の安定を意味するものではない。農奴制のもとでの労働力供給は地主の農奴確保との間に矛盾を内包せざるを得ず，その解決のためには農業生産力の向上によって農村からの労働力排出余力を高める他なかったが，その条件は容易に得られなかった。そのため，帝政の政策は逃亡者の扱い，出稼ぎの管理，非地主工場主による村の購入等，冶金工場への労働力供給を巡って動揺を繰り返した。

8699．―1743年2月5日．勅令．―1744年1月1日以前の法令の効力のもと，犯罪人隠匿者の荷馬車による逃亡者の前居住地への引き渡しについて．
“＜過去の法令の確認の上，あらゆる逃亡者を＞… 一つの家に住む妻と子供，

孫，それらの連れ合いをあらゆる家畜と穀物と，そのもとに居住した者たちと
ともに，自分たちの荷馬車で以前の居住地に運ぶこと…"

"…補償金はあらゆる男性につき年に100ルーブリずつ，女性については50ルー
ブリとする；"

＜手代，スターロスタ，農民が逃亡者を受入れた場合の処罰規定＞

"＜逃亡者を送り返して＞来る1744年1月1日までに誰もどこにも残らぬよう
に…"[85]

9261．—1746年2月28日．元老院令．—避けがたい必要の場合に，シベリア
から官有の商品を乗せてキャラバンを浮送するために，書面パスポートをもつ
労務者の受入れを許可する件について．—"以下のような官有の鉄その他の用
具のシベリアからサンクトペテルブルグやモスクワへの輸送のために，書面
パスポートをもつ労務者が足りないときは，書面パスポートをもつ自発的な
вольные労務者を雇うこと，その基礎は，製塩業者の船に雇うことが許可され
たように，それらのパスポートが地主の手によるか，地主自身がいないときは
手代，スターロスタ，教区神父の手により，その労務者の身長，容貌，不変的
な特徴を記入し，その際そのパスポートにはその労務者が1年間の仕事に放免
され，ただ鉄その他の官有の用具を乗せた官有船のみのためであると記されな
ければならず，そのような記載のない書面パスポートや，塩運搬船の仕事のた
めに放免されたと記された者は受入れない；…"[86]

　1721年1月18日法令は，労働力確保のために商人にも工場と一体であるこ
とを条件に村落の購入を許可したが，領主権との間の矛盾を拡大した．それだ
けでなく，購入の濫用によって領主権そのものの掘り崩しにつながる事態も生
まれた．そのため，帝政は濫用の把握につとめ—35年も経過した後であるが
—村落購入の条件を厳格に遵守するよう求めた．これが1746年3月14日付け
元老院令である．

317

9267. ─1746年3月14日．元老院令．一人頭税の下にある商人，その他雑階級民の，臣民，農民の非購入について．

＜諸県からの報告で，工場を持たない商人等による農民の購入，自らが人頭税を支払う者による農民の購入，旧教徒が改宗した異民族を編入する事例等が人頭税査察に際して多数判明したことを受けて＞

"1. …1721年1月18日付け法令により，工場を少ない人員によって操業することになる場合に，工場に付けて村落を購入することを商人に許す

2. ＜ウロジェーニエに従い，人頭税を徴収される領地民，修道院使用人，農民の土地購入を禁ずる。同様に，カザーク，御者，雑階級民も農奴を持ってはならない。シベリアでの事例のような，旧教徒が改宗異民族を編入することはならない。＞

3. ＜商人以外で認定された工場を持たず自身が人頭税を支払う者が屋敷民や農民を土地の有る無しにかかわらず，また村ごと購入した場合は，没収する…＞

4. ＜法令で認められない土地購入の禁止を確認したうえで，違反者を1744年5月11日付け法令に従って拷問に処し，違反無きよう厳重に監視する。[87]＞"

　帝政は，ウロジェーニエに依拠して封建・農奴制の原則を確認し，ピョートル改革における商人による農民購入は工場経営のための限定的政策であることを強調した。ウロジェーニエ第17章第41条は"地主地民並びに修道院使用人は領地を購入せぬこと，並びに自らの抵当に保持せぬこと…[88]"を命じていたが，この禁止を更にすべての人頭税被課税民に拡大して確認し，細密化した。法令遵守の弛緩に対して，帝政は実態への迎合ではなく飽くまで封建体制の原則によって対処したのである。

　しかし，領主＝地主と冶金工場との利害対立を解くことは専制権力にとっても困難であった。

　A. S. チェルカソヴァの指摘を借りると，政府の逃亡との闘いは続き，1754

年5月13日付署名指令により，従前の指令に反して存在するすべての逃亡者を前居住地に送還することが命じられた。これに対して，プロコフィー，ニキタおよびエヴドキム・デミドフ，ピョートルおよびガヴリラ・オソーキンらは，元老院に対して，到来者は大量で護送が困難，彼らは既に工場仕事に慣れており送還しても暮らし向きを立てられない故，送還を免除するよう嘆願した。その結果，1755年12月30日，元老院はこれを受け入れ，すべての到来者を"他の譲渡されたものとともに農奴たる職工として計算する"ことを許した。[89]

　他方で，B. B. カフェンガウスはこのように要約する："到来者の規制強化が試みられた。彼らは事実上逃亡農民だったからである。1754年5月13日付け勅令は，従前の法令により工場付きとされたものは留め置くが，新たに到来したものは，技能を習得したものであっても返戻され，以前の所有者に男性につき100ルーブリ，女性につき50ルーブリ支払うものとした。以後の逃亡者の受け入れにはその倍額の罰金を科すこととされた。1755年12月30日付け元老院令では，私有，官有工場の到来者の数が定められ，逃亡者の受け入れが重ねて禁じられるとともに，査察に登録されたものを地主に賠償金を支払った上で留め置くことが認められた。[90]"

　いずれも1754年-1755年の転換の意義を十分把握したとはいえない。

　製鉄・冶金業にとって相変わらず労働力問題の解決は切迫していたが，その供給源の重要な一部をなす逃亡者の扱いは確かに混乱した。逃亡農民，即ち他の領主の所有物を緊縛することは農奴制の根本原則とその具現化として法令によって禁じられ，再三宣明されてきたが，実際には広く行われ，また具体的な防止策は講じられず，抗争の原因となってきたこと，そのことは政権によっても把握されていたことであった。

　1754年5月13日付け勅令は詳細な条件付けをした上で逃亡者の原則的返戻を確認した。

10233．―1754年5月13日．勅令．―逃亡者の彼らの所有者への返戻について，

彼らの保持者と隠匿者の責任について．

＜様々な裁判施設での逃亡者の捜索，同定は不十分である。そうした逃亡者を古い課税台帳や人頭調査によって，そこに記された農民名に照らして探し出す。逃亡中に生まれた孫，ひ孫…から父，祖父…の名前を確認するとしても名前を偽られる。また原告と被告の地主に同名の農民が多い。課税台帳，人頭調査の開始以来長期の経過により検査は不可能である。農奴取引の権利書も火災にあったり様々な機会に失われる。＞

＜1649年ウロジェーニエ以来の逃亡者の扱いを概観し，1719年1月22日付けピョートルの布令により査察対象の拡大，隠蔽の根絶が宣言されたことを踏まえ，1724年に第1回査察が完了した。＞

＜第2回査察の過程で明らかにされた問題＞…多くの請願者が，彼らの許から他の持ち主に力づくでまた村ごと贈与や書面契約もなしに奪われた者たちや農民たちについて訴えや請願を持ち込んでいるが，いかなる方法でその力づくの農民領有に全般的な処罰や侵害された者に公正に満足を与えられるか，今のところ適切な指令は出されていない：…

"1. すべての逃亡者，農民には，1719年以降の戸籍簿，第1回査察の人頭税規程，第2回査察の記述により，妻，子供，すべての家畜，穀物とともに逃亡からの返戻を行う；1719年以前の課税台帳，人頭調査，ランドラート調査＜1715年12月10日法令によるーY.＞による返戻は上記の理由で行わない；　1719年や1721年提出の戸籍簿にあるいは最初の査察に屋敷民や農民が逃亡者としても，また実在者とも示されなくとも，裁判や捜索でその逃亡屋敷民または農民が地主または村の領有者付きであると正確に示され，彼らがその逃亡者につき請願し，1719年提出の戸籍簿や1724年，1744年の査察に従い父，祖父，その他親類縁者が実在すると示されればその屋敷民または農民は登録された者と明瞭に示され，よってその逃亡者は返戻される…＜長期の経過により証言者が不在である場合は，証言は信用できない＞

＜2. 1719年戸籍簿以降に記載され，人頭税査察からは逃亡し，他の所有者の

320

許で記載された者はその記載に従う。

3．4．略＞

5．もしも1719年以降その領有者の許で，様々な民族の，あるいは血縁不詳の，あるいは私生子が，彼らの要望により，または何人かは県，郡，市区事務局からの，また書写や調査部門からの指令による地主の非捜索により，以前のあるいは第2回の査察に記載され人頭税を課された者は，その記載に従ってその所有者の農奴であり，…

6．同じく，最初の査察で人頭税に記された者と農民，その他，その後の人頭査察にて法令により自らに村を持てない者に付けられた者，また最新の査察にてそれらの者から引き離され…願いによるとよらずとも地主の長期の非捜索の故に法令により他の者に書きつけられた者…は，彼らが人頭税を支払い最新の査察に記された者に，農奴とされる。

7．すべてのまた様々な身分の逃亡者，農民の保持に対して，…領有者からの賠償金をすべての男性人数について年に100ルーブリずつ，女性について50ルーブリずつと修正し，最初の男性人数以前，即ち1724年以前からはそのような金銭は取らず，それらの賠償金は妻と子供とともに逃亡した逃亡者からのみ徴収する…

8．第1回人頭査察以後所有者から逃亡した者で，第2回査察に際して掌握され，彼ら逃亡者が第1回において自らまたは父親が人頭税を課され，あるいは課されなくとも目録に記されていて，そのことを審問で隠し，そのため異なる形で新たに他の所有者の許で人頭税を課された者につき，第1回に農奴とした所有者が目録に従って請願したときは，返戻する。…彼らの審問で嘘の申告に対してむち打ちに処する，彼らが新たな査察により登録された相手からは賠償金を取らない，それは，逃亡者は返戻され，査察官から彼らを登録されて，人頭税その他の税を査察まで無駄に…払ったためである。

11．本法令以降受入れられる逃亡者，農民について，毎年，収入の代わりに，役務金заработные деньгиを本年1754年よりすべての農民男性1人当たり5ルー

ブリずつ，女性につき半額，また屋敷民，女房，娘につきその2倍を取る，…
この定めとともに，地主が逃亡者に関して知っており，手代，総代，スターロ
スタ，その他各身分の農民がそのような逃亡者を地主の意志ではなしに受入れ
たと証明できなければ，むち打ちの刑に処し，適格者は兵士に記帳し不適格者
は馬追いにする…＜…本法令以降，地主その他村の領有者が逃亡者を受入れ，
暴露された場合は，保持者から男性につき年に200ルーブリ，女性につき半額
徴収し，自分の荷馬車で従前の住所に返戻する…＞

12．他人をそそのかして逃亡者と知りつつ受入れ，自分の農奴と偽って売り，
抵当に入れあるいは新兵に出す，そのような逃亡者は勤務中であっても農奴証
に基づいて返戻すること，そして販売証と抵当証に基づいて税金とともに徴収
する…販売者に対しては…むち打ちに処し，加えて，逃亡中と新兵に勤務中
の年数分1人につき200ルーブリ販売者から徴収し農奴所有者に返済し，返戻
された新兵の代わりに販売者の許から適格者を取ること，また女性逃亡者につ
いては刑罰を課して農奴証金を徴収し，1人当たり年額100ルーブリの賠償金
を取る。

16．人頭税の身分に該当する者の中から第1回査察にも第2回査察にも付属す
る目録のどこにも誰のところにも逃亡者とも実在とも示されない者が見つかっ
た場合，彼らについて告知者がいれば，その登録証を彼らに渡せばその登録は
1719年の目録で判明する；もしも目録に示されていなければ，過去2回の査察
により血縁者が書かれていてそのうちに実在者がいるであろう；其の者に登録
証を渡し，それにより登録について罰金50ルーブリずつ取り，そこから告知者
の正しい密告に対して賞与として1/5を与える；…

＜工業施設の中の逃亡者＞

23．マニュファクチュア，作業場，工場において，誰の逃亡者，農民もいない
場合，法令により彼らをそれらマニュファクチュア，作業場，工場に付けて不
可分とする。

24．もしも以前，また新たに設立されたマニュファクチュア，作業場，工場に

誰かの逃亡者，農民が存在した場合，彼らは法令によりそれらマニュファク
チュア，作業場，工場に実際に譲渡された者ではなく，たとえ彼らが技能を習
得していたとしても，それらすべてをマニュファクチュア，作業場，工場から
従前の所有者へ従前の住居へ送り返すこと；それら逃亡者の保持に対してどれ
ほど彼らがマニュファクチュア，作業場，工場に住居を持っていたか，過ぎし
1724年以降本法令第7条に従い年に男性100ルーブリ，女性50ルーブリずつ徴
収する。

25. 1736年以降設立されたマニュファクチュア，作業場，工場において，1744
年に行われた査察までに到来してそれらマニュファクチュア，作業場，工場に
付けて記載された逃亡者は，すべて従前の所有者に返戻する；もしも技能の習
得により，マニュファクチュア，作業場，工場が荒廃しないために経営者が返
戻を望まぬ時は，経営者は所有者に男性につき50ルーブリ，女性につき半額
の25ルーブリ支払うこと，そのうえ，1736年法令以後査察までにその工場にど
れだけ住んだかにより，彼らが返戻されるか金銭支払いにより残るかにせよ，
第7条に従い賠償金を男性につき100ルーブリ，女性につき50ルーブリずつ取
る；その査察以後それら新設工場からは賠償金は取らず，役務金 заработные
деньги のみを男性につき5ルーブリ，女性につき半額を本法令成立までの年数
に対して徴収する，[91]…"

　1754年5月13日付勅令は血縁不詳者，私生子，また長期の逃亡により本来の
所有者の不明な者を冶金工場主の農奴として認め（第5条，第6条），彼らに大
きな法的優遇を与えたが，他方で第1回，第2回の査察に従って逃亡者の返戻
を命じた。これは定着した慣例に反し，大混乱を予測させるものであった。し
かし，翌年には冶金工場主たちからの強い反発が奏効した。1755年12月30日
付け元老院令は完全に冶金工場主側に立った裁定であった。

10494. ―1755年12月30日．元老院令．―シベリアとペルミの官有，私有の

工場から 1724 年以後に到来した職工，労務者を返送しない件について；彼ら
をそれら工場の郷に永久に編入する件について；…

　＜1754 年 5 月 13 日付け法令の確認の上に立って元老院の見解＞"官有のシ
ベリアの工場や故アキンフィー・デミドフのペルミやシベリアの私有工場その
他の工場からの資料に，1724 年以降諸県からの到来者 6852 人が示され，その中
にはどこの出身か，誰の者か不明な者 668 人おり，彼らは 1746 年 3 月 2 日付け
元老院令により工場に留め置かれ送り返してはならない，そして 1724 年査察
以後訪れた者達をいかにするか法令を求められた；また彼らを返送するならば
どれほどの費用になるか，彼らの代わりに新たに編入なしに過ごすことはでき
ない；また，管理局 канцелярия は以前，官有諸工場に最も必要な仕事と作業
に必要な労務者は 4000 人に上ると提示したが，どこからも補充することはで
きない；それ故にベルグ＝コレギヤは提起し，法令を求めた：上述の 1724 年
査察以後に現れた官有工場からの到来者を，1754 年 5 月 13 日付け法令に従って
旧住所に返戻するべきか，あるいはそれら到来した官有宮廷地農民をそれら工
場に留め置くか…"

　"元老院に提出された，貴族プロコフィー，グリゴリー，ニキタ，及びエヴ
ドキム・デミドフ，並びにピョートル，ガヴリル・オソーキンの，申し立てら
れた人々の工場からの不送致についての嘆願につき，命令する：　1. 官有の
シベリアの諸工場から，1724 年以後到来した職工・労務者…最新の総合査察
で示された 2357 名は，返戻せず，それら官有工場に常置する，それらの中には，
元老院議員総元帥ピョートル・イヴァノヴィチ・シュヴァロフ伯爵に…永久
に譲渡されたゴロブラゴダツキー，ウシヴィンスキー及びトゥリンスキー工場
を含む；…

2. シベリアとペルミの私有工場から，ベルグ＝コレギヤの報告書にある 1732
年以来の様々な人頭調査と最新の総合査察に記された到来者たち，即ち：　故
アキンフィー・デミドフの 2674 人，ニキタ・デミドフの 189 人，セルゲイ・ス
トロガノフ男爵の 22 人，ピョートル・オソーキンの 675 人，ガヴリル・オソー

キンの735人，計4493人＜集計すると4295人となるが，どこに誤りがあるか不明である－Y.＞は同様に送り出さない；＜以下，1736年1月7日，1736年11月12日，1737年11月16日，1739年5月11日，1740年8月2日付け法令，1743年12月16日査察指令，1746年1月13日元老院令等を挙げて，職工・労務者の工場留め置きを確認＞

3．1746年3月10日付け元老院決定により上述の工場に査察の際に以前の人頭調査で記載されず技能を身につけない到来者が明らかになり，法令あるまでそれら工場に残されるとされた。即ち：アキンフィー・デミドフ工場72，ニキタ・デミドフ工場23…；彼らにつきデミドフ等は，彼らの中に多くの年少者が含まれている…その親兄弟は以前の調査に記載され，…工場に永久に付けられたものである…と訴えた。…元老院の判断：1．シベリア県は大変広大ではなく＜原文のママ。但し，当時シベリアはウラルを中心とする現在程広大な地域ではなかった－Y.＞，大部分最も人のいない土地であり，国家の利益のために多くの住民を必要とする。2．…人の少ないシベリア県には，他と最も違ってかなりの大変良好で期待できる鉱石と金属が探し出され，今後国家と女帝陛下の利益とにとって有益な工場の経営のために職工・労務者への最大の需要と必要が見いだされるが，しかし…最新の査察に現れたシベリア県の到来者を，少なからぬ時間技能を身に付けた私有工場からも，官有工場からも少なからぬ村々に住む数千人を従前の住所に返戻することにより，今まで国家の利益のために拡大してきた工場ばかりを荒廃に陥れかねず，そして，彼らがそれら工場から従前の住居に退出しないことから，女帝陛下の国庫にいかなる損失もないだけでなく，更にそれら工場の操業のためにもその広大な範囲にわたってそこに移住の増加にもなり，それは極めて必要なものと認められ，女帝陛下の利益とともに留まり，それに従い地主の者達と農民は，彼らが上記のようにそれら工場に永久に留められるときには，陛下の村に移住すると同様に，人頭税に組み入れられるであろう；かくして元老院は，そのような逃亡者の従前の住所への返戻について正確な陛下の法令のあるにもかかわらず，上記すべての状況の

審議において，シベリア県における極度な人的必要に鑑み，特にシベリア県に関して陛下に報告せず，彼ら逃亡者を官有工場からも私有工場からも従前の住所に返戻することを受入れる勇気を持たず，ただ，陛下の法令の結果の以前に，それらをすべてそれら工場に留めることを決定した；そして陛下に対して提案した一元老院の見解によれば最新の査察に従って上記のシベリアの官有，私有工場に存在するすべての身分の逃亡者は，上記の事情により従前の住所に送り返さず，地主に返戻しない，そしてそれら工場に永久に付けて記載する；…

4. もしも上記すべての官有及び私有工場に譲渡され登録された者の中で，血縁不明者や非嫡出子，またその他の身分の者で，査察に際して従前の住所や地主を隠して様々な身分を名乗り，今後誰の地主の者か明らかになったときは：本物の証拠に従い，彼らが私有工場の許にいたその者に1736年の法令に定められた金銭を支払い，官有工場に住む者については今後元老院報告に基づき法令が定められる；そして工場からどこへも返戻されない者は，誰であろうとその工場に不可分となる…

5. ＜それらの工場に永久譲渡されたすべてのものについての代償の支払い―1736年1月7日付け法令に従う。[92]＞"

　こうして，1754年，1755年の混乱収拾は，マニュファクチュア労働力確保の原則を最終的に確認しただけでなく，出生不明者，私生子，所有者不明の農民を工場主の農奴と認めることによって彼らに大きな法的優遇を与え，同時に，冶金業の封建的マニュファクチュアとしての地位を堅固なものにした。帝政にとっても，農奴制原理を冶金業にも適用し，以って主人なき農奴を根絶する重要な契機となった。1730-40年代に工場に永久譲渡されたものとして扱われた到来者は，最終的に事実上農奴化されたのである。18世紀始め，ピョートルによって開始された過程が，完成したといえる。1730年代以来の永久譲渡者概念の確立，商人工場主の農民購入，更に第1回，第2回人頭税査察の実施と人頭税課税の普遍化による臣民掌握がこの過程を促進したのである。

326

併行して，工場住民の全般的農奴化が進行した。1762年のウラル労務者の暴動に際して，鎮静にあたったA. A. ヴャゼムスキー公は，工場住民の査察台帳を精査し，彼らの法的扱いについても役割を果たした。それによると，1722年の台帳上の職工は官有農民と認定された。なぜなら，彼らはいかなる法令によっても工場主の農奴と宣言されていないからである。それに対して，到来後人頭税の課税台帳に記載されたものは，農奴と認定された。こうして，工場住民の農奴への収斂が進んだ。1722年の台帳に記載された人数は，当然に，減少したからである。[93]

18 世紀中期の官有工場労働力

14官有製鉄工場の労働力推移（1726-1747年）は以下の通りである（単位：人）。[94]

	1726年	1747年
実働の職工，労務者	753	2463
編入農民	23462	34514

これらの中には若干の製銅関係を含み，また調査も完全ではないが，実働する職工，労務者数の急速な増加と，編入農民の多さが表わされている。

1745年の官有4製鉄，5製銅工場の16歳以上の労働者1847人の平均年齢は33.7歳，70歳以上の老年者の中には2人の職工，1人の熔鉱工も含まれる。16歳から62歳の訓練を受けない新兵443人のほとんどは補助労働に従事する。そのような新兵のほとんどは地元の農民の子弟であるが，エカテリンブルクスキー工場では，訓練を受けない新兵247人の中に，兵士の子弟21人，「雑階級人」の子弟14人，「職工」の子弟11人，商工業者の子弟4人，流刑人の子弟1人，官吏の子弟1人，司祭の子弟1人も見られた。[95]

官有14製鉄工場の労働者（カードル）の社会的出自は，表3-3のごとくであった。

職工，徒弟出身者が18％に上ったことは，この階層の再生産がある程度着実

表3-3　1745年におけるウラル官有工場労働者の社会的出自

(単位：人)

工　場	新兵	職工,徒弟等	農民	雑階級人	兵士	商工業者	外国人	不詳	計
エカテリンブルクスキー	501	96	87	23	27	6	—	6	746*
ヴェルフネ＝イセツキー	250	39	7	5	2	1	—	14	318
トゥリンスキー	236	20	17	8	4	1	—	1	287
スイセルツキー	164	56	42	5	8	4	1	—	280
アラパエフスキー	177	47	4	3	4	1	—	—	236
クシヴィンスキー	182	21	2	6	3	2	2	2	220
ポレフスキー	85	97	—	3	10	1	—	7	203
スイルヴィンスキー	139	20	1	9	—	—	—	2	171
セーヴェルスキー	69	23	1	1	—	—	—	—	94
スサンスキー	41	20	5	—	1	—	—	—	67
カメンスキー	25	36	5	—	—	—	—	—	66
シニャチヒンスキー	40	18	7	1	—	—	—	—	66
ニジネ＝ウクトゥッスキー	34	11	6	3	1	—	—	—	55
ヴェルフネ＝ウクトゥッスキー	28	9	1	—	1	—	—	—	39
総　計 ％	1971 69.2	513 18.0	185 6.5	67 2.4	61 2.1	16 0.6	3	32	2848 100

＊この中には，流刑人49人その他を含む。

出典：С. Г. Струмилин. Ук. соч. стр. 283.

に進んだことを示すものであるが，急速なウラル官営製鉄業の拡大を支えたの
は労働力の約70％を供給した新兵であって，ここでも工場内の労働強制化が進
んだことは明白である。官有工場の主たる任務が国防強化であったことに鑑み
れば，「兵営工場」化はその論理的帰結であったと考えてよい。新兵は事実上
農民出身であろうから，これと農民とを合わせると，工場内労働力の3/4は農
民が供給したといえる。到来者に依存した始動から確率期にかけての官有ウラ
ル冶金工場に比べて，18世紀中期には，全く異なる労働力形成の構造が成立し
ていた。そしてこれが，1754年以降，高官達に譲渡される多くの官有工場の状

況であった。

　帝政の発した勅令，指令は事実の後追い的な承認，法的な追認であった。企業主側からの要請は権威付けを求めたものと考えられる。工場規則も，1730年代以前からの慣行，既成事実の追認，明文化の要素を多く持ったと考えるのが合理的である。したがって，工場生活の実相においては，既に早くから，農村におけると同様な支配＝従属関係が工場内外を律していたと考えなければならない。

　人頭税の納税者数確定のために行われた査察は，工場住民の緊縛強化にとって決定的な役割を果たした。査察によって各人の来歴，法的地位が確認されたからである。1747-1749年に於ける Ak. デミドフの12工場内の男性住民は以下のような構成で以て把握された：

1.	1703年の指令により編入された農民	3630人（26.7%）
2.	様々な年の調査により課税台帳に記され，人頭税を納付する職工・労務者	5461人（40.1%）
3.	査察により譲渡を認められた非嫡出子及び出自不明者	592人（ 4.3%）
4.	様々な地主から購入され移住した農奴	3248人（24.0%）
5.	様々な県から到来し査察により指令あるまで留め置かれたもの	675人（ 4.9%）
	総　　　計	13606人（100%）

　査察の本来の目的は納税人口の確定であるから，各人がどの課税カテゴリーに属するかは国家の重大関心事であった。それによると，職工・労務者，指令あるまで留め置かれた到来者，編入農民には70コペイカに40コペイカ加算して，即ち官有地農民と同額の税額，デミドフの農奴には70コペイカが設定された。国家によるこうした把握が，工場住民を，(1) 編入農民　(2) 職工・労務者，非嫡出子，出自不明者を含む到来者　(3) 農奴　の緩やかな3区分に統合し，全体の緊縛を進めたのである。[96]

　ウラルに冶金工場が定着し，労働力の世代が重ねられることにより，「職工・労務者 мастеровые и работные люди」とよばれる社会層が形成された。A. S.

チェルカソヴァによれば，職工・労務者の用語は，1）工場の実在の働き手，2）査察で数えられ工場に法的に緊縛された納税男性住民，の二通りに使われた。[97]

　工場生活の実際を観察する場合，前者の概念でこれをとらえることになるが，そうであっても，職工・労務者は多様な働き手，もしくは多面性を持った働き手からなっていた。というのは，ウラル冶金工場の歴史的な形成過程の中で，工場が一つの独立した村―工場村―の性格をもって成立し，その中に多様な工場住民が生活するようになったこと，労働の季節性がぬぐわれなかったこと，封建的身分制が自由なそして特化した働き手の創出を阻害したことが，独特の社会関係を生み出したからである。

　18世紀中期に，ネヴィヤンスキー工場の住民は7000人，ニジネ＝タギリスキーに3000人，レヴディンスキーに2000人，エゴシヒンスキーに1000人を数えた。[98]

　1702年3月4日のN. デミドフへのネヴィヤンスキー工場の譲渡命令にも，「労務者のため…草刈りの場所を工場の近くに与える」と定めた。[99]　馬が主要な交通手段だったからである。ウラル冶金工場は，はじめから農業と不可分であった。耕地は必ず設けられたが，その広さは地理的条件に制約された。

　耕作が工場仕事と対立する面があったのも事実である。Ak. デミドフはニジネ＝タギリスキー，ヴィイスキー工場の住民が耕作のために仕事を放棄するため，1740年5月4日，「耕作を撲滅すべし」と命じた。カムスキー工場がチェルヌイシェフ伯に譲渡された後，伯爵は耕作を禁じた。[100]　効果は不明である。

　職工・労務者層は，上下に分化するとともに，多様な社会的階層を内包した。ニジネ＝タギリスキー工場で，18世紀中期，少なくとも60家族（住民の15％）が商業に従事した。彼らは職工・労務者として補助労働に従事した。補助労働には季節労働が多く，その仕事で人頭税分を稼ぎ，彼らにとっての本業に戻ることができたのである。商業に従事する者の中には，1747年11月15日付チュメニ税関の記録に，キャフタからの商品1252ルーブリ85コペイカを扱った，ネヴィヤンスキー工場住民F. サモイロフ，1748年にキャフタからイルクーツ

クへ6000ルーブリの商品を送った，同工場のI. ゴリツィンのような者も現れ
た。
(101)

　労務者の中には，商業に従事し，自分の代わりに他者を「雇う」者も含まれ
た。1749年の，E. デミドフのへの報告に，彼のシャイタンスキー及びセルギ
ンスキー工場の編入農民の中には雇われ人に仕事をさせる者がある。彼らはク
ングルスキー郡に人を派遣して，官有村やストロガノフ伯の領地でそれらを雇
い，その雇われ人は工場にやって来て，点呼に際して代わりに仕事する雇い主
の名を呼ぶ…とあった。肩代わり「雇い」は公然と構造化されていたのである。
(102)

　N. I. パヴレンコの整理に従うと，18世紀前半におけるウラル及びシベリアの
冶金工場の設立は，以下のように進められた。ネヴィヤンスキー工場がデミド
フに譲渡され，他にも操業停止した工場があったので，1750年の段階で官有工
場22件，私有工場41件であった（表3-4）。（設立数と実在数との食違いがある。）
(103)

　この結果，ロシアの冶金業は構造的な転換を遂げた。1711年－1750年の期間，
ヨーロッパ・ロシアでは国家は1件も冶金工場を建設せず，同期間にウラルで
は20件を創建した。1739年の鉱業規則Берг-регламент以降，官有工場の私人
への譲渡が進められた。18世紀前半にロシアでは105件の水力利用の冶金工場
が建設された（ヨーロッパ・ロシアに40，ウラル及びシベリアに65）。18世紀中期
に稼働していた98件のうち，63件，64％がウラル及びシベリアに属した。ウラ
ルの製鉄業は，既に1740年代初めに，ヨーロッパ・ロシアの3倍の銑鉄を生産

表3-4　官有及び私有工場の設立趨勢

時期	官有工場	私有工場
1701-1710	5	—
1711-1720	—	2
1721-1730	8	13
1731-1740	11	13
1741-1750	1	12
計	25	40

していた。⁽¹⁰⁴⁾

第2節　地主＝貴族工業の特権強化とウラル製鉄・
　　　　冶金業の成熟

南ウラルへの展開と私有工場への重点移動

　1750年代を中心とするウラル冶金業の新たな段階は，南ウラルへの展開を伴った。

　南ウラルの起点をユルマ山にとると，中央部最南にクイシトゥイムスキー工場，南部最北にズラトウストフスキー工場が60kmの間隔で存在する。⁽¹⁰⁵⁾

　南ウラル－バシキリアーは先住民の居住地域であったから，ウラル冶金業の内外の矛盾を拡充することに繋がった。既に1735年，官有ヴォスクレセンスキー工場が建設されたが，バシキール人暴動により，操業開始することなく破壊された。同名の工場は，1745年前後，より水量豊富な立地にI.トゥヴェルドゥイシェフによって新たに建設された。政府は，1730年代から，オレンブルグ，タブインスク，ヴェルフネ＝ヤイックその他の後方基地を建設し，資源開発を支援した。⁽¹⁰⁶⁾

　バシキリアへの進出の拠点としてオレンブルグの建設，整備が進められた。

6584.　－1734年6月7日.　オレンブルグ市に対する特権.

12.　"あらゆる工場や作業所の自由な設立を，ロシア人であろうと他国人であろうとすべてに，市庁による許可と審査によって，とりわけ資材をそこで探索でき，それらの工場や作業所を市内に建設するために空地を求める者には，市庁から無料で永久に与える。…"⁽¹⁰⁷⁾

7876.　－1739年8月20日.　中将ウルソフ公爵への勅令.　－オレンブルグ市のクラスナヤ・ゴラへの移転について，廃止された都市のオルスカヤ要塞と命

名する件について；バシキール人の間での曹長，大尉，書記，百人隊長の選出について，非課税特権を与えない件について；メシチェリャークによるバシキール人から奪った土地のヤサーク支払いなしの所有について；メシチェリャーク，タタール，チュバシの特別村への移住について，大ロシア人と農民のオレンブルグへの移住を受入れ禁止する件について。[108]

　南ウラル，即ちバシキリアはロシア帝国の権力下に組み込まれる過程を経過しつつあった。住民は次第に臣民化され，権力の完全には及ばない限りで享受した自由を奪われた。その決定的契機は人頭税の賦課であった。ギリシャ正教の受容を梃とした「異教徒」の臣民化が進められ，わずかな一時的自由も局限された。

9379．－1747年3月11日．元老院令．－カザン県のタタール，チュヴァシ，チェレミス，モルドゥヴァ及び他の異教徒のギリシャ信仰告白の受入れによる徴税と義務について，及び既に被洗礼者の徴集に応じている場合に彼らを新兵徴募から免除する件について．
"命令：1.カザン県のタタール，チュヴァシ，チェレミス，モルドゥヴァの神聖なる洗礼の受入れにより，人頭税金及び他の税を，1743年の皇帝陛下の勅令に基づいて徴収すること，その際他の異教徒に必ず配分しモルドヴァその他の異教徒からマホメット教のタタールを区別せず，皇帝陛下の勅令を命ずるために，神聖なる洗礼の受入れにより人頭税及びその他の税を残りの非洗礼の異教徒全般から徴収すること；…"[109]

　1750年代は，18世紀を通じて最も私有冶金工場の創設の突出した時期となった。
　A. G. ラーシンが，1871年にN. コリュパノフが発表したデータに基づいて示すところでは，ペルミ県で1723年から1803年までの間に189件の私有冶金工

333

場が創設され，そのうち68件が1753-1763年に集中した。[110]

D. カシンツェフによると，1748-1751年の4年間に5件，1752年だけで5件，1752年から1762年にかけて55件，すなわち年平均5件の冶金工場が創設された。1763-1765年は計3件に低下した。[111]

調査範囲と工場範疇が一致しないため，集計結果の食い違いがあるが，1750年代から60年代にかけて，冶金工場創設の特異な時期となったことは確かである。

私人への工場譲渡に関する政府の方針は，既に1730年代から明確になっている。ここに譲渡の属人性から開始された政策が次第に一般化される過程を観察することができる。ただ，同時にこの時期に，製鉄・冶金業が定着し，制度化する段階において，専制の個人独裁に依存する弱点も顕著に現れた。

鉱業監督機構の統合が先行的に行われた。ベルグ＝コレギヤはマニュファクチュア＝コントーラとともに商務省（コンメルツ＝コレギヤ）に統合された。理由は統括によって無駄を省くためということであった。

5860. ―1731年10月8日．鉱山省とマニュファクチュア局の商務省との統合，および3部課への業務の分轄について．[112]

次いで，鉱業事業はゲネラル＝ベルグ＝ディレクトリウム（総合＝鉱業＝監督庁）に一本化され，その頂点にザクセン人，シェムブルグが任命され，異例の特権を享受することになった。V. N. タティシチェフは彼の下に服従することになったのである。また，この制度変更は鉱業規則（レグラメント，1739年3月3日）にも反映されていることが確認される。

7047. ―1736年9月4日．勅令．―旧ベルグ＝コレギヤ及びその他のコレギヤに優先してゲネラル＝ベルグ＝ディレクトリウムによる鉱業ならびに採鉱事業の管理を命ずる件について；鉱石探査または採鉱の適地の発見に対して顕彰

第3章　帝政の動揺と停滞構造の顕在化

する件について，またそのような申告者に採鉱工場の開設を許可する件について。

"全臣民に宣明する。ザクセン人オーベル＝ベルグ＝ガウプトマンにしてポーランド王国侍従たる シェムベルグ男爵は，我が皇帝にゲネラル＝ベルグ＝ディレクトルとして服務しており，其の者に我らはいと慈悲深く命じた：1. 鉱山と採鉱事業及び工場の管理を委任すること，したがってそれらはコンメルツ＝コレギヤから完全に切り離し，首長たるその指令の下特別な部局を設けること。2. 彼に委任された庁を今後ゲネラル＝ベルグ＝ディレクトリウムと称し，至高なる我が命令に直接従い，それ故旧ベルグ＝コレギヤその他のコレギヤの享有したすべての優越を有すること。3. 何となれば，件のゲネラル＝ベルグ＝ディレクトル，シェムベルグに，…国家のすべての鉱山，採鉱事業が委ねられた故に，4等文官タティシチェフには，これまで彼に委ねられたシベリアの工場に関して，またその他の工場についても同様にシェムベルグの管轄下となる。[113]"

　以下のシェムベルグに対する特権がベルグ＝レグラメントと同日に発せられたのは，偶然の一致とは言いがたい。

7767. ―1739年3月3日。総鉱山監督長クルト・アレクサンドル・シェムベルグに対する特権―ラプランドのルセニハ河畔とヴェルホトゥーリエのブラゴダートと呼ばれる山に見つけられた鉱石のための鉱山会社の設立について。[114]

8196. ―1740年8月8日。扶養のための私人への官有工場の譲渡について。
＜総鉱山監督長 Генерал-Берг-Директор シェムベルグの提案，3等文官 Тайный Советник タティシチェフによる工場割当表に基づく検討の結果＞
"1. もしも全工場を一括して進んで得ようとするそのような人々がいない場合，ある者がそれら工場から一部を別々に得ることを希望するとき，まさに表

明する，それら工場を別々に分けて一つの工場から一部を他の工場に編入することはならない。…表明し，その際保証する，それら工場を自由に永久に自ら所有し，もしくは自らの相続人一人または多数に譲渡できる。

2.. ＜…工場の譲渡希望者が複数いた場合＞建物，道具類，資材により多く支払う者に譲渡する…

3. それら工場に存在する編入農民は，そこで必要とされる適切な人数に振り分けられ，残余は県に返戻する；…

それら工場に編入された村落の農民はそこで彼らに課された人頭税と4グリブナに分離派税の分のみを稼得する…。…一年通して休みなく工場稼働するため，工場主たちは他の仕事を雇用や請負で行うよう努めなければならない；もしも雇われ人や請負人が見つからないか高額を希望するときには，…その工場の編入農民に仕事させることができるが，…税金額以上の余計の仕事には賃率表によって賃金を支払うことを命ずる…

＜小事の徴収につき税務庁 Камер-Коллегия の指導を受ける＞

酒の販売につき工場主は法令以上の値段をつけず適度な値段で売ること，…他の町や場所で売ってはならずその工場でのみ半ヴェドロー＊で売ること…

4. 教会を除く工場につき工場主は現在の価格で国庫に支払わなければならない。…

5. 新しい鉱業規則に従う鉄による10分の1の支払いと内国税は，割合による見積りでもって全ての高炉に掛けられる。

6. 鉄の製造所，その工場主をその鉄に検印し，それなしに販売してはならない。

7. ＜官営事業に用いる鉄の多様化と増加。どこでいかなる種類の鉄がどれほど必要か事前に知らせること。例えば，1742年につき1741年始めかそれ以前に知らせること。さすれば，工場主たちにはしかるべき時期の製造と納入につき改められる；…ゲネラル＝ベルグ＝ディレクトリウムは，そのような情報を受けて…官有，…私有，今後設立される工場の割当表を修理し，その工場でど

の種類の鉄と銑鉄をどれほど準備するか，どこへ差し向けるのが適するか，デ
ミドフにつき定められているごとく，納入の丸1年前もしくはそれより早く，
鉄の製造と発送につき工場主に遅滞なく知らせること；価格の決定に際して
は，ゲネラル＝ベルグ＝ディレクトリウムは国庫にも工場主にも損失の無きよ
う，検討しなければならない；"
⁽¹¹⁵⁾

　シェムベルグが鉱業管理の頂点に立った6年間はロシア製鉄冶金業にとって
損失以外の何ものでもなかった。最終的に次のような元老院報告が裁可され，
シェムベルグは解任され，鉱業管理はベルグ＝コレギヤの下に復帰した。

8543．－1742年4月7日．裁可された元老院報告．－ゲネラル＝ベルグ＝ディ
レクトリウムに替えて従前通りベルグ及びマヌファクトゥル＝コレギヤをそれ
ぞれ置く件について．
＜シェムベルグただ1人に鉱山，採鉱事業を委任した結果＞"国家の利益が結
果しなかっただけでなく，シェムベルグ自身が，受取った国庫の鉄に対して，
既に十分な期間が過ぎたにもかかわらず多額の負債があり，それ以外にも彼
シェムベルグに国庫から少なからぬ請求がありそのため支払い不能であると自
認して陛下に対して請願している…"
⁽¹¹⁶⁾

　回り道した私人への鉱業工場経営のシフトはこうして従前の軌道に回帰し
た。

8921．－1744年4月16日．元老院令．－タブインスキー製銅工場をシベリア
の商人トゥヴェルドゥイシェフに譲渡する件について，国庫との契約の締結に
ついて．－当該工場を私人の経営に委ねるにあたりベルグ＝コレギヤの定めた
則るべき条件を付則として．
"＜ベルグ＝コレギヤより元老院への報告。5等文官キリロフによりウファー

郡タブインスクに設立された≪不適格な негодный 製銅工場≫につきコレギヤにて検討した結果，私人への譲渡を有益と判断し，シベリアの商人I. トゥヴェルドゥイシェフが志願した。その者は探鉱の熱意あり，当工場の経営を熱望した。また，国庫の補助を望まず，タブインスキーの建設に徒に投じられた565ルーブリ79と3/4コペイカの支払い義務を負うた。オレンブルグ委員会は彼に期待する。…＞元老院命令：当該工場を定められた条件においてシムビルスクの商人イヴァン・トゥヴェルドゥイシェフに譲渡し，確実な保証ある契約を結ぶ…

ベルグ＝コレギヤの提案に従いタブインスク市の製銅工場を私人の経営に譲渡するに当たっての条件。

1. ＜発見された鉱石のために縦横250サージェンずつ割り当てる。＞
2. 精錬工場に対して，用地の広がり，地勢，自由度や工場，ダム，作業所その他建造物の大きさを勘案して500サージェン四方以上を割り当てなければならない。…敵対的攻撃に備えて，要塞化の規定に従い堡塁，柵，堀で補強すること。
3. 工場への森林の割り当てに関して1723年12月13日付け森林監督長への訓令第20条＜21条の誤り―Y.＞に書かれている：＜略＞…しかしかつてのシベリアの諸工場の管理者たちの信頼できる見方と注釈によると，そこでは建設や薪に適切な樹木はゆっくり生長し，そのため森林監督長訓令に従って割り当てたのでは工場には充分ではない，…それらが60年に達すれば，あるいは80年であれば工場にとって常に充分であろう：…≪伐採の原則について，境界区域から始めて工場（中央部）へと近づく≫このような規則により伐採とその質は当該森林においてすべて均等になるであろう。
4. 純銅1000プードごとに農家50戸，各戸に労務者4名ずつと計算し，彼らを能力と適性に応じて，住居，菜園，穀物建家と扶養のための耕地，森林用地，草刈場を付けて移住させるべく…
5. ＜1719年鉱山特典，1739年鉱業規則の適用＞

6. ＜不適切な立地に工場を建設してはならないこと＞

7. ＜銅鉱石の質については現在不明である；森林や農民の移住について割り当てすること。＞

8. 工場用地とそのための森林，耕地や草刈地の割り当ては空いている土地について，バシキール人の暴動がもうないであろう土地について検討される。…彼ら＜バシキール人－Y.＞の土地は極めて安価で少額で賃借りされる…

11. 10分の1税の勘定と徴収のために，工場主にコミッシヤから毎年紐綴じの封印された帳面を与え，それに宣誓の義務に従いあらゆる正確さで装入物ごとにпо шихтам，どれほど純銅が精錬されたか書き込み，その記録から報告を作成しそれらを年3回送り届ける；1年経過後年次報告を作成しそれらは書き付け帳とともに確認と証拠として10分の1税の銅とともに1年ごとに提出しなければならない，その銅はオレンブルクスカヤ・コミッシヤ事務所に工場の自前の荷馬車で2月初めに送り届けなければならない；…

12. 最初の時期に何らかの職工に不足があれば，それらに可能な限り，官有工場で需要がなければ，それらを援助されうるであろう，いずれ本来の経営に彼らは自らの職工・労務者を，契約でパスポート付きで雇い，法令により購入して，持つことになろう；購入や雇いの不足や見つからなかったり減っていく場合には，その工場から国家の利益や収益ある生産が見込まれるならば，然るべき理由による農民の編入を要求し検討することになろう。

13. ＜特典を与えられながら工場を増やさずただ経営するのみで，土地も農民も充分でありながら＞そこから国家に利益がなければ，すべてを法令により没収され，経営に力のある他の者にそれらを与えるであろう。

14. ＜工場の防備＞

15. ＜トゥヴェルドゥイシェフへの譲渡の確認＞

16. …オレンブルクの再分割以後各地で鉄，銅，その他の鉱石，鉱物が発見され，それらの生産と工場建設に価値がある，そしてそれに志願者があれば，鉱山特典とレグラメントに従い採掘と工場建設を上記の条件で許可するべき

である；"
(117)

　鉱山特典と鉱業規則（レグラメント）に基づく管理の徹底が指示された。特に、トゥヴェルドゥイシェフへの譲渡は後にポセッシア工場と認定される事例である。これに対する帝政国家の厳密な管理はゲンニン以来の定員規定の原則を拡大した作業工程に厳格に適用しようとするものであった。森林管理の原則の修正が行われていることも特徴的である。経験に基づいて1723年森林監督長への訓令を修正し樹木の適正な生長期間を25-30年から60-80年に延長して、即ち工場用林を年数分に分割し、均等に供給する指針が示された。この法令は、後に1753年10月13日付け元老院令にほとんどそのまま援用され、専ら私人によって新規工場建設を行う政策転換の基礎となった。

　工場の増加は労働力供給の問題を引き起こし、基準を超える編入農民を私有工場から返却させ、官有工場に回す方向で検討が進められた。

9954.　—1752年3月12日．—工場への編入者の数について；工場に購入された村に関する権利書への表示について；商人から官位に叙された工場主への村購入の不許可について．
元老院令："1）＜従前からの法令に基づいて＞…工場に購入された村についての鉱業並びにマニュファクチュア庁における審議によると…亡くなったヤコフ及びパンクラト・リューミン会社以外にはいかなる過剰も認められず…、更に農民を買い足すべく、要望に従って禁じない；それとともに…現今基準の全数の購入を工場主に強制すること無く、それら工場主の意思に全て任せる、というのは、元老院の報告に認められるごとく、多くの工場主は自らの工場を購入農民のみならず自由な雇われ人でもって操業し、彼らの中で現在も今後も、少なからぬ下賤な民に工場での雇いから利益があるであろう。　2）今後工場主に彼らの工場の拡張、操業のため両庁から村の購入許可を与えること、即ち…製鉄工場主に対しベルグ＝コレギヤの見解に従い、1734年3月23日付け

第3章　帝政の動揺と停滞構造の顕在化

アンナ・ヨアンノヴナ帝の署名によるシベリアの三等文官タティシチェフへの
訓令を基礎として，全ての水力高炉工場に対し，高炉1基につき100，2台のハ
ンマーに対しそれぞれ30戸，都合160，各戸に男性4人と仮定する；…製銅工
場につき，純銅1000プードの製錬に対して50戸もしくは男性200人，…
＜故ヤコフ及びパンクラト・リューミン会社の場合，基準に照らして1982人
の過剰であり，極めて多数である，…共同経営者がそれらの農民を利用するこ
とがなければ，1735年10月25日付け勅令により，その村を利用すべき希望者
に半年以内に売るものとする；共同出資者がそれら農民を売ることを欲せず，
人数の割合に準じた高炉とハンマーの工場を建てることを望むなら許可を与え
る…その期間に工場を建てないとき，1721年1月18日付け勅令並びに1723年
のレグラメント第17条により，厳しく処罰される…＞
3）＜各種織機数に応じた男性労働力数とそれとの比率として定められる女性
労働力数の規定。機械類に対して定められた基準を超えた工場への過剰労働
力の購入の禁止とそれに対する鉱山並びにマニュファクチュア庁の監視を規
定＞"[118]

　到来者の減少とそのために生じた労働力不足をめぐって，私有工場から官有
工場への剰余労働力の移転の問題が帝政にとっての大きなテーマとなった。帝
政は編入制度とポセッシア制に基づいて私有工場に介入したのである。

10131．－1753年8月12日．元老院令．－私有工場に編入農民の法定人数を残
す件について，工場主から剰余の官有農民を官有工場に没収する件について.
"＜元老院の受けた報告－1734年3月23日付けタティシチェフに対するアンナ・
ヨアンノヴナ帝の訓令にある私有工場への村の購入基準：製鉄工場に対して高
炉1基につき100戸，ハンマー1基に対して30戸，都合160戸（ハンマー2基と
して計算），1戸につき男性4名と看做す。製銅工場に対して純銅1000プードに
つき50戸，男性200人を基準とする。これにより私有工場の余剰人員を計算し

341

た。>1．故4等文官Ak. デミドフ子弟の製鉄工場－農民総数13606人，うち編入農民3630人，永久譲渡到来者2604人，その他の到来者と出自不明者4124人。高炉6基，ハンマー20基として剰余8806人。2．5等文官N. デミドフの工場－総数3091人，うち編入農民1768人，到来者及び出出自不明者265人。高炉3基，ハンマー11基として剰余571人。3．故Ak. デミドフの4製銅工場－総数3394人。うち編入農民2588人，到来者121人。剰余2971人。4．P. オソーキンの2工場－総数2467人，うち編入農民1552人，到来者431人。剰余228人。5．G. オソーキンの2工場－総数1514人，うち編入農民700人，到来者607人，剰余1324人。6．S. クラシリニコフの1工場－総数411人，うち編入農民368人，捕虜26人，剰余328人。7．S. イノゼムツォフの1工場－総数399人，うち編入タタール126人，直近の審査後留め置かれた者75人，剰余319人。8．K. ネボガトフ及びA. リトヴィノフの1工場－総数285人，うち編入農民275人，改宗バシキール人2人，剰余248人。9．I. マサロフの1工場－総数460人，うち編入農民384人，ヴャトカ県から放免された農民76人，剰余406人。以上の工場の農民25627人，そのうち編入官有地農民11391人，到来者その他8377人，被購入者5856人，上記のうちベルグ＝コレギヤの算定ではこれらの工場に8362人であるべきところ，剰余の人数は17265人である。…"[119]

　1753年8月12日付け法令に基づく18世紀中期の私有工場労働力の構成は第表3-5のごとくである。

　我々の集計に基づけば，到来者等8331人の労働力総数に対する比率は32.5%である。この数字は故Ak. デミドフの製鉄工場（到来者等6728人は労働力総数13606人の49.4%）によって引上げられている。これら7工場を除くと，到来者等1603人は労働力総数12021人の13.3%である。最も歴史の古いN. デミドフの工場を直接引き継いだアキンフィーの工場には設立当初からの到来者が蓄積されており，1730年代以降の到来者は激減したと思われる。これによって生じた労働力不足の問題に対する一つの対策が私有工場の剰余を官有工場に移すと

第3章　帝政の動揺と停滞構造の顕在化

表3-5　18世紀中期の私有工場の労働力構成

（単位：人）

私有工場	労働力総数	編入農民	到来者等	剰余人数
Ak. デミドフ子弟（製鉄）	13606	3630	6728	8806
N. デミドフ	3091	1768	265	571
Ak. デミドフ子弟（製銅）	3394	2588	121	2971
P. オソーキン	2467	1552	431	228
G. オソーキン	1514	700	607	1324
S. クラシリニコフ	411	368	26	328
S. イノゼムツォフ	399	126	75	319
K. ネボガトフ, A. リトヴィノフ	285	275	2	248
I. マサロフ	460	384	76	406
総　計	25627*	11391	8331**	15201***

* 本文も個別の集計も一致するが，編入官有地農民11391人，到来者その他8377人，被購入者5856人
を集計すると25624となる。
** 本文では8377人であるが個別に集計すると8331人である。
*** 本文では17265人とあるが個別に集計すると15201人である。
出典：Полное собрание законов Российской империи, с 1649 года. Том 13. 1749-1753. СПб., 1830.
стр. 882-883. より作成。

いう選択であったと考えられる。法令は以下のように規定した。
＜元老院令として以下を規定する＞：“1) それらの工場に，まず現在存する購
入された及び農奴の者達を定められた割合に算入すること，その上に審査に
従った編入者，出自不明者並びに非嫡出子すべてを，たとえ剰余があっても，
それら非嫡出子並びに出自不明者をその工場で人頭税に記入するために，彼ら
の代わりにそれら工場の経営者が人頭税を支払うこと。2) 算入に際して定数
に不足するときには，それら工場に編入された官有地農民から補充すること，
…残った編入官有地農民の代わりに，自前の農民を購入し，購入後それら編入
農民を工場から解放すること。3) その割合以上の私有工場からの剰余の官有
農民を官有工場に編入しなければならない。何故なら官有工場には少なからぬ
人員の不足があり，…官有工場は時とともに増加し多くの人員を要する…か

343

らである。"⁽¹²⁰⁾

　結果として成立した労働者総数25627人のうち編入官有地農民11391人
（44.4％），到来者等8377人（32.7％），被購入者5856人（22.9％）の構造であった。
　労働力不足に起因する政策の動揺は，結局，私有から官有への移転の形で当
面決着した。しかし法令の実効性は乏しかったといわれる。後に，常置労務者
に関する1807年3月15日付け法令のための財務大臣ヴァシリエフ伯爵の報告
の中で，これについて「農民たちは現在まで以前の状態で留まっている」と述
べられている。⁽¹²¹⁾
　南ウラルへの冶金業の展開を，国家は私人にゆだねた。1753年10月の指令で，
国家は南ウラルに官有工場を建設しないことを明らかにし，1754年5月25日付
け指令は鉱石探査と工場建設を何人にも開放した。⁽¹²²⁾

10141. ―1753年10月13日．元老院令．―オレンブルクスカヤ県における私
人のみによる製鉄及び製銅工場の設置と拡充について；オレンブルクスカヤ県
からベルグ＝コレギヤへの工場から国庫に納める税金の送付について，またそ
の金額のベルグ＝コレギヤから元老院への毎年の報告について．
　＜1744年4月16日付け元老院令等を根拠に，元老院令として＞"1734年6
月7日付けオレンブルグ市に与えられた…アンナ・ヨアンノヴナ帝の勅令の特
権を根拠として，製鉄及び製銅工場を，それを望み請願する私人のみによって
拡充することを命ずる，それら私有工場付きの土地，森林は…ベルグ＝コレ
ギヤの見解に記された基準＜1744年4月16日付け元老院令―Y.＞に則って割
当て，剰余はこれもベルグ＝コレギヤの見解を根拠に…取り上げ，他の志願
者に配分する…"⁽¹²³⁾

　1765年12月現在，エカテリンブルグ工場庁の下に，104の官有及び私有工場
が掌握されていた。1768年の元老院の記録には，120の冶金工場が確認され，

第3章　帝政の動揺と停滞構造の顕在化

表3-6　南ウラル冶金工場創設者と工場

創設者	身分	創設工場
I. トゥヴェルドゥイシェフとその兄弟及びI. ミャスニコフ	シンビルスクの商人	製鉄：ヴォスクレセンスキー，プレオブラジェンスキー，ヴェルホトゥルスキー，ボゴヤヴレンスキー，アルハンゲロゴロツキー 製銅：ベロレツキー，カタフ＝イヴァノフスキー，ウスチ＝カタフスキー，ユリュザンスキー，シムスキー，
M. ミャスニコフ	同上	製銅：ブラゴヴェシチェンスキー
グラゾフ	同上	製銅：ボゴスロフスキー
I. オソーキン	バラフナの商人	製銅：トロイツキー・ヴェルフニー及びニジニー，ウセニ＝イヴァノフスキー
クラシリニコフ兄弟	トゥーラの商人	製銅：アルハンゲリスキー
I. 及びM. マサロフ	トゥーラの商人＝鉄工場主	製鉄：イリヂンスキー，ズラトウストフスキー 製銅：カノ＝ニコリスキー
P. シュヴァロフ及び共同出資者K. マトゥヴェエフA. シュヴァロフ	伯爵八等官伯爵	製鉄：アヴジャノ＝ペトロフスキー・ヴェルフニー及びニジニー 製銅：ポクロフスキー
フォン＝シヴェルス	伯爵	製銅：ヴォズネセンスキー
ストロガノフ	伯爵	製鉄：サトゥキンスキー，アルチンスキー
ヤグジンスキー	伯爵	製銅：クルガンスキー
ルイチコフ	五等官	製銅：スパッスキー（イルニャンスキー）

注：アヴジャノ＝ペトロフスキー・ヴェルフニー工場には，トゥヴェルドゥイシェフが創設してシュ
　　ヴァロフに購入されたとの情報もある。
出典：Д. Кашинцев. История металлургии Урала. т. 1. М.,Л. 1939. стр. 123.

そのうち官有13（3採金場を含む），私有107工場であった。デミドフ家に30以
上の工場が属し，ストロガノフが12工場を所有した。オソーキン，ミャスニコ

345

フ，トゥルチャニノフ，ヴォロンツォフ，チェルヌイシェフらが主だった大工場主であった。確かに，国家は1750-60年代に1件の工場も建設しなかった。[124]

　しかし，この時期に自立的な資本がウラル冶金業に参入したと考えるのは早計である。

　1750年代を中心に南ウラルに進出した冶金工場の創設者は，表3-6のようにまとめられる。

　D. カシンツェフの評価によれば，創設者18人のうち，11人は商人，5人は"宮廷貴族の最も有力な"階層の代表，1人は"取るに足らないペテルブルグの役人"，1人は"オレンブルグの地方役人"だった。トゥヴェルドゥイシェフ，ミャスニコフのような何人かの商人は，毎年の数千ルーブリの食料の納入によって国庫と結びついていた。彼らは企業経営に直接携わった。ペテルブルグの高官は"共同経営者"や雇われ人を使った。[125]

　他方で，S. P. シーゴフは，1750年代に一連の官有工場が譲渡されたのは，"限られたエピソード"[126]だったとするが，やはりこれはそれ以上の意味を持つものだったといえよう。ピョートル期の官有工場譲渡は，国庫の負担を軽減するだけでなく，生産の拡大，管理の効率化を私人の経営に期待したものであったが，今回のそれに，そうした積極的な要素を見出すことはできないのであって，そのことによって，逆説的に，封建体制の弱点を表出したと看做せるからである。

　1754年ゴロブラゴダッキー工場群がエリザベータの成り上がり寵臣P. I. シュヴァロフ伯爵に譲渡された。以後，女帝の姻戚で大臣のM. L. ヴォロンツォフ伯爵にプイスコルスキー，モトヴィリヒンスキー，ヴィシムスキー，ヤゴシヒンスキー各製銅工場，その兄弟で陸軍大将R. L. ヴォロンツォフ伯爵にヴェルフネ＝イセッキー工場，侍従I. G. チェルヌイシェフ伯爵にユゴフスキー製銅工場群…このようにして短期間のうちに，24の官有工場のうち残ったのはカメンスキーとエカテリンブルクスキー工場のみであった。官有工場の高官達への譲渡は，実際上なんらの支払いも伴わず，国庫への債務を増やしただけであり，杜撰な経営ののち多くは増加した債務とともに再び国庫に戻るか，他の経

営者，例えばサッヴァ・ヤコヴレフの手に移った。[127]

　1750年代のいわば「上からの私有化」において，貴族＝高官工場主達はウラル冶金業の特質をいっそう強化した。当時のロシア支配層の恣意的政治と縁故主義が，帝政国家とウラル私有冶金企業との相互依存の基盤であったことが表現された。アンナ・ヨアンノヴナ（在位1730-40）時代の属人的政治手法はエリザヴェータ（在位1741-62）時代に更に大規模に繰り返され，同じように失敗に終わったのである。

　最大限の特権・優遇が貴族＝私有工場主に与えられた。P. I. シュヴァロフ伯爵，I. G. チェルヌイシェフ伯爵，K. E. シヴェルス男爵らには，徴兵基準を超えて家族ごとあるいはほとんど村ごと編入農民を移住させ，常勤の仕事に用いる権利を与えられた。P. I. シュヴァロフは，1754年に，建設中のアヴジャノ＝ペトロフスキーの2工場に5411人の男性編入農民を得た。[128]

　1757年には，私有工場主にも編入農民から徒弟を徴募し工場周辺に移住させることが許された。この権利は活発に利用され，チェルヌイシェフ伯爵のアンニンスキー工場には1761年，チェルドゥインスキー郡の農民274名が徒弟として移された。アヴジャノ＝ペトロフスキー工場の編入村は，毎年の移住によって1754年から60年代初めまでに992人の登録者数を失った。[129]

　エリザヴェータ・ペトロヴナの代に，ウラル官有工場の編入農民は15千人（男性）に減少し，一方，私有工場には約100千人を数えたとされる。[130]

　「下からの私有化」も，商人層の参入であったから，土地，森林，労働力の国庫補助を受けるポセッシア工場の増加に他ならなかった。

　このように，農民の負担は南ウラルへの私有工場の進出によって一層過重となった。というのは，人口希薄な地域での労働力需要により編入の規模と範囲が拡大されたからである。特に負荷を蒙ったのは，カザン県の南東部，ヴャトカ河流域とヴォログダ県の一部を含む地域であった。そこから，農民達は400-750km離れた南ウラルやカマ流域（シュヴァロフのヴォトゥキンスキー，イジェフスキー工場），北ウラル（ポホジャシンの工場群）へと編入された。そのための

徒歩移動が30-45日を要し，しばしば春夏の農作業を阻害した。冬期の再度の移動も稀ではなかった。こうして彼らの負担はロシア中央部を超える週4日の賦役（216日）にも値したのである。編入の「技術」進歩，即ち，最も壮健な農民を選択的に編入することによって，残された村の負担する国家納税義務は更に加重された。[131]

　1754年には，事実上行われていた人頭税額を超える編入農民の工場労働が制度化された。ウラルでも他のロシア地域でも，工場主は人頭税額以上の労働を農民に求めることが承認されたのである。限度は定められなかったが，概ね，従来の2-2.5ヵ月の労働から，工場労働が拡充されて，移動期間を除外して，農業と工場労働との比率は，2：1となった。[132]

　しかし，一方的な工場主の要求の受容は編入農民の反発を高めるほかなかった。頻発する農民の不服従に関して帝政はA. ヴャゼムスキー公爵に調査・報告を求めた。1763年4月9日付けベルグ＝コレギヤ宛勅命のなかで，ヴャゼムスキー公の報告は一連の騒擾の直接的原因を次のように分析した：

　"1）＜農民の工場への編入は不公平に行われ，村ごとではなく＞仕事に適した者ばかり選ばれ，そこから大きな不公平と負担が生まれる…2）耕作のための日数から工場仕事への割当がなされ，…農民にとって最大の重荷が生じる。3）＜税金はあまりに重く，徒歩でも馬持ちでも課された日数のうちにそれを稼ぐことができない。＞4）ベルグ＝コレギヤに定められた農民の給与は，査察で記された全員の人頭税に算入され，等しく仕事に向いた編入農民だけで，布令の規定に従って，何日で終えられるか：それ故シュヴァロフ公のイジェフスキー及びヴォトゥキンスキー工場で大きな不公平と農民に不都合な重荷と零落が生じた。5）その上イジェフスキー及びヴォトゥキンスキー工場の編入農民の居住は400ヴェルスタの遠隔にもなっており，そのような遠隔地から労務者を呼び寄せることで，年間多大な時間が失われる…

　＜そのような状況の中で悪巧みや法令の誤解が生まれ＞　農民達は，無邪気

第3章　帝政の動揺と停滞構造の顕在化

な庶民простой народであって，あれこれを軽率に信じ，不従順に到るのみならず，あれこれの暴動にまで行き着いた。

　＜シュヴァロフ公のイジェフスキー及びヴォトゥキンスキー工場に関して検討した法制を＞2つの工場だけでなく他のすべての工場主にも添付された説明書とともに複製を与えること，それは彼らに報知としてだけでなく有益な法制ともなるであろう…"[(133)]

　以下，次のように具体的に適用される規定と布令価格に基づく人頭税稼得の解説が示された。

"故総元帥シュヴァロフ公のイジェフスキー及びヴォトゥキンスキー工場に与えられた法制：
1.　編入農民を，能力とハンマー数に応じて，百人組сотняを分割せず，…配分された工場でのみ働くこと…ただ，極めて必要な場合には，彼らを他の工場に移籍し，布令の規定に従い，1日につき夏季には徒歩に5コペイカ，馬付きに10コペイカずつ，冬季には徒歩に4コペイカ，馬付きには6コペイカずつ支払う。
2.　旧査察において労務者数に記された死者と老齢者の代わりに成長した若者の中から選定し，イジェフスキー工場に配分する＜ただし当工場は建設途上であるので3分割し4ヵ月ごとに交代して割当の季節をずらして行く＞…＜工場が完成したのち，ヴォトゥキンスキー工場と同様に＞年間の作業量を計算し百人組の各人に分割する：即ち，各組がどのような材料を年間に準備し銑鉄，鉄，木炭を運ばなければならないか，更に，徒歩と馬付きの労務者がどれほど必要か，夏季と冬季に工場に供給し，上記仕事の割当による材料準備の布令価格を算定する…そして工場仕事がいかようにしても止まらぬようにする。そして工場管理者には彼らが稼ぐべき人頭税分以上の仕事を農民に決して課さぬよう堅く確認するものである。

349

3. ＜毎年百人組において2-3名のスターロスタ＊と2名の書記писчикを選出する。＞彼らにより民衆народの間の争いを審査し，…特に合意できない事案はミールによって決する。

4. ＜管理者による圧迫や給与の遅滞に対してはミールから裁判機関に嘆願すること。＞

5. ＜嘆願者にはいかなる圧迫もしてはならない。＞

6. ＜百人組長сотские，スターロスタ，代表выборные，書記の年度ごとの選出について＞

7. …百人組長，スターロスタ，代表は毎年課された仕事を不足なくやり遂げるよう農民達を勤勉に監視し，完遂までやり遂げさせること。…誰かが病気や何らかの出来事のために課された仕事を完遂できない時は，百人組全体で補いあうこと。"

"故総元帥シュヴァロフ公のイジェフスキー及びヴォトゥキンスキー工場での作業に関する解説：

ベルグ＝コレギヤの法制によれば，工場への編入村の人頭税はそれら工場での工場仕事でもって，仕事に適すると記された者のみで各人に等しい支払いで，人頭調査で定められたすべての頭数分を稼がなければならない。布令規定により，夏季，即ち4月1日から10月1日まで，徒歩に5コペイカ，馬付きに10コペイカ；冬季，10月1日から4月1日まで，徒歩に4コペイカ，馬付きに6コペイカとする。

＜故総元帥シュヴァロフ公のカメンスキー工場の編入村は直近の査察で15,219人の人頭であって，…現行の税額1ルーブリ70コペイカに従うと25,872ルーブリ30コペイカを編入適合者4160人で稼がなければならず，労務者1人当たり…新規税額で6ルーブリ22コペイカ稼ぐことになる。＞

炭焼きと暖房のための薪伐りは3月25日から5月1日まで都合36日；堆積み，芝覆い，炭焼き，堆崩し，鉱石採掘と焙焼に6月1日から7月10日まで都合40日；期限までに終えられなかった場合には9月15日から11月1日まで都合46日働

き終え，総計122日となる；布令規定に則り夏季21日，冬季101日となる。そ
のうち祝休日が冬季3日，夏季19日含まれ給与支払いは冬季18日，夏季82日，
計100日である。その間徒歩労務者は上記条件で4ルーブリ82コペイカ稼ぎ，
新規税額＜不在者分を含む1人当たり—Y.＞に1ルーブリ21と1/3コペイカ不
足となる。馬付きはダムへの土運びに6月1日から7月10日まで40日間，祝祭
日7日を除き3ルーブリ30コペイカ稼ぐ；これは新規税額に2ルーブリ1と1/3
コペイカ不足となる。

　更にヴォトゥキンスキー，イジェフスキー工場への編入農民の居住は最も遠
いものが400ヴェルスタ離れており…＜工場まで—Y.＞少なくとも7日要する。
…年に仕事なしの歩行に42日＜3往復として—Y.＞費やし，より重要なことは
その間主要な農作業が行われるので多くを，時には春蒔き穀物や草刈りの適期
を失い，更に稼がれない人頭税の額が残される…”[(134)]＊グループの長，班長

　以上のように，1763年4月9日付け勅命は，1) 帝政が編入農民の管理を通じ
て官有及びポセッシア工場に対する管理を徹底させていたこと，それが実際の
具体的な指令によって行われていたことを証明するものである。2) 帝政は編
入農民の相次ぐ不満表明に悩まされ，調査を行って実態把握に努めたが，対策
は編入農民の工場労働が人頭税分に限定されることを再確認するに留まった。
3) こうして抜本的な改善には踏み込めず，編入制度の枠内で1724年の布令価
格の適用から抜け出ることはできなかった。編入制度の下で農民の人頭税負担
が過重であることは認識されていたが，対策は復古に留まり，制度的矛盾の解
決は先送りされた。

トゥヴェルドゥイシェフ＝ミャスニコフの貴族化
　バシキリアを中心に，1740年代から官有工場の譲渡を足がかりに旺盛な冶金
業経営を展開したトゥヴェルドゥイシェフ，ミャスニコフも，商人から貴族へ
と上昇した典型的な事例を提供する。S. クルバフティンの叙述に依拠してこ

351

れを示す。

　シムビルスクの商人トゥヴェルドゥイシェフとミャスニコフが南ウラルで最も繁栄した。I. S. ミャスニコフはトゥヴェルドゥイシェフの妹を妻にした。30-35年間に彼らはバシキリヤの南部，中部に6製銅，8製鉄工場を建設した。彼らはその他に2件の補助工場を建設し，1768年，F. I. ジュラヴレフからポクロフスキー製銅工場を買い取った。

　トゥヴェルドゥイシェフ，ミャスニコフは製銅の分野で特に成功し，彼らの工場は18世紀の全ロシアの銅生産の約1/3を生産した。

　I. B. トゥヴェルドゥイシェフ，I. S. ミャスニコフは，1758年5月7日，元老院令により人頭税を免除された。1758年9月，八等官 коллежский асессор に任じられた，即ち，世襲貴族の地位を得た。

　Ya. B. トゥヴェルドゥイシェフはバシキリアの実業界に幅広い交遊を築き，オレンブルグの商人クラシェニンニコフの娘ナタリヤ・クジミニチナを妻とし，娘タチヤナを得た。タチヤナはG. I. ビビコフに嫁いでプレオブラジェンスキー工場を相続したが，子を得ずに亡くなった。Ya. B. トゥヴェルドゥイシェフは1783年に亡くなり，同年，G. I. ビビコフはプレオブラジェンスキー工場をD. K. クラシェニンニコフに売却した。工場は1789年，200千ルーブリでモスクワの有力者P. M. グシャトニコフの手に移った。

　第2代で子を得なかったトゥヴェルドゥイシェフに対して，ミャスニコフは，多くの女系家族を展開し，中央の政治・経済・社交界において重要な役割を果たした。

　I. S. ミャスニコフは4人の娘を得た：イリーナ，ダーリヤ，アグラフェナ，エカテリーナ。

　ミャスニコフは1783年に死去し，全工場はいったんYa. B. トゥヴェルドゥイシェフが引き継いだが，4姉妹が返還を要求し，争いになった。結局工場群は返還され，分割された。イリーナ（ベケトヴァ）：ボゴヤヴレンスキー，ヴェルフニー及びニジニー＝シムスキー。ダーリヤ（パシコヴァ）：ヴォスクレセン

スキー，ベロツキー。アグラフェナ（ドゥラソヴァ）：ヴェルホトルスキー，ユリュザンスキー。エカテリーナ（コジツカヤ）：アルハンゲリスキー，カタフ＝イヴァノフスキー，ウスチ＝カタフスキー。

　ミャスニコフの第2代イリーナ，ダーリヤ，アグラフェナ，エカテリーナから第3代以降はそれぞれ以下のようである。

　I. S. ミャスニコフの長女イリーナは陸軍大佐ピョートル・アファナシエヴィチ・ベケトフに嫁ぐ。ボゴヤヴレンスキー製銅工場，ヴェルフネ＝シムスキー高炉・製銅工場，ニジネ＝シムスキー鍛造工場を相続した。ボゴヤヴレンスキー工場は1834年，A. V. パシコフによって購入され，1917年までその子孫によって所有された。

　イリーナとP. A. ベケトフとの一人娘エカテリーナ・ペトロヴナ（第3代）はセルゲイ・S. クシュニコフに嫁ぐ。ベケトフ家の一人ニキタ・アファナシエヴィチ・ベケトフはエリザベータ・ペトロヴナ女帝に見出されてその寵臣となる。7年戦争に積極的に参加して，1762年，ピョートルIII世により少将に，1771年には中将に昇進した。

　エカテリーナ・ペトロヴナ・ベケトヴァとS. S. クシニコフとは2人の娘（第4代）を儲けた：ソフィヤ，エリザヴェータ。ソフィヤ・セルゲエヴナはドミトリー・ガヴリロヴィチ・ビビコフ（1792-1870，歩兵大将，元老院）に嫁いだ。エリザヴェータ・セルゲエヴナはニコライ・マルトゥイノヴィチ・シピャーギン（少将）に嫁いだ。

　I. S. ミャスニコフの次女ダーリヤは常備軍将校アレクサンドル・イリイチ・パシコフに嫁いだ。彼は裕福で，タムボフ県に広大な土地，モスクワに有名な「ドム・パシコヴイフ」を所有した。しかし，ダーリヤは更に裕福で，ヴォスクレセンスキー製銅，ベロレツキー高炉＝鍛造工場，広大な領地と19千人の農奴を相続した。

　アレクサンドルとダーリヤは3人の息子（第3代）をもうけたが，末子アレクセイがタムボフ県の土地，「ドム・パシコヴイフ」を含む大きな財産を手に入

れた。

　長子イヴァンはベロレッキー工場を相続した。彼は1834年に死去し，母ダーリヤ・イヴァノヴナが創立して遺したティルリャンスキー鍛造工場とベロレッキー工場とは，親族の争いの元となった。

　次子ヴァシリーはヴォスクレセンスキー工場を得た。彼はトルストイ伯爵の娘エカテリーナ・アレクサンドロヴナを嫁とした。ヴォスクレセンスキー工場は彼らの3人の息子のうち，ミハイルが相続した。

　ミハイル・ヴァシリエヴィチ・パシコフ（第4代，中将）は非凡な人物で，海外貿易相など，政府の高い地位に就いた。彼はマリヤ・トゥロフィモヴナ・バラノヴァとの結婚によって更に地位を固めた。彼は妻の兄弟を通じてアレクサンドルⅡ世の側近となった。

　M. V. パシコフは工場農民を過酷に搾取し，A. I. ゲルツェンに厳しく批判された。1846年にはプレオブラジェンスキー製銅工場を手に入れた。

　M. V. パシコフは1863年，パリで死去した。彼は息子ニコライと6人の娘（第5代）を遺した。長女アレクサンドラは2等官V. V. アプラクシン，4女マリヤは公爵V. D. ゴリツィン，6女オリガはN. N. ブトゥルリンに嫁ぎ，大貴族諸家系との関係を広げた。

　M. V. パシコフの子女（第5代）によって相続されたヴォスクレセンスキー及びプレオブラジェンスキー工場は，1870年，イギリスの≪プログデン，レボック会社≫に850千ルーブリで売却された。新会社は大きな設備投資を行い生産力を強化したが，資源を消耗し，銅生産を縮小した。そのため両工場はオークションにかけられた。1891年，M. V. パシコフの甥，ヴァシリー・アレクサンドロヴィチ・パシコフが両工場を買い取った。ヴァシリーはヴォスクレセンスキー工場に高炉を建設し，製鉄工場に変更した。

　ヴァシリーとエカテリーナの息子アレクサンドル・V. パシコフは1831年，ドゥラソフからボゴヤヴレンスキー製銅工場を購入した。その子ヴァシリー・アレクサンドロヴィチは同工場を相続した他に，子のなかったイヴァン・ヴァ

シリエヴィチからヴェルホトルスキー工場を相続した。V. A. パシコフは宗教家としても知られている。

　I. S. ミャスニコフの3女アグラフェナ・イヴァノヴナは准将アレクセイ・ニコラエヴィチ・ドゥラソフに嫁いだ。彼女はヴェルホトゥルスキー製銅，ユリュザニ＝イヴァノフスキー高炉＝鍛造工場を相続した。A. N. ドゥラソフは神話的な富裕者だった。アグラフェナは1803年死去し，ヴェルホトゥルスキー工場は息子のニコライ・アレクサンドロヴィチ（第3代）に相続された。N. A. ドゥラソフは熱狂的なトランプ遊びで，所有地を抵当に入れていた。そのため，叔母のダリヤ・イヴァノヴァ・パシコヴァ（I. S. ミャスニコフの次女）は1804年，ヴェルホトゥルスキー工場を付属地とともに買い取った。その後，アグラフェナ・I. ドゥラソヴァ（I. S. ミャスニコフの3女）の死後，ヴェルホトゥルスキー工場はパシコフ家の手に移った。

　I. S. ミャスニコフの末娘エカテリーナは，姉たちが密かに旧教を保持したのに対して正教を受入れ，首都の上流社会に溶け込んだ。彼女はオルロフ兄弟の引きでグリゴリー・ヴァシリエヴィチ・コジツキーと結婚し，エカテリーナII世の宮廷界に加わった。G. V. コジツキーは旧い家柄の出で，啓蒙的専制君主の成立に役割を果たしたが，1773年7月10日，宮内官の職を解かれ，後に自傷して亡くなった。エカテリーナ・イヴァノヴナは夫の死を乗り越えて社交界で活躍した。彼女は父からアルハンゲリスキー製銅，カタフ＝イヴァノフスキー高炉・鍛造，ウスチ＝カタフスキー鍛造工場と広大な土地，19千人の農奴を相続した。

　エカテリーナ・イヴァノヴナは娘たちの華麗な結婚を成功させた。

　末娘アンナ（第3代）は，寡男のアレクサンドル・ミハイロヴィチ・ベロセリスキー公爵（1752-1809）に嫁いだ。ベロセリスキーは良い教育を受け，文化人として上流社会で活躍した。1799年，パーヴェルI世に＜ベロゼリスキー＞の称号を与えられた。最初の結婚の末娘ジナイダ・アレクサンドロヴナは継母アンナに育てられ，良い教育を受けた。1810年，狩猟長官ニキタ・グリゴリエヴィ

チ・ヴォルコンスキーに嫁いだ。1810-1817年，ヨーロッパに滞在中，ジナイダ・アレクサンドロヴナは舞台，音楽で大きな成功を収めた。帰国後，歴史の研究，小説執筆その他幅広い活動にいそしみ，文化人を周囲に集めた。1825年12月，デカブリストの事件は親族，友人を巻き込んだ。ジナイダ・アレクサンドロヴナはニコライⅠ世の許しを得て海外に出，ローマで1862年，亡くなった。

アレクサンドル・ミハイロヴィチ・ベロセリスキー＝ベロゼルスキーとアンナ・グリゴリエヴナとの間には，1男2女（第4代）が生まれた：エスペル（A. Kh. ベンケンドルフ伯爵の継娘エレーナ・パヴロヴナ・ビビコヴァを娶る），エカテリーナ（イヴァン・オヌフリエヴィチ・スホザネトに嫁ぐ），エリザヴェータ（A. I. チェルヌイシェフ公爵に嫁ぐ）。

アンナ・グリゴエヴナ（A. M. ベロセリスキー夫人）は，母からカタフ・イヴァノフスキー及びウスチ・カタフスキー工場を相続し，更に，Ya. B. トゥヴェルドゥイシェフによって建設されA. I. ドゥラソヴァ，N. A. ドゥラソフへと相続されたミンスキー鍛造工場とその主工場ユリュザンスキー高炉・鍛造工場とを1815年に購入した。

ユリュザンスキー及びミンスキー工場は長女エカテリーナ・アレクサンドロヴナ（ベロセリスカヤ＝ベロゼルスカヤ）の手に移り，彼女はI. O. スホザネトに嫁いだ。彼はポーランドの貴族出身で，ロシア軍に勤務した。1825年には皇帝側につき，軍功によりニコライⅠ世によって侍従武官長，軍アカデミー長に任ぜられた。工場農民に対するI. O. スホザネトの無慈悲は雑誌＜コロコル＞でしばしば批判された。

ミンスキー工場は1879年に停止し，ユリュザンスキー工場はアレクサンドル・イヴァノヴィチ・スホザネト（第5代）に相続された。カタフ・イヴァノフスキー及びウスチ・カタフスキー工場はアンナ・グリゴリエヴナの死後エスペル・アレクサンドロヴィチ（第4代）に相続された。

E. I. 及びG. V. コジツキーの長女アレクサンドラ（第3代）（1772-1850）は長く

結婚できなかったが，パーヴェルI世の仲介によってフランス人移民イヴァン・ステパノヴィチ（ジャン・フランソワ）・ラーヴァリ（1761-1846）に嫁いだ。アレクサンドラはアルハンゲリスキー製銅工場と2200人の農奴を含む莫大な財産を持参した。

アレクサンドラ・グリゴリエヴナ・ラーヴァリは社交界の中心となり，1850年に亡くなった。アレクサンドラは1男（ヴラジーミル）4女（エカテリーナ，ジナイダ，ソフィヤ，アレクサンドラ）（第4代）を得た。

ヴラジーミルは1825年自死した。

エカテリーナ（1802-1854）は1825年，セルゲイ・ペトロヴィチ・トゥルベツコイ公爵（1790-1860）に嫁ぎ，デカブリストとしてシベリアに送られた夫とともに，27年暮らし，1854年に亡くなった。

ジナイダは1823年，リュドヴィグ・レプツェリテルン伯爵と結婚。詳細不詳。

ソフィヤ（1809-1871）は1833年，アレクサンドル・ミハイロヴィチ・ボルフ伯爵に嫁ぐ。ボルフ家は零落し，アレクサンドルII世に支援を乞うたが叶わなかった。ソフィヤの生前に負債は1百万ルーブリに上ったとされる。

アレクサンドラ（1811-1886）は1829年，2等官スタニスラフ・オシポヴィチ・コッサコフスキー伯爵（1795-1872）に嫁ぐ。S. O. コッサコフスキーはロシア帝政の最上層に上り詰めた。母の死後，アルハンゲリスキー製銅工場はアレクサンドラに相続され，その後，子のスタニスラフ・スタニスラヴォヴィチ・コッサコフスキー（第5代）の手に移ったが，急速に破綻し，1891年に停止した。[135]

職工・労務者層の多様化と隷属

18世紀後半から末にかけても，ウラルの製鉄業は高い評価を維持した。国外からの評価によると，シベリア（つまりウラル）の工場主たちは，「一部イギリス人技師の助けを借りて，高炉を経験にもとずく最新の原理によって改造した。非常に大がかりに，合理的に行われ，その結果，シベリアの高炉はそれまでに建てられたうちで最大最良の木炭高炉となり，1基当りの生産能力で，す

べての，イギリスの高炉さえはるかに追いこした。それらは水車運転のシリンダー送風機で動かされ，シベリアの製鉄設備は世界の模範とされ，特にロシアの枢密顧問官となったHermannは，これを文章や図面でドイツの製鉄人たちに知らせた。シベリアの高炉は，高さが35-45フィート（10.50m − 12.96m），炉腹径12-13フィート（3.6-3.9m），6台のシリンダー送風機をもち，週に2000-3000Ctr.を生産した。当時のイギリスの最大のコークス炉でさえ達せられなかった能力である。」[136]

　こうした産出は多様化した職工・労務者の隷属に基づく労働がもたらしたのである。

　1756年におけるウラル私有製鉄工場の労働力構成は以下のようであった（表3-7）。

　ここに見る数字は実在労働力数ではない。また，「自発雇い」の捕捉も限られている。ただ，工場外労働のために農民を多く確保しなければならない事情について，N. N. デミドフの1756年11月22日付け報告がよい説明となる。即ち，カスリンスキー工場において，官有地編入農民が539人いるが，彼らを炭焼き用木材伐採に使用できるのは人頭税分に限り，それを超える部分のためには自己所有農民を以て当てなければならないということである。[137]

表3-7　1756年におけるウラル私有製鉄工場の労働力構成

（単位：人）

工場	工場数	登録男性人数				自発雇い
		職工・労務者	自己所有・購入農民	官有編入農民	小計	
A. N. デミドフ	13	6733	3562	4277	14572	―
N. N. デミドフ	4	625	1378	1768	3711	―
その他	9	192	5514	1920	7626	150-250
	26	7550	10454	7965	25969	150-250

注：S. G. ストゥルミリンは自発雇いを「自由雇用」と理解するが，これは個人の見解である。
出典：С. Г. Струмилин. Избранное произведение. История черной металлургии в СССР. М., 1967. стр. 293.

第3章　帝政の動揺と停滞構造の顕在化

当時の記録の中で，いわゆる工場外労働者と工場労働者とはしばしば混同された。N. N. デミドフの4工場に，1756年，職工の項に譲渡されたもの625人と自己所有のもの1378人が数えられたが，そのうち600人は労働不適であり，残りのうち555人だけが「職工」，他のものは「単純工場仕事」とされたが実際には工場外の補助労働に就いていた。[138]

既に見たように，1746-1748年に於けるデミドフのニジネ＝タギリスキー工場での調査が，工場労働力による炭焼き作業への従事を示していた。ウラル冶金業の定着と成熟が工場を独立の工場村として成立させ―鉱区制―，工場住民の再生産と更なる流入によって非熟練労働力が供給されたことにより，従来編入農民が担った作業にも工場労働力が用いられたものである。

1745年，アキンフィーが没して，ウラルのデミドフ家は第3世代に入っていた。

更に，工場労働と工場外労働の区別のあいまいさは，当時の工場労働観自体のあいまいさを表わしていると思われる。同時に，鉱区制の下での工場労働の実態がその認識の基礎にあったと考えなければならない。製鉄業の確立・発展の過程で，職工階層の再生産が行われるとともに，農民出身者の中から職工になる者も現れるが，他方で，労働力不足に促迫されて増加した譲渡および購入農民の強制的労働力は不満を蓄積しやすく，労働過程の不安定が常態となる。そのため労働人員は常に流動的であった。また，一つの工程に「雇い」労働と強制労働が混在し，前者には自己所有農民の工場外労働，季節労働も含まれる。木炭製鉄の技術的制約が工場外労働を工場稼働の不可分の一部に組み込んでいた。鉱石採取，木炭製造から銑鉄生産，精銑までが不可分の工程となっており，それゆえに「鉱区」の一体性が明瞭であった。その上で，特に私有工場では，工場労働力も工場外労働に用いられた。大土地所有のもとでの工場住民の生活の存立が，工場仕事と農業とを分かちがたいものにした。これが，これ以後20世紀に入っても，職工に対する土地分与要求が発想される根源である。

1750-60年代に政府の命令によりシュヴァロフ，シヴェルス（南ウラル），チェ

ルヌイシェフ（プリカミエ）の工場に編入された農民には，土地分与が予定され
たが，これは十分には実行されなかった。こうしたことも住民の不満の原因と
なった。[139]

　1739年3月3日のレグラメント（鉱業規則）により，すべての工場で，工場で
用いる用具，材料，食糧等の製造・搬入を非課税とした。1760年代に，工場
内の小営業に課税する動きが起こったとき，広範な反対が表明された。1765
年には，工場内の商店，鍛冶場には課税しないと定められた。工場住民のこう
した手工業は，住民の需要を満たしただけでなく，工場自身にとっての必要を
満たした。それゆえ，例えば，1762年に，N. A. デミドフからのニジネ＝タギ
リスキー工場事務への指示には，"外で商いする"住民にはパスポートを発行
するよう記されたのである。[140]

　こうしてウラル冶金業に構造化された工場内小営業者は，自らを工場仕事か
ら解放するため，肩代わりを雇った。

　S. G. ストゥルミリンによると，18世紀後半においても，「雇い労働」の地位
に変化は見られない。但し，それらが記録に表れることは少なく，特に官有工
場において全く見られない。しかし，1758年以降私人に譲渡された官有10工
場では職工，労務者中に半数近くの人頭税を免れている者，即ち他所からの到
来者が確認される以上，帝政国家のもとに残った製鉄工場においても状況が同
じであったと考えるのが合理的である。[141]

　ストロガノフ，ゴリツインの世襲領地工場においても，「雇い」が利用され
ていた。1767年に始まった鉱石採取には500人に上る労務者が"主に雇い労働
力によって"賄われ，100人に上る"補助的工場仕事"にも彼らが用いられた。
自己所有農奴の「雇い」が優先されたのは，彼らの方が従順だったからであ
る。[142]

　ウラル最大の私企業であった，Ak. デミドフの子弟の諸工場でも，1756, 64
年の報告には雇い労働の記述はない。しかし，ネヴィヤンスキー工場の1768
年3月13日付け契約には，359人のデミドフの農奴との通年雇いが確認される。

第3章　帝政の動揺と停滞構造の顕在化

その他に，726人の農民が，同年5月1日から11月1日の間6-8コペイカの日払で970千プードの鉱石を掘り，焙焼した。5月には，116千プードの鉱石を870ルーブリで請け負う出来高払い契約も農民との間で結ばれている。これらの契約に，"強制ではなく自由意志で"と付記されるのは，ピョートル時代と変わらない。S. G. ストゥルミリンによると，38工場に21千人のそのような「雇い」労働が確認される。[143]

　ストゥルミリンの議論の主対象は，ピョートル期の工場労働の「雇い」から18世紀後半の工場外労働の「雇い」へとシフトされている。

　重ねて確認することになるが，18世紀後半のウラル鉱業・製鉄業においては，封建体制の強化の過程で，私有工場主達の地主・貴族化が進んだ。職工階層の再生産は認められるが，彼らの基本的な不足のもとで，地主・貴族工場主達は自己所有農民を中心に労働力を調達した。農民達は主として補助的な工場仕事や工場外の諸労働に従事した。彼らを，「自発雇い」として「契約」した形式をもって，実質的に「資本主義的な雇用」と見なすことは，過誤である。前述のように，自己所有農民の方が従順とみなされ，主たる労働力供給源となっていたことは，封建的主従関係が機能していたことを示すものである。封建的強制労働にはさまざまな制約があるため労働力確保の必要が高まり，他方，貨幣経済の浸透が進んだことから，「自発雇い契約」の形式をとりながら，実際には自己所有及び他者所有農奴農民が広く用いられたと考えられる。

　人頭税の引き上げによって，農民の工場仕事への依存はいっそう強まった。編入農民の支払うべき人頭税は当初1ルーブリ10コペイカであったが，これが1760年には1ルーブリ70コペイカに引き上げられた。実際には，納税人口は査察で確定した帳簿上の人数であり，不在者の分も含めて実在の労働力によって支払うのである。経験に基づいて，編入農民の概ね半数が労働可能であったと見ると，彼らには，実際には，倍以上の税額が課せられたことになる。[144]

　例えば，N. N. デミドフのカスリンスキーおよびクイストゥイムスキー工場の編入農民は，1756-57年に，5582人（男性）数えられたが，そのうち労働可能

361

だったのは2499人（45%）だった。[145]

　1762年，非貴族の工場主の農奴購入が禁じられただけでなく，重ねて確認された。本来の地主の利益が偏重されたのである。

11490.　—1762年3月29日．元老院令．—工場への村の購入不可について．
　"＜3月21日（29日）付け皇帝の署名に基づく元老院令＞：全ての工場主には，新たな法令が陛下により実際に批准されないあいだ，その時まで今後彼らの工場に村を土地付きであれ土地なしであれ購入することを許さず，彼らをしてパスポート所有で契約給与による自由な雇われ人でもって満足すること，鉱業特典とマニュファクチュア庁レグラメント第7条による新規工場の設立においてはいかなる禁止もなされない。"[146]

11638.　—1762年8月8日．元老院令．—工場への村の購入不可ついての今年3月29日付け法令の効力の維持について．
　　＜11490-3月29日法令の確認＞[147]

　「自発雇い」の増加は，農民の異議申し立てと政府の対応とも関連している。ウラル冶金業の創設とともに始まった農民の抵抗は，事態を受け入れることなく，封建体制の強化に伴ってより先鋭化した。南ウラルでは1754年，アヴジャノ＝ペトロフスキー，ヴォズネセンスキー両工場の編入農民が暴動を起こした。1760年からは暴動は工場付き農民のみならず地主地，修道院地農民をも巻き込み，ロシア全土に広がりを見せた。ピョートルⅢ世による1762年3月29日勅令は，こうした事態を受けて，工場主が農奴を"土地とともにもしくは土地なしで"購入することを禁じ，"彼らをして契約賃金でもって自発雇いしたもので十分たらしめる"よう求めた。この勅令はエカテリーナⅡ世によっても確認された。政府は官有地農民の編入も禁止はしなかったが，抑制的であった。つまり，"信頼厚き人物"および官有の工場には編入を認めたが，ただの商人

362

の工場には認めなかった。⁽¹⁴⁸⁾

商人＝工場主に対して，従来からの，パスポート・システムに把握された農奴の出稼ぎ労働力だけが認められた。帝政はあくまで自らの階級的利害には忠実だったのである。こうして，一見封建的強制の緩和がはかられながら，実際には18世紀後半のウラル冶金業は，地主＝貴族工業の性格を強めさえしたのである。

新法典作成のための「エカテリーナ委員会」では貴族層の利害が端的に表明された。即ち，農奴の所有は貴族の特権であり，商人工場主は自由雇用でもって仕事すべきである。そこから彼らの農奴が収入を得ることは貴族の利益でもある。したがって，働き手の農奴身分は維持されなければならない，というものである。貴族層が自由雇用を擁護したというのは，こういうことであった。[149]

A. S. オルロフによると，1754年から1766年までの間に，南ウラルを中心とする20の工場群で，35件の暴動が起こった。1760-64年に30件，なかでも1762-63年に14件が集中した。これらに編入農民だけでなく職工・労務者層も参加した例が8件あり，そのうちヴォズネセンスキー工場では"雇いによる職工・労務者"の参加が確認される（1760-1763）が，他の7例は工場に移住した編入農民出身の職工・労務者のものであった。ネヴィヤンスキー工場等も含むので，南ウラルに限るものではない。基本的に鉱区単位で括られた集計である。[150]

1750年代末―60年代前半の暴動が編入農民の異議申し立てであったことは疑いない。

これに対する帝政の対応は，結果的に，貴族の特権を擁護することに収斂したので，問題は先送りされた。

暴動を平定したA. A. ヴャゼムスキーのもとに設けられた委員会には，多数の農民，職工・労務者の嘆願書が寄せられた。エカテリーナⅡ世の勅令により設けられた「鉱山委員会」（1765-1767）は，ロシア冶金業の歴史をまとめ，騒擾の原因を分析し，「鉱業規則」の改定を提言したが，直接的な結果を生むことはなかった。[151]

363

1762年から1773年までにウラルに工場を建設した中で主だったものは，ストロガノフ家，デミドフ家，クラシリニコフ，ケラレフ，マサロフ，ポホヂャシンら，既存の工場を持つものであり，新規参入はサッヴァ・ヤコヴレフ，L.ルギーニン，コベレフに過ぎなかった。[152]

　1762年の政策転換は厳密には施行されなかったと見られる。代理による購入が行われ，一時的な編入も個々に許可され，しかも長期化したからである。この時期，南部，北部ウラルへの到来者は急減した。[153]

　I. G. チェルヌイシェフ伯爵，K. E. シヴェルス男爵は編入農民を移住させる許可を得た。チェルヌイシェフは，ユゴフスキー及びアンニンスキー工場に，ミールの承諾なしに382人を移住させた。1760年代に，彼の工場内人員の2/3は編入農民，残り（201人）は"永久の"到来者だった。シヴェルスのヴォズネセンスキー工場では，1763年に，基幹的な職工61人中58人は，移住させられた編入農民だった。[154]

　ヴャゼムスキー委員会への報告に，P. A. デミドフのネヴィヤンスキー工場群（ネヴィヤンスキー，ブインゴフスキー，シュラリンスキー，ヴェルフネ＝タギリスキー，シャイタンスキー）の労働適格者として，1763年に，工場内労働に従事する永久譲渡者832人，購入および移住農奴510人，炭焼き作業に従事する永久譲渡者1819人，購入および移住農奴810人が確認されたが，自己所有農奴と永久譲渡者の区別はなされなかった。[155]

　B. B. カフェンガウスによると，第3回査察直前の段階で，人頭税額との関係で整理されたデミドフの工場住民の区分は，以下のようであった：

　1.　ヴャゼムスキー公により官有工場住民と認められた，70及び40コペイカ課税される指令による職工・労務者

　2.　70及び40コペイカの税額であって，法令により永久譲渡されてデミドフの農奴に均等化され，新たに70コペイカ課税となるもの

　3.　70コペイカ課税されるデミドフの農奴

　この他に，少数の非嫡出子（事実上の農奴），非課税のバシキール人，兵士が

第3章　帝政の動揺と停滞構造の顕在化

⁽¹⁵⁶⁾
いた。

　1763年に実施された第3回査察は，それまでの2回と違い，工場管理者の代表により行われたため，個人情報，出自等の改ざんが少なくなかったと見られる。これに対して，例えば，1780年11月26日付けネヴィヤンスキーの職工・労務者の元老院への嘆願書に，同一家族でさえ異なった扱いにされたり，法律上農奴でないものが農奴とされたとの指摘がある。水増しの度合いは不明である⁽¹⁵⁷⁾。

　第2回査察で，デミドフのニジネ＝タギリスキー及びヴィイスキー工場に10％超の農奴が確認されたが，第3回では34％であった。デミドフのウラルの全工場に，1764年に，12千人の移住させられた自己所有及び購入農奴を数えた。彼らは工場労働力の半数，残りは“永久譲渡された”到来者だった⁽¹⁵⁸⁾。

　1750-60年代に，法令によってだけでなく工場主たちの努力により，実態として，封建的緊縛は強化されたように見える。第3回査察の記録に，永久譲渡者に対する用語：“農奴と同等сверстанные”が現れた。工場主たちは彼らから農奴と同じく7グリヴナ（70コペイカ）を徴収した⁽¹⁵⁹⁾。

　1770年にニジネ＝タギリスキー工場事務によって作成された記録によると，工場労働力（男性）の配分は，(1) 官有職工・労務者　127人；(2) 農奴に均等化されたもの　1352人；(3) 農奴　1027人，総計2506人となっていた。女性2345人を含めた工場住民は4851人である。ここには編入農民，非課税住民は含まれていない。彼らを含めて，ニジネ＝タギリスキー工場群の男性住民6916人，女性住民6709人，総計13625人は，事実上国家もしくはデミドフに封建的に緊縛されたのである⁽¹⁶⁰⁾。

　貴族・高官に譲渡された官有工場の職工・労務者の身分には，実際上，何らの変化も起こらなかったようである。エゴシヒンスキー工場で官有編入農民とされてきた住民は，1759年にヴォロンツォフ伯に譲渡された後も，同様の身分であった。第3回査察の際，彼らは住民の約半数を占めた⁽¹⁶¹⁾。

　官有職工については，第3回査察は，ウラルの官営製鉄工場に1700人，製銅

365

工場に1375人を数えた。ペルミ管区の76私有工場に4411人の官有職工が認められた。[162]

　職工・労務者の移動の自由が奪われたのと対照的に，工場主は必要な場所に必要な量の働き手を移動した。特に，新たな工場の立ち上げには既存の工場から職工・労務者を供給することが行われた。G. A. デミドフは1761年操業開始したビセルツキー圧延工場に，レヴディンスキー工場から自己所有農民を移住させて職工・労務者を構成した。[163]

　I. P. オソーキンは，ヴェルフネ＝トロイツキー工場 (1754年操業開始)，ニジネ＝トロイツキー工場 (1761)，ウセニ＝イヴァノフスキー工場 (1761) に一族のイルギンスキー，ユゴフスキー，ビジャルスキー，クラシムスキー，サラニンスキーの諸工場から職工・労務者を移住させて稼働させた。[164]

　18世紀中期以降も，官有工場から私有工場への職工・労務者の移籍は珍しいことではなかった。オレンブルグ県庁はオソーキンのヴェルフネ＝トロイツキー工場の許可に際して，官有職工の譲渡を約した。[165] P. I. シュヴァロフからK. マトヴェエフを経てE. N. デミドフの手に渡ったアヴジャノ＝ペトロフスキー工場には，1761年，ベルグ＝コレギヤがエカテリンブルクスキー工場から派遣した官有職工14人が確認される。[166] 人的交流の点で，官有工場と私有工場との間の障壁は低かったし，労働力緊縛の度合いにおいても両者の差は実際上なかったと考えられる。

　強制的移住による隷属化の場合に多く用いられた手法が，「手付け」である。当初，一種の出稼ぎとして始まる工場仕事であるが，「手付金」を与えられることが「奴隷化への第一歩」である。数年後には彼は恒常的な工場住民となる。この手法はウラルの北部でも南部でも顕著に見られた。[167] ホロープ以来の，伝統的な貨幣による隷属化の手法は普遍的であった。

　トゥヴェルドゥイシェフの例では，1757-1758年に，ニジェゴロド県で1359人の宮廷地農民を雇ったが，彼らは10ルーブリの工場仕事を義務づけられた。そのうち各5ルーブリ50コペイカが手付けとして与えられた。デミドフ，オ

ソーキン，シュヴァロフ，シヴェルスの南ウラルの工場でも，トゥヴェルドゥ
イシェフ程ではないが，「雇い」を用いた。⁽¹⁶⁸⁾

　M. M. ポホジャシンの北ウラルの諸工場は，1767年まで「自発雇い」で操業
した。「隷属的雇用の全一的システム」が作り上げられた。1767年から編入農
民が用いられ始め，70年代には購入農奴も使用された。多くの到来者も工場に
常住したが，黙過され，ようやく1776年に審問が行われた。それにより，ボゴ
スロフスキー及びペトロパヴロフスキー工場にシベリア，カザン，アルハンゲ
リスク県出身の無パスポート及び期限切れパスポート所持の500人が見出され
た。到来者の常住は，結局，18世紀末に元老院に認可された。編入農民の一部
は，期限付きにもかかわらず常勤労務者となり，期限後も常住した。ポホヂャ
シンは彼らに食料，衣服，金銭を与え，負債を作って隷属化した。到来者とと
もに彼らは"自発的移住者"と呼ばれた。18世紀末にこのカテゴリーは労働
適合者の過半数（1656人中1008人）を占め，残りは農奴，官有職工及び他の労
務者だった。⁽¹⁶⁹⁾

　パスポート所持の合法的出稼ぎ者の自由が実際上制限され，事実上の隷属
化に利用された状況は，広く認識されていた。1765年4月21日付けオレンブ
ルグ県知事プチャーチン公のベルグ＝コレギヤへの書簡に，パスポートをも
ち，契約で働くものが，期限を超えて留められている。契約通りの給料が支
払われず，全く支払われないものもいる，と報告された。1765年8月4日付け
オレンブルグ県庁のベルグ＝コレギヤ宛報告には，ヤサーク農民，新洗礼者
новокрещенные，タタール，モルドヴァ，チュヴァシからの嘆願に，パスポー
トを与えられず家に帰されないとあった。⁽¹⁷⁰⁾

　1760年代中期，オレンブルグ県に，毎年約20千人のタタール，チュヴァシ，
モルドヴァ人が工場仕事を求めてやってきたといわれる。⁽¹⁷¹⁾彼らは収奪される一
群の出稼ぎ者の最下層に組み込まれるのである。

　こうして，封建体制のもとでは貨幣経済の浸透が新たな隷属を生み出すメカ
ニズムを形成した。スヴィヤシスキー郡のヤサーク・タタールの嘆願書による

と，オレンブルグ県の冶金工場の手代達は村々を回ってなにがしかの前渡し金や優遇で人集めをするが，これが多くのタタールの零落の元であった。20ルーブリにも上る手付金を与えられたタタールは，10年，15年かかってもこれを清算できず，工場に縛られることになった。チュヴァシ人の嘆願書には，シムビルスキー郡で1年の雇いとの甘言で集められた者たちが借金を払いきれずに何年も工場にとどめられるとある。手付金によって工場に緊縛される例は各地に見られるものであり，これから逃れるには逃亡以外の手段はなかったのである。400人とも500人ともいわれる"手付け働きзадаточные люди"がプガチョーフの農民戦争の際にサトゥキンスキー工場から解放されたといわれる。[172] 請負を通じた「自由雇用」の実態とはこのようなものであった。

1767年のヤゴシヒンスキーおよびモトヴィリヒンスキー工場の職工・労務者の嘆願書に，兵士と比べても過酷な状況への訴えが見られるのは，あながち[173] 誇張ではなかったと思われる。

V. Ya. クリヴォノゴフは農奴制体制下の合法的な経済外的強制と資本主義のもとでの暴力とを混同する。

"手付金付きの契約システムは雇用労働者を農奴にも奴隷にも変えたのではなく，マニュファクチュア段階の資本主義的生産に固有の強制手段を伴ったのである。工場は労働力に対してより少なく支払うように努め，農民はより多く受け取るように闘った。結局のところ必要が農民をしてより低い賃金で雇われるように仕向けた。幾人かはそこからより多く支払う他の工場へ逃れ，幾人かは仕事に出ることを回避し，村役場は彼等に働いて手付金を返すよう強いた。労働者の大きなグループが低い給与の不満を表明して組織的に工場を離れ，工場主達は力で彼等を工場に引き戻した。"[174]

"全てのこれらの強制の形態は封建国家の法とその行政的実践に完全に合致し，封建＝農奴制国家の強力機構の協力の下に実施された。しかしことの本質は全てこれらの法的，行政的手段は自由雇用労働者による契約協定の遂行の保証，労働力の売買契約を結んだ一方の利益の保証に向けられたということにあ

る。国家権力機関の側からの強制を伴うこうした雇用形態の原始的蓄積現象への結び付きは，その資本主義的内容を消し去るものではない。"[175]

手付金による隷属化の手法は古くからの伝統である。歴史が示すように，まさにホロープは手付金によって債務奴隷化されて緊縛されたのであった。18世紀のウラルにおいても前資本主義的隷属化の手法が伝統に従って用いられた。V. Ya. クリヴォノゴフはこうした歴史を踏まえないのである。

他方で，必ずしも労苦から逃亡するというよりも，近代的な契約から無縁な行動様式を示す例もしばしば記録された。1747年完成したP. I. オソーキンのナゼ＝ペトロフスキー工場は，春の洪水の被害だけでなく，各地から徴募した「自発雇い」の労務者達が手付金を手にして逃散してしまったため，苦境に陥った。[176] 1762年，P. I. シュヴァロフのポクロフスキー工場から「自発雇い」労務者達が16千ルーブリ以上の手付金とともに逃亡し，操業を停止せざるを得なかった。"工場の日常茶飯事" と呼ばれる出来事である。[177]

こうした，働き手の側の行動様式は，地主＝貴族工場主の前近代的行動様式と対になるものである。

Ak. デミドフのスクスンスキー工場には，自己所有農民のほかに編入農民も移住させられ，長く留められた。1741年にはこの不当に対する訴えが出された。嘆願書には，工場主や手代の家仕事に使われ，干し草や食糧の運搬を強要されること，どのような過失でも笞打たれ鎖につながれ飢え死にさせられるとあった。[178]

職工・労務者を債務奴隷化する経済的基盤は給与構造の中に制度化され，一層明確になった。N. A. デミドフは，1763年，ニジネ＝タギリスキー工場に対して，1737年の官有工場の定員規定に範をとった規定を制定させた。[179]

26年前のタティシチェフの定員規定の採用が職工・労務者の経済条件の引き下げを制度化したのは明らかである。ところで，タティシチェフの定員規定自体，一部に引き上げあるいは引き下げはあるものの，1723年のV. ゲンニンによる官有工場の定員規定を引き継いだものであるから，デミドフは，ウラル[180]

の私有工場を代表するニジネ＝タギリスキー工場の給与水準を40年前の定員
規定に縛り付けたのである。

　高炉作業は監督労働と現場労働に区分され，細分化された。更に，年俸，週
給，日給の組み合わせによって格差構造が体系化された。これは人件費の切り
詰めと結びつけられたものである。高炉作業の直接的管理労働，即ち職工の役
割は，監督―年俸30ルーブリ；検査官－日給10コペイカとして年間（365日）
36.50ルーブリ；銑鉄収支書記―年俸24ルーブリ；鉱石検収員―年俸30ルーブ
リに割り振られた。徒弟は労務者層と同等に扱われて，週給50コペイカ（52週
分の労働に対して26ルーブリ），以下，熔鉱夫литухи*，木炭運搬夫，挿入夫―
週給40コペイカ（20.80ルーブリ）；ゴミ取り夫―週給15コペイカ（7.80ルーブリ）
であった。更にそれらの下層に，鉱石押し夫―日給7コペイカ（295.5日勤務に
対して20.685ルーブリ）；鉱石引き夫―日給6コペイカ（17.73ルーブリ）；日雇い
夫―4から6コペイカ（223.5日勤務）等が位置づけられた。*литухиは管見の限り
で辞書に見出せないが，「熔鉱夫」の訳語を当てた。[181]

　その結果，В.В.カフェンガウスによると，1763年におけるニジネ＝タギリス
キー工場の銑鉄の生産原価のうち，高炉3基の下で，原料，資材費が74.9％を
占め，生きた労働の比率は9.3％に過ぎなかった。事務労働，ダム経費，木材
伐採を含めても，人件費比率は24％にとどまった。[182]

18世紀後半の職工・労務者層形成

　新規参入の工場主が何らかの新しい要素を持ち込んだ兆候はない。むしろ彼
らも既存の体制に同化した。A. S. ストロガノフのサトゥキンスキー工場では
職工，労務者を含めて自己所有農民即ち農奴からなっていたが，これを，1769
年，裕福なトゥーラの商人L. I. ルギーニンが購入した。ルギーニンは1820人
の農奴の買い取りに1人当たり50ルーブリ支払ったとされる。[183]工場所有者が貴
族から商人に替わっても，工場生活には何らの変化も起こらなかったのであ
る。

第3章　帝政の動揺と停滞構造の顕在化

　私人に譲渡された官有工場も，事情は同じであった。1759年A. F. トゥルチャ
ニノフに売却されたスイセルツキー，ポレフスキー，セーヴェルスキー工場に
は編入農民が工場付きで残された。18世紀末－19世紀の記録では，これらの
工場に8940人の編入された男性官有地農民が数えられ，そのうち1965人の職
工・労務者は家族とともに工場に移住させられたものであった。[184]

　編入農民は官有工場の職工・労務者の重要な供給源であった。トゥルチャニ
ノフに売却された諸工場以外に，彼らの存在を，カメンスキー，ニジネ＝ウク
トゥッスキー，ユゴフスキーその他の工場で確認できる。[185]

　編入農民は私有工場に対しては主として工場外労働力の供給源であったが，
そこでも彼らが工場内の職工・労務者を供給した例が知られている。アヴジャ
ノ＝ペトロフスキー工場に，1757年，198人の編入農民出身職工，職工助手が
おり，そのうち144人は中部ウラルの官有工場で訓練されたものであった。ヴォ
ズネセンスキー工場では，1763年，38人の職工・労務者のうち33人は編入農民
出身であった。[186]

　新兵，逃亡者，「出自不明」永久譲渡者も編入され，彼らの中からも工場内
労働者が生まれた。1760年代初め，ビジャルスキー工場に693人の「永久譲渡
者」出身の職工・労務者が知られる。[187]

　私有工場においては，自己所有および購入農民が工場内労働力の主要な供給
源であり，彼らの中から職工・労務者が育成された。18世紀末，バシキリアの
範囲で確認される43555人の職工・労務者のうち，3472人が官有，640人が編入
農民出身，3人が「自発雇い」，そして39440人（90.6％）が自己所有および購入
農民出身であったとされる。[188]

　職工・労務者の世代継承により，職工・労務者層の再生産が行われた。ウラ
ル冶金業が始動して半世紀が経過し，職工・労務者の一部は確実に職工・労務
者の子弟によって再生産された。官有工場で12歳未満の児童は用いられなかっ
たが，ペルムスキー製銅工場の例では18世紀前半から12歳以上の児童が働い
てきた。児童はおおむね労働力の10-15％を占めた。彼らは，様々な補助労働，

371

即ち，鋳造所，鉱石粉砕，築炉，れんが造りに，"欠員の場所で"，"臨時の仕事"に，"定員外として"，そして徒弟として，働いた。[189]

　私有工場での12歳未満の児童労働に関する情報は多数残されている。1738年9月5日付け Ak. デミドフの，ニジネ＝タギリスキー工場事務への手紙には，官有工場からの視察に対して，女性，児童の使用を隠すよう指示があった。30年代の記録には，6-12歳の児童を補助労働に用いたことが確認され，同時代の旅行者の観察を裏付ける。[190]

　児童，女性労働の利用は，当然のことながら，安価なためである。しかし，そのため，確かに職工・労務者の再生産は進んだ。このことから，A. S. チェルカソヴァは，「児童及び女性労働の使用は，職工・労務者の一定の部分のプロレタリア化過程の証左である」と結論づける。[191]これは重要な論点であるが，問題の他の，本質的な側面が看過されている。即ち，職工・労務者層による職工・労務者の再生産が進んだのは，既に18世紀前半から見られたように，彼らが工場に緊縛された結果である。商業，小手工業に従事する者以外の，実際の職工・労務者の子弟は，親と同じく工場に縛りつけられ，親の跡を継ぐほかに選択の余地はなかった。彼らは，法的な規定は設けられなかったが，農奴に準じた，疑似的な身分を形成したのである。官有地農民なり，地主地農奴なりの身分に属しつつ，職工・労務者という新たなサブカテゴリーが明確に形成され，身分制原理に則して世代継承されたのである。職工・労務者がこのような形で封建体制の中に位置づけられたことは疑いない。

　1767年の「エカテリーナ委員会」に対する，チェルヌイシェフ伯爵所有製銅工場の事務員，職工・労務者からの要望書にも，勅令により官有農民から徴兵され，更に各所の官有工場に移籍され，1722年の工場創設以来さまざまな職種に割当てられて現在に至っていること，男子の子供たちも同じ職業に定められ，工場から "不分離にбезотлучно" されていることが述べられていた。[192]

　1745年，アキンフィー・デミドフが没した。したがって，18世紀中期はデミドフ家にとって第3世代への移行期であった。彼らのもとで行われた経営は，

第3章　帝政の動揺と停滞構造の顕在化

既に定着したシステムの下での，ウラル冶金業に典型的な農民隷属化の過程であった。

　領地農民には賦役と賃仕事とが課せられた。1759年の事務記録によると，ヴェトゥルシスカヤ領地の農民はチュグンスキー工場のための薪伐りを担当した。1サージェン当り12コペイカで1000サージェンの薪を準備した。カザンスカヤ県ツァレヴォサンチュルスキー郡の農民は，無報酬で2000サージェンの薪を伐らなければならなかった。ニジェゴロツキー県フォーキノ及びヴァルガヌイ村には炭焼が課せられた。農民は150堆の木炭を焼いて工場に納めた。その際，50堆には報酬があったが，100堆分は無報酬だった。このようにしてチュグンスキー工場に納められた1行李の木炭原価は，ウラルの標準が34と3/4コペイカであったのに対して22と1/4コペイカであった。[193]

　農民から寄せられた多数の請願書が，彼らに掛かった負荷の実態を表す。スターロスタ＜ここでは明示されていないが，通例，郷，村落の住民によって選出される長である―Y.＞によって取りまとめられた1758年12月の請願書に，ニジェゴロツカヤ領地の貨幣及び現物の年貢が挙げられている。それによると，領主は査察人数1人当り2ルーブリの納入を命じた。その他に，20人ごとに1名"シベリアのキャラバン"（鉄の浮送）に供出すること，ロープ製造用の麻1人当り1/2プード（1プード25コペイカに相当），家畜用の干し草1人当り2プード（5コペイカに相当）の納入が課せられた。更に，馬仕事1日につき，夏季10コペイカ，冬季6コペイカ，荷車1台分の藁20コペイカ，1サージェンの薪20コペイカ…がそれぞれ算入された。[194] 馬仕事夏季10コペイカ，冬季6コペイカは1724年1月13日付布令価格と同額である。デミドフの工場においても，この時点で，官定の布令価格が30年以上にわたって援用されていたのである。

　査察人数を基準にすることによって，人頭税の場合と同様に，農民の負担は加重された。フォーキノ村では，1746年の査察人数637人から，新兵供出，死亡，退出によって287人が失われた。新たに生まれたものを含めても565人，即ち88.7％に減少していた。請願によれば，労働可能な成人男性の負担は年間4ルー

373

ブリとなった。更に彼らには，新兵費，ミール費，計年間２ルーブリが追加された[195]。

　工場への移住が進められた。工場労働力の絶えざる補充が農村の労働力資源を奪い続けたのである。ニジニ・タギリの工場事務がこの問題に触れている。1759年12月，サルディンスキー新工場の建設にあたって，新兵徴募による減少のため1760年３月までに1000人の追加が必要との要望がデミドフに宛てられた。モスクワからの指令は，フォーキノ村から500人送ることを指示した。自発的な移住希望者には，住居のための支度金の支給，馬の補給，持ち家と穀物の売却が認められた。主として貧農が移住の対象とされた。　ニジェゴロツカヤ領地からは，無土地農，低額納税農民，志願者計77名，更に，前年にサルディンスキー工場の建設のため派遣されて無期限でとどまっていた47名が指名された。年少者，老齢者，家族を含めると，今回の移住者は259人であった。支度金として，妻帯者に６ルーブリ，老齢者にその半額，年少者に１ルーブリ，各村から２人ずつ指名された付添人に５ルーブリ並びに必要経費として30ルーブリ支給された[196]。

　移住や物納以外に，運送の賦役労働を課された村もある。カシンスカヤ（後にカリャジンスカヤと呼ばれた）領地は，ヴォルガのドゥベンスカヤ埠頭からモスクワへ，徒歩の鉄製品運送を担当した。そのために農民は，平底船を埠頭に保管し，トヴェーリまで輸送し，納屋を修理し，"キャラバン"に人手を出さなければならなかった[197]。

　カシンスカヤ領地農民の年貢は２ルーブリ，彼らは，これを，査察人数１人当り鉄100プードの運搬によって賦役した。1766-1767年の自発雇いの御者の給与がモスクワまで鉄１プードにつき２コペイカであったから，100プードの運搬が年貢額に相当した。デミドフの農奴も鉄輸送に参加したが，彼らも年貢を超過する分の輸送については自発雇いの給与を得た[198]。

　1766/67年の冬に，ドゥベンスカヤ埠頭からモスクワまで34222プードの鉄が輸送され，そのうち13206プード（38.6％）が年貢の賦役，21015プード（61.4％）

が自発雇いによるものだった。自発雇いに支払われたのは419ルーブリ42コペイカだった。何らかの差し引きがされた可能性があるが，ほぼ1プード当り2コペイカに相当する。

鉄輸送の雇いの給与は，鉄1プード当りの年貢額が基準であった。これに輸送距離，日数は係数として加えられなかった。更に，農民の馬の飼養費は支払われなかった。薪，木炭，鉱石運搬のためのニジネ＝タギリスキー工場付属の馬の飼養費は，1頭当り年間12ルーブリ21コペイカ（1ヵ月約1ルーブリ）であったから，これもデミドフにとって大きな節約となった。

鉄輸送のための領地農民の雇いは，極めて低廉な報酬による請負に他ならなかった。

ウラル冶金業の成熟

ウラル冶金業は，18世紀中期以降，南ウラルへの展開により地域的広がりと封建的マニュファクチュアの完成としての成熟期を迎えた。南ウラルへの展開は，人口希薄なバシキール人居住地域の新たな植民地化を伴うものであったが，18世紀初期のウラル冶金業始動期の単なる再版ではなかった。今回は，既にウラル冶金業が封建的マニュファクチュアとして定着した形態で移植され，その完成形となったのである。始動期と異なり，第1に，大規模な工場建設がバシキール人の反発，暴動を抑えつつ，より抑圧的に進行した。第2に，貴族，商人からなる新たな工場主の参入の下で，工場労働力の農奴化及び農奴への近似が進んだ。かつて区分された労働力カテゴリーは，編入農民を除いてすべて事実上農奴へと収斂したのである。

エカテリーナⅡ世時代の1767年，新法典編纂の流れの中で，ウラル冶金業の把握が試みられた。そのなかで，製鉄関連工場を地域別に示す（表3-8）。

ウラルにおいて，1767年，冶金工場124件，そのうち稼働したのは119件，高炉62基により産出した銑鉄3938.2千プード；ハンマー424台により産出した帯鉄 2552.9千プード；製銅炉332基により産出した銅192.4千プードであった。

表3-8 1767年のウラルの製鉄工場

1 製銑・精錬工場

	名称	地域	創設年	高炉数	ハンマー数
1	ネヴィヤンスキー	中部	1699	2	7
2	カメンスキー	同上	1700	1	1
3	アラパエフスキー	同上	1703	2	2
4	タギリスキー・ヴェルフニー	同上	1718	1	6
5	タギリスキー・ニジニー	同上	1722–24	4	7
6	イセツキー・ヴェルフニー	同上	1726	2	12
7	ウトゥキンスキー（デミドフ）	同上	1729	2	5
8	シャイタンスキー・ニジニー	同上	1731	1	3
9	ビリムバエフスキー	同上	1733	2	1
10	レヴディンスキー	同上	1734	2	5
11	トゥリンスキー・ヴェルフニー	同上	1737	3	3
12	セルギンスキー・ニジニー	同上	1743	2	8
13	カスリンスキー	同上	1746	1	10
14	バランチンスキー	同上	1747	2	4
15	ウトゥキンスキー	同上	1747	1	—
16	ニャゼ＝ペトロフスキー	同上	1747	1	6
17	クイシトゥイムスキー・ヴェルフニー	同上	1755	2	9
18	クイノフスキー	同上	1760	1	2
19	ウファレイスキー	同上	1760	1	3
20	キルシンスキー	ヴャトカ	1729	1	4
21	プデムスキー	同上	1759	1	2
22	クリムコフスキー＝	同上	1762	1	2
23	アヴジャノ＝ペトロフスキー・ヴェルフニー	南部	1753	1	6
24	カタフ＝イヴァノフスキー	同上	1755	2	15
25	ユリュザンスキー	同上	1758	1	6
26	ベロレツキー	同上	1762	2	14
27	イリディンスキー	カマ	1766	1	2

2 製銑及び製銅工場

	名称	地域	創設年	高炉数	ハンマー数	製銅炉数
1	ポレフスキー	中部	1722	1	—	9
2	イルギンスキー	同上	1728	1	3	7
3	スイセルツキー	同上	1732	2	7	2
4	クシヴィンスキー	同上	1735	4	—	1
5	クシエ=アレクサンドロフスキー	同上	1752	1	1	1
6	ズラトウストフスキー	南部	1752	2	8	6
7	サトゥキンスキー	同上	1756	2	9	2
8	ポジェフスキー	カマ	1754	1	6	3
9	ヌイトゥヴィンスキー	同上	1756	1	5	9
10	チェルモッスキー	同上	1761	1	9	6
11	ペトロパヴロフスキー	北部	1758	1	2	17*
12	ニコラエ=パヴディンスキー	同上	1760	2	3	2

＊トゥリンスキー工場との合算

3 鉄精錬工場

	名称	地域	創設年	ハンマー数
1	シュラリンスキー	中部	1716	4
2	ブインゴフスキー	同上	1718	14
3	エカテリンブルクスキー	同上	1723	3
4	シニャヒチンスキー・ニジニー	同上	1724	5
5	ライスキー・ニジニー	同上	1726	4*
6	シャイタンスキー	同上	1726	2
7	チェルノイストチンスキー	同上	1728	7
8	スイルヴィンスキー	同上	1734	6
9	セヴェルスキー	同上	1735	4
10	スサンスキー・ニジニー	同上	1735	4
11	ヴィシモ=シャイタンスキー	同上	1741	3
12	ライスキー・ヴェルフニー	同上	1742	*
13	セルギンスキー・ヴェルフニー	同上	1742	6
14	スサンスキー・ヴェルフニー	同上	1753	3

15	セレブリャンスキー	同上	1755	12
16	クイシトィムスキー・ニジニー	同上	1757	6
17	サラニンスキー	同上	1759	3
18	シャイタンスキー・ヴェルフニー	同上	1759	2
19	ビセルツキー	同上	1760	5
20	サルディンスキー	同上	1760	11
21	ネイヴィンスキー・ヴェルフニー	同上	1762	5
22	ティソフスキー	同上	1763	3
23	トゥリンスキー・ニジニー	同上	1766	10
24	ロジェストヴェンスキー	カマ	1740	4
25	ヴォトゥキンスキー	同上	1758	16
26	トロイツコ＝ベズネンスキー	同上	1760頃	1
27	イジェフスキー	同上	1760	16
28	オチェルスキー	同上	1760	12
29	カムバルスキー	同上	1761	4
30	アヴジャノ＝ペトロフスキー・ニジニー	南部	1756	6
31	シムスキー	同上	1758	11
32	ウスチ＝カタフスキー	同上	1758	6
33	ルヂャンスキー	ヴァトカ	1760頃	1
34	ホルニツキー	同上	1764	9

*ライスキー・ニジニーとヴェルフニーのハンマー台数は合算されている。
注：このほかに，製銅工場46件，製銅炉244基から122.9千プードの銅を産出した。製銅を主としなが
　　ら鉄精錬も行った5工場が存在した。工場名表記はD.カシンツェフに従う。
出典：Д. Кашинцев. История металлургии Урала. т 1. М., Л. 1939. стр. 127-131.

この結果，ロシアの銑鉄生産（銑鉄製用具を含む）において，ウラルが76.8％，
ロシア中央部が21.7％，北部が1.5％をそれぞれ占めることになった。[201]

　ウラルがロシアの冶金業基地としての地位を確立したのは明らかであるが，
その過程は内部構造の顕著な革新なしに進行した。

　1767年の銑鉄生産がその一端を示す。第1に，大きな生産能力格差が構造化
されていた。ネヴィヤンスキーの2炉は年産300千プード，タギリスキー・ヴェ

ルフニーの1炉は150千プード，タギリスキー・ニジニーの4炉は500千プード
の生産能力を持つ一方，ウファレイスキーの1炉は年産40千プード，キルシン
スキーの1炉は48千プードであった。その結果，生産能力を表示した22炉の
年間生産予定は2156千プード，1炉当り平均98千プードであった。第2に，し
かし，生産能力は完全には発揮されなかった。22炉の1767年の実際の生産高
は1766.9千プードに留まり，1炉当り80.3千プード，能力の82％であった。特に，
ネヴィヤンスキーは生産能力300千プードのところ162千プード（54％），タギ
リスキー・ヴェルフニーは150千プードのところ98.9千プード（66％）であった。

　ウラルにおける1767年の銑鉄，鉄製品の品目構成はきわめて特徴的であっ
た。総計6502.98千プードの内，銑鉄3620.4千プード（55.7％），銑鉄製品317.7
千プード（4.9％），鉄製品2564.88千プード（39.4％）と区分される。鉄製品の中
では，帯鉄（もしくは棒鉄）が2459.7千プード，95.9％（全体の中でも37.8％）を
占めた。帯鉄を含む加工用鉄は2542，86千プード，鉄製品の99.1％，全体の
39.1％であった。二次加工による製品を除けば，直接的な軍需品は，砲0.4千
プード，弾丸0.12千プード，刀鋼8.1プード，併せて全体の0.13％に過ぎなかっ
た。国内外の状況に対応して，ウラル製鉄業の役割は激変したのである。
⁽²⁰²⁾

　1760年代の顧客は海外に存在した。海外，特にイギリスでのロシア鉄半製
品への需要に合わせて，品目構成は変化したのである。表3-9に見るように，
ロシアの鉄輸出は急増した。

　増産を後押しする技術的発展はいかほどのものであったか？　鉱石採取は地
下深く進んだが，蒸気動力の採用はなかった。スイセルツキー工場のグメシェ
フスキー，クリュチェフスキー鉱山では，地下25サージェン（53.3m）から馬力
によって排水が行われ，グメシェフスキーだけで400頭の馬が使われた。クリュ
チェフスキーでは馬力稼働の大規模な排水機構と，ポンプをもつ水車が設けら
れた。ポンプは木と鋳鉄によって造られた。スイセルツキー工場では運河で近
傍の湖とダムとを結び，冬季に備えた。ヴェルフ＝イセツキー工場は石造のダ
ムを設けた。
⁽²⁰³⁾

表3-9　1740-1760年代のロシアの鉄輸出

(単位：千プード)

年	鉄輸出高	年	鉄輸出高
1742-1745	264.7	1758	653.4
1746-1750	529.0	1759	937.9
1751	684.9	1760	876.6
1752	998.5	1761	1082.9
1753	607.3	1762	1015.8
1754	693.9	1763	1186.9
1755	920.8	1764	1428.3
1756	501.1	1765	1979.1
1757	454.0	1766	2335.0

出典：Д. Кашинцев. История металлургии Урала. т 1. М., Л. 1939. стр. 137.

　高炉の能力は高まった。1760年代末には，銑鉄日産（1昼夜）400プード（6.6トン－クイシトゥイムスキー工場），500プード（8トン以上－ニジネ＝タギリスキー工場），700プード（11.5トン－ネヴィヤンスキー工場）の工場が存在した。ネヴィヤンスキー工場の高炉は20アルシン（14.9m）で，ゲンニンの標準（10アルシン）を遥かに超え，2個の羽口を備え，4台のフイゴによって送風された。[204]

　精錬工程に目立った改善は見られなかった。30-40年前にゲンニンが紹介した鉄の圧延，引き延ばし，切断のための〝素朴なпримитивный〟機械が普及した。錫メッキが現れ始めた。[205]

　D. カシンツェフの評価に従えば，帝政の高官たちを別としても，トゥヴェルドゥイシェフ，マサロフ，トゥルチャニノフ，ポホジャシン等の参入も，技術装備，装置の能力，生産規模，生産組織のいずれにおいても，旧来の工場群の「コピー」であった。[206]

　新規参入，若干の技術革新と明瞭な高炉の大型化は，1760年代にウラル製鉄業の生産能力を高め，鉄輸出の増加をもたらした。しかし，生来の基本的な弱点はそうした成功によって差しあたり隠されたに過ぎなかった。木質燃料と水

第3章　帝政の動揺と停滞構造の顕在化

力動力，馬力に依存する体系の維持は，供給エネルギーの一定の上限を有することと，特に水力の点で自然条件の年変動が大きいため，産出の不安定が避けられなかった。

第3節　停滞の構造化とプガチョーフの農民戦争

プガチョーフの農民戦争

　プガチョーフの農民戦争は，単純な農民蜂起ではない。バシキリアの植民地化と封建体制への組み込み，そこへの製鉄・冶金業の進出は原住民社会を激変させ，幅広い住民の零落を招いた。したがって，彼らの怒りの対象には冶金工場も含まれた。農奴制経済の中に浸透した貨幣が，伝統的な債務奴隷化の再版に利用されて南ウラルの住民に大きな負荷を課した。冶金工場はそうした矛盾の集積点の一つになったのである。F. Ya. ポリャンスキーはそのメカニズムを以下のように整理する。

　　＜肩代わりから隷属への構造，債務奴隷化の手法＞

　“しかしもしも編入農民が自らの代理人を雇うとすると，どこから彼らはそれほど大きな支出のための金銭を得るのかという問題が自ずと生まれる。例えばアンニンスキー工場に編入された1390人のチェルドゥインスキー郡の労働農民は，1776年に仕事に≪不適合及び退去した≫者の代わりの≪自発的雇い≫に対して17573ルーブリ95コペイカ支出した。＜1人当り12.6ルーブリに当たる―Y.＞嘆願書とその付録の中で彼らは直裁に，≪人頭税支払いと上記の雇いの≫金を得るために，≪製塩所に納入する薪の≫請負を自ら引き受けると述べた。≪雇い人に≫布令価格以上に払いすぎて，彼らは≪フェヂュヒンスキー官有作業所やその他の製塩所での薪伐りや船仕事のために支払えない負債に陥り≫，そのため≪工場仕事する力もない≫，というのも≪穀物は永らく買うこともできず，多くの者は樹の皮や籾殻でしのいでいる(207)≫。”

381

＜高利貸しから債務奴隷化＞

"マニュファクチュア主がロシアに存在する雇用労働の予備を利用し尽くす為にとる方策の重要な位置を，高利貸しが占めた。"

"1775年，ポホジャシンのボゴスロフスキー及びペトロパウロフスキー工場には500人以上の≪パスポートなしまたは期限切れパスポートの官有地農民，町人，ズイリャン人，手工業者，御者≫が働いており，彼らは工場主の高利貸し的政策の結果，≪何年も何年も借金を働いて返せないという理由で≫留め置かれている。"

"ポホジャシンは審理で，1773年までに彼は彼らに41354ルーブリ与え，ただこの負債を書き写しただけで，その上になお23080ルーブリの負債が残ったと主張した。これに対して労働者たちは審理において1776年，それらは弁済されたと述べた。労働者たちは工場事務を，働いた金額を完全には借金の支払いに書き込まなかったこと，彼らの雇いに際して賃金を正確に定めずに，≪負債がいかなる事務の書き付けによる義務もなしに課された≫ことに関して告発した。"[208]

"これらすべては，ウラルの工場で70年代に高利貸し制がマニュファクチュア主にとって労働力に対して闘う極めて普及した形態の一つになったことを示す。プガチョーフ蜂起の参加者があれほど激しく工場事務の書類を駆除したのは偶然ではない。ズラトウストフスキー工場でプガチョーフ派は債務証書59250ルーブリ分，サトゥキンスキー工場で33000ルーブリ分を廃棄したことが知られている。"[209]

1773-75年のプガチョーフの農民戦争を頂点とする農民の異議申し立ては封建体制の動揺を促し，工場生活にも影響せざるを得なかった。

ここで農民戦争の全容を取り上げることはできないが，ウラル冶金業の工場生活に係わるかぎりで必要な確認をしておく。

プガチョーフの農民戦争は，ロシアの地主＝貴族の支配に対する最後の農民戦争であり，ピョートルⅢ世を僭称するE. I. プガチョーフのもとに自由と土地を求める農民，バシキール人その他を糾合し，南ウラルからヴォルガ中流域，

第3章　帝政の動揺と停滞構造の顕在化

更にモスクワ周辺にまで迫った。また各地に呼応する反乱を生み出した。

　特にサトゥキンスキー工場住民は，南ウラルの近隣のズラトウストフスキー，クイシトゥイムスキー，カスリンスキー，ニャゼ＝ペトロフスキーの各工場とともに反乱の側に立ち，拠点の一つになった。彼らはミール集会を意思統一の場に変えた。工場住民とバシキール人との関係は多面的であって，バシキール人の乱暴狼藉から工場を守る一方，反乱の同盟者としてバシキール人指導者ユーライに親書を送り，連携した。反乱の中盤，1774年，サトゥキンスキーはI. ベロボロドフのプガチョーフ軍部隊の拠点となり，工場住民，農民，バシキール人，タタール人，マリ人を集めた。最終盤，工場がバシキール人に焼かれたのは，政府軍に利用されないためと，バシキール人の工場敵視との複合的な理由からだったとされる。[210]

　プガチョーフの連隊長ベロボロドフは，エカテリンブルグに向かい，セルギンスキーの2工場，ビセルツキー，ビリムバエフスキー工場を支配下に置き，それらから壮健な工場労務者を徴集した。彼らは，工場を占拠して"我々の借金を燃やせ"と叫んで帳簿を火中に投じたとされる。[211]

　バシキール人の行動には相対的な独自性がみられる。プガチョーフが打ち倒された際，拠点としたヴォズネセンスキー工場はバシキール人部隊に焼き討ちされ，工場事務所，作業場，設備は破壊され，男女，大人も子供も追い払われた。トゥヴェルドゥイシェフの工場は付属する村も含めて焼かれた。シムスキー，ヴォスクレセンスキー，ヴェルホトゥルスキー，ボゴスロフスキー，アルハンゲリスキー，カタフスキーその他の工場が同様の破壊を被った。[212]

　彼らの敵意が冶金工場そのものにも向けられていたことは明白である。

　農民戦争は自然発生性を免れなかったため，参加者の構成と意識，進行状況の変化に伴う行動の変遷があったとみられる。

　D. カシンツェフによると，1774年2月に最多のウラルの冶金工場，少なくとも92件が停止した。[213]

　反乱軍に占拠された少なからぬ工場が破壊活動を被ったのは確かであるが，

383

すべてではなかった。多くの秩序ある占拠の例が認められる。反乱軍と工場内の同調者が最初の標的としたのは，金銭と書類であった。時には数千ルーブリが反乱軍司令部に届けられた。借用証書，労働契約，事務書類，あらゆる文書，様々な官庁指令の類いが火中に投じられた。[214]

1774年5月末から6月には，工場の焼き討ちが特徴的となった。ロシア人住民も，あるいは殺害，または捕虜とされ，あるいは逃散した。南ウラルの16工場，中部ウラルの4工場が破壊された。[215]

主として中部ウラルに展開したデミドフの工場群は，プガチョーフの支配地域との境界線に位置することになった。ニジネ＝タギリの工場管理事務は反乱軍との闘いの本部となった。ニジネ＝タギリスキー工場管理事務は工場住民と周辺村落から兵力を動員した。工場の周囲にはバリケードが築かれた。1774年秋の集計では，883人の兵士と82の騎馬兵が備えられた。工場とミールから11321ルーブリが支出された。多くの工場住民は自らの代理を雇った。[216]

最も攻撃にさらされたのはウトゥキンスキー工場であった。工場の周囲は攻撃に備えて強化され，軍隊が配備された。近傍にはニジネ＝タギリスキー工場が組織した部隊が待機した。戦闘は1774年2月3日開始されたが，守備隊は有効に機能しなかった。2月11日，反乱軍は工場を占拠した。守備隊が1000人だったのに対して，反乱軍は5000人だった。[217]

プガチョーフ派によるウトゥキンスキー工場の占拠は，大きな影響を及ぼした。サルディンスキー，チェルノイストチンスキー，ヴィイスキー工場では，住民に動揺が広がり，防衛部隊への人員の供出が拒否される事態が生まれた。ヴィシモ＝シャイタンスキー工場では，反乱に同調する動きが生まれ，管理職員が拘束される状況に陥った。動揺は編入村にも広がった。危機を脱したのは3月半ば以降だった。[218]

N. A. デミドフは，1774年3月21日，ペテルブルグからの指令で，鉄のキャラバンを適時に再開し，住民に食糧を保証することを指示した。同時に，工場の防衛力の強化を求めた。更に，10月には，ささやかではあるが，日払い工場

384

第3章　帝政の動揺と停滞構造の顕在化

仕事の給与の見直しを行った：薪伐り7コペイカ，未成年者6コペイカ；女性には6コペイカ；年少者の給与はニジネ＝タギリスキー工場事務で検討すること。[219]

　デミドフの工場群の被った被害は，相対的には軽い部類に属する。デミドフの工場事務は官有，私有工場の被害状況の記録を残したが，その中にはデミドフの25工場も含まれる。南ウラルでは，アヴジャノペトロフスキー工場は「跡形なく」焼失し，アジャシ＝ウフィムスキー工場は「もぬけの殻」になった。中部ウラルの工場は数ヵ月停止した。ただ，労務者の借用証は反乱軍によって廃棄された。デミドフの指示により算定された，職工の不在，木炭の不足，工場の停止による損失63447ルーブリ41と1/4コペイカ，更に，戦闘によって死亡した10名の損失額1人当り250ルーブリとして計2500ルーブリの補償は受け入れられるところではなかったが，工場主たちの訴えは結果を生んだ。1775年には政府の信用供与が認められた。1779年5月21日の宣言では国庫納入が永久に免除された。また，宣言では，夏季馬仕事20コペイカ，徒歩仕事10コペイカ，冬季馬仕事12コペイカ，徒歩仕事8コペイカに，日払い労働の給与基準が引き上げられた。[220]

　Yu. ゲッセンによると，プガチョーフ軍に占拠されたウラルの工場は56に及んだ。その多くは甚大な被害を被り，いくつかは消滅した。被害の大きかったのは，ペルミ地区では，ウインスキー，シェルミャイツキー，ロジェストヴェンスキー，ユーゴ＝カムスキー，カムバルスキー，ユゴフスキー，イルギンスキー，サラニンスキー，スクスンスキー，ブイモフスキー，アシャプスキー，ティソフスキー工場，バシキリアでは，ヴォスクレセンスキー，ポクロフスキー，アルハンゲリスキー，プレオブラジェンスキー，ベロレツキー，シムスキー，カナニコリスキー，アヴジャノ＝ペトロフスキー，コトゥルスキー，カギンスキー，スラトウストフスキー，ヴォズネセンスキー工場である。工場数[221]には数え方による異同がある。工場名表記も原文に従った。

　工場の破壊は，新技術の導入の好機とも捉えられるが，農民戦争終結後に全

385

体として目立った改善は見られない。

1760年代から，イギリスで，高炉のシリンダー式送風装置－重要な改善－が採用され始めるが，ウラルではこれを1790年代から見ることになる。サトゥキンスキー，カスリンスキー，ユリュザンスキー工場の事例では，装置の大規模化は見られるが，銑鉄生産の増加に結びついてはいない。[222]

1773-75年の農民戦争の際に，ほとんどの「自発雇い」労務者は逃散してしまった。工場主達は彼らの一部を復帰させることができたに過ぎない。18世紀末の時点で，カノニコリスキー工場で800人中210人，アルハンゲリスキー工場で210人中50人，イリヂアンスキー工場で100人中15人，カムバルスキー工場で250人中25人を回復できた。農民戦争前に6.5千人以上の「自発雇い」を保持したトゥヴェルドゥイシェフ＝ミャスニコフの諸工場に，18世紀末，「自発雇い」を確認できない。アヴジャノ＝ペトロフスキー工場には300人の「自発雇い」労務者が戻らなかった。ルギーニンだけが約5000人の「自発雇い」を確保できた。[223]農民戦争が「自発雇い」の工場生活への定着の試金石だったと考えると，彼らの工場への忠誠心，工場の吸引力が，様々な理由によってであろうが，十分強くなかったことが示されたといえる。同一人が復帰したかどうかは確認されない。

南ウラルを中心に，冶金業の被った損失は大きかった。バシキリアの範囲でN. M. クルバフチンの集計したところでは，4300人以上の工場労働力が死者・行方不明者として失われ，その他に数万人の編入農民，「自発雇い」労務者が逃散した。工場設備の喪失，生産しえなかった生産物価値，再建のための費用，これらの総計は18世紀末ウラル冶金業の重荷となった。完全に，もしくは部分的に損壊した55の工場のうち4件は再建されなかった。多くの工場の再建に3年以上を要した。[224]

結局再建の負担は農民の肩に掛かった。帝政の与えた貸付は被害の1/10にも満たなかった。最も打撃を受けたトゥヴェルドゥイシェフ＝ミャスニコフは，損害額1750千ルーブリの10.3％に当たる銀行融資を得たのみである。L. I.

ルギーニン，I. マサロフはそれぞれ損害の55.6％，43％に当たる融資を受けた。以上が貸付のすべてであった。[225]

1774年夏，プガチョーフの主力部隊とバシキール人の退却に際して，トゥヴェルドゥイシェフのすべての製銅，製鉄工場は放火され破壊された。被害総額は175万651ルーブリ，1894人の工場農民が死亡または行方不明となり，6500人の自発雇い労務者が逃散した。工場放火はプガチョーフ，バシキール人のみの仕業ではない。工場農民自身がしばしば首謀者となった。

農民戦争後　トゥヴェルドゥイシェフ，ミャスニコフは，政府から総額180千ルーブリの無利子融資を受けた。約2年半でトゥヴェルドゥイシェフはポクロフスキー工場以外の製銅工場を復興させた。Ya. B. トゥヴェルドゥイシェフは，新たに3製鉄工場を設立した：ミンスキー鍛造工場（1779年），シムスキー＝ニジニー鍛造工場，ミニヤルスキー高炉・鍛造工場。[226]

農民戦争は南ウラル冶金業に大きな直接的打撃を与えたばかりでなく，その内部矛盾の噴出でもあっただけに，帝政の労働政策の変更を迫った。しかし，体制の維持と地主＝貴族の利益擁護が大前提とされたため，ウラル冶金業の構造は大きな変化を被ることなく19世紀を迎えることになるのである。農民戦争直後の労働力構成を表3-10に見る。

官有工場1工場当たり職工・労務者，農奴農民数は252人，編入農民数は4820人であったのに対し，私有工場では，前者は377人，後者は483人であった。官有が編入農民に依存する従来からの労働力構造は維持されていた。

表3-10　1777年におけるウラル冶金工場の工場住民
(単位：人)

	工場数	職工・労務者，農奴農民	編入農民	工場住民計
官有工場	16	4036	77117	81153
私有工場	122	45946	58936	104882
総計	138	49982	136053	186035

注：官有工場の「農奴農民」は官有地農民である。
出典：А. Г. Рашин. Ук. соч. стр. 44.

"18世紀末，状況は以前のままであった。18世紀末のウラルの工場における高利貸しの普及について以下の事実が立証する，1791年に≪工場から自分の住居に退去したが，金銭手付けを負わされた≫者には，ペルムスキー管区－38257ルーブリ58と1/4コペイカ，トボリスキー管区－22640ルーブリ1/2コペイカ，ヴォロゴツキー管区－718ルーブリ51と1/2コペイカ，ヴャッキー－814ルーブリ26コペイカ算定された。そのため，≪国庫が損失を被らないために≫，そのような≪債務持ちは工場に直ちに追い返された≫。"[227]

プガチョーフの農民戦争のあと，再建されたウラル冶金業の技術，経営，労働のどの側面においても，それ以前のシステムに対する多少とも本質的な変更は加えられなかった。これは，経営者の発想を含めて，ピョートルによって始動され，18世紀中期に完成した封建的マニュファクチュア制度が，数世代にわたって再生産を重ね，変化を拒む構造を形成していたことを意味する。

ウラル冶金業の封建的マニュファクチュア制度は，水力動力による木炭製鉄を官有工場においては帝政国家が，私有工場においては貴族・特権的商人が，国家の庇護のもと，強制的労働力を用いて稼働させてきたものである。この制度は自然的条件と国家体制とに不可分に結びつけられ，それ故に安価な原・燃料を以って良質な金属を供給してきた。しかし，利点－自然条件と封建体制下の強制的労働力－は搾取に任されて枯渇に直面し，制約条件へと転化しつつあった。

編入農民の負担軽減と制度の限界

農民戦争が帝政に与えた衝撃は大きかった。編入農民の負担軽減を図るマニフェストが発せられた。

14878. －1779年5月21日．布告Манифест－官有，私有工場に編入された農民の改善すべき仕事について．

"1. …官有工場，私有工場の編入農民は今までと同様，以下の工場仕事を行う，

即ち：＜第1条，第3条の列記の番号付けは1.2.となっているが，1）2）と表記する－Y.＞1）炭焼用薪の伐採。2）堆の崩しと炭焼き場から工場までの木炭の運搬。3）融剤の焙焼のための薪伐り。4）採取された鉱石の工場への運搬，また鉱石熔解に必要な砂と全ての融剤の運搬。5）ダムが洪水もしくは火災で破損した，ただその場合に限った，工事と修理。

2．罰金の危惧のもと，第5条にあるように，…編入農民に，第1条に挙げられた仕事の他に，工場で他の仕事を要求すること，あるいは命令であるいは強制で行わせることは禁じられる。農民が自由意志で雇われることは禁じられない。

3．第1条に挙げられた仕事の遂行：1）他の者よりも工場から遠くに住み，…馬仕事から解放され…自分自身の扶養のため自ら運搬仕事を必要とする農民に薪伐りを命ずること。2）農民の薪伐りは現場で2月15日からとする；それ以前には仕事に送らない。家に戻るのは4月20日とする。それ以後彼らを仕事に留め置かない。…3）他の者より工場に近く住む者に，堆からの木炭の運び出し，また鉱石，融剤の運搬を命ずること…4）＜ダム修理につき＞工場所有者ではなく官庁が，本当の証拠によりダムが出水によって破れたか火事によって損傷したか企みや誰かの思いつきでないか確認し，その仕事と修理につき指令する。

4．＜…編入農民の扶養を容易にする手段として＞仕事への支払いを増やすことが正しいと考え命ずる。その支払いを旧賃率表の2倍に定める，即ち：1日につき夏季馬仕事20コペイカ，徒歩仕事10コペイカ；冬季馬仕事12，徒歩8コペイカ，それらの正確な指示により充分な給与を得，従前の規程の指示に従って1人当り1ルーブリ70コペイカを稼ぐ；それ以上彼らを働かせないものとする…

5．第1条に指示されていない仕事を編入農民に強制した場合，編入農民が許されない仕事を要求された1日ごとに，…罰金として第4条に示された料金と別に，その2倍の額を徴収するものとする。

6. 工場所有者が編入農民に第1，3条に示された以外のダム工事，修理を強制した場合，即ち出水と火事及び証拠と官庁の指令なしの使用の場合，同様の処罰を科す。

7. 編入農民に所定の時期以前に工場仕事を強制する，また所定の期間以後に工場に留め置く，あるいは1ルーブリ70コペイカに算入される以上の仕事を課す：そのような場合余分な日数につき第4条の支払額の2倍徴収する。

8. ＜企業主への配慮－Y.＞同様の編入から農民の得る相当な利益と比べて労働支払いのこのような増加が，工場経営者にとって些かも重荷にならぬよう，経営者自身が彼らの会社にもたらされる利益に従って様々な軽減を感じ，それ以上に事業の拡大に新たな励ましを受けるよう，これまで彼らに課された義務に代わって，海軍工廠と砲兵隊に1715年及び1728年に定められた価格でもって鉄と武器を納入すること，…

9. 全ての官営施設向けの碇，形鉄，鋳型鉄，帯鉄を，1715年と1740年の勅令に従った要望に沿って官有カムスキー工場で製造すること…

10. 海軍工廠，砲兵隊，あらゆる官有施設に，それら物品を納入すること，1728年以来上記法令による価格でもってそれら施設から支払わなければならないこと，…金銭の半分は前もって，残りはそれらの納入の後直ちに，長期間の金銭を受け取れずに工場の資金を使い果たし，時には仕事と現在の工場稼働を止めないように。

11. ＜農民と企業主の利益を勘案しつつ＞なお我々は付言する，我が帝国の国境を強化する場合，またはまさに戦時において，多数の兵器，砲弾あらゆる鋳鉄，鉄製品の必要が存し，それらを官有工場で整えるには時間が許さないこともあろう：そこでそれらを私人に属する工場で製造することに利がある；しかしその支払いは真の価格で行われるであろうし，それら製品に厳正な試験が行われるであろうし，その上工場での受付の際総額の10％が引き渡され…；実際に彼らが兵器や鉄を納入すれば，通常輸送にかかるそれら金銭は，彼等に必ず支払われる。…"

ベルグ＝コレギヤ（鉱業参事会）の提言に従った1779年5月21日付け布告（マニフェスト）は，確かに編入農民の労働条件を改善した。布告は，1769年に若干改善される以前の，即ちそれまで1724年以来！続いていた報酬水準を倍増した。新たな日当は，夏季徒歩仕事―10コペイカ，馬仕事―20コペイカ；冬季徒歩仕事―8コペイカ，馬仕事―12コペイカと定めた。その際，従来通り農民は人頭税1ルーブリ70コペイカ分を賦役するのである。しかし，農民の工場までの長い旅程―時には数百ヴェルスタに及ぶ―の問題は解決されなかった。時間と労力は引き続き浪費された。[229]

　布告が，炭焼作業，完成品の運搬等を編入農民の遂行する業務から外したこと，薪伐りの期間を2月15日から4月20日に限定したことは，農民にとって負担軽減であった。しかし，明らかに冶金工場の労働力として，他と区別される一体性を明確にした「職工・労務者」を，独自の社会的集団と捉える視点は布告中に見られず，農奴制の枠内での部分的改善に留まった。更に，より大きな弱点は，雇主による法令遵守の欠如のため，農民の不満が表明され続けたことであった。[230]

　農民戦争後のウラル冶金業を規定した要因は，労働力不足であった。帝政は既存の体制維持を図ったため，対応は弥縫策にとどまり，農業と冶金業との矛盾はむしろ深まった。

　ペルミ県における1780年代の主な食料品価格は，ライ麦粉1プード―46コペイカ；小麦粉―54コペイカ；牛肉1プード―40コペイカ；バター1フント―6コペイカ；鶏卵10個―6コペイカ…であったとされる。[231]

　職工の出来高払い賃金は，生活費の上昇，製品の複雑化にもかかわらず，1737年の「定員規定」以来約50年引き上げられないできた。1785年，官有工場の「定員規定」改訂が指令されたが，実際上，職工の待遇改善は進まなかった。しかも，固定給への転換が19世紀初めにかけて全般的な趨勢となった。そうした中で，病院への支払い，工場売店での日用品，食料の購入，更に売店維持費として購入額の10％の支払いが負担を加重した。[232]

出来高払い賃金の鍛造職工，補助職工の場合，固定給よりもモチベーション
を高め，有利な面があったが，しばしば起こった操業休止がその利点を減殺し
た。結局，ゴロブラゴダツキー工場の例では，職工たちの国庫に対する負債が
約50千ルーブリに上った。[233]

　国家または地主貴族に所有され，生活を成り立たせない低水準給与で義務的
労働を果たしながら，職工・労務者が債務奴隷化されるシステムが成立してい
たのである。

　編入農民には1779年に若干の給与引き上げと待遇改善がもたらされたが，
職工たちは更に20年待たなければならなかった。1799年5月14日付け法令は，
給与格差に応じた待遇改善を導入した。それによると，1プードの穀物購入に
つき，月給5-7ルーブリの職工（第1分類）から20コペイカ；2-3ルーブリの職
工（第2分類）から10コペイカ徴収することとし，穀物価格が50コペイカ以下
のときは，第1分類からのみ10コペイカ徴収とする。第3分類（月給1ルーブリ）
からは徴収しないこととなった。また，職工・労務者たちは医療費と売店での
控除からも解放された。[234]

18965.　—1799年5月14日．裁可された元老院報告．—エカテリンブルグ市管
轄下の鉱業工場及び造幣廠の職工に対する食料支給規定について，病院の差し
引き，日用品や衣服の利払いからの免除について．

　“2等文官にして検事総長たるロプーヒン公の報告：＜2等文官ソイモノフ
によると，…鉱業の整備，必要な人員の供給，工場の拡充により国庫により多
くの利益を与えたが＞；熔鉱炉は，冷却により再加熱に時間を失うだけでなく
多くの備品を無駄にし，製品価格を引き上げるため，年間の休日にも止めるこ
とができない。…そのため職工たちは一年中仕事から離れることができず，必
要最小限の時間家畜のために干し草を準備する他に家族を養う別の仕事もで
きない。エカテリンブルグ管内の職工は未だに1737年公布の定員規定により
俸給を受け取り，それによると高炉職工だけが月に3ルーブリ，他の職工は2

ルーブリ，徒弟はそれ以下，労務者は1ルーブリである。そこから彼らは病院の費用，工場売店で家族の食料，衣服，履物，更に売店のための10％を支払う。必要物資は値上がりし，既に彼らは極貧の状況にある…彼ら特に労務者は穀物のための支払いも稼げず，支払い不能の借金に陥っている。それらは，鉱山庁管轄下の工場で，ゴロブラゴダッキーだけで49298ルーブリに上る。上記理由による貧困から引き出すため，たとえ国庫からのパン用の穀粉であっても，全員の給料から差別なく1プードにつき20コペイカずつ，購入価格が超過する場合でも，控除する…＜標準家族夫婦と子供2人の場合の試算；職工1-3等級に区分した費用試算＞

　ソイモノフの報告に賛同した上での提案：1プード当り20コペイカの価格をエカテリンブルグ管区鉱業並びに造幣工場の職工から差し引くが，それは工場売店の仕入れ価格が1プード50コペイカ―1ルーブリである時，その給料もしくは出来高払いが月に5ルーブリまでの者，つまり1等級の場合であって，月に3から2ルーブリを受け取る者からは1プード10コペイカ гривна のみ，つまり彼らは2等級に属する；工場への仕入れが50コペイカ以下の時は，1等級の職工から穀粉1プードにつき10コペイカ徴収し，2等級には無料で支給する；月に1ルーブリ以下の給料の者，つまり年少者と看做され，3等級に含めていかなる差し引きもなしに食料を支給する…"[235]

　商人出身のトゥヴェルドゥイシェフ＝ミャスニコフ共同会社のヴォスクレセンスキー工場（1745年操業開始）のように，農民の編入を得られず，元来の自己所有農民もなく，購入農民の労働力に依存した工場もあった。[236]

　1799年見積もりのウラル官有製鉄工場の労働者構成は以下のようであった。すなわち，10工場において，職工，労務者の実在労働者数は3561人，これに対して完全操業のために必要な労働力は，工場に3385人，鉱山に424人，集積仕事に242人，計4051人，したがって490人不足。編入農民は76843人の必要にたいして83308人の男性労働力が実在した。1800年の銑鉄生産は見積もりを超

過したから，労働力は調達されたと考えられている。不足分を埋めたのは基本的に雇いによると見られる。雇い労働が用いられたのは主として鉱坑，集積仕事であったが，職工・労務者の不足も彼らによって補うほかなかったと思われる。[237]

　1800年のウラル官有工場（ズラトウストフスキーを除く）において，各労働カテゴリーへの予算が以下のように配分されていた。

支出項目	金額（ルーブリ）
賃金（工場人員）：	272697
自発雇い仕事：	182161
内訳　鉱石採取，選別	55714
集積仕事	102524
鉱石搬送	23923
納入（現金払い）：	172954
内訳　鉱石採取業者より	11857
融剤，丸太，タール，薪	161097
人頭税支払い（算入）：	177031
内訳　木材伐採	62452
木炭運搬	79366
鉱石搬送	15597
旅　費	19616

　これらのほか，食糧，飼料の支給に171422ルーブリ計上されていた。賃金の内訳は不明であるが，この額を100とすると，自発雇い仕事に67％，人頭税算入分に65％に相当する額が充てられたことになる。S. G. ストゥルミリンによると，182千ルーブリに当る工場外労働の支払いは，年間1人25ルーブリとすると7280人に相当し，そのうち製鉄工場では3075人の労働と計算される。[238] 食糧費，飼料費を含めた支出総額中の人件費（賃金，自由雇い報酬及び糧食，飼料費）は，64.2％，人件費中の現物支給の割合は27.4％（いずれも飼料費によって若干高められている）であった。

第3章　帝政の動揺と停滞構造の顕在化

森林資源の管理

　木炭製鉄にとって森林は不可欠の資源である。その点に関する帝政の意識は高かったといえる。当初の森林資源保護は国家目的（特に船舶建造）に従属した。

1950.　—1703年11月19日．すべての都市，郡の大河岸から50ヴェルスタ，小河岸から20ヴェルスタの森林の目録について．

　"すべての都市，郡で，大河岸から50ヴェルスタ，そこへ流入する浮送可能な小河岸から20ヴェルスタの森林を目録にすること。その森では，樫，楓，にれ類，唐松，松の切り口12ヴェルショーク＊以上のものを，決して伐ってはならない。"＜違反した場合の処罰－樫以外1切り株につき10ルーブリ，樫につき死刑＞　＊1ヴェルショーク＝4.445cm

2017.　—1705年1月19日．特別な許可なしにそり類，馬車，車軸，輪のための木材伐採について．

　"自らの必要，販売のために，目録にある保護林で，そり類，馬車，車軸，大たるとタガのために，樫，かえで，にれ類，唐松を，伐採すること：製粉用品，細軸，歯車のために樫を保護林以外で，請願と届け出なしで障害なく；しかし他の家屋用またいかなる建築用にいかなる保護林も決して伐採してはならないこと；また最も最大に保護さるべき樹木，つまり船舶建造に適したものは，決していかようにも伐採しないこと。…＜違反したものは＞いかなる容赦もなく死刑"

　産業政策の展開の中で森林政策の体系化が見られる。その中で，区画輪伐法の思想が表明されていたことは注目に値する。

4379.　—1723年12月3日．森林監督長への訓令．

　＜前文＞　"…皇帝陛下は…去る1722年4月11日森林の特別な監視と保護の

395

ため森林監督長を定められ，その者は海軍参事会の指揮下に入る…"

1.－20.＜略＞

"21. 工場の充足のためにいかように森林を管理するか

全ての工場に付属する森林を，常にそれらが充分であるように，以下のように
管理する：工場の建設，薪，木炭にどれほど木材が必要か，一度にどれほど伐
採し1年にどれほど完伐するか見積もり，そして用地を測りそのような用地を
25ないし30定める，それらから1カ所ずつ毎年順次伐採し，若い林を放置し決
してその用地が未熟なうちに伐採せず，最後の場所を伐採するときには最初の
場所が成熟することとなる：工場付属で森林が既に荒れたところでは，…生長
する間放置して伐採しない：工場用地がそれほどないところで森林が不足する
場合は，保存林もしくは放置林につき所有者と自発的に話し合いすることとす
る。

22. 全ての工場付属の保護林から薪を伐らない。

23. 船舶事業のため樫を育てる若い林を放置する。

24. カルムイク人のための森林伐採について

25. 保護林の伐採への罰金について

26. 道路に生じた必要のための罰金の赦免について

27. 没収された保護林の材木の国家その他の指示された事業への利用について

28. 森林監督官の事業と書類の保全について"⁽²⁴¹⁾

　ピョートル期初期以来の森林政策をより詳細に具体化，整備したものであ
る。1703年11月19日付け法令1950号において河岸から50ヴェルスタ，20ヴェ
ルスタを禁伐林とした河川を，ヴォルガ，オカ，ドン，ドゥネプル，ドゥヴィ
ナ以下特定し，樹種に樫，楡類，トネリコ，松を挙げた（第2条）。森林監督官，
監視員の体制による監督体系と監督要領が整備された（第3, 5, 6条）。指令によ
り保護林からの伐採を許可される官営事業は，船舶建造，工場建設，家屋建築
であり（第10条），特に重視されたのは船舶建造，したがって樹種の中で特に樫

は厚く保護された。非禁伐林においても樫は例外であった（第16条）。

　注目すべきは，第21条における森林管理システムである。

　ここには，産業用林の長期的管理の原則が示されている。年間必要木材量の見積もりに基づき，その確保のための面積の設定をした上で，継続的利用のために，ここでは森林再生期間を25-30年に設定して同数の区域に分割し，毎年順次伐採する方式であり，区画輪伐法が既に設定されていた。ただ，この方式の有効性の判断には更なる観察が必要だったと思われる。

　V. ゲンニンの見た森林状態は既に満足できるものではなかった。政策原理は立てられたが厳格に履行されなかったか，政策が住民需要も含めて全面的ではなかったか，いくつかの問題を抱えていたように思われる。彼の観察した森林の状態では25-30年では初期状態への再生は望めないとの評価であったようである。

　"森林を徒な伐採，火災その他から守るために，広く与えられた印刷された森林監督官，監視人宛指令に従って行動しなければならない…何となればここの住民の森林伐採における怠惰と不管理が工場に多大な害をもたらし，見られるように，小さな工場へも短期間に大量の木が伐られ，それに対してここでは森林は大変ゆっくりと生長し，とても50年後に木炭に適した薪が育っているか，またそれゆえ薪の不足から今後工場が止まらないか，銅や鉄の不足から利益が減らないか怖れるところであり，そのため工場付きの森林を最大限護る必要がある。"[242]

　"…数年間の実施が示したことは，工場周辺の薪，木炭その他工場需要のための伐採地に，若い木々が極めて密に生長し，これに対し何らの手だてもとらず，木炭や工場需要のためのふさわしい策をとらなければ，ウクトゥッスキー工場の例にあるように，というのはそこの森は伐採から30年も過ぎて，その伐採地には森が育ちながら薪に適した木を見出さず，密集して荒れて極めて不首尾に生長した。それゆえ，速やかに望ましい森が育つために次のような手だてをとるべきである：今後工場周りに伐採後伸びた木々の中に有用な，つまり太

く，高く，真直ぐなものがあるとき，また太いものがないときは，他よりも良い，少しでも太い，高い，真直ぐなものがあれば，その荒れた密生した中で良いものを遣し，周囲1サージェン若しくは若干広く伐採し，伐採した木々は火災を避けるため大きな道路または森の中であれば空地に堆積みし，投げ散らすことなく，その中から細いものは工場住民に家庭用に持ち帰ることを命ずる[243]…"

1740年代の観察では森林再生に必要な年数は更に長期を要すると評価されている。言い換えれば，ウラル冶金業の当初からの伐採によって森林資源の再生が不十分であるとの認識が定着し，森林管理の厳格化が進められたと見られる。

8921．―1744年4月16日．元老院令．―タブインスキー製銅工場をシベリアの商人トゥヴェルドゥイシェフに譲渡する件について，国庫との契約の締結について。―当該工場を私人の経営に委ねるにあたりベルグ＝コレギヤの定めた則るべき条件を付則として．

3．"工場への森林の割当に関して1723年12月13日付け森林監督長への訓令第20条＜21条の誤り―Y．＞に書かれている：＜略＞…しかしかつてのシベリアの諸工場の管理者たちの信頼できる見方と注釈によると，そこでは建設や薪に適切な樹木はゆっくり生長し，そのため森林監督長訓令に従って割り当てたのでは工場には充分ではない，…それらが60年に達すれば，あるいは80年であれば工場にとって常に充分であろう；…＜伐採の原則について，境界区域から始めて工場（中央部）へと近づく＞このような規則により伐採とその質は当該森林においてすべて均等になるであろう。[244]"

鉱山特典と鉱業規則（レグラメント）に基づく管理の徹底，とりわけ，トゥヴェルドゥイシェフへの譲渡は後にポセッシア工場と認定される事例である。これに対する帝政国家の厳密な管理，森林管理の原則の修正が行われているこ

第3章　帝政の動揺と停滞構造の顕在化

と，経験に基づいて1723年森林監督長への訓令を修正し樹木の適正な生長期間を25-30年から60-80年に延長して，工場用林を年数分に分割し，均等に供給する指針が示された。この法令は，後に1753年10月13日付け元老院令にほとんどそのまま援用され，専ら私人によって新規工場建設を行う政策転換の基礎となった

　森林管理を巡っては，世界各地で独自に，しかし再生可能な資源の合理的利用をめざした結果共通の原則に収斂する過程があった。

　J. C. ブラウンによってヨーロッパの森林管理の発展を概観する。

　"< 1661年のシャルル・コルベール・ド・クレッシーからプロヴァンス国王への報告：La Methode a Tire et Aire 区画輪伐法＞

　…3400アルパン（エーカー）の森林が34区画に区分され，順次通常の伐採が行われる，その際，種子用に一部のこされる…

　…我々はこの点につき明示的な指示が1544年，1576年，1579年の森林法に具現されていることを見出す。

　＜区画輪伐法の＞この方策は直ちに大いなる期待を以てドイツで採用された。そこでは彼らもまた森林の荒廃を被り始めていた。しかし，そこではフランスで提案されたよりも短い利用サイクルが採用された。

　＜ドイツで採用された周期＞：…雑木林で14-20年；…材木用林で80年を超えない；1740-1786年にプロシアのフリードリヒ大帝が定めた森林法は松林の周期が70年を超えることを禁じた。フランスでは材木用林の管理に定められた周期は120-180年であった…

　こうしてドイツに紹介されたシステムは精力的に，50年ほどは満足を持って遂行され，引き続く改良が次々にもたらされた。しかし1760年から1780年に，区画輪伐法のシステムに生来の邪悪があらゆる仕方で自らを現した。

　＜19世紀のフランス：区画方法La Methode des Compartimentsへの転換＞森林を同等equalの，ではなく等値equivalentの区画に—同面積の区画ではなく等量の生産の区画に，分割する。⁽²⁴⁵⁾"

399

黒田迪夫によれば，区画輪伐法はドイツで発達した。

　"区画を決めて計画的に行う伐採はすでに1359年にエルフルトの私有林で行われているが，領主の森林でこの方法が採用されるようになったのは16世紀の中頃からである。材木の育成という考え方はまだこの時代には領主や領主の森林を管理する役人の頭にはなかった。しかもその管理にあたっていた役人の長は狩猟官で，貴族の出身で，森林を狩り場としてしか考えていなかった。

　…C. Heyerによると，材積平分法を最初に考え出したのはBeckmann（1759著書発行）であって，彼はすでに現在の蓄積に一定期間における生長量を見積もり，それから年々等しい材積収穫をうる方法を計算によって示しているという。しかもその後，材積平分法は，その名称こそなかったがMaurer（1783），Grundberger（1788），Wedell（1777）などによって，理論的にも，実際的にも発展せしめられてきていた。同様に面積平分法も，その起源をエルフルトの市有林の区画輪伐法（1359）に有し，プロシアのFriedrich大王の勅令（1740-1754）で広く行われ，さらに理論面でもMaurer（1783），Oettelt（1764）などの研究があるという。

　＜Johann Christian Hundeshagen（1783-1834）＞かれはこの著書でHartigやCottaによって実践から基礎づけられてきた材積平分法や面積平分法に対して，法正林を基礎におくいわゆる法正蓄積経理の方式を科学的方法として提案した。"[246]

　日本でも共同体的な森林利用は長い歴史を持っている。

　"（我が国では）樹木を伐採し尽くすことなく，森林の再生産力に応じて持続的に木材等の生産物を得ていく「収穫の保続」の考え方が，江戸時代以降とられてきた。

　我が国では，古くから，森林の入会利用などを通じて，林産物の持続的収穫や，国土の保全，水資源のかん養等の機能の発揮は，森林が保全され，適切に管理されて初めて可能であるとの認識や，土地に適した樹種の植栽により最大の収穫が得られるという認識が経験的に培われていた。このような認識を背景

として，江戸時代には，森林からの持続的な生産を確保するため，例えば，20年生の樹木を薪炭材として伐採する場合，毎年，森林面積の20分の1だけ伐採し，20年間安定的な伐採量が得られるような管理方法がとられるようになった。このような方法で伐採が行われていた森林は番山，蕃繰山，順伐山等と呼ばれ，秋田藩や土佐藩などをはじめとして各地でみられた。

　明治時代になると，西欧の近代的な森林管理技術や制度が導入されたが，これは，15世紀頃からの大規模な開墾等による森林の減少を原因として発生した土砂の流出等を背景に，ドイツで19世紀に提唱され，実践された収穫の保続を確保するための「面積平分法」やこれを発展させた「法正林」の考え方に大きな影響を受けたものであった。

　「面積平分法」は，我が国で生まれた番山などと同じく，毎年均等の面積で伐採を行う考え方であり，「法正林」思想は，その基礎の上に，更に森林の毎年の成長量，伐採して得られる木材の量を均等にしようとする考え方である。"[247]

　区画輪伐法の適用の下でも，森林の合理的利用は容易ではなかった。J. C.ブラウンによれば，1881年に出された情報によると，1841年以前にウファー県に約17,577,000エーカー存在した森林は，少なくとも3,500,000エーカー減少した。[248]これは全体の約20％にあたる。

　19世紀始めに，ロシアでも厳格な森林管理の規程化が結実した。

20506.　－1802年11月11日．勅可された森林規則草案．
"財務大臣報告。1801年12月16日付け，海軍省に通達された勅令により命じられた：プラテル伯爵によって上程されたベロルスキヤ県森林規則を特別委員会にて他の規則と併せて検討し，ロシアの森林に関する規則を制定するよう…委員会は主要な規準となる規則草案を作成した：1) その基礎の上にかくも国家にとって重要な分野を，官有，私有を問わず経営維持の必要から，森林の管理，揺るぎない維持と利用の判断において，然るべき秩序の下におくこと；2) 住民の食糧のためだけでなく国庫の必要と艦隊の増強の議論においても，

既に多くの県で被っており他でも近づきつつある，森林不足を阻止するための
方策を執ること；3) 極めて潤沢に存する余剰から，住民の負担なしに，国家
の利益の損失なしに，国庫の収入を生み出すこと。

森林規則草案

第1部　第1章

1.　ロシアに存在し，大小の空間を占め，海軍省あるいは官有もしくは私人の
工場に編入されたまたは非編入の，様々な権利や特権により一時的所有のもと
にある，（従前の法令により自由に森林を利用する権利を有する，貴族その他の人々
の所有を除き）全ての森林は，森林局の管理と指揮の下になければならない。

2.　森林局は国家省に並ぶ権利と特典を持つ。

3-10.　＜各段階の機構＞

11-21.　＜森林局の職務＞

第2章

＜ 23-26, 29 は Свод Законов Российской Империи. Издания 1857 года. Том
Восьмой. Часть 1. Уставы Лесной, Оброчных Статей, и Устав Казенных
Населенных Имений в Западных и Прибалтийских Губерниях. СПб., 1857.
Свод Учреждений и Уставов Лесных. Книга Третия. О казенных лесах,
приписанных к промыслам, заводам и фабрикам. Глава Первая. Общия
положения о казенных лесах, приписанных к промыслам, заводам и фабрикам.
に再録され，1222-1225, 1228 と同内容である。これらを以下に記す。―Y.＞

1222. 第1種群，広葉 черный にして堅い樹木は，そのなかにカシ，ブナ，クマシ
デ，ニレ類，カエデその他堅い樹種を含み，…北部で120区域，中部で100区域，
南部で90区域に区分される。

1802年11月11日（20506）23.

1223. 第2種群，明色 белый 葉にして柔らかい樹木は，ボダイジュ，ヤマナラシ，
シロヤナギ，ヤナギ，ネコヤナギ，その他薪用樹種から成り，北部で50から40
区域，中部で40から35区域，南部で30区域に区分される。

402

1802年11月11日（20506）24.

1224.ハンノキ，シラカバ類，ナナカマド，ポプラ，ハコヤナギ，カエデは，北部で40区域，中部で30区域，南部で25区域に区分される。

1802年11月11日（20506）25.

1225.第3種群，美красный葉にして高い樹木は，マツ，トウヒ，モミ，カラマツ，シベリアスギを含み，北部で低地，平地では60区域，耕地では70区域，中部及び南部では50区域に区分される。

1802年11月11日（20506）26.

1228.森林の一定の区域もしくは1年ごとの伐採地への区分は，それぞれの切り倒された伐採地が生長と保存のためにそれほどの年数再度の伐採まで残しておかれるために定められる。

1802年11月11日（20506）29.

34. 多くの森林を利用する工場においては，異なった近接しない場所で毎年の伐採地を指定し，一面の伐採によって大きな空間の森林を荒廃させないために，すぐ傍や隣の伐採地を伐らないようにすべきである；また各伐採地の工場中心地からの距離が，造林の法則が自然播種に好適として容認する程度であるべきである。

第3章　森林地の官有農民への分与について

36-46.＜官有地農民の土地不足の解決と国家的需要，特に艦隊のための船舶用材の確保との折り合いを，後者の優位の上に図る。＞"[(249)]

　世界各地で森林の合理的，持続的利用について，相互の経験の共有によってか，独自の発想によってか，細部の違いはあるが，区画輪伐の方法が広く行われてきた。ロシアにおいても18世紀初頭以来の経験の蓄積の下に，地域ごと，樹種ごとの輪伐年数の設定が精密化されたのである。

　ロシアにおいては，大規模冶金マニュファクチュアの創設当初から国家による法的規制が取り組まれたこと，特に運用において均等利用の意識が強かった

403

ことが特徴である。その中で，V. ゲンニンの指摘だけでなく多くの観察にあるように，住民の入用も含めて森林の利用実態が放埒であったために国家管理も強められることになり，区画輪伐法の内包する矛盾も強められたと思われる。木炭製鉄にとっての制約条件となる木炭供給を安定化し，森林資源を再生して継続的に利用するために，再生可能年数分の等価な区画を順次伐採していく方法は合理性を持つと考えられたのであるが，国家管理を強化することにより安定化は図られるが，一方で硬直化も強まり，変化に対応しづらく，生産拡大を困難にする抑制要因となった。こうして，森林管理も含めて，木炭生産の全行程が変更や調整，転換を抑制する停滞構造の一構成要素となるのである。

新技術のロシアへの導入とウラル

18世紀後半から末にかけてもたらされた高炉の最大の技術革新は，ピストン送風装置の利用だった。そのロシアへの導入は，スコットランドから招かれたカルル・カルロヴィチ・ガスコイン（Карл Карлович Гаскойн, Charles Gascoigne, 1739-1806）に専ら依存した。

1760年頃，K. ガスコインは，若くしてスコットランドのカロン工場の創設，経営，技術管理に参加し，1776年には工場長に任命された。彼によって改良され，実用化された短砲身のカロネード砲は，1779年，イギリス海軍の装備に採用された。

1785年頃には，ロシア海軍に向けても大砲が製造された。同時期に，ガスコイン自身にロシア政府からの招聘が提案され，これを受けてガスコインは1786年，クロンシタットに到着した。彼は，大砲製造に直ちに必要な，シリンダー，火吹き，穿孔その他の機械部品，様々な建設資材，例えば耐火粘土及び煉瓦，耐火石，それに多量の石炭を持ち込んだ。同時に，カロン工場の従業員のうちから，管理要員，相当数の機械技師，化学専門家，鋳造工，穿孔工，鋳型工，旋盤工，鍛造工その他を帯同した。[(250)]

即ち，技術の物質的，人間的要因を併せてロシアにもたらしたのである。

当初のアレクサンドロフスキー工場の技術水準は不十分なものだった。1774–1786年の期間に2480基の大砲が鋳造されたが、実用できたのは1026基（41.4％）だったとされる。[251]

1786年9月、オロネツに到着したガスコインは、ペトロザヴォックでアレクサンドロフスキー製鉄・武器工場の改築に取りかかった。ピストン式シリンダー送風装置によるフイゴの置換；無鉄心の砲弾の製造；鉄表面の泡の除去、穿孔、研磨のための機械の改良；熔銑炉と送風炉による銑鉄の再溶融―これらがここで導入された新技術である。1790年頃、ガスコインの指導のもと、アレクサンドロフスキー工場でロシア初のワット＝ボルトン・システムの蒸気機関が製造された。1795年、ガスコインを長とする予定で建設を計画されたルガンスク工場には、アレクサンドロフスキー工場から多数の機械部品が納入された。＜既に1789年には聖ヴラディーミル4級勲章＞最終的に、こうした功績により、彼は、1798年、四等文官に列せられ、アンナ帝1級勲章を授与された。[252]

アレクサンドロフスキー工場には重量物を引き上げるクレーンも据え付けられ、1788年には「銑鉄製引き込み線」、即ちロシア初の鉄道も敷設され、労働者が手押し車で大砲を作業場間を移動させた。[253]

オロネツの冶金業は、18世紀末から19世紀初頭にかけて、ロシア陸・海軍に対する艦砲、要塞砲の主要な供給者だった。[254]

ピストン送風装置は1760年代末にイギリスに出現したが、ガスコインの招聘によって、いわば偶然的に、ロシアにもたらされるまでにほぼ20年を要した。この間の事情は、D.カシンツェフに従えば、ロシア、特にウラルの技術的孤立、企業家精神の不在を示すものである。国内市場での需要の安定、競争の不在が、ウラルを国際的技術進歩の埒外に置いた。[255]

ただ、ガスコインの紹介以降、ピストン送風は冶金業の技術革新としては異例の速さでウラルに普及した。ネヴィヤンスキーの近隣に新設されたペトロカメンスキー工場では、1790年に、ガスコイン式（ガスコンスカヤ・システム）を用いて鉱石熔融を行った。[256]

405

新技術に慎重に対処したニジネ＝タギリスキー工場では，1794年3月，7日間の比較試験を行い，燃料の節約はわずかであったが，生産高の8％増加，鉱石量に対する金属量の10％増加（60.3％から66.7％へ）を得た。[257]

　ピストン送風はその紹介から15年でウラルの冶金工場の2/3以上で採用され，1810年には旧システムを最終的に駆逐した。新システムは現地で製造され，据え付けられたので，いくつかのヴァリエーションが生じた。比較的少数の工場で，研磨された鉄製シリンダーが装置された。鉄製たがによって強化された木製シリンダーが用いられた場合，ピストンがシリンダーではなく木製立方体に装備された場合があった。[258]

　同じピストン送風にも大きな技術格差があったのである。

　ウラルに蒸気機関が到来するのは19世紀始めである。

　"工場生産の差し迫った需要が蒸気機関の導入の必要を呼び起こした。1803年ベレゾフスキー金鉱山のために才能ある技師レフ・フョドロヴィチ・ソバーキンが蒸気機関を建設開始した。彼は1800年トヴェーリからウラルに転任した。1787年L. ソバーキンはイギリスで発明家ジェイムス・ワットに会った。ロシアでソバーキンはワットの機械についての本を出した。…

　1804年，ウラルでイギリス出身のジョゼフ・メルジェルが働いた。彼も何台かの蒸気機関を製作したが，高品質ではなかった。…

　1814年ウラルにアファナシー・シドロヴィチ・ヴャトキンが到来した。A. I. ヤコヴレフのヴェルフ＝イセツキー工場で彼は最初の蒸気機関を建造しはじめた。最初の一台をヴャトキンは1815年に始動させた。この稼働はデミドフに強い印象を与えた。[259]"

　デミドフの工場への蒸気機関の導入は専らチェレパノフ父子に依存した。チェレパノフ一族はデミドフの農奴で，ニジニー・タギルのヴィイスキー村落の住民だった。エフィム・アレクセエヴィチ・チェレパノフ（1774年生）は農奴で雑役労務者の子でありながら幼少の頃から隣人の鍛冶工の家に出入りし，様々な作業を手伝いした。こうして技術を身につけたエフィムを工場主N. デ

ミドフは他の職工とともにペテルブルグのサルトゥイコヴァ伯爵夫人工場に派遣した。[260]

　ニキタ・ニキティチ・デミドフはエフィムらを中心に蒸気機関の開発をさせた。"エフィム・チェレパノフの建造した最初の蒸気機関は旋盤機の動力に用いられ，小型であった。次いで，より強力な蒸気機関を彼はヴィイスキー鉱山の排水のために建造したが，機械は据え付けられず，穀粒の製粉所に設置された。おそらく小出力のためである。これらは1820年のことであった。[261]"

　"1826年5月，ヴィイスカヤ機械作業所（チェレパノフの独自の作業所）で，デミドフの諸工場で当時最も強力な30-40馬力の蒸気機関を建造開始した。1827年12月アナトリスキー銅山で好結果の試験が行われた。1828年2月機関は地下のポンプと連結され継続的な稼働に入った。機関は毎分60ヴェドロ＜1ヴェドロ＝12.30リットル＞の水を排出した。

　1828-1830年にエフィム及びミロン・チェレパノフ＜エフィムの子＞はヴラディミルスキー銅坑の排水に40馬力の蒸気機関を建造した。1831-1832年彼らによって同様の蒸気機関がラストルグーエフのクイシトゥイムスキー工場に設置された。この年ヴィイスキー工場にミロンの従弟アンモス・チェレパノフが

表3-11　18世紀末主要工場の高炉装入物の構成

工場名	鉱石（プード）	溶剤（プード）	木炭（行李）
シュズビンスキー	100	石灰3.5-4.5	5.5
ネヴィヤンスキー	硬鉱75，軟鉱25	同6-9	4.5
クシエ＝アレクサンドロフスキー	100	同35-40	4
ベロレツキー	焙焼磁鉄鉱100	スラグ18，石灰14	4
ニジネ＝タギリスキー	100	石灰4	4
ズラトウストフスキー	100	同20プード2.5フント	3.6125
オムトゥニンスキー	100	同12	3
チェルモススキー	100	同11.25	2.25

注：18世紀末の木炭1行李は15－25プードとされる。
出典：Д. Кашинцев, История металлургии Урала, т 1. М., Л. 1939. стр. 190.

就職した。"[262]

　チェレパノフを中心とする作業所は個人の力量に依存していたと思われ，指導的人物の没後の情報は残念ながら乏しい。

　高炉の装入物（チャージ）の構成は，地域と工場ごとの変異が大きかった。燃料はどこでも木炭であり，地域の植生を反映したが，概ね針葉樹が好まれた（表3-11）。

　石灰に対する要求は鉱石の性質，特にケイ素含有量に依存したと考えられる。ベロレツキー工場でのスラグの利用は，冷送風のもとでの注目される改善といえる。[263]

　ウラルの製鉄工場の生産能力を支配した主要な要素は，鉱石の品位，送風装置を中心とした装備，燃料と利用可能水力であった。これらの組み合わせによって生産力と生産性の大きな格差が生まれていた。ヴェルフ＝ネイヴィンスキー，ニコラエ＝パヴディンスキー工場は高い生産性によって際立った。（表3-12）

　最も大規模なネヴィヤンスキー工場は，1昼夜4回の出銑により900-1200プードの銑鉄を産出した。高品位な鉱石から61-63％の金属が得られた。ピョート

表3-12　18世紀末主要工場の1昼夜生産規模と生産性

工場名	銑鉄生産高（プード）	労働者数	1人当り生産高（プード）
ネヴィヤンスキー	1050	52	20.2
ヴェルフ＝ネイヴィンスキー	765	24	31.9
レヴディンスキー	575	29	20.0
ニジネ＝タギリスキー	450	37	12.2
ニコラエ＝パヴディンスキー	415	13	32.0
ビリムバエフスキー	400	25	16.0
ビセルスキー	351	43	8.2
シュズビンスキー	132及び165	22及び22	6.0及び7.4

出典：Д. Кашинцев. История металлургии Урала. т 1. М., Л. 1939. стр. 193.

ル・サッヴィチ・ヤコヴレフの新しいペトロカメンスキー工場は外国技術によ
る強力な送風によってウラルの水準を上回る1昼夜800プードの産出を達成し
た。一方で，シュズビンスキー，シュルマニコリスキー（1昼夜155-175プード），
クイノフスキー工場（1昼夜162プード）の属するウラル北西部及びヴァトカ地
区の利用した鉱石の金属含有量は30-38％であった⁽²⁶⁴⁾。

　D. カシンツェフの指摘するように，19世紀後半，コークス製鉄のフランス，
ベルギー，イギリスで1人当り1トン，後の機械化されたアメリカで4-6トン
の生産性であったとすれば，1プード＝16.38kgとして1人当り20プード以上の
生産高は，一部の工場であったとはいえ，極めて良好であるといえる⁽²⁶⁵⁾。問題は
大きな格差にあった。

世界製鉄技術体系の転換とウラル

　ウラルの製鉄業は18世紀を通じてその完成形に到達したが，世界，特にヨー
ロッパの製鉄業にとって18世紀は長期にわたる転換期であった。

　「イギリスの高炉法の発足は遅かった。1494年にフランダースのワロン人に
よってサセックスに根を下ろしたのがはじまりであった。つぎの100年間には，
高炉の建設はほとんどサセックスおよびケントに集中した。特にウィールド
の森が中心であった。ここにおける高炉の発達がどんなに急速であったかは，
1500年2基，1550年21基，1574年51基，という数字が示している⁽²⁶⁶⁾。」

　しかし，急速な高炉建設の増大は森林資源を浸食し，イギリス製鉄業の危機
を引き起こした。ここにスウェーデン鉄，ロシア鉄の市場が生み出されたので
ある。イギリスにとっては製鉄の燃料問題の解決が急務となった。しかしその
ためには燃料，製造過程，技術の転換に多岐にわたる課題が生じ，科学的知見
の開発と実用化の接合が必要であり，試行錯誤の過程が長期化したのである。
新興国ロシアにとって僥倖というほかなかった。

　1740年にイギリスの49基の高炉は17700トンの銑鉄を産出したが，国内需
要の40％に満たなかったといわれる。イギリスへの鉄輸出はスウェーデンが

409

85％を占めて独占状態だった。ロシアの鉄もイギリス，特にバーミンガムへ向けられ，輸出高は1742-1745年の年平均4340トンから1746-1750年の年平均8345トンへとほぼ倍増していた[267]。

イギリスの木炭製鉄にとって，燃料危機は植民地，特にアメリカの経営によって一時的に緩和された。ヨーロッパのいくつかの地域では木材資源は控えめな製鉄業に対して充分で，19世紀初頭まで木炭製鉄が続けられた。1720年頃以降，イギリス，次いでフランス，オランダ，ドイツで，製鉄業でのコークスの利用の増加が問題解決に資することになった。これが，冶金業における産業革命の開始である[268]。

近代的な鉄冶金における石炭の利用に対して，イギリスでは1611年から特許が確認されるが，実用化に成功したのは，1709年，シロプシャーのコールブルクデイルの高炉で低硫黄石炭のコークスを利用したエイブラハム・ダービーであった。エイブラハムが1717年に亡くなったとき6歳だったダービーⅡ世は，父の遺志を継ぎ，1742年，ニューコメン・エンジンを導入し，送風能力を強化した。彼は1755，56年にケトゥレイ，ホースヘイに高炉を建て，蒸気エンジンとシリンダー送風機を設備した。これらを，1768年，ダービーⅢ世が引き継いだ。但し，この段階では，蒸気機関は上部の池に水を汲み上げるために用いられていた。その後，1776年には，ボルトン＝ワットの蒸気機関による直接送風がシロプシャーのニューウィリーで稼働していた[269]。

18世紀末までに，石炭と蒸気機関がイギリスの製鉄に革命をもたらした。イギリスの鋳鉄生産は，1720年の木炭による20500トン，コークスによる400トンから，1806年のコークスによる250500トン，木炭による7800トンへと飛躍した[270]。

製鉄燃料の石炭への転換は新たな高炉操業法を要求した。第1に，硫黄の処理の問題があった。これはコークス製造によって解決された。第2に，コークスはより強い送風能力を要求した。そのためには水車から蒸気機関への転換が必要であった。第3に，炉内の反応の変化への対応は科学の進歩を要求した[271]。

410

第3章　帝政の動揺と停滞構造の顕在化

　木炭製鉄からコークス製鉄への転換には一定の期間を要した。本国のイギリスにおいても，18世紀後半まで木炭高炉の建設が継続した。ヨークシャーでは1761年に木炭高炉が稼働した。木材資源の豊富な北部スコットランドでは，ロフ・フィーネLoch Fyne，ボナウェBonaweで1753年に木炭高炉が操業開始した。ミドランドでは，1725年に稼働し始めた木炭高炉が1780年頃まで操業した。ミドランドのアルダワスレイで1764年建設された高炉では，石炭の使用が確認される。木炭高炉とコークス高炉が長期間にわたって混在したのである。

　18世紀後半，ヨーロッパの国々からイギリスへ，視察団が送られた。スウェーデン人，フランス人がコークス製鉄の新技術を調査する先陣を切った。フランスは18世紀中に数組の視察団を送り，1836年にも送った。表3-13に，各国の石炭並びにコークス製鉄の開始時期を示す。ドネツはロシア南部，ウクライナに属する。

　鉄の直接的消費においては，銑鉄以降の加工プロセスが決定的な役割を果たす。この点においては，製鉄先進国のイギリスにおいても長期間の試行錯誤が避けられなかった。

　1770年頃まで，木炭精錬がコークス製鉄による銑鉄（鋳鉄）を錬鉄に変換す

表3-13　各地の石炭並びにコークス製鉄の開始時期　(年)

ルクルゾー（フランス）	1785
グレウィツ（シレジア）	1796
コニグスヒュッテ（シレジア）	1800
セレイング（ベルギー）	1823
ミュルハイム（ルール）	1849
ヴィトゥコヴィチェ（チェコ）	1836
ドネツ（ロシア）	1871
ビルバオ（スペイン）	1880
ジョージ・クリーク（合衆国）	1817
イースト・ペンシルヴァニア（合衆国）	1835

411

る主要な方法だった。[274]

　ウィリアム及びジョン・ウッド父子ら多くの人々の，精銑過程に於ける硫黄とケイ素の制御の試行を経て，ヘンリー・コートの1784年の特許が反射炉とパドリングの組み合わせによって近代的錬鉄生産の基礎を確立した。パドル法は，その後の改良を組み込んで，1830年以降基本的な変更なしに継続された。[275]

　"イギリスにおけるパドリングは，18世紀末には既に支配的工程になっていたが，ウラルは，19世紀40年代まで，パドリングについて全く無知ではなかったとしても，全く無関心であり続けた。…この間，旧い方法だけでなく，銑鉄生産と異なり，すべての特別な技術装置とともに旧い設備規模が何らの変更もなしに維持された。精銑工程は，ウラルの冶金の中で最も停滞的な業務の一つだった。[276]"

　"精銑炉への装入量の基準は，10-12プード（160-192kg），11プードが主流だった。通常，銑鉄の1/3が目減りとなり，一部の工場（ネヴィヤンスキー，カムバルスキーその他）でそれを28-25％まで低減できた。塊鉄は8-9時間≪熟され≫，ハンマーの下に入る。[277]"

　"反射炉による銑鉄の再熔融が18世紀中期におけるイギリスの大砲の高品質を保証した。ダービー，ウィルキンソンの仕事が鉄鋳造に革命をもたらし，脆い白色鉄に代わる軟質の灰色鉄の製造を容易にした。鋳型の改良が進み，比較的大きな鉄塊の熔融に反射炉，より小さな鉄塊の熔融に樽型のキュポラー1794年にウィルキンソンがそう呼んだとされる―を用いる棲み分けが成立した。[278]"

　木炭製鉄からコークス製鉄への転換の様々な障壁を乗り越えるためには科学の進歩が必要であった。レオミュール（フランス，1683-1757）が製鉄に最初の科学的な理論を与えたとされる。スウェーデンにはクリストフ・ポーレム（1661-1751），エマニュエル・スウェーデンボルグ（1688-1772），スヴェン・リンマン1720-1792）が現れた。ロシアではヴァシリエフ・ロモノソフ（1711-1765）が冶金の理論化を進めた。しかし，ドイツは西欧と北欧の進歩に取り残され，しかも，ドイツに生まれたフロギストン説（1697）―金属の酸化と還元の代わりに

第3章 帝政の動揺と停滞構造の顕在化

燃素＝フロギストンを想定した―はヨーロッパの冶金学をも長期にわたって混乱させた。この混乱はフランスのモンジュ，ベルトレの論文（1786），ドイツのランパディウスの論文（1797）によってようやく収束した。[279]

ロシアが範とした18世紀のドイツ製鉄の停滞と理論的混乱がウラルに影響を与えなかったとはいえない。しかし，ウラルの停滞は基本的には内在的な問題である。ヨーロッパの製鉄業が木炭製鉄の限界を乗り越え，コークス製鉄によって産業革命を開始しようとしている一方で，ウラルでは18世紀初頭以来形成されてきた強固な停滞構造が世紀末には完成を迎えていた。プガチョーフの農民戦争をも生き延びたウラルの木炭製鉄は，世界製鉄業の転換期にその停滞構造を顕在化させ，なお維持したのである。

18世紀末の私有工場

B. B. カフェンガウスの整理によると，ウラルへの注力以前のトゥーラの工場から，1796年創設のニジネドゥグネンスキー工場まで，18世紀中にデミドフに属する冶金工場は55件存在した。これには情報の乏しい数件が除外されている。しかし，操業停止，閉鎖されたものが10件，ヤコヴレフに6件，グービンに4件，シリャエフに2件売却され，国庫に2件移されて，18世紀末にデミドフ家に残ったのは31工場であった。[280]

デミドフ家の企業家精神の減退は否定し難いが，外在的，社会的要因も指摘される。アキンフィー・デミドフは1745年8月18日に没したが，それに先立ち，1741年から，彼は何通かの遺言を残した。その中で，彼の一貫した希望は，3人の男子のうち末弟のニキタにすべての工場の経営を任せることだった。これに対して，ピョートルによる一子相続の規程を覆して発せられた，アンナ帝の1731年3月17日付け法令が，貴族層の要望に応じる形で分割相続を指令し，強固な障害となった。1743年3月24日，ニキタに主要な工場を相続しながら2人の兄，母，妹へのより多くの分与を内容とする 最終的な遺言が成立した。これには形式的な瑕疵はなかったが，早急な承認を得られなかった。デミドフ

413

と分離派との関係もが問題とされて長年月が費やされた。[281]

　最終的な相続は1757年12月に決着し，数年間の兄弟間の争いをなおも残しながらも，デミドフ家の工場群は3分割された。長男プロコフィーにネヴィヤンスキー工場群8件と1埠頭，次男グリゴリーにレヴディンスキー工場群8件と毛皮工場1，製塩所1，三男ニキタにニジネ＝タギリスキー工場群5件と1埠頭が相続された。プロコフィーに相続されたネヴィヤンスキー，ブインゴフスキー，シュラリンスキー，ヴェルフネタギリスキー，シャイタンスキー工場は，いずれも1768年にS. ヤコヴレフに売却された。グリゴリーのトゥーリスキー工場は1755年に停止し，ニキタのヴィイスキー工場も1768年にヤコヴレフに売却されたが，アキンフィーの判断は基本的に正しかったのである。[282]

　デミドフの工場経営は，農民戦争以後も，以前の枠組みを変えることなく，若干の微調整によって変化に対応したように見える。鉄輸送は，封建的マニュファクチュアの矛盾を集中する結節点の一つでもあった。農村は領主の冶金工場へ絶えず労働力を補給しなければならず，そのため農業生産の弱体化にさらされる中で，輸送の負荷をも負わされたからである。農民は鉄輸送の給与引き上げを強く求めた。それに対して，1778/79年の記録は，雇いの比重の高まりと，給与引き上げ要求への対応を示すものであった。これは，至急600プードの板鉄をモスクワへ送る必要と，泥濘地を通過するための御者の強い要求への譲歩と見られる。1778/79年に，カリャジンスカヤ領地の農民によって，ドゥベンスカヤ埠頭からモスクワへ73821プードの鉄輸送が行われたが，賦役によるものは2512プード（3.4％）であった。給与は，1プード当り冬季2.5-3コペイカ，秋季 4-5コペイカに引き上げられた。デミドフの事務も，年貢の貨幣支払いを指示していた。[283] 貨幣経済の浸透への対応が図られたのである。

　しかし，翌年には揺り戻しが見られる。1779年，8000プードの鉄輸送が "農奴の義務として" 指令された。そのために兵士が派遣され，"荷馬車に鉄を積んで1昼夜以内に出発" するよう命令が下された。[284]

　デミドフの後を襲ったS. Ya. ヤコヴレフも，典型的な18世紀の「出世」を

第3章　帝政の動揺と停滞構造の顕在化

果たした最大の1人であった。1712年12月9日，サッヴァ・ヤコヴレヴィチ・ソバーキン（後のヤコヴレフ）はオスタシコフ（トヴェーリ県）の官有農民の子として生まれた。当初，父の畜産業を手伝い，後にペテルブルクに出て肉や魚の行商となった。そこで美声によりエリザヴェータ・ペトロヴナ女帝の寵愛を得たとされ，出世の端緒をつかむことになった。1759年から彼はモスクワ，サンクト・ペテルブルグ一帯の徴税請負権откупを与えられた。徴税請負権は，関税，酒場，通行，商店の租税，その他風呂，旅籠，製粉所，麦芽作りその他からの徴収 を含み，18世紀当時の商人の最大の蓄財手段の一つだった。[285]

　ヤコヴレフは蓄財を生かして軽工業から実業家の道を辿り，冶金工場経営に進出した。1769年，彼はプロコピー・A・デミドフからネヴィヤンスキー，ブインゴフスキー，シュラリンスキー，ヴェルフネタギリスキー，シャイタンスキー，ヴェルフ＝ネイヴィンスキーの6工場を買い取った。これらの資産は，土地，森林，原料資源，人員を含めて総額800千ルーブリ以上であった。更に，1774年には20以上の冶金工場主となった。これらの工場の労働力問題は別の方法で解決された。1777年，ヤコヴレフはポチョムキン公爵の後援を得て世襲貴族の地位を得た。商人が一代貴族に列せられる例はあるが，世襲貴族となるのは異例であった。彼はデミドフのブランドを得ただけでなく封建社会の階梯も上りつめたのである。[286]デミドフからの買取の時期が1768年とするB. B. カフェンガウスと食い違うが，手続きと実際の引き渡しのズレもあり得るので，問題としない。

　ヤコヴレフは類を見ない商才と幸運，ネポティズムを生かして大工場主となったが，その管理手法は完全に封建的工場主のそれであった。"前任者と同様に，彼は農奴労働者を働かせるあらゆる経済外的強制の要素を積極的に用いた：些細な落ち度にさえも過酷な体刑，笞，編み鞭，足枷，鎖，徒刑小屋。"[287]

　商人として出発したS. ヤコヴレフも，封建的マニュファクチュアの大工場主＝貴族として生涯を終えた。

415

16203. ―1785年5月15日. 元老院宛勅令. ―8等文官サッヴァ・ヤコヴレフの遺した資産の相続人間の分割について.

"＜サンクトペテルブルクスカヤ県良心裁判所の審理に基づき＞＜1）―3）負債の返済に5000ルーブリ，慈恵院に20000ルーブリ，養育院に20000ルーブリを振り分け，残余を分割相続させる決定。但し，工場の不分割に関する法令の遵守を指示した。＞4）＜商業，工場問題に通暁した人物2-3人を選び，市会の監督のもと分割を完了させる。[288]…

　1750年代に取り上げられた編入の過剰問題は未だに解決しなかった。S. ヤコヴレフの工場でも編入農民の訴えが提出され，元老院は1779年6月11日付けマニフェストの遵守を求めた。

16214. ―1785年6月11日. 元老院令. ―当初指示された数を超えた私有工場に編入された農民を仕事に就かせない件について.

　"ペルミ県税務局 казенная палата から元老院への報告によると，故8等官ヤコヴレフのスイリヴェンスキー工場に編入された農民代表による1785年の訴えによると…前回査察によって929人が編入され5機のハンマーが稼働した。新たな査察では2255名が編入され，1779年5月21日付けマニフェストによればハンマー5機のための木炭を準備する人数は1699人となり，556人が過剰である。…元老院の検討の結果，… 1779年5月21日付け法令＜マニフェスト―Y.＞に基づき，…規定以上の人数は，彼等が自ら善意の価格で働くことを望まなければ，決して工場仕事に送ってはならない…"[289]

　1782年，ペルミ県に属する57私有製鉄工場に職工及び労務者41336人，そのうち実働したもの20901人（約50.6％）が記録された。そこでの銑鉄生産高は，全ロシア私有製鉄業の約63％に相当する。[290]

　これらの私有製鉄工場の中で，一群の世襲貴族工場は明確なグループを形

成している。それらに属するのは，ストロガノフ，シャホフスキー，ゴリツイン，ラザレフ，それにフセヴォロシスキーである。彼らの18工場には，第5回登録時に職工・労務者9358人，実働するもの5014人（53.5％）が数えられ，銑鉄1339千プード（1800年）を産した。これらの労働者数，産出高はそれぞれ私有製鉄工場全体の14％前後に当る。労働者は基本的に農奴出身であり，賃金を得ていた。自発雇いは記録された場合とそうでない場合とがあり，統計的には比率が低められている。雇い労働者数を推定するには統計的根拠が薄弱である。[291]

「雇い」労働力は主として工場外労働に用いられた。この点は18世紀後半以来変わらない。内訳の判明する私有12工場で工場外労働は表3-14のように用いられた。注意すべきは，これらすべては義務的обязательный労働者の常勤人員とされたことである。ストゥルミリンは工場所在地を明示しないが，事実上ウラルについて該当すると判断できる。[292]

こうした義務的労働者のほかに，「自発雇い」労働者が工場外労働に用いられた。たとえば，ラザレフのチェルモスキー工場で上記346人のほかに160人，モソロフのもとでは330人に上る「自由な」労働者という具合である。

表3-14　私有工場の労働力内訳（工場内・外）
(1800年，単位：人)

工場主	男性労働力	そのうち実働のもの		
		工場内	工場外	計
デミドフ（4工場）	3165	778	968	1746
ヤコヴレフ（4工場）	3170	978	708	1686
ラザレフ（1工場）	1082	284	346	620
フレブニコフ（1工場）	456	248	—	248
モソロフ（2工場）	389	113	131	244
総　計	8262	2391	2153	4544
％	100	29	26	55

出典：С. Г. Струмилин. Ук. соч. стр. 317.

S. G. ストゥルミリンの計算では，「常置の」働き手でもって編入農民に替える以前に，総じて私有工場では80％以上の工場外労働が賃金労働で賄われていたとされる。[293]

　この数字には保留が必要である。統計の不備，カテゴリーの混乱，例えば「職工および労務者」の実態が登録者数であったり実労働力であったりする，雇い労働が数えられる場合とそうでない場合の混在等，労働力総数や雇い労働力とその比率を推定する根拠は極めて薄弱である。しかし，18世紀末において，私有工場の工場外労働の大部分が，「賃金」を支払われる農民および「雇い」労働力によって賄われたのは確かなように思われる。これらに付け加えるに封建貢租納税のための労働が用いられたが，その制約に囚われない常勤の形態も増加したのである。さらに，官有地農民の編入と自己所有農奴の労働が利用された。

　N. M. クルバフチンの集計によると，18世紀末，バシキリアの範囲の官有・私有冶金工場に87016人の男性編入農民を確認できる。そのうち40947人（47.8％）が官有工場，44750人（52.2％）が私有工場に編入されたものであった。因みに24324人（28.4％）はデミドフ家に属した。[294]

　工場外労働力を「自発雇い」に依存する度合いは，場合によって，つまり特に編入農民を得られなかった工場では，高かった。そのような例としてI. P. オソーキンのトロイツキーおよびウセニ＝イヴァノフスキー工場，クラシリニコフ家のイルヂアンスキーおよびカルテエフスキー工場その他があげられる。A. I. シュヴァロフも，ポクロフスキー工場に官有地農民の編入を受けられなかったので，「雇い」労働に依存した。1762年にその数は580人であった。農民戦争前夜に，バシキリア地域に約13千人の「自発雇い」労働力を確認できる。これは編入農民（男性）の約15％に相当する数である。[295]

　既に18世紀初頭，ウラル製鉄業の初発の段階から，「自発雇い」労働者の存在が記録されてきた。しかし，彼らを近代的な自由な賃金労働者，即ち二重の意味で自由な労働者と見なすことはできない。再三確認してきたように，この

点において18世紀を通じて劇的な変化が起こらなかったことにむしろ特徴がある。これを実態に即して確認することができる。

第4節　封建的大規模マニュファクチュアの工場外労働

炭焼き労働の実態

　木炭製造はウラル製鉄業の不可欠の一環であり，銑鉄生産の量と質を決定する条件の一つであった。その作業は，編入農民による薪伐りに始まり，薪堆（マイラー Meiler）積み，炭焼き，堆崩し，工場への搬入をもって完結した。

　炭焼き法には幾種類かあり，ウラルに伝わる伝統的方法が私有・ポセッシア工場で19世紀まで続けられる例があったが，官有工場を中心にドイツ式の改良型が普及した。フランス式，チロル式も導入され，製炭炉も1760年代に出現したが，主流とはならなかった。[296]

　ドイツ式の改良型（これを旧ウラル式と呼ぶこともある）では，20サージェンの薪堆を積み上げる。薪は直接地表に3-4層に積まれ，三角または四角に積まれた筒を備える。薪堆は細枝で覆われ，芝土を被せられる。筒底に燃えた炭または樺皮を投じて点火する。炭焼きに8-12昼夜，解体に8-12昼夜，燃え残りを集めて追加的炭焼きにさらに2-4昼夜要する。最終的に20サージェン＊の薪堆から松炭80行李，白樺炭60行李が得られる。旧ウラル式では予め薪を乾燥せず，直接地表で焼くため，湿気の影響を受けやすく，火の管理が難しい。そのため炭焼き作業は熟練と注意力を要求したが，均質な炭を得るのは至難だった。[297] ＊1 サージェン＝2.134m

　L. ベックによれば，森林内の平地に薪堆を積み上げる方式は，広くヨーロッパに行われたもので，18世紀前半から科学的な関心を呼ぶに至ったが，基本的構造に変化はなかったようである。規模が大きくなり，またその方が焼け減りが少なかった。覆いに芝土を用いるのは，ドイツで最も成績が良かったとされる。[298]

ドイツ式の炭焼き法が普及したことにV. ゲンニンが主導的役割を果たしたのは疑いない。炭焼き労働の作業基準と管理原則は，V. ゲンニンの定めた規程をもとに，改訂を加えながら整備されたと思われる。彼は，1723年から34年にかけてのシベリア（ウラル）の冶金工場監督最高責任者としての赴任期間中に，炭焼きを含む冶金業の全作業工程を規程化し，「鞭の規律」の体系を整備した。とりわけ炭焼き作業のそれは，農民の行動を観察した経験則に基づく不信を基礎に，農奴労働の管理原則に基づいて，規則違反に対する徹底した処罰により「陛下の事業」を遂行する指針として練り上げられた。

　最も注意すべきは，森林火災である。そのため，草焼きは厳禁された。火が出た場合，周辺住民は可及的速やかに消火に当たらなければならないし，それに違反したものは処罰の対象となる。[(299)]

　薪伐りは，毎年，編入村の管区長が割当と名簿の目録を作成することから始まる。それを怠った管区長は厳格に処罰される。名簿に載らずに送られてきた農民は，割当もなく，2週間以上も無駄に過ごすことになり，陛下の事業に有害だからである。[(300)]

　農民の本来の農作業は重要であり，農民を零落させない配慮のもと，作業カレンダーは定められるが，他方，"期限までに自分の給与分を怠惰の故に伐り取らないものは，その後の草刈りと穀物取り入れの時期に解放せず，工場が止まらぬよう，薪を伐り終えなければならない。"[(301)]

　森林監視官の職務は，農民を受け入れる際，配分されたものであるか確認し"熱心に監督し，薪伐りが適期にされるよう強制し，農民が怠けたり，薪を集める若しくは枝葉を片づけるのに規則通りにしないとき，素面か酔っているか検査し，処罰する。"[(302)]

　切り株は1-2チェトヴェルチ*（1/4アルシン）以下でなければならず，薪の長さは7チェトヴェルチでなければならない。検査を受けるために薪山を密に積まなければならない。これらに対する違反は罰金を科される。[(303)] *1チェトヴェルチ＝18cm

農民の行動は，強制労働に対する抵抗と，当時の彼らの行動様式の一類型としての飲酒と「怠惰」との混合物として現れたと考えられる。それに対する厳罰による対応はいっそうの抵抗を呼び，収束することはなかった。V. ゲンニンは，農民の"ペテン"を封じるための作業基準をいくつも定めている。伐り取った薪山を受け入れたら，上中下，多くの薪に印をつけなければならない。印を上のものにつけるだけでは，既にあったように，その薪を抜き取り同じ薪山を再び検査させ，ごまかしてしまうからである。木炭行李を運び込む門は1ヵ所にすること。門を2ヵ所にすると，もう1ヵ所から同じ行李を出して再び入荷する不正が行われる。⁽³⁰⁴⁾

"神の畏怖と宣誓を忘れた"監視官や職工の不正も日常的であった。彼らは，付け届けした農民に密な林を割り当て，基準に適合しない薪堆を合格させ，規定より高い切り株を目こぼしした。太さが均一でない薪が目こぼしされた結果，木炭の品質は低下した。⁽³⁰⁵⁾

「肩代わり雇い」が悪用される例が見られた。マリヤニノフなるポレフスキー工場の森林監視官は，工場への木炭の運搬に肩代わりの御者を雇っているとして農民から金を取り，実際には搬入せずに儲けた。兵士や炭焼き職工，職工補助が，農民に「雇われて」彼らの薪を伐り，その上，農民を強制して手伝わせることが横行した。⁽³⁰⁶⁾

炭焼きの作業カレンダーはV. ゲンニンの規程をもとに，ウラルの気候，農作業，冶金工程との関連で定められ，適宜運用されたと思われる。1730年代の官有工場で行われたのは次のようである：3月20日―5月　編入農民により薪伐り；5月　農作業；6月　収穫，草刈りまで薪伐り；9月中期―10月中期薪堆積み；10月中期―　炭焼き。

1779年5月21日付けマニフェストでは，編入農民の薪伐りは2月15日―4月20日と定められた。1829年定員規定によると，薪堆積みから覆土まで6月1日―7月15日，炭焼きから崩しまで9月1日―29日とされ，暑い時期に焼かれた「暑い炭」の呼称も生まれた。私有工場でも同様であって，立地による多少の前後

があったと思われる。ニジネ＝タギリスキー工場の指示規程では (1839)，4月1日−6月15日　薪伐り；9月1日−11月1日　薪堆積みと炭焼き；11月1日−4月1日　輸送となっていた。[307]

　炭焼き作業は，V. ゲンニンによって規程化された薪伐りの仕様，薪の大きさ，薪堆の積み方・大きさ (20サージェン)，場所の選定基準その他を手直ししつつ踏襲した。1763年8月18日付け元老院令によると，残された切り株の高さは，根元の直径12ヴェルショーク*以上の場合6ヴェルショーク以下，4-12ヴェルショークの場合2-4ヴェルショーク，4ヴェルショーク以下の場合根元でなければならなかった。ゲンニンの時代，木炭収量ノルマチーフ (定員規定出炭量) は，20サージェンの松薪堆から80-90行李 (最低70)，白樺薪堆から60-70行李 (50以上) とされ，行李の寸法も定められた。1847年定員規定は収量基準をさらに明確化し，松薪堆から80行李，白樺薪堆から50行李，混合薪堆から75行李と定めた。[308] *1ヴェルショーク = 4.45cm

　木炭行李の規格は何度か改定された。1737年定員規定の定める行李の容量は木炭30プードであった。1792年の官有工場の規定では20プード，22464立方ヴェルショーク，1843年規定では20プード，22656立方ヴェルショークとされた。一般に私有，ポセッシア工場では23000-34500立方ヴェルショークであったという。[309]

　作業に必要な労働量は，1737年定員規定によると，20サージェンの薪堆積みに2人で積み上げから覆土まで20日間，炭焼き12日間，崩し16日間，計48日であった。1820年代では，20サージェンの積み上げに徒歩2人と馬方1人，密な林での作業5日間，中庸な林では5日と6時間，粗な林では6日間とされた。[310]

　定められた規程は19世紀においても遵守されたと見られる。炭焼き作業の規則違反は処罰された。1845年，薪伐り規定に反した何人かの農民がバルナウリスキー工場で1-2週間の労役に処された例がある。木炭行李の大きさに疑いがある場合，工場備え付けの基準行李に内容を移して検査され，不足分を記録された。[311]

第3章　帝政の動揺と停滞構造の顕在化

　V. ゲンニン以後，官有工場の炭焼き作業はV. N. タティシチェフ作成の1737
年定員規定を範として行われた。1761年カメンスキー工場の「森林隊」は，1
下級坑夫長，1労務監督，1下級書記，3写字官，1書記，2税吏，1事務所番，2馬
丁からなり，「炭焼き作業」を担当したのは4職工，4徒弟であった。これらは
工場側の監督労働であって，実際の作業を行ったのは編入農民であった。[(312)]

　私有工場での監督労働は少しく規模が小さかった。N. A. デミドフのニジネ
＝タギリスキー工場の炭焼き作業監督は (1763-64)，1執事，1規程員，3助手，2
森林監視人によって行われた。炭焼き作業の実際は次のようであった。

　薪伐り　708人の樵によって7ヵ月間。農奴の仕事である。

　堆積み　151人の積み上げ労務者によって7ヵ月間。1062堆を義務づける。

　燃え残りの集積　11労務者。

　片づけ　編入農民942人および工場住民195人

　炭焼き作業　炭焼き職工16人のもと，編入農民と工場住民が参加する。

　木炭輸送　デミドフの常雇労務者。執事3人によって受け容れ。[(313)]

　1768年3月13日に，"高潔なる貴族P. A. デミドフ様のネヴィヤンスキー，
ブインゴフスキー，シュラリンスキー工場の番頭…"と，"住民，即ちプロコ
フィー・アキンフィエヴィチ様の指令された農奴たる"班長11人並びに平の
総勢359人との間で，"自らの要望で自発的に取り結んだ契約"は，伝統に倣
いながら，独自性を付加したものになっていた。その概略は以下のようである。

　"1) 定められた森林で…去る1767年には，…1人が80サージェン，15人が
　　50サージェンずつ，343人が40サージェンずつ，総計359人により14560サー
　　ジェンの薪を伐り，1702年3月8日付けのシベリア監督庁証書と以後エカ
　　テリンブルグ工場総監督庁まで引き継がれた寸法でもって，通常の薪堆を
　　"焼き印"入りの鉄製物差しで測って作った。

　2) 給与を，1サージェンにつき30コペイカ，つまり各人には，80サージェ
　　ンには24ルーブリ，50サージェンには15ルーブリ，40サージェンには12

423

ルーブリ，総計14560サージェンの薪につき4365ルーブリ受け取る。その
うち，半額を事前に支給され，その分，予定の半分の薪を7月前半に検収
員に引き渡す。その後，給与の1/4を受け取り，残りの薪を11月前半に遅
滞なく提出して最後の給与を受け取る。

3) 斧を一人当たり3丁支給され，節約して用いる。3月半ばから仕事に着
手し，11月半ばに終える。超過して薪を伐ったものには，1サージェンに
つき30コペイカ与える。

4) 薪伐りの期間は，いかなる仕事も与えない。11月半ば以降は工場仕事
に就き，7月半ばから8月半ばまではご主人と自分の馬の干草を準備する。

5) 柳，ウワミズ桜，ハンノキ，杉以外の木を，除けることなく伐り，切株
を，1754年3月5日付け工場総監督庁決定に従って残す。…ゴミくずをま
とめて薪堆からできるだけ離し，周りをきれいにして森林火災の危険を避
ける。

6) 故四等文官アキンフィー・ニキティチ様が生前厳しく大小の杉を切る
ことを禁じられた。その他，1759年10月4日付けシベリア県庁の指令によ
り，クルミの木を伐ることは…罰金をもって厳重に禁じられる…

7) 故アキンフィー・ニキティチ様が1739年8月5日付け文書で示されたよ
うに：ハンマー軸や支柱に最適な松などの木を見つけて管理事務所に届け
出，認められたものには30コペイカ支払い，その他工場装備に適した木
には25コペイカ支払う。そのような木を薪切りすることを禁ずる。

8) 林を均等に区画割りし，くじ引きで割り当てる。他人の区画に入って
はならず，他人の区画で伐った薪はその区画の担当者のものとなる。班長
は作業を監督する。薪伐りは毎週の労働日に，欠勤なく怠けることなく行
う。勤勉でなく，不服従で不平を言うものは，…怠惰と不服従に応じてふ
さわしい処罰を行う。

9) 炭焼監督官とネヴィヤンスキー管理事務者の検収員の検査で，薪が短
く，薪堆の幅，高さが足りないときは，給与を半額とする。

10）春期，夏季に火災の起きないよう最大限に警戒する。互いに厳しく監視する。火災が起きたときは直ちに消火に当たり，周囲に知らせ，監督事務所に知らせ，応援を頼んで消火する。

11）我々班長と，仲間の労務者は，神の畏れを忘れずきちんと仕事し，戒めに従い，諍いもけんかもいかなる無作法もせず，さいころも酒の密売も盗みも…しない。これに反したときは，指令により自ら責任をとり，…どこにも逃げ出さない。主人の金をもらって働かずに逃げたものがいたり，病気や死亡で人数が欠けたときは，班長と仲間とで一同で，定められた給料で受け取った全額にあたる薪を伐らねばならない…そして我々は互いに連帯責任で保証する。"[314]

この「契約」は，封建的マニュファクチュアの私有領主工場に於ける，労使関係と管理の実態を明瞭に表現している。

この年の予定収量は，前年を完全に踏襲して設定された。人員に変動がなかったと推測されるが，需要の動向は全く考慮の対象ではなかった。作業工程は受け継がれた規定に則って組まれた。

かつて編入農民が担当した工場外労働を，デミドフの自己所有農民たる工場住民が果たしたのである。彼らは，薪伐りと炭焼，工場仕事，主人と自分の馬のための飼料作りに1年を過ごす。強制された労働に，彼らは様々な方法―逃亡，欠勤，怠惰，不服従―で意思表示した。これに対して，規程通りの作業が厳格に要求され，違反に対して処罰が科された。相互不信を基礎にした強制の体系が形成され，工場主―番頭・管理事務―班長―労務者の序列的管理が，連帯責任を梃にしてその機能を図ったのである。神の戒めは，特に旧教徒の比率の高かったデミドフの工場では，一定の規制力となったと思われる。こうした実態の下で，領主工場主と農奴との間に交わされた「自発的な雇い」の契約は，18世紀後半においても呼称通りの内容をもつことのない，完全な形式であった。

鉱石調達に於ける契約も，全く同様の形式と内容をもつものだった。薪伐り

の場合との相違は，作業内容の特質と，歴史的に形成された社会的関係を反映したものである。

　1768年の，ネヴィヤンスキーおよびシュラリンスキー工場への鉱石調達に関する，デミドフの自己所有農民との契約は，極めて厳格な規程遵守を求めた。"鉱石は最も良質で…最小限の不足も欠点もなきこと，無駄な石もケイ素も土も鉱石中に残らぬよう選別すること，そのための炉でもって枯れ木を用いて最高度に焙焼すること…低質で石やケイ素を含むもの，よく焙焼されてないものは1個たりとも受け容れぬこと"が明記された。契約は良質な焼成鉱石1プードにつき3ポルーシカ（1ポルーシカ＝1/4コペイカ）の支払いを予定したが，「雇い人」全員の連帯責任が課せられ，「不従順」と「怠慢」には「苛酷な体刑」を科すとあった。[315]

　契約の中で，ネヴィヤンスキー及びシュラリンスキー工場の住民，即ちデミドフの自己所有農民29名は，自ら鉱石採取師 рудопромышленники と称し，以前作業した場所での採取を表明した。また，契約関係の上で，「鉱石請負人労務者」とも自称し，「神の畏れを忘れずしっかり働く」ことを誓った。[316]鉱石採取の作業は自立的で，親子での参加が特徴的であり，世襲によって一定の職種が固定化されたことが示されている。

　編入農民の仕事量は，工場で彼らが労役義務を負う人頭税額によって決められるものである。V. I. ゲンニンは1725-27年の一連の訓令・指令によって編入農民を薪伐り，木炭の準備・輸送に用いることを許可した。私有工場にも官有工場と同様の規則を及ぼすことが1741年，公式に認められた。1779年5月21日付け布告は，最も熟練を要する薪堆積みと炭焼きに編入農民を使用することを禁じたが，薪伐りが彼らの主要な任務であることに変わりなかった。[317]

　編入農民の作業は，「布令 плакат」賃率に基づいて日割りで算出された。1779年布告以前，主要な作業には「頭割り定量」が定められていた。すなわち，登録者数に応じて農民が伐らなければならない薪の量，運搬しなければならない木炭行李の数等である。これを農民らは単に"頭割り"と呼んでいた。1779

年以降はすべての工場仕事について"頭割り"が定められた。1日12時間として荷車に20プード載せうるものとし，積み込み・積み下ろしに1時間要し，積載荷車で1時間3ヴェルスタ行けるものとする。薪伐りの"頭割り"量は，3と7/9サージェンである。[318]

　農民が彼の義務を果たさなかった場合，その割当は彼の属する組 десяток が果たさなければならなかった。ある組の農民が果たさなかった割当を他の組が負う場合，他の村の組が負う場合さえあった。割当を果たさなかったものは，肩代わりしたものに対して"法定価格"を支払わなければならなかった。[319]

　1800年以降編入農民を代替した「常置労務者」*は，より広い範囲の仕事に用いられた（*第4章参照）。[320]

　十分な編入農民や「常置労務者」を確保できなかった私有工場では自己所有農民（農奴）もしくはポセッシア農民が利用された。ズラトウストフスキー工場，サトゥキンスキー工場では，18世紀最後の四半期，木炭製造に携わったのは購入農奴からなる職工，徒弟，労務者であった。ニジネ＝タギリスキー工場でも農奴が利用された（1763-64年定員）。同鉱区では19世紀初め炭焼き作業に2つの基本的労働者カテゴリーが就いた。1つは，工場内日払労務者と呼ばれ，通例デミドフの農奴からなる定員外労務者，本来の職種で一時的に働けない工場労務者が薪伐りに用いられた。他は，定員内調達者であって，彼らもまたデミドフの農奴であるがかつての編入農民のように一定のノルマで木炭，薪を納入するものである。[321]

　炭焼き作業に「自発雇い」を利用することが進んだ。その一つは，編入農民，常置労務者が自分の割当を代わりに果たさせるために「雇う」ものである。V. I. ゲンニンは既に1735年，これによって労働量の増えた働き手の労働の質が低下することへの懸念を表明していた。しかし，この肩代わりの「雇い」は珍しいことではなかった。[322]

　ニジネ＝タギリスキー鉱区では各種の「自発雇い」の形態が18世紀末から広まった。官有地農民だけでなくデミドフの農奴も定員外（「自発雇い」）燃料調

達者となった。その際農奴も「自発雇い」と同一の条件で働いた。逆に言えば[(323)]「自発雇い」も農奴と同等であったのである。

　「雇い」の他の形態として，官有地農民，他工場労働者その他からの労働力「雇い」が請負を通じて行われた。その際，請負人は工場職員，町人，官有地農民であった。19世紀初め，レジェフスキー工場の木炭は「自発雇い」請負人によって調達された。スイルヴィンスキー，セルギンスキー，ウトゥキンスキー工場では，薪伐りとその運搬は編入農民が，堆積み，炭焼き，崩しは官有地農民から請負人を雇って行った。[(324)]

　V. Ya. クリヴォノゴフも，デミドフの手代，G. マホティンの覚え書きに依拠して，デミドフにおける薪伐りと炭焼きの請負に"経済外的強制と組み合わせた経済的圧力の形態"を確認する。

　"この規準と請負人との契約に従い，18世紀60-70年代，ネヴィヤンスキー，ブインゴフスキー，シュラリンスキー工場に21200サージェンの薪伐りが毎年要求された。これらの薪伐りに560人が従事し，彼らには≪記名目録に従い互いの連帯保証により工場資金から≫請負い帳簿への登録に基づき5200ルーブリ支給されることになっていた。薪伐りの請負人は2月から12月1日までの期間，10ヵ月間働かなければならなかった。"

　"薪伐りの最終的清算は薪の測定と受け入れ後に行われる。炭焼きのための薪堆積みもまた請負で雇われた者たちによって行われた。反対に，堆の芝覆いと崩しは≪人頭税のため≫編入農民に課された。上記工場全体で，1135堆が造られる必要があった。炭焼きを行うために，95人が請負い雇いされ，彼らは≪補助 поторжные≫労務者と呼ばれ，総額570ルーブリの手付金が支払われ，≪請負帳≫に記入された。補助労務者は，契約によると，≪日夜≫炭焼職工の監視のもと，7月30日から12月1日まで働かなければならなかった。彼ら1人当たり12堆を木炭にしなければならなかった。"

　"仕上がった堆の崩しのために，更に200人の堆崩し人が雇われ，彼らには穀物の購入のために総額1000ルーブリの手付金が支払われた。

堆崩し人は4月から5月の間≪ヴイソコゴールの鉄鉱石の採掘に≫，6月1日から堆崩しに当たらなければならなかった。"

"G. マホティンは，遺憾とともに述べた，≪自由な者達がいないため≫堆崩し人をいつでも雇える訳ではないこと，基本的な工場や炭焼きの仕事に従事する者たちに堆崩しを命じなければならないこと，そのことが≪上記の仕事の改善に最大の妨害をもたらす≫"。

＜罰則＞　"ネヴィヤンスキー工場のすべての薪伐り人は18≪組 артель ≫に分けられ，それぞれに特別な区画 стати или делянки が割り当てられる。もしも請負人の誰かが自分の区画ではないところで薪を伐ると，その薪は遂行者ではなくその区画に割当てられた者のものになる。もしも誰かが薪を短く伐る，太く割る，また薪山を密に積まない，または仕事から早く離れた場合，組長は，その者の罪に鑑みて，鞭でも罰するか，または，組長自身が処罰を行わない場合は，誰かが彼と争い，抵抗し，それをネヴィヤンスキー工場事務長に報告し，あるいは，他の者と繋いで手代まで連れて行く…"

"つまり，組長はこのような状況に立たされた。あるいは彼は労務者を鞭打つか，あるいは自分の背中を手代の打撃に任せるか…彼ら＜手代たち－Y.＞は整然たる強制と恣意の機構を代表し，農奴制の支配に支えられてその行動を工場の支配下にない被雇用者にまで拡げた。言うまでもなく，同様の強制手段は，通常，封建的＝従属的工場住民にもおよんだ。"

"炭焼き職工と商いする補助労務者とは，木炭量により（標準は1堆から50行李と定められた）1行李につき1コペイカ受け取った。しかし，≪もしも，特別な障害の他，職工の不注意，特に商い労務者の怠惰により堆が不満足に焼け，そのため木炭の出発に際して適正な場所，森林，土地に照合した実際の試験により不十分とされたときは，職工，労務者全員が処罰される≫。その額は各行李につき6コペイカである。

もしも薪堆が完全に焼け尽きた場合，職工と労務者は，自腹で薪を伐り，堆を積み，芝覆いし，崩さなければならない。"

"これらの事実から結論できる。工場の隷属的な者達と官有村農民から成る労働力雇用の請負形態は，労働への経済的関心と経済外的強制の方法と結合した経済的圧力とを伴い，ロシアの，特にウラルの，工業発展のマニュファクチュア期に完全に固有のものであった。[325]"

　我々は，ウラルにおける封建的マニュファクチュアの完成過程はロシア封建体制の強化過程に完全に適合していたと考える。そこにおいて工場外労働も，工場内と同様に，「雇い」形態であっても，封建的原理に服したのである。

第5節　封建的大規模マニュファクチュアの個別事例
―ゴリツィン公所有工場―

ストロガノフからゴリツィンへ

　個別事例の中に経営と労働の実態を探るとすれば，ペルミのゴリツィン公所有工場は地主＝貴族工場の適例であろう。A. G. ストロガノフの所有であったヌイトヴェンスキーおよびクシエ＝アレクサンドロフスキー工場が，1763年，女婿となったM. M. ゴリツィン公に受け継がれた（後者は一時共同所有される）。80年代には新たにアルハンゲロ＝パシースキー工場が設立される。各工場の労働力となる住民カテゴリーは，1) 領主および自己の耕作を行い年貢を納める領地農民，2) 冶金および製塩工場で働く工場内労務者，3) 補助的労働に従事する工場外労務者（工場付き подзаводские 農民）に区分された。[326]

　工場内労務者の専門化は進み，高炉作業場では，職工およびその助手，投入夫，木炭運搬夫，鉱石運搬夫…という具合であった。多くの労務者は，職工でなくても鍛冶，金物加工，ふいご，羽口，ハンマーと職務を分担していた。[327]

　しかし，職工・労務者の専門化の近代的に見える外形が，近代的な労使関係の内実を表現したものではなかったことに注意する必要がある。クシエ＝アレクサンドロフスキー工場の共同所有の事情が，工場所有が人的所有にまで及んでいたことを端的に示して興味深い。即ち，2人の所有者それぞれの生産組が

併存したため，どちらも年間150日以上働くことはなく，"高炉作業から自由なとき"には補助的労働に従事したというのである。この不合理は1767年3月の合意で，それぞれの割合に応じた労務者数で年間を通じて働くことで解決された。しかし，職工と職工助手は，各所有者のものにとどまった。職工といえども，領主＝工場主の排他的支配のもとにあると認識されていたことは明白である。領主工場の場合には，封建的土地所有と同様に，工場の所有とは，それに付属する個別具体的な人員をも所有することであった。

サトゥキンスキー工場の所有がA. S. ストロガノフからL. I. ルギーニンに変わっても所有の実態になんら変わりがなかったことが示すように，一般に南ウラルの私有冶金工場の職工・労務者が"自己所有собственный"であったことは間違いない。[329]

実在労働力の目安として，1782年，新設のアルハンゲロ＝パシースキー高炉工場に労働力を供給した世襲領地の男性住民は9941人，そのうち実労働力は3290人（33％），その中から369人が工場に派遣された。"自ら望んだもの"はただ一人であったというから，形式的にも強制的労働であったといえる。1790年には派遣人数は407人に上ったが，1791年初めに工場に残ったのは，155人，即ち38％，474人の登録人数に対しては33％に過ぎなかった。他のものは，逃亡か死亡，新兵として転出もしくは老齢や病気により不在と説明された。[330]

ゴリツインの工場経営を規制する主要な条件は，労働力不足だったと考えられる。製銅を主とし，一部製鉄関連の作業場を持つヌイトヴェンスキー工場は，1760年に実在労働力153人，勤務員служителиを含めて234人で稼働していたが，80年代から90年代にかけて事業を拡大した。1792年には365人が実働していたが，工場事務は"連続操業のためには"474人必要と考えていた。アルハンゲロ＝パシースキー工場では，1790年代始め，高炉2基の操業に必要な人員61人（未成年を含む），ハンマー作業所62人（予備として6人），鍛冶場36人，組み立て作業場12人，羽口3人，ふいご10人等，総計441人が設定されていたが，病気，逃亡その他による欠員のため，実働は394人であった。[331]

全般的な労働力不足は1750年代始めからのことであり，それに対する対処
は，農民を工場・鉱山に移住させることであった。1760年，"鉱山仕事の徒弟"
の不足のため，領地農民10人がヤイヴェンスキー，ロマノフスキー鉱山に送
られた。1790年には，ヌイトヴェンスキーのハンマー作業の人手不足が報告さ
れ，編入村からの移住が予定された。翌年にはクルイロフスコエ村その他から
精銑作業のために農民を移住させた。そうした移住の原則は，移住農民の労
働能力があることと，貧農であることだった。こうして，村には経営能力ある
農民が残ることが企図され，移住者の耕地は残ったものの間に配分された。[332]工
場労働力の補給源が自己所有もしくは編入村農民であったことはここに明らか
であり，そのことが農村－工場間の格差拡大，階層分化を進める要因の一つに
なったのである。

　工場外の補助的労働力は編入農民が供給した。1763年までに，ヌイトヴェ
ンスキー工場にはタバルスコエ，ベリャエフスコエ，ニジネ＝ムリンスコエ，
ユーゴ＝カムスカヤ，ウスチ＝チュソフスカヤ村の農民1930人が，クシエ＝ア
レクサンドロフスキー工場にはカリーニンスコエ，カマシンスコエ村の759人
が編入された。[333]

　編入農民は工場の拡大，新設に伴って増加した。1792年の段階で，ヌイト
ヴェンスキー，クシエ＝アレクサンドロフスキー，アルハンゲロ＝パシース
キー工場に編入されていた男性住民は10180人，実働人員は3327人に上った。
ここで指摘されるべきは，労働力不足のもとで，領地農民も工場外労働に投入
されるようになったことである。1770年に，工場主の許可のもと工場事務は
農民をそれまで除外されていた工場仕事に振り向けた。つまり，領地農民をヌ
イトヴェンスキーへの鉱石浮送，薪，穀物運搬に用いるようになったのである。
80年代にアルハンゲロ＝パシースキー工場を建設したのは，ほとんど領地農民
の労力であった。[334]

　こうして，I. S. クリツインによれば，ゴリツィンの経営では工場仕事が明ら
かに優先されることになった。その結果，耕作をないがしろにせざるを得ない

下層農民が生じるし，他方で，上層は年貢や工場仕事の負担を買収その他の方法で下層に転嫁するのである。補助的労働作業の配分は公正を原則とされていたにもかかわらず，上層農民には近場の薪刈りが割り当てられ，近距離のもしくは良質な鉱山で作業できる，あるいはその作業自体を免れるといったことが横行した[335]。

「自発雇い」の利用

労働力不足からの出口として，「自発雇い」の利用が企図された。工場事務は，遠隔地での作業，領地外での労働に"自発雇いのвольнонаемный"労務者を利用しようとした。つまり，遠距離の鉱山労働，鉄，塩の輸送である。1773年の指示書には，工場は鉱石運搬を「雇い」労務者でもって行い，それが不足する場合のみ領地農民の中から労務者を命ずることとあった。77年に，銅山の一つヂヤコフスキーの労務者の約1/3は「雇い」労務者だった[336]。

I. S. クリツインが特に強調する点は，「自発雇い」の概念がここでは極めて条件付きで適用されるということである。実態として「雇いнаем」されるのは他の領主の領地農民もしくはゴリツイン自身の領地農民であった。その際，特徴的なことは，ゴリツインの農民が，他で雇われてその賃金から年貢をゴリツインに払うことを，その年貢分をゴリツインのもとで現物で労役払いするよりも好んだことである[337]。

「自発雇い」労働力の徴募は主として請負人を通じて行われた。1776年，請負人スヴォロフ某等3名は，従前通り，労務者の不足したときは"自発的な給料でза повольную плату"領地農民を雇うべく許可するよう求め，受け容れられた。ただし，ゴリツイン側は，領主の農民を雇うのは領地管理人と長老（スターロスタ）を通じてのみ可能なこと，雇われた農民の領主仕事が全うされなくて生じた損失は，請負人が償うことを条件づけた[338]。

「自発雇い」で十分な労働力を確保するのは容易でなかった。自らの領主に雇われることが，農奴にとっての義務的労役から免除することにつながらな

かったからである。1787年にゴリツィンが自己所有農民を「雇い」して補助労働と隊商を組織しようとして不首尾に終わったのも，この故であった。自己所有農民の「雇い」は耕作や建設仕事の遅滞を招く原因ともなった。1792年の事例では，春季の畑仕事の時期が来て農民を鉄の浮送仕事に留められない事態になったとき，よその労務者を「雇う」ために彼ら農民から各50コペイカ徴集することが命じられた。⁽³³⁹⁾農民からの徴集が「自発雇い」の原資となった事例である。

　「雇い」契約の性格を示す好例がある。1796年ゴリツィンのニジェゴロド事務所がヴャトカ県の様々な管区から徴募した145人の労務者との契約は，ルイビンスクまでの隊商を組織するものであった。その際の条件は，1000プードあたり3名以上の人員を要求しないこと；曳き綱，平底船，あらゆる方法で可及的速やかな輸送に努めること；鉄の盗みをしないこと，カード遊びをしないこと，隊商責任者に完全に従うこと；更に，強盗その他による遅滞に起因する損失の責任は労務者の連帯責任であること，沈没した場合には引き上げること，船の修理，荷の積み替え，陸揚げに追加支払いを要求しないこと；病気，死亡，逃亡による欠員は労務者の負担で補うこと…であった。⁽³⁴⁰⁾ここに示されているのは，「自発雇い」が完全に片務的契約であった実態である。このような契約が「自発的に」結ばれたのである。

　「農民の雇い」―肩代わりの雇い―も行われた。農民の雇いは，主として炭焼，薪や鉱石の納入等の義務的な賦役仕事を他の農民に肩代わりさせるのである。そうして得た時間を，雇い主＝農民は他の雇い仕事のために使う。領主は，彼の農奴が役務で義務を果たす代わりに様々なよその仕事で稼いだ銭を払う方を選好することが知らされるのである。ただ，鉱山職長штейгерыのような工場職員が請負の形で工場仕事に農民を雇い，追加の役務を課すなどの問題が起こり，工場側は農民の雇いを直接的な工場仕事に用いることを制限し，90年代以降こうした事例は減少した。⁽³⁴¹⁾

　「農民の雇い」の労働の果実は「雇い主」たる農民ではなく工場主のものと

434

なる。「雇い主」＝農民は獲得した時間を他の雇い主のための労働に用いる。

　「雇い」に当たって，ゴリツインの工場事務は，官有地農民を選好した。その理由は，領地農民は紛争の際に自らの領主の庇護のもとに走るのにたいして，官有地農民にはそのようなことがないからであり，他の領主の農民は概して“はなはだ頑固である”ので自己所有農民が見いだせないときに限ってやむを得ずよその農民を雇うというのである。[342]

　南ウラル冶金業に労働力を徴募される範囲は，パヴォルジエからプリカミエにわたる地域であったと考えられる。ルギーニンのズラトウストフスキー工場で，手付金で働くものの間には，カザン県の諸郡から来たチュヴァシ人その他がいたとされ，サトゥキンスキー工場の鉄を輸送する船には，「カマからヴャトカまでの間」つまり同じくカザン県の範囲から来た労務者が雇われていた。[343]

　請負人による徴募，補助労働並びに輸送業務への期限付き従事，こうした形態に適合した労働力供給は，南ウラルの比較的近傍からなされたと考えられる。

給与の実態

　ゴリツインの工場内労働者の給与は，定期および出来高の支払い方法と，貨幣および現物の形態の組み合わせであった。1801年5月16日のベルグ＝コレギヤの決定では，他工場に送られる職工への給与付加に加えて，通常出来高払いを受ける職工，職工助手その他には以前の給与を与えること，即ち，職工，職工助手，労務者の1組で6労働日に60プードの鉄を鍛造する場合，職工に1プード当り3コペイカ（即ち総額1ルーブリ80コペイカ，もしくは1日30コペイカ），職工助手に1.5コペイカ（1日15コペイカ），労務者に1コペイカ（1日10コペイカ）支払うことが確認された。ゴリツインの工場でも概ねこれに一致した。例えば，10プード塊鉄から帯鉄を鍛造する場合，ハンマー職工に1プード3コペイカ，職工助手に1.5コペイカ，労務者に1コペイカの支払いであった。作業の強度と難易により給与は差別化された。炭焼作業の場合，松薪20サージェンから

の木炭焼成に60コペイカ，トウヒからは50コペイカ，混合薪からは40コペイカとなっていた。公的な定員規定は私有工場でも準用されたと思われる。[344]

表3-15に18世紀後半（1764-1789）のゴリツィンの各工場における主要職種の定期性賃金例を示す。

ここに見るのは標準賃金ではない。職種，熟練度，年齢による格差が設けられた結果，このようなばらつきを見ることになったと考えられる。ただ，確かなことは，年額と貨幣賃金額が判明する場合に，貨幣の比率が40-60％にあたり，食糧現物支給の役割の大きかったこと，それなしに生活が成り立たなかったことは明らかである。ゴリツィンの工場の1764年の定員規定によると，7-10歳の男女未成年に対する年間穀物給与はライ麦6チェトヴェリク（1チェトヴェリク＝約26.2リットル），10-15歳には1チェトヴェルチ（1チェトヴェルチ＝8チェトヴェリク）4チェトヴェリク，15-20歳には2チェトヴェルチ2チェトヴェリクとなっていた。I. S. クリツィンの評価によれば，ゴリツィンの熟練した労務者の給与全体は，"より後期のものより1724年の官有定員規定に近い"ものであった。[345]

食糧現物支給の由来は，ゴリツィン各工場の場合領地内生産と外部からの購入である（後述参照）。後に見る労働実態が表すように，その一部は職工・労務者自ら生産したものである。しかし，土地の確保と食糧生産の点では，ゴリツィンの工場やルギーニンのサトゥキンスキー工場はむしろ恵まれていたと考えられる。サトゥキンスキー工場の例では，ストロガノフの領地から工場内に移住させられたもののうち，職工には宅地と草刈地，労務者にはそれらに加えて耕地が与えられた。通例移住させられた農民に分与される土地は従前より狭まることが多く，N. N. デミドフのアヴジャノ＝ペトロフスキー諸工場やI. G. チェルヌイシェフ伯のアンニンスキー工場のように，耕地の全くない場合もあったという。[346]土地面積の格差は極めて大きく，また，農耕可能性よりも冶金業としての立地が優先されることが多かったと推察される。

食糧現物支給を得ない21職種に特に法則性は見出せない。日当のものも年

表3-15　ゴリツイン公所有工場の職種別賃金

職種	日額 （コペイカ）	週額 （コペイカ）	年額 (*)	うち 貨幣支払 （年額）(*)	食糧支給（年間） （単位：チェトヴェルチ）
番頭	–	–	41 ルーブリ以上	–	ライ麦10及びその他34r
高炉職工	–	50	25 r 56 k	15 r	ライ麦その他11
高炉職工助手	–	50	23 r 25 k	–	ライ麦その他11
高炉職工徒弟	–	45	13 r 46 k-20.5 r	6 r	ライ麦11
鋳造職工	10	–	–	–	–
投入夫	–	40	–	–	–
破砕夫	–	30	–	–	–
鉱石運搬夫	–	30	–	–	–
木炭運搬夫	–	30	–	–	–
鍛冶工	7	–	–	–	–
労務者	5	–	–	–	–
ボイラー夫	5	–	–	–	–
運搬夫	5	–	–	–	–
大工 (***)	5	–	10r	–	–
錨職工	15	–	–	12 r 06 k	–
錨職工助手	7	–	–	–	–
錨労務者	6	–	–	–	–
鍛冶工	7-10	–	–	–	–
巻取工 (****)	4-5	–	–	–	–
組立職工	–	–	12 r 06 k	5 r	–
組立職工助手	–	–	9 r 06.5 k	–	–
組立職工徒弟	–	–	6 r 81 k	–	–
鐘製造職工	–	–	17 r 06 k	10 r	ライ麦6
ダム技師	–	–	22 r 27 k	20 r	–
ふいご職工	–	–	23 r	–	ライ麦その他12
ふいご職工助手	–	–	16 r 70 k	–	ライ麦その他12
ふいご職工徒弟	–	–	6 r 80 k	–	ライ麦その他5
炭焼き職工	–	–	17 r 06 k-18 r	–	ライ麦その他6

炭焼き職工助手	–	–	11 r 06.5 k-17 r	–	ライ麦8
精錬工	–	–	10 r (**)	–	–
銅精錬職工	–	–	29 r	–	–
銅精錬工	–	–	17 r 04 k	10 r	–
坑夫長	–	–	21 r	10 r	ライ麦その他11
坑夫徒弟	–	–	13 r	–	ライ麦3
番人	–	–	9 r 86 k	–	ライ麦その他6

(*) r：ルーブリ，k：コペイカ

(**) その他，日曜ごとに5k.

(***) 大工の日給5コペイカは冬季のもので，夏季は4コペイカである。

(****) Мотники を巻取工と訳したが，詳細は不詳である。

出典：И. С. Курицин. Ук. соч. стр. 223.

給のものも混在する。むしろ属人的に，耕地を持って自給可能な者が支給され
なかったと考えられる。そしてそのほとんどは日当支給の階層であった。

　職工・労務者は予定された給与を現実に得たわけではない。第1に，懲罰的
控除がなされた。鍛造工程の場合，"怠慢"として，鞭による処罰の上に，未
達成の鉄1プードにつき1コペイカ，使いすぎた木炭1箱につき3コペイカが差
し引かれた。これらを見逃した番頭達も罰金を自ら払わなければならなかっ
た。

　第2に，給与の結滞がしばしばあった。しかもこれは工場主の方針としてな
されたものである。1767年，工場事務に対して，"工場の資金が十分なとき"
にのみ"遅滞なく"労務者に支払うよう指示されている。他方で，"精勤なる"
職工・職工助手の"報償に""遅滞なく第3の部分を支給するべく寛大なる許
可を"下したのは，給与の恣意性を示す以外の何ものでもない。"第3の部分"
は規定外の付加である。

　第3に，不十分な給与のため労務者は借金を増やし，結果として手取りを更
に減らすことになった。生活の必要から労務者達は"食料徴集のために"出か
けざるを得ず，そのため工場事務は集団的な逃亡を危惧するほどであった。[347]

しかし，特に農民にとって大きな問題は，工場主の支払い猶予-"未払いдодача"の方が農民の負債"移転переход"よりもはるかに多額だったことである。1783年の段階で，工場主は2139人の農民にたいして13142ルーブリの未払いを有し，これに対して農民は163人が673ルーブリの負債を負うていた。工場主の未払いはアルハンゲロ＝パシースキー工場の建設で更に増加する。しかもこうした未払いは長年にわたるものであって，前所有者ストロガノフからも引き継がれていた。[348] したがって，これは未払いというより実際には事実上の不払いである。

工場主の不払い利得の主源泉は，年貢を超えた労働である。1760年代に1人年額60コペイカだった年貢は80年代には3ルーブリ70コペイカにまで上昇していた。しかし，鉱石1000プードの価格4ルーブリですでに年貢額を超過したが，実際の採取高は1人850-2800プードであった。これに加えるに運搬費がある。炭焼きについても同様である。用材伐採の基準を果たすだけで既にほぼ年貢額に匹敵し，炭焼きと運搬費用は工場主の利得となる。このように，I. S. クリツィンに従えば，工場外労働の多くが実際には支払われないとき，"労働賃金"の用語は"完全なフィクション"である。"領地の慣例では，この≪賃金≫は，せいぜい，遂行された仕事が俸給帳にただ書き入れによって記録されたことを意味する。"[349]

労働者隷属化の伝統的手段として貨幣が機能していた実態をここに見る。

ペルミ県において1770年代から80年代にかけて，家族持ちの労務者の扶養に工場主は10ルーブリ要した。また，1784年に，"バザール価格に鑑みて"家族持ち雑役夫の扶養に20ルーブリかかるとあることから，職工・労務者層の給与が最低限の生活しか保証しないものであることは明らかである。特に，穀物価格の上昇は，現物給の重要性を高めた。ゴリツィンの工場でのライ麦粉の価格は，1プード当り1751-55年11.5-21コペイカ；1771-1775年17.25-21コペイカ；1791-95年26-73.5コペイカ；1796-1800年93-98.5コペイカと上昇した。ゴリツィンの領地では穀物を完全自給できなかったので，外部からの購入の必

要があった。⁽³⁵⁰⁾

労働実態

　ゴリツィンのヌイトヴェンスキー工場の報告が労働実態を浮かび上がらせる。それによると，1793年7-11月の138日間における工場労務者заводские работники 312人による労働日（人・日）の内訳は以下のようであった（表3-16）。⁽³⁵¹⁾

　こうした例は，S. G. ストゥルミリンによれば，"世襲領地工場に於いていかに弛緩した強制労働の利用が行われていたか"，"強制労働の規律を維持するのがそれほど大変なこと"であるかを示すものとされるが，このような認識は事態を矮小化する。不足する労働力を確保するため，私有工場でも官有工場でも，農民を工場に引き入れたが，それは，封建体制の強化とともに，強制的労働力を増加させることになった。彼らは工場仕事に従事させられただけでなく，従来からの農奴としての奉仕も免れなかった。こうした過重な負担のもとで彼らを労働させるために経済外的強制を必要とするからこそ，それは強制労働なのである。彼らは農民であったから，近代的工場労働者としてではなく，農民として行動した。そのことは，彼らの主要な抵抗手段が逃亡—自発的不在の恒久化—であり，日常的労働実態が半農半工であったことに現れていた。

表3-16　ヌイトヴェンスキー工場の労働日内訳
（1793年7-11月）

	人・日	％
工場仕事	7741.5	17.9
建設仕事	10850	25.1
領主の作物の世話と刈り入れ	10605	24.6
自発的な不在	7588.5	17.6
病欠	196.5	0.4
労働日計	36981.5	85.6
祝祭日	6218.5	14.4
総　計	43200	100.0

第3章　帝政の動揺と停滞構造の顕在化

　ヌイトヴェンスキー工場の中でも，職種・作業場によっては，本来的な工場仕事に費やす労働日がはるかに少ない例が指摘される。1793年夏季4.5ヵ月の精銑作業場の労働日は表3-17のように配分された。

　ここに見られるのは，職工，労務者を問わず，本来の精銑作業に割いた労働日はわずか4％であり，それに対して農作業に約26％費やし，自発的不在が20％前後にのぼったという明確な労働配分の実態である。建設作業の内容は不詳であるが，これも工場内労働の区分が不明確であったことを示すと考えられる。I. S. クリツインによれば，農作業由来の欠勤の特に多くなる夏季であること，水不足による工場停止が多い時期であることが，このような配分に現れたとされるが，にもかかわらず，これは全体像を表現しており，"疑いなく，同様の光景が他の工場でも起こった"と考えられている。⁽³⁵²⁾

表3-17　ヌイトヴェンスキー工場精銑作業労働日
（単位：時間）

職種	精銑職工	精銑職工助手	精銑労務者	計
総労働日	7695	7830	7290	22815
同％	100	100	100	100
精銑作業	302	331	279	912
同％	3.90	4.20	3.83	4.00
建設作業	2619	2798	1916	7333
同％	34.00	35.70	26.28	32.20
農作業	1995	2030	1890	5915
同％	25.90	25.90	25.92	25.90
病欠	75	36	3	114
同％	1.00	0.50	0.04	0.50
祝祭日	1254	1276	1188	3718
同％	16.30	16.30	16.30	16.30
自発的不在	1450	1359	2014	4823
同％	18.90	17.40	27.63	21.10

出典：И. С. Курицын. Ук. ст. стр. 226-227.

441

いうまでもなく，ゴリツィンの領内でもっとも矛盾をしわ寄せされたのは工場外労働に従事させられる農民であった。工場外労働が"零落 разорение"させるという訴えがしばしば聞かれた。1784年を始めとする凶作がこれに拍車をかけ，農民の階層分化を促した。経営者側が農民を3分割した中の最下層は1785年に約60％，80年代を通じて半数近くで推移した。[353]

　比較的優遇された職工・労務者の間では稀であったが，工場付き農民の間では主要な異議申し立ての表現は逃亡であった。1785年，アルハンゲロ＝パシースキー工場の建設に際しては大量の逃亡があった。1794年にはいくつかの村から総計800人に上るものが逃亡した。工場事務は逃亡者を捕らえ一堂に集めて，むち打ちから新兵送りに至る処罰を決めなければならなかった。[354]

　ゴリツィン公所有工場の総括は以下のようになろう。

　当該工場は典型的な地主＝貴族所有工場である。労働力の基幹的な部分は自己所有農民と編入農民からなる。したがって完全に国家から自立した企業とはいえない。

　多様で前近代的な「自発雇い」が利用された。「請負」の利用が幅広く行われた。雇いの資金を農民から徴集したことが確認される。雇われる側に一方的に条件を押し付ける片務的契約が行われた。「農民の雇い наем」，即ち「肩代わりの雇い」が行われた。この場合の雇い主＝農民は何らの物質的利得を得ることなく，「雇い」によって得た時間を他人のための肩代わり労働に用いた。

　給与はゲンニン期に比較しても低く，給与体系に規則性は乏しかった。

　　ゲンニン期の高炉関係の給与規定（月額）：下級職工　36ルーブリ；職工助手　24ルーブリ；装入工　18ルーブリ；労務者　8ルーブリ

　　ゴリツィンの高炉関係給与（月額）：職工　25ルーブリ56コペイカ；職工助手　23ルーブリ25コペイカ；徒弟　13ルーブリ46コペイカ―20ルーブリ50コペイカ；装入工　40コペイカ（週給）；労務者　5コペイカ（日給）

　18世紀後半のゴリツィン公所有工場の給与水準は明かに低下しており，職工・労務者の生活は食糧の支給と自給によって維持されていたと考えられる。

低水準の給与が，更に日常的に支払われなかった。不払い労働が強制された
のである。工場本来の業務のための稼働率は低かったが企業は倒産せず，職工
労務者の自助に依存して存続した。これは市場原理に基づく経済現象ではな
い。

注

(1) H. D. Hudson Jr. The Rise of the Demidov Family and the Russian Iron Industry in the eighteenth century. Oriental Research Partners. 1986. pp. 67-68. ; Б. Б. Кафенгауз. История хозяйства Демидовых в XVIII-XIX вв. Том I. М., Л., 1949. стр. 174.

(2) Полное собрание законов Российской империи, с 1649 года. Том 9. 1733-1736. стр. 291-293.

(3) Полное собрание законов Российской империи, с 1649 года. Том 9. 1733-1736. стр. 595-598.

(4) « Исторический архив», т.9, 1953. стр. 23.

(5) « Исторический архив», т.9, 1953. стр. 60.

(6) « Исторический архив», т.9, 1953. стр. 60-61.

(7) « Исторический архив», т.9, 1953. стр. 63-64.

(8) « Исторический архив», т.9, 1953. стр. 66.

(9) С. Г. Струмилин. Избранные произведения. История черной металлургии в СССР. М., 1967. стр. 259.

(10) М. В. Злотников. К вопросу о формировании вольнонаемного труда в крепостной России. «История пролетариата СССР», сб. 1, 1930. стр. 147.

(11) М. В. Злотников. Ук. ст. стр. 146.

(12) М. В. Злотников. Ук. ст. стр. 155.

(13) С. В. Голикова, Н. А. Миненко, И. В. Побележников. Горнозаводские центры и аграрная среда в России. М., 2000. стр. 23.

(14) И. В. Починская (ред.). Очерки истории старообрядчества Урала и сопредельных территории. Екатеринбург, 2000. стр. 6.

(15) Б. Б. Кафенгауз. История хозяйства Демидовых в XVIII-XIX вв. Том I. М., Л., 1949. стр. 356.

(16) Игорь Юркин. Демидовы. Столетие побед. М., 2012. стр. 253.

(17) Полное собрание законов Российской империи, с 1649 года. Том 5. 1713–1719. стр. 200.

(18) Полное собрание законов Российской империи, с 1649 года. Том 5. 1713–1719. стр. 687.

(19) Полное собрание законов Российской империи , с 1649 года. Том 6. 1720–1722. стр. 737–742.

(20) Полное собрание законов Российской империи, с 1649 года. Том 7. 1723–1727. стр. 300.

(21) Полное собрание законов Российской империи, с 1649 года. Том 7. 1723–1727. стр. 584.

(22) Полное собрание законов Российской империи, с 1649 года. Том 7. 1723–1727. стр. 713–715.

(23) И. В. Починская (ред.). Очерки истории старообрядчества Урала ⋯ стр. 8–9. ; Игорь Юркин. Демидовы. Столетие побед. М., 2012. стр. 254–258.

(24) Полное собрание законов Российской империи, с 1649 года. Том 9. 1733–1736. стр. 603.

(25) Полное собрание законов Российской империи, с 1649 года. Том 10. 1737–1739. стр. 624–626.

(26) Игорь Юркин. Демидовы. Столетие побед. М., 2012. стр. 270.

(27) H. D. Hudson Jr. Op. cit. p. 56.

(28) И. В. Починская (ред.). Очерки истории старообрядчества Урала ⋯ стр. 8–9.

(29) Б. Б. Кафенгауз. История хозяйства Демидовых в XVIII–XIX вв. Том I. М., Л., 1949. стр. 177.

(30) Б. Б. Кафенгауз. Ук. соч. стр. 186–188.

(31) Полное собрание законов Российской империи, с 1649 года. Том 12. 1744–1748. стр. 645–650.

(32) Полное собрание законов Российской империи, с 1649 года. Том 12. 1744–1748. стр. 951–956.

(33) Полное собрание законов Российской империи, с 1649 года. Том 13. 1749–1753. стр. 64–67.

(34) Полное собрание законов Российской империи, с 1649 года. Том 21. 1781–1783. стр. 634.

(35) « Исторический архив», т.9, 1953. стр. 62–63.

(36) М. В. Злотников. Ук. ст. стр. 146.

（37）　«Исторический архив», т.9, 1953. стр. 61, 69.

（38）　В. Я. Кривоногов. Наемный труд в горнозаводской промышленности Урала в XVIII веке. Свердловск. 1959. стр. 38.

（39）　В. Я. Кривоногов. Ук. соч. стр. 39.

（40）　В. Я. Кривоногов. Ук. соч. стр. 39. ; Павленко Н. И. «Развитие ···», М., 1953 г., стр. 394.

（41）　В. Я. Кривоногов. Ук. соч. стр. 39.

（42）　Полное собрание законов Российской Империи, с 1649 года. Том 9.1733-1736. стр. 707-712.

（43）　Полное собрание законов Российской Империи, с 1649 года. Том 9.1733-1736. стр. 889.

（44）　Полное собрание законов Российской Империи, с 1649 года. Том 9.1733-1736. стр. 907-908.

（45）　А. С. Черкасова. Мастеровые и работные люди Урала в XVIII в. М., 1985. стр. 121-122. ; А. Г. Рашин. Ук. соч. стр. 58. ; «Исторический архив», т. 9, 1953, стр. 62. ; Б. Б. Кафенгауз. История хозяйства Демидовых в XVIII-XIX вв. Том I. М., Л., 1949. стр. 175.

（46）　Российское законодательство X-XX веков. В девяти томах. Акты земских соборов. Том 4. стр. 83, 105.

（47）　Б. Б. Кафенгауз. История хозяйства Демидовых в XVIII-XIX вв. Том I. М., Л., 1949. стр. 174.

（48）　Полное собрание указов Российской империи. С 1649 года. Том 10. 1737-1739. стр. 450-451.

（49）　Полное собрание указов Российской империи. С 1649 года. Том 10. 1737-1739. стр. 734-739.

（50）　Полное собрание законов Российской империи. Том 11. С 1740 по 1743. стр. 657-658.

（51）　Полное собрание законов Российской империи. Том 11. С 1740 по 1743. стр. 663.

（52）　А. С. Черкасова. Ук. соч. стр. 125.

（53）　Полное собрание законов Российской империи, с 1649 года. Том 12. 1744-1748. СПб., 1830. стр. 181-183.

（54）　Полное собрание законов Российской империи, с 1649 года. Том 12. 1744-1748. СПб., 1830. стр. 183-186.

（55）　А. С. Черкасова. Ук. соч. стр. 94.　法令はПСЗでは確認できない。

(56) А. С. Черкасова. Ук. соч. стр. 122,144.

(57) М. И. Туган-Барановский. Избранное. Русская фабрика в прошлом и настоящем. М., 1997. стр. 97.

(58) А. С. Черкасова. Ук. соч. стр. 124-125.

(59) А. С. Черкасова. Ук. соч. стр. 124.

(60) А. С. Черкасова. Ук. соч. стр. 100.

(61) М. И. Туган-Барановский. Ук. соч. стр. 100.

(62) А. С. Черкасова. Ук. соч. стр. 100.

(63) С. Г. Струмилин. Ук. соч. стр. 267-268.

(64) А. С. Черкасова. Ук. соч. стр. 103-104.

(65) Полное собрание законов Российской империи, с 1649 года. Том 13.1749-1753. СПб., 1830. стр. 613.

(66) А. С. Черкасова. Ук. соч. стр. 117.

(67) А. С. Черкасова. Ук. соч. стр. 116,118.

(68) А. С. Черкасова. Ук. соч. стр. 119-120.

(69) М. В. Злотников. Ук. ст. стр. 156-159.

(70) А. С. Черкасова. Ук. соч. стр. 157.

(71) А. С. Черкасова. Ук. соч. стр. 95.

(72) А. С. Черкасова. Ук. соч. стр. 95.

(73) Б. Б. Кафенгауз. История хозяйства Демидовых в XVIII-XIX вв. Том I. М., Л., 1949. стр. 359- 360.

(74) Б. Б. Кафенгауз. История хозяйства Демидовых в XVIII-XIX вв. Том I. М., Л., 1949. стр. 368-369.

(75) С. Г. Струмилин. Ук. соч. стр. 270.

(76) Е. И. Заозерская. Бегство и отход крестьян в первой половине XVIII в. – АНСССР. К вопросу о первоначальном накоплении в России, XVII-XVIII в. М., 1958. стр. 178.

(77) Е. И. Заозерская. Бегство и отход ··· стр. 178.,

(78) А. С. Черкасова. Ук. соч. стр. 95.

(79) С. Г. Струмилин. Ук. соч. стр. 270.

(80) «Исторический Архив», т. 9, 1953. стр. 53-54.

(81) «Исторический Архив», т. 9, 1953. стр. 67-68.

(82) «Исторический Архив», т. 9, 1953. стр. 140.

(83) С. Г. Струмилин. Ук. соч. стр. 271.

(84) С. Г. Струмилин. Ук. соч. стр. 273.

（85）Полное собрание указов Российской империи. Том 11. С 1740-1743. стр. 757-759.

（86）Полное собрание законов Российской империи, С 1649 года. Том 12. 1744-1748. стр. 517-518.

（87）Полное собрание законов Российской империи, с 1649года. том 12. 1744-1748. М., 1830. стр. 523-528.

（88）Полное собрание законов Российской империи. Том 1. С 1649 по 1675. От No. 1 до 618. стр. 95.

（89）А. С. Черкасова. Ук. соч. стр. 103,129-130.

（90）Б. Б. Кафенгауз. История хозяйства Демидовых в XVIII-XIX вв. Том I. М., Л., 1949. стр. 365-366.

（91）Полное собрание законов Российской империи, с 1649 года. Том 14.1754-1757. СПб., 1830. стр. 75-83.

（92）Полное собрание законов Российской империи, с 1649 года. Том 14.1754-1757. СПб., 1830. стр. 489-498.

（93）Б. Б. Кафенгауз. Ук. соч. стр. 366.

（94）С. Г. Струмилин. Ук. соч. стр. 279.

（95）С. Г. Струмилин. Ук. соч. стр. 281.

（96）Б. Б. Кафенгауз. Ук. соч. стр. 366-367.

（97）А. С. Черкасова. Ук. соч. стр. 80.

（98）А. С. Черкасова. Ук. соч. стр. 78.

（99）А. С. Черкасова. Ук. соч. стр. 152.

（100）А. С. Черкасова. Ук. соч. стр. 152-153.

（101）А. С. Черкасова. Ук. соч. стр. 133,135-136.

（102）А. С. Черкасова. Ук. соч. стр. 141,143.

（103）Н. И. Павленко. Развитие металлургической промышленности России в первой половине XVIII века. М., 1953. стр. 86.

（104）Н. И. Павленко. Ук. соч. стр. 86-87.

（105）Д. Кашинцев. История металлургии Урала. т. 1. М.,Л. 1939. стр. 117.

（106）Д. Кашинцев. Ук. соч.стр. 118.

（107）Полное собрание законов Российской империи, с 1649 года. Том 9. 1733-1736. стр. 347.

（108）Полное собрание указов Российской империи. С 1649 года. Том 10. 1737-1739. стр. 867-871.

（109）Полное собрание законов Российской империи, С 1649 года. Том 12. 1744-

1748. стр. 669–670.

(110) А. Г. Рашин. Формирование промышленного пролетариата в России. М., 1940. стр. 43.

(111) Д. Кашинцев. История металлургии Урала. т 1. М., Л. 1939. стр. 113.

(112) Полное собрание законов Российской Империи, с 1649 года. Том 8. 1728–1732. стр.

(113) Полное собрание законов Российской империи. С 1649 года. Том 9. 1733–1736. стр. 919.

(114) Полное собрание указов Российской империи. С 1649 года. Том 10. 1737–1739. стр. 739–741.

(115) Полное собрание законов Российской Империи. Том 11. С 1740 по 1743. СПб., 1830. стр. 209–212.

(116) Полное собрание законов Российской империи. Том 11. С 1740 по 1743. стр. 595–596.

(117) Полное собрание законов Российской империи, с 1649 года. Том 12. 1744–1748. СПб., 1830. стр. 79–85.

(118) Полное собрание законов Российской империи, с 1649 года. Том 13. 1749–1753. СПб., 1830. стр. 613–615.

(119) Полное собрание законов Российской империи, с 1649 года. Том 13. 1749–1753. СПб., 1830. стр. 882–883.

(120) Полное собрание законов Российской империи, с 1649 года. Том 13. 1749–1753. СПб., 1830. стр. 883–884.

(121) Полное собрание законов Российской империи, с 1649 года. Т. 29. 1806–1807. СПб., 1830. стр. 1057.

(122) А. С. Черкасова. Мастеровые и работные люди Урала в XVIII в. М., 1940. стр. 43.

(123) Полное собрание законов Российской империи, с 1649 года. Том 13. 1749–1753. СПб., 1830. стр. 907–908.

(124) А. С. Черкасова. Ук. соч. стр. 82–83.

(125) Д. Кашинцев. История металлургии Урала. т. 1. М.,Л. 1939. стр. 123.

(126) С. П. Сигов. Очерки по истории горнозаводской промышленности Урала. Свердловск. 1936. стр. 37.

(127) С. Г. Струмилин. Ук. соч. стр. 221–222. ; С. В. Голикова и др. Ук. соч. стр. 15.

(128) А. С. Черкасова. Ук. соч. стр. 98–99.

(129) С. В. Голикова, Н. А. Миненко, И. В. Побережников. Горнозаводские центры и

アグラルная среда в России. М., 2000. стр. 23.

(130) А. С. Орлов. Волнения на Урале в середине XVIII века. М., 1979. стр. 537

(131) Д. Кашинцев. История металлургии Урала. т. 1. М.,Л. 1939. стр. 145-146.

(132) Д. Кашинцев. История металлургии Урала. т. 1. М.,Л. 1939. стр. 146.

(133) Полное собрание законов Российской империи, с 1649 года. Том 16. С 28 июня 1762 по 1764. стр. 214-215.

(134) Полное собрание законов Российской империи, с 1649 года. Том 16. С 28 июня 1762 по 1764. стр. 216-219.

(135) Салават Кулбахтин. Заводовладельцы Южного Урала. http://vatandash.ru/index.php?article=1898 ― 13-16/16

(136) ルードウィヒ・ベック著, 中沢護人訳『鉄の歴史』第3巻第2分冊. 490ページ.

(137) С. Г. Струмилин. Избранное произведение. История черной металлургии в СССР. М., 1967. стр. 294.

(138) С. Г. Струмилин. Ук. соч. стр. 296.

(139) А. С. Черкасова. Ук. соч. стр. 153.

(140) А. С. Черкасова. Ук. соч. стр. 156.

(141) С. Г. Струмилин. Ук. соч. стр. 297.

(142) С. Г. Струмилин. Ук. соч. стр. 297-298.

(143) С. Г. Струмилин. Ук. соч. стр. 298.

(144) А. С. Орлов. Волнения на Урале в середине XVIII века. М. 1979. стр. 58-59.

(145) А. С. Орлов. Ук. соч. стр. 62.

(146) Полное собрание законов Российской Империи, с 1649 года. том 15. С 1758 по 28 июня 1762. стр. 966.

(147) Полное собрание законов Российской Империи, с 1649 года. том 16. С 28 июня 1762 по 1764. стр. 47-48.

(148) М. Н. Мартынов. Саткинский завод во время восстания Емельяна Пугачева. – «Исторические записки», т. 58, 1956. стр. 209.

(149) М. И. Туган-Барановский. Избранное. Русская фабрика в прошлом и настоящем. М., 1997. стр. 102.

(150) А. С. Орлов. Ук. соч. стр. 186-191.

(151) А. С. Орлов. Ук. соч. стр. 169-182.

(152) М. Н. Мартынов. Ук. ст. стр. 210.

(153) А. С. Черкасова. Ук. соч. стр. 101.

(154) А. С. Черкасова. Ук. соч. стр. 99.

(155) А. С. Орлов. Ук. соч. стр. 96-97.

(156) Б. Б. Кафенгауз. История хозяйства Демидовых в XVIII-XIX вв. Том I. М., Л., 1949. стр. 367.

(157) А. С. Черкасова. Ук. соч. стр. 131.

(158) А. С. Черкасова. Ук. соч. стр. 100-101.

(159) А. С. Черкасова. Ук. соч. стр. 130.

(160) Б. Б. Кафенгауз. Ук. соч. стр. 367.

(161) А. С. Черкасова. Ук. соч. стр. 132.

(162) А. С. Черкасова. Ук. соч. стр. 106.

(163) Н. М. Кулбахтин. Горнозаводская промышленность в Башкортостане XVIIIвек. Уфа, 2000. стр. 101-102.

(164) Н. М. Кулбахтин. Ук. соч. стр. 110.

(165) Н. М. Кулбахтин. Ук. соч. стр. 109.

(166) Н. М. Кулбахтин. Ук. соч. стр. 129.

(167) С. В. Голькова и др. Ук. соч. стр. 24.

(168) А. С. Черкасова. Ук. соч. стр. 105.

(169) А. С. Черкасова. Ук. соч. стр. 105.

(170) А. С. Черкасова. Ук. соч. стр. 145.

(171) А. С. Черкасова. Ук. соч. стр. 104.

(172) М. Н. Мартынов. Ук. ст. стр. 219.

(173) А. С. Черкасова. Ук. соч. стр. 212.

(174) В. Я. Кривоногов. Наемный труд в горнозаводской промышленности Урала в XVIII веке. Свердловск. 1959. стр. 8.

(175) В. Я. Кривоногов. Ук. соч. стр. 8.

(176) Н. М. Кулбахтин. Ук. соч. стр. 67.

(177) Н. М. Кулбахтин. Ук. соч. стр. 132.

(178) Н. М. Кулбахтин. Ук. соч. стр. 68-69.

(179) Б. Б. Кафенгауз. История хозяйства Демидовых в XVIII-XIX вв. Том I. М., Л., 1949. стр. 306.

(180) Ю. Гессен. История горнорабочих СССР. Т. 1. М., 1926. стр. 84.

(181) Б. Б. Кафенгауз. Ук. соч. стр. 315.

(182) Б. Б. Кафенгауз. Ук. соч. стр. 316.

(183) М. Н. Мартынов. Ук. ст. стр. 211.

(184) Н. М. Кулбахтин. Ук. соч. стр. 193.

(185) Н. М. Кулбахтин. Ук. соч. стр. 192-193.

(186) Н. М. Кулбахтин. Ук. соч. стр. 195.

（187）Н. М. Кулбахтин. Ук. соч. стр. 194.

（188）Н. М. Кулбахтин. Ук. соч. стр199.

（189）А. С. Черкасова. Ук. соч. стр. 139.

（190）А. С. Черкасова. Ук. соч. стр. 140.

（191）А. С. Черкасова. Ук. соч. стр. 141.

（192）А. Г. Рашин. Ук. соч. стр. 75.

（193）Б. Б. Кафенгауз. История хозяйства Демидовых в XVIII-XIX вв. Том I. М., Л., 1949. стр. 341.

（194）Б. Б. Кафенгауз. Ук. соч. стр. 341.

（195）Б. Б. Кафенгауз. Ук. соч. стр. 342.

（196）Б. Б. Кафенгауз. Ук. соч. стр. 344.

（197）Б. Б. Кафенгауз. Ук. соч. стр. 345.

（198）Б. Б. Кафенгауз. Ук. соч. стр. 346.

（199）Б. Б. Кафенгауз. Ук. соч. стр. 347.

（200）Б. Б. Кафенгауз. Ук. соч. стр. 308, 314, 315.

（201）Д. Кашинцев. История металлургии Урала. т 1. М., Л. 1939. стр. 132.

（202）Д. Кашинцев. Ук. соч. стр. 135.

（203）Д. Кашинцев. Ук. соч. стр. 141.

（204）Д. Кашинцев. Ук. соч. стр. 141.

（205）Д. Кашинцев. Ук. соч. стр. 142.

（206）Д. Кашинцев. Ук. соч. стр. 143.

（207）Ф. Я. Полянский. Наемный труд в мануфактурной промышленности России XVIII века. «Вопросы истории народного хозяйства СССР», М., 1957. стр. 154.

（208）Ф. Я. Полянский. Ук. ст. стр. 154-155.

（209）Д. Кашинцев. История металлургии Урала. М., 1939. стр. 147. ; Ф. Я. Полянский. Наемный труд в мануфактурной промышленности России XVIII века. «Вопросы истории народного хозяйства СССР», М., 1957. стр. 156.

（210）М. Н. Мартынов. Ук. ст. стр. 241, 243-245.

（211）Ю. Гессен. Ук. соч. стр. 134.

（212）Ю. Гессен. История горнорабочих СССР. Т. 1. М., 1926. стр. 132.

（213）Д. Кашинцев. История металлургии Урала. т 1. М., Л. 1939. стр. 151.

（214）Д. Кашинцев. Ук. соч. стр. 151.

（215）Д. Кашинцев. Ук. соч. стр. 152.

（216）Б. Б. Кафенгауз. История хозяйства Демидовых в XVIII-XIX вв. Том. 1. М.,Л., 1949. стр. 388.

(217) Б. Б. Кафенгауз. Ук. соч. стр. 389–391.

(218) Б. Б. Кафенгауз. Ук. соч. стр. 391–394.

(219) Б. Б. Кафенгауз. Ук. соч. стр. 396–396.

(220) Б. Б. Кафенгауз. Ук. соч. стр. 396–397.

(221) Ю. Гессен. История горнорабочих СССР. Т. 1. М., 1926. стр. 134.

(222) Д. Кашинцев. История металлургии Урала. т 1. М., Л. 1939. стр. 162.

(223) Н. М. Кулбахтин. Ук. соч. стр. 201–201.

(224) Н. М. Кулбахтин. Ук. соч. стр. 150.

(225) Н. М. Кулбахтин. Ук. соч. стр. 151.

(226) Салават Кулбахтин. Заводовладельцы Южного Урала. http://vatandash.ru/index.php?article=1898-2-3/16

(227) Ф. Я. Полянский. Наемный труд в мануфактурной промышленности России XVIII века. «Вопросы истории народного хозяйства СССР», М., 1957. стр. 156.

(228) Полное собрание законов Российской Империи, с 1649 года. том 20. 1775–1780. СПб., 1830. стр. 822–824.

(229) Ю. Гессен. История горнорабочих СССР. Т. 1. М., 1926. стр. 148–149.

(230) Д. Кашинцев. История металлургии Урала. т 1. М., Л. 1939. стр. 165–166.

(231) Ю. Гессен. Ук. соч. стр. 139.

(232) Ю. Гессен. Ук. соч. стр. 140.

(233) Ю. Гессен. Ук. соч. стр. 140–141.

(234) Ю. Гессен. Ук. соч. стр. 141.

(235) Полное собрание законов Российской Империи, с 1649 года. Том 25. 1798–1799. СПб., 1830. стр. 648–651.

(236) Н. М. Кулбахтин. Ук. соч. стр. 86–87.

(237) С. Г. Струмилин. Ук. соч. стр. 310–311.

(238) С. Г. Струмилин. Ук. соч. стр. 312–313.

(239) Полное собрание законов Российской империи. Собрание (1649–1825) : Том 4. стр. 228.

(240) Полное собрание законов Российской империи. Собрание (1649–1825) : Том 4. стр. 283.

(241) Полное собрание законов Российской империи. Собрание (1649–1825) : Том 7. стр. 174–181.

(242) Вильгельм де-Геннин. Описание Уральских и Сибирских Заводов 1735. М., 1937. стр. 354.

(243) Вильгельм де-Геннин. Описание Уральских и Сибирских Заводов 1735. М.,

1937. стр. 356.

（244）Полное собрание законов Российской империи, с 1649 года. Том 12. 1744-1748. СПб., 1830. стр. 81.

（245）John Croumbie Brown, French Forest Ordinance of 1669; with Historical Sketch of Previous Treatment of Forests in France. Edinburgh, London. 1883. pp. 40-45.

（246）黒田迪夫『ドイツ林業経営学史』林野共済会，昭和37年．pp. 21-63.

（247）農林水産省『平成6年度　林業の動向に関する年次報告』— http://www.maff.go.jp/hakusho/rin/h06/html/SB1.2.3.htm

（248）JOHN CROUMBIE BROWN（Compile），FORESTRY IN THE MINING DISTRICTS OF THE URAL MOUNTAINS IN EASTERN RUSSIA. Edinburgh, 1884. p. 30.

（249）Полное собрание законов Российской Империи, С 1649 года. Том 27. 1802-1803. СПб., 1830. стр. 350-356.

（250）Бутенев К. Ф. К. К. Гаскойн // Олонецкие губернские ведомости. 1843. N 13 (от 1 апреля)（перепечатка из газеты "Мануфактурные и горнозаводские известия", 1843, n 7) – http://ru.zunatok.com/docs/index-17964.html

（251）А. М. Пашков. Британские специалисты на Олонецких горных заводах в конце XVIII – начале XIX вв. «Экономическая история. обозрение» Вып. 12. Изд. Московского университета. 2006. стр. 138.

（252）Бутенев К. Ф. К. К. Гаскойн // Олонецкие губернские ведомости. 1843. N 13 (от 1 апреля)（перепечатка из газеты "Мануфактурные и горнозаводские известия", 1843, n 7) – http://ru.zunatok.com/docs/index-17964.html

（253）А. М. Пашков. Ук. ст. стр. 139.

（254）А. М. Пашков. Ук. ст.стр. 138.

（255）Д. Кашинцев. История металлургии Урала. т 1. М., Л. 1939. стр. 185.

（256）Д. Кашинцев. Ук. соч. стр. 185, 187.

（257）Д. Кашинцев. Ук. соч. стр. 187-188.

（258）Д. Кашинцев. Ук. соч. стр. 188.

（259）Алексей Марговенко. Черепановы. «Урал » 2005, No. 6. – http://magazines.russ.ru/ural/2005/6/mar9.html　2/6

（260）Алексей Марговенко. Черепановы. «Урал » 2005, No. 6. – http://magazines.russ.u/ural/2005/6/mar9.html　1-2/6

（261）Алексей Марговенко. Черепановы. «Урал » 2005, No. 6. – http://magazines.russ.ru/ural/2005/6/mar9.html　3/6

（262）Алексей Марговенко. Черепановы. «Урал » 2005, No. 6. – http://magazines.russ.

ru/ural/2005/6/mar9.html 5/6

(263) Д. Кашинцев. История металлургии Урала. т 1. М., Л. 1939. стр. 190.

(264) Д. Кашинцев. Ук. соч. стр. 191.

(265) Д. Кашинцев. Ук. соч. стр. 193.

(266) 中沢護人『鋼の時代』岩波新書, 1964年. 42ページ.

(267) Д. Кашинцев. Ук. соч. стр. 114.

(268) R. F. Tylecote. A History of Metallurgy. 2nd Edition. Maney for the Institute of Materials. 2002. p. 95.

(269) R. F. Tylecote. Op. cit. pp. 122-124.

(270) R. F. Tylecote. Op. cit. pp. 124-125.

(271) 中沢護人, 前掲書, 1964年. 51-52ページ.

(272) R. F. Tylecote. Op. cit. p. 130.

(273) R. F. Tylecote. Op. cit. p. 130.

(274) R. F. Tylecote. Op. cit. p. 126.

(275) R. F. Tylecote. Op. cit. pp. 127-129.

(276) Д. Кашинцев. История металлургии Урала. т 1. М., Л. 1939. стр. 194.

(277) Д. Кашинцев. Ук. соч. стр. 194-195.

(278) R. F. Tylecote. Op. cit. pp. 139-141.

(279) 中沢護人, 前掲書, 1964年. 56-57, 58-59, 85-86, 88ページ.

(280) Б. Б. Кафенгауз. История хозяйства Демидовых в XVIII-XIX вв. Том. 1. М.,Л., 1949. стр. 259-260.

(281) Б. Б. Кафенгауз. Ук. соч. стр. 234-237.

(282) Б. Б. Кафенгауз. Ук. соч. стр. 238-240, 259-260.

(283) Б. Б. Кафенгауз. Ук. соч. стр. 348-349.

(284) Б. Б. Кафенгауз. Ук. соч. стр. 349-350.

(285) А. Б. Мухин. Савва Яковлев – купец, промышленник, предприниматель. «Вестник Санкт-Петербургского университета». Сер.8. 2005. Вып.4. стр. 154-155.

(286) А. Б. Мухин. Ук. ст. стр. 161-162.

(287) А. Б. Мухин. Ук. ст. стр. 162.

(288) Полное собрание законов Российской Империи, с 1649 года. Том 22. 1784-1788. СПб., 1830. стр. 396.

(289) Полное собрание законов Российской Империи, с 1649 года. Том 22. 1784-1788. СПб., 1830. стр. 417.

(290) С. Г. Струмилин. Ук. соч. стр. 314-315.

（291）С. Г. Струмилин. Ук. соч. стр. 315−317.

（292）С. Г. Струмилин. Ук. соч. стр. 317.

（293）С. Г. Струмилин. Ук. соч. стр. 318.

（294）Н. М. Кулбахтин. Ук. соч. стр. 194−195.

（295）Н. М. Кулбахтин. Ук. соч. стр. 201.

（296）С. В. Голикова и др. Ук. соч. стр. 46−54.

（297）С. В. Голикова и др. Ук. соч. стр. 49.

（298）ルードウィヒ・ベック，中沢護人訳．前掲書．第3巻第2分冊．23−25ページ．

（299）В. деГеннин. Описание. стр. 355, 359.

（300）В. деГеннин. Описание. стр. 356−357.

（301）В. деГеннин. Описание. стр. 357.

（302）В. деГеннин. Описание. стр. 357−358.

（303）В. деГеннин. Описание. стр. 358−359.

（304）В. деГеннин. Описание. стр. 359, 363.

（305）В. деГеннин. Описание. стр. 364−366.

（306）В. деГеннин. Описание. стр. 366−367.

（307）С. В. Голикова и др. Ук. соч. стр. 63−64.；В. деГеннин. Описание. стр. 355, 357.

（308）С. В. Голикова и др. Ук. соч. стр. 64−65.；В. деГеннин. Описание. стр. 358, 361.

（309）С. В. Голикова и др. Ук. соч. стр. 66.

（310）С. В. Голикова и др. Ук. соч. стр. 64.

（311）С. В. Голикова и др. Ук. соч. стр. 65, 66.

（312）С. В. Голикова и др. Ук. соч. стр. 54.

（313）С. В. Голикова и др. Ук. соч. стр. 55.

（314）Д. Кашинцев. История металлургии Урала. Том 1. М., Л., 1939. стр. 243−246.

（315）С. В. Голикова и др. Ук. соч. стр. 43−44.

（316）Д. Кашинцев. История металлургии Урала. Том 1. М., Л., 1939. стр. 240−242.

（317）С. В. Голикова и др. Ук. соч. стр. 57−58.

（318）С. В. Голикова и др. Ук. соч. стр. 58−59.

（319）С. В. Голикова и др. Ук. соч. стр. 59.

（320）С. В. Голикова и др. Ук. соч. стр. 59.

（321）С. В. Голикова и др. Ук. соч. стр. 60.

（322）С. В. Голикова и др. Ук. соч. стр. 60.

（323）С. В. Голикова и др. Ук. соч. стр. 61−62.

（324）С. В. Голикова и др. Ук. соч. стр. 62.

（325）В. Я. Кривоногов. Наемный труд в горнозаводской промышленности Урала в

XVIII веке. Свердловск. 1959. стр. 71-73.

(326) И. С. Курицын. Рабочая сила на металлургических завода князей Голицынцх во второй половине XVIII в. – «Исторические записки», т. 66, 1960. стр. 206.

(327) И. С. Курицын. Ук. ст. стр. 206-207.

(328) И. С. Курицын. Ук. ст. стр. 208.

(329) М. Н. Мартынов. Ук. соч. стр. 211, 220.

(330) С. Г. Струмилин. Ук. соч. стр. 294.

(331) И. С. Курицын. Ук. ст. стр. 208-209.

(332) И. С. Курицын. Ук. ст. стр. 209.

(333) И. С. Курицын. Ук. ст. стр. 209.

(334) И. С. Курицын. Ук. ст. стр. 211.

(335) И. С. Курицын. Ук. ст. стр. 212-216.

(336) И. С. Курицын. Ук. ст. стр. 217.

(337) И. С. Курицын. Ук. ст. стр. 217.

(338) И. С. Курицын. Ук. ст. стр. 217-218.

(339) И. С. Курицын. Ук. ст. стр. 218.

(340) И. С. Курицын. Ук. ст. стр. 220.

(341) И. С. Курицын. Ук. ст. стр. 219-220.

(342) И. С. Курицын. Ук. ст. стр. 221.

(343) М. Н. Мартынов. Ук. ст. стр. 216.

(344) И. С. Курицын. Ук. ст. стр. 222.

(345) И. С. Курицин. Ук. ст. стр. 222-223.

(346) М. Н. Мартынов. Ук. ст. стр. 214.

(347) И. С. Курицын. Ук. ст. стр. 222-224.

(348) И. С. Курицын. Ук. ст. стр. 230.

(349) И. С. Курицын. Ук. ст. стр. 227-228.

(350) И. С. Курицын. Ук. ст. стр. 225.

(351) С. Г. Струмилин. Ук. соч. стр. 294.

(352) И. С. Курицын. Ук. ст. стр. 226.

(353) И. С. Курицын. Ук. ст. стр. 231-232.

(354) И. С. Курицын. Ук. ст. стр. 233-236.

第 **4** 章

「農民改革」と停滞構造の再編成

第1節　労働力問題の反動的解決

農民購入許可の再版

　18世紀末から「農民改革」へと向かう時期に，顕在化した停滞構造を基盤として労働力問題を巡る領主経営と冶金業との矛盾が深まり，帝政は農奴制を維持して貴族＝領主層の利益を護持しながらその反動的解決を模索した。

15447. ─1782年6月28日．布告 Манифест. ─土地所有者の地表及び地下に存在する全ての土地産物への所有権の拡大について．
"＜前文：　我々の鉱業への関心の広がりから，多くの制定を行い，それらはどれ一つとして臣民を楽にするためでないものはなかった。しかし，我々の意図は完全には成し遂げられず，主なる豊かな資源は地中に隠れたままである。＞
1.　各人の領地における所有権を，…ただ土地の表面だけでなく，その者に属する地中と水中の全ての隠れている鉱物と生育物，それらから得られた全ての金属へと広げる…
2.　その結果として，各人にその所有地において，全ての金属，即ち，金，銀，銅，錫，鉛，鉄，と鉱物，硝石，硫黄，硫酸塩，明礬，塩，石炭，泥炭と染

457

料原料，有用物…を探し，採掘し，溶解し，煮沸し，精製すること；すべてのものが自らの意思により自らの人員もしくは自発雇いにより仕事することを許す…

8. ＜金と銀の精製に関して，年間1/10の現物納入＞
17.　上記の条項に反する以前の規定はすべて廃止される。"⁽¹⁾

鉱業特権の変更をA. E. ヤノフスキーは以下のように表現した。

"鉱業特典によって公布されロシアの鉱業事業の強化発展に多くを促した鉱業の自由原則は我が国で60年以上保持された。この関係の根本的な転換は百科全書派によって受入れられた重農主義者の思想の影響下に行動したエカテリーナⅡ世時代に結論となった。1782年6月28日付けマニフェストにより，≪領地に対する各人の所有権は，土地の地下，全ての隠れた鉱物と生育物とそれから得られる金属に及ぶ≫。⁽²⁾

1782年マニフェストは，未利用の地下資源について更なる探索，利用を促すものであった。しかし，呼びかけた相手は地主・貴族であって，彼らに"自らの意思により自らの人員もしくは自発雇いにより仕事する"ことを期待するのは明白な矛盾であった。領地所有権の地下への拡大が近代的な権利の拡大と一線を画すものであることは，その後の一連の封建的原理の確認が示すところである。即ち，18世紀末のマニフェストと法令は封建的原理の確認を宣言するものであった。

17909. —1797年4月5日．マニフェスト．—地主地農民の地主のための3日間労働について，日曜日に労働を強制しない件について．

"全ての我が忠良なる臣民に布告する。十戒において我らに与えられた神の法は，7番目の日を彼に捧げるよう教え給う；…我が全帝国においてこの法の完全にして常なる履行を確認し，誰もまたいかなる形でも日曜日に農民に労働を敢えて強いることなく，更に，農作業のために残された週のうち6日を，そ

458

第4章　「農民改革」と停滞構造の再編成

れら全体を均等に分け，農民自身のためと同じく地主のために，あらゆる経営
上の必要を満たすに充分な配分となるよう，全ての者が遵守することを命ず
る。”[3]

　1760年代に地主＝領主層の不満を背景に商人出身工場主の農民購入が禁じ
られたが，工場にとっての労働力不足は深刻化し，不正行為を誘発した。帝政
国家にとって冶金業の重要性は否定し難く，結局，農民購入許可の再版がなさ
れた。

18442.―1798年3月16日．勅令．―工場への農民の購入の許可とその企業の
消滅の際のそれらの国庫への没収について．

　“1762年に農民購入を禁じた原因を検討し，多くの商人出身の工場主がその
工場の拡張を望みながら，そうした決定に縛られつつも法令に反して貴族名に
て農民を購入し法的処罰を受けている実態を見て，―現在我々は，そうした強
いられた障害を避け，我が帝国にあらゆる種類の工場をいっそう増やすため，
かかる禁止を廃するのが良いと認めた。…その際：1）ベルグ及びマニュファ
クチュア＝コレギヤは購入された村が工場から不分離であるよう…厳重に監視
し…2）工場主またはその後継者が経営を望まず…あるいは経営が杜撰である
…：鉱石の枯渇の場合，村と農民を国庫に人数当りの評価により収容する…；
そうではなくて工場主の杜撰により停止した場合は…工場，農民，村と土地
の評価によって国庫に収容する。3）農民の購入において起こりうる全ての余
剰を防止すべく，ベルグ及びマニュファクチュア＝コレギヤは，1752年1月17
日付け元老院決定＜法令全集ПСЗには掲載がない。当該基準は1752年3月12
日付け#9954に見られる。―Y.＞に従うべく求められる。4）農民の工場での
労働の配分は1797年4月5日の農民労働の配分全般に関する我々のマニフェス
トに従って，即ち仕事に適した日数の半分を工場労働に。5）農民の購入許可
にともない，モスクワの商人＝工場主グービンとブリガディル・パリービンの

459

処罰を取りやめる。⁽⁴⁾ …"

　帝政は工場活動に必要な実態に基づき，工場に付けて村を購入する権利を再び承認し，商人工場主と領主の農業経営との矛盾を解消するために，工場の人員剰余に対する厳格な対応を求めた。神様の定めた法に則った1797年4月5日法令を工場労働にも準用することが確認された。

鉱業管理の包括的法制化
　帝政はピョートル期以来の鉱業管理の問題を検証して管理の一元化を提唱し，その一環となるべき鉱業都市の構想を描いた。

21460. —1804年9月21日．陛下に裁可された財務大臣報告．—鉱業工場管理の規則について．
　"＜鉱業条例制定の基礎となった財務大臣（A. I. ヴァシリエフ）報告＞
　ロシアの鉱山地帯は国家的な富の最も重要な源泉の一つである；それ故工業自体と内外の商業に対して大きな影響を及ぼす。
　…陛下にあられては，我が後見のもとに，臣下にしてエカテリンブルグ鉱業庁総長官たる4等文官ヤルツォフによるウラル山脈の工場手引きのための特別委員会を設立されたのは望ましいことであった：同時にそこへゴロブラゴダッキー並びにペルムスキー工場総支配人にして鉱山総隊長 Обер-Берг-Гауптман デリャービンが，それら工場の管理方式変更の請願をもって到来し，委ねられた工場の状況についての特別な報告をもたらした。
　ヤルツォフの手引き，デリャービンの報告，同様に新たに陛下の許可によりシベリアから到来した冶金監督長 Обер-Гиттенфервалтер ベーゲルから得た見解が，我が観察の正しさを証明した；…最終的に鉱山総隊長デリャービンに＜鉱業生産，法制，管理の＞全体的な歴史的記述を委ねた。
　＜以上の経験から＞我に委ねられた省の同僚に，内閣管轄下の工場の管理

者，鉱業省総裁，各種委員会の構成員として，3等文官カーチカ，4等文官ヤルツォフとソイモノフ，鉱山総隊長ポルトラツキーとデリャービンを招くことにした。…

＜その成果たる文書によると＞鉱業指揮 Горное Начальство は，昔からロシアでは，短期間を除いて他の公民や軍事指揮から分離されていた。問題の性格，工場や住民の地域的条件，後者の状態，国庫や指揮管理，自分自身に対する義務，これら全てが一般の公民や軍事の権限と法令からの除外を…要求した。

サクソニヤ，オーストリヤその他の外国では，何世紀もの経験が特別の鉱業管理 Горное Правительство といわゆる鉱業都市の必要を確証し，それらは特別の官吏により特別の法規に基づいて管理され，独自の裁判と執行をもっている。

ロシアでは，鉱業生産創設の開始期に，最高政府は外国の鉱業都市の先例に倣った。賢明なるロシアの改革者，ピョートル大帝は，鉱山地域を一目見て，ただ問題の本質と合致しない管理が鉱業生産の拡大に悪しき結果をもたらす原因であると看破し；それ故鉱業事業への郡長，県知事の全ての影響を排除し，特別な鉱業指揮を創設し，鉱業都市エカテリンブルグの建設を命じた…

勅定の県制度が，鉱業事業を他の国家管理機関と同じく公民のそれと同等の権限と法制に定めた。

…総県知事，県知事，副県知事，鉱業顧問官，そして国庫院 Казенная Палата 全体が工場群を管理したが，ただ紙の上のみであった。誰も現地で個別にその経営・管理分野を，然るべき水準で然るべき責任でもって，監督しなかった；そして学問的分野は見たところ存在しなかった。

＜銀生産が1000プードから400プードに下落したコルイヴァンスキー工場群の状況がエカテリーナⅡ世に知られることとなり＞直ちに鉱業分野が公民から完全に分離された；特別な長官がその管理を引き受け，短期間に再び銀熔融は400プードから1000プードに達した。

ベルグ＝コレギヤの復活，即ち1797年から曾て鉱業分野を指揮したいくつ

461

かの鉱業法制が復活した；鉱業指揮Горное Начальствоが公民部門から分離され，ウラル山脈の工場群の改善が感じられ始めた。しかし，公民部門と鉱業管理部門との相互関係，正確な境界のない互いの影響は，現在まで互いの管理機構に対して多くの障害，混乱をもたらしている。…

　最高政府は，国境の商業都市の管理を特別な法制の上に据える必要を認識し，鉱業事業の本質から，曾ての鉱業管理のいくつかの本質的部分を復活し，工場や鉱山をその村落とともに鉱業都市の基礎の上に据える必要を認識する，より大きな根拠を有する；したがって，ピョートル大帝の最初の例に倣い，…オーストリヤ，サクソニヤその他のドイツ領内の数世紀の経験がその管理の必要を実証した例に倣い，公民権力から独立した特別な指揮部をそれに与える，より大きな根拠を有する。

　＜鉱業都市創設の提案＞以前の時期にこの権利はエカテリンブルグ，バルナウル，ネルチンスクに与えられた；新たにそれを極めて多くの区域，特に工場の遍在するペルミ県に拡げる必要がある。…

　＜“一つの家に何人もの主人がいる”不都合を避けるために＞…ペルミ県，ヴャトカ県に総県知事をおく。さすれば本省の全ての指令と鉱業指揮部，県知事その他の公民権力の全ての文書はこの一人の人物に集中されるであろう。

　総県知事は，陛下に委任された主人として，すべてを監督し，そして訴訟問題で裁判官とならず，鉱業，公民分野で経営問題の指揮官とならず，しかしてそれぞれに応答し，もって公平にすべてを究明し，すべてを平等にし，あらゆる機会に県知事と鉱業指揮部との間の支配的仲裁者となる。…

　…特に県の創設以来，最も主要な困難の中に，郡長，県知事，後には総県知事が，工場の内部管理に全力で介入し，工場の稼働さえも管理し，…工場は多かれ少なかれ…衰退した：…そこから我は，総県知事は工場分野においてあらゆる厳格な意味において法の守護者，陛下の国庫の利益の守護者に留まり；自らに執行並びに指揮権を保持しないことと定める必要があると認める。…完全な経営権が長官には必要である；国庫にとってのその利点は，ロシア

の全ての工場の経験で示されている。ウラル山脈の工場群がゲンニンとタティシチェフに管理されていたとき，彼らには陛下から完全なる全権が与えられていた：それ故工場は増加し改善された。次第に長官の権限は小さく定められた：するとそれらはあのように衰え，国庫はそれらを私人の手に引き渡さざるを得なくなった。…

＜鉱業都市の独自の警察による管理＞

工場群の総長官 Главный Начальник，例えば県知事は，曾てそうであって今もそうであるように，鉱業警察長官でなければならない。彼は，県制の最高法規に述べられた基礎の上に，全ての面において総県知事に従わなければならない。

…当然に，工場村の全住民は，いかなる身分にあろうとも，工場鉱区の全住民と同様に，公民の保安において，鉱業警察の指示に則りそれに従う。

…

職工たる者が工場で行動する時，海軍工廠や砲兵廠の職工と同様，後者が自らの犯罪において軍事法廷に服する如く；その際その裁判は通常よりも速やかに，文書作成をより少なく，軍務にふさわしい厳格さをもって，…軍務の秩序を図る…

…

＜鉱山局を2部局に分ける＞

＜鉱山監督官＞

…

国庫は私有工場を管理せず，監視のみを行う；それでそれは鉱山局長官に，またはそのために定められた鉱山監督官に負わされる…

鉱山局，従って鉱山監督官，また同様に総県知事に，ペルミ，ヴァトカ，カザンとオレンブルグ県の…，全ての官有，私有工場は従う。

…

これらペルミ県の鉱業統治の形成により，全ての地域的なエカテリンブルク

463

スキー，ゴロブラゴダッキー，ペルミスキー，バンコフスキーの鉱業指揮部は
廃止される。

　…

　<経営管理費用>　工場管理の開始期に，1722年に総隊長に任命された砲兵
陸軍中尉ゲンニン以来，職工の大部分は自らの仕事に対して出来高給与を受け
取っていた。その後その出来高払いはほとんど廃止された；その代わりに俸給
給料が定められた。そこから自然に，職工は給料を技術でも仕事の量や堅固さ
でもなく，ただ費やされた時間に対してのみ受け取ることになった。…

　逆に，可能な限りの厳格さが人々を仕事に強制するよう，実際にいくつかの
工場で存在するごとく，用いられたとすると；その場合強制は期待される成功
をもたらさない。労務者と監督者との間のただ絶えざる敵対がそうした秩序の
結果となろう。…

　鉱業将校からなる工場管理者はしばしば13ないし14等級である；役職によ
り年間200ルーブリまでの俸給を受け取り，時には彼に任された流動資本だけ
でも300000ルーブリ以上に上る額を管理し，常にそれほど不安になって然る
べき責務を果たし，その経営についての最小限の時間も持たない。…

　このような事情が，その他多くとともに，工場の操業が不具合となり，製造
された金属が一定の価格をもたず，評判もなく，信頼もなく，報告も困難で，
経費も算定できないことの原因である；得られた品物は一部は国有機関の要求
する完成度を有しなかった。

　…

　以上の不都合と困難を断つために以下が必要である：

1)　恒常的な一定の金属価格を定め，まさしくどの支出がそれに入りどれが入
　　らないかを示すこと。…

2)　その価格の設定から5年間これを据え置き，その間に，大部分の工場で老
　　朽設備を建て替え，機械類も更新されたり修理されたりすることが予定さ
　　れる。… そのときにその基礎の上で金属価格を新たに定める必要がある

第4章 「農民改革」と停滞構造の再編成

であろう。

3) その恒常的価格で… 国庫は全ての金属の代金を工場に… 支払うであろう。工場長には，金属がいかなる種類の工場経費をもってしても恒常的価格を上まらぬよう，工場稼働を制御する義務を課すこと。＜したがって，工場長の責任… 工場操業の責任，経営管理の責任，人員配置と働き，職場の体制の全て＞ 鉱業指揮部の義務も，金属が恒常的価格を超えないよう監視することにある。…

4) その責任と義務の故に，工場長の仕事への報償と励ましとして，もしも彼が金属を恒常的価格よりも安くしたときには，彼にその利益の1/4を与える。しかし彼の指揮下の者も仕事に参加しなければならず，したがって報償にも参加するべきである；それで彼等にも1/4を，書記をのぞく全ての鉱業仕事に就く全ての等級の官吏の俸給額に分割して与える。

5) 工場管理者 Управители に，工場長の第1の補助者として，工場管理のあらゆる重荷，つまり機械の設置，それらの整備，仕事の管理と処罰，金銭や資材の支出その他を負う故に，俸給額を定める…

6) 工場指揮官 Начальник に，その扶養だけでなく国庫への他の多くの経費に対する俸給を定める…

7) 職工・労務者，また彼らを管理する官吏に対して出来高給を設定する，ただそれによってのみその処理を指揮官に任せ彼に工場資金からふさわしい者に報償する権限を付与できる…

8) 工場をあらゆる部門で望ましい状態にするために，現今の官有部門で要求される技術の必要とする新たな製作所を建設すること，旧工場を修理し改良すること，新しい必要な機械を作ること；そのために特別資金を支出し，その支給を4年間に分割し，建設の必要にして堪え難い5年間のために使われるようにすること。その額は金属価格には配分されず，工場の資本に残される。…

9) 利子額の残余，また国庫のために残される利益の半分は，様々な金属や製

465

品の販売から工場のために残される全ての収入と同じく，銀行に引き渡し，時間とともに国庫収入から，もはや借りることなく工場の扶養に十分な額になるよう預ける。…

　＜改革の実施＞　… 鉱山総隊長デリャービンの管理するゴロブラゴダッキー，カムスキー，ペルムスキー工場から始めることを提案する[5]…"

　A. I. ヴァシリエフの報告は，(1) 総県知事から工場に至る公民管理機構が機能せず，冶金工場管理を弛緩させた。したがって，鉱業管理をこれから切り離し，一元化する必要がある。その方法として新たにペルミ県に鉱業都市を設定する。(2) 経営管理費用が不明確であり，金属の製造原価も算定できていない。その解決のために金属に一定価格を設定する。というものであった。但し報告は，2年後に，18世紀初頭以来の冶金業の発展を総括する形で編まれた1806年7月13日付け鉱業条例案にそのままの形で受入れられることはなかった。

　A. E. ヤノフスキーの指摘のとおり，"(1782年6月28日マニフェストの) その後の鉱業分野の重要な立法は1806年7月13日付け鉱業条例案である。これは当初6年間の試行として導入されたため，「案」の名称を保持している。この法令により官有地に鉱業の自由原則を認める一歩が進められた。そこに鉱石を探査し，官有工場に納入する条件のもと，無料で鉱山を開く権利を各人に与えるものである。法令総集を編む際，1806年鉱業条例案は鉱業法規 Горный Устав の基礎となり，それは今日＜当然，19世紀末ーY.＞まで… 我が国の現行法規と看做されている[6]。"

　1806年鉱業条例案は財務大臣報告と条例案とから成り，ウラル冶金業の帝政なりの総括と方針を示すものとなった。

22208.　－1806年7月13日．陛下批准の財務大臣報告並びに鉱業条例 Положение 草案.

　"＜前文＞　元老院への勅令　1804年9月21日に我らに承認された規程を基

466

礎として，中央及び地方鉱業長官制の改革に関して財務大臣は我らに報告に添えて規程案と制度…の創設を提案した。これら規程と方策，定員規定…が完全にその目的に適い，その対象として鉱業工場の技術や管理の改善のみならず，従業員とともに工場住民の生活向上をも図るものとして認め，我らはあらかじめ承認し財務大臣報告を基礎に実行に移すことを認めた…"

　財務大臣報告

I　鉱業長官制 Горное Начальство の改正理由の簡単な説明

＜鉱業長官の工場経営の面での権限の制約が工場の整備のみならず技術発展への障害となった。手続きや儀式の流れが工場の実践的な発展のための時間を奪った。　そのため工場の経営自身のための時間の多くが奪われた。"国家は金属製造への自らの支出を知らなかった。"…"鉱業長官本部は，ベルグ＝コレギヤと同様，遠隔の故に工場の細部に立ち入ることができなかった。"…"他方で，地方鉱山長官は，…地方警察と共通の問題を抱え，困難，矛盾，手違いに陥った。こうした状況はベルグ＝コレギヤの創設以来続き，1779年の公共 Гражданский 部門からの鉱業長官の分離以後も変わらなかった。しかし1801, 1802年の改訂により鉱業長官の統治が改善し，工場の完全な破綻を防いだ。"

II. 鉱業長官制改正の主要点

　＜1.鉱業長官本部を可能な限り工場に近づける。

　2.鉱業長官を従来通り公民部門から独立させる。

　3.鉱業長官に一方で工場のために行動する自由を与え，他方で規則を定める。

　4.裁判

　5.工場とその付属施設，及び工場村落の建設に必要な命令，規則を与える：同様に住民のために…とりわけ鉱山警察を設ける。

　6.ベルグ＝コレギヤに代わって，財務省のもとに，工場に関するあらゆる情報を集める部署を設ける。

　7.新たな部署に関する定員規定を定める。＞

III. 鉱業長官制の概観

　　＜地域の状況に対応して，5支部を設ける。1　ウラル山脈　2　モスクワ近郊　3　オロネツ及びルガンスク　4　グルジヤ　5　ポーランド　の諸工場。当面の改革はウラル山脈とモスクワ近郊の工場に限る。＞

IV. 鉱山局 Горный Департамент について

　　鉱業事業を2つの面に分けて捉え，財務省の中に鉱山局を設け，それを2分する。第1は，設立，法制，教育，技術，芸術関係に関わり鉱山会議 Горный Совет と称し，第2は，経済，実務関係のための鉱山課 Горная Экспедиция と名付ける。…＜以下，各機構の管轄分掌＞

V. 鉱業条例の概観

　　＜条例の広範さにもかかわらず未だ不完全である＞“それら不完全さの大部分は，今後の試行と国家的法制化に依存する。これら法令と指令の全構成の不完全さが私をしてそれに鉱業条例案の形を与えしめ，1804年9月21日付けの陛下への報告において行った提案を，すなわちそれを5年間だけ，1807年から1812年まで認可するよう，繰り返させた。”＜その間に工場が設立され改善され，試行により条例を継続するか改定するか…定められるであろう。＞

VI. 鉱業条例の個別的注釈

　　　1. 総県知事 Генерал-Губернатор について

＜従来の，鉱業と公民との権限の交錯，とりわけ警察に関する問題を回避するため，　…鉱業に関して総県知事に一本化する。＞

　　　2. ペルムスコエ鉱山庁 Горное Правление について

　　　3. 鉱業長官制吏員の給与について

　　　4. 官吏の任官について

　　　5. 租税徴収の新たな法規について

＜鉱山庁の責務のうちには工場主からの租税の徴収がある。それらの条項には迅速な徴収，明確な明細のために新たな法規化が必要である。例えば：166条，167条，171条，174条等。＞

第4章　「農民改革」と停滞構造の再編成

6. 鉱山について

"官有，私有の工場に属する多くの鉱山が今日まで然るべき情報をもたらしていない：これがしばしば多くの係争の原因となり，鉱山事業に有害でさえあった。＜この事情が鉱山庁，鉱業長官の義務についての条項を置いた理由である。＞地主には1782年の勅令マニフェスト＜6月28日付け＃15447＞に従い，地上のみならず地下に対する所有権を認める。政府は…鉱業条例に従い，採鉱場の開設に際し，採鉱作業の開始に際して，その土地での工場の設置に際して，その稼働開始に際して，その品目について上記の情報収集のため，とりわけ租税徴収の監視のため，必要な詳しさで知らしめること…

国庫により開発される鉱山の割当面積は，現在の所500サージェン四方，250000平方サージェン；これに対し私人により採掘される鉱山は250サージェン四方，62500平方サージェンである。＜公正のため官有，私有の権利を同一にする。＞　鉱業条例では（第222条）官有，私有の鉱山の割当面積を250000平方サージェンとする。"

＜鉱山事業の拡大のため，資金援助を行う。鉱山庁 Горное Правление の管轄下に100000ルーブリを設ける。＞

7. 金属のために国庫が工場に支払う価格について

"＜陛下に裁可された1804年9月21日付けの我が報告にて，国庫が支払う5年間にわたる一定の金属価格を設けることが定められた。その算定のため，ベルグ＝コレギヤは，1797-1802年の6年間のゴロブラゴダッキー及びペルムスキー工場の金属価格情報をもたらした。＞　それによると，ゴロブラゴダッキーの通常の銑鉄は52と5/8から120コペイカ…であった。銑鉄の6年間の平均価格はベルグ＝コレギヤによると：ゴロブラゴダッキーで77と5/8コペイカ，カムスキーで108と3/4コペイカだった。…

＜上記報告に従うと＞以下の事情を考慮しなければならない：1. 平均価格の算出に取り上げた年次において，まだ職工・労務者に対して食費を国庫から金銭で支給していた；現在彼等は1799年勅令により無料で受け取り今後も受

469

け取るであろう。その条項によるとゴロブラゴダッキーとカムスキー工場への支出は90から100千ルーブリに上り，鉄1プードにつき約30コペイカに当たる。2．毎年工場ごとに資材収入の不足，職能ごとの過剰消費がおこる；それは，悪用だけでなく，工場操業の様々な不可避の出来事のみならず，ときには職工の未熟や技能不足，しばしば資材の非均質，環境自体の影響，これほど広範な生産において避けられないその他多くの同様の事情が原因となっている…たとえこれらすべての不足や過剰消費を職工や資材管理者から厳しく徴収し，すべての検査後に…負債帳に記載しても；彼等は決して直ちにその負債を支払うことはできず，彼等の給料からごくわずか差し引けるだけである：すべてこれら過剰消費からの不足は負債として残り，そして，金属価格には上乗せできず，資本に勘定され，しかしそれらは実際には全く存在せず，そればかりかその額は，1801年4月2日付け勅令マニフェストによるだけでなく，それらの人たちは決してそれらを支払うことができないであろうが故に，清算し抹消しなければならない。そのような累積された負債は，ゴロブラゴダッキーとペルムスコエ鉱山庁だけで30万ルーブリ以上になる。…長官にはこの条例ではそれらを負債に書き込む権限を与えることはできない；さもないと再びあのような巨額の負債が積み上がる；それで今日では金属価格の設定に際してこの事情を考慮する必要があり，鉱業長官には官費によってこうした負債を課さないよう義務づける。3．鉱石採取は年ごとに難しくなるだけでなく，鉱石の大部分は以前より貧しくなっている。鉱山は昔から大変間違った採掘をされ，今では改善と正常化に大きな費用を要するだけでなく，大変多くの時間が必要である。そのため金属生産により多く出費することは避けられない。4．森林は，これまで炭焼のため年ごとの特別な用地なしに，結局工場に近い大きな区域を切り倒されてきた。今日，それらを用地に区分し，均等に，工場に近すぎないよう距離を考慮して毎年の伐採を平均化することが求められる。しかしそれは急にはできず，今のところ全ての森林は掌握されておらず，工場はそれを均等化し森林は毎年の伐採地に区分されないであろう；しかしこの均等化と掌握は以

470

前に比べて既に多大の追加支出を伴うであろう。5. ＜工場の資材は毎年値上がりし，金属価格を押し上げざるを得ない。＞6. 海軍工廠，とくに大砲，兵器工場は今日はるかに完成度の高い金属を要求する…現在の工場生産は，多くの面で，然るべく整備されるまで大きな支出なしには，今日の高品質に比するより良い製品を製造することはできない。7. ＜価格問題。上記1-6の価格上昇要因を前提とした詳論。＞＜提起された設備更新の後，4-5年後には以前より安い金属を生産しうるが，当初は値上がりするであろう。…鉱業長官Горные Начальники も責任を取らず政府もそれを問わないし，将来の利益に期待して金属に以前の安い価格をつけることをしない。なぜなら，政府は，鉱業長官の弁明の中に，将来金属が安くなる保証を見出せない；…わずかな値上がりでも鉱業長官は厳しい探索を受け責任を問われる；この事情は長官にとって多くの困難を招くだけでなく，避けられない停止，工場事業の手抜かりを招き，そこから国庫にとって比較にならない大きな損失をもたらす…＞＜これらを考慮して，私は1804年9月21日付け陛下宛報告の中で提示した…工場が更新され機械類が完成度を高めた後の5年間は，定められた価格はより整備された工場から引き渡される価格より若干高いであろうが，…＞

　＜以上から，＞金属価格は，近年一度つけられたよりも安くはつけられない；というのは，金属が以前に一度高価になったとすると，その後はより高価ではないにせよ同じ価格で売られるであろうから。

　銑鉄価格＜カムスキー，ゴロブラゴダッキーー前出＞

　形鉄coртовое　　最も薄い形鉄は現在厚さ1/8インチで，工場価格で1797年に，まだ食費が金銭で支給されていた時，6ルーブリ13と1/4コペイカした。…鉄が薄ければ薄いほど，その長さと表面積は1プード当り増加し，したがってより多くの材料と仕事を必要とし，より多くの目減りが生じ，それだけ価格が高くなる。"

　帯鉄полосовое

　錨

　板鉄листовое

471

砲弾artиллерийские снаряды ＜以上，各種価格＞

＜1804年9月21日付け報告をふまえ，ベルグ＝コレギヤの了承を得た方針：＞
1）金属加工を望ましい良好な完成度に高めること；製鉄ゴロブラゴダッキー，
カムスキー工場を新たな条例に沿って艦隊と陸軍火砲のために，トゥーリス
キーとセストロレッキー武器工場が良質な鉄と錨，砲弾を製造するよう，命令
を完遂すること，　2）また，工場に常置労務者を補充し，その中から良好な職
人ремесленникを育てること；　3）鉱業長官は工場に生ずる原料，資材の過不
足による負債を国庫の勘定に入れてはならないこと。

＜これらすべてに対する補足として，ベルグ＝コレギヤは以下を追加する必
要があると見なした：＞　1799年5月14日付け勅令に基づく工場職工，労務
者に支給される食糧は，一部少額で多くは無料で，…高騰すると金属価格を
上昇させる。…定額では食糧費が高騰すると金属生産を行う状況ではなくなる
…そこで，ベルグ＝コレギヤは以下の見解を示した：1.　食糧の準備のため各
工場に食糧費Провиантскаяの名称で一定額を支給すること；2.　勅令に基づき
全ての職工・労務者が無料で受け取る，もしくは毎年支出する最低限の実価格
は金属価格に配分し，最新の情報により…同一とし，1プードにつきゴロブラ
ゴダッキー工場では65コペイカ，ペルミスキーでは45コペイカ，カムスキー
では40コペイカとして，食糧費に控除すること。3.　ある年に食糧が想定額よ
りも安く購入された場合は，剰余金を保持し，逆に高価な時はそれにより補填
すること。4.　食糧費額は他と区分して計算すること。5.　異常な高騰により資
金が減少し補充が必要な時は，鉱業長官Горный Начальникは適時に申請を行
うこと。

＜財務大臣の見解＞　鉱業条例に指令される食糧費の他との区分は，政府の
提案する金属の一定価格と，国庫と従業員の利益の統合とから得る目的にある
部分反する。なぜなら，鉱業長官が金属価格に食糧費を一定額で加えなければ
ならないと，既にそれは最低限価格で購入するよう促す要因とはならない。…
したがって，…私の見解を示せば，食糧費はどんなに高かろうと購入価格を

第4章　「農民改革」と停滞構造の再編成

金属の公定価格の経費に書き込むべきである。…鉱業長官にはあらゆる手段で工場に食糧を準備する完全な自由を与える必要があると考える。…"

　　8. 工場従業員の利益と国庫の利益とを結合することについて，鉱業長官の権限と制限について

　　9. 金属の販売について

　…現行，鉄及び鉄製品を国庫から販売する場合，実価格 истинная цена に25％を乗せている。…これは高すぎて誰も買わないであろう。…そのため官有工場に死蔵資本 мертвой капитал が増えている。…実価格に12％を加算することを提案する。

　　10. 職工を軍隊の新兵に出す件について

　職工・労務者は，農民の中から新兵徴集を通じて工場に入る。彼らのある者は，その当初から，また後になって，それら職務の特性への特別な性向から，兵士になる希望を示す。…

　どのような職務であれ自身の意思で就いた者は，強制で定められた者より常に有益である；それで鉱業条例は（第380条）そのような職工・労務者が新兵徴集で兵士となり，その代わりに同数の者が自らの同意により工場に入ることを容認する。…しばしば職工・労務者，下級の鉱山もしくは文官，工場事務員の中にさえ，職務に対する才能も関心もなく，周囲の平穏を乱し定められた権限に服従さえしない者，逆に，健康で強靭な体格をもち野外任務を続けられる者もいる。…それ故鉱業条例（第381条）は，そのような者たちを徴集から新兵に送り，その代わりに同数の自らの意思で工場に勤務したい農民を工場に送ることを決定している。この決定を私は有益で，工場にとって必要であるとさえ認める…

　　11. 年金について

　銑鉄に賦課される租税は，職工・労務者に対する年金のためにも定められる…しかしこれまでこれらの工場について特別な条例はなかった…

　　12. 工場の整備について

473

ウラル山脈の工場は，官有建造物の製造所，宿舎をもっている；　それらの大部分は極めて古びたもので，その多くは絶えずますます崩壊し，倒壊もしくは倒壊のおそれがあり，しばしば労働者の生命の危険がある。＜更新の必要と資金の手当＞

　　13.　鉱山学校について

　　14.　病院について

　　15.　養老院について

　　16.　鉱業都市 горные города について

＜1804年付け報告において鉱業都市の設置を提起＞　最初の工業都市は1723年に創建されたエカテリンブグだった；　次いでコルイヴァンスキー工場周辺に同様な都市バルナウルが建設された。これらの都市には市役所が置かれ，その設置以来裁判や審判により鉱業長官 начальник，鉱業機関 начальство により商人，町人を管理してきた。…ロシアの鉱業都市の設置は，外国の例を範として開始され，それらにおいては多くの与えられた権利や特典が大勢の人々をそこに引きつけ，極めて特別で独自の社会を，鉱業民（Berg-Leute）の住む自由な鉱業都市（Freye Bergstaedte）の名の下に形成した。…

　自由民による，強制ではなく，自分の地位に誇りを持つ人々による鉱業仕事の遂行，一般にそれらの人々の鉱業作業の，したがって工業特有のまた付随的な科学の訓練の遂行は，鉱業仕事をより完全にするだけでなく鉱業科学の思弁的な部分をより高い完成度に引き上げもする。そこでは，彼らが自らの仕事から得る極めて小さな給料と極めて貧困な給養にもかかわらず，決して人員の不足はなく，ほとんど常に人手が過剰である。もしも，ロシアに鉱業都市を設立することにより，あるいは鉱業工場の設置により政府が絶えずその原理に従ったなら，おそらく，多くの工場あるいは少なくとも多くの仕事は自由民によって既に遂行されていたことであろう。…

　しかし私人の工場は大部分彼らの農奴民によって住まわれ，鉱業都市の名も権利も彼らの状況とも工場主の所有権とも両立しない。しかしながら，彼らか

らこれらの村落を都市にする手段を奪わないために，もしも彼らがそのことに自らの利益を見出し彼らに然るべき自由を与えるならば，彼らには鉱業条例により政府から鉱業都市のためのそれらの権利を請求することが許される。この状況は工場を強制ではなく自由民によって立て直す状態に導くための新たな手段として役立つ。

　鉱業都市の居住への移住に人々を引き込むため，とりわけ鉱業条例には，住居地下に対する永久，永代のвечное и потомственное所有を与える提案がなされた。また，住民には都市条例で都市に与えられた様々な権利も，工場の権利に反さずその所有権に有害でない限りで与えられる。もしも自由なる産業とその権利が人々を鉱業都市に惹き付けるならば，これらの人々が自らの意思で様々な工場仕事に就き，同時に工場は全ての仕事が自由な人々によって立て直されるというその目的を達するのは疑いない。…

　　　17.　鉱山警察について

　　　18.　裁判案件について

　　　19.　工場林について

　1802年11月11日付け勅令の森林法案により，工場に編入されたものも含む全ての官有林の管理は森林局Лесный Департаментに属する。しかし新たに制定された鉱山局は，森林局と同等の部署として，あらゆる細部にわたり工場の整備，仕事の運び，特に第一に工場に属する森林の保全を図ることを主要な義務とする；その際，現地にあって工場林に対する最も緊密な監督をよりよく行うことができる。そこでは工場のみならず工場管区Округの住民の需要に関する全ての詳細な情報も入手される…＜森林局では遠隔のため必要な情報を得られない。＞

　これら全ての理由により鉱山局は，需要に見合った使用を図りつつ，然るべき利益の為に森林を配分するのにより好適である。そのため鉱業条例により官有，私有の工場に区分された森林は鉱山局の完全な管轄下に置かれた。

　＜既存の森林庁の管理系統との分掌のため＞　鉱山局は森林の経営管理と利

用には入り込まず，森林局は自らの権限の範囲でその経営と官有林を利用する人々からの収入の管理を行う。

　　20.　工場間及び工場への道路について

＜以下管理系統について＞

VIII. 鉱業規程実施の予備的措置と方策。

　　　4.　ベルグ＝コレギヤについて，またそれに代わる財務省の鉱山庁について。

X.　　工場主団体について

　　上記報告＜1804年9月21日付け＞において，県の制定に関して定められた原理に則り，工場主団体から鉱山庁の会議へ委員を選出することを提案した。…

ロシアの工場主たちは，国家的産業において著名なる階層を成しながら，現在までいかなる団体も持っていない。この国家的産業と商業の部門が痛いほど低落し政府からの手助けを必要とする現在ほど，そのような団体設立の必要な時期はなかった。

　　＜1.－9.工場主団体設立手順＞

以上　　裁可.⁽⁷⁾"

"ウラル山脈の工場管理のための鉱業条例案

　第 I 章　工場内外の管理の全局面に関して形成される鉱業長官制 Горное Начальство の主要点

　A. 鉱業長官制の構成

　　a.　鉱業，公共問題の対外的管理に関して

1.　ペルミ・ヴャトカ総県知事 Генерал-Губернатор は，鉱業，公共問題の全般的管理を行う。

2.　総県知事の監督下にペルミに鉱山庁 Горное Правление を設ける。

3.　鉱山庁管轄下の問題と私人の工場の監督のために鉱山監督官 Берг-

Инспекторが定められる。

　б．鉱業問題の内的管理について

4．技術的，経済的分野，その他全ての工場内の問題，国庫に属する鉱区の管理のために，工場数，地域的状況，管理の都合に応じた数の鉱業長官Горные Начальникиを置く。

11．私人の工場の全ての生産の内部管理は，完全に工場主自身に属する。租税徴収の面，また官有の人員その他の物品に関するそれら工場の監督のために，工場警察長が定められ，その任務は以下に定められる。

　Б．鉱区を伴う鉱業都市の設立について

13．官有の工場付き村落と鉱山は…都市を基礎に設立され；鉱業都市の名称を受け取り，…

15．全ての工場は自らの鉱区округを有し，所属するもしくは編入された，区切られた森林と土地の割当を受ける。

　Д．国庫が工場に支払う金属に定められる価格に含まれる，工場経営，鉱業長官の権利と義務の基礎。

27．国庫は，…各種国家施設に納入される全ての金属及び製品，及び在庫に対して，一定（一度規定されたединожды установленные）価格で官有工場に支払う。

28．金属及び製品の一定価格には，鉱山庁，学校や養老院…新規建設，機械建屋…への支出は含まれない，鉱山庁，学校への支出は工場資本には掛けられないからである；養老院も工場資本からではなく特別に集められた資金から給養される；…修理は全般的に金属と製品の5％上積みによって給養される。反対に，金属，工場製品のの溶融，加工に用いられる大小の用具，上下級吏員，職工・労務者の俸給，出来高払い給与，事務所，管理部，病院の給養は，工場製品，金属の価格に掛けられる。

29．＜価格の決定は財務省と鉱業長官との間で決定され，陛下に裁可される。＞この価格は5年間だけ固定される。

477

30. ＜何らかの改善によって固定価格に対する節約が利益をもたらした場合，＞その1/4を鉱業長官が取得し，1/4を吏員が分け合い，1/2は貯蓄の費目で国庫に残す。

第Ⅱ章　総県知事の任務

第Ⅲ章　鉱山庁全般について

第Ⅳ章　鉱山庁第1部局の任務

И. 特に官有私有鉱山に関する鉱山庁の任務。

187. −224.

б. ＜鉱業特典の限定的復活＞　鉱山の探索，発見された鉱山の申請に関して，鉱山庁は以下の規定を遵守しなければならない：

198. 官有工場に境界を接する接しない官有地において，誰でも鉱石を探索する権利を有する。

199. 官有工場の割当地，そこに属する工場への鉱山の割当地においても，領有地もしくは他の私人の工場に割り当てられた土地であっても，誰でも鉱石を探索する権利を有する；但し鉱山は常に国庫に，もしくは土地または鉱山が割り当てられた官有工場の所有に留まる。

＜以下200. − 206.　細部の規定。鉱山庁への通知が強調される。＞

в. 鉱山の割当について鉱山庁は以下の規定に従う。

207. 法令による割当。

208. ＜鉱山庁官吏による現地調査を行って割り当てる。＞　鉱業規則Горный Устав以前の，鉱業特典Берг-Привилегия，鉱業規程Берг-регламент，境界指針Межевая Инструкция，鉱山監督官職務規程Должность Горного Надзирателя，各種工場諸規程に従う。

＜209. −215.細部の規定＞

К. 特に官有，私有工場に関する鉱山庁の任務。

225. ＜鉱山庁の掌握すべき主要な情報：　1.（条文ではロシア語アルファベット）全工場数　2.工場名　3.所有者　4.金属種類　5.高炉，熔銑炉，機械類　6.工場，

鉱山の人員数と官有，所有，編入の種別　7.鉱山とその所在　8.森林とその種別　9.森林の使用開始期＞

231.　鉱山庁は，私有工場に，いかなる租税が各工場に課されているかに関する情報を常に自ら保持する。

233.　－241.鉱山，工場の新設に関する鉱山庁の監督。

242.　官有地，その他工場に割り当てられた土地において，鉱山庁の事前の許可なしに，何びとも既に建てられた工場の従前の活動を拡大し高炉，熔銑炉，機械を増やす権利を有しない。工場主が自前の土地に建てられた工場を所有し，自前の森林を利用し，国庫からいかなる援助も得なかった場合は，必要な…情報を鉱山庁に伝えるものとする。

243.　－244.＜工場の更新，他種類の生産への転換の場合，鉱山庁は国庫収入が減らないか，森林資源を圧迫しないか等を基準に精査し判定する。＞

　　　Л．工場主，鉱山事業家への援助について

245.　鉱山庁の任務の一つに助言と法的手段によって鉱山，工場事業で工場主，鉱山事業家を援助することがある。例えば：鉱山の探索，そこまでの到達条件の緩和，より好適な鉱石採取，その選鉱，工場の増加，その操業拡充，工場ごとの技術・技能の改善，各種技術の施設。

246.　工場主が下級吏員の中からいずれかの技能を持つ人物を請願した場合：鉱山庁はそれについていずれかの鉱業長官に知らせてそのような職工がいるか派遣できるか問い，結果を工場主に知らせる。工場主には…そのような職工を派遣された場合，倍の給与を支払い，官有工場と同じく食糧を現物または定価で支払う。そのうえ，代わりの人物を提供する…

247.　＜鉱山事業家への援助。＞

248-253.＜鉱山事業家への援助の細則＞

　　　M．鉱山庁が上級機関へ伝えるべき情報。

第Ⅵ章。鉱山監督官の職務と義務について。

291.　－343.

Г．特に私人の工場について

333．鉱山監督官は，官有職工・労務者を有する私人の工場を訪問し，法律に定められた状態で給養されているか…，官有工場と同じに受け取っているか，過剰な仕事で負担をかけられていないか，政府から引き渡しのとき定められた職種と任務の仕事に使われているか，監視する。

334．私人の工場で，鉱山監督官は食糧の品質を確かめ，彼らが他の生活用品を手に入れる手段を有するか監視する。

335．鉱山監督官は，私人の工場の全ての部分で警察Полицияの働きが良好であるか監視する；…

336．＜工場警察Исправникиの監視＞

337．官有林を使用する私人の工場において，鉱山監督官は森林についての法令が細部にわたり遂行され，林学の規則が遵守されるよう監視する。

338．精錬された金属の記帳のために私人の工場に与えられた帳簿を，鉱山監督官は精査し，期待された几帳面さで行われているか監視する。

339．鉱山監督官は工場の稼働と鉱山の採掘を検査し，あれこれの部分に何らかの改善の余地を見出した時は，工場主もしくは事務部にその指摘を伝える。

340．鉱山監督官は，何らかの改善が…それにより生産高を減らさず，働き手の追加を要求せず，稼働を止めず，工場に損失を与えない場合には，特にそれが他の工場で効果的に使用されているならばそのような処置の遂行を提言する。

341．様々な工場主による国庫からの支援の要請がある場合，鉱山監督官は，…工場を巡回し全ての地域的事情を検討して，可能な限り問題の公正な方途を鉱山庁に示し，後者はその支援を定めなければならない。

第Ⅶ章。経営権限，責任に対する鉱業長官の職務と義務について。

A．経営権限，義務，責任全般について。

344．鉱業長官は，全ての部分，全ての関係にわたって工場の支配者хозяинであり，本条例を基礎として，その者に工場は，管理全体と経営部門，技術と教

練部門，公民的整備と裁判部門にわたり委ねられる。

345-347．　経営部門

348-350．　技術と教練部門

…

495．　鉱業長官は，可能な限りより多くあらゆる種類の新たな鉱山を開く義務を負う。そのために彼は，可能な限りの手段を利用し，自由な人々を探鉱に引き入れ，国庫から夏季に職工・労務者のなにがしかの部分を利用し，全ての探鉱者に然るべき褒賞を与える。…

512．　鉱業長官は，私人によって採掘される全ての官有鉱山を…監視しなければならず，他方で鉱山事業家の経営に介入しない。

513．　鉱山事業家が鉱業長官に，鉱山の監督のために鉱山技師を要望した時は，鉱業長官はその請願を満たさなければならない。

514．　鉱山事業家が，鉱業長官に，自由な人々の不足を訴えた場合は，彼の鉱山での使用のために彼に官有鉱山労務者を与えること：それで鉱業長官は官有鉱山での労働に必要でないものを，もしくは私人の鉱山での採掘の方が官有鉱山よりも有利であるなら…何人かを彼に派遣することができる。

516．　鉱業長官は，官有労務者を鉱山事業家の鉱山に派遣した後，第一に彼らが何らかの他の仕事に使われないか，第二に過剰な仕事を彼に課されないか，厳重に監視しなければならない。

第Ⅸ章。職務の決定について，また俸給の指定について

564-580.＜総県知事以下，下級官吏，技師に至る俸給の決定＞

581．　職工・労務者のために現存する俸給は，効力を維持する。しかし，鉱業長官はそれらをある俸給から他へと引き上げ，職工に働きと技術によってより多い俸給に定めることができる。

582．　職工・労務者及び鉱山中隊に属する兵士の子弟の俸給は，学校に上がったときに月に50コペイカずつ；仕事に使われるようになったときには能力に応じて月に50-75コペイカ，更に，一定の年齢に達したときには年に12ルーブ

リとなる…

第XIII章。鉱業都市及び工場周辺とその鉱区内，また官有，私有の鉱山，採鉱場周辺の村について

A. 政治的構成と管理。

721-732. ＜官有，私有工場，鉱山を中心とした独立性の強い鉱業城下町の構想＞

729. …あらゆる身分の者の工場周辺への居住権は，私人の工場へも及ぼされる。唯一の制約は，地主地に存し工場に属する村であってその工場主が地主の権利を有する場合は，そうした移住は工場主の同意を要しその条件に服する。

731. 私人の工場は大部分国家的服務に属さない人々によって管理され，その際，大部分工場主の農奴たる人々によって住まわれる；それ故そのような私人の工場に属する村は，陛下の下賜された都市条例による，都市に属する権利を有することはできない。しかし，都市条例が都市のために設定するように，地主もしくは工場主が住居と放牧地用の土地を村に分割するなら，そして，工場仕事に従事する自身の農奴を官有工場の職工・労務者と同様の状態に置くなら，即ち，たとえ彼らが自らの地主の意思なしに工場から去ることができず，負わされた全ての仕事を官有その他の工場での給与で遂行せねばならず，また，彼は彼らを工場から工場へ移すことができるとしても；しかし以後彼らの同意なしに他の場所に移すことができず，老齢による退職後あるいは工場仕事による障害のため彼らが自由を得る；そのとき工場主はその家系の村のために本条例に定められた鉱業都市の権利を申請することができる。

732. 私人の工場においては工場事務所 Контора が，工場主の所有権による委託に従い，工場とすべての部門を管理する。この条例においてこれら工場に関する工場事務所の権利と義務に関するすべては，工場主自身の権利に直接従い義務に直接属する。…

733. 官有工場においては鉱業長官，私人の工場においては工場主またはその代理人とともに工場警察署長 Заводский Исправник が，各工場周辺の工場都市

の全村落を見取り図にとらなければならない。…

743. 官有工場においては鉱業長官，私人の工場においては工場事務所と工場警察署長が各鉱区の草刈場，耕地，それに順次開墾される土地を明確に指示した地図をもたなければならない。

745. 官有工場においては鉱業長官，私人の工場においては工場主もしくは工場事務所は，…予め必要な耕地を鉱区の中に確保し，官有農民の必要，次いでは常置馬持ち労務者，次に残りの耕地をその他の職工・労務者，工場勤務者…の必要のために分配する…

　　Г．私的権利

　第ⅩⅦ章　工場林について

　A．鉱山庁による森林の管理；森林局に対する関係；後者への森林の情報；上級林務官，林務官の森林への関与。

877. 鉱山庁は，貴族権に基づき所有される以外の，官有，私有工場の境界内にありその管理下の森林を管轄する。…＜工場林の主管は鉱山庁であるが＞しかし，林学の規則，木材伐採の規定に至る全ての工場決定の遂行に対する監督において，この問題に関して発布された全ての法令の遵守に対する監視において，然るべき状態での森林の保存と維持において，全ての不許可の伐採の防止と官有と私有を問わずその根絶において，上級林務官と林務官も参加する。同等に，彼らは森林からの収入が適時に期待通りの量で国庫に入るよう監督し，本条例と合致して森林法案に指示された全ての項目が遂行されるよう，監視する；…森林の内部管理と経営的指揮，伐採地の指定，工場区域に居住する住民への森林の割当，森林管理に従事する人員の監督等には介入しない。…

878. 一般的なかつて定められた情報，あるいは森林局への局限された，いかなる疑問も判断も不一致も起こらない報告を除いて，その他全ての上級林務官からの報告は，予め鉱山庁へ提出されなければならない。

　　Б．森林の区分

　a.区分のための情報

6. 森林の外側の境界

B. 森林内部の工場ごとの境界分けとその分割

890. 工場ごとの森林の内部区分，ある工場と他の工場との割当地の境界分けは，集められた情報と地図に基づいて鉱山庁が行う…

891 …何年間，いかほどの活動のために当初各工場に森林が割り当てられたのかに加えて，鉱山庁は，どれほどの活動まで各工場が拡大したかの情報を併せ，それらの絶え間ない活動のためにどれだけの森林が必要か計算しなければならない。

892. ＜収集した情報を基に＞　鉱山庁は，官有，私有の工場の現地の状況や事情を観察し，直ちに然るべき方策をとり必要な管理を行う。それは，全ての森林が伐採地に区分され，それぞれの伐採地が現今の工場活動に即して全ての工場の半年，1/3年，または1/4年の稼働に充分な量の薪を供給しなければならないためである。その際，全ての工場は，最初に伐採された区画の森林が他の区画の伐採後再びその順番になったときに生長して薪に適するように必要な数の伐採地を持たなければならない。

893. 森林の伐採地への区分と工場の均等化のために，鉱山庁は，第1に，いかなる樹木の種類か，どの場所か，どのくらい生長に掛かるか，その特性に応じて伐採地に区分すること；第2に，伐採に際して，工場住民の大きな人口のためどれほどの伐採地を耕地と草刈地に変えなければならないか；第3に，どれほどの伐採地が樹木の生えない沼地や多石地を持っているか，点検しなければならない。

r. 工場林の割当と均等化について。

895. 森林に関するすべての情報を収集し伐採地を区分する際，1800年11月9日，1801年6月25日付け勅令の遂行において，鉱山庁は，官有，私有工場の森林を，各工場が不断の活動に十分な一定のそれら伐採地の量を持つように，現状の活動にそって均等化する。

896. 工場の森林の均等化に際して，鉱山庁は，特に以下に留意する：第1に，

国家の艦隊，火砲その他の必要を満たす官有工場が優先的に満足されるよう；第2に，私人の工場であって，官有工場に隣接した森林の割当を持ち，国庫に砲弾その他を納入するために最初に土地，森林更に工場自体も受け取った，現在はその義務はなく，すでに義務を果たしている官有工場に土地，森林の優先権が存するが，…

897．いくつかの工場が，森林に欠乏し，その不足に耐えることができず，その工場の周辺に残るわずかな森林も完全に根絶せず，未熟な樹木を薪に伐ることを強いられないよう，森林の均等化とその割当が行われるであろう；そのとき鉱山庁は，予めそのような不足を検討し，適時に明らかに余剰を持つ工場の森林からその工場を満たさなければならない…

898．工場建設，修理，機械設置の建材のためにも，伐採地もしくは区画を設ける必要がある。…

899．いずれかの工場の森林の不足の場合，鉱山庁は手つかずの官有林から，そのようなものが工場近隣にあれば，割り当てる。…実際の割当に際しては国庫の利用予定を林務官に照会する …

B. 森林の利用と保存に関する現地の管理

a. 森林の現地管理について；管理に関する吏員その他

911．全ての工場が年間薪量以上伐採しないよう，伐採が工場規定と法令に定められた規定に沿って行われるよう，厳しい監視を行うことが鉱山庁の義務である。…

912．各工場は森林監督官Вальдмейстерまたは森林監視員Смотритель лесовを，官有工場においては鉱業長官，私有工場においては工場主が定める。

б. 伐採の量；その場所の指定；伐採地；薪伐り地と炭焼の工場からの距離。

918．木炭に焙焼するために伐られる薪量は，予備の2年分とすることができるが，木炭量も薪量の予備も，決してこれを上回ってはならない。それ故，ひとたびこの予備が設けられた時は，鉱山庁は1年分以上の量が伐採されないよう，焙焼されないよう，監視する。建材の予備は，乾燥の必要に従い，工場の

485

需要と森林の健全性の求める量となる。

921. 毎年の薪伐り地の指定，もしくは毎年使用される薪量は，特に森林の区分に際して，平均的距離が均等になるように，もしくは少なくとも工場から遠いのと近い伐採地との平均に近くなるように，定めなければならない。…

　　r. 森林住民の食糧。

927. 職工・労務者は，薪と家屋建築に必要な用材を工場に至近の場所または伐採地から供給されなければならない。

928. 全村の食糧のための薪用材に1, 2あるいは3カ所以内の場所を割り当てる。…

　　д. 屋外火災の予防[8]

裁可された財務大臣報告の趣旨は以下のようである。

(1) 鉱業管理を鉱業長官制に一元化し，鉱山事業の情報収集を強化する。

(2) 金属価格の一定化には難点があり，価格設定には負債を生じさせない配慮が必要である。食糧費，即ち労務者の生活費を金属価格に配分する。

(3) 森林管理について，用地区分は守られて来なかった。伐採を均等化し平均化する必要がある。

(4) 鉱業都市について。外国での鉱業都市は自由な鉱業都市として形成された。ロシアでは“私人の工場は大部分彼らの農奴民によって住まわれ，鉱業都市の名も権利も彼らの状況とも工場主の所有権とも両立しない。”しかし，“もしも自由なる産業とその権利が人々を鉱業都市に惹き付けるならば，これらの人々が自らの意思で様々な工場仕事に就き，同時に工場は全ての仕事が自由な人々によって立て直される　…”

(5) ベルグ＝コレギヤを廃止し，財務省管轄下の鉱山庁によって代替する。

(6) 工場主団体の設立を支援する。

　以上，裁可された報告を踏まえて，具体的に「ウラル山脈の工場管理のための鉱業条例案」が制定された。

第4章 「農民改革」と停滞構造の再編成

　ウラル冶金業の行政的管理機構は，鉱業長官制のもと，鉱山監督官 Берг-инспектор が直接工場監督に当たることになった。私有工場について，"私人の工場のすべての生産の内部管理は，完全に工場主自身に属する"とされたが，鉱山庁は私有工場に課された租税に関する情報収集の権限を持ち，官有地，その他の割当地での事業拡大に対する許認可権を有した。その下で，鉱山監督官は官有職工・労務者を有する私有工場を訪問，監督する権限を持ち，警察の働きを監視するだけでなく，森林の管理について，金属生産の記帳について，調査・監督することができた。他方で，鉱山庁は私有工場に対する鉱山技術の助言，技術要員の派遣を任務とした。帝政は，冶金業の庇護者として，徴税を軸とした監視の制度化を行ったのである。

　財務大臣報告に見られたように，森林の無計画的な伐採―区画輪伐の発想はピョートル期から明確であったにも係わらず―の実態を踏まえて，条例案は情報収集と管理の徹底を求め，軍需生産を行う官有工場に優先権を認めた。その上で，"鉱山庁は，官有，私有工場の森林を，各工場が不断に十分な一定のそれら伐採地の量を持つように，現状の活動にそって均等化する。"とした。"均等化"の意味は，"…予めそのような不足を検討し，適時に明らかに余剰を持つ工場の森林からその工場を満たさなければならない"との文言から明らかであろう。

　財務大臣報告に従って政治的な金属価格の設定が定められた。価格の構成要素は"金属，工場製品の熔融，加工に用いられる大小の用具，上下級吏員，職工・労務者の俸給，出来高払い給与，事務所，管理部，病院の給養"から成るとされ，修理費も5％上積みされる。"鉱山庁，学校や養老院…新規建設，機械建屋…"の費用は含まず，鉱石，木炭の製造運搬，輸送全般の記述はない。この価格を財務省，鉱業長官の間で決定し，5年間固定するというものである。こうして低価格は保証されるが，経済計算は不可能であったであろう。

　外国での事例を範とする鉱業都市の設定がペルミの官有工場に対して行われた。農奴を主体とする私有工場はこの構想から除外されたが，"以後彼ら＜工

487

場主の農奴―Y. >の同意なしに他の場所に移すことができず，老齢による退職後あるいは工場仕事による障害のために彼らが自由を得る；そのとき工場主はその家系の村のために本条例に定められた鉱業都市の権利を申請することができる"とした。農民の人格的解放が進められない状況下で，構想の現実的根拠は脆弱であったといわざるを得ない。

編入制度の限界と常置労務者への転換

19世紀前半，ロシアの銑鉄生産は事実上停滞した。M. I. トゥガン＝バラノフスキーの見方を借りると，人口増を考慮すれば，前進しなかっただけでなく退歩であった（表4-1）。

19世紀初頭においても，編入農民への実際上の依存は断ち切られなかった（表4-2）。

1777年において，職工・労務者，農奴農民に対する編入農民の比率が，官有では19倍，私有では1.28倍であったのに対して，1802-1806年には，それぞれ，16倍，1.5倍であった。依然として編入農民の役割は大きかった。

A. G. ラーシンは，1802-1806年のデータに基づいて，ウラルの117冶金工場に職工61139人を数え，したがって，1工場当たり523人とし，一方，他地域の

表4-1　19世紀前半のロシアの銑鉄生産

(年平均，単位：百万プード)

期間	生産高
1826-1830	10.2
1831-1835	10.5
1836-1840	10.9
1841-1845	11.2
1846-1850	12.3
1851-1855	13.9
1856-1860	16.6

出典：М. И. Туган-Барановский. Ук. соч. стр. 136-137.

第4章 「農民改革」と停滞構造の再編成

表4-2 1802-1806年におけるウラル冶金業の労働力構造

（単位：人）

	官有職工・労務者	自己所有職工・労務者	編入農民
官有工場	9919	―	158745
私有工場	12954	48185	94402
総計	22873	48185	253147

注：A. G. ラーシンは「職工」と記するが，「職工・労務者」とするべきである。

出典：А. Г. Рашин. Ук. соч. стр. 46.

49工場に11476人，即ち1工場当たり234人に比較して，ウラルの私有工場の集中・集積を強調する。しかし，1777年に，122工場に45946人の「職工・労務者，農奴農民」を数えたことと比較すれば，1802-1806年の「職工」61139人は，カテゴリーとしては職工・労務者と見なすべきである。彼らが，歴史的には，多様な階層からなっていたことを我々は既に知っている。ウラルの冶金工場に多数の職工・労務者を数えたことの理由の一つは，工場が一つの労働・生活空間としての村落を形成したため，複雑な構成を持つ職工・労務者層が成立したためであり，もう一つは，これも周知のことであるが，手労働への依存が続いたことにより労働集約的な労働過程が必然的であったためである。大規模なウラル冶金工場＝マニュファクチュアを，近代的な内容を持ったかのごとく見るのは的外れである。18世紀中期に完成を見たウラルの封建的マニュファクチュアは，基本的構造を変えることなくプガチョーフの乱を生き延びた。帝政は職工・労務者，農民の不満に対して弥縫策で対応し，結果として矛盾を深めたのである。

農民にとっての冶金工場への編入の不利は，自発雇いや編入されない官有地農民との隣接によって鮮明であった。19世紀初頭，ペルミ県に225千人の官有地農民が数えられ，そのうち119千人が官有工場へ，64千人が私有工場へ編入され，40千人が束縛を逃れていた。シャドリンスキー郡では38千人のうち22千人が編入されていなかった。他方で，有力な工場主は法的規制＜1753年8月12日付け法令では編入農民の解放も問題となった―Y.＞を破って編入を維持

489

した。ペルミ県のデミドフ，オソーキン等は，生産設備の基準（高炉，精銑炉，ハンマー等の台数）に即して充分な自己所有の人員を確保していたにもかかわらず，従来通り，併せて55千人以上の編入農民を保持していた。[10]

　1750年代に冶金工場経営への私人の参入が進むと，労働力の必要性から農民の編入が強化された。そのため，逆に，地主，官有工場から工場内の剰余人員の問題がしばしば提起された。1779年5月21日付けマニフェストは編入農民の仕事に制限を加えた。

　1785年6月11日付け元老院令は規定以上の編入農民を私有工場の仕事に就かせないことを命じた。

16214．—1785年6月11日．元老院令．—当初指示された数を超えた私有工場に編入された農民を仕事に就かせない件について．

　"ペルミ県税務局 казенная палата から元老院への報告によると，故8等官ヤコヴレフのスイリヴェンスキー工場に編入された農民代表による1785年の訴えによると…前回査察によって929人が編入され5機のハンマーが稼働した。新たな査察では2255名が編入され，1779年5月21日マニフェストによればハンマー5機のための木炭を準備する人数は1699人となり，556人が過剰である。…元老院の検討の結果，…1779年5月21法令＜マニフェストーY.＞に基づき，…規定以上の人数は，彼等が自ら善意の価格で働くことを望まなければ，決して工場仕事に送ってはならない…"[11]

　編入制度と冶金工場の労働力問題との矛盾の解決は急務であり，そのための方策が常置職工・労務者への転換であった。しかし，地主と工場主，それぞれの内部の利害の複雑な絡み合いのため，1800年の最初の提起から1807年の最終決着に至る膨大な調査，提言を踏まえて確定した制度変更であった。1800年11月9日付け法令において編入村から1000人中58名の比率で常置の職工を工場に補充する提起がなされた。"ベルグ＝コレギヤの計算"によるこの比率

第4章　「農民改革」と停滞構造の再編成

の客観的根拠は法令上で示されずに，以後，これを前提とする検討が継続することになった。

19641.　－1800年11月9日．元老院への勅命．鉱業工場への常置職工の補充について；工場に割り当てられた森林のベルグ＝コレギヤの管轄への移管について；モスクワ造幣部とコレギヤ支局との統合について；工場の監督と改善のためのベルグ＝コレギヤ職員2名の毎年の派遣について；全ての犯罪人のネルチンスキー工場への送致について．

　＜編入農民の状況を検証した結果，＞“1779年5月21日付けマニフェストによる労働の修正＜編入農民の仕事の明確化，限定，給与の改善－Y.＞は，彼らにとって少なからぬ負担と工場自身にとって目立った破綻に結びついた。…そのため，2等文官にしてベルグ＝コレギヤ長官ソイモノフの見解を検討した結果，工場仕事から農民を解放し，国内の豊かさと外国交易の最重要部門の一つたる鉱業生産を可能な限り完成させる点で我らと一致し，命令する：1.農民の中から永久に，我がベルグ＝コレギヤの計算により，1000人中58名の適格な労務者を常置の職工として，最新の査察に掛からなかったその子供とともに工場に補充すること。2.編入農民の軽減のためのそれら職工の補充は，4年間に配分し，最初の組は来る1802年の，徒歩の者は3月，騎馬の者は5月に参集する。それらはその後3年間留まる。3.常置職工への選出は，農民自身が行い，仕事に適格で40歳を超えない者とする。騎乗者の馬2頭と荷車はミールが支給しなければならない。…　4.編入農民は鉱業局начальствоの管轄下に入り，彼らから常置職工を補充することはベルグ＝コレギヤに委ねられる…　5.＜常置職工以外の＞他の全ての編入農民は永久に工場仕事から解放される…　職工から新兵をとることはなく，我らの意志抜きで何びとも他の階層に移ることはできない。6.職工とその家族への食料は，工場からいかなる差し引きもなしに，職工には月に2プード，妻には1.5プード，12歳までの男子と15歳までの女子には1プード与えること；給与は徒歩の者に年に20ルーブリずつ，騎乗の者には

491

その上に修理と干し草用に年に25ルーブリとする。これら全ての扶養は官有工場においては国庫から，私営においては工場主からなされる。… 7.＜ダムの修理は従来通り編入農民が行う＞ 8.工場に割り当てられた森林は永久に我が鉱山庁の管理と管轄下に入るものとし，それらが恒久的に完全に働くよう仔細に監視する… 9.＜地方長官，職員の選任＞ 10.＜モスクワ造幣所の運営＞ 11.ベルグ＝コレギヤ，その部局экспедиция，コレギヤ支局контора，エカテリンブルグ長官начальство…の扶養費は銑鉄への追加の税から借用する… 12.他の長官，鉱山及び医療，学校…官吏の扶養は，従前通り毎年工場の活動から支出される… 13.＜エカテリンブルグ造幣所の扶養＞ 14.＜鉱山障碍者部隊の扶養＞ 15.工場の点検，改善のため現地に毎年2名のベルグ＝コレギヤ成員を送り，滞在中耕地の他に銑鉄への賦課より給与の半額を支給する。… 16.＜金属の増産，支出の節約等の功労者を顕彰する。＞ 17.＜工場のいささかの零落も防ぐため，年間支給額の半分を11月までに，残りを5月までに支出する。＞ 18.コルイヴァノヴォスクレセンスキー及びネルチンスキー工場は同一の基礎の上に設立するが，監督はベルグ＝コレギヤが行う。 19.＜現在エカテリンブルクスキー金採掘所に全ての犯罪人を送っているが，今後それらをネルチンスキー工場へ送る…＞ 20.＜ガスコインの管理するオロネツキー，クロンシタツキー，ルガンスキー工場の補充＞"[12]

　農民購入許可の再確認は非貴族私有工場主への配慮を示すものであったといえる。

20352.－1802年7月31日．元老院への勅命．周辺の土地からの工場への農民の購入について．

　"…我々の知るところでは，9等文官アムモス・デミドフに対する9等文官ピラミドヴァヤの訴訟によると，デミドフの農民，ヴィヤトカ県ヤランスキー郡のいくつかの村の男性139人，女性125人が競売で売られた。モスクワの著名

な市民で商業顧問グービンはそれら農民の購入の後オレンブルグのペトロパヴロフスキー工場へ移住させた。アムモスの近親者，モスクワの練兵副官ピョートル・デミドフはモスクワ市会の裁判所にそれら資産の買戻しを請願し必要な金銭を提示した。しかし，市会はその問題を解決せず，宮廷裁判所での審理に委ねた。その後グービンはそれら農民の土地を1000ルーブリで陸軍少尉ファジヤノフに売り，同日土地は9等文官ペトロヴォ＝ソロヴォフに30000ルーブリで抵当に入れられた。かくして農民たちは以前の彼らの住居，家財，昔から耕作してきた土地を失い，指令された移住の故に完全な零落を被ることになり：またデミドフ家は代々の所有権を永久に失うことになった。＜続けてその解決策として―Y.＞その防止として命ずる：当該農民たちの移住を停止すること，またアムモス・デミドフの近親者による買戻しを，彼らの中のピョートル・デミドフによって既に役所に納入された競売の評価額相当で以て許可する：なぜならそれに続く土地の販売とその抵当は，デミドフによる買戻しの表明とその金銭の納入の後に行われたものである…＜農民購入に関わる法制の確認―Y.＞ 1723年12月3日付け＜工場付け農民購入の許可＞，1744年7月27日付け＜許可の確認＞，1762年8月8日付け＜購入禁止＞，1798年3月16日付け＜再度購入許可＞…自然の産物と土地資源の豊かさのもとで技術が極めて不足しており，…工場付きの農民購入の権利は必要である…＜検討の結果元老院に命ずる：＞ 1.工場仕事の必要のために，工場近辺に位置する中から明確な根拠の上で農民の購入を許すこと… 2.移住を必要とし，農民の零落を不可避とする，遠距離の居住地から工場への農民の購入を完全に禁止し，そのような工場には自由な働き手の雇いのみに改めるよう，もしくは役所の決定により仕事に向けられる中から利用するよう奨めること…"[13]

　編入農民の苦境を確認し，その上で常置労務者への転換の必要性，更に各地から集積された情報，提言に基づいて制度の具体化が図られた。

20815. —1803年6月23日. 勅許された財務大臣及び内務大臣の報告. —ウラル山脈の工場に編入された農民に代替するための常置労務者の指定について.

"報告。　＜2等文官セリフォントフの報告を精査し，見解を示す＞　セリフォントフの見解の主要点：

1.　工場に編入された農民の苦難な状態について

2.　現地鉱業管理部の警察，裁判分野での業務から不相応であるがごとく離れていることについて。

これらの問題に最も正確に判断を下せるように，ここに工場の現状に関するいくつかの主要点を開陳し，将来のそれらの構成に就いて取りかからなければならない。

最新審査による工場への編入農民は，

官有工場 …………… 241253

私有工場 ……………… 70965

計 …………………… 312218

彼等の行う作業は：

1.　炭焼き用薪の伐採

2.　薪堆の崩しと工場への炭の運搬

3.　融剤の焙焼のための薪伐り

4.　採鉱地からの鉱石，また砂，熔鉱に必要なあらゆる融剤の工場への運搬

5.　ダムの作業と修復，唯一洪水または火災により損傷した場合に。

＜以上に＞次のように支払いを行う：　夏季には1日につき馬仕事20，徒歩仕事10コペイカ，冬季には馬仕事12，徒歩仕事8コペイカ，それらを1人当り1ルーブリ70コペイカずつ稼ぎ，その他に工場までの移動日数手当，工場仕事中の糧食と飼料費を受け取る：前者は工場での価格に拘らず1プードにつき20コペイカ，干し草とカラスムギは1779年の価格とする。

…義務仕事に3つの主要な不都合がある：

1.　編入農民が，村が工場からしばしば数百ヴェルスタも遠隔のため，長期

494

間家を出て自分の生業から離れなければならない。

2. 彼らは大部分適時に全員が仕事に来ることはないので，工場は決して自分の業務に正確に取り組めない。

最後に第3に，仕事には全ての査察人数が配分される；すると，適格な人数を見積りその中から家庭の必要を満たす部分を残すと，それぞれの農民は自分の頭割りだけでなく退出者，高齢者，年少者，不具者の一部の分をも働かなければならない。

これらの不都合の阻止のため，ベルグ＝コレギヤ長官2等文官ソイモノフは1800年，常置職工による工場の補充を提案した…

例えば彼は，最も重要で広大なゴロブラゴダツキーとカムスキー工場を例として，計算を示した。それによると，編入農民65150人の代わりに，全仕事に3305人，もしくはそれぞれ馬2頭ずつ973人と馬なし2332人が必要で，前者が薪，木炭，鉱石，融剤を工場に運び，後者が薪伐り，堆積み，炭焼きを行うとした。

…1800年11月9日裁可された法令は，官有工場のみならず，コルイバンスキーを含む私有工場にも適用されると補足された。労務者の徴集は1802年から4年間に行うとされた。

3等分官ムーシン＝プーシキン伯爵の報告にあるように，この遂行に取りかかることができなかった。その説明による理由は，そのための条件を見出せなかったということである。主要な不都合は，特にゴロブラゴダツキーとオロネッキー工場周辺の草刈地の不足，編入農民に対する常置労務者の扶養の高騰のため同じ人数のもとで現在よりも工場稼働を増やせないということであった。

そのため，所定の募集は1801年12月4日付け指令により指示あるまで停止され，他方で，エカテリンブルグ鉱業長官宛訓令では，提起されたものよりも良い編入農民の解放のための手段がないか，詳細な検討に入るよう指令された。同様の命令がゴロブラゴダツキーとペルムスキー工場長に下された。

新たに得られた情報が示すところでは，エカテリンブルクスキー鉱業庁と同長官，ゴロブラゴダツキー工場長は，一致して，2等文官ソイモノフの提案し

た常置労務者は農民の負担軽減にも工場自身にとっても必要で有益であると
認めた。彼等の証言によると，農民の感じる疲弊よりも，現在の状況は工場に
とって不都合である，というのは，工場のみに遂行を求める直接的義務からそ
れ等＜工場－Y.＞を引き離すからである；農民の重荷は彼等に課された法外
な労働に由来するのではなく，地域固有の不利益からくるのであり，なかでも
最も重要なのは500ヴェルスタにも及ぶ大部分の村の工場からの遠距離であり，
農作業から自由な時間に定められた法定の工場仕事のいくつかを妨げる気候の
過酷さである；これら二つの地域的不都合はそれほどに編入農民の状況を破壊
しており，そのために彼等が1ルーブリ70コペイカ受け取る租税 повыток 分を
彼等にしばしば5から10ルーブリ残し，その他，彼は他の官有農民と同じくす
べての義務を負い，人頭税，年貢を支払い，荷馬車運送，道路や橋の修繕を行
い，時には軍隊への薪の納入，囚人の護送も行う；結局，常置労務者の他に好
適な方法はない…

　＜常置労務者数についての意見の相違＞　ある者は1000人から58人の労務
者徴集で満足する，他の者は1000人から100人へと拡げる。他方で，エカテリ
ンブルグ鉱業長官の書いているところでは，農民自身の大多数，特に遠隔地で
私有工場に編入されているものは，この徴集を望んでいる；これに対する私有
工場主たちの所感だけは見えないが，一面では彼等が農民の利用のなにがしか
新たな仕方，彼等の食糧の世話と草刈りの圧迫を危惧するからであり；他面で
は，ある者は，十分な数の自己所有と永久譲渡の職工を持ち，編入農民は短期
間薪伐りだけに利用している；常置労務者は年間を通じて扶養しなければなら
ず1000人につき58名では不足である；　…

　農民の重荷は2等文官セリフォントフの側からも証明され，彼は自らの視察
で多くの者が1800年11月9日付け法令に従い徴集の割当に準備ができている
のを見た：そこから如何に彼らが進んで自らそれを望んでいるか導き出され，
その最も都合良い遂行のために彼が言明するところでは，工場周辺には既に官
有，私有工場に編入されたまたは非編入の農民から多くの者が住んでおり，彼

らを何らの困難もなしに常置労務者に組み入れることができる。その証拠として ペルミ県知事から彼が得た特別な情報によると，工場周辺に農民 21426 人が 住み，そのうち働き手が 12109 人であった。

　＜結論＞　工場に常置労務者を補給することは有益であり必要である。

　…ベルグ＝コレギヤの行った計算によると，ウラルの工場の活動に常置労務 者 8943 人が必要である。上記県知事の情報によると，ペルミ県だけで工場周 辺に住民 21416 人，そのうち働き手 12109 人を数える。

　ここから，カムスキー工場周辺に住む者を併せて，挙げられた工場はそれら だけで常置労務者の全数を補給することができるであろう；しかし，これらの 村の人数には私有工場周辺に住む者もいるから，それ以上，県知事が仕事に適 し工場仕事ができると考える者がいるか不明である。そのためここでは補給 のために彼らを得られるか明確に確信できない…　それ故，ここでは主要な規 準，もしくは特徴だけを示すことを提案する…

　…主要な特徴もしくは規準：

　1.　編入農民に替えて，工場は常置労務者によって補充し，彼らによりこれ 以上編入農民に頼ることなく工場仕事を行う。

　2.　常置労務者の数は各工場の規模と活動に従って定める。

　3.　労務者は 40 歳以下と定める。

　4.　そのような編入労務者には，ペルミ県，ヴァトカ県ともに，工場に編入 されたと非編入とを問わず，何より工場に隣接する村から繰り入れる。

　5.　それらから工場に適した 40 歳以下の労務者を選んで…常置労務者とし， 残りの者は選ばれた者をその経営において手助けし，欠員の場合の今後の工場 の常置労務者の補充のために村に残る。

　6.　そのために，その村全てを国家賦課と新兵徴募から解放する。

　7.　その村が工場の補給において好適な労務者の全数に達しないときには， その地域の全編入農民から補充し各 1000 人当りの不足数を算入するものとす る。

8. 各工場の規模と活動による労務者数の算定に際しては，労務者の超過数が農民に加重とならぬよう，彼らの余計な扶養が国庫を害することなきよう，可能な限り事前の見積りを超えぬようにすること。

9. 常置労務者の全数を工場に補給した後，工場の残りの全ての編入農民を工場仕事から永久に解放し，彼らを官有農民の中でそれらの農民と共通の状態に同列にする…

10. 馬と馬具に関して，その工場からの解放のために，編入農民が彼等に援助を行う。そのために目録を作る；どのようにその手助けを行うか，現物か金銭か，…

11. 工場近辺に常置職工の完全な補給のための村が不十分な場合，編入農民から補充された者がその村に住む都合よさがあるか，彼らに工場周辺に特別な住居を建て，草刈り地を割り当てる必要があるか，その場合，彼らにどれほどの住居と草刈り地が必要か，どのようにそれらを実行するか，編入農民の手助けによるかそうでないか，何の手助けが必要か。

…裁可"[14]

常置労務者制の法制化

第2回人頭税査察（1741-43）の登録者数87253人を100％とすると，第5回（1794-96）には登録者数は312218人，358％に増加していたが，増加率は逓減傾向にあった。1779年5月21日の宣言により，編入農民の労賃が上昇しただけでなく，炭焼きや鉱山の義務的労働から彼らが解放された。制度的には，1800年11月5日元老院令及び1807年3月15日勅令により，農民の編入は廃止され，直近の登録（1796年，第5回）をもとに男性労務者1000人あたり58人相当の「常置непременные」職工が給与労働として確保できることとなった。[15] <непременные>には「不可欠の」の意味もあるが，一定期間しか利用できない「編入」労働と対比する意味で「常置」とした。

農民の不満と農業生産に配慮しつつ，冶金業への労働力供給を確保しようと

したのが，「常置」職工・労務者への転換策であった。編入農民の維持を希望する何人かの工場主を抑えて公布されたのが，1807年3月15日付け法令である。Yu. ゲッセンの整理する，その主要な内容は以下の通りである：

（1）　常置労務者の編入припискаは工場近傍の村一体で行う。官有工場へは1807年開始，1814年5月完了，私有工場へは1808年開始，1813年5月完了とする。それらの農民は，他の職工・労務者と同様，人頭税を免除される。新兵徴募から編入されたものも同様とする。

（2）　40歳以上および子供は，労働しない場合，給与も給食も受けない。

（3）　編入農民が工場仕事から解放されるときは，常置として編入される新兵の調達費用，住居費…を負担しなければならず，編入される常置労務者への手当相当額－徒歩労務者118ルーブリ67コペイカ，馬付き労務者316ルーブリ82コペイカ－を出費しなければならない（これに対して国立銀行の融資を受けられる）。

（4）　常置労務者は他の職工・労務者と同様の仕事を行う。年間10ヵ月以上の労働を義務づけられることはない。

（5）　常置労務者は給与と給食，耕作地，草刈地を受け取る。

（6）　第5回査察（1794年）に基づく編入農民1000人につき58人の常置労務者は，工場以外のいかなる仕事にも差し向けることはできない。

（7）　常置労務者を拒否した工場主は，編入農民を5年間，つまり1812年5月1日まで保持することができる。その場合，常置労務者の数に応じた補助を受け取ることはできない。

（8）　工場主は，常置労務者に与えると同じ条件，即ち住居，馬仕事のための馬と馬具，給与と給食を与える条件のもと，工場に移住させるために農民を購入することができる。地主地農民の購入は家族ごととする。工場で（成人の場合）30年，子供の場合40年勤め上げた労務者は，退職を要求できる。彼らがもしも退去を望まない場合は，工場主は容易な仕事を与えて扶養し，老衰したときは養老院で扶養しなければならない。[16]

我々は，常置労務者への転換の意義を更に歴史的文脈の中で捉え直す必要があると考える。

22498. ―1807年3月15日．勅可された財務大臣ヴァシリエフ伯爵の報告．―ウラル山脈鉱業工場への職工・労務者及び編入農民に替えての常置労務者の補充について．

　"＜財務大臣ヴァシリエフ伯爵＞　報告。1803年6月23日付けで裁可された自分と内務大臣との報告により，ウラルの編入農民に替えて常置労務者を徴集することが決められた。…徴集の基礎の主要点は：

　a）官有工場の常置労務者の数はその規模と活動により定め，私有工場では編入農民1000人につき58人とする。

　б）労務者は40歳以下と定める。

　…e）　＜項目数は6であって，1803年6月23日報告のまとめた12項目の原則を整理したものである。＞

　これを基礎として鉱業長官に情報の収集と条例の具体化を進めることが命じられた。

　＜編入農民から常置労務者を徴集することは，村が短期間に国家とミールの義務を果たす多数の優良な人手を失うことになる。＞

　1804年11月22付けで裁可された我が報告で，編入農民からのみ常置労務者を徴集する不都合の詳しい状況を示した。陛下はペルミ県，ヴァトカ県からの新兵徴募でもって工場に常置労務者を補充し，それらの新兵を国家全体の徴集に算入するよう命ずることを承認された：…

　海軍工廠，砲兵隊その他官有機関の金属製品への需要は，以前よりもはるかに増大した；しかるに金属生産は，鉱山の深層化やその他の事情により比較にならぬほど困難になった；したがって鉱業仕事はあらゆる点で増加し，その増加した重荷は今やより少ない人数に掛かり，彼らの状況を国家の他の階層とは比較できないものにしている。

第4章 「農民改革」と停滞構造の再編成

　1806年7月13日裁可された，ペルミ鉱山庁の開設と鉱業条例の実施に関する我が報告の中で，鉱業長官共々ペルミ鉱業監督官に，工場のためにそもそも必要な職工・労務者の数を確定するよう命じられた。…

　1804年11月22日裁可された我が報告を基礎に，ゴロブラゴダッキー，カムスキー，ペルムスキー諸工場は，徴集により，1805年，1721人を受け取り，それにより職工・労務者を入れ替えた。即ち，1806年の徴集から，エカテリンブルクスキー工場に600人，バンコフスキー・ボゴスロフスキー工場に1120人入った，もしくは入る予定である。…

　＜この1806年の徴集に際して＞　ペルミ・ヴァトカ総県知事は，1802年5月14日付け勅令に基づく刑事裁判院Палата Уголовного Суда の判決に従い，勤務に適した新兵に算入された罪人を受入れ，工場に送ることを命じられるか提示した。元老院は，我が見解に従い，それらの人物の工場への受入れに不賛成であった。というのは，そうした人物は仕事の監督以外に行動の最も厳しい監視を要するからである。…

　…現地鉱業長官の提案に従い，元老院は工場近隣の村から新兵を他の工場に送らず，常置労務者への算入に備えて在宅させることを決定した。

　陛下は，我が提案によるベルグ＝コレギヤの見解に賛同され，これら子弟＜新たに職工・労務者になった1795年査察以後出生の＞を農民身分 крестьянское звание から抜き出して工場管轄下に算入し，彼等に他の工場職工の子弟に対するのと同じ基準で法定の食糧を与えることを承認された。…地主地農民の子弟はこの状態に入ることはない。…

　エカテリンブルグ鉱業長官から寄せられた，常置労務者の受け入れを希望する私有工場主からの情報によると，何人かは我と内務大臣との報告に描かれた基準で受入れに同意し，他の者はこれを拒否し，彼等を編入農民で代替する様々な請願をしている。3等文官ピョートル・デミドフはその受け入れを完全に拒否している。

　モスクワの名誉市民クナウフは，常置労務者の代わりに彼の工場への農民の

501

購入許可を請願し，＜その根拠として，努力と多額の投資によって工場を前所有者よりも改善したこと，金属生産を増大したことによって国庫収入を増やしたこと，…　1752年法令のベルグ＝コレギヤの見解に従った必要人数に対して彼の製鉄，製銅工場に割り当てられた常置労務者の数は製銅のためだけにも不十分であること，…　租税が過重であること…を挙げた。＞

　かくしてクナウフは請願した：1) 彼に常置労務者を与えない場合には，現在まで国庫に支払っている過度の10分の1税から解放すること，即ち彼を援助なき工場主に列すること；2) 常置労務者を受入れる場合には，彼は，1752年法令に定められベルグ＝コレギヤに認められた労務者数から徴集される10分の1税全額を支払うこと；その人数以上に彼が金属を熔融，加工した時は；その超過分につき彼は援助なき工場主と同じ租税を支払うこと。または，3) 彼の工場を常置労務者の規定数で満たし，彼等をすべて製銅工場に算入して，そこでの鉱山省の基準による農奴人数2500名に掛かる1人当たり5プードに対する租税全額を支払い，しかしてその基準以上に溶融された量，すなわち製鉄工場で生産された銑鉄からは援助なき工場主からの租税を徴収すること。

　…最後にクナウフは，政府が彼の提案したどの方法も受入れないときには，規定通りの常置労務者数を彼の工場に与えるよう請願した。

　ベルグ＝コレギヤは，クナウフの請願の検討に際して彼の提案した方法は尊重しなかった。その理由は，国庫からの非貴族工場主への援助は官有民＜の供与＞だけにあるのではなく，自前の資本で工場に購入した人々を所有する権利にも，また，与えられた鉱石，土地，森林にもある；したがって，彼を法定の租税から解放することなく，…　編入官有農民から1000人当り58人の常置労務者を与えることとする。

　鉱業長官は，クナウフの請願について…明らかにしている：1) 非貴族の工場主に与えられた，工場付きで人々を所有する権利は，もちろん政府からの援助である；2) 土地や森林だけでなくその中の鉱石も，全ての身分の者に土地と全ての地上及び地中にあるものを利用することが許された1801年12月21日

付け勅令を基礎として，工場主により自前の資本でもって購入され，既に完全なる所有として所有者に属しており，従って所有権によって既に国庫からの援助を構成しない。… 3）公正は，工場主が受けた援助のみに対して，その援助の量に応じて租税を支払うことを求めるものである。4）クナウフはここでは工場を完全に租税から免れさせることを求めていない：しかし実際にはそれらを与えられた援助に応じて課すこと＜を求めている＞：そして結局　5）この立場からクナウフの請願を公正に基礎をおいたものと認め，彼らは，工場主に与えられた援助からその量に応じて租税を徴収することはより良い方法の一つと看做している，…

　デミドフ家に属する，またかつて属した諸工場は，彼らの先祖に陛下より下賜された1703年と1704年の特権証書に基づいて，様々な村に住みまた工場に編入された家系の農民を…証書のとおりの権利でもって工場に残し，官有農民の租税から除外するよう求めている。

　＜ベルグ＝コレギヤによる証書の照会によると＞　件の証書は，農民はデミドフの先祖に永久に与えられたとは言及しておらず，ただ仕事のために工場に，特に国庫に向けた大砲，迫撃砲その他の製造のために編入されたものであり：そのような製造物は1779年マニフェスト以降は…　官有工場に委ねられた。それらの農民はその後実際上，真正の職工，労務者とは見分けられた。＜補給将官，後の検事総長＞ヴャゼムスキー公爵による工場住民の不服従に関する調査においても，彼らは事実上他の編入農民と同一視され，皇帝陛下によってその身分にあることを了承された。

　ベルグ＝コレギヤはこの照会に付加して，…上記全ての理由によりデミドフに対し彼らの請願を拒否し，更に，既に1753年にベルグ＝コレギヤはこれらの工場に工場活動に対して過剰な人員を見出し，元老院に対してこれらの人員を抜き出して官有農民に算入するよう提案したことを付記した：　しかし，彼らは陛下の証書により工場に引き渡されたとして，元老院はこれについて報告を陛下に届けて裁可を仰ぐことに決した：しかし農民たちは現在まで以前の状

態に留まっている。

何人かの工場主は，常置労務者に替えて彼等の農民を買い足す許可を要望している；1802年7月31日付け勅令によりそうした購入は許されているが，その条件は，購入された者達が移動により困難と零落に陥らない地域で工場主が購入相手を見いだせた場合に限られる。それ故，ベルグ＝コレギヤはこの請願に対して何ら満足させることができなかった。…

＜農民の＞購入と移住の権利を以下の条件に限り与えることとする

1) 移住者にミールからまた工場から募集により移住する常置労務者に指定された補助を与えるために，即ち，家とその建築期間，工場主が馬仕事を課す場合は馬具付きの馬。…

2) 募集による常置労務者の受ける扶養と完全に同じ基礎の上に移住者が扶養されるために，即ち，給与と食糧その他の用品の議論と同じく課される仕事についての議論についても。

3) 人々が工場仕事や工場の運営に係わること以外に使われないために。これらの仕事以外には，ただ工場内のまた工場林地や用地に存する工場付属の村落での耕作のみに彼等を使用することが許される…

4) 工場で30年勤め上げた移住者，勤務開始から数えて40年勤め上げた彼等の子息は，官有工場におけると同様，仕事から解放され彼等が当初選ばれた身分に算入されることができるように。

以上の原則で鉱業長官は一般に人々の購入と工場への移住を許すことが極めて公正であると認める。工場主が…この原則で人々を購入することを望まず，常置労務者を受け取らない場合には：1812年5月まで彼等に農民の利用を保留する。

1752年法令により工場仕事の改善のために一定数の者を工場に編入することが認められた。ベルグ＝コレギヤの集めた情報によると，いくつかの工場では法令に定められた算定に対して過剰な数の人々を保持している：それ故それら工場には1000人につき58人ではなく1752年法令の定める数に不足する人数

第4章 「農民改革」と停滞構造の再編成

だけを与えるべきである。

　鉱業長官はこれらを勘案して提案する：1）この計算は鉱業長官 Начальство を彼等を困らせる細かな細目に引き込むであろうし，1000人当り58人の常置労務者では不十分と考える…　工場主に不快を招くであろう；その際には過剰となる人数は些細なことであろう；2）何人かの工場主は過剰人員の中に自らの資本によって購入した農奴を有しており，それらは1752年法令に従って承認されたものであるが，あるいは工場から切り離すか，または貴族に自らの農奴の使役を許すがごとく，彼等を様々な他の仕事に利用するかしなければならない。第一の場合，人々の引き離しは正当ではない；第二の場合は彼らを他の仕事に利用することを許すのはこれまでのこの件についての決定と，人々が工場に与えられ彼らの購入が許された目的とに反する；3）工場主に工場において扶養する人数を制限することは彼らの産業を制限することになろう；4）ベルグ＝コレギヤは，貴族工場主から他の非貴族への工場の転売に際しての同様な事情に関して，我に，他の労務者の軽減のために過剰人員を工場に残すよう提示した。その根拠は，1804年11月22日裁可された我が報告であって，そこではとりわけ，工場仕事は他の身分に比べて極めて過重で消耗させるものであるから政府はそこでは，重荷がより多くの働き手に分散され以て彼らの荷重が小さくなるように，充分なだけでなくそれ以上の働き手の数を使用しなければならない。…と述べられていた。

　それ故，鉱業長官は，1000人当り58人の常置労務者…を望む工場主に与えること，今後全ての身分の工場主に自ら必要と考えるだけの人々を工場に保有することを許すことが必要であると判断する。然して鉱業長官は，貴族の権利でなしに工場を有する工場主を，それらの人々が工場仕事と耕作以外に使用されないように監視しなければならない。…

　工場主からの情報収集の際，6等官P.ヤコヴレフの工場事務から…求められた情報を送ってこなかった。そのためベルグ＝コレギヤはこの工場に，処罰として，常置労務者を与えず編入農民も拒否すると伝えた。その後当事務からデ

505

ミドフ家と同様の請願が送られてきた：というのは，これらの工場はデミドフの転売からヤコヴレフが手に入れたものだからである。…

＜耕地の不足について＞　しかしこれらの者達は，工場仕事に就いていて耕作のために十分な時間を持てないし，自分と家族のために食糧も馬のための飼料も受け取り，耕作地の必要がないであろう：…

＜情報の総括＞　最後に鉱業長官は本件に関して必要な情報を我に提示した，即ち：官有，私有工場の補充に必要な常置労務者，職工の人数；　工場に近接する村の数，…　そのうち適する労務者の数；官有工場に人手を求める工場仕事，その中に常置労務者の手当や各人当たりいかほどになるかの情報を含むこと；いつそれらの労務者が工場に入れるか，何年間補助のために定められた額を必要とするか，官有，私有工場でその額はいくらになるかの情報；最後に，官有，私有工場の常置労務者についての規定，常置労務者で補充されるまでの工場仕事を遂行する編入農民の管理規定。

私有工場：編入農民70061人存在する。その中から1000人当り58人として常置労務者4061人＜計算では4063.5人－Y.＞算入される。そのうち1332人が工場主によってまだ要望されていないが，彼らが1703年，1704年証書に基づく権利でもって農民を工場に保持する件に関する請願を政府に拒否されれば，明らかに彼らはこれらの人々を与えるよう請願するであろう。ただ，3等文官ピョートル・デミドフ以外は。彼は更に5から10年農民を使用することを請願しさもなければいかなる場合も常置労務者を拒否している。

官有工場：官有諸工場はその活動のために常置労務者9423人を募集しなければならない。

官有及び私有工場全体に，217115人の編入農民を仕事から解放するために，常置労務者13484人が必要である。もしもデミドフ家に属するまた属した工場が常置労務者を拒否するならば，…　常置労務者の数は全体として12152人以下となるであろう。これに更に官有工場の全職種の労働人員の補充に4366人必要となり，全体として職工及び常置労務者16518人となる。

506

第4章 「農民改革」と停滞構造の再編成

　上記人数の中には工場近隣の村々に，適合する労務者5982人が既に記載されている。これらの村は16552人の被査察人数を擁する。これらのうち何人かカムスキー工場に隣接する者は，不適合または遠隔のため常置労務者に算入されないであろう；しかし彼等は近隣のヴォチャツキー村によって代替されるであろう；したがって被査察人数はいずれにせよ上述人数に近づくであろう。

　ヴォトゥキンスキー工場に隣接する村落は，編入農民だけで常置労務者を補充するのに必要な人数を超えている。イジェフスキー工場の近隣は編入農民は少ないが，ヴォチャツキー村から必要を超える編入が承認されている…しかしこれらの村落は民事部局に属するので，鉱業長官は…　村落の選定，編入の指定，区分のために民事県知事Гражданский Губернаторと協議する必要が…ある。

　鉱業長官の想定による…各常置労務者に対する金銭援助額：徒歩の者　118ルーブリ67コペイカ，馬付きの者　316ルーブリ83コペイカ。この条件で常置労務者全員に対して3984969ルーブリ7コペイカとなる。この金額を，彼等は，陛下に了承された報告に基づいて，ウラル山脈を構成するトボリスク，ペルミ，ヴァトカ，カザン，オレンブルグ諸県の工場の編入農民から徴収すると定める。しかし，この額を農民は極度の零落なしに支払うことはできないので；鉱業長官は，銀行から5ないし6年間借用し，その際，農民から仕事を課されない1人当たり2ルーブリ50コペイカを控除し利子やその他移送にかかる費用も含めた総額を完済するであろう。その支払いは…1820年に，すなわち1807年から14年以内に完了するであろう。

　　鉱業長官の説明では，…　常置労務者の人数は見積もりのための概算であり，…　必須の規定と見なすべきものではない…
　以上の報告を…　あえて陛下に対して行うものである。[17]"

"＜陛下への提案＞
　　工場主の請願の許可
　　1.　常置労務者を拒否した工場主には，1812年5月1日まで工場に編入

507

されたすべての農民を使用することを許す…

2. 工場のために利用する者を，必要と認める人数だけ扶養することを工場主に許す，したがって，1752年法令によって計算せず，常置労務者を減ずることなく彼等に与える；1000人当り58人の… 計算で。…　官有農民が工場仕事と耕作以外に使われないように… 鉱山庁は監視すること。

3. 常置労務者に替えて農民を購入することを望む工場主には以下の条件で許可する：

　　a）　ミールが常置労務者に与えると同等の援助を被購入者と被移住者に行うこと…

　　б）　購入された者を家族と分つことなく一緒に住まわせること。

　　в）　官有工場の労務者あるいは常置労務者と正確に同じに扶養しなければならない。

　　г）　工場仕事と耕作以外に決して用いてはならない。

　　д）　移住者が30年，その子供が40年勤務した後には… 解放しなければならない。… 彼等が望むときは，… 工場主は彼等を軽い職務を与えて扶養しなければならない。

4. 工場主が官有常置労務者の受入れに同意せずその替わりに農民を購入し移住させることを望む場合は；然るべき常置労務者の数に従い定められる金銭補助を与えること；編入農民は仕事に用いるために1810年5月1日まで残すこととし，即ち3年間に毎年1/3ずつ仕事を減らし，1810年5月1日には完全に仕事から解放することとなる。

5. ＜今後＞官有の農民も土地も森林も持たなくなる私人は，国庫から援助を受けない工場主として扱われることとなる。

6. ベルグ＝コレギヤの証明書に記された理由により，デミドフ家に属するまた属した工場に対して，1703年，1704年の証書に従い農民達を工場所有として残すとの請願を拒否する。

7. ベルグ＝コレギヤの申請書に同意し，6等文官ピョートル・ヤコヴ

レフの工場に編入された農民を今般仕事から解放し，彼には常置労務者を与えない。"[18]

裁可された報告を踏まえて条例が承認された。条例は常置労務者を厳格な封建的相互監視・管理体制の中に組み込むものであった。

"鉱業工場における常置労務者のための条例 Положение

Ⅰ．常置労務者の身分，彼らの管理と同時に必要な物資の支給。

1．官有及び私有工場の常置労務者はいかなる特別な身分を成すものではなく，官有工場に従事する他の官有民の如き，また私人の工場に永久譲渡された者の如き，まさしくそのような職工並びに労務者である。

2．＜健康で強健な者が常置労務者となる。父親の同意または請願により未成年者を鉱石運搬に用いることができる。＞

3．常置労務者の子弟は工場に属し，他の職工・労務者の子弟と同様な仕事と職務に用いられる。

4．＜官有工場の常置労務者は全ての国家公租を免れる。私有工場では工場主は永久譲渡者と同じ租税を支払う。＞

5．常置労務者は徒歩者と馬付きとに分けられる。徒歩者は薪伐り，堆焼き，その他あらゆる屋外と作業場の工場仕事に従事する。馬付きは鉱石，木炭，融剤，砂その他工場に必要な物資や用品を運送する。…

6．- 9．＜馬仕事に関する細目＞

10．工場主が常置労務者を必要と認めず彼らの扶養を望まない場合；そのことを鉱山庁に表明すれば，彼らを必要とする官有工場に転送する。…

11．- 14．＜鉱業条例草案に基づいた係争の解決。＞

Ⅱ．常置労務者の百人組，十人組への分割と仕事における彼らの責任。

15．各工場の全常置労務者を百人組 сотня，十人組 десяток に分割する。

509

各百人組は百人組長，十人組は十人組長をもち，常置労務者全体の徒歩者団 общество に対して1名の団長 старшина，馬付き団に対して1名の団長を定める。

16　….これらの長の選出は常置労務者自身に委ねられる。

20.　十人組長の義務は，すべての者が正しく働き，負わされた仕事をきちんと全て時間内に完遂するよう監視することにある。彼は彼らの素行をも監視する。…

21.　百人組長の義務は十人組長と同様である。しかし彼は仕事に就かないので；十人組長よりも時間があり…きちんとした仕事をより厳格に監視しなければならない；毎日労務者の働く現場で監視すること；怠け者を駆り立て，全てを団長に報告すること。…

22.　＜徒歩者，馬付きの長の任務　百人組長，十人組長の任務の統括　特に馬の管理＞

23.　十人組全体がその仕事に責任を持ち，百人組全体がその仕事に責任を持ち，団全体がその仕事に対して責任を持つ。1人またはそれ以上の労務者の仕事の未遂行の場合には，十人組がそれを完遂する。十人組全体として完遂できなかった場合は百人組としてそれを完遂する；仮に百人組全体として自らの仕事を完成できなかったときには団全体でそれを完遂する。それ故に，十人組ではすべての労務者が他の者を監視する権限を有する；自分の同僚に見て取れる怠慢や不出来を十人組長だけでなく百人組長，団長に報告すること。＜同様に，十人組は他の十人組の問題を，百人組は他の百人組の問題を，それぞれの上級の長に報告し，団長はしかるべき措置をとり，必要な場合は工場管理部に報告する。＞

24.　自らの怠慢，不注意，不品行の故に団，百人組，十人組に重荷を負わせた不良な労務者は，所属から排除され，他の工場仕事に使われ，その代わりに他の者が任命される。…＜馬付きの場合＞

Ⅲ．常置労務者が遂行せねばならない仕事について，また彼らに負わされ

る仕事の数量について。

25. 常置労務者は，1779年5月21日付けマニフェストに基づいて編入農民に負わされる仕事を遂行するために任命されるが：しかし地方鉱業長官 Горное Начальство が，官有，私有工場において彼らの中から，他の工場仕事や編入農民の行う一部もしくは全ての仕事がより良くでき，自発雇い вольный наем で行うのに好都合であると認めるか，あるいは現在農民の行っている仕事の人数に常置労務者のそれほどの数を必要としない時；…彼らは鉱業長官によって官有または私有…工場で他の鉱山，工場仕事に用いられる，その際一時的もしくは恒久的に。

26. 鉱業長官が…現行の通常の職工・労務者の中で現在編入農民によって行われている仕事により向いている者を見いだしたときは，それらの職工・労務者を今後常置労務者に指定することができる；　…

28. 官有工場における常置労務者の仕事の数量は，鉱山会議 Горный Совет において鉱業長官が毎年定める。その際，決定は，地方の事情，季節，労務者の構成，仕事の質を考慮して行われる。

31. 私人の工場においては，工場主またはその代理人が各常置労務者の仕事の数量を定める。

32. 常置労務者への仕事の配分を，私有工場の工場事務は鉱山庁に報告する。…

33. 常置労務者の仕事の数量を変更する必要があるときは，鉱山庁に申し出る。労務者との合意が成立すれば許可を待たなくても良い。…

34. - 37. ＜馬付き労務者の仕事量，期間，時期等。＞

Ⅳ．常置労務者の扶養について。

38. すべての常置労務者は，自分とその全家族のために，1799年5月14日付け勅令に基づき，無料の食糧を受け取る。各常置労務者の給与年額は20ルーブリに定められる。馬付き労務者は扶養する2頭の馬につき補充用＜繁殖用＞年額25ルーブリと燕麦120プードを，1労働日と1頭当たり10

511

フントとして年間8ヵ月もしくは240日につき受け取る。

39. すべての工場は様々な原因の…馬の死亡に備える繁殖用予備費を持つ。この繁殖用予備費は大部分馬付き労務者それぞれの馬1頭につき農民から集められた金から成り立つ。

40-54. 馬付き労務者に関する細目。"[19]

人頭税導入と同様に，「歩きながら考える」改革方式であったが，問題の重大性は帝政に多大な努力を払って各地からの情報と意見の収集を行わせた。法令の背後には膨大な報告の集積が存在する。

ウラル製鉄業開始以来の，編入農民への依存が，農民の疲弊，従って農村の疲弊を蓄積したこと，過剰労働力，同時に過剰養育人口をもたらしたこと，技術停滞のもとでは生活費切り詰め以外に生産性向上の要因に乏しいことは明らかであった。これらへの対応として，農業からの一定の切り離し，即ち専門化，労働力人口の圧縮，季節的移動による損失の解消が必要であると考えられた。

しかし，製鉄技術体系は不変であり，労働の強制性は不変である以上に，より緻密化された監視態勢が整備され，農村への経済的依存が避けられない限りで，体制とそれに適合的な生産組織の維持を図りながらより合理化された封建的管理体制を構築することは両立し難かった。

このように，常置労務者への転換は，編入制度への農民の不満を和らげる意図を持っていたが，編入対象者数を58/1000に限定したものであり，根本的な制度変更とはならず，その枠内での手直しとならざるを得なかった。大方の編入農民にとっては工場労働への動員からの解放となったが，常置とされた者には緊縛強化となった。また，工場主にとっては労働力の不足要因となり，非労働力階層の養育義務が明確化された。農村にとっては18-40歳層を集中的に奪われることによって生産能力の損失をもたらすものとなった。

トゥルチャニノフ所有のスイセルツキー，ポレフスキー，セヴェルスキー各工場，セルゲイ・ヤコヴレフのアラパエフスキー工場群，イヴァン・ヤコ

ヴレフ後継者のヴェルフネ＝イセツキー工場群，グービンのセルギンスキー，アヴジャノ＝ペトロフスキー各工場群，イヴァン・デミドフのカギンスキー，ウジャンスキー各工場，クナウフのユゴフスキー以下5工場の編入農民総計47087人に対して，その58/1000に当たるのは2729人であって，到底従来通り[20]の労働力要求には応えられるものではなかった。

労働力補給の第1の要素は，新兵である。官有ボゴスロフスキー工場群では，1800年，3637人が必要とされた。しかしこの人数は工場内で調達できなかった。改めて必要な職工・労務者数は3182人と定められ，常置労務者531人が補充されることになったが（不足は2651人となる），実際には1930人しか集まらなかった。不足分は全村編入による常置労務者と新兵の編入とによって補充することになった。1814年には1500人の不足が見込まれ，大蔵省はこれを新兵によって補充することを提案したが，国防省の反対にあった。ヤコヴレフのヴェルフネ＝イセツキー工場には新兵が差し向けられたが，鉱区には耕作適地が欠けていたため，ヤコヴレフは新兵の代わりに耕地を持つ村を全村編入した。[21]

第2に，1798年に再び許可された農奴の購入が利用された。原則として工場近傍の村からの購入が認められたが，ウラルの場合，常置労務者と同等の扱いを条件にこの制限を免れた。しかしこれは高くついたので法令に違反する工場主も現れた。

ヴャトカ県にホルニツキー製鉄工場を所有するアレクサンドル・ヤコヴレフは，1811年末，ノヴゴロド県の村から1312人，ヴォログダ県の村から319人の男性を購入した。これらの村は工場から約800ヴェルスタの距離にあった。ヤコヴレフは無許可で農民を移住させようとしたが抵抗され，暴動に発展した。大臣会議Комитет министровは，1813年4月，移住を禁止した。正式な許可申請も法令違反と認定された。そこでヤコヴレフは工場から350ヴェルスタのヴャトカ県の村複数を購入し，1815年5月，一時仕事のために移住を命じたが，ここでも抵抗に遭い，暴動に発展した。大臣会議は1816年，農民の請願を検討して，1807年の法令はウラルのみに適用され，ヴャトカ県の工場に農民を移

513

住させることは不当であると結論した。しかし，3月28日，ヴァトカ県には地主所有地が欠けておりウラルに含まれるとみなし，工場に移された農民が平静であることから返戻させないと表明した。しかしなお，農民の窮状と不満を訴える請願がもたらされたため，大臣会議は1817年5月15日，調査官を派遣することを決定し，ツァーリの裁可を得た。この調査でも請願の正当性が裏付けられたが，大臣会議は，冶金業は"内外交易の必要にして著名な分野であるから"支援されなければならず，工場内の"著しい人手不足に鑑みて"農民を返戻する考えを棄却するとした。[22]

編入廃止はもともと自己所有農民の労働力を利用してきた世襲貴族工場主にとってはなんらの変化ももたらさなかった。むしろ，健康で労働に適したものだけを常置としたことにより，工場主にとって効率は向上した。18歳に達した男子は常置とされ，それまで30年だった年限が40年に延長された[23]。

編入制度の改革，常置労務者への転換は1790年代末から構想され，1807年に最終的に決着したが，その間労働力確保に不安を抱える工場主からの反発もあり，帝政も動揺した。編入農民たちは，近傍の村への編入切り替え，年齢層の限定に希望を見出し，既に法令実施以前から工場を去り始めた。暴動に発展する事例が頻発した[24]。

農民の異議申し立て，暴動，逃亡が相次いだ。制度の耐用年数が尽きているのは明らかだったが，帝政は出口を見出せなかった。

19世紀前半の工場生活と制度的限界

一部の工場主は常置労務者を拒否する選択をしただけでなく，ヤコヴレフのように法令に違反して労働力の確保に努めた。これらの，農民と工場主の行動は一対のもの，即ち，封建的マニュファクチュアの限界と封建体制の弛緩を示すものである。

1817年11月26日付けヴァトカ県知事の報告は，ヤコヴレフの工場における債務奴隷の再生産の実態を示した。それによると，工場仕事についた最初の年

に給与を得たのは4家族のみ，その額は33ルーブリ以下であった。55家族には工場事務に対する—最高で，ある家族に228ルーブリの—負債が積み上がった。以前から移住していた農奴農民のうち，111家族は給与を得ており，その額は最高で154ルーブリであったが，106家族は最大139ルーブリの負債を抱えていた。従来から工場に居住した官有農民のうち84家族は給与を得（最大153ルーブリ），109家族は負債に陥っていた（最大159ルーブリ）。こうした実態は帝政の関心を呼び，労務者の状態改善のための法案，県知事からの負債清算の提案が検討されたが，具体的な結果は生まれなかった。[25]

給与または負債の額の多寡は家族中の働き手の数に依存したと考えられる。

編入農民の禁止と「常置労務者」の承認は新たなカテゴリーを生み出したが，それ自身は一定の階層を形成するものではなかった。「常置労務者」の一部は工場内に移住し，他のものは村にとどまって農業にも従事した。デミドフその他のようにこれを受け容れなかった工場主もあった。ヴェルフ＝イセツキー鉱区の場合，1819-20年に，労働力の約20％が「常置労務者」だった。1830年代半ば，私有鉱区の「常置労務者」は労働力の25-30％を占めたとされる。官有鉱区ではその比率は極めて大きな幅でもって分布した（5.45％－64.3％）。[26]

地主地農民の工場労働を一般的に規制していたのは1736年1月17日法令であり，それによると，工場主фабрикантыは地主との契約によって農民を工場で用いることができた。しかし，19世紀前半においても，地主が強制的に自己所有農民を工場に送ったことが確認される。1810年，モギレフの地主地農民がグービンのペルミの工場へと送られた。1825年には，ヤランスキー郡の地主ドゥルノフの農奴58人がデミドフのタギリスキー工場に送り出された。いずれの場合も，騒擾が起こったが，「首謀者」が裁判にかけられた。大蔵省は労働力の不足するウラルに農民を送る国家的利益を重視する立場であった。これに対して，大臣会議は地主による農民に対する強制を非難した。帝政内部の意見の不一致は明らかであった。法制審議会は，1827年に至って，地主は農民を工場仕事に強制する権利を持たないが，農民は自らの意志によって工場に行け

515

るものと裁定した。妥協的な判断である。⁽²⁷⁾

　地方から収集された情報を基に，1806年に作成された鉱山条例草案は，いくつかの労働者保護策を構想した。条例は草案ではあったが事実上の指針として機能した。問題はその実現性であった。構想の一つ，養老院について，1809年，大蔵省がペルミ県，ヴィヤトカ県について調査を行った。情報は1817年に至ってももたらされなかったため，再度の要請が必要だった。その結果によると，1820年においてもエカテリンブルクスキー工場には養老院は存在せず，218人の要介護者がいて，それぞれ月に2プードのライ麦粉を受け取っていた。ボゴスロフスキー工場では，養老院には6人はいり，他の239人の要介護者は3区分され，それぞれ穀粉1.5プードと30コペイカ，穀粉1プードと30コペイカ，穀粉1プードを受け取った。ゴロブラゴダッキー，ヴォトゥキンスキー，ユゴフスキー，モトヴィリヒンスキー工場には要介護者はいたが養老院はなかった。⁽²⁸⁾

　19世紀初頭には，2交代制から3交代制への転換も問題とされた。ボゴスロフスキー工場群を官有に留めるか私人に譲渡するかの選択が検討された際に，従来からの2交代制を変更して生産力を増大し，同時に労働者の負担を軽減することが企図されたのである。3分割された労働者群の第1班が昼間勤務，第2班が夜間勤務，第3班が休息と指定され，1週間ごとに交代していくものとされた。これにより，労働者の体力が維持され，家事作業にも従事でき，生産性向上が期待された。しかし，労働者数が増加し経費を押し上げることが問題であった。アレクサンドルⅠ世は，1806年，これを承認し，他工場に広げる際にはボゴスロフスキー工場におけるよりも極端な賃金引き下げとならないことを求めた。⁽²⁹⁾

　しかし，1819年に鉱山庁 Горное правление が労働報酬の引き上げを提起したときにも，3交代制はどこにも採用されていなかった。労働者数増が困難だった上に，それによる金属価格の上昇が忌避されたのである。⁽³⁰⁾

　工場仕事に労働力を供給する重要な経路として出稼ぎの拡大が容認された

第4章　「農民改革」と停滞構造の再編成

が，厳格な管理は些かも緩むことはなかった。

25834. ―1815年5月3日（6月15日公布）．参議院 Государственный Совет 見解
―屋敷付き人 дворовые люди に対して仕事で自らを扶養するために印紙の証明
書を発行する件について．

　"…屋敷付き人に対して自らを扶養するための4ヵ月を超えない仕事のため
に，各所で自らの扶養のために家を出る農民に発行する際に支払われる税金と
均等化するために年間6ルーブリとするよう，2ルーブリ印紙に書かれた証明
書を発行することについて，参議院見解の承認が提起された。…

　＜両首都にいる地主地農民に発行された身分証明書 плакатный паспорт の交
換に必要な手続きの作成に鑑み＞　1816年1月1日の発効としなければならな
い。"[31]

26010. ―1815年11月29日．参議院見解．―鉱業工場への農民の雇いについて．
　＜参議院総会の決定に基づく提案＞
　"1.　自らの住居から30ヴェルスタ以上離れた工場で仕事につくことを望む
　　　農民に対して，郷管理局は，郡庁から遠いため時間の損失なしに定めら
　　　れたパスポートを受け取ることができないか，あるいは仕事への農民の
　　　送り出しが4ヵ月を超えない場合は，ミールの決定に従って本年5月3
　　　日付け参議院条例に基づき2ルーブリ印紙に書かれた4ヵ月間の書面証
　　　明書を発行することができる…
　2.　工場で4ヵ月以上仕事に就きたい農民は，郡庁から布令パスポートを受
　　　け取らなければならない。
　3.　工場仕事に従事するか用具を据え付けなければならない農民は，上記証
　　　明書やパスポートを契約に忠実な遂行の担保に遺さなければならない。
　4.　工場長 Заводское Начальство は，契約時以降の時間経過に従い，証明書，
　　　パスポートを取りまとめ，その件の報告を下級地方裁判所に行う。

517

5. 労務者または請負人の不正ある場合，下級地方裁判所は，それについての工場長の通報に従い，彼等に義務の完遂をさせなければならない。

6. 契約は規定に従い印紙に記入され，それは工場の勘定で購入される。真筆の署名：執行へ。参議院議長"[32]

「自発雇い」の導入は積極的に進められていたと思われる。1838年4月の，ペルミスキー工場長フェリクネルからウラル鉱業長官V. A. グリンカへの報告に，"以下の仕事：炭焼き用および住居用の薪伐り，他のいくつかの期限仕事に職工として自発雇いを受け容れることは，好都合であり可能なだけでなく，有益でさえある…"[33]とある。薪伐り等は職工の仕事とは思えないが，用語が厳密ではなかったのであろう。

S. V. ゴリコヴァらによれば，一連の流れとして，1810年6月16日，ウラルの官有，私有冶金業に，官有地農民を雇うに当たっての単一の規程が施行された。規程は，工場事務と行政―下級地方裁判所との二重コントロールを設けた。1812年1月10日付元老院令は，ヴャトカ県官有地農民の雇用を，4ヵ月未満の工場仕事に際して下級地方裁判所のパスポートなしで，郡役所の許可でもって認めるものとした。これは1815年11月29日付法令で，全農民に拡大された。[34]

S. V. ゴリコヴァらの評価には少しく補足が必要である。先に見たように（1815年11月29日付け参議院見解＝布令），帝政は証明書，パスポートの手続きを簡素化して出稼ぎを促進し，同時にミールにも責任を負わせ，厳格な監視を確保しようとしたのである。

1850年前後にウラル鉱山庁の作成した規程によると，官有工場の期限労務者は，割り当て仕事の遂行のために労働力を「雇い」することができた。そのために工場長の許可が必要であった。雇いは炭焼き用薪伐りについて認められ，堆積み，炭焼きには認められなかった。[35]この場合の「雇い」は，従来からの肩代わりと同種のものである。慣行を基礎としながら，体制に受け容れられ

る制度として「雇い」のルール化と上からの管理が進められたように見える。

19世紀半ばには工場内に住み非熟練労働に従事するものを「根幹的 коренные 労務者」と呼ぶこともあった。1830-40年代に，オレンブルグ県のシムスキー，プレオブラジェンスキー，ヴェルホトゥルスキー，カノ＝ニコリスキー，ブラゴヴェシチェンスキー，ユリュザンスキー，カタフスキー鉱区に，それぞれの領地農民が移住させられた。1820-40年代にニジネ＝タギリスキー，シャイタンスキー，クイシトゥイムスキー，ウファレイスキー，ボゴスロフスキー，シュルミンスキー各ポセッシア鉱区で，農民の購入と移住が行われた。[36] 居住することで「根付きの」意味があったと思われる。

農民の編入が禁止されても，冶金業が大量に必要とする労働力の供給源は農村であった。

高い死亡率の故に工場内での労働力再生産が十分機能せず，外部からの恒常的補充を必要とした事情も指摘されている。ある医師の表現によれば，それは "絶えざる систематический 死滅" であった。高い死亡率は，19世紀前半においても，イジェフスキー工場では周辺農村から絶えず "頑丈な人間" を補充することを強いた。北部ウラルの官有工場においても，時に大きな外部からの補充を必要とした。労働力4000人に満たないボゴスロフスキー工場に対して，1818年だけで1000人，1836-37年にも1000人の補充がなされた。1854-55年，同規模の補充がゴロブラゴダッツキー鉱区の工場群に向けられた。それらの中には農民のほかに流刑囚も含まれた。[37] 死亡率の問題も含めて，労働力再生産については今後の研究進展を待たなければならない。

ウラルに大規模冶金業が創設されて1世紀半，その歴史に相応した労働者層の形成と蓄積は，絶えざる農村からの補充によって常に薄められていたと見なければならない。したがって，既に1720年代から見られた，職工層の再生産は，事実として認めるべきであると同時に，その意義を過大評価することもできないのである。

ごく限られた例であるが，男性工場住民の年齢構成を表4-3に見る。

519

表4-3　男性工場住民の年齢構成比較

(単位：%)

	未成年	成年	老年
バガリャンスカヤ村編入農民 (1719年)	49.7	37.7	12.4
ネヴィヤンスキー，シュラリンスキー職工 (1717年)	42.0	46.5	11.5
カムスコ＝ヴォトゥキンスキー鉱区 (1850年)			
常置労務者	45.5	39.5	15.2
職工	48.2	47.3	4.3
エカテリンブルクスキー鉱区 (1850年)			
常置労務者	44.1	45.6	10.7
職工	40.6	49.3	9.9

出典：С. В. Голикова и др. Ук. соч. стр. 115. 年齢区分に疑問が残るが，原文の通り。

　ここで，未成年は15歳以下，成年は，18世紀初めにつき16-50歳，19世紀半ばにつき15-48歳。老年は，51歳以上。

　1717年の工場内の状況は，冶金業を始動するために作られた構成を示し，1850年のそれは，長年の操業の結果形成された構成と見られる。この資料は，年齢区分が若年に偏っており，老年が過大に示されると思われ，また中途の補充が考慮されていないことによって損失が隠されていると考えられるが，ここに見るかぎり，19世紀半ばにおける年齢構成の特徴は，未成年の比率が高く，老年の比率が低いことである。特に，編入農民に近い常置労務者に対して，職工の老年の比率は明らかに低い。職工の老年が少数であるのは，中途で失われたためと推測される。外部からの補充が，先に見た規模ほどでなくとも，多かれ少なかれどこでも行われたと考えると，それにもかかわらず，職工層の中途損失は補充しきれなかったように見える。

　19世紀前半，特に長距離輸送において「自発雇い」への依存が進んだと見られる。ニジネ＝タギリスキー鉱区を例にとると，1820年代のうちに「キャラバン作業」はほとんど「自発雇い」に転換した。デミドフの農奴の替わりに，ペルミ県，ヴャトカ県の官有地，帝室地，地主領地農民が雇われた。「農民改

革」の前には工場製品の埠頭への搬送，遠距離工場間の輸送は雇い仕事になった。馬仕事に主として従事したのはヴェルホトゥルスキー，エカテリンブルクスキー，イルビツキー，クングルスキー郡の農民だった。ここでは「自発雇い」[38]の実態について吟味はされていない。

　こうした輸送作業の「自発雇い」化に近代化の兆候は指摘されない。それは冶金企業にとっての輸送過程の外部化の側面を持つと考えられるが，それ以上ではない。補助的労働の外部化を考慮すると，工場外労働者数の減少は，必ずしも直ちに労働過程の効率化を意味するものではない。

　当時，冶金工場にとっての補助的部門と見なされたのは，鉱石，融剤，木炭，薪，砥石，建設資材（粘土，レンガ，丸太，樹脂等）の採取；容器（箱，桶，たる等）の製作；その他「細々した」用具の準備；原料，半製品，製品の輸送である。中でも最も重要なのは原燃料の採取と輸送にかかわる農民仕事であった。[39]

　鉄鉱石の消費量は工場ごとに大きな差があったが，その輸送が農民の負担であったことに違いはない。カメンスキー工場の年間鉄鉱石消費量は，1720年代に140千プード，1760年代初めに200千プード，18-19世紀にかけての時期には320千プード以上に増加したとされる。18-19世紀にかけて，ニジネ＝タギリスキー工場では年平均760千プードの鉄鉱石を消費したという。これに対して，19世紀前半までの輸送手段は荷馬車，冬季にはソリであった。通常の1頭立て馬車の積載量は冬季20-25プード，下記15プード，平均時速3ヴェルスタと見なされた。[40]木炭消費も，効率化が進んだとはいえ，鉄鉱石消費の増加にともない絶対的に増加した。ウラルでは，銑鉄1トンあたり1723年に3.4トンの木炭，19世紀初めに1.5トンの木炭が消費された。19世紀中期，ウラル全体で毎年1587千立方サージェン＊の薪が木炭となった。[41]＊1サージェン＝2.134m

　1811年6月，財務省が設立され，鉱業部門はその管轄下に入った。鉱業・塩事業局が設けられ，その下に官有工場部，私有工場部が分置された。私有工場は国庫からの補助のないもの，あるものに分けられ，後者，即ちポセッシア工場は人員，土地，森林，鉱山，貴族の権利を有せずに農奴民を所有する許可の

521

補助を受けたものとされ，補助の内容が明確化された。自立した近代的資本は法律上存在しなかった。国家の私有工場に対する監督は，国家と外国貿易に寄与するよう，徴税を第一に据えながら補助の均等性と国家的な観点からの事業拡大への援助を掲げる，監視的慈恵主義を打ち出した。

24688. ―1811年7月＜6月の誤記―Y.＞25日. 財務省の設立.
"第Ⅰ部. ―財務省の構成
第Ⅰ章　総則。
　2.　＜4局Департаментのうち―Y＞　2）鉱業及び塩事業
第Ⅲ章　各局の対象の指定
　6.　官有農民部Отделениеに属するのは：1）工場と製造所に属する者…を除くあらゆる種類の官有農民の主管
　9.　官有林部：　1）船舶用及び鉱業工場と製作所に割り当てられたもの以外の全ての官有林。…　4）利用対象としての森林の区分と経済的事業所や産業への指定。
第Ⅴ章　鉱業及び塩事業局の構成と対象。
　42.　鉱業及び塩事業局は以下の部に別れる：2.官有工場部。3.私有工場部。
第Ⅵ章　各部の対象の指定。
　45.　官有工場部は以下の管理を行う：1.全ての鉱業金属工場（帝室に属するものを除く）とその官吏，職工及び労務者，常置労務者，その者がまだ残っている場合に編入農民。2.全ての官有金属鉱山，有色石その他の全ての採石場。3.官有工場に編入された森林と土地。4.官有工場に所属する埠頭。5.艦船，陸軍砲兵隊その他の官有施設への金属及び製品の供給。6.鉱業地域に工場，製作所の建設，増設，拡充。7.山や地層の探索；　鉱石類の露頭の保護。8.全ての工場付属鉱山学校の鉱山幼年学校Горный Кадетский Корпус。9.鉱業工場所有及び設立の全ての施設。10.船舶，砲兵隊その他官有施設の然るべき場所への金属の輸送。

522

46. 私有工場部は私人に所属する金属及び鉱物工場と採石場，炭坑を管理する。

47. 私有工場主は，その所有の種類とそれに対する権利の程度に従って，2種類に分けられる： 第1は，貴族の権利により工場を所有し，国庫から森林も土地も人員もその他の補助も借入していないものである； 第2は，国庫から補助があるもの： 1.人員。 2.土地。 3.森林。 4.鉱山。 5.貴族の権利を有せずに工場とそれに付けて農奴民を所有する許可を得たもの。

48. この関係に従い，次のような項目が私有工場部の管轄となる。

Ⅰ．補助のあるとなしと工場全般について。

1. 租税の徴収。 2.金属と鉱物の採掘なしに地中に残らぬように監督。3.鉱山の採掘，工場の活動の正しさ。 4.金額，熟達した職工，鉱石，森林その他の補助。 5.鉱山，炭坑，採石場の採掘許可，工場の設立。 6.国家に最も必要で有用な事業の拡充を保護し，全般にそのような産業を奨励する。 7.事業の調査，その解決は鉱山学の知識に基づく。

Ⅱ．国庫からの補助のある工場について。

1.国庫から与えられた職工，労務者の一覧表。 2.工場林。 3.工場と人員の占有する土地。 4.金属及び鉱物鉱山。 5.労務者の労働軽減のため，鉱石と森林の維持のための，方策の導入。

第Ⅱ部． －財務省への訓令。

第Ⅲ章 国有資産全般についての管理に関する財務省の権限と義務について。

第Ⅰ部 特に官有農民の管理について。

第Ⅱ部 賃貸資産の管理について。

第Ⅲ部 森林の管理について。

第Ⅳ章 鉱業，製塩業の管理に関する財務大臣の権限と義務。

223. 財務大臣は，鉱業局管轄下の部署への，思弁的，管理的，また実務的，実践的分野の知識ある人物の調達に配慮する。

224. 鉱業部隊Горный Корпус

225. ＜鉱業部隊の人材を国内だけでなく国外へも留学させること。費用を最終的に金属製品に割り振ることも許容する。＞

226. ＜外国人科学者，芸術家，技術者の招聘。＞

第Ⅰ部　特に貨幣管理について

第Ⅱ部　官有工場の管理について

232. 官有工場が拠って立たなければならない主要な原則は，それらが私有工場に協力し奨励し，その障害になってはならないということにある。

233. 官有工場は，少なくとも次第にその利益が，その資本と人員が他の有益な使用に向けられときに得られたのと並ぶ程にならなければならない。

234. 艦隊，砲兵隊，兵器工場への金属や製品の供給に必要な工場の拡大と指導が財務大臣の特別な監視と配慮の対象である…

236. 財務大臣は，必要と認める土地に地中の探査のために，必要な人員とともに官吏を派遣する権限を有する…

第Ⅲ部　私有工場の監督ведомствоについて

237. 財務大臣は私人の工場に関して，工場主に工場の稼働に必要なあらゆる法に適った補助を与えるについて配慮する。

238. 官有地の放置された鉱山，採掘場から財務大臣は法に基づいて私人に供給し，法による租税を課す。

239. 財務大臣は，私人の工場の監督において，その増加，金属の熔融，加工と特に国家と外国貿易に必要な製品を強化する目的を有する。

240. それ故彼は，私人の土地の開かれた鉱石や鉱物が 処理されずに残されないよう，監視する。

241. 財務大臣の配慮の中には，工場の活動が将来において強化されるように，国庫から与えられる補助が今後も工場主達に均等になるようにすることも含まれる。

242. 財務大臣は，その製造物が国内で消費される外国の産物に代わるよう

な，あるいは外国貿易を行うような工場主を主に励ますよう務める。

　243.　私人の工場への租税の賦課において，財務大臣は第1に，全ての工場主が均等に支払うように，第2に，国庫から与えられた補助に特別な租税が課せられるように監督する。

　244.　私人の工場からの租税の増加，減少において，財務大臣は監督する：1.租税が工場主に与えられた補助の数と量に沿って均等化されるよう。　2.工場主が過度の税金によっていずれかの鉱山，工場，作業場の一部または全てを停止せざるを得なくならないよう。　3.ある工場主の他に対する不釣り合いな租税によって大きな租税を支払うものを無力にし，他に対するよりもあまりに大きな超過を課さぬよう。　4.外国貿易に必要な製品が，その貿易の性質と事情に釣り合った租税を課されるよう。　5.外国製品に替わる製品製造のための新企業が租税賦課から逃れることなく，他の可能な限りの補助と必要な場合には優遇年を受けるよう。

　245.　陸軍省の金属その他の製品の補給が最大限保証されるように，財務大臣はそれら物資を準備する工場主達と自発的な合意に向けて手段と方法を講じる。[42]”

封建遺制としてのポセッシア制

　農民の人格的解放が認められて以降，封建遺制として強く意識されるようになるのがポセッシア посессия 制である。ポセッシアの語源はヨーロッパの諸言語に共通する「所有」に発すると考えられるが，ロシアの歴史においては独特の制度と結びついた。

18087.　—1797年8月11日。その設立にポセッシアを与えられてその所有者が義務を果たさなかったラシャ工場の目録について，

　“その建設とそこでの法令により命じられた仕事の実施のためにポセッシアを与えられ，その所有者が自らの義務を果たさなかったそれらラシャ工場につ

525

き，コミッサリアート*から情報を得て，国有資産に目録を作ることを命ずる。”
*警察的職務を持つ地方行政官。[43]

　これがポセッシアの初出とされる法令であるが，ポセッシアの定義は与えられていない。ラシャ工場は冶金工場と同様に，軍需に関連して優遇されてきた。A. S. オルロフによると，この1797年8月11日付け勅令に，初めて「ポセッシア」の用語が現れた。[44]ここにポセッシア制が「発見」されたのであるが，この制度は18世紀初頭以来の封建遺制に他ならない。

　当初，ポセッシア工場に該当したのは，1) 国庫から土地，鉱山あるいは「労務者 работные люди」を補助されたものもしくは，2) 貴族ではないが1721年法に基づき封建農奴を保有するものであった。ウラルで最初のポセッシア工場はほかならぬデミドフのネヴィヤンスキー工場である。ポセッシア工場は通例「農奴占有工場」と和訳されるが，制度の内容を十分反映しているとは思われないので，ポセッシアと表記する。

　ポセッシア工場に編入され工場付きとされた労働力，即ち1736年法令に基づき永久譲渡された労働力は，農奴化しようとする工場主の努力は別として，工場に緊縛されたもの крепки фабрике である。封建国家は，土地，労働力の本来の所有者として権利を留保した。そこから，工場と労働力を切り離して個別に売ること，工場を分割するもしくは生産の性格を変えることが禁じられたと考えられる。これは，農民を土地に緊縛したことに準じて工場に緊縛した制度である。商人身分に農奴保有を認めることのできない封建体制が，体制の枠内で工場への労働力供給の必要性と折り合ったものと言える。

　ポセッシア制は，工場の本来の目的とする活動を停止した場合，国庫に収容するという規程を持っていたことが示すように，一時的な特殊目的のための制度であった。しかしこの規程が実際に発動されたことはない。また，1861年「農民改革」以降は，鉱山，森林を含む官有地の割当補助を受けた工場という側面のみが強調されることになった。

第4章 「農民改革」と停滞構造の再編成

　ネヴィヤンスキー工場がデミドフに譲渡されたとき，当然それはポセッシア制に基づいて行われたわけではない。最高権力者によって与えられた特権であった。事実として積み重ねられた官有地農民の工場への緊縛が1730年代に法的裏付けを得たことは既に見た。その後も私有工場主たちはポセッシア農民を農奴に近づけるべく努め，場合によっては事実上農奴化した。18世紀においては，官有工場の私人への譲渡が容易に行われ，またその逆も見られ，その際に何らの齟齬も生じたようには見受けられない。官有工場と私有工場とは相互浸透的だったのであり，ポセッシア工場は両者の中間に位置していた。ポセッシア制が封建遺制として特に社会的に意識されるのは，19世紀後半から20世紀初頭にかけての時期であったと思われる。ポセッシア制は当初，国際経済の発展，とりわけスウェーデンとの競争に促迫され，急速な冶金業発展を追求する帝政が，不足する資本を補うために土地，森林，労働力等を無償貸与し，私人の起業を支援したものである。こうした弱体な資本蓄積への対応は，帝政の側からの私有工場への官僚的監督の梃としても役立った。

　第7回査察（1811-15年）におけるオレンブルグ県，ペルミ県の私有及びポセッシア工場の労働者住民を所有関係によって分類したリストを表4-4〜表4-8に示す。但し，工場群が併せて把握されている場合があり，工場数は実際より少ない。[45]

　オレンブルグ，ペルミ両県の私有及びポセッシア工場別総計を表4-8に見る。

　オレンブルグ県ではポセッシア制への依存は低かったが，ペルミ県では工場数の68.8％，労働者住民数の68.6％がポセッシア工場に属した。両県併せて，労働者住民の過半（55.6％）がポセッシア工場に属しており，ウラル冶金業が国庫に依存し続けたことを示していた。

　オレンブルグ県の私有工場17件（以下，労働者数を合算したものは1件とみなす）のうち，1721年法令に根拠を持つ工場付き農奴を所有する工場は3件であって，それらの中では貴族権に基づくものよりも数的に優勢であったが，両者の区別は事実上なかったと見られる。ペルミ県では，私有工場に官有農民はほとんど

527

表4-4　オレンブルグ県の私有工場における農奴労働者数

(単位：人)

工場名	農奴	うち工場付き	貴族権によるもの
ヴォスクレセンスキー	2072	1364	708
ヴェルホトゥルスキー	1572	1363	209
アルハンゲリスキー	1553	1235	218
ブラゴヴェシチェンスキー	1026	—	—
ユレゼニ＝イヴァノフスキー	2540	—	—
カタフ＝イヴァノフスキー，ウスチ＝カタフスキー	3041	—	—
ベロレツキー	2818	—	—
シムスキー，ミニヤルスキー	3256	—	—
プレオブラジェンスキー	1373	—	—
ヴェルフネ＝トロイツキー	433	—	—
ウセニ＝イヴァノフスキー	457	—	—
ボゴスロフスキー	263	—	—
ボゴヤヴレンスキー	1201	—	—
カナニコリスキー ^	668	—	—
ニジネ＝トロイツキー	339	—	—
イシテリャコフスキー	241	—	—
アルハンゲリスキー	170	—	—

見られず，ポセッシア工場でも国家からの人的補助の例は55件中13件（23.6％）に過ぎなかった。但し，それらのうち11件では官有農民が労働力の圧倒的多数を占めた。永久譲渡者は28件（51％）で使用され，労働力中，農奴よりも多かったのは9件であった。オレンブルグ県の2件のポセッシア工場では，いずれも労働力は農奴と永久譲渡者とによって構成された。ポセッシア工場への国家の補助は，人的資源よりも土地その他によって果たされたと見られる。

　これらが示すように，私有工場，ポセッシア工場の規模，労働力構成は多様であり，各構成要素の比率には大きなばらつきがあった。但し，注意すべきは，人頭税課税のための査察は，男性工場住民を把握したのであって，そのすべて

528

第4章 「農民改革」と停滞構造の再編成

表4-5 オレンブルグ県のポセッシア工場におけるカテゴリー別労働者数

(単位：人)

工場名	農奴	常置労務者
アヴジャノ＝ペトロフスキー	1019	205
カザンスキー，ウジャンスキー	776	213

表4-6 ペルミ県の私有工場における農奴労働者数

(単位：人)

工場名	農奴	工場名	農奴
アルハンゲロパシースキー	783	マリインスキー	69
クシエ＝アレクサンドロフスキー	398*	ニキトイヴェンスキー	528
ヌイトヴェンスキー	1130	アレクサンドロフスキー	406
ルイシヴェンスキー	1034	モレプスキー	875
ビセルスキー	370	カムバルスキー	964
ユーゴ＝カムスキー	491	シャクビンスキー	156
ドブリャンスキー	2505	チェルマスキー	1711
オチェルスキー	8415	キゼロフスキー	814
クイノフスキー	828	ボラズニンスキー	443
エカテリノシュズヴィンスキー	1401	ホフロフスキー	275
エリサヴェトペルドヴィンスキー	1180	ウインスキー，シェルミャンツキー	551**
ポジェフスキー	1267	ヴェルフネ，ニジネ＝ロジジェストヴェンスキー	1458
エリサヴェトポジェフスキー	189		

*158人と240人に分けられているが，説明がないので合算した。
**その他に34人の永久譲渡者

表4-7 ペルミ県のポセッシア工場におけるカテゴリー別労働者数

(単位：人)

工場名	官有農民	農奴	常置労務者	工場名	官有農民	農奴	常置労務者
ニジネ＝セルギンスキー	314n	1600	67	ニジネ＝シニャチヒンスキー	479m	4	3
アティチスコイ	—	198	—	ヴェルフネ＝シニャチヒンスキー	246m	9	2

529

ヴェルフネ＝セルギンスキー	—	1032	104	ニジネ，ヴェルフネ＝スサンスキー	570m 2388n (1)	4	4
コジンスキー	—	33	—	イルビツキー	72m	284	206
ミハイロフスキー	—	394	45	レヴヂンスキー	—	2409	471
ウファレイスキー，スホヴャシスキー	—	1283	276	ビセルスキー	—	355	603
ネヴィヤンスキー	—	1238	2716	ニジネ＝タギリスキー	—	4651	—
ブインゴフスキー	—	697	812	ライスキー	—	309	—
ペトロカメンスキー	—	159	339	ヴィイスキー	—	931	—
シャイタンスキエ	—	667	288	チェルノイストチェンスキー	—	973	—
カスリンスキー	—	1231	421	ヴィシモ＝シャイタンスキー	—	417	—
ヴェルフネ＝クイシトゥイムスキー	—	1483	116	ニジネ＝サルディンスキー	—	1833	—
ニジネ＝クイシトゥイムスキー	—	1814	—	ヴィシモ＝ウトゥキンスキー	—	920	—
ナゼペトロフスキー	—	1501	—	ヴェルフネ＝サルディンスキー	—	640	—
シェマヒンスキー	—	315	—	スイセルツキー	1458m 545n	—	—
ビリムバエフスキー	—	1917	—	ポレフスキー	1063m	—	—
ヴェルフネ＝イセツキー	1191m 779n	115	—	セヴェルスキー	377m	—	—
ウトゥキンスキー	311m 373n	—	—	スクスンスキー	—	1144	—
レジェフスキー	—	896	354	ウトゥキンスキー	—	1458	—
ヴェルフネイヴィンスキー	—	579	670	ティソフスキー	—	444	—
シュラリンスキー	—	43	208	ブイモフスキー	—	1168	—

ネイヴィンスコル ジャンスキー	—	27	159	アシャプスキー	—	780	—
ヴェルフネ=タギ リスキー	—	574	508	ユゴフスキー	—	296	1127
シリヴィンスキー	700m 368n	—	—	ビジャルスキー	—	168	260
シャイタンスキー	—	551	11	イルギンスキエ	—	208	912
ニジネ=アラパエ フスキー	716m	72	42	サリャニンスキー	—	480	61
ヴェルフネ=アラ パエフスキー	105m	4	—	クラシムスキー	—	488	269

m：職工

n：永久譲渡者

[1]これら2388人の常置労務者は，ヤコヴレフ後継者の，ニジネ及びヴェルフネ=アラパエフスキー，ニジネ及びヴェルフネ=シニャチヒンスキエ，ニジネ及びヴェルフネ=スサンスキエ工場に勤務した。

表4-8　オレンブルグ，ペルミ県の冶金工場経営形態別内訳

県	工場数	%	労働者数（人）	%
オレンブルグ県	19	100	25236	100
うち：　　私有	17	89.5	23023	91.2
ポセッシア	2	10.5	2213	8.8
ペルミ県	80	100	90180	100
うち：　　私有	25	31.2	28275	31.4
ポセッシア	55	68.8	61905	68.6

が，例えば，オチェルスキー工場の8415人の農奴が，実際の工場労働力であったとはみなせないということである。ここには，女性が除外されていることも併せて，工場労働力とは別の工場住民の過剰が隠されている。

　ポセッシア制は，封建体制が資本蓄積の弱体な商人資本を媒介して大規模マニュファクチュアと妥協し，監視体制に組み込んだ制度であるから，当初から生産力拡大への柔軟な対応を期待しがたいものであったが，とりわけ18世紀

後半，工場住民過剰が顕在化すると，経済合理的な変化を阻害する要因であることは明らかだった。しかし，体制の対応は緩慢であった。ポセッシア制を通じて帝政国家が私有工場に対する監督権を確保できたこと，私的資本の側もポセッシアに依存したことがその要因であったと考えられる。その相互依存は既に崩れはじめていた。

30166. ―1824年12月20日．裁可された大臣委員会条例．―工場付きの者を他の身分に移す許可について．

"ポセッシア工場の所有者達は，しばしば財務省に対して，次回査察までの納税義務を引き受けて彼等に属する者達に自由を与えることを許すよう請願してきた。

現行法規では，ポセッシア工場に所属する者は，編入者も工場主の権利により購入された者も，工場から分離することができない：なぜなら彼等は農奴と見なされ工場仕事にのみ使用されるからである。

法律にはそのような工場の所有者に工場民達фабричныеを解放して自由にすることへの肯定的な許可はないが，しかし既に多くの事例があり，彼等に皇帝陛下や大臣委員会代表らから許可が与えられている。

…一面でポセッシア工場であれ国家のマニュファクチュア工場全体であれ，ただ工場の生産が＜被害を―Y.＞被らない限り条例にそれらに属する者に他の身分に移るすべを妨げる必要性は主張されていない。他面では，いつの日か自由を受け取る希望を持ちつつ工場民達は衷心から自らの義務を果たそうとしている，こうしたことを考えると，我は大臣委員会を尊重する必要があると斟酌し，工場主から工場民の開放について請願された場合にその許可を得，企業の状態に関して，解放された者たちの新たな身分において自らを家族とともに扶養し国家とオープシチナの義務を支払う確かさに関して大臣委員会に報告するよう託された；…

…本年12月20日の会議に於いて皇帝陛下もこの条例を＜「了承」が欠落した

と思われる―Y. >なさると委員会に言明された。"[46]

　19世紀初めには，ロシア全体で綿織物工業を始めとする新部門が台頭し，ポセッシア制との衝突が明らかになった。帝政は，上記1824年12月20日法により，工場主の申し出によって工場内農民を他身分へ解放することを認めた。ただし，個々につき大臣会議の特別の許可を必要とした。更に，1835年には，ポセッシア工場主に職工，農民をパスポートとともに解放する権利が与えられた。その際，1) 工場の操業を減退させないこと，2) 解放されたものの年貢はミールの収入になること，3) 労務者の訴えあるときは工場主は監督庁に報告することが条件づけられた。[47]

　労使関係に関する規程を最初に与えたのは，1835年5月24日法「工業事業所主とそこに雇いにより入った労働者との間の関係に関する法令」であった。荒又重雄はこれを「1835年出稼労働法」と呼称する。法律が主として念頭に置いた問題に着目したものである。[49][48]

　M. I. トゥガン＝バラノフスキーはこれを次のように捉える。条文の概略は次のようである。1) 納税階級のすべてのものに，法令に基づくパスポートを得てパスポートの期限を超えない期間，工場に雇われる権利が与えられる。2) 契約期間の満了以前に，労働者работникは仕事を放棄するもしくは賃金の追加を要求する権利を持たない。3) 工場主は"義務の不履行もしくは不品行を理由に"契約期限以前に労働者を放逐する権利を有する。その際，工場主は解雇の2週間前にそのことを表明しなければならない。5) 工場主に，労働者の雇用に際し，書面による契約を結ぶか，もしくは勘定書を交付するかの裁量をゆだねる。6) 工場内にて遵守さるべき規則は，その中に掲示されなければならない。7) 工場主と労働者との係争の解決に当たっては，当該工場の規則，勘定書を典拠とする。[50]

　M. I. トゥガン＝バラノフスキーの正当な指摘を待つまでもなく，1835年法は，工場主の利益を優先させたものであった。工場主が義務を果たさない場合

533

でも，労働者には，契約期限以前に転出する権利を与えられなかった。工場主には，労働者の義務不履行のみならず，「不品行」によっても解雇する権限を与えられた。勘定書きの交付，労働規律の掲示義務は，不履行の場合の罰則を持たない空文だった。⁽⁵¹⁾

　法令は以下に見るように試行的な性格を帯びており，完成形態となったとはいえない。

8157．—1835年5月24日．勅可された参議院 Государственный Совет 見解，6月20日公示．—工場主と雇いにより就職した労務者との関係について．

　“元老院は，工場主と職工達との互いの訴えの検討において現地管理部に生じた困難の解消のため財務大臣の提出した条例案…の報告を聞き，その施行に向けて進むことを許可した。参議院は法務庁に提示した：財務省に，その提案に従い，この条例をはじめに両首都とその周辺において然るべき管轄を通じて，試験的に，実施に移すことを委ねる。皇帝陛下はこのような見解を1835年5月24日裁可され遂行を許された。

　工場主と雇いにより就職した労務者との関係についての条例＜用語の不統一の目立つ条文—Y.＞

　1．　管轄長 начальство もしくは自らの所有者から法に基づく旅券または所定の証明書を与えられた納税階層の全ての者は，旅券により許された一定のもしくは全期間，但し指定された期間を超えることなく，工場仕事に雇われることを許される。

　2．　この根拠の上に工場もしくは企業に雇われた者は，その所有主の同意なしに契約期間以前にその企業から去ることを禁じられる；同様に，その者にはその期限以前には取り決められた以上のいかなる出来高払いの追加も要求できない。これに従い旅券または証明書を発行した所有主もしくは管轄長は，旅券に記された期限以前またはもしもそれが旅券以前に切れるならば契約期間の経過以前には，それを取り返すまたは労務者の雇われた工場から要求する権利を

持たず，例外は取り調べや刑法上の事象，法令上の命令の関係，もしも非常時の新兵徴集に指名された場合である。

　3．工場もしくは企業の所有主から，労務者の義務の不履行または不良行為を理由に契約期間以前に彼らを放出する権利は奪われない；但し所有主はその2週間前に労務者に通告しなければならない。その際規定に従い賃金を支払わなければならない。

　4．他の工場から旅券または証明書なしで職工もしくは労務者を受入れた工場または企業の所有主は，犯罪者隠匿の法律上の責任を負うのみならず，それら職工や労務者を以前の所有主に返す旅程の全ての損失を賠償しなければならず，同様に受け取った金や彼らから支払われるべき罰金を彼らに返納しなければならないし，後者は上記の償いを警察を通じて要求する権利を有する。

　5．工場に入る労務者や職工と書面による契約を結ぶか，それに替えてそれらの者達に支払帳 расчетные книги を発行するかは，工場や企業の所有主の意思に任されるが，それには雇いの条件と出来高払いの月または日給の額が記されなければならない。それらの書面には毎度の支給額，同様に労務者との契約により欠勤や所有主への損害に対しいくら徴集すべきか記入すること。更に所有主は，彼らの行った工場労務者，職工への支払いを記帳する特別な帳簿をもたなければならない。

　6．労務者が工場の内部規則を詳しく知るために，所有主は労務者部屋または工場事務室の壁に，サインされた印刷または筆記された，労務者の守るべき総規則を掲げる義務がある。

　7．工場や企業の上記規則，支払帳や帳簿は，工場所有主と職工達との間の争いの検討の際の基礎として扱われる。

　8．契約により仕事のため工場または何らかの企業に入った全ての身分の官有の農民と町人は，在外証明書 увольнительный вид もしくは旅券の期限を超えて彼らや工場主に工場に残る希望があるとき，将来においてそれを受け取る権利を有する場合は，そのために自ら町に来る必要はなく，新たな証明書の請

535

求のためそのもとに住まっている所有主に然るべき場所へ出向くことが委ねられる。…

9. それらの者達の住所管理局 Контора Адресов の旅券や証明書は，企業所有主の許に保管されるが，労務者が，雇いの期限が経過して所有主と清算しその許に留まることを望まず，それによりその法的根拠を持たなくなったときには，直ちに，帰属に従って速やかに引き渡さなければならない。

10. 本法規は，今般特に両首都とその周辺の工場と企業に指令される；＜以後順次各地に拡大される＞"
(52)

社会的影響を配慮して，公表されることなく施行された1840年6月18日法—公表されない法令は政策に過ぎないが—は，職工・労務者の解放を工場主の裁定に委ねるものであった。それによると，その者が，購入された，または国庫への支払いを伴って編入されたものの場合，国庫より1人当り36銀ルーブリの支払い，支払いを伴わなかった場合は無償とされた。解放されたものは官有農民または町人のどちらかを選択しえた。官有農民選択の場合，移住のための支度金を男性50ルーブリ紙幣，女性20ルーブリ紙幣ずつ工場主が支給するものとされた。工場主は金銭的に得るものはないので，ポセッシア制の負担が軽減されたのみである。
(53)

M. I. トゥガン＝バラノフスキーによると，1840年法に基づいて労務者が解放されたのは42ポセッシア工場で，そのうち16工場では操業停止のために解放されたのであった。
(54)

ポセッシア制自体は明示的に廃止されることはなかった。

定員規定方式の完成

残存する封建遺制はポセッシア制だけではない。18世紀初頭のウラル冶金業始動時にV. ゲンニンによって導入された定員規定 штат 方式は確立した形式として継承され，19世紀中期には精緻化され完成形態となって官有工場を縛っ

た。定員規定はここでは冶金業の管理，操業に必要な装置・機械と人員の配置，原材料の準備から受け入れ，作業手順，産出の全行程を厳格に規定しただけでなく，職工に対する草刈り期間の保証，馬付き及び徒歩労務者の労働日の配置，期限（常置）労務者への農地の確保を指定し，半農半工の実態に即したもの，又その維持を保証するものとなっていた。

21203. ―1847年5月11日．勅可された参議院見解，7月25日公示．―ウラル鉱業工場及びウラル山脈鉱業官有工場総管理庁Главное Управлениеの定員規定について．

"参議院は，経済部と総会において検討した：第1に，ウラルの工業地帯の管理に係わる新たな定員規定と条例を伴う財務省の提案，第2に，追加的情報とそれらの事柄についての見解，そして現地の事情と経験の示すところに基づいてこの原案は以前のものに比べて最も有益な結果であることを考慮し，その了承を得る見解を定めた，即ち：

Ⅰ．挙げられた我々の原案，即ち：1) 定員規定：a) ウラル鉱業工場総管理部 б) ウラル山脈官有鉱業工場，並びにそれら工場で毎年製造される金属，金属製品の標準量の指定，そして2) 同山脈官有鉱業工場の主要な生産にかかわる基本的労務者規程，これらの原案を陛下による確定のため提出すること。

Ⅱ．これら定員規定と規程に関し，鉱業法典Горный Устав（Свод Зак. Т. 7）の制定に関連して，修正，補足すべき条項を以下に示す：

第34条　＜鉱山技師の給与。待遇＞

第242条　工場付きである者は，1) 官吏；2) 下級及び労務官чин；3) 自発雇い；4) オレンブグ常備大隊官。

第245条　下級及び労務官は，官吏の後の，下級工場人員を構成する：下級官は下士官と同等であり，労務官は兵卒軍務員と同等である。…　労務員рабочийの階層には，職工と期限労務者（常置労務者），また職工助手подмастеры，書記者писцы，作業見習いが属する。これらすべての工場付き官

員の数は定員規定により定められる。

第248条　下級及び労務官の15歳未満の男子子弟は年少者，15歳から18歳までは未成年者と呼ぶ。彼らは工場所轄下に置かれ，出生後工場人員の総名簿に記載され，8歳から工場学校に入る。…

第254条　＜下級及び労務官の給与と待遇＞

第270条　毎年，草刈り時期に，すべての職工は以下のように工場仕事から解放される：1）解放期間は25労働日とする。2）解放に際して，職工の一部分は工場仕事に残り，他の者が解放されること。3）解放の期間，職工に対する無料食糧は中止されない。4）下級官は地方管理長の裁量によりこの解放を利用する。

第271条　下級及び労務官は，35年の模範的勤務により，鉱業長官の申請によって地方鉱業管理局の承認に基づき退職を得る…

第293条。馬付き期限労務者は工場で働かなければならない：ゴロブラゴダッキー及びボゴスロフスキー鉱区では年間230日；他の鉱区では200日，また徒歩の期限付きは125日。夏季の間，即ち5月1日から11月1日まで，徒歩の期限付きには工場仕事を，彼らの半分は毎月工場のために働き，他の半分は自分自身の農業仕事に使用されるように配置される。馬付き期限労務者は，主に冬季の全ての工場仕事を行う。…

第299条－第358条　＜馬付きに関する規程。＞

第359条　期限労務者は男子各1人当り5デシャチナ以上の播種と草刈りに適した土地，職工は十全な働き手1人当り2デシャチナずつの土地を持たなければならない。

第360条　下級官と官吏は，実際に家畜を有している場合のみ，草刈地を割り当てられる。

第719条－＜裁判，教育，医療関係。(55)＞”

　　上記の法令に具体的な定員規定が付記された。そこにはウラル製鉄・冶金業

第4章　「農民改革」と停滞構造の再編成

全体，鉱区ごと，工場ごと，製品種別ごと，作業ごとの規準が詳細に指定された：1847年5月11日付け法令第21203号付記　ウラル鉱業工場定員規定[56]．これを以下に整理して示す。

ウラル鉱業工場総管理局勅定定員規定

"Ⅰ．ウラル山脈鉱業工場総長官　＜総長官1名の給養費年額は陛下の特別指定により，不記載。旅費1140ルーブリ。総長官付き事務局は事務局長（1名，給与年額857.70ルーブリ）以下19名，給養費総額6990.35ルーブリ。但し，特別任務の鉱山技師3名の給養費は不記載，事務局の雑費，番人給与，各種旅費として1700ルーブリを計上。＞

Ⅱ．ウラル鉱業管理局　＜総長官補佐にしてウラル鉱山監督官（給養費年額857.70ルーブリ），主任顧問官（1000.65ルーブリ）以下135名，給養費総額29901.16ルーブリ。但し，料理人，家事世話係等の費用は計上されているが人数は示されない。＞

Ⅲ．総管理局全般。＜総管理局検察官（給養費年額857.70ルーブリ）以下124名。給養費総額78228.735ルーブリ。＞"

以上，3層システムの総管理機構の定員は279人から成り，年間給養費総額は115124ルーブリ41と1/4コペイカと示されている（個別の集計結果とは厳密には一致しないが，無視しうる差である）。総長官の給養費が不明であること，他方で食糧費，旅費，鉱山学校生徒の食糧費その他経費は計上されているが金属輸送キャラバンの費用は示されないこと等の不十分な面はあるが，総人員279名から成るウラル鉱業管理機構の年間総経費と看做すことができる。官吏1人当たり412.6ルーブリである[57]。

ウラル鉱業管理機構は，更に鉱区，各工場ごとの重層構造を形成した。

1）エカテリンブルクスキー鉱区－エカテリンブルクスキー造幣廠，カメン

539

スキー工場，ニジネイセツキー工場，ベレゾフスキー金工業所 промысел；

2）ズラトウストフスキー鉱区ーズラトウストフスキー工場，サトゥキンスキー工場，クシンスキー工場，アルティンスキー工場，オルジェイナヤ武器製造所，ミアッスキー金工業所；

3）ゴロブラゴダツキー鉱区ークシヴィンスキー工場，ヴェルフネトゥリンスキー工場，バランチンスキー工場，ニジネトゥリンスキー工場，セレブリャンスキー工場，ヴェルフネバランチンスキー工場，クシヴィンスキー金工業所；

4）ボゴスロフスキー鉱区ーボゴスロフスキー工場，トゥリンスキー鉱山・金工業所；

5）ペルムスキー鉱区ーユゴフスキー工場，モトヴィリヒンスキー工場；
＆9ヴォトゥキンスキー鉱区ーヴォトゥキンスキー工場。[58]

"ウラル官有鉱区の管理機構の構成を表4-9にまとめる。

鉱区の管理機構の事例としてエカテリンブルクスキー鉱区の定員規定を掲げ

表4-9　ウラル官有鉱区管理機構の人員構成（人）と総経費（ルーブリ）

鉱 区	総管理部	警察	森林警備	サービス	総人員	総経費
エカテリンブルクスキー	97	131	129	6	363	73125.65
ズラトウストフスキー	95	43	76	6	220	69067.3075
ゴロブラゴダツキー	97	50	60	6	213	58337.7875
ボゴスロフスキー	90	40	26	6	162	52976.255
ペルムスキー	75	29	48	5	157	30181.50
ヴォトゥキンスキー	89	13	48	4	154	15083.20
総 計	543	306	387	33	1269	298771.7

出典：Полное собрание законов Российской Империи. Собрание второе. Том XXII. Отделение Второе. 1847. СПб., 1848. стр. 85-164. より作成。

る：

"ウラル山脈官有鉱業工場定員規定

エカテリンブルクスキー鉱業工場区管理定員規定

Ⅰ．総管理部главная контора　鉱業主任горный начальник1名（給養費年額900ルーブリ）以下61名，給養費総額10294ルーブリ。

Ⅱ．地図部　17名，給養費総額984ルーブリ。

Ⅲ．エカテリンブルグ市警察　＜警察，消防をあわせた組織＞　人員112名，給養費総額7273.50ルーブリ。

Ⅳ．鉱区警察　人員19名，給養費総額815.20ルーブリ。

Ⅴ．森林警備　人員129名，給養費総額4521ルーブリ。

Ⅵ．鉱区学校　人員2名，給養費総額1842ルーブリ（生徒60名の費用510ルーブリを含む）。

Ⅶ．女子学校　人員2名，給養費総額270ルーブリ。

Ⅷ．慈善施設，養老院　人員2名，給養費総額2735ルーブリ。給養費総額には養老院収容50人，死亡，逃亡，兵役の親に遺された子供600人に予定された費用2720ルーブリを含む。

Ⅸ．鉱区管理全般　人員19名，給養費総額48737ルーブリ。総額には修繕費9000ルーブリ，官吏，聖職者の住居費5970ルーブリ，駐屯部隊の給養費19440ルーブリ，下級及び労務官吏の食糧費8619ルーブリその他を含む。

総人員363名に対して給養費総額，即ち総経費73125.65ルーブリである。"[59]

個別工場の事例として，最古のカメンスキー工場の定員規定を示す：

"Ⅰ．工場管理部　事務長1名（給養費年額240ルーブリ）以下37名，給養費総額2727ルーブリ。

警察部隊　11名，給養費総額421.10ルーブリ。

Ⅱ．教会　工場内及びトラヴァンスコエ村に司祭以下計15名，給養費総額1086ルーブリ。

Ⅲ. 工場学校　6名，給養費総額788ルーブリ。

Ⅳ. 病院，薬局　17名，給養費総額1801ルーブリ。

Ⅴ. 厩舎　8名，給養費総額356ルーブリ。

以下補助作業所

Ⅵ. 鍛冶場，仕上げ作業所　9名，給養費総額326ルーブリ。

Ⅶ. 木工所　5名，給養費総額161ルーブリ。

Ⅷ. 建設作業所　279名，給養費総額56ルーブリ。"

但し，給養費を明示されているのは親方（1名，36ルーブリ）とその徒弟（1名，20ルーブリ）のみであり，レンガ職人，左官等の職人，労務者は277名指定されているが，給養費は場所と人それぞれによるとされる。

以下主要作業所

Ⅸ. 木炭製造　職工мастер2名；職工助手2名；期限付き労務者馬付き140名；同徒歩213名。

Ⅹ. 鉱山仕事　職工2名；徒弟2名；職人мастеровой1-3級66名；期限付き労務者馬付き19名；同徒歩54名。

Ⅺ. 鋳鉄生産　上級職工1級2名；同2級1名；職工（3級）2名；職工助手7名；職人1級70名；同2級39名；同3級27名；期限付き労務者徒歩48名。

Ⅻ. 工場全般雑費　人員16名；経費6855ルーブリ。[60]

補助作業所の277名と主要作業所の全員696名を除く403名，即ちカメンスキー工場の事実上の管理人員に係わる年間経費は14577.30ルーブリと計算される。

定員規定には示されなかった補助作業所の一部と主要作業所のすべての職工労務者の給与原則は労務者規程рабочее положениеに定められる。

"注記4）　すべての下級及び労務官吏の給与は，労務者規程の見積りに定め

られている：職工 мастер：1級，年額72ルーブリ，2級54ルーブリ，3級36ルーブリ。—ボゴスロフスキー鉱区：職人 мастеровой：1級日当8コペイカ，2級6コペイカ，3級5コペイカ。—ゴロブラゴダツキー鉱区：職人1級7コペイカ，2級5コペイカ，3級4コペイカ。期限付き労務者：馬付き4コペイカ，徒歩4コペイカ。—他の鉱区：職人1級，6コペイカ，2級4コペイカ，3級3コペイカ。—期限付き労務者：馬付き4コペイカ，徒歩3コペイカ。出来高払い給与は，従事する作業に応じて，職工，職人，労務者が受取額においてその等級に従った俸給を下回らない日当を受け取るように計算される。…"⁽⁶¹⁾

　職工1級，2級，3級の給与年額はそれぞれ鉱区事務職員書記1級，2級，3級に相当する。しかし，大多数を占める職人以下の階層は，日当または出来高払い給与であった。期限付き労務者の日当が18世紀初頭の布令価格よりも低かったことは注目に値する。

　ウラルの官有14製鉄工場の人員構成を表4-10に示す。工場管理には，工場管理部，警察，工場全般雑務を含めた。学校，病院，薬局，厩舎をサービスとして一括した。補助作業には，定員規定により，鍛冶場，仕上げ作業所；木工作業所；建設作業所が属する。主要作業には，木炭製造；鉱山仕事；銑鉄，塊鉄生産その他鉄製品の生産が属する。

　オルジェイナヤ製造所 фабрика は独立した木炭製造，銑鉄・塊鉄生産を行わず，武器製造所の集合体であった。職工・労務者はズラトウストフスキー鉱区内の教会に通ったと思われる。このような例外を除けば，小規模なヴェルフネバランチンスキー工場も含め，ウラルの官有鉱業工場には必ず教会が設けられ，更に言えば聖職者も定員規定に基づく俸給を得ていた。即ち国家勤務員に位置づけられていた。補助作業の鍛冶場，仕上げ作業所，木工作業所の人員は年給を指定されたが，建設作業所では2名の職工が年給であった以外は全て給与は場所と職務に依存するとされ，定めがなかった。主要作業，即ち銑鉄・塊鉄，形鉄，板鉄，武器，各種鉄製品の生産に係わる大量の職工・労務者の給与

表4-10　ウラル官有製鉄工場の人員構成

(単位：人)

工場名	工場管理	教会	サービス	補助作業年給	補助作業非年給	主要作業	小計
カメンスキー	64	15	31	16	277	696	1099
ニジネイセツキー	67	21	51	21	279	510	949
ズラトウストフスキー	62	16	52	31	298	661	1120
サトゥキンスキー	63	9	37	21	265	440	835
クシンスキー	62	9	28	16	275	405	795
アルティンスキー	62	9	28	21	276	254	650
オルジェイナヤ	65	—	—	19	183	495	762
クシヴィンスキー	69	21	70	28	306	1088	1582
ヴェルフネトゥリンスキー	68	6	32	19	275	841	1241
バランチンスキー	67	6	26	16	274	711	1100
ニジネトゥリンスキー	87	9	39	27	311	560	1033
セレブリャンスキー	85	15	36	24	280	602	1042
ヴェルフネバランチンスキー	16	6	4	6	212	101	345
ヴォトゥキンスキー	119	30	74	54	361	2446	3084
総　計	956	172	508	319	3872	9810	15637

出典：Полное собрание законов Российской Империи. Собрание второе. Том XXII. Отделение Второе. 1847. СПб., 1848. стр. 91-164. より作成。

は定員規定ではなく労務者規定に拠った。彼等は総人員15637人のうち9810人, 62.7％を占めたのである。これに補助作業に従事する職工労務者を含めた生産的労働者は14001人, 89.5％であった。一方, 工場管理には956人, 6.1％が従事し, 平均して68.3人の規模であって, 特異な例を除けば規定に忠実な人員配分が行われたことが示されている。これを警察, 全般雑務を除外して工場管理部に限定すると, 管理要員は14工場で総計555人, 3.5％であった。

　ヴォトゥキンスキー工場は, 1鉱区1工場であったため, 特別な構成を持っていた。定員規定には鉱区定員と工場定員とが一体として掲げられているが, 表4-9, 表4-10には分離して示した。同工場はウラル官有工場中最大規模であ

り，多品種生産を行っていた。3種類以上の製品構成を持っていたのは，その他に，ニジネイセツキー，ズラトウストフスキー，サトゥキンスキー，ニジネトゥリンスキー，セレブリャンスキーであった。

鉱山を持ち一貫生産していたのは，カメンスキー，ズラトウストフスキー，サトゥキンスキー，クシンスキー，クシヴィンスキーであった。武器生産を行ったのは，ズラトウストフスキー，アルティンスキー，オルジェイナヤ，セレブリャンスキー，ヴェルフネバランチンスキー，ヴォトゥキンスキーである。

ウラル官有製鉄工場の主要作業—炭焼，高炉（銑鉄），塊鉄製品，武器製造—は期限仕事によって担われた。その作業工程と給与，経費は労務者規程 рабочее положение に定められた。

「ウラル山脈全官有鉱業工場の主要生産における基本労務者規程」によって，各工場の主要作業の細部にわたる作業規準が指定された。[62]

労務者規程の示す限り，各工場の作業規程は多かれ少なかれ共通化されたと見られる。炭焼ではエカテリンスキー造幣廠のそれがオルジェイナヤ，ヴェルフネバランチンスキーを除く12製鉄工場すべてで援用された。鉱山作業ではズラトウストフスキー工場の規準がサトゥキンスキー，クシンスキーで適用された。高炉作業では，ズラトウストフスキーの規準がサトゥキンスキー，クシンスキーに，クシヴィンスキーの規準がヴェルフネトゥリンスキー，バランチンスキーに当てはめられている。塊鉄作業では，ニジネイセツキー工場の規準がズラトウストフスキー，サトゥキンスキー，クシンスキー，アルティンスキー，ニジネトゥリンスキーで，ニジネトゥリンスキー工場の作業規準は一部ニジネイセツキーのものを援用しつつ一部はセレブリャンスキー，ヴェルフネバランチンスキー，ヴォトゥキンスキーで適用された。ヴォトゥキンスキー工場では生産種別にいくつかの工場の規準が援用された。

"エカテリンスキー造幣廠の炭焼作業規程　1）1人の完全な労務者は，1炭焼サージェンの薪を春季，夏季及び秋季には5日，冬季には7日で伐採する。炭

焼サージェンは，3.5アルシンの長さとそれに等しい高さを持つ；…　2）100
サージェンごとに新しい斧を5個使い，古いのを50個修理し，砥石26フント
を使い切る。3）1人の完全な労務者は，20日間で薪堆を積み，その際10日間
は自前の馬を使い，15日で堆を覆い，47日で焼き，崩す；都合82日間ですべて
の堆を処理する。4）10堆の仕上げのために，新しい斧2個を使い30個の古い
斧を修理し，16個のシャベル，2個の鏝，14フントの砥石を使い切る。5）松材
の20サージェンの堆から80行李；松，トウヒ，樅から成る第1種混合材から
75行李；トウヒ，樅から成る第2種混合材から70行李，白樺から50行李の木
炭を焼く。6）木炭の運搬に際して，1時間に3ヴェルスタ運ぶこととし，荷物（木
炭行李）は20プードの重量とする。7）荷物または行李の積み降ろしに2時間要
するものとする。8）木炭は冬季間に運搬する。9）100回の積み込みに5個の
行李を用いる。⁽⁶³⁾"

　"ズラトウストフスキー工場の鉱山作業規程　　鉄鉱石採取は年間275000
プードと指定されている。1人の完全な労務者は，1立方サージェンの鉱石と岩
石に対して仕事し，鉱石の搬出から焼成場まで，岩石の50から100サージェン
離れた土山への運搬を想定し，：a）軟らかい無用岩石を8日間で，б）半ば軟ら
かい無用岩石を10日間で，в）堅い岩石を12日間，г）最も堅い岩石を18日間で，
処理するものとする。⁽⁶⁴⁾"

　"ズラトウストフスキー工場の高炉作業規程　A. 銑鉄精錬。高炉1基で1昼
夜に銑鉄600プード精錬すると想定し，木炭1行李で35プード20フントの鉱石
を熔解するものとする。

　Б. 銑鉄製品とバラストの鋳造。ズラトウストフスキー工場では高炉から直
接銑鉄製品とバラストを鋳造する：指令によるバラスト4000プード，工場内
消費のための製品20000プード。

　В. 砲弾の鋳造。ズラトウストフスキー工場では高炉から直接鋳造する：

10フント弾―2500プード，20フント弾―2500プード，工場内消費のための小製品500プード。"[(65)]

"クシヴィンスキー工場の高炉作業規程　A. 銑鉄精錬。高炉1基で1昼夜に800プードの銑鉄を精錬すると想定し，木炭1行李で24プードの鉱石を熔解するものとする。

　Б. クシヴィンスキー工場では高炉から直接銑鉄製品とバラストを鋳造する：指令によるバラスト60000プード，工場内消費のための製品4000プード。

　В. 砲弾の鋳造。クシヴィンスキー工場では熔銑炉（キュポラ）から鋳造する：指令による砲丸―13000プード，同じく爆弾―7000プード。1）重量1―6フントの砲丸の鋳造には，木炭1行李につき22プード，1昼夜200プードの銑鉄を溶解する。2）6―20フントの砲丸の鋳造には，木炭1行李で銑鉄24プード，1昼夜に220プードの銑鉄を溶解する。3）重量20フント―2プードの砲丸，爆弾，小製品の鋳造には，1行李で26プード，1昼夜240プードの銑鉄を溶解する。　4）2―5プードの砲丸，爆弾の鋳造には，木炭1行李につき銑鉄28プード，1昼夜に銑鉄260プードを熔解する。その際，1プード当り4フントの目減りを被る。"

"ニジネイセツキー工場の塊鉄作業規程　＜9部門12種類の作業について作業班の組織と作業規準が定められた。主要なものは以下のようである。＞

　Ⅱ. 塊鉄生産。A. 銃身用。ニジネイセツキー工場では管鉄の生産が指定される：適合品　7200プード；非適合品1級　833プード14フント；非適合品2級　1250プード；有用切り落とし　716プード26フント。計10000プード。一職工，補助職工，労務者で構成される1組артельが1交代または1日に管鉄適合品　9プード20フント，非適合品1級　1プード，非適合品2級　1プード20フント，都合12プードを鍛造し，その際，1プードの鉄につき1プード17フントの銑鉄と3と3/4籠の木炭を消費する。

　Б. 帯塊鉄。ニジネイセツキー工場では普通鉄の鍛造が指定される：適合品

13846プード；非適合品1級577プード；非適合品2級577プード。計15000プード。一職工，補助職工，労務者によって構成される1組が1交代に普通鉄適合品12プード，非適合品1級20フント，2級20フント，都合13プードを鍛造し，その際，鍛鉄1プードにつき銑鉄1プード14フント，木炭3と1/4籠を消費する。

B. 鋳塊鉄。ニジネイセツキー工場では帯鋳鉄の鍛造が指定される：適合品19355プード；非適合品1級　332プード20フント；2級　332プード20フント。計20000プード。一職工，補助職工，労務者から構成される1組が1交代に鋳鉄適合品15プード，非適合品1級10フント，2級10フント，都合15プード20フントを鍛造し，その際，鍛鉄1プードにつき1プード12フントの銑鉄と木炭3籠を消費する。

Ⅲ. 薄板鉄生産。ニジネイセツキー工場では2アルシン板鉄を製造する：適合品　3000プード；非適合品　1500プード；大切片　1957プード26フント；小切片　1280プード36フント。計7738プード22フント。

1）職工，補助職工，5労務者で構成される1組が，1交代に444プード17フントの鋳塊鉄を圧延し，そこから縦型鋳塊400プード，有用切り落とし33プード13フント，非有用切り落とし5プード22フントを得，焼損5プード22フントを失うが，その塊鉄1プードにつき縦型塊鉄36フント，有用切り落とし3フント，非有用1/2フント，焼損1/2フントを得，1交代当り薪半サージェンを消費する。

2）職工，補助職工，6労務者で構成される1組が，1交代で2アルシン粗板鉄適合品90個，重量47プード10フント；非適合品70個，重量31プード20フントを準備し，小切片20フントを得て，焼損として2プード1フントを失う。そして縦型鋳塊1プードから粗板鉄適合品23と1/4フント，非適合品15と1/2フント，小切片1/4フントを得，焼損に1フント失い，薪5/8サージェンを消費する。

3）職工，2補助職工，4労務者から成る1組が，粗板鉄84プード15フントから1交代に2アルシン板鉄適合品90個，重量33プード30フント，非適合品75個，16プード35フントを仕上げ，大切片14プード30と5/8フント，小切片6プー

ド13と1/8フントを得，薪5/8サージェンを消費する。

4）1切断工と1労務者から成る1組が，1交代に鉄適合品及び非適合品180枚を切断する。"

以下，同様に，ニジネイセツキー工場では，ボイラー鉄，圧延鉄，帯鉄，切断鉄，鋤鉄，砲弾，大砲の生産について，生産物の質と量，作業組織，作業手順，原材料消費それぞれの規準が定められた[67]。

以上にみたごとく，1847年ウラル官有鉱業工場定員規定，労務者規程は，農民改革前のウラル官有製鉄業の完成型を示す。その特徴は以下のようである。

1. 重層的管理構造と鉱区制
2. 技術体系の併存　直接製鉄法と間接製鉄法　木炭燃料
3. 作業規程の指定と共通化
4. 給与の標準化

表4-11はウラル官有工場の製品出荷の標準を示す。

等級の区分—適合сходное（似ている）；不適合несходное（似ていない）—はゲンニンの規定以来踏襲された，見本と比較して特に破断面が似ていれば適合，似ていなければ不適合と評価する経験的方法である。

不適合品は不合格品ではなく，若干低い価格が付けられ，出荷された。鉄切片と併せて，生産物は可能な限りすべて—工場内消費も含めて—出荷されたといえる。これもゲンニン以来踏襲されている。

生産物種別の不適合品の比率はどの鉱区でもほとんど同一である。特定の工場での作業規準が他の工場にも当てはめられたことが技術水準の平準化をもたらした。その上で，経験的に割り出された比率を当てはめて標準生産量が算出されていたと考えられる。その基礎としての製造技術の長期にわたる不変性を推定できる。

549

全体として，こうした定員規定は1世紀以上の長期間にわたって継承され，詳細化され，結果的に堅固な官僚機構に裏付けされたシステムを構築していた。この構造物が技術体系の変換を抑制する働きを果たしたであろうことは容易に指摘しうる。

　官有工場での規定はそのまま私有工場を縛ったとはいえないが，国家はポセッシア制と鉱山監督制度を通じて私有工場に対する監督権を保持した。個別事例が私有工場における定員規定の準用を裏付ける。

表4-11　製品の検品と出荷，適合品，非適合品

	年間標準生産高 （プード）	不適合品比率 （％）	単価 （コペイカ）
エカテリンブルクスキー			
管鉄：適合	7200		70.25
不適合	2083	22.4	56.5
普通鉄：適合	13846		59
不適合	1154	7.7	56.5
板鉄：適合	3000		44
不適合	1500	33.3	35.25
方鉄：適合	500		98
不適合	93	15.7	85
形鉄：適合	8053		75.5
不適合	1495	15.7	68
鉄切片	2838		27.75
ズラトウストフスキー			
管鉄：適合	46800		62.25
不適合	13541	22.4	49.5
普通鉄：適合	96922		51.5
不適合	8077	7.7	49.5

形鉄：適合	27714		67.75
不適合	5757	17.2	54.5
板鉄：適合	3000		121.5
不適合	1500	33.3	110
鉄切片	8411		24.75
ゴロブラゴダッキー			
管鉄：適合	32400		64
不適合	9375	22.4	54
普通鉄：適合	41538		55
不適合	3462	7.7	54
板鉄；適合	6000		29
不適合	3000	33.3	8
方鉄：適合	8000		88.5
不適合	1500	15.8	70.5
形鉄：適合	58294		68
不適合	5578	8.7	55.5
鉄切片	10578		23.5
ヴォトゥキンスキー			
管鉄：適合	21600		78.25
不適合	6250	22.4	65.5
普通鉄：適合	27692		67.75
不適合	2308	7.7	65.5
板鉄：適合	9000		35.5
不適合	4500	33.3	16
方鉄：適合	8000		99.25
不適合	1500	15.8	78.5
形鉄：適合	73900		79.25
不適合	6871	8.5	68.5
鉄切片	11133		45

注：生産高のフント（1プード＝40フント）の単位は省略したが，集計や比率計算には
　　ほとんど影響しない。

出典：Полное собрание законов Российской Империи. Собрание второе. Том XXII.
　　　Отделение Второе. 1847. СПб. 1848. стр. 164-166.

第2節 「農民改革」による停滞構造の再編成

「農民改革」とウラル製鉄・冶金業

　数々の手直しを積み重ねながら，結局，工場主と労働者との関係の抜本的改革は，農奴の人格的解放，即ち「農民改革」を待たなければならなかった。1861年2月19日付け農奴解放令を含む「農民改革」の全体像をここで議論することはできない。ただ，農民の人格的解放がウラルの停滞構造に及ぼした影響について確認しておく必要がある。ロシアの「農民改革」は農奴の人格を解放したが，同時に土地の「買い戻し規定」を設けて，農奴主の経済的利益を保護し，解放過程を漸進的なものにした。これは，市民革命によらず農奴主とその権力によって行われた上からの改革の限界である。その点で，ウラルにおける改革の具体化も，同種の限界を共有した。

　解放を具体化する「大蔵省管轄下の私有冶金工場に編入されたものに関する補則」を制定する特別委員会に対して，草案を上程するべく形成されたのは，モスクワ近郊鉱区，オレンブルクスカヤ県冶金工場，およびそれ以外のウラル諸県冶金工場をそれぞれ代表する3委員会である。これら委員会は，1858年8月10日，大蔵省管轄下の冶金工場主を以て構成されることが決定された。[68]

　「農民改革」の枠内で，工場主の立案する解放の具体策が，新たな条件の下でも安価な労働力を工場に縛りつけ続けようとするものになるのは避けられなかった。

　「1861年2月19日宣言」に付属する「大蔵省管轄下の私有冶金工場に編入されたものに関する補則」[69]が，私有工場住民に対する改革の具体化を規定した。

　それによると，彼らは大胆に二分された："…私有工場住民，即ち，職工，労働者，常置労務者と，ポセッシア権もしくは所有権により登録された工場農奴は，二つの階層をなす：1）職工мастеровыеと　2）農業労務者сельские работники。"（第2条）

　職工とは，"技術的冶金工場労働"に従事するもの，農業労務者とは，"工場

552

のために様々な補助的労働を遂行しつつ，農耕に従事するもの”とされた。事務職員は前者に分類された。(第3条)

　農奴解放の法制化は，工場住民の単純化によって，ポセッシア制を最終段階に到達させた。すなわち，当初工場に編入された官有地農民は，工場住民として定着する過程を経て，国家により，領主の自己所有農奴と一体化された工場農奴として認定され，処理されたのである。

　工場住民は，法的身分としてはあくまで農民であったが，職種と経済格差に於いて相当程度分化が進んでいたにもかかわらず，これを単純に二分したことが，領主＝工場主にとって恣意的な配分を容易にしたのは疑いない。同時に，これによって改革の実施に大きな混乱をもたらす要因が組み込まれたのである。

　「農民改革」が解放の対象とした工場住民のカテゴリーは，大蔵省によって“冶金工場農民 горнозаводские крестьяне”として把握された。彼らは，1) 私有工場に国庫から編入されたもの，2) 個人にではなく工場に固定された農奴的工場農民，3) 個人の所有権のもとにあるが大蔵省の帳簿上に工場農民とされたもの，であった。大蔵省によると彼らの総数は595千人（男女）であるが，この数字は最小限のものと見られている。[70]

　上述のように「補則」は，工場農民の区分をいっそう簡略化して，私有工場の“冶金工場農民”を，工場労働に従事する職工と補助労働および農業に従事する農業労務者 сельские работники とに分けた。国庫より譲渡された職工は宅地を無償で受け取る（第6条）。他のすべての職工身分に属するものは，1デシャチナ当り6ルーブリの貢納で宅地を恒常利用し（第9条），買い戻しの権利を持つ（第6条）。彼らは，草刈地を貢納で利用する権利（第10条），従前から耕作していたものに限り，耕作地を当該地域の農民の分与地面積を限度として貢納で利用する権利（第12条）をも得た。同時に，そうした草刈地，耕作地の利用を拒否することもできた（第13条）。農業労務者にかかわる原則は「農民改革」の一般原則と同一であった。即ち，彼らは地域の標準に従って分与地を得，買

い戻しの権利を与えられた（第17条）。[71]

「補則」は，更に，地主の権利を擁護しつつ労働力緊縛を事実上維持する装置を重層的に組み込んだ。それぞれの職工は，課された年貢を支払うことができない場合，未納分を通例の工場もしくは鉱山仕事で雇役しなければならない（第16条）とされた。農業労務者にも同様の義務が負わされた（第20条）。[72]こうして職工・労務者の雇役奴隷化への法的根拠が与えられた。

国家貢租が地主から工場住民自身へと転嫁された（第37条）。[73]

“封建的規制から解放された農民に対する基本原則に基づいた，共同体 общество の設立と冶金工場住民の管理”が謳われた（第4条）。更に，農業労務者について，農業共同体を通じて，年間作業予定，必要な日雇い，移動に要する日数，給与もしくは手当，日雇いの給与，年貢額の管理を行い（第26条），農民に課される法規に基づき労働と支払いの義務を“互いの連帯責任で”果たすことが義務づけられた（第33条）。[74]

雇用条件，労働条件の設定は，個別に，工場主の側に委ねられた。“各工場管理部ごとに，規則が定められなければならない：労働者の雇用と解雇の規定について；労働の種類，時間，場所について；それらの給与について；労働中の責任と服従について；不具者の世話その他主要な相互義務について。”（第39条）[75]

工場住民の生活条件は，明らかに悪化した。従前，国税は工場主が支払っていたが，約定証書の導入後は工場住民自身がすべての国税と義務を負担することとされた（第37条）。又，無料で供給されてきた食料を，約定証書導入後は，工場住民は現金または給与からの差し引きで支払うことが予定された（第38条）。[76]

工場主は，分与地からの地代，買戻し金，食料販売によって現金収入を確保，拡大する手段を拡充したのである。一方で，職工の確保のための優遇ー職工自身の費用負担は嵩んだがーも付け加えられた。3年以上勤務した，または3年間の契約を結んだ職工は，300ルーブリの支払いで徴兵義務を免れることがで

きた（第40条）。

「改革」後2年以内にペルミ県内の私有冶金工場で作成され，実施に移された約定証書は163件，うち領主工場75，ポセッシア工場88であった。それらにおいて確認された僕婢，事務員，職工は152402人，農業労務者は20426人とされた。

「改革」前に私有工場住民が利用していた土地518500デシャチナのうち，約定証書によって得たのは202355デシャチナ（37%）だった。1人あたり1.2デシャチナ，半飢餓状態の最低限も保証しないとされる面積であった。

特に私有工場で異常に過大な職工数が認定されたのは一目瞭然である。帝政の官吏によっても“補助的仕事が工場仕事の3/4から4/5を占めるはずである”にもかかわらず，ほとんどすべての工場住民が職工に組み入れられたと指摘された。こうした恣意がまかり通ったのは，職工と農業労務者の区分が法律で明確にされず，行政もそれを“工場主の見解”に委ねたためである（1862年1月22日付ペルミ県庁の決定）。

「職工」の認定と土地分与は大きな地域格差をもって進められた。特にオレンブルクスカヤ県に於いて著しく工場住民の土地が縮小した。

B. S. ダヴレトバエフの集計によると，オレンブルクスカヤ県の私有工場住民が「改革」の結果受け取った土地分配の実態は，表4-12のとおりであった。

表4-12 「改革」によってオレンブルクスカヤ県の私有工場住民の得た土地分配

住民区分	約定証書中の人数	配分された土地（デシャチナ）				切り取り	
		「改革」前	1人当り	「改革」後	1人当り	面積（デシャチナ）	%
職工	35991	158491	4.4	9664	0.2	148827	94
農業労務者	11379	64252	5.6	24833	2.2	39419	61
総計	47370	222743	4.7	34497	0.7	188246	84

出典：Б. С. Давлетбаев. Крестьянская реформа 1861 года в Башкирии. М., 1983. стр. 76.

555

約定証書において男性工場住民の76％（35991人）が「職工」に分類された。「職工」は「改革」前に1人当り4.4デシャチナの土地を利用できたが，「改革」後にはそれら利用してきた土地の94％を切り取られた結果，1人当り面積は0.2デシャチナに縮小した。農業労務者も，1人当り5.6デシャチナ利用できた土地が2.2デシャチナに，61％の土地を切り取られたのである。工場主は，「改革」によって，工場住民の土地の84％を切り取り，彼らの生活基盤を著しく弱体化させた。

　ただ，「職工」に偏重した虚偽の分類と土地の切り取りは，工場主にとって二面的で両刃の剣の側面を持った。"冶金工場農民"の解放の実際は，「合意」に基づいて行われることになった。そこで最も多くの場合に行われたのは，工場主が実際よりもはるかに多くの農民を「職工」に分類したことである。それによって工場主は，分与する土地を節約し，同時に，屋敷地の買い戻し制度でもって彼らを事実上工場に縛りつけることができた。農業労務者を買い戻しによって縛りつけることは一般の解放と同様に行われた。彼らに分与された土地が劣悪であることによってしばしば紛争が起こった。[81]

　しかし，オレンブルクスカヤ県で目立ったのは，土地分与に対する「職工」の拒否である。B. S. ダヴレトバエフによると，多くの冶金工場は耕作に不向きな山地にあり，土地の価値は低かった。それだけでなく，農業に適したベロレツキー，ティルリャンスキー，アルハンゲリスキー，ヴェルホトルスキー，ブラゴヴェシチェンスキー，ボゴヤヴレンスキー工場でも分与地が拒否された。工場への緊縛と宅地への高額の年貢が忌避されたのである。[82]

　工場主は労働力と年貢の確保のために譲歩を余儀なくされた。トロイツキー工場では172デシャチナが「職工」の宅地に付加されたが，耕作はなされず，期待された1032ルーブリの年貢も支払われなかった。アルハンゲリスキー，ヴォスクレセンスキー工場でも，同様の，土地の追加が行われた。[83]

　工場主の譲歩によってオレンブルクスカヤ県の35991人の「職工」のうち，24817人（69％）が宅地を無償で得た。宅地，耕地，牧草地，放牧地の年貢を一

定期間（2-3年）割り引く工場主もあった。[84]

　工場主は地主として自らに切り取った結果縮小した分与地からの収益を確保するため，高額の年貢を課したが，高すぎる年貢は農業労務者の生存を脅かし反発を招いたため，その引き下げを余儀なくされる場合もあった。アラパエフスキー工場群では，1人あたり4デシャチナ1292サージェンの分与地に対する年貢8ルーブリ17コペイカを，1864年10月19日に6ルーブリ17コペイカに，1866年には更に4ルーブリ5.5コペイカに引き下げた。[85]

　「補則」と約定証書の実施は，工場住民の生活に大きな打撃を与えただけでなく，工場主にも期待された結果をもたらさなかった。即ち，誰をも満足させなかったのである。工場主の請願に応える形で，「1862年12月3日法令」が公布された。「法令」は，金属に対する税を，銑鉄について75％，銅について50％，熔鉱炉について50％引き下げた。工場住民に対しても「法令」は優遇措置を定めた。約定証書によって農地を分与されなかった職工は，6年間国税とゼムストヴォ税を免除され，徴兵を猶予された。私有，ポセッシア工場それぞれに応じて，宅地，草刈り地利用の優遇が図られた。しかし，最も重大な変更は，"切迫した必要"の場合，職工に，官有地への移住が認められたことである。[86]

　以前は逃亡による他に移住の希望を叶えられなかった職工にとって，合法的な出口が開かれたのである。これによって，大きな工場住民の流出が引き起こされた。

　オレンブルクスカヤ県知事に集約された情報では，1862年にほとんどの工場住民が移住許可を求めた。同県の1863年の労働力需要は10503人（「職工」の29％）で，残りの25488人（71％）は失業者に該当するが，移住許可を得たのは5209人であった。1867年までには10911人の「職工」が移住許可を承認された。いくつかの工場村から全員流出した例もあった。プレオブラジェンスキー，カナニコリスキー工場では全住民に許可が与えられた。その結果，これらの工場から1866年までにトムスキー県その他のシベリア諸県に2000人に上る人々が

移住した。⁽⁸⁷⁾

　しかし，非組織的な移住の成功の可能性は低かった。主要な移住地の一つは
オレンブルクスカヤ県の官有地だったが，どこが空地であるかも十分管理され
ず，先住者との衝突が起こった。シベリアに移住した「職工」たちにとって
も新天地での生活再建は困難だった。こうして，移住の逆流がおこったのであ
る。⁽⁸⁸⁾

　数年にして，工場住民数は，移住者の帰還と新規の流入とによって回復し始
めた。工場主たちは，農地，草刈地，燃料，木材等の優遇によって労働力の確
保に努めた。⁽⁸⁹⁾

　約定証書に基づく土地関係にはいくつかの類型があったが，ポセッシア工場
の大多数と大部分の領主工場では年貢が定められた。

　農民から85.3％の土地を切り取ったストロガノフは分与地に最高水準の年貢
1デシャチナ当り3ルーブリ51コペイカを課して12000ルーブリ超の年貢を得
た。さらに，低生産力の土地の受け取りを拒否した住民に対しては，宅地につ
いて年貢を設定したが，これは県庁から法令違反とされた。ラザレフの領地で
は，切り取った土地は少なかった（9.3％）。その結果分与地は最も多かったが（1
人当り1.8デシャチナ），そこにストロガノフに次ぐ水準の年貢―1デシャチナ当
り3ルーブリ09コペイカーを課して，地主工場主は6工場から年間22571ルー
ブリを得た。⁽⁹⁰⁾

　年貢を課さなかったポセッシア工場では，隠蔽された形で徴収が行われた。
デミドフのニジネ＝タギリスキー工場では，約定証書の細則に，切り取られた
土地を労務者は従前通り使用できるとしながら，"毎年1デシャチナ当り30銀
コペイカ支払うものとする"と定めた。これによりデミドフは18267デシャチ
ナの土地から5480ルーブリを得た。グービン，クナウフ，トゥルチャニノフ，
ソロミルスキーらが同様の手法をとった。⁽⁹¹⁾

　ヤコヴレフのポセッシア工場では年貢を徴収しなかったが，ヴェルフイセツ
キー工場には十分な草刈地が確保できなかったので，住民1人当り1デシャチ

ナの森林を伐採させて使用させた。20年経過後草刈地は工場主のものとなっ
た。事実上の賦役労働が利用されたのである。[92]

「農民改革」はウラルにおいて，冶金工場主によって立案されたプランで，
冶金工場主の手によって実施された。彼らは，新たな農奴解放の条件の下で，
安価な半強制的労働力を確保し，ウラル冶金業の伝統的な構造を維持すること
ができた。一時的な労働力流出の打撃は大きかったが，それによって全面的な
構造転換に向かうことは避けられた。そのため，結果として，ウラル冶金業の
停滞を再生産する全構造は「農民改革」を生き延び，再編成されながら維持さ
れたのである。

ただ，再編成は矛盾を内包するものになった。職工・労務者と農民の人格的
解放を認めつつ，約定証書によって封建的人間関係が最大限に活用された。工
場主は対等平等の交渉にとって未成熟な条件下で，「自由雇用」に対するさま
ざまな制約を組み込むことができた。その最大の楔は，土地を媒介とした工場
への事実上の緊縛の継続であった。職工，農業労務者は最小限の土地分配に
よって半自立の状態に置かれ，工場への依存を余儀なくされた。しかし，工場
主の過度の土地切取りは職工，農業労務者の最低限の生活も脅かし，少なから
ぬ分与地拒否を誘発した。これは土地を媒介とする緊縛を危うくするもので
あったので，1862年3月12日付内務省の「解説」は“職工には敷地を拒否する
権利はない”と確認した。土地分与の狙いは明白であった。[93]

実態として農業労務者である者を「職工」に組み入れ，土地を切り取って工
場に確保した結果，工場住民の土地不足は倍加され，その後「職工の土地問題」
といわれる，19世紀末に至っても未解決の問題の原因が形成されることになっ
た。

「補則」において雇役労働が制度化されたのは，年貢の支払い不能が予見さ
れていたということをも意味する。ウラルにおける「農民改革」は，工場住
民に従来よりも更に過酷で不安定化した生活をもたらした。それに対する対応
は，従来通り逃亡と暴動であった。既に見たように，「農民改革」直後，ウラ

559

ルの製鉄・冶金業は労働力流失に悩まされたが，次第に安定化した。無産化した職工・労務者層は流出の道を選択したので，ウラルの停滞構造は動揺しながらも再編成されて温存されたのである。

官有工場の「改革」を律する指針は，1861年3月8日付け「大蔵省管轄下の官有鉱山工場の工場住民に関する条令」によって与えられた。「条令」は，「農民改革」の趣旨に沿って，官有職工・労務者を半ば解放し半ば縛りつけた。彼ら，即ちかつての下級並びに労務官は"工場での義務的服務"から解放された。他方で，無償給食は廃止され，自費購入となった。薪，木炭を必要とする火力作業，製材業，木材商業は禁止された。3年を超えない期限の自由雇用に移行することが定められた。職工が退職を希望する場合の申し出，工場が解雇する通告は期限の3ヵ月前までと定められたが，工場は"不品行"を理由に予告なしに解雇しえた。新たな契約を結んだ工場住民は，職工及び農業労務者ではなく職工及び労働者と呼称されることになった。[94] 後者は補助的業務に従事するものであって，実態としては職工・労務者を引き継ぐものであった。

官有工場住民は土地関係において優遇された。彼らは，改革以前からの宅地，牧場，水場を無償で所有することを認められた。職工は，1人当たり1デシャチナまでの草刈地，耕作できる範囲の耕地を貢納で利用することができた。[95]

「農民改革」はポセッシア制の，特に編入農民に関する条件の変更を要求したが，帝政は工場民фабричные люди を臣民たる農民として扱う慈恵的労働政策を維持した。一方，工場主に対しては土地所有において最大限の優遇を与えつつ，土地分与を農民との「合意」に基づいて行う手続きによって彼らの実質的優位を保証した。

元老院見解に承認を与えた1863年5月27日付け法令（第49675法令）は，"ポセッシアならびに完全所有の私有工場に編入された工場民への保証策"として彼らが企業から離れた場合に"すべての国税，都市及び農村義務並びに新兵義務から6年間解放される"（第1条）とした。耕作地を受け取らずに旧住地に留まる工場民にも同一の免除を与えた（第2条）。工場主はポセッシアに伴う義務から

解放され，更に土地を私有地として受け取ることになった。但し，農民に対して住地，耕作地を条件付きで分与し，耕作地を受け取らない者には燃料（即ち薪－Y.）を保証しなければならなかった（第3条）が，土地分与は相互の合意によるとした（第4条）。即ち，工場主の権利は確保されたのである。[96]

　職工及び農業労務者の解放の実際は，国家もしくは地主との「合意」，即ち約定証書に基づいて行われた。これらの「合意」の明瞭な特徴は，工場側が分与すべき土地を切り取って確保し，さらに実際よりもはるかに多い「職工」の認定によって農業労務者を相対的に減らし，本来分与するべき土地の縮減をいっそう進めたことである。それにより，国家と地主工場主は，土地と労働力を最大限に確保しつつ職工・労務者を可能な限りわずかな土地に縛りつけ，事実上の強制的労働力として利用し続けようとしたものと見ることができる。彼らは，「補則」と約定証書とを，即ち，法律とその施行細則をともに自ら作成することによって，伝統的な主従関係を再編成しながら維持したのである。

未完結の「農民改革」

　「農民改革」後の混乱は，冶金工場にも工場住民にも大きな困難をもたらした。多くの工場は生産活動を減退させ，いくつかの私有工場－オレンブルクスカヤ県ではアルハンゲリスキー，トロイツキエ，シリヴィンスキー工場－は閉鎖した。閉鎖した工場の住民は農業に生活の糧を求める他なかった。しかし，土地分与は停滞した。

　コッサコフスカヤ伯爵夫人のアルハンゲリスキー工場は，「改革」後中断しながら操業した後，閉鎖した。約定証書で宅地だけを得た職工に，総計5500デシャチナの土地が無償譲渡されたのは1874年であった。ベナルダクのヴェルフネ＝及びニジネ＝トロイツキー工場，ウセニ＝イヴァノフスキー工場の職工は農地の分与を拒否したが，間もなくこれらの工場は閉鎖され，領地は国庫の管理下に入った。郡当局が官有地農民と同等の土地分与を請願した結果，1876年，3工場の住民は査察人数1人当り5デシャチナの分与を受けた。[97]

561

「農民改革」は，農民の人格を法律上解放しながら，それぞれ単独では自立不能な賃金と土地分与とを結合させ，冶金工場に労働力を縛り付ける構造を再編成した。移住に挫折した工場住民にとって，選択肢は限られた。

既に見たように，ウラル製鉄業の労働者総数は，「改革」後10年程度で以前の水準に復帰し，1865年＝100として，1876年＝133.6；1885年＝137.4；1890年＝142.2；1895年＝147.5；1900年＝172.1と増加した。この過程で，過剰労働力が顕在化し，「遊休のгулевые」交替制による弥縫策が機能した（第1章参照）。1890-1895年の時期に，カタフスキー鉱区では，実在の労働者21250人に対して実働労働力は4500-4800人，シムスキー鉱区では実在の労働者18500人に対して実働労働力は2300-2900人だった。即ち，労働力需要の4倍以上の労働可能人口を抱えていたのである。[98]

分与地によって縛り付けられた工場住民の流動性は抑制された。彼らは分与地から家計補助的な収穫を得ることによって低賃金を甘受させられただけでなく，更なる差し引きをも被った。1895年の農業・国有資産相の報告によると，シムスキー工場では土地，森林の利用が賃金を引き下げた。例えば，木炭1行李当りの労働者の手取りは2ルーブリ20コペイカの代わりに2ルーブリだった。1デシャチナの土地利用に対して50コペイカの支払いが課され，その分を雇役しなければならなかった。これを怠ると彼は1デシャチナにつき3ルーブリ徴収された。[99]

「工場の農奴解放問題」は明らかに未解決であった。1893年5月19日付法令によって，ウラルの工場住民に対して，彼らが同年1月1日現在事実上所有していた土地を，買い取りによらず所有地として認めることになった。しかし，19世紀90年代末，ウラル工場住民の所有地は，1人当り職工1.9デシャチナ，農業労務者2.4デシャチナ，全体として2.2デシャチナの所有面積であったが，職工の76.3％，農業労務者の54.3％が2デシャチナ未満であった。[100]

分与地が低賃金を成立，維持させ，低賃金が工場住民の土地への依存を継続させた。20世紀初頭に於いても，職工の土地問題を律したのは，1862年12月3

562

第4章 「農民改革」と停滞構造の再編成

日法令であった。1902年末，内務省は，ウラル諸県に対して，法改正の検討を求めた。これに対して，ウフィムスカヤ，オレンブルクスカヤ県農民問題担当庁は，工場の閉鎖に無関係に職工に対して査察人数以上の分与を行う方策を支持したが，工場主の反対で実現しなかった。⁽¹⁰¹⁾

1908年，カタフ＝イヴァノフスキー，ウスチ＝カタフスキー，ユルザンスキー工場が閉鎖した。1862年12月3日法令によって，職工に対して，当地の農民の分与地の上限を超えない4.5デシャチナが第10回査察の男性人数分分与されることになった。実在人数の半分にあたる人数分の分与であった。約定証書に対する追加として査察人数10908人に対する50418デシャチナの分与が行われたが，工場住民を満足させなかった。彼らの要求は，工場の再開か，さもなくば実在人数分の土地分与だった。内務大臣ストルイピンは"新たな根拠なき要求"を引き起こす譲歩に反対した。これに対して地方権力はより現実的だった。県知事，工場総監督庁間の出席した元老院に於いて，実在男性人数分の土地分与が決定された（ストロガノフ伯爵のパヴロフスキー工場の事案についての1909年9月22日付け元老院説明に基づく）。政権の動揺の中で，1862年12月3日法令の限界が押し開かれたのである。1915年に至って，3工場の男性人数22692人に対する100806デシャチナの分与が行われた。⁽¹⁰²⁾

1908,1912-1915年の時期に，各所で約定証書の補足が行われた。その際の工場住民の要求は，工場の再開，実在人数に対する土地分与であった。1862年との明確な違いは，土地分与拒否から分与要求へと転換したことである。ユリュザンスキー工場の約定証書補足では，住民は，使用してきた用地の供用を認めない場合，「実在人数に対する15デシャチナずつの分与」を要望した。この要望は満たされなかった。ティルリャンスキー工場では，1916年，3935人の実在男性人数に対する6デシャチナずつの分与が認められた。分与された23610デシャチナには，耕地，草刈地，森林，放牧地，宅地が含まれる。隣接するベロレツキー工場では分与は行われなかった。⁽¹⁰³⁾

官有工場住民は，私有工場住民よりも土地関係に於いて優遇されたとはい

563

え，それによって彼らがより容易に生活を成り立たせることはなかった。

ウラルの官有工場で総計101の証書が作成され，そのうち55がペルミ県に属した。証書の包摂した工場住民は78975人，うち職工は48954人（62％），農業労務者30021人（38％）とされた。改革前利用されていた農地195887デシャチナのうち証書に定められたのは152404デシャチナ，即ち，22％の土地が工場によって切り取られたことになる。その比率はさまざまで，ゴロブラゴダツキー鉱区では53566デシャチナから32377デシャチナ（60％）が切り取られた。[104]

南ウラル，バシキリアの官有工場に於ける約定証書の作成，実施は1866年，一部では1867年までずれ込んだ。そこでの土地分与は，より大きな切り取り，職工と農業労務者の格差を示した。工場住民18394人のうち職工16037人（87.2％），そのうち13722人が土地分与を受けたが，改革前の24995デシャチナに対して14800デシャチナ，即ち，40.8％を切り取られた。一方，農業労務者は2357人（12.8％），そのうち2164人が改革前の6773デシャチナに対して6433デシャチナを得た。切り取られた土地は5.0％であった。工場住民全体としては33.1％の土地を切り取られた。[105]ペルミ県に比較して異常に低い比率の農業労務者の土地はその限りではほとんど切り取られなかったとはいえ，職工の比率を高めて，工場がより多くの土地を確保したのは明らかである。

官有工場の職工，農業労務者は，分与地の利用に対して，官有地農民と同様，1デシャチナ当り40.5コペイカの年貢を支払わなければならなかった。この額は，地主地の年貢よりも低かったが，官有地の借地料よりも高かった（例えば，近隣のチェリャビンスキー郡では1デシャチナ15コペイカ）。このため，年貢の不払いが積み上がることになった。ズラトウストフスキー工場群の職工，農業労務者は，3年間1銭の年貢も納めなかった（1867年7月8日付け県庁から大蔵省への報告）。サトゥキンスキー郡では，1868年までに11805ルーブリ77コペイカの滞納が蓄積された。[106]

B. S. ダヴレトバエフによると，「改革」に際して，官有工場住民から多くの要望，請願が出された。それらの特徴は，私有工場の場合と異なり，移住の要

求は従来の居住を続けられなくなったときに限られ，生活条件の向上に向けられていた。政府は，「改革」以前（1861年3月8日以前）に開墾した草刈地の無償利用，「改革」までの年貢の未納の徴収免除と1868年からの徴収開始を譲歩として与えた。[107]

　しかし，工場停止は工場住民の生活を困窮させた。1868年3月12日，新たな法令によって，1862年12月3日付け法令の規定が官有工場住民にも適用されることになった。即ち，農地を受け取らなかった，もしくは地域の基準以下の分与地を得たものに対する，6年間の納税，地代，徴兵の猶予，職工に6年間，農業労務者に3年間の年貢の猶予，そして，官有地への移住の権利付与である。官有工場の職工の移住の規模は定かではないが，帰還者があったことは確認されている。新天地で生活を成り立たせることは困難であったと思われる。[108]

　1877年3月12日付け法令によって，土地と森林の分与について新たな局面が開かれた。これによって，「農民改革」に基づく土地分与に加えて，森林の分与が法制化され，「領有証」が公布されることになった。その結果，査察人数に対して総計52900デシャチナが与えられた。更に，1901年6月20日付け法令により，ウラルの官有工場住民に対して官有地農民と同等の買戻し金制度が導入された。「領有証」を交付されたものは，以後44年にわたって買戻し金を支払うことになった。[109]

　1912年の戸別調査によると，ウフィムスカヤ県の労働者の分与地は，206千デシャチナに上り，「改革」以前の203.5千デシャチナに対して明らかに増加していた。その他に，13.4千デシャチナの購入地，63.2千デシャチナの賃借地があった。[110]

　「農民改革」の不徹底は20世紀まで引きずられた。しかし，土地分与による解決の方向は明らかに後ろ向きであった。それは半農半工の状態を維持し，職工・労務者を工場に縛り付ける意図を実現していた。1861年「農民改革」はウラルにおいても地主＝貴族階層の利益に立って前近代的社会関係の実質を維持する弥縫策として機能した。帝政は，土地に縛り付けられた工場生活を，農

民の人格的解放を経ても，低賃金と土地分与により事実上維持するよう努めた。こうした「農民改革」の結果をウラルはロシア全体と共有している。

　日南田静真は，1880年代末のロシア中央部の農業を分析して，農民の請負作業において“「冬雇」としてあらかじめ前金を渡されているばあいが多く，そういう「債務奴隷」的労働力販売者の1日当り報酬は，そのような色彩が比較的淡い日雇の場合の日賃金よりも低めになること”を指摘し，“雇役労働報酬をえても日雇報酬をえても年雇・季節雇報酬をえても，また借地して借地料を払う場合でも，刈分けを行なっても，いずれにせよ地主取り分2対農民取り分1というあり方”，こうした「雇役制的労働報酬体系」が存在するかぎり，“中央部ロシアでは地主と雇役農との間の雇役制的関係は絶えず再生産され，資本制的関係に向かいうる純農業労働者層の発生・増大などの新条件はたえずたち切られる。”と捉えた。「農民改革」を経て，中央部の農民も，ウラルの鉱業労働者も，共通の基盤に立っていたことが確認される。

　貨幣を人格的隷属の手段として用いる手法はホロープ以来の長い歴史を持ち，ウラルにおいても18世紀初頭以来の封建的大規模マニュファクチュアの全過程で重用されてきた。買い戻し金制度は直接的な人格的隷属の法的裏付けに替えて貨幣による間接的隷属を継続するべく機能せしめられたのである。

　買戻し金制度の廃止のためには1905年革命運動を経なければならなかった。しかしその間45年が経過し，農民の支払い不能は既に事実によって証明されていた。

26803．－1905年10月17日．マニフェスト．－国家秩序の改善について．

　“我が帝国の首都及び多くの場所での騒擾と暴動は我が胸を大きく且つ重い悲しみで満たす。…

1）人格の実際的な不可侵，良心，言論，集会と結社の自由の原則に則った市民的自由の揺るぎない基礎を人民に贈ること。

＜2）予定された国会Думаの遅滞なき選挙

第4章　「農民改革」と停滞構造の再編成

3）すべての法の国会による承認＞”⁽¹¹²⁾

26871．－1905年11月3日．マニフェスト．－農業住民の福祉の向上と状況の改善について．

“…農民の必要は我が胸に近しいものであり関心なしではいられない。…
農民の福祉の確固たる改善の唯一の道は平和的にして合法的な道であり，我々は常に農業住民の状況改善を我々の配慮の第一に据えてきた。…
1．旧地主地，官有地，帝室地農民からの買戻し金支払いを，1906年1月1日から半額に減じ，1907年1月1日よりこれらの支払いを完全に停止し，－また＜原文のまま，2.へ続く－Y.＞
2．農民土地銀行に少土地農民への土地購入による所有地拡大の援助を改善できるよう，銀行資金を拡大し貸し出しのためのより有利な規定を設ける。”⁽¹¹³⁾

26872．－1905年11月3日．勅令．
＜＃26871への補足。＞“旧地主地農民に付き，1861年2月19日付け（36659）買戻し規定並びにその補足法令，旧官有地農民に付き，1867年5月16日付け法令（44590）及び1886年6月12日付け法令（3807），旧帝室地農民に付き，1863年6月26日付け法令（39793）にそれぞれ基づき徴収される買戻し金年額を1906年1月1日より半額に減じ，1907年1月1日より完全に徴収停止する。”⁽¹¹⁴⁾

ロシア帝国法令全書 Свод законов への収斂

あまりに膨大となり，相互に矛盾も含む諸法令のうち，現行のものを選り出す作業が必要であった。その結果編まれたロシア帝国法令全書はロシア帝国の封建体制を律する最後の集大成となった。

1833年1月31日付けマニフェスト．－　ロシア帝国法令全書の刊行について。
“1649年ウロジェーニエに始まり，1832年1月1日までの183年間に制定され

567

たすべての法令"のうち現在有効であるものを範疇別に集成し，刊行すること，それらは1835年1月1日をもって発効すること，以後増補を行うことを定めた。"[115]

17世紀中期から20世紀始めまで，具体的には1906年続巻まで，2世紀半以上にわたる封建体制の法秩序の中に鉱業法制も改めて位置づけられた。鉱業法制はウラルも含めて全ロシアを一体として包摂した。その中では現行法の初出の年月日，最終的には1906年の変更までを確認することができる。

ロシア帝国法令全書。第7巻。鉱業法制及び法令集成。1893年発行。
"概論 Введение
1.　鉱業作業所 горные промыслы の名称の許に，地中，地上に存する鉱物自然産物の探索，採取，熔融，熔解，精製を意味する，例えば：1）土や石；2）金属；3）塩：食塩，明礬，硫酸塩等；4）可燃性物質。—1719年12月10日；1811年6月25日；1818年8月5日；1892年6月3日。
2.　（1906年続巻による）鉱業工場に属するのは：1）鉱石の加工に従事する工場；2）金属の加工またはそれらを製品に仕上げる作業に従事する工場，—その場合，本法第1条に挙げられた工場に付設されるか，または，これら工場と同一の所有地にありそれらが同一の所有者に属すること。3）製塩工場。—1882年11月23日；1899年7月7日。
3.　鉱業作業所及び工場は官有あるいは私有 частные である。—1811年6月25日。
4.　私有 частные 鉱業作業所及び工場は，私的所有 частное владение またはポセッシア権，領有的所有権 владельческая собственность の下にある。—1811年6月25日。
5.　ポセッシア権に基づく私有鉱業作業所及び工場には，国庫からの土地または森林の補助を有するものが属する。—1811年6月25日；1861年2月19日；3月8日；1863年12月9日；1868年4月16日。
6.　領有 владельческие 作業場及び工場には，国庫からいかなる補助も受けず

568

に私人によって設立され，彼らの完全な所有に属する土地において操業される
すべてのものが属する。—1811年6月25日。

7．私有鉱業は，官有，ポセッシア，領有の土地において行われる。…—1782
年6月28日…"⁽¹¹⁶⁾

ポセッシア権の条件に関しては，労働力の補助については除外され，土地及
び森林の補助に限定されている。

"第1巻　全般的鉱業法令

第1部　鉱業管理機構

第1章　総則

12．（1906年続巻による）帝国の工業分野の主管は商工省が担う。—1811年6月
　　25日　…

15．（1906年続巻による）＜鉱業局以下，商工省管轄下の管理機構＞

16．（1906年続巻による）鉱業分野の地域的管理のために構成される：　1）鉱
　　業州область；2）鉱業州内の私有鉱業企業の管理のための管区округ，と3）
　　官有鉱業工場の管理に関する工場管区と管区。—1847年3月11日（21203）
　　…

17．（1906年続巻による）鉱業地帯は以下のとおりである：1）ウラリスカヤ—
　　ペルムスカヤ，ヴャツカヤ，オレンブルクスカヤ県，ウラリスカヤ州（グリ
　　エフスキー，エンベンスキー郡を除く），トゥルガイスカヤ州，ヴォロゴツカヤ
　　県のニコリスキー，ソリブイチェゴツキー，ヤレンスキー，ウスチスイソリ
　　スキー郡，トボリスカヤ県のベレゾフスキー，チュメンスキー郡；2）西シベ
　　リヤートムスカヤ，トボリスカヤ（ベレゾフスキー，チュメンスキー郡を除く），
　　エニセイスカヤ（金含有のビリュシンスカヤ地層系を除く）県，アクモリンスカ
　　ヤ，セミパラチンスカヤ，セミレチェンスカヤ州；3）東シベリヤ—イルクツ
　　カヤ県，エニセイスカヤ県ビリュシンスカヤ地層系，ザバイカリスカヤ，ヤ

クーツカヤ州と，プリアムールスカヤ総県知事管轄下の地域；4）カフカス
ーカフカスカヤ地方の諸県とスタヴロポリスカヤ県；5）南ロシアーエカテ
リノスラフスカヤ，ハリコフスカヤ，タヴリチェフスカヤ，ヘルソンスカヤ，
ベッサラプスカヤ，ポドリスカヤ，キエフスカヤ，ポルタフスカヤ，ヴォル
インスカヤ，チェルニゴフスカヤ県；6）西部ーヴァルシャフスカヤ，カリシ
スカヤ，ケレツカヤ，ロムジンスカヤ，リュブリンスカヤ，ペトロコフスカ
ヤ，プロツカヤ，ラドムスカヤ，スヴァルクスカヤ，セドゥレツカヤ県；7）
北西部ークルリャンツカヤ，コヴェンスカヤ，グロドゥネンスカヤ，ヴィレ
ンスカヤ，ミンスカヤ，モギレフスカヤ，ヴィテプスカヤ，スモレンスカヤ，
プスコフスカヤ県；8）モスクワ郊外ーオルロフスカヤ，トゥーリスカヤ，タ
ムボフスカヤ，クルスカヤ，カルシスカヤ，ペンゼンスカヤ，ヴラジミルス
カヤ，リャザンスカヤ，ヤロスラフスカヤ県；9）ヴォルガーコストロムスカ
ヤ，ニジェゴロツカヤ，カザンスカヤ，シムビルスカヤ，サマルスカヤ県；
10）南東部ードン軍州，ヴォローネシスカヤ，サラトフスカヤ，アストラハ
ンスカヤ県，ウラリスカヤ州のグリエフスキー，エンベンスキー郡；11）北
部ーアルハンゲリスカヤ，オロネツカヤ，ヴォロゴツカヤ（ニコリスキー，ソ
リヴイチェゴツキー，ヤレンスキー，ウスチスイソリスキー郡を除く），トゥヴェ
ルスカヤその他の県。ー1806年7月13日（22208）…

19. （1906年続巻による）工場管区заводский округは：エカテリンブルクスキー，
    ゴロブラゴダツキー，カムスコ＝ヴォトゥキンスキー，ズラトウストフス
    キー，ウラリスカヤ鉱業州のペルムスキー砲弾工場区，オロネツキー官有工
    場区。ー1806年7月13日（22208）。…

20. － 23.　＜地方管理機構＞
24. － 25.　＜鉱業教育機構＞[117]

第2章　鉱業地域に関する国有財産大臣の権限と義務について。

第1部　私有鉱業工場と作業所の管轄に関する国有財産大臣の権限と義務につ

いて。

27. −1811年6月25日（24688）第237条＜以下，第34条まで財務大臣を国有財産大臣に替えたもの＞

28. −1811年6月25日（25688）第239条

29. 同上第240条。

30. 同上第241条。

31. 同上第242条。

32. 同上第243条。

33. 同上第244条。

34. 同上第245条，[118]

第2部　官有鉱業工場の管轄に関する国有財産大臣の権限と義務について

38.−42.　＜1811年6月25日（24688）第232-236.に同じ。財務大臣を国有財産大臣に替えたもの。＞

43.　大臣には，鉱業工場における必要な建設を許可し，その事業が経済的で生産的であることに鑑みてその出費額を限ることなく特別な資金からその建設に毎年支出することが任される。−1831年5月6日（4538）。[119]

第3章　地方の鉱業管理について。

第1部　地方の鉱業管理の構成について。

第2部　責任あるものの管轄，権限，責任の範囲と地方鉱業管理の設立について。[120]

第4章　地方の工場管理について。

第1部　地方工場管理の構成について。

111.　地方工場管理の構成：　官有鉱業工場の鉱区及び工場管理部。−1806年7月13日（22208）．

112.　（1906年続巻による）官有鉱業工場の鉱区管理部は：ゴロブラゴダツコエ，

571

ズラトウストフスコエ，カムスコ＝ヴォトゥキンスコエ，ペルムスキエ砲弾工場及びオロネツコエ。

116. （1906年続巻による）官有鉱業工場林管理のため，ウラリスカヤ鉱区とオロネツキー工場区に定員規定と法制化により森林管理部署とその他の管理を設ける。

119. 鉱業長官 Горные Начальники は任命された鉱区の諸工場の主人であり，彼に完全な管理と運営が任される。"[121]

　人身的雇用―雇い―は，「農民改革」以後も1649年ウロジェーニエ以来の封建的法体系の枠からいささかも外れることはなかった。雇いは個人の義務として位置づけられ，パスポート等の所持，5年以内の期限の条件の下で制約される一方で，手付金の労役払いは原理的に容認された。

"ロシア帝国法令全書。第10巻。第1部。公民法集成。1900年発行。第4冊。契約における義務について。

第4部．特に契約における個人の義務について。第1章。人身的雇用について。

2201. 人身的雇用が可能であるのは：1）家内奉仕のため（a）；2）農業，手工業，工場・作業所労働，商業その他の生業に派遣するため（б）；3）一般に法令に禁止されないあらゆる種類の仕事と職務に派遣するため（в）。

（a）1649年1月29日法令；1782年4月8日法令。― （b）1649年1月29日法令，1720年1月13日法令 … 1799年11月12日法令。―（в）。1809年10月15日法令 …

2202. 未成年の子供は両親または後見人の許可なしには（a），妻は夫の許可なしには（б）雇われることができない。

（a）1782年4月8日法令 …― （б）1782年4月8日法令。

2204. 法定の証明書を持たない者は，それを法が求める場合には，奉仕や仕事に雇いまた保持することを禁じられる。 1742年9月17日法令 …

2214. 人身的雇用の期間は契約者間の条件によって定められる（a）が，5年以上に延長されることはできない（б）

　　　（a）1782年4月8日法令。…― （б）1649年1月29日法令。…

2215. その期間の見積りが前項（2214）に示された期間を超えざるを得ないならば，借用金と利子の労役払いの条件で雇われることは禁止される。 1765年10月25日法令。

2218. 雇用の締結において，契約する双方はその価格を定めなければならない。人身的雇用の価格に関する条件は，約定とも，また価格自身は約定価格とも呼ばれる。 1782年4月8日法令。⁽¹²²⁾"

　パスポート・システムは一貫して厳格に維持された。

パスポートに関する法令第152条への付則
パスポート不保持者，浮浪人，逃亡者についての規程。
"1. いかなる身分のパスポート不保持者，軍隊逃亡者その他の逃亡者にであろうと，避難所を与え隠匿することは最大限厳格に禁止される；… 1724年6月26日（4533）⁽¹²³⁾…"

　「農民改革」以後も，法制は封建体制の骨格を維持した。農民の人格は解放されたが自立は保証されることなく，貨幣によるホロープ以来の隷属維持の装置が組み込まれた。そのため，18世紀以降の全歴史の過程で形成されたウラルの停滞構造は，「農民改革」によって再編成され，法体系に裏付けされて温存されたのである。

注

(1) Полное собрание законов Российской империи. Собрание (1649-1825) : Том 21. (1781-1783). стр. 614-615.

(2) А. Е. Яновский. Горное законодательство. – Энциклопедический словарь Блокгауза и Ефрона. http://ru.wikisource.org//wiki/ЭСБЕ/Горное_законодательство (5/11)

(3) Полное собрание законов Российской Империи, с 1649 года. Том 24. С 6 Ноября 1796 по1798. СПб., 1830. стр. 587.

(4) Полное собрание законов Российской Империи, с 1649 года. Том 25. 1798-1799. стр. 166-168.

(5) Полное собрание законов Российской империи, С 1649 года. Том 28. 1804-1805. СПб., 1830. стр. 515-529.

(6) А. Е. Яновский. Горное законодательство. – Энциклопедический словарь Блокгауза и Ефрона. http://ru.wikisource.org//wiki/ЭСБЕ/Горное_законодательство (5/11)

(7) Полное собрание законов Российской империи, С 1649 года. Том 29. 1806-1807. СПб., 1830. стр. 437-484.

(8) Полное собрание законов Российской империи, С 1649 года. Том 29. 1806-1807. СПб., 1830. стр. 495-630.

(9) А. Г. Рашин. Формирование промышленного пролетариата в России. М., 1940. стр. 48-49.

(10) Ю. Гессен. История горнорабочих СССР. Т. 1. М., 1926. стр. 150.

(11) Полное собрание законов Российской Империи, с 1649 года. Том 22. 1784-1788. СПб., 1830. стр. 417.

(12) Полное собрание законов Российской империи, С 1649 года. Том 26. 1800-1801. СПб., 1830. стр. 379-382.

(13) Полное собрание законов Российской империи, С 1649 года. Том 27. 1802-1803. СПб., 1830. стр. 209-210.

(14) Полное собрание законов Российской империи, С 1649 года. Том 27. 1802-1803. СПб., 1830. стр. 694-700.

(15) С. Г. Струмилин. Избранные произведения. История черной металлургии в СССР. М., 1967. стр. 308-309, 309-310. ; С. С. Смирнов. Ликвидация института приписных крестьян на горных заводах Урала. – Промышленность Урала в XIX-XX веках. М., 2002. стр. 15, 26.

第4章 「農民改革」と停滞構造の再編成

(16) Ю. Гессен. История горнорабочих СССР. Т. 1. М., 1926. стр. 153-154.

(17) Полное собрание законов Российской империи, С 1649 года. Том 29. 1806-1807. СПб., 1830. стр. 1052-1061.

(18) Полное собрание законов Российской империи, С 1649 года. Том 29. 1806-1807. СПб., 1830. 1061-1063.

(19) Полное собрание законов Российской империи, С 1649 года. Том 29. 1806-1807. СПб., 1830. стр. 1071-1080.

(20) Ю. Гессен. Ук. соч. стр. 156.

(21) Ю. Гессен. Ук. соч. стр. 155.

(22) Ю. Гессен. Ук. соч. стр. 160-163.

(23) С. С. Смирнов. Ук. ст. стр. 26.

(24) Ю. Гессен. Ук. соч. стр. 153, 156-157.

(25) Ю. Гессен. Ук. соч. стр. 164.

(26) С. В. Голикова, Н. А. Миненко, И. В. Побележников. Горнозаводские центры и аграрная среда в России. М., 2000. стр. 24-25.

(27) Ю. Гессен. Ук. соч. стр. 167-168.

(28) Ю. Гессен. Ук. соч. стр. 181-182.

(29) Ю. Гессен. Ук. соч. стр. 170.

(30) Ю. Гессен. Ук. соч. стр. 180.

(31) Полное собрание законов Российской Империи, С 1649 года. Том XXXIII. 1815-1816. СПб., 1830. стр. 95.

(32) Полное собрание законов Российской Империи, С 1649 года. Том XXXIII. 1815-1816. СПб., 1830. стр. 396-397.

(33) С. В. Голикова и др. Ук. соч. стр. 62.

(34) С. В. Голикова и др. Ук. соч. стр. 62-63.

(35) С. В. Голикова и др. Ук. соч. стр. 63.

(36) С. В. Голикова и др. Ук. соч. стр. 25-26.

(37) С. В. Голикова и др. Ук. соч. стр. 25.

(38) С. В. Голикова и др. Ук. соч. стр. 27.

(39) С. В. Голикова и др. Ук. соч. стр. 28-29.

(40) С. В. Голикова и др. Ук. соч. стр. 29.

(41) С. В. Голикова и др. Ук. соч. стр. 30.

(42) Полное собрание законов Российской Империи, С 1649 года. Том XXXI. 1810-1811. СПб., 1830. стр. 728-752.

(43) Полное собрание законов Российской Империи, с 1649 года. Том 24. С 6

Ноября 1796 по 1798. СПб., 1830. стр. 680.

(44) А. С. Орлов. Волнения на Урале в середине XVIII века. М., 1979.стр. 55.

(45) Ю. Гессен. История горнорабочих СССР. Т. 1. М., 1926. стр. 165-167.

(46) Полное собрание законов Российской Империи, С 1649 года. Том XXXIX. 1824. СПб., 1830. стр. 661.

(47) М. И. Туган-Барановский. Избранное. Русская фабрика в прошлом и настоящем. М., 1997. стр. 175.

(48) М. И. Туган-Барановский. Ук. соч. стр. 209-210.

(49) 荒又重雄『ロシア労働政策史』恒星社厚生閣，昭和46年．34ページ．

(50) М. И. Туган-Барановский. Ук. соч. стр. 209-210.

(51) М. И. Туган-Барановский. Ук. соч. стр. 210.

(52) Полное собрание законов Российской Империи. Собрание второе. Том X. Отделение первое. 1835. СПб., 1836. стр. 447-448.

(53) М. И. Туган-Барановский. Ук. соч. стр. 178-179.

(54) М. И. Туган-Барановский. Ук. соч. стр. 180-181.

(55) Полное собрание законов Российской Империи. Собрание второе. Том XXII. Отделение Первое. 1847. СПб., 1848. стр. 447-453.

(56) Полное собрание законов Российской Империи. Собрание второе. Том XXII. Отделение Второе. 1847. СПб., 1848. стр. 81-202.

(57) Полное собрание законов Российской Империи. Собрание второе. Том XXII. Отделение Второе. 1847. СПб., 1848. стр. 81-84.

(58) Полное собрание законов Российской Империи. Собрание второе. Том XXII. Отделение Второе. 1847. СПб., 1848. стр. 85-164.

(59) Полное собрание законов Российской Империи. Собрание второе. Том XXII. Отделение Второе. 1847. СПб., 1848. стр. 85-87.

(60) Полное собрание законов Российской Империи. Собрание второе. Том XXII. Отделение Второе. 1847. СПб., 1848. стр. 91-93.

(61) Полное собрание законов Российской Империи. Собрание второе. Том XXII. Отделение Второе. 1847. СПб., 1848. стр. 164.

(62) Полное собрание законов Российской Империи. Собрание второе. Том XXII. Отделение Второе. 1847. СПб., 1848. стр. 167-202.

(63) Полное собрание законов Российской Империи. Собрание второе. Том XXII. Отделение Второе. 1847. СПб., 1848. стр. 167.

(64) Полное собрание законов Российской Империи. Собрание второе. Том XXII. Отделение Второе. 1847. СПб., 1848. стр. 174-175.

第4章 「農民改革」と停滞構造の再編成

(65) Полное собрание законов Российской Империи. Собрание второе. Том XXII. Отделение Второе. 1847. СПб., 1848. стр. 175.

(66) Полное собрание законов Российской Империи. Собрание второе. Том XXII. Отделение Второе. 1847. СПб., 1848. стр. 185.

(67) Полное собрание законов Российской Империи. Собрание второе. Том XXII. Отделение Второе. 1847. СПб., 1848. стр. 170-173.

(68) Э. А. Лившиц. «Реформа» 1861 года и горнозаводские крестьяне Урала. – «Исторические записки», т. 30, 1949. стр. 142. ; Российское законодательство X-XX веков в девяти томах. Документы крестьянской реформы. Том 7. стр. 354.

(69) Российское законодательство X-XX веков в девяти томах. Документы крестьянской реформы. Том 7. стр. 354-362.

(70) Э. А. Лившиц. Ук. ст. стр. 141-142.

(71) Российское законодательство X-XX веков в девяти томах. Документы крестьянской реформы. Том 7. стр. 355-357.

(72) Ф. С. Горовой. Отмена крепостного права и рабочие волнения на Урале (в Пермской губернии). Молотов, 1954. стр. 39-40. ; Российское законодательство X-XX веков в девяти томах. Документы крестьянской реформы. Том 7. стр. 357.

(73) Ф. С. Горовой. Ук. соч. стр. 37. ; Российское законодательство X-XX веков в девяти томах. Документы крестьянской реформы. Том 7. стр. 361.

(74) Российское законодательство X-XX веков в девяти томах. Документы крестьянской реформы. Том 7. стр. 359-360.

(75) Российское законодательство X-XX веков в девяти томах. Документы крестьянской реформы. Том 7. стр. 361.

(76) Российское законодательство X-XX веков в девяти томах. Документы крестьянской реформы. Том 7. стр. 361.

(77) Российское законодательство X-XX веков в девяти томах. Документы крестьянской реформы. Том 7. стр. 362.

(78) Ф. С. Горовой. Ук. соч. стр. 66.

(79) Ф. С. Горовой. Ук. соч. стр. 71-72.

(80) Ф. С. Горовой. Ук. соч. стр. 67.

(81) Э. А. Лившиц. Ук. ст. стр. 152-153.

(82) Б. С. Давлетбаев. Крестьянская реформа 1861 года в Башкирии. М., 1983. стр. 76.

577

(83) Б. С. Давлетбаев. Ук. соч. стр. 77.

(84) Б. С. Давлетбаев. Ук. соч. стр. 77-78.

(85) Ф. С. Горовой. Ук. соч. стр. 78.

(86) Б. С. Давлетбаев. Ук. соч. стр. 79.

(87) Б. С. Давлетбаев. Ук. соч. стр. 80.

(88) Б. С. Давлетбаев. Ук. соч. стр. 80-81.

(89) Б. С. Давлетбаев. Ук. соч. стр. 81-82.

(90) Ф. С. Горовой. Ук. соч. стр. 75-77.

(91) Ф. С. Горовой. Ук. соч. стр. 75.

(92) Ф. С. Горовой. Ук. соч. стр. 73-74.

(93) Ф. С. Горовой. Ук. соч. стр. 69.

(94) Ф. С. Горовой. Ук. соч. стр. 40-42. ; Б. С. Давлетбаев. Крестьянская реформа 1861 года в Башкирии. М., 1983. стр. 89.

(95) Ф. С. Горовой. Ук. соч. стр. 43.

(96) Полное собрание законов Российской империи. Собрание второе. Том 38. Отделение первое. СПб., 1866. стр. 508-510.

(97) Б. С. Давлетбаев. Крестьянская реформа 1861 года в Башкирии. М., 1983. стр. 82-83.

(98) Б. С. Давлетбаев. Ук. соч. стр. 83-84.

(99) Б. С. Давлетбаев. Ук. соч. стр. 84.

(100) Ф. С. Горовой. Отмена крепостного права и рабочие волнения на Урале (в Пермской губернии). Молотов, 1954. стр. 72.

(101) Б. С. Давлетбаев. Ук. соч. стр. 85.

(102) Б. С. Давлетбаев. Ук. соч. стр. 85-86.

(103) Б. С. Давлетбаев. Ук. соч. стр. 87-88.

(104) Ф. С. Горовой. Ук. соч. стр. 65.

(105) Б. С. Давлетбаев. Ук. соч. стр. 91.

(106) Б. С. Давлетбаев. Ук. соч. стр. 92.

(107) Б. С. Давлетбаев. Ук. соч. стр. 93.

(108) Б. С. Давлетбаев. Ук. соч. стр. 94.

(109) Б. С. Давлетбаев. Ук. соч. стр. 94.

(110) Б. С. Давлетбаев. Ук. соч. стр. 95.

(111) 日南田静真『ロシア農政史研究―雇役制的農業構造の論理と実証―』お茶の水書房、1966年．248ページ，252ページ．

(112) Полное собрание законов Российской империи. Собрание третье. Том 25.

1905. Отделение 1. СПб., 1908. стр. 754.

（113）Полное собрание законов Российской империи. Собрание третие. Том 25. 1905. Отделение 1. СПб., 1908. стр. 790.

（114）Полное собрание законов Российской империи. Собрание третие. Том 25. 1905. Отделение 1. СПб., 1908. стр. 791.

（115）Полное собрание законов Российской Империи. Собрание второе. том 8. Отделение Первое. 1833. СПб. 1834. стр. 68-69.

（116）Свод законов Российской Империи. Том VII. Свод учреждений и уставов горных. Издание 1893 года. стр. 5-6.

（117）Свод законов Российской Империи. Том VII. Свод учреждений и уставов горных. Издание 1893 года. стр. 7-11.

（118）Свод законов Российской Империи. Том VII. Свод учреждений и уставов горных. Издание 1893 года. стр. 11-13.

（119）Свод законов Российской Империи. Том VII. Свод учреждений и уставов горных. Издание 1893 года. стр. 13.

（120）Свод законов Российской Империи. Том VII. Свод учреждений и уставов горных. Издание 1893 года. стр. 14-22

（121）Свод законов Российской Империи. Том VII. Свод учреждений и уставов горных. Издание 1893 года. стр. 23-24.

（122）Свод законов Российской империи. Том 10. Часть Первая. Свод Законов Гражданских. Издание 1900 года. Книга Первая. стр. 164-165.

（123）Свод законов Российской Империи. В пяти книгах. Книга пятая. Томы XIII-XVI. СПб. Том четырнадцатый. Устав о паспортах. Издание 1903 года. стр. 52.

━━━━━━━━ 結　び ━━━━━━━━

ウラル製鉄・冶金業の停滞構造

第1節　封建的大規模マニュファクチュアの形成

工場内労働力の緊縛

　ウラルへの製鉄・冶金業の扶殖はピョートルⅠ世（大帝）の開始した封建体制の強化過程の一環として進められた。このことが大規模マニュファクチュアがいかなる制度となるかを決定した。帝政国家，特にピョートルの専制的権力に基づく上からの開発，植民によるバシキール人社会との敵対，編入農民を抱え込んだための内的緊張要因によって形成された，ウラル冶金業の枠組みが常に工場内を緊張状態においた。この基本的条件を大前提として，ウラル冶金業は展開された。それは帝政にとって新しい要素であったので，当初，法的規制は整備されていなかったが，その場合，従前からの封建的原理を準用するほかなかった。即ち，農民を土地に縛りつけたように，労働者を工場に縛りつけることである。同時に，新たな国家的事業の育成は専制権力の整備過程と重なったため，属人的な性格を帯び，前例を包摂しつつ制度化が進められた。したがって，ウラル製鉄・冶金業が封建的大規模マニュファクチュアとして完成形を得るまでにほぼ半世紀を要した。

　19世紀後半に強く意識されることになった「ウラルの停滞」に関して，当初から，豊かな原料と森林に恵まれたウラルがその反面として地理的条件によ

る不利，交通網の不備と木炭製鉄の特性から市場への即応が求められる時代に対応できなかったこと，システム転換は大規模になるが投資に関心のない工場主たちの企業家精神の不足が指摘されてきた。我々は，帝政もまた南部への投資を選択したのであって，転換を拒んだ構造的要因総体の分析が必要であると提起した。

　一方で，ソ連に体制転換した以後も，ウラルの停滞に関して検討が継続したが，1930年代以降新たな要素が加わった。ロシア資本主義論争の中で「資本主義の萌芽」を早期に求める立場である。S. G. ストゥルミリン，V. Ya. クリヴォノゴフらは，資本主義の本源的蓄積論と結びつけて，場合によっては17世紀にまでさかのぼって，ロシアにおける「資本主義の萌芽」を発掘した。しかし彼らも被雇用者の，イギリスにおけると同様の人格的自由を提示することはできなかった。しかし，18世紀ウラルの「自発雇い」を「資本主義的要素」ととらえる見解は，今日まで続く流れを作っている[(1)]。S. V. ゴリコヴァらも，基本的に「自発雇い」を今日的な「自由雇用」と理解しているので，例えば，デミドフの工場で自己所有農民との間に結ばれた契約の場合に，雇用の自由は限定されていると記述しながらも全体的には混乱しているのである[(2)]。結果的に「資本主義の萌芽」論はウラルの停滞を後景に押しやり，ロシアの特殊な資本主義発展の問題を掘り下げることを妨げた。

　これらの見解の特徴は，方法として「自発雇い」を法と実態に即してとらえず，直ちに資本主義の指標と看做すこと，ウラル製鉄・冶金業に関して，ピョートル期には工場内労働力について「自由雇用」を認め，18世紀中期以降は工場外労働力の「自由雇用」を問題にしながら，両者を一貫したカテゴリーと看做すことである。したがって，「自発雇い」も含めて，18世紀ウラル冶金業の労働力カテゴリーの前近代性＝非資本主義的性格について再確認することは不可欠である。

　ピョートル期に，「自発的に」採用された旨記録された「雇い」労働力は，浮浪人から，兵士から，デミドフの工場から…「自発的に」採用されたものである。出自不明の到来者は「自発雇い」の供給源となった。ことさらに彼らが

582

結び　ウラル製鉄・冶金業の停滞構造

「自発的に」採用されたと明記されたのは，その対照物，即ち，自己所有農奴や編入農民の強制的使役と区別するためであった。「自発雇い」は1649年ウロジェーニエを含む封建法制の認識した，主人を持つ農奴との契約を制度化したものであり，したがって，自由な個人との雇用契約ではなかった。工場制度は安定的に常在する労働力を求める。官有地農民の編入の利用には制約条件が多かった。それに対して「自発雇い」は強制に基づく編入ではなく，国家または私人の所有物であっても形式としては自発的に雇われたのであるから，貢租分を超えて，無限定に労働させうる。このことに決定的な意味があったのである。

　ピョートル期に「自発的に」採用された「自発雇い」労働者とされたのは，工場内の職工・労務者であった。ウラル冶金業の創設に際しては，出来合いの職工・労務者を中央部から移植するほかなかった。彼らを中核として工場内労働力を構成する際，技術体系の要求する，即ち恒常的に無限定に使役できる労働力は到来者の中に見いだされた。

　到来者は植民進行中のウラルには期待できる階層であったが，その実態は逃亡農民を中心とする流動化した人々である。封建体制のもとで，到来者が工場に定着することは，移動の自由を失うことを意味した。ピョートル期以来事実として進行していたこの緊縛過程は1730-40年代の漸次的法制化によって法的裏付けを獲得し，官有工場・私有工場・ポセッシア工場は労働力を合法的に緊縛することによって「封建的マニュファクチュア」として仕上げられた。封建体制の強化，ウラル冶金業の「地主＝貴族工業」化のもとで，工場内労働力の封建的緊縛は18世紀半ばに完成した。

　ウラル冶金業の確立とともに，その基幹的な工場内労働力，即ち職工・労務者層は，自己所有農民，購入農民，編入農民，「永久譲渡者」から育成され，完全に封建的主従関係の下に緊縛された。彼らは，工場主の農奴である場合，農奴労働者，そうでない場合，工場付の準農奴労働者であった。後者は事実上農奴労働者に融合させられた。これが地主＝貴族工業の中核をなす労働力構造であった。工場内に近代的な自由の存在する余地はなかった。

583

工場外労働力の「自発雇い」

　ウラル冶金業の工場外労働力は，木炭製造，鉱石採取，それらから相対的に分離した場合に運輸に利用された。木炭製造は外部化し難い一体化された工程の一部として，森林管理とともに工場側から厳重に監視された。炭焼き工程は厳格に定員規定化され，作業手順，日程，年間カレンダーは予め決められた。製品の質と量，その運搬と納入はノルマチフ化された。薪伐り，集積，運搬は編入農民の担当，堆積み，炭焼き，堆崩しは熟練職工の担当であった。工場側からは管理労働と炭焼き職工が派遣された。その下で編入農民の作業は厳重に管理され，連帯責任を課された。

　「自発雇い」の形態には，第1に，編入農民が自らの義務分を他のものに肩代わりさせる「雇い」が挙げられる。これは，租税の貨幣支払のためであって，それにより義務労働を免れるものではあっても，「雇用主」は何らかの利潤を得るのではない。「被雇用者」は何がしかの支払いを得て義務労働の増加を受け入れるものであるが，この関係を近代的な雇用と考えることはできない。工場労働以外に収入を求めて分化する者を除くと，何らかの労働能力喪失により肩代わりを雇わざるをえなくなった「雇い主」には零落が迫り，「雇い人」は過重労働を負うことになった。

　第2に，請負形態が行われた。これには請負人自身が労働し契約を果たす場合と，請負人が労働力の調達を契約する場合とがあった。「請負」の内容は，期限付きで一定の出来高を契約するものである。この形態には工場外労働の外部化の要素がある。しかし契約は相変わらず近代的なものではない。「被雇用者」は領主仕事を免れなかった。契約の片務性は特に遠距離輸送の例に明瞭であり，頻発した逃亡や契約違反を防止するための分割の手付け払いの場合，その強制的・前近代的性格は一層強められて現れた。請負人が特権を得て一種の団を形成し労務者を集めた場合も，資本が不十分なため工場からの手付け金に依存して縛られ，貨幣による隷属の多重構造を形成した。それらは企業体としては未熟な段階にあった。

結び　ウラル製鉄・冶金業の停滞構造

　第3に，自己所有農民を「雇い」する場合，その封建的性格は明確である。デミドフの工場に於ける例が示すように，契約は片務的で厳格な義務を規定し，連帯責任を課した。使用者の恣意による肉体的暴力がその遵守を強制した。

　18世紀前半以来ウラル冶金業で観察された，工場外労働の「自発雇い」は，貨幣支払いを伴う一時的・封建的契約関係であった。それによって「被雇用者」は一定の地位を得るのではなく，封建的従属から抜け出るものでもなかった。法と実態の示すところでは，「自発雇い」それ自体に資本主義的要素は見出せない。結果として，「雇い」による負担増加，貨幣経済の浸透が農村に分裂をもたらし，下層農民の零落を促進した意義にこそ注目しなければならない。ホロープに対してそうであったように，貨幣が前近代的隷属化の道具として用いられたのである。ウラルの場合には，これに先住諸民族も巻き込まれた。零落した農民の逃亡は厳重な処罰の対象となり，唯一合法化されたパスポート所持の出稼ぎは厳格に監視された。

　封建体制のもと，植民進行中のウラルに，大規模マニュファクチュアの技術である木炭製鉄が移植された結果，形成された混合物がウラル冶金業であった。そこにおいては，「自発雇い」は資本主義的には機能せず，冶金業は封建的大規模マニュファクチュアとして経営されざるを得なかったのである。

ウラルとロシア

　ウラルとロシアを完全に分離することはできない。両者は同一の封建的原理，農奴制下の法制に服したのである。ロシア中央部の労働力分析の一例を以下に示す。

　ロシア中央部についても，既に1930年代に，実態に即して「自発雇い」をとらえる見解が見いだされる。1732年，1737-40年にモスクワ，モスクワ県，ヤロスラーヴリ，カザンのラシャ製造，亜麻布・製紙，絹製造，その他のマニュファクチュア―作業所фабрикаと表記―についての調査が労働力の実態を表現するものとなっている。[3]

585

1737-40年調査によると，作業所фабричный工員子弟の比率は以下のようであった：ラシャ製造—404人（11%）；亜麻及び製紙—183人（13.3%）；絹—40人（5.6%）；その他—35人（9.0%）；総計—662人（10.8%）[4]

作業所фабрикаは大工場の中では主工場に付属した作業所の位置づけになるが，ここでは独立した施設として認識されている。S. I. ソンツェフはこれにある種の前近代性のニュアンスを与えているので，労働者を「工員」と表記する。

彼らの勤続期間は想像以上であった。1737-40年調査によると，亜麻・製紙工場　11-15年　26.4%，16年以上　46.5%；絹製造工場　11-15年　23.1%，16年以上　32.0%；その他含む総計　11-15年　11.8%，16年以上　21.4%，全体でも11年以上勤続が33.2%である。”…この勤続には徒弟期間も含まれていることを忘れてはならない。≪工場≫での徒弟期間が7-10年であること，…他の工場で修練した労働者も採用したであろうことにも留意すると，これらの≪工場≫の勤続期間の高い数値はあまりに衝撃的であることを示さない。[5]”

こうして，18世紀前半に一定の基幹的労働者の形成が見られるが，これをS. I. ソンツェフは直ちに資本主義的要素とは見なさない。

“改革前ロシアの18世紀の労働者の社会的構成について言えば，形式と内容との乖離を忘れてはならない。この時期の労働者の社会的構成に関する資料の分析において，マニュファクチュアにおける常在の労働者カードルのかなりの程度の存在，また，労働者の長期勤続の事実，自発雇用労働の存在その他を措定しながら，我々は，≪ピョートル≫期と以後10年のマニュファクチュアは資本主義的工場に極めて近い；しかしそれはそれらの初源的本質に過ぎず，それらの形式は農奴制的であった，何故なら18世紀のすべての労働住民は，そこからすべての労働者の流れが≪工場≫に注いだ租税民と同様に農奴制的関係に密接に強固に束縛されていたからである。それ故，18世紀40年代までの工業プロレタリアートの存在に関する多くの資料にもかかわらず，当時階級としてそれらは存在せず存在しえなかったと明確に言う必要がある。[6]”

ウラルにおいてもロシア中央部においても，共通の原理に基づく労働力形成

が進行したという認識である。細部の相違は，例えば，中央部ではモスクワを始めとする都市を含む調査であるため，商工民出身者の比率が当然高かったことが反映されたが，彼らとて自由な移動を許されたのではなかった。

"商工制度посадский уклад の生活と管理の古いシステムは，当時賃仕事を求めて商工区から出立することに対して大きな制約となっていた（П.С.З. #7636）。しかし生活はそのような禁止や法令を迂回した。許可なしに雇われたのである。[7]"

1738年

7636．—8月22日．元老院令．—居住する都市の市役所Ратуша の許可なしに商人によって商工民を仕事に就けない件について．

＜トゥーラで起こった個別事例に対する対処を普遍化する形で＞"今後すべての商人は商工区からその者の居住する都市の市役所の許可を持つ者を手代に採用すること；それなしに商人は手代に決して採用してはならない。[8]"

S. G. トムシンスキーも，同じ論集の中で，特に契約に際して作成された「名簿 сказки」に着目して雇いの実態を明らかにする。M. V. ズロトゥニコフが1733年の調査に基づいて商人工場の資本主義的性格 を主張するのに対して，前者は次のように反証する。

"名簿 сказки にはしばしば，労務者は≪自分の意志で修練や扶養のために≫工場に来たと書かれている。この記述は，一層労務者たちは工場に入る際に隷属化されていないということを支持するものではない。それとともに，ズロトゥニコフはそのような労務者が≪工場に運んで взят 来られた≫，≪工場に連れて приведен 来られた≫，≪工場に登録された≫，≪命じられて来た≫，≪妻子とともに永久譲渡された≫，査察により引き渡された誰それの≪同居人≫等々についての記述を完全に無視する。[9]"

S. G. トムシンスキーは "1832年の資料＜Журнал Мануфактур и Торговли, за 1832 г., №6.＞はほとんど完全に1732年の経過を再現している。" として紹介する。その要約は以下のようである。

＜第1の事例では，地主が農民，屋敷民を工場仕事に出す。彼らは土地と農業から切り離され，特別な工員階級を成す。彼らは食事以外の給与を受け取らず，すべての給料は地主の収入となる。

第2は，労働者の半分は地主の作業所で働き，他は農作業に従事する。両者は週ごとに交代する。地主はそれにより，1) 工場仕事は常に働き手を得て継続する。2) 彼は彼らの家族を養う必要がない。…要するに，工場仕事は主人の年貢の位置を占め，更に彼は年貢を放埓に受け取り倍の利益となる。

第3に，自前の作業所を持たない地主はよその≪作業所≫に自分の手の者を提供した。しばしば地主は能力ある子供たちを数年間（5ないし6年間）扶養以外の給与なしの契約によって作業所に徒弟に出した。修練の後，職工たちは或はそこに留まるか或は他に移るかした。彼らの給与は地主が受け取り，年貢に算入した。⁽¹⁰⁾＞

我々は，この情報が本来1832年のもの，即ち1世紀後のものであることにも留意すべきであると付言しておく。それ程事態は固定的であったのである。

法的，行政的にも資本主義的関係の展開は抑止された。

"ボローティンのモスコフスカヤ・ラシャ・マニュファクチュアのラシャ工らは，1722年，彼らは≪臣下たる подданные 労務者≫となって束縛され，そこでラシャ職工の（自由な）≪徒弟ではない≫と訴えた。その結果，彼らは≪小屋を捨てて逃散した≫ … 労務者たちは従順に，≪そのラシャ工場から自分を養うためにどこへも出て行けない≫と訴える。

… マニュファクチュア＝コレギヤの文書には他にも商人を農奴労務者に変えた事例がある。この事案は，マリツォフの工場の或る職工によるマニュファクチュアへの不法な緊縛に対する訴えによると，1765年から1777年まで10年以上続いた。1775年マニュファクチュア＝コレギヤの決定がなされ，≪工場

から解放されることはできない≫とされた。1777年，就労から43年後，元老院は≪彼を商人に戻す≫とした。

　マリツォフの工場の事例は例外ではない：プガチョーフの乱の前夜，ウラルの工場主たちはいくつかの町の商人を農奴労務者に変換することを要求した。それらの≪請願≫を彼らは働き手のないことで説明した。[11]"

　債務奴隷も公的に推奨された。

　"1765年，マニュファクチュア＝コレギヤはモスクワの≪工場主≫に商人アファナシエフを1700ルーブリの債務の支払いのため≪奉公услужение≫として工場仕事に受入れるよう提案した。この場合マニュファクチュア＝コレギヤは17世紀の農奴主の伝統を継いだのである。[12]"

　かくしてS. G. トムシンスキーは結論する：

　"18世紀30年代の資本主義的，ブルジョワ的マニュファクチュアに関するテーゼは証明されない。30-40年代のマニュファクチュアは農奴的であった。それは未だ資本主義的要素をもたなかった。農奴制的マニュファクチュアの解体は遥か後に，－18世紀後半に始まった。[13]"

　我々はこれに，資本主義的発展を可能にする法的根拠－土地買い戻し制度による発展抑止要因を組み込んだものであったが－はようやく1861年に与えられたと付け加える。

　農奴制を前提とする以上，工場における労働力の質と量の不足と官有地，地主地農民の確保との矛盾を解くことはできなかった。

　19世紀初頭，帝政は編入制度への農民，領主層の不満を和らげるべく，編入農民の58/1000人に限定した常置職工・労務者への転換を導入した。しかし，これにより農村は特に壮健な部分を失い，一方で工場は労働力不足を解消できなかった。とりわけ，常置とされた者は工場への緊縛を強化されたので，改革の方向性は反動的であった。

　工場主は"地主のごとき"権利を持った。農奴制の下で地主・貴族の経営する工場においては，農場における地主－農奴関係がそのまま工場内に持ち込ま

れるのは自然なことである。「鞭の規律」は工場ごとの気紛れでなされたものではない。皇帝に了承されたV. N. タティシチェフの工場規則によると，工場主は"怠惰，過飲…その他の無秩序に罪ある卑しい者たちを，若干の金額の差し引き，重い労働，身体への罰によって鎮める権限を持つ"ものとされた。罰金，体罰その他の処罰は，その量刑を別にすれば，工場主の恣意ではなく，体制的規律だったのである。封建体制下の工場は，封建的規律によって運営されるほかなかった。こうした経済外的強制は法体系によって支持された。ゴリツィン公所有工場の例が示すように，職工・労務者の得る貨幣支払はあくまで補完的で，しかもしばしば罰金，未払いによって切り下げられた。このことは，彼らの労働実態が半農半工で，自らの農業労働が生活を支えたことの反映でもある。

　ここでの分析はごく限定されたものであり早計な結論は避けなければならないが，我々は，ウラルとロシアとの資本主義発展の差は，質的なものであったというよりも量的なものであったと考えるべきではないか，と問題提起する。

第2節　ウラル製鉄・冶金業の精神的基盤と企業家精神

旧教徒の役割

　18世紀前半から，旧教徒逃亡者がウラル冶金業において一定の役割を果たしたことは知られている。特に，トゥーラ，オロネツは旧教信仰と冶金業とが結びついた地域であって，デミドフも信仰を共にしたとされる。そのことは，デミドフの工場に旧教徒の比率が高かったことに関連すると思われ，デミドフの執事は通例旧教徒から選ばれた。

　旧教徒は2倍の人頭税を課され，弾圧の対象となったから，正確な信者数の把握は困難である。公式統計では，19世紀を通じてほぼ100万人とされるが，内務官吏であったメーリニコフは，1860年代の旧教徒中の分離派を900万－1000万人と見なした。彼らは弾圧を逃れて各所に逃亡したから，ウラルでも労

働力供給源の一部になったのである。旧教徒は大きくは容僧派と無僧派に分かれ，分離派も含め多数のセクトを持った。その一つ，逃亡派はプガチョーフの乱に関係したという説があるが，確証はないようである。[17]

ウラルの旧教徒の中心を成した，白海沿岸地方出身の旧教徒たちの特徴的な命題は，"反キリストは既に地上に降臨しており，ニコン総主教の時代からロシア教会を精神的に支配している。このとき以来，真の秘蹟はなく，真の司祭もいない"というものだった。したがって，"白海沿岸派の信仰を受け入れる者は，新たに洗礼を受けなければならない；洗礼，告白及びその他のキリスト教儀式は，普通の俗人が，女性であっても行うことができる；司祭のみが施すことのできる結婚の秘蹟は廃止しなければならない。すべての者は非婚でなければならない。教会で挙式し，旧教徒となった者は離婚しなければならない。"ということであった。[18]

旧教徒白海沿岸派の教義は最終的な消滅を予定せざるを得ず，明らかに実生活上の矛盾を抱えており，18世紀末には宗派は事実上"結婚派"と"非婚派"とに分裂した。19世紀初めには，実生活で司祭に司られない結婚に落ち着いた。反キリスト国家と教会の長としてのツァーリのために祈らない点が，国家との最大の対立点だった。[19]

旧教徒の信仰と行動様式には伝統的社会の思考と行動様式とは異なった傾向が指摘される。即ち，浪費と飲酒を慎み勤勉であること，イギリスの非国教徒，フランスのユグノーに共通する，禁欲的で勤勉な社会的少数者であること，こうした点から，商業，産業に従事するものを生み出したとされる。[20]

中村喜和は，メーリニコフに依拠して，「旧教徒は概して質素で，働き者であった。精進を厳格に守り，斎戒期でなくとも，酒を飲むこと，煙草を吸うことを神の教えにそむくものと考えていた」という。そうした中で，「ツァーリの周囲の政策の立案者も，執行にあたる警察も，国教会の聖職者たちも，たやすく買収されることを彼らは経験によって知った。買収するには金が要る。この世の富をたくわえることは，正しい信仰を守るために必要な手段であること

を学んだのである。」そして，「何人かの社会経済史家が指摘しているように，織物を中心とするロシア近代工業の発展の中で旧教徒が西欧のプロテスタントにも比すべき役割を果たし得たのはこのためである。[21]」

　他方で，彼らは彼岸志向の現実逃避的側面も併せ持った。中村が指摘するように，「旧教徒は人間社会の進歩なるものを信じない。科学や技術がどれほど発達したとしても，それが人間の正しい生活のために役立つとは考えない。西欧流の合理主義や啓蒙にも疑いの目を向ける。旧教徒にとって理想は過去にあった。まだキリスト教が純正でまじり気のなかった時代である。未来には望みがないから，彼らの世界観は終末論的になる。[22]」そうであるとすれば，旧教信仰は内容において二面的であり，その後ろ向きの，彼岸志向の現実逃避的側面は，明らかに，現実世界における産業発展に対して抑制的である。こうしたことから，旧教信仰が西ヨーロッパにおけるプロテスタンティズムに相当する役割を果たしたとする考えには同意できない。旧教徒はロシア社会の中で少数派であり，一部において企業家を生み出すことはあったとしても，その信仰の二面性は，西ヨーロッパ的な産業生活を生み出す精神的原動力となったというよりも，ロシア資本主義にロシア的な特殊性を付け加えたと考えるべきではないであろうか。

　H. D. ハドソン Jr. は，旧教信仰に裏付けられたニキタとアキンフィーの目的意識的行動が近代化の要素でありながら，農奴制的強制労働への依存が，彼らの企業をしてロシアの伝統的社会を打ち破る要素，即ち資本主義的要素に育てなかったと論じた。[23]我々は，旧教信仰の近代的要素について懐疑的である。したがって，その精神性を反映した面において，デミドフの企業の近代性に対しても，懐疑的である。

　デミドフの工場管理において支配したのは，旧教徒としての同志的紐帯というよりも，農奴制的主従関係であったように見える。H. D. ハドソン Jr. のまとめに従えば，領地経営に特徴的な農奴制秩序が工場内を支配した。工場主の訓令は，残忍な懲罰の威嚇の下，問答無用で従うべき命令だった。原材料の損

傷は，むち打ち，鉄による拘束，炉内への閉じこめ（非稼働中であろう）でもって報われた。恐怖を基礎とする支配は，外にも向けられた。"山賊や盗賊にも似た行為により，ニキタとアキンフィーは鉱山を手に入れ，職工を誘拐し，鉱石を盗み，他の工場主が木を伐るのを妨げた。[24]"デミドフの旧教徒的心性は代々薄れた。ニキタを継いだ，アキンフィーも，既に1726年ごろから，上層階級との親密な関係を強め，上昇志向を明らかにしていた。[25]ニキタもアキンフィーも封建体制内の階梯を上昇したのである。

封建的大規模マニュファクチュアの地主＝貴族工業化

18世紀ウラルの製鉄・冶金業のカテゴリーは，(1) 官有工場，(2) 領主工場，(3) ポセッシア工場に分類された。後2者が私有工場である。領主以外の，商人その他の階級出身者は，身分的制約から土地，森林，鉱山，労働力のすべてかいずれかの援助を国家に仰がざるを得ず，ポセッシア工場主となるほかなかった。

1759年，国庫からウトゥキンスキーおよびスイルヴィンスキー工場を購入して参入したS. P. ヤグジンスキー伯爵は，新たにクルガンスキー製銅工場も建設したが，思わしい成果を挙げなかった。原因は，宮廷寵臣の浪費が生んだ膨大な負債にあったと考えられる。[26]近代的経営能力の欠如は，突然大企業を下賜されてその財務内容を悪化させた一握りのグループに限ったことではなかった。

注意すべきは，非地主＝貴族創始者の企業家精神も，その行動が示すところでは，完全に近代的なそれとは一線を画すものであったということである。ニキタ・デミドフ（初代）は封建社会の階梯を上昇することに注力し，あらゆる法的規制を免れるためにピョートルとの属人的関係を活用した。

S. G. ストゥルミリンは，デミドフが高収益の製鉄業よりさらに高い収益を貨幣鋳造によって得ていたと指摘する。彼らは政府に報告することなくシベリアで金，銀を採掘し，貨幣に鋳造した。ネヴィヤンスキー工場には高い見張り

塔があり，その中に秘密の貨幣鋳造設備があった。工場内には地下の通路が張り巡らされていた。このような地下の通路や秘密の貴金属鋳造はウラルでは珍しいことではなかったという[27]。

ネヴィヤンスキー工場の貨幣鋳造には否定的な見解もあるが，1764年，ネヴィヤンスキー工場の編入農民A. フョードロフがP. A. デミドフの工場敷地内で金鉱石を発見し，後に工場がS. ヤコヴレフの所有に移ったときフョードロフが政府に届け出るのを新所有者は様々に妨害し，1797年まで彼を枷で拘束したとされる[28]。こうしたことから，何らかの不正が行われていた蓋然性は高いとする見解がある。

トゥヴェルドゥイシェフ＝ミャスニコフの企業に，報告されない生産設備があって税金逃れをしていたこと，「相当な規模の影の経済の存在」は確かなことと考えられている[29]。工場主達が，行政の許可を得ずに工場建設に着手する例はしばしば見られた[30]。

デミドフに限らず，私有工場主たちの法令無視，ネポティズム，前近代的行動様式は普遍的であった。彼らの最終目的は封建体制内の階梯上昇に向けられた。

ウラル冶金業の地主・貴族工業への内的発展は明瞭である。18世紀を通じて冶金工場を所有した40家族のうち，10は世襲貴族，7は婚姻の結果工場を所有することになった貴族であった。残りの23非貴族家族のうち，最も成功した13は貴族に列せられた。1795年に，非貴族の冶金業主は，工場の14.1％を所有し，鉄の11.8％，銅の15.1％を産出したに過ぎない[31]。

トゥーラの製造業者から参入したデミドフ家の企業家精神も，貴族工場主化の過程で消失したように見える。創始者の孫に当たるN. A. デミドフの年間支出が26千ルーブリであったとすると，その子ニコライは1795年に個人として170千ルーブリ費やした。その年の家計の赤字は840千ルーブリと見積もられた。このようにして，破産に瀕したデミドフ家を救ったのはひとえに裕福なストロガノフの娘との結婚であった[32]。ニコライ・ニキティッチ，パーヴェル・グ

594

結び　ウラル製鉄・冶金業の停滞構造

リゴリエヴィチ以降の世代は，貴族社会の完全な一員であった。デミドフの後[33]
を襲ったサッヴァ・ヤコヴレフもまた，最大といわれる蓄財を果たし，世襲貴
族の地位を手に入れた。

技術発展の抑止要因

　農奴制が身分制的制約によって広く人的能力の発現を制約する中でも，非系
統的であったが個別の能力が発揮される事例は存在した。18世紀末から19世
紀前半にかけて蒸気機関，蒸気機関車の開発で知られるチェレパノフ一族はニ
ジニー＝タギルの農民＝農奴だった。1774年，アレクセイ・チェレパノフの子
として生まれたエフィムが技術者として大きな業績を残したのは希有な事例で
あった。彼は子供の頃から手仕事に興味を示し，周囲の職工たちにも受入れら
れ，最終的には工場主デミドフにも認められてその才能によって重用されたの
である。

　ロシアではペテルブルグの工場主ベルドに蒸気機関製造の独占的権利があっ
た。ロシアで最初の蒸気船もベルドが製造した。[34]

　19世紀始めイギリスでのデミドフの鉄の販売が急激に低下したため，その原
因を探るべく1821年夏エフィム・チェレパノフは現地に派遣された。しかし
イギリスでチェレパノフは疑いの眼で見られ，スパイとさえ呼ばれた。そのた
め設計図を見ることも製造のノウハウに近づくことも困難だったが，多くの観
察により見聞を広めた。[35]

　したがって，チェレパノフの製造した蒸気機関は独自性が高かったと考えら
れる。

　エフィムの子ミロンは更に蒸気機関車の製造へと進んだ。ミロン・チェレパ
ノフもまたイギリスに派遣され，彼の地で既に運行する蒸気機関車に接した。

　1833年10月ミロンはニジニー＝タギルに戻った。その後間もなくヴィイス
キー工場でロシアで最初の蒸気機関車の製造に取りかかった。

　1834年2月の報告書：蒸気機関車は十分組み立てられた。

1834年3月の報告書：蒸気機関車はほとんど組み立て終わり，走行試験もうまく行った。しかしボイラーが割れた。

　1834年6月10日の報告書：試験が成功した。

　1834年8月5日：蒸気駅馬車は建造し終え，走行のための銑鉄路が建設されている。[36]”

　“ロシア最初の《陸蒸気》は1834年8月に完成した。この蒸気機関車は3.3トンの躯体を時速13-15kmで運行した。鉄路の長さは400サージェン（854m）だった。これはロシアで最初の銑鉄製鉄路だった。機関車の出力は30馬力だった。[37]”

　“1837年5月，皇太子アレクサンドル・ニコラエヴィチはエカテリンブルグに滞在した際にニジニー＝タギルを訪れた。しかし既に1837年ペテルブルグ近郊のパヴロフスクまでの国内最初の鉄道建設と，そのための蒸気機関車のイギリスとベルギーからの購入は進められていた。1837年ペテルブルグの産業博覧会でのチェレパノフらによる蒸気機関車の模型展示は忘れ去られたかのようである。1839年の第3回ペテルブルグ工業博覧会にはチェレパノフの蒸気機関車の模型は展示されなかった。そこには蒸気機関車《ペルミャク》―ポジェフスキー工場の技師E. E. テトゥの製造した―が展示され，《ロシア最初の蒸気機関車》のメダルを受けた。しかし《ペルミャク》はロシアで第3番目だった。[38]”

　“皇太子が視察し産業博覧会に展示され，『鉱山雑誌』にも紹介されたチェレパノフのロシア最初の蒸気機関車は1世紀近く忘れられた後，現在サンクト＝ペテルブルグの中央鉄道博物館に展示され，ニジニー＝タギルには170年目にしてチェレパノフ父子の博物館が開館した。[39]”

　“チェレパノフ父子の蒸気機関，蒸気機関車は独創的で革新的であった。エフィム・アレクセエヴィチは1833年アンナ勲章の銀メダルを授与され，彼とその妻は放免証вольнаяを得た。しかしその他の家族は農奴に留まった。[40]”

　“彼らはその才能を認められ，活用されたが，あくまで農奴制の枠内から出ることはできなかった。したがってその社会的障壁は高かった。デミドフの執

結び　ウラル製鉄・冶金業の停滞構造

事たちはチェレパノフの蒸気機関の導入よりもベルドのものを推薦したとされる。[41]"

＜鉄路上の陸蒸気は試験的であって＞ "当時レールによる運行はより採算の取れる馬車輸送との競争に堪えられず，後者の営業には馬を飼う者，手入れをし飼料に係わる者，装備や馬車を作る者，それに御者…，住民のすべての階層が働き利害関係にあった。[42]"

"チェレパノフの蒸気機関車には弱点もあった。その第1は薪を燃料としたことである。大量の薪を消費することによって鉄道周辺の森林の伐採が進み，ほどなく燃料運搬の問題が生じた。[43]"

それだけでなく，木質燃料の利用は鉱炉生産との奪い合いを引き起こさざるを得ないものであった。更に，石炭と比較して薪の火力が劣ることは明白であり，その点でチェレパノフもウラルの技術体系の制約を突き破ることはできなかったのである。

最終的に，社会的障壁を束ねてチェレパノフの蒸気機関車がロシアで独自の発展を遂げるのを阻んだのは，帝政国家による政策的判断—外国技術による鉄道建設—であった。ロシア政府は独自技術の育成よりも既に確立した外国技術による時間的短縮を選択した。他方でデミドフも，自家製造の発展を図ることなく，チェレパノフの蒸気機関車は「ロシア最初」の称号をはるか後に回復したのみであった。

企業家精神未発達の歴史的根源

H. D. ハドソン Jr. に従うまでもなく，18世紀にウラルにブルジョワ社会が形成されることはなかった。[44] デミドフを始めとする商人層も，地主＝貴族工業への内的発展の過程で，もとより近代的なものではなかったにしても，当初有した何がしかの企業家精神を喪失した。

19世紀において，企業家精神に富む経営者として例外なく挙げられるのがリヴォフ公である。彼は，例えば，バケツの生産に際して市場を調査し，土地

597

によって好まれる形を研究し，成功した。[45]

　しかし，リヴォフ公はほとんど唯一の例外であって，彼の存在はむしろ，逆に，ウラルの工場主達の一般的な企業家精神の欠如を証明するものである。外国資本によって成功したカムスコエ（カマ製鋼）の存在も，他の企業の旧態依然たる経営の中で際立ったのである。ウラルの貴族工場主達は莫大な資産を事業には投下せず，現地の状況に接することも稀で，企業家として機能するところが少なかった。流動資本の不足はその絶対的欠如を意味せず，経営責任の放棄の結果であった。1900-03年恐慌において彼らがとった行動は，最終的には国庫に依存することであった。国家もまたウラルの貴族工場主達の依存に応え続けたのである。したがって，ウラルの問題はポセッシア制の中だけにあったのではない。ポセッシア企業の比率は19世紀末には低下していた。しかし，他の私有工場の起源は地主＝貴族工場にあり，封建的マニュファクチュアの性格を多かれ少なかれ維持していた。株式会社化によって根本的変化は起こらなかった。農奴制は廃止されても，身分制は基本的に維持され，社会的流動性を抑制するその機能は容易に減殺されなかったのである。

　そうした企業の側の半封建的性格と対をなす労働者の行動様式として，I. Kh. オゼロフは―20世紀初頭のことである―次のような労働者の行動様式を指摘する：“ウラルの労働者は，その不十分な文化水準の故に，一度彼が自らの消費を満たすに十分な一定の賃金額に慣れると，それを大きくすることにさほど勤めない。そのため，特に賃金が上がった場合に欠勤がしばしば起こる。実際に，ある運搬において，各回につき50コペイカ支払い，10回運んだ後に50コペイカのプレミアが定められた。御者は，9回の運搬を行い，プレミアにもかかわらず10回目を拒否した。というのは，彼は4ルーブリ50コペイカ受け取れば十分で，それ以上はいらないというのである。”[46]

　ここで，御者は，いわゆる工場外労働者の事例であるが，工場労働者と工場外労働者との相互浸透のもとで，労働者の行動様式の典型例として認識されたと考えられる。こうした行動様式は，M. ヴェーバーによって早くから「資本

主義の精神」と対立する「伝統主義」として指摘されてきたものである。⁽⁴⁷⁾同様
な例は，広く確認されるところである。したがって，少数の例外として無視す
るべきではない。

こうした行動様式は，文化水準の低さを示すというよりも，一定の階層の文
化そのものであり，それは長期にわたる固定的な社会生活の中で形成され，受
け継がれてきたのである。そのような社会生活が18世紀に形成され，20世紀
まで維持された。我々はこれを廃棄すべき行動様式として否定しないし，今後
の歴史的展開の中で見直される可能性を認めるが，少なくとも資本主義とは互
いに相容れない文化である。

第3節　停滞構造の起源

停滞構造の起源

問題の枠組みは世界資本主義の発展におけるロシアの位置によって設定さ
れていた。イギリスでは既に14-16世紀にかけて農奴制が消滅し，資本主義の
本源的蓄積を経て18世紀中期には産業革命を開始していた。一方ロシアでは，
外国での見聞を得たピョートルⅠ世（大帝）は新たな外見の下に軍事力を整備，
強化し，列強，特に当初はスウェーデンとの戦争に注力した。ウラルはその重
要な拠点となった。世界資本主義の発展の中での封建体制強化—再版農奴制—
が18世紀ロシアの経済発展を規定する要因であったが，その中に様々な停滞
装置が組み込まれたことがウラル製鉄業の発展を通して確認される。

ピョートルの強力な指導力なしにウラルの封建的大規模マニュファクチュア
が始動することはできなかった。彼の専制権力がデミドフの異例の登用を可能
にした。彼の発した鉱業特典は，領主的土地所有に超越して鉱山開発を可能に
するものだった。常備軍を維持するための人頭税の導入は，辺境住民も含めて
臣民掌握を押し進め，ホロープも農奴に統合された。これにより，それまで存
在したわずかな自由—制約されたものであったが—の余地も局限されたのであ

る。同時に，国家機構の整備も進められ，絶対主義的な封建体制が形成された。始動期のウラル製鉄・冶金業はピョートル，タティシチェフ，ゲンニン，デミドフらの個人的力量に依存したが，官僚機構の整備とともに制度化された封建的大規模マニュファクチュアへと移行した。こうして，農奴制的土地・人身所有システムを基盤とする強固な身分制が，変化を抑制する停滞構造の基盤を形成し，組み込まれた諸装置を1世紀を超えて維持させ，木炭製鉄を20世紀まで継続させたのである。

　1720年代にゲンニンの設定した定員規定штат方式は生産技術，労働作業と人員，原料投入から産出までを規定化し，官有，私有工場の創設と安定的操業を容易にした。この方式は森林経営と炭焼き，編入農民の労働，鉱石採取（一部は請負いにより外部化されたが）にまで及ぼされ製鉄・冶金業の水準確保と安定化に貢献した。しかし，1847年5月11日付け法令に付されたウラル鉱業工場定員規定は，ウラル地域の総括管理機構から各官有工場の管理，作業，給与に至るまでを全面的に規定化し法制化して，製鉄・冶金業の技術体系の変更を抑制する制約条件となっていることを自ら表示した。かくの如く，定員規定方式は大規模化，精密化，厳格化されて特に官有工場の運営を全般的に縛るものとなっていた。

　製品出荷においても，ゲンニン以来の，見本に「似ている」，「似ていない」の規準による検品が行われ，原則全品出荷が踏襲されていた。私有工場に対する監督は間接的であるが事実上準用され，定員規定方式が1世紀以上にわたってウラル製鉄・冶金業の一定の生産技術体系と管理の固定化をもたらしたことは疑いない。

　製鉄・冶金業の工場内も封建体制の整備に伴って封建的大規模マニュファクチュアとしての性格を明確にした。ウラルの労働力は，当初，辺境の新開地であったことから，到来者―その内容は逃亡農民，旧教徒，浮浪人―，相対的に少数の農奴農民，国家による中央部からの移住者，それに工場外労働のための官有地農民の編入から形成された。しかし，逃亡中であっても農奴たる農民が

結び　ウラル製鉄・冶金業の停滞構造

「二重の自由」を獲得した人格として雇用契約を交わすことは不可能であって，「農民改革」以前に原則として「自由雇用」は成立し得なかった。ロシアではイギリスと同様な資本主義の本源的蓄積過程が進行することはできなかったのである。かえって，1723年12月3日付けマニュファクチュア庁への訓令，1734年アンナ・ヨアンノヴナ帝のタティシチェフへの訓令，1736年1月7日付け法令等によって認められた私有工場への村や農奴の購入，1736年1月7日法令による到来者の永久譲渡制度の創出は工場への労働者・農民の緊縛を進めた。人頭税を梃として臣民掌握を進めた帝政は，18世紀中期には―1755年12月30日付け元老院令を主要な契機として―出自不明者，私生子，即ち持ち主不明の者を工場主の農奴と認め，ウラル冶金業を制度的に完成した。

　冶金業の南ウラルへの展開は農民，バシキール人の不満を喚起し，プガチョーフの「農民戦争」(1773-75年) を引き起こしたが，それによる破壊を契機にウラル冶金業が何らかの改変を受け入れることはなく，かえってその堅固な停滞を証明した。工場への編入農民の負担軽減の課題は，労働の強制性を本質とする封建的大規模マニュファクチュアと農奴労働に依存する領主農業との矛盾の結節点であったが，長期の試行錯誤の末1807年の常置労務者制への転換によって反動的に，即ち常置とされた農民への負担集中の形で解決された。

停滞の構造化と帝政国家

　ウラルの製鉄・冶金業は18世紀初頭に扶殖され，長期間かけて成熟したシステムであり，その内部に様々な停滞要因を組み込んだ構造を形成したため，それを受け継ぐ世代にとっては既定の前提であり続け，前例が踏襲された。すべての要素を統合する要となり，停滞の構造化を担保する役割は帝政国家によって果たされた。封建的大規模マニュファクチュアの始動は大帝ピョートルの専制的権力の指導力なしにあり得なかった。製鉄・冶金工場の労働力は帝政による農民の編入，永久譲渡，逃亡農民の緊縛，農奴化によって確保された。定員規定方式を始めとするすべての制度は法制化され，帝政国家の後ろ盾を得

て遂行された。貴族所有工場は完全に封建体制内の存在であったが，非貴族私有工場への国家の監督もポセッシア制，鉱山監督制を通じて保証された。こうした監督は，経済的内容の不十分な固定的価格形成や，木炭，鉱石供給の平等主義に裏打ちされた。私有工場主にとっても国家的な規制に従うことが最も容易で合理的であり，国家が常に最終的な支えであった。労働の強制性は下からの創意を抑制するが，上からの改善の必要性も乏しかったのである。領主と製鉄・冶金工場主との農奴労働力を巡る矛盾は最後まで解決できなかったし，農民は逃亡その他の抵抗を続けたが，国家の努力により到来者は明らかに減少した。ただそれにより労働力問題は先鋭化したのであるが。帝政国家は再三再四の逃亡規制法令によって逃亡を抑止する一方で，パスポート制の整備により出稼ぎを合法化した。これは農民の出稼ぎを許したが，他方で厳しい制限を設けてコントロール下に置こうとするものだった。もちろん，定められたすべての法的，制度的規制が完全に遵守され，機能したとはいえない。国家管理の不徹底，工場主の恣意，職工・労務者の抵抗と不従順が常在した。最大の抵抗であったプガチョーフの「農民戦争」は，却って停滞構造の強固さを証明した。基本的構造転換の条件は「農民改革」によって与えられた。しかし，「農民改革」は農奴農民の人格を解放しながら，従来の制度を事実上維持すべく，職工への土地分与と買戻し金制度により古来の伝統たる貨幣による隷属を制度化したため，停滞構造は再編成されて維持された。貨幣の役割は社会システムに従属し，ロシアの封建体制のもとでは一貫して隷属の道具として用いられ，1905年革命運動を経て，同年11月3日付けマニフェスト並びに勅令を以って漸く法的な解消に至ったのである。

　発展し始めた世界資本主義システムに18世紀に遅れて参入したロシアは，既に大規模化していた工場制度，特に製鉄・冶金業に必要な資本蓄積と技術を欠いたため，また，軍事力強化の緊急性に促迫され，帝政国家主導の発展を開始した。製鉄・冶金業は国策であり続け，他方で領主工場主，ポセッシア工場主も国家の庇護から脱することができなかった。こうして過大な国家の役割は

結び　ウラル製鉄・冶金業の停滞構造

継続したのである。しかし，世界資本主義の産業発展に追いつくべくロシア
が鉄道建設に乗り出した時，ウラルの製鉄業はレールをはじめとする鉄道用材
の大量供給の能力に欠けていた。帝政もウラルへの投資を避け，南部への外国
資本の導入を選択した。ウラルに取って代わった南部鉄鋼業も，先進国への急
速なキャッチアップのために国家財政と外国資本及び技術に依存して促成され
た。大規模工業育成のロシア的特性は繰り返されたのである。

　ウラルの停滞の根源を，地理的条件，森林の豊かさ，大規模な投資の困難を
考慮したとしても，あれこれの技術の受容の早晩の根源も含めて，製鉄・冶金
業のシステム転換を阻んだ体制的要因に求めなければならないのは明らかで
ある。その停滞構造は，ピョートル期に植え付けられ，18世紀中期に完成した
ものであるが，その後，「農民改革」を経過しても基本的構造を維持した。　封
建体制の強化過程に形成され，変化を拒む身分制の下で，あまりにも長期にわ
たって維持された社会関係，企業の国家への依存，住民の生活のすべてを支え
る大規模工場システム，伝統的な工場生活，その中で形成・継承された経営者
と労働者の行動様式，そうしたロシアの工業文化の典型を，ウラルの停滞構造
の中に見ることができる。それはロシア全体から切り離すことはできない。19
世紀末に意識された停滞とは，このような内容を持って社会的に構造化された
ものであった。これは次世代にとって，その上に直接社会経済構成を形成する
土台となったのである。ウラルと不可分な「ロシアにおける資本主義の特殊な
発展」の自己認識が必要であった。しかしながら当初存在した停滞の意識はロ
シア革命後，とりわけ1930年代以降希薄化した。

注

(1)　　Н. М. Кулбахтин. Горнозаводская промышленность в Башкортостане XVIII в.
　　　Уфа, 2000. стр. 291 и др.

(2)　　С. В. Голикова и др. Горнозаводские центры и аграрная среда в России. М.,

2000. стр. 43 и др.

(3)　АНСССР. Труды Историко-археографического института. Том XI. Крепостная мануфактура в России. Часть IV. Социальный состав рабочих первой половины XVIII века. Л., 1934.

(4)　С. И. Солнцев. К вопросу о социальном составе рабочих на мануфактурах первой половины XVIII в. стр. XXIII. - АНСССР. Труды Историко-археографического института. Том XI. Крепостная мануфактура в России. Часть IV. Социальный состав рабочих первой половины XVIII века. Л., 1934.

(5)　С. И. Солнцев. Ук. ст. стр. XXV.

(6)　С. И. Солнцев. Ук. ст. стр. XXVI-XXVII.

(7)　С. И. Солнцев. Ук. ст. стр. XXII.

(8)　Полное собрание законов Российской империи. С 1649 года. Том 10. 1737–1739. М., 1830. стр. 590–591.

(9)　С. Г. Томсинский. Крепостной или вольнонаемный рабочий. стр. XXXII-XXXIII. - АНСССР. Труды Историко-археографического института. Том XI. Крепостная мануфактура в России. Часть IV. Социальный состав рабочих первой половины XVIII века. Л., 1934.

(10)　С. Г. Томсинский. Ук. ст. стр. XXIX.

(11)　С. Г. Томсинский. Ук. ст. стр. XXXIII-XXXIV.

(12)　С. Г. Томсинский. Ук. ст. стр. XXXV.

(13)　С. Г. Томсинский. Ук. ст. стр. XXXIX.

(14)　М. Н. Мартынов. Саткинский завод во время восстания Емельяна Пугачеа. – «Исторические записки», т. 58, 1956. стр. 215.

(15)　H. D. Hudson Jr. The Rise of the Demidov Family and the Russian Iron Industry in the eighteenth century. Oriental Research Partners. 1986. p. 55. ; И. В. Починская (ред). Очерки истории старообрядчества Урала··· стр. 8-9. ; Игорь Юркин. Демидовы. Столетие побед. М., 2012. стр. 254-258.

(16)　中村喜和 『［増補］聖なるロシアを求めて』平凡社. 2003年. 145ページ.

(17)　中村喜和. 前掲書, 78ページ.

(18)　И. В. Починская (ред). Очерки истории старообрядчества Урала и сопредедьных территорий. Екатеринбург, 2000. стр. 4.

(19)　И. В. Починская (ред). Очерки истории старообрядчества Урала ... стр. 4.

(20)　H. D. Hudson Jr. Op. cit. p. 74.

(21)　中村喜和, 前掲書, 304-305ページ.

(22)　中村喜和, 前掲書, 354-355ページ.

(23) H. D. Hudson Jr. Op. cit. p. 76–77.

(24) H. D. Hudson Jr. Op. cit. p. 58.

(25) H. D. Hudson Jr. Op. cit. p. 74–75.

(26) Н. М. Кулбахтин. Ук. соч. стр. 134–135.

(27) С. Г. Струмилин. Избранные произведения. История черной металлургии в СССР. М., 1967. стр. 222–223.

(28) А. Б. Мухин. Савва Яковлев – Купец, промышленник, предприниматель. «Вестник Санкт-Петербургского университета». Сер. 8. 2004. Вып. 4. стр. 163.

(29) Н. М. Кулбахтин. Ук. соч. стр. 85.

(30) Н. М. Кулбахтин. Ук. соч. стр. 137, 153, 157.

(31) H. D. Hudson Jr. Op. cit. p. 119.

(32) С. Г. Струмилин. Ук. соч. стр. 216.

(33) H. D. Hudson Jr. Op. cit. p. 120.

(34) Алексей Марговенко. Черепановы. «Урал » 2005, No. 6. – http://magazines. russ. ru/ural/2005/6/mar9.html 4–5/6; Н. И. Прокопенко (Ред.), Основы теории Тепловых процессов и машин. Часть I. М., 2012. стр. 30.

(35) Алексей Марговенко. Черепановы. «Урал » 2005, No. 6. – http://magazines.russ. ru/ural/2005/6/mar9.html 3–4/6

(36) Алексей Марговенко. Черепановы. «Урал » 2005, No. 6. – http://magazines.russ. ru/ural/2005/6/mar9.html 5/6

(37) Алексей Марговенко. Черепановы. «Урал » 2005, No. 6. – http://magazines.russ. ru/ural/2005/6/mar9.html 5–6/6

(38) П. И. Садчиков. Первый русский паровоз Черепановых. http://www.zdt-magazine. ru/public/history/2009/12–09.htm 6–7/; И. Петрова. Почему же было забыто творение Черепановых? Газета «Тагильский металлург» от 16.09.2004. – http://historyntagil.ru/people/6_34.htm 7/13

(39) П. И. Садчиков. Первый русский паровоз Черепановых. http://www.zdt-magazine.ru/public/history/2009/12–09.htm 3/8, 7/8

(40) П. И. Садчиков. Первый русский паровоз Черепановых. http://www.zdt-magazine.ru/public/history/2009/12–09.htm 6–7/8

(41) Алексей Марговенко. Черепановы. «Урал » 2005, No. 6. – http://magazines.russ. ru/ural/2005/6/mar9.html 4–5/6

(42) И. Петрова. Почему же было забыто творение Черепановых? Газета «Тагильский металлург» от 16.09.2004. – http://historyntagil.ru/people/6_34. htm 7/13

（43） П. И. Садчиков. Первый русский паровоз Черепановых. http://www.zdt-magazine.ru/public/history/2009/12-09.htm　7/8

（44） H. D. Hudson Jr. Op. cit. p. 120.

（45） И. Х. Озеров. Горные заводы Урала. М., 1910. стр. 244.

（46） И. Х. Озеров. Горные заводы Урала. М., 1910. стр. 11-12.

（47） 大塚久雄『社会科学における人間』岩波書店，1977年．125-128ページ.

人名索引

ア 行

有馬達郎　92
アンナ・ヨアンノヴナ　276, 344, 347

ヴィニウス　122, 124, 129
ヴェーバー, M.　598
ヴャトキン, M. P.　81, 89

エリザヴェータ　347

オゼロフ, I. Kh.　90, 598

カ 行

カシンツェフ, D.　136, 138, 253, 346
ガスコイン, K.　404
ガトレル, P.　56
カフェンガウス, B. B.　288, 295, 310, 319, 364
ガマゾヴァ, M. T.　218

クナウフ　501
グリヴィツ, Ip.　2, 15, 24, 32, 48, 51, 89
クリヴォノゴフ, V. Ya.　133, 202, 206, 215, 235, 238, 240, 290, 368, 428, 582
クリュチェフスキー, V. O.　112, 190
クルバフチン, N. M.　386, 418
クルバフティン, S.　351

ゲッセン, Yu.　385
ゲンニン, V.　144, 145, 147, 156, 176, 215, 250, 397, 420, 463
コート, H.　9, 412

ゴリコヴァ, S. V.　582
ゴリコフ, I. I.　137

サ 行

シーゴフ, S. P.　69, 92, 346
シェムブルグ　334

ストゥルミリン, S. G.　12, 86, 91, 216, 223, 313, 361, 418, 582, 593
ストロガノフ　84, 101, 277, 345, 370, 430
ズロトゥニコフ, M. V.　283, 308

セミョーノフ, G.　286

ソバーキン, L.　406
ソンツェフ, S. I.　586

タ 行

ダービー, A.　8, 410
ダヴレトバエフ, B. S.　555
タティシチェフ, V. N.　169, 170, 239, 275, 286, 463, 590

チェルカソヴァ, A. S.　303, 310, 318
チェレパノフ　406, 595

ティミリャゼフ, V. I.　3
デミドフ　122, 125, 126, 127, 130, 143, 147, 150, 241, 275, 277, 289, 295, 304, 307, 312, 315, 329, 342, 345, 359, 372, 407, 413, 428, 492, 501, 503, 558, 593, 594

トゥヴェルドゥイシェフ　154, 305, 337,
　351, 366, 387, 398
トゥマシェフ，D.　117
ドゥルジニン，N. M.　207, 208
トゥルチャニノフ　371
トゥンナー，G. F.　61, 63
トムシンスキー，S. G.　587

ナ 行

中村喜和　591

ハ 行

パヴレンコ，N. I.　138, 254, 331
バクラノフ，N. B.　253
ハドソン Jr., H. D.　592

日南田静真　566
ヒューズ，J.　25
ピョートル　122, 127, 135, 137, 140, 150,
　167, 396

フォーカス，M. E.　1
プガチョーフ，E. I.　382
ブラウン，J. C.　399, 401
プレオブラジェンスキー，A. A.　107,
　115, 213

ベック，L.　53, 88
ベッセマー，H.　15

ポホジャシン　367
ポリャンスキー，F. Ya.　209, 381

マ 行

マッケイ，J. P.　34, 37, 40, 77
マルクス，K.　199, 227

ミャスニコフ　351

モロドイ，F. I.　151

ヤ 行

ヤコヴレフ　149, 347, 414, 505, 513, 514,
　558
ヤノフスキー，A. E.　458

ユフト，A. I.　170

ラ 行

ラーシン，A. G.　160

リヴォフ公　597

ワ 行

ワット，J.　9

事項索引

あ 行

異教徒　333
イギリス製鉄業　54
　——の危機　409
イギリスへの鉄輸出　308
一定価格　477
印刷パスポート制　233
隠匿　184

請負　234, 428, 433, 584
ウロジェーニエ　102, 103, 192, 225, 583

永久譲渡　291, 303, 305, 326, 371
エカテリーナ委員会　363, 372
エカテリンブルグ　156

オレンブルグ　332
オロネツ　285

か 行

会議法典　102, 108, 113
外国資本　33, 39, 77
買い戻し　552, 556, 565
肩代わり　235, 331, 434, 518, 584
加熱送風　48, 55, 61
カバラ　191
カマ（カムスコエ）製鋼会社　77, 86
カメンスキー工場　124, 140, 142, 163
関税政策　2, 25
官有職工　142, 146
官僚体制の整備　182

企業家精神　597
期限仕事　545
義務契約関係　75
旧教徒　115, 284, 590
凶作　225

区画輪伐法　395, 400
クリヴォイ＝ローグ　24
クリミア戦争　15
クングルスキー郡　110, 112, 161, 213
郡長　242
郡長調査　143

ゲネラル＝ベルグ＝ディレクトリウム
　334

鉱業規則（ベルグ＝レグラメント）　296
鉱業参事会　130, 164
鉱業条例案　466
鉱業長官制　467
鉱業特典　145, 164
鉱業都市　460, 462
鉱区制　359
鉱山条例草案　516
鉱山法典草案　289
工場外労働　425, 442, 584
工場用林　399
工場ラティフンディア　75
鉱石調達　426
鉱石請負人　238
高利貸し制　382
高炉の生産性　47
雇役　554, 559
雇役制的労働報酬体系　566

609

コークス製鉄　9, 10, 12, 30, 55, 411
乞食　294
コッカリル　39
ゴリツイン公所有工場　430
ゴロブラゴダツキー鉱区　80

さ　行

債務奴隷　191, 219, 369, 381, 514, 589
作業監督　172
査察　182, 329
査察名簿　184
サトゥキンスキー工場　383

シーメンス＝マルタン法　17

児童労働　372
地主＝貴族工業　151
自発雇い　231, 240, 244, 250, 308, 362,
　386, 417, 418, 427, 433, 518, 582, 584
シフトメイステル（作業監視官）　277
資本主義の本源的蓄積　198
資本主義の萌芽　92, 198, 582
自由な働き手　224
自由な雇い　105, 146
自由な労働者　199
10 分の 1 税　275
自由民　113, 146, 196, 226, 474
蒸気機関　9, 405, 406, 407, 410, 595
蒸気機関車　595
蒸気動力　379
職工・労務者　489
常置職工・労務者　490, 495, 500, 589
商人資本　149
商人による農民購入　318
食料品価格　391
職工の土地問題　559
職工・労務者　329, 371, 583
書面パスポート　317

所有者への返戻　319
シリンダー式送風装置　386
指令による　242, 243
人身的雇用　218
人頭税　182, 197, 230, 278, 288, 301, 305,
　325
新兵　247, 328, 513
森林管理　340, 398, 401
森林資源　395

スウェーデン人将兵の捕虜　142
スターロスタ　350
炭焼き作業　420, 422
ズラトウストフスキー鉱区　80

生産性　408
世襲貴族工場　416
1900-03 年恐慌　42, 78, 88
銑鉄生産　78
全般的農奴化　327
総合＝鉱業＝監督庁　296
租税への算入　160
ソリカムスキー　109
村落を購入　244

た　行

退出者　302
楕円断面高炉　62
タティシチェフ協議会　275, 279, 313

地主・貴族工業　594

定員規定　144, 145, 252, 340, 369, 391,
　422, 436, 536, 600
停滞構造　600, 603
出稼ぎ　104, 106, 189, 195
手付金　203, 366, 368, 428
鉄鉱石資源　53

610

事項索引

鉄道建設　5, 7, 27
デミドフ王朝　132

トゥーラ　118, 119, 120, 126
ドゥネプロヴィエンヌ　41
逃亡, 逃亡農民　106–109, 144, 162, 187,
　227–229, 231, 283, 289, 294, 304, 305, 316,
　318, 323, 325, 442, 583
トーマス法　19
土地分与　76, 90, 561, 563
特権的マニュファクチュア　119
徒弟　233

な　行

南部鉄鋼業　30, 34

ニジネ＝タギリスキー工場　330, 365,
　384
ニジネ＝タギリスキー鉱区　81
ニツィンスキー工場　117

ネヴィヤンスキー工場　123, 124, 129,
　136, 157, 283, 284, 360, 594
ネヴィヤンスキー鉱区　81
年貢　558

農奴制　599
農奴の購入　304, 306, 459
農民改革　57, 59, 552, 602
農民小工業　134
農民戦争　381
農民の雇い　434
農民暴動　161

は　行

バシキール人　110, 153, 156, 375, 383
バシキリア　152, 155, 332, 564

パスポート　184, 232, 281
白海沿岸地方　108, 112, 114, 285, 591
パドル法　9, 65, 412
パドル炉　56, 65

ピストン送風装置　404
ピョートルの人工的な創造物　136, 137
賦役労働　374
布令価格　159, 349, 373

浮浪人　112, 113, 226, 294
分離派　116, 285

兵役義務　308
平炉　17
ベッセマー法　17, 48
ベルグ＝コレギヤ　130, 159, 164, 169,
　307, 334, 337, 344, 435, 461
編入　347, 489, 498, 583
編入農民　158, 160, 162, 371, 432, 488,
　507

法正林　401
暴動　162
放免証　188
ボゴスロフスキー鉱区　82
ポセッシア　151, 555, 558, 568
ポセッシア鉱区　81
ポセッシア工場　71, 74, 340, 347
ポセッシア制　89, 132, 525, 527, 553,
　560
北方戦争　122, 181
ホロープ　190, 369, 566

ま　行

マニフェスト（1979 年）　391
マニュファクチュアの技術水準　311
マニュファクチュア参事会　177

611

マルタン法　　19, 22, 47, 69

南ウラル　　332, 375
未払い　　439

村の購入不可　　362
村の編入　　128
村を購入　　307

木炭高炉　　65
木炭製造　　419
木炭製鉄　　53

や　行

約定証書　　554, 558, 559
ヤサーク　　101
雇い　　233, 296, 360

遊休の交替制　　75, 562

養老院　　516

ら　行

ルースカヤ・プラウダ　　219
ルツボ法　　22

レグラメント（鉱業規則）　　177, 360

労働日　　441
ロシア中央部　　585
ロシア帝国法令全書　　567
ロシアの銑鉄生産　　378
ロシアの鉄輸出　　379

著者紹介

山縣　弘志（やまがた　ひろし）

1946 年　神奈川県横浜市に生まれる。
1969 年　東京大学教養学部教養学科卒業
1975 年　東京大学大学院社会学研究科博士課程修了
　　　　　駒澤大学経済学部講師
2016 年現在　駒澤大学経済学部教授

主要著作（いずれも単著）

ズバートフシチナ―ロシアの警察的組合主義　駒澤大学『経済学部研
　究紀要』第 34 号，1976 年 3 月。
第 1 次大戦期におけるロシアの工場労働者―その量的変動をめぐっ
　て―　駒澤大学経済学会『経済学論集』第 10 巻第 4 号，1979 年 3 月。
第 1 次大戦期の動員とロシア工場労働者　駒澤大学経済学会『経済学論
　集』第 15 巻第 3・4 号，1984 年 2 月。
第 1 次大戦期におけるロシア工場労働者の構成変化―性別・年齢別構
　成をめぐって―　駒澤大学『経済学部研究紀要』第 45 号，昭和 62 年
　3 月。
ロシア製鉄・冶金業史試論―ウラルの停滞構造―『駒澤大学経済学部
　研究紀要』第 60 号，2005 年 3 月。

ロシア製鉄業史論

2017 年 1 月 6 日　第 1 版第 1 刷発行

著　者　山縣　弘志

発行者　田中　千津子	〒153-0064　東京都目黒区下目黒3-6-1	
	電話　03（3715）1501（代）	
発行所　株式会社 学 文 社	FAX　03（3715）2012	
	http://www.gakubunsha.com	

© 2017　YAMAGATA Hiroshi　Printed in Japan
乱丁・落丁の場合は本社でお取替えします。
定価は，カバー，売上カードに表示してあります。

印刷所／新灯印刷
〈検印省略〉

ISBN 978-4-7620-2686-7